地下水の事典

公益社団法人
日本地下水学会
編集

谷口真人
川端淳一
小野寺真一
辻村真貴
編集幹事

朝倉書店

書籍の無断コピーは禁じられています

　書籍の無断コピー（複写）は著作権法上での例外を除き禁じられています。書籍のコピーやスキャン画像、撮影画像などの複製物を第三者に譲渡したり、書籍の一部を SNS 等インターネットにアップロードする行為も同様に著作権法上での例外を除き禁じられています。

　著作権を侵害した場合、民事上の損害賠償責任等を負う場合があります。また、悪質な著作権侵害行為については、著作権法の規定により 10 年以下の懲役もしくは 1,000 万円以下の罰金、またはその両方が科されるなど、刑事責任を問われる場合があります。

　複写が必要な場合は、奥付に記載の JCOPY（出版者著作権管理機構）の許諾取得または SARTRAS（授業目的公衆送信補償金等管理協会）への申請を行ってください。なお、この場合も著作権者の利益を不当に害するような利用方法は許諾されません。

　とくに大学教科書や学術書の無断コピーの利用により、書籍の販売が阻害され、出版じたいが継続できなくなる事例が増えています。

　著作権法の趣旨をご理解の上、本書を適正に利用いただきますようお願いいたします。

［2025 年 3 月現在］

刊行にあたって

　本事典は，地下水に関する知識を幅広く提供し，地下水研究や技術開発の進展に貢献することを目的として公益社団法人日本地下水学会が企画し出版したものです．最新の知見に加えて，食料やエネルギー，気候変動といった重要な社会課題と地下水の密接な関連，地方自治体における地下水ガバナンスへの取り組み開始状況などを鑑み，可能な限り地下水が係る関連分野の事項も網羅することを心がけました．また，実務者が必要とする情報を必要なときに容易に得られるよう，コンパクトながら多数の見出しと分かりやすい解説で構成しています．

　本書の原稿は，本学会の会員を中心としながら関連分野を網羅するために多くの非会員の専門家にも執筆をお願いしました．快く短い時間で原稿を仕上げてくださった90名を超える会員・非会員の執筆者皆様に深く感謝いたします．また，献身的に時間を割いて数多い原稿をまとめた編集幹事，用語や図表を整え出版準備を強力にサポートしてくださった朝倉書店編集部の皆様に心より感謝いたします．

　本書が今後，地下水研究や関連分野の進展に寄与し，研究や実務の場，政策決定機関，地域社会などで広く活用されることを願っています．

　　2024年8月

　　　　　　　公益社団法人　日本地下水学会第33期会長　杉 田　　文

まえがき

　この『地下水の事典』は，公益社団法人日本地下水学会の将来アクション
プランに基づき，地下水に関する新しい学術的，技術的知見（state of the
arts）を概観し，社会における地下水学としての地下水管理技術とも関連付
け，それを地下水学の典型的（classic）な学術・技術とともに整理し，地下
水学の研究者・実務者の実用に資するために構想された．

　地下水学に関する最先端の科学・技術は日々更新されており，これらを取
りまとめるとともに，地下水の管理に関する水循環基本法・水循環基本計画
や地下水ガバナンス研究などとも関連付けて整理し，これまで広く使われて
きた地下水学の実用書の更新版作成プロセスとして，現在における地下水学
の最新かつ汎用性のある事典として整理することを目的とした．

　我が国では 2021 年に改定された水循環基本計画により，地下水の利用
と保全およびその知見の共有と，地下水ガバナンスの取り組みが始まって
いる．また国際的には，UNESCO の国際地下水資源アセスメントセンター
（IGRAC：International Groundwater Resources Assessment Center）が，
地下水に関するデータの集約を行っており，衛星 GRACE による地下水貯
留量の変動評価や，気候変動による地下水への影響評価など，グローバルな
地下水研究も広がりを見せている．さらに，目に見えない水である地下水の
可視化技術も進展し，数値モデルやトレーサビリティーの手法など，これま
でにない地下水の科学技術の進展が見られる．

　また，我が国の地下水に関する科学技術の進展としては，近代科学の発展
に伴う世界共通の知見の蓄積に加え，モンスーンアジアの火山性地質におけ
る地下水の特徴を持った，循環の早い地下水や，湿潤地域における地盤環境
に関わる地下水掘削技術，汚染対策技術，地震・地すべりなどの災害と地下
水との関わりなど，日本ならではの科学技術の進展も見られる．

　地下水に関する科学・技術は，これまでは地域の地下水課題に対する学術
として進展してきたが，地下水はグローバル化した社会における食糧貿易や

エネルギー課題とも密接に繋がっている．持続可能な社会の構築や，ポスト SDGs（Sustainable Development Goals），Human wellbeing との関わりの中で，地下水に関する科学技術の知見は，今後ますます重要性を増すことが考えられる．

　地球と地域の水循環の重要な役割を担う地下水は，水資源や水環境，環境地盤や多様な水の価値としての多面的な役割を有している．本事典が，包摂的で衡平な未来社会を築いていく上で，次世代に継承する知見として活用されることを期待している．

　　2024 年 8 月

編集幹事代表　谷 口 真 人

■編　集

公益社団法人　日本地下水学会

■編集幹事

谷 口 真 人　総合地球環境学研究所

川 端 淳 一　鹿島建設株式会社

小 野 寺 真 一　広島大学

辻 村 真 貴　筑波大学

■執筆者 （五十音順，*は各編の編集委員）

愛 知 正 温　東京大学

秋 田 藤 夫　株式会社アクアジオテクノ

秋 田 谷 健 人　東京大学

浅 野 志 穂　森林研究・整備機構 森林総合研究所

井 川 怜 欧　産業技術総合研究所

石 田　聡　農業農村工学会

石 塚　学　株式会社アクアジオテクノ

石 原 武 志　産業技術総合研究所

内 海 和 仁　首都高速道路株式会社

内 田 太 郎　筑波大学

江 種 伸 之　和歌山大学

蛯 原 雅 之　株式会社建設技術研究所

遠 藤 崇 浩*　大阪公立大学

大 野 文 良　株式会社東北構造社

小 野 昌 彦　産業技術総合研究所

小 野 寺 真 一*　広島大学

帰 山 寿 章　大野市議会議員

利 部　慎*　長崎大学

柏 谷 公 希*　京都大学

桂 木 聖 彦　日本地下水開発株式会社

川 端 淳 一*　鹿島建設株式会社

北 崎　誠　成幸利根株式会社

工 藤 圭 史　国際航業株式会社

倉 知 禎 直　オリエンタル白石株式会社

高 坂 信 章*　清水建設株式会社

斎 藤 広 隆　東京農工大学

齋 藤 光 代*　広島大学

阪 田 義 隆*　金沢大学

佐 藤 亜 樹 男　高速道路総合技術研究所

柴　芳 郎　ゼネラルヒートポンプ工業株式会社

嶋 田　純　熊本大学名誉教授

清 水 孝 昭　株式会社竹中工務店

下 村 雅 則*　大成建設株式会社

シュレスタ ガウラブ　産業技術総合研究所

白 石 知 成*　大日本ダイヤコンサルタント株式会社

杉 井 俊 夫　中部大学

執 筆 者

杉 田　　文*	千葉商科大学	
杉 山　　歩	株式会社アサノ大成基礎エンジニアリング	
鈴 木 浩 一	エネルギー・金属鉱物資源機構	
鈴 木 弘 明*	八千代エンジニヤリング株式会社	
鈴 木 喜 久	ライト工業株式会社	
瀬 尾 昭 治*	鹿島建設株式会社	
相 馬　　啓	ケミカルグラウト株式会社	
大 東 憲 二*	大東地盤環境研究所	
髙 橋 直 人	株式会社日さく	
高 畑　　陽	大成建設株式会社	
田 岸 宏 孝	株式会社アサノ大成基礎エンジニアリング	
竹 内 真 司*	日本大学	
竹 内 秀 克	株式会社不動テトラ	
竹 内 竜 史	日本原子力研究開発機構	
竹 村 貴 人	日本大学	
田 瀬 則 雄	筑波大学名誉教授	
田 中 靖 治	電力中央研究所	
谷　　芳 生	秦野市役所	
谷 口 真 人*	総合地球環境学研究所	
辻 村 真 貴*	筑波大学	
土 原 健 雄	農業・食品産業技術総合研究機構	
德 永 朋 祥*	東京大学	
冨 樫　　聡	産業技術総合研究所	
取 出 伸 夫	三重大学	
中 尾　　淳	京都府立大学	
中 川　　啓*	長崎大学	
長 澤 正 明	清水建設株式会社	
中 島 朋 宏	株式会社竹中工務店	

中 島　　誠*	国際航業株式会社	
中 田 弘太郎	電力中央研究所	
中 谷　　仁*	株式会社日さく	
中 村 公 人	京都大学	
根 岸 昌 範	大成建設株式会社	
野 原 慎太郎	電力中央研究所	
長谷川 琢 磨	電力中央研究所	
濱　　　侃	千葉大学	
濱 本 昌一郎	北海道大学	
原　　弘 典	中央開発株式会社	
樋 口 篤 志	千葉大学	
菱 谷 智 幸	大日本ダイヤコンサルタント株式会社	
深 田 園 子	地盤環境エンジニアリング株式会社	
福 田　　毅	清水建設株式会社	
古 川 正 修*	パシフィックコンサルタンツ株式会社	
古 田 秀 雄	株式会社建設技術研究所	
細 野 高 啓	熊本大学	
細 谷 真 一	大日本ダイヤコンサルタント株式会社	
前 田 守 弘	岡山大学	
町 田　　功	産業技術総合研究所	
宮 城 充 宏*	大成建設株式会社	
宮 越 昭 暢	産業技術総合研究所	
望 月 陽 人	日本原子力研究開発機構	
本 島 貴 之	大成建設株式会社	
籾 井 和 朗	鹿児島大学名誉教授	
百 瀬 正 幸	安曇野市役所	
守 田　　優	芝浦工業大学名誉教授	
藪 崎 志 穂	総合地球環境学研究所	

執　筆　者　　　　　　　vii

山　口　嘉　一	一般財団法人ダム技術セン ター	山　本　圭　香	国立天文台
山　中　　　勤	筑波大学	吉　本　周　平	農業・食品産業技術総合研 究機構
山　中　　　勝	日本大学		

目　　次

第 I 編　概　　論

編集委員：谷口真人・川端淳一

第1章　地下水の循環と公共性 ……………………………………〔谷口真人〕… 3

1.1　地下水の役割 ………………………………………………………………… 3

1.2　地下水科学の進展 …………………………………………………………… 3

1.3　社会の変遷と地下水問題 …………………………………………………… 6

1.4　地下水の公共性 ……………………………………………………………… 9

1.5　国際的なフレームワーク …………………………………………………… 11

第2章　地下水の保全と利用 ………………………………………〔嶋田　純〕… 13

2.1　地下水利用と地下水障害 …………………………………………………… 13

2.2　湿潤温帯域の地下水循環特性 ……………………………………………… 16

2.3　地下水の持続的利用を目指した地下水保全 ……………………………… 17

第3章　資源としての地下水 ………………………………………〔徳永朋祥〕… 20

3.1　資源としての地下水 ………………………………………………………… 20

3.2　地下水利用の基本的考え方 ………………………………………………… 23

3.3　水資源確保に向けた地下環境の活用 ……………………………………… 27

第4章　地下水と技術 ………………………………………………〔川端淳一〕… 28

4.1　地下水における技術の変遷 ………………………………………………… 28

4.2　地下水の予測評価技術 ……………………………………………………… 28

4.3　地下水制御技術における目詰まり問題 …………………………………… 29

4.4　地下水汚染と技術の発展 …………………………………………………… 33

4.5　地下水制御技術を駆使したプロジェクト事例 …………………………… 34

第 II 編　地下水マネジメント

編集委員：辻村真貴・遠藤崇浩

第1章　地下水の科学と地下水ガバナンス ………………………〔辻村真貴〕… 41

1.1　地下水の科学と地下水ガバナンス ………………………………………… 41

1.2	諸外国における地下水法制度		42
1.3	アジア等の都市における地下水問題		42
1.4	地下水流動の場の条件と地下水ガバナンス		45
1.5	各国における地下水ガバナンス研究		47
1.6	山地の地下水について		48
1.7	災害時等における代替水源としての地下水の役割		49
1.8	おわりに		49

第2章　地下水ガバナンスの動向 …………………………〔遠藤崇浩〕… 51

2.1	地下水ガバナンスとは何か	51
2.2	地下水問題の性質	51
2.3	地下水の性質とその管理	52
2.4	地下水ガバナンス研究の系譜	53
2.5	地下水ガバナンスの構成要素	54
2.6	地下水ガバナンス研究の主要論点	56
2.7	おわりに	60

第3章　各自治体の取り組み ……………………………………… 63

3.1	地下水ガバナンスにおける地方自治体の役割 …〔遠藤崇浩〕… 63
3.2	長野県安曇野市 …………………………………〔百瀬正幸〕… 64
3.3	福井県大野市 ……………………………………〔帰山寿章〕… 69
3.4	神奈川県秦野市 …………………………………〔谷　芳生〕… 72

第4章　地下水ガバナンスの進め方 ………………………〔蛯原雅之〕… 77

4.1	国内における地下水ガバナンスの取組動向	77
4.2	地下水協議会と地下水ガバナンス	78
4.3	地下水協議会による地下水マネジメント	78
4.4	地下水マネジメントの契機と準備	81
4.5	地下水マネジメントにおける合意形成	83
4.6	地下水協議会の設置	84
4.7	地下水マネジメント計画の作成	85
4.8	取り組み等の評価・見直し	85

第 III 編　地下水の科学

編集委員：杉田　文・徳永朋祥・齋藤光代・柏谷公希・利部　慎

第1章　水循環における地下水 ……………………………〔田瀬則雄〕… 91

1.1	地球上の水循環	91

目　　次　　xi

1.2　環境要素としての地下水 …………………………………………… 93
1.3　地下水の特徴と地下水利用 ………………………………………… 93
1.4　地球環境問題と地下水 ……………………………………………… 94
第2章　地下水流動と水文地質・地形 …………………………〔嶋田　純〕… 97
2.1　地下水流動系概念 …………………………………………………… 97
2.2　地下水流動の実態 …………………………………………………… 100
第3章　不飽和帯の水分移動 ……………………………………〔取出伸夫〕… 109
3.1　土の構造 ……………………………………………………………… 109
3.2　土中の水分保持 ……………………………………………………… 113
3.3　不飽和土中の水分移動 ……………………………………………… 116
第4章　地下水の水理 ……………………………………………〔守田　優〕… 120
4.1　地層中の間隙と水 …………………………………………………… 120
4.2　地下水流動の原理 …………………………………………………… 121
4.3　帯水層と貯留係数 …………………………………………………… 122
4.4　ダルシー則と透水係数 ……………………………………………… 123
4.5　地下水流動の基礎方程式 …………………………………………… 125
第5章　地下水と物質移行 ………………………………………………… 127
5.1　移流と分散 ………………………………〔籾井和朗・中川　啓〕… 127
5.2　保存性物質の移行 ……………………………………〔籾井和朗〕… 129
5.3　吸脱着と生成・消滅 …………………………………〔江種伸之〕… 132
5.4　非保存性物質の挙動 ………………………………………………… 133
第6章　地下水中の熱輸送 ………………………………………………… 136
6.1　熱伝導 …………………………………………………〔中村公人〕… 136
6.2　水移動を伴う熱輸送 ………………………………………………… 138
6.3　熱移動理論の利用 …………………………………………………… 142
6.4　地下熱の利用 …………………………………………〔柏谷公希〕… 143
第7章　地下水の化学 ……………………………………………………… 147
7.1　一般水質と濃度 ………………………………………〔杉田　文〕… 147
7.2　平衡定数と活量 ……………………………………………………… 148
7.3　地下水中で生じる平衡反応 ………………………………………… 150
7.4　炭素の循環と地下水 …………………………………〔前田守弘〕… 154
7.5　窒素の循環と地下水 ………………………………………………… 155
第8章　地下水のトレーサー ……………………………………〔利部　慎〕… 158
8.1　トレーサー物質とは ………………………………………………… 158
8.2　人工トレーサーと環境トレーサー ………………………………… 158

xii　　　　　　　　　目　　　次

　8.3　トレーサー物質の種類 ……………………………………………… 159
第9章　地表水と地下水の相互作用 ……………〔小野寺真一・齋藤光代〕… 167
　9.1　河川との相互作用 …………………………………………………… 167
　9.2　湖沼との相互作用 …………………………………………………… 169
　9.3　海洋との相互作用 …………………………………………………… 169
　9.4　人間活動および環境変動の影響 …………………………………… 170
　9.5　生態系への影響 ……………………………………………………… 171

第IV編　地下水調査法
編集委員：竹内真司・小野寺真一・齋藤光代・利部　慎・柏谷公希

第1章　地下水調査のための計画と水文地質調査 ……………………… 177
　1.1　地下水調査計画の考え方と概要 …………………〔竹内真司〕… 177
　1.2　事前情報収集 ………………………〔鈴木弘明・竹内真司〕… 178
　1.3　広域地下水流動場の推定のための概要調査 ………〔竹内真司〕… 179
　1.4　広域地下水流動の定量に向けての概要調査：水収支の把握 ………
　　　　……………………………………………………〔町田　功〕… 181
　1.5　サイトスケールでの地下水調査概要 ………〔井川怜欧・竹内真司〕… 183
　1.6　新しい水文地質学の構築 …………〔竹内真司・小野寺真一〕… 185
第2章　土質調査 ……………………………………………………………… 188
　2.1　調査計画および試料採取 …………………………〔小野寺真一〕… 188
　2.2　物理特性1：構造，水分特性 …………〔竹村貴人・濱本昌一郎〕… 189
　2.3　物理特性2：水理定数の算出 ……………………………………… 190
　2.4　化学特性1：pH および吸着特性 …………………〔中尾　淳〕… 192
　2.5　化学特性2：元素，鉱物組成 …………………………………… 194
第3章　地下水流動層の調査 ……………………………………………… 198
　3.1　地質概要の把握 ……………………………〔中谷　仁・土原健雄〕… 198
　3.2　地下水流動層の把握 ………………………………〔田岸宏孝〕… 202
　3.3　間隙水圧の測定 ……………………………………〔細谷真一〕… 204
　3.4　透水特性の把握：単孔および複数孔を利用した透水試験 ………
　　　　………………………〔細谷真一・竹内真司・高坂信章〕… 206
第4章　人工トレーサー調査法 …………………………………………… 215
　4.1　トレーサー試験の目的と調査計画 ………………〔柏谷公希〕… 215
　4.2　トレーサー試験方法とトレーサー物質 …………………………
　　　　………………〔中田弘太郎・長谷川琢磨・野原慎太郎〕… 217

目　　次　　xiii

　　4.3　トレーサー試験結果の評価法 ……………………………〔本島貴之〕… 218
　　4.4　水みちの広がりと地下水流動状態の評価 ……〔本島貴之・鈴木浩一〕… 220
　　4.5　物質移行特性の評価 …………………………………………〔田中靖治〕… 221
　第5章　地温・地下水温調査 …………………………………………………… 226
　　5.1　温度情報の概要, 計測・計画 …………………〔宮越昭暢・小野寺真一〕… 226
　　5.2　水みち, 浸透過程を探る ………………………〔中谷　仁・小野寺真一〕… 228
　　5.3　地下水流動系を探る …………………………………………〔宮越昭暢〕… 229
　　5.4　地熱開発の影響を探る …………………………………………〔秋田藤夫〕… 231
　　5.5　温暖化の影響を探る …〔石原武志・シュレスタ ガウラブ・冨樫　聡〕… 233
　第6章　水質調査 ……………………………………………………………… 237
　　6.1　水質調査の流れ ………………………………〔齋藤光代・工藤圭史〕… 237
　　6.2　基本的な水質の状態を知る …………………………………〔望月陽人〕… 239
　　6.3　水質の成り立ちや特徴を理解する …………………………〔藪崎志穂〕… 241
　　6.4　汚染の状況を把握する ………………………〔齋藤光代・中島　誠〕… 243
　　6.5　地下水の化学反応を深く理解する …………………………〔前田守弘〕… 244
　第7章　起源を探る環境トレーサー …………………………………………… 247
　　7.1　水の起源を探る ………………………………………………〔山中　勤〕… 247
　　7.2　窒素・硫黄の起源を探る ……………………………………〔細野高啓〕… 249
　　7.3　地下水の起源を探る …………………………………………〔小野昌彦〕… 251
　第8章　プロセスを探る環境トレーサー ……………………………………… 254
　　8.1　生物地球化学プロセスを探る：生元素の循環過程 ………〔山中　勝〕… 254
　　8.2　生物地球化学プロセスを探る：微生物情報の活用 ………〔杉山　歩〕… 256
　　8.3　滞留時間を探る1：短期 (CFCs, SF_6, ^3H) ………………〔利部　慎〕… 258
　　8.4　滞留時間を探る2：長期 (He, Cl, C, Kr) …〔中田弘太郎・長谷川琢磨〕… 260
　第9章　リモート技術による地下水調査 ……………………………………… 263
　　9.1　リモートセンシング技術概要 …………………〔樋口篤志・小野寺真一〕… 263
　　9.2　土壌水分・蒸発散量調査 ……………………………………〔樋口篤志〕… 263
　　9.3　地下水湧出調査 ………………………………………………〔濱　侃〕… 266
　　9.4　地下水貯留量変動調査 ………………………………………〔山本圭香〕… 266
　　9.5　地盤沈下調査やGISとの統合による総合評価 ………〔小野寺真一〕… 268

第V編　地下水解析

編集委員：中川　啓・白石知成・宮城充宏・古川正修

第1章　地下水解析とは ………………………………………………〔中川　啓〕… 273

1.1	モデルとは	273
1.2	モデルの目的	274
1.3	モデル化の手順	275
1.4	数値解析の構成	277

第2章　地下水の統計解析 279
2.1	統計学の基礎 〔斎藤広隆〕	280
2.2	多変量解析 〔中川　啓〕	282
2.3	地球統計学 〔斎藤広隆〕	285

第3章　地下水の水収支解析 〔古川正修〕 290
3.1	基本概念と基礎式	290
3.2	対象領域と対象期間	291
3.3	水収支式による水収支解析	291
3.4	タンクモデルによる水収支解析	294

第4章　地下水の理論解 〔愛知正温・秋田谷健人〕 296
4.1	フィールドの簡易解析	296
4.2	数値解析検証ベンチマーク	302
4.3	理論解計算法	305

第5章　地下水の数値解析 〔冨樫　聡・菱谷智幸〕 312
5.1	近似手法の理論	312
5.2	様々な地下水問題の数値解法	315
5.3	モデリング技術	322
5.4	地下水シミュレータの紹介	325

第6章　地下水解析に関わる手法 〔白石知成・宮城充宏〕 329
6.1	粒子追跡法	329
6.2	数値モデリング手法	333
6.3	高速解析手法	334
6.4	モデル検証を目指した評価	336
6.5	モデル化やモデル検証をサポートする技術	338

第Ⅵ編　地下水利用と技術

編集委員：瀬尾昭治・阪田義隆

第1章　地下水の取水技術 〔髙橋直人〕 343
| 1.1 | はじめに | 343 |
| 1.2 | 井戸の構造と設備 | 344 |

目　　次　　xv

1.3　掘削工法 …………………………………………………………………	344
1.4　ケーシングとスクリーン …………………………………………………	347
1.5　井戸仕上げと井戸損失 ………………………………………………………	347
1.6　井戸の維持管理と改修 ………………………………………………………	348
1.7　おわりに ……………………………………………………………………	350

第2章　地下水の排水技術と涵養技術 ……………………………………… 351

2.1　地下水の排水技術 ……………………………〔原　　弘典〕	351
2.2　重力排水工法 ………………………………………………………………	354
2.3　強制排水工法 ………………………………………………………………	358
2.4　軟弱粘土地盤の圧密排水工法 ………………〔竹内秀克〕…	362
2.5　地下水の涵養技術 ……………………………〔瀬尾昭治〕…	367

第3章　地下水の遮水技術 ………………………………………………… 375

3.1　遮水技術の概要 ………………………………〔瀬尾昭治〕…	375
3.2　止水鋼矢板工法 ………………………………〔竹内秀克〕…	377
3.3　薬液注入工法 …………………………………〔鈴木喜久〕…	383
3.4　地盤凍結工法 …………………………………〔相馬　啓〕…	392
3.5　地中連続壁工法 ………………………………〔北崎　誠〕…	398

第4章　熱利用技術 ………………………………………………………… 406

4.1　概　説 …………………………………………〔阪田義隆〕…	406
4.2　温　泉 …………………………………………〔石塚　学〕…	408
4.3　冷暖房利用 …………………………〔柴　芳郎・桂木聖彦〕…	414
4.4　消・融雪利用 …………………………………〔桂木聖彦〕…	422

第VII編　地下水と災害

編集委員：小野寺真一・中谷　仁・鈴木弘明

第1章　斜面崩壊と地下水 ……………………………〔内田太郎〕… 429

1.1　斜面崩壊 ……………………………………………………………………	429
1.2　斜面崩壊の発生 ……………………………………………………………	431
1.3　斜面崩壊の発生予測 ………………………………………………………	435
1.4　斜面崩壊の防止 ……………………………………………………………	437

第2章　地すべり災害と地下水 ………………………〔浅野志穂〕… 440

2.1　地すべり地の地下水流動 …………………………………………………	440
2.2　地すべり地の地下水質 ……………………………………………………	442
2.3　地すべり対策と地下水 ……………………………………………………	442

xvi 目 次

2.4 地すべり地における地下水に関わる対策手法 …………………… 446

第3章 地震に伴う地下水変動 ………………………………〔細野高啓〕… 451

3.1 地震による地下水システムの変化 …………………………… 451

3.2 弾性変形と水位変化 …………………………………………… 452

3.3 山体地下水の解放 ……………………………………………… 452

3.4 不飽和帯中の水の落下 ………………………………………… 453

3.5 深部流体の寄与 ………………………………………………… 453

3.6 地下深部への水の呑み込み現象 ……………………………… 454

3.7 その他の現象 …………………………………………………… 454

第4章 地盤沈下と地下水 …………………………………〔大東憲二〕… 456

4.1 広域地盤沈下と地下水 ………………………………………… 456

4.2 地盤沈下対策と地下水位上昇問題 …………………………… 458

4.3 揚水規制から地下水盆管理へ ………………………………… 461

4.4 近年の地盤沈下問題 …………………………………………… 463

第 VIII 編 建設工事と地下水

編集委員：大東憲二・高坂信章

第1章 建設工事における地下水問題と対策の概要 …………〔大東憲二〕… 467

1.1 建設工事と地下水の関わり …………………………………… 467

1.2 地盤調査のあり方 ……………………………………………… 469

1.3 地下水対策 ……………………………………………………… 469

第2章 地下掘削工事 ………………………………〔清水孝昭・中島朋宏〕 472

2.1 はじめに ………………………………………………………… 472

2.2 調 査 …………………………………………………………… 473

2.3 対 策 …………………………………………………………… 474

2.4 事 例 …………………………………………………………… 476

第3章 山岳トンネル ………………………………………〔福田 毅〕… 482

3.1 山岳トンネルと地下水 ………………………………………… 482

3.2 地下水から受ける影響，地下水へ与える影響 ……………… 483

3.3 地下水調査のあり方 …………………………………………… 484

3.4 地下水対策 ……………………………………………………… 487

3.5 地下水情報化施工の動向 ……………………………………… 490

第4章 ダ ム ………………………………………………〔山口嘉一〕… 492

4.1 ダムの基礎地盤と地下水 ……………………………………… 492

目　　次　　xvii

4.2	ダムの型式と基礎地盤に対する要求条件 ………………	492
4.3	水理地質構造調査 ……………………………………………	494
4.4	止水処理の計画と工法 ………………………………………	497
4.5	基礎浸透流に関する安全性評価 …………………………	500

第5章　土工事 ………………………………………〔佐藤亜樹男〕… 503

5.1	はじめに ………………………………………………………	503
5.2	調　査 …………………………………………………………	505
5.3	対　策 …………………………………………………………	507
5.4	災害事例 ………………………………………………………	510

第6章　その他の建設工事，地下構造物 ………………………… 513

6.1	基礎工事 ………………………………………〔長澤正明〕…	513
6.2	シールド工法 …………………………………〔内海和仁〕…	516
6.3	ケーソン工法 …………………………………〔倉知禎直〕…	520
6.4	廃棄物最終処分場 …………………〔大野文良・古田秀雄〕…	526
6.5	河　川 …………………………………………〔杉井俊夫〕…	530
6.6	大規模地下施設 ………………………………〔竹内竜史〕…	533
6.7	地下ダム ………………………………………〔石田　聡〕…	535

第7章　構造物建設後の地下水との関わり ……………〔高坂信章〕… 539

7.1	建設工事と地下水との関わり ……………………………	539
7.2	構造物建設後に地下水から受ける影響 …………………	539
7.3	構造物建設後に地下水に与える影響 ……………………	542

第 IX 編　地下水汚染対策

編集委員：中島　誠・下村雅則

第1章　地下水汚染の概要 …………………………………………… 549

1.1	地下水汚染の原因 ……………………………〔中島　誠〕…	549
1.2	地下水汚染の特徴 ………………〔中島　誠・鈴木弘明・吉本周平〕…	551
1.3	地下水汚染による影響 ………………………〔中島　誠〕…	557

第2章　地下水汚染に関わる法律・基準 ………………〔中島　誠〕… 561

2.1	水道法 …………………………………………………………	561
2.2	環境基本法 ……………………………………………………	561
2.3	水質汚濁防止法 ………………………………………………	562
2.4	土壌汚染対策法 ………………………………………………	564
2.5	廃棄物の処理及び清掃に関する法律 ……………………	565

第3章　地下水汚染調査・評価技術 …………………………………………… 566

  3.1　地下水汚染調査の流れ ………………………〔中島　誠・深田園子〕… 566

  3.2　広域的な地下水汚染機構解明のための調査 ……………………………… 567

  3.3　汚染源調査 …………………………………………………………………… 570

  3.4　地下水汚染調査結果の評価 …………………………〔中島　誠〕… 573

  3.5　地下水汚染の将来予測 ………………………〔下村雅則・江種伸之〕… 575

第4章　地下水汚染対策技術 ………………………………………………………… 578

  4.1　地下水汚染対策の考え方 ……………………〔江種伸之・中島　誠〕… 578

  4.2　地下水汚染の未然防止策 ……………………〔中島　誠・中川　啓〕… 579

  4.3　汚染源対策 …………………〔下村雅則・根岸昌範・高畑　陽〕… 580

  4.4　地下水汚染拡散防止対策 …………………………………………………… 583

  4.5　浄化効果の評価・予測 ………………………〔江種伸之・中島　誠〕… 587

  4.6　地下水質モニタリング ………………………………〔中島　誠〕… 587

索　　　引 ……………………………………………………………………………… 591

資　料　編 ……………………………………………………………………………… 603

第Ⅰ編

概　論

第1章　地下水の循環と公共性

第2章　地下水の保全と利用

第3章　資源としての地下水

第4章　地下水と技術

地下水は，地球上に存在する淡水の約30％を占め，世界における水資源利用の約4割が地下水である．一方，日本では，地下水の利用は水資源全体の15％，河川水が85％である．循環が遅く，目に見えない地下水は，循環が速い河川水に比べて，その調査方法や利用方法が大きく異なる．グローバルからローカルまでの空間スケールや，水循環プロセスの時間スケールの違いに加え，社会の変容に対する応答や，人間社会とのつながりにも大きな違いがある．

　本編では，地球上の水の中で，人間社会と環境にとって重要な地下水に関する総合的な『地下水の事典』の序編として，第1章では地下水の捉え方に関する社会認識の変遷を，第2章では地下水保全の考え方の具体と変遷を，第3章では水資源として地下水を捉えたときの管理の考え方と変遷を，そして第4章では，上記の社会認識の変遷に伴う地下水利用技術の変遷とその内容について取りまとめる．

第1章

地下水の循環と公共性

第Ⅰ編

概論

1.1 地下水の役割

　表Ⅰ.1.1は，地下水が持つ機能・役割で
ある循環，資源，環境，多様性を，俯瞰（地
球）－実証（地域）軸と演繹－機能軸で比較
したものである．地下水は表流水に比べて
循環速度が遅く（滞留時間は数年から数万
年），水蒸気や降水のように地球上をグロー
バルに循環する水循環の一部を担い，陸地
内の地下を流動する．また地下水に依存す
る生態系等「環境」としての役割もある．
一方で地下水は，地球－地域軸では，より
地域に寄った水「循環」であり，地域の水「資
源」としての役割がある．また演繹－帰納
軸でも，地下水は多様な水として，地域の
多様な食文化・言語文化をはじめとする地
域文化を構成する要素となっている．

表Ⅰ.1.1　地下水の機能・調査手法の分類

	帰納的	演繹的
俯瞰的	環境 • データベース • グローバルアセスメント	循環 • 衛星（GRACE 等） • グローバルモデル
実証的	多様 • 文献調査 • 現地観測・技術	資源 • 地下水探査・技術 • 流域地下水モデル

　地下水が持つもう1つの役割は，「環境
地盤」としての役割である．地盤を構成す
る土壌・地質の空隙を埋める水である地下
水は，地盤沈下の原因が過剰地下水により
発生することからもわかるように，地下水
が環境地盤の一部を構成している．

1.2　地下水科学の進展

1.2.1　地下水科学の深化

　地下水科学の深化に関しては，本事典の
中心部分であり，ここでは表Ⅰ.1.1の分類
に沿って簡単に紹介する．

　俯瞰的かつ帰納的な視点としての地下水
「環境」に関する地下水科学の進展に関して
は，地下水に関するグローバルなデータ
ベース化が挙げられる．ユネスコセンター
の1つである国際地下水資源アセスメント
センター（IGRAC）は，世界の地下水デー
タの集約を行っており，これらのデータは
公開されている．IGRACでは地域の地下
水や越境地下水のアセスメントやモニタリ
ング，帯水層管理，ガバナンス，島嶼地域
の地下水等に焦点を当て，グローバル地下
水情報システム（GGIS）により，GISと
地図による地下水情報の可視化を行ってい

俯瞰的かつ演繹的な「循環」に関する地下水科学の進展に関しては，2014年から運用が始まった双子衛星 GRACE（Groundwater Resources Assessment and Climate Experiment）による，地球水循環における地下水貯留量のグローバル評価が挙げられる[1]．地球重力場の測定のために打ち上げられた地上約250 km上空での双子衛星の距離の変化から，地球深部から大気上限までの物質重量の変化の大部分を占める陸水（主に地下水と土壌水）の貯留量変化を評価する衛星システムである．気候再解析モデル等との整合性が認められており，100 kmスケールでのグローバルな地下水評価にすぐれている．

実証的かつ帰納的な「多様」な地下水の特性を明らかにする地下水科学の進展に関しては，現地観測や技術・地下水障害対策の進展が挙げられる．観測・測定技術の進展については（第Ⅳ編），利用技術の進展については（第Ⅵ編），地下水障害や対策については（第Ⅶ-Ⅸ篇），等を参照されたい．

実証的かつ演繹的な「資源」に関する地下水科学の進展に関しては，地下水のモデル化の進展が挙げられる．実証に用いられる数値解析や演繹的な地下水探査法の理論解等を参照されたい（第Ⅴ編）．また地下水流動の涵養・流動・流出プロセスにおける地下水科学の深化は（第Ⅲ編）を参照されたい．

1.2.2 地下水科学と他の自然科学境界領域との接合による発展

隣接・境界学術領域・分野との接合による

地下水科学の発展は，自然科学としては海洋学，気象学，生態学，地球熱学，地震学，測地学等の基礎科学に加え，農学，林学，工学，医学等の応用科学がある．

地下水学と境界領域との学際研究としての研究には，水循環における過程の中で，地下水と接続する他の水体である，水蒸気，河川水，土壌水，海水，雪氷といった異なる水体ごとに細分化していった学問分野の境界における研究課題がある．陸域地下の液体としての水を主に扱う地下水学に対して，水蒸気としての水や土壌中の不飽和状態の水を扱う境界における「学際研究」や，淡水としての水を陸域で扱う地下水学と，海水としての水を沿岸海洋で扱う海洋学との境界における汽水を扱う「学際研究」等がこれに相当する．これらはシームレスに地球上を循環している水を扱う研究分野が，水体ごとに細分化していったことによる学術としての不連続性を埋める意味がある．

地下水学と測地学および気象学との学際研究としては，先述の衛星 GRACE（Gravity Recovery And Climate Experiment）による地下水貯留量変化研究の例がある[1]．それまではグローバルに評価ができなかった陸水貯留量の変化が，絶対値の評価ではないが，変動値として初めて評価可能となった．空間解像度は100 kmスケールと粗いが，時間解像度は当初の月単位から解析精度を上げることで週単位まで改善されてきており，上空の水蒸気から陸上の表流水，地下の地中水の積算値の変動量として，その陸水貯留変動量が評価できるようになった．GRACE衛星自体は，もとも

と測地学と気象学分野の合同で設計されたが，陸上でのバリデーション（現場検証）には地下水学が大きく貢献し，「衛星地下水学」の一角を担うテーマといえるまで，研究者コミュニティの間に浸透した．これは，新しい測定技術（衛星 GRACE）が，学際研究として測地学・気象学と地下水学・水文学を結び付けた例といえる．

また地下水学と地球熱学及び気象学との学際研究になってきたのが，「地下温暖化」現象である[2]．温暖化に伴う影響評価は様々な分野で行われてきたが，この地下温暖化も，当初は温暖化の影響を受けて温度上昇した地下温度鉛直分布から，逆解析を用いて気候変動の復元を行うという，気候変動研究の一部としてスタートした[3]．その後，地下温度上昇そのものに研究が移り，地下温暖化の影響による土壌中の微生物活動に関する研究や，温度上昇した地中熱の熱利用[4]等に発展している．こちらはシームレスに循環する水と熱の循環を通して，学際研究が進展した例といえる．

さらに地下水学と沿岸海洋学との学際研究として研究が進んだのが「海底地下水流出研究」である[5]．これは地下水学の伝統的な「塩水化研究」の裏返しとして，それまでは陸域の水問題のみを扱ってきた地下水学が，海域への陸水の影響評価も含めて，海洋学と共同で行われた学際研究である．この評価のためには，水文学的駆動力と海洋学的駆動力の両者を評価する必要があり，両学問分野の知見が合わさって初めて研究の進展が見られた学際研究の1つである．最近は，海域への地下水流出に伴う栄養塩の流出と，海洋一次生産から水産資源に至る繋がりの研究が進展してきている[6]．こちらはシームレスに循環する水と物質の循環を通して，学際研究が成立した例である．

1.2.3 人文・社会科学との接続による地下水学の発展

また人文・社会科学と地下水学の接続としては，経済学，法学，政治学等社会における地下水の利用・管理制度等に関する分野や，哲学や倫理学，歴史学や文学，心理学等，人の生き方に関わる事象と地下水学との接続があり，同じ地下水現象を自然科学とは異なる視点から解釈・分析し，それらを統合的に評価するものである．例えば，水質汚染に関わる水文学的課題を，経済学的な解釈と環境影響としての評価の両方を持ち寄り，お互いを補完し，理解を深化しながら全体を評価する内容等がこれに相当する．またアジア・メガシティにおける水文学と経済学および社会学の学際研究による，都市の発達段階と水利用および環境変動に関する研究[2]や，水災害（地盤沈下，洪水，津波）に対する社会的閾値を明らかにした研究等がある[7]．

このほかにも，水循環基本法[8]および水循環基本計画[9]と関連して議論されている「水の公共性」についての考え方は，地下水過剰揚水による地盤地下のような「共有地（共有資源）の悲劇[10]」を超えて，コモンズ論[11]でいう公共資源の発展形として捉えることができる．これも，法学や人類学と水文学による学際研究の成果といえる．

1.3 社会の変遷と地下水問題

今から約250万年前に始まる地質学年代の「第四紀」は,地下水帯水層を形成する「沖積層」が形成された時期であり,特に沿岸域では豊富な地下水を貯留できる地質・地盤環境が形成された時期である.この第四紀の中の最も新しい直近約1万年に相当する「完新世」は,比較的温暖な気候が続いた時期で,人類にとっても農耕文明が発達した時期に相当する.狩猟社会での点在的水資源の利用から,定住化社会における貯留水(地下水を含む)の水資源の利用に変わったといえる.このように農耕文明による定住化での地下水利用が,1つ目の社会変容による地下水利用の変化といえる.

地下水利用の変化に与えた2つ目の大きな社会変容は工業化である.18世紀半ばに始まる産業革命とそれ以降の工業化は,化石燃料の大量使用による経済発展と地球温暖化を招き,地下水の工業用利用も増大した.日本においては,主に太平洋ベルト地帯を含む工業地域に,港湾施設の建設により大量の化石燃料の輸入が可能となり,地下水等の水資源が豊富な沿岸域(流域の下流域)に工業地帯が設立され,戦後の経済成長を産んだ時期である.一方で多量の地下水の揚水は,深刻な地盤沈下を引き起こし,日本各地で地下水の揚水規制が行われた.

図I.1.1は,日本における第四紀沖積層の分布(図I.1.1左)と,過剰地下水揚水による地盤沈下の分布(図I.1.1右)を表している.日本における地盤沈下の発生地域は,戦後に発達した工業地帯で主に起きている.これはもともと水が豊富な流域の下流にある沿岸に,化石燃料の輸入により,水とエネルギーが合体してシナジー効果(相乗効果)が生まれ,経済発展をもたらしたといえる.一方で,その際発生した地盤沈下や大気汚染,水質汚染(地下水汚染)等の環境問題は,経済発展とトレードオフ(二律背反)となったともいえる.

3つ目の社会変容としては都市化が地下水の利用の仕方に与えた影響も大きい.現在も都市化は全球的に進行し,2007年には都市人口の総数が非都市人口を初めて超

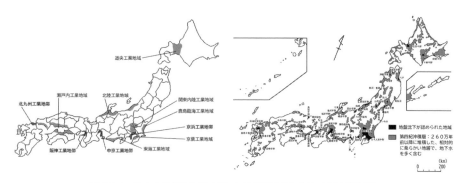

図I.1.1　日本の工業地帯(左)と地盤沈下発生地域(右)(文献12)

えた．都市化に伴う地下水の利用の変化をアジアのメガ都市で調べた結果，都市の発達段階の初期の頃は，地下水依存度が60-90%と高いものの，人口が増えて地下水だけでは水需要が賄えなくなると，周辺のダムから表流水を導入することで，地下水の依存度が小さくなったことがわかる（図I.1.2）．唯一の例外が，第二次世界大戦であり，この時期は地下水依存度が上昇した．このことは逆に地震や戦争等災害時における地下水の重要性を示している．

工業化，都市化に加えて，地下水利用の大きな変化をもたらした4つ目の社会変容は，緑の革命によるものである．人新世（1950年頃以降）に至る前には，ハーバー-ボッシュ法によるアンモニア生成法の発見と窒素肥料の人工生成があり，緑の革命による食糧増産がある．この化学肥料による食糧増産は飢餓の減少には貢献したが，全球的な窒素汚染を招いた[14]．窒素汚染に関しては，ハーバーとボッシュがアンモニアの人工生成に成功して以来，現在では自然由来の窒素以上に人為起源の窒素が増大し，地下水を含む窒素汚染が拡大した．プラネタリー・バウンダリーでは，温暖化，生物多様性とともに，窒素汚染が地球の限界を超えていると推定されている[15]．

この緑の革命による地下水利用の拡大は，穀倉地帯での急激な地下水減少をもたらした．図I.1.3は，アメリカとインドにおける農作物の生育に必要な地下水による灌漑面積の変化を表している[16]．人間活動による淡水資源消費の約70%が農業であり，そのうち地下水利用の割合は約40%であるといわれているが，人新世に入り（1950年代以降），地下水による農業灌漑面積が，農産物の輸出国であるアメリカやインド等で急激に増加していることが明らかである．

人新世（1950年頃以降）を迎えた現在の地下水環境の状況は，グローバルには地下水貯留量減少の加速度的進行として現れている（図I.1.4）．1960年には 1.26×10^{11} t/年であった地下水貯留の減少率が，2000年には 2.83×10^{11} t/年と倍以上に増

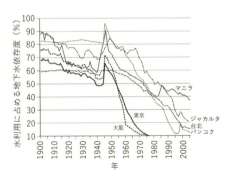

図 I.1.2 都市化に伴う地下水依存度の低下
（文献 13）

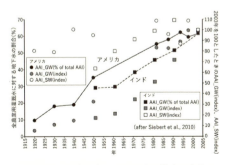

図 I.1.3 灌漑に占める地下水の割合の変化
（文献 16）

加しており，地下水貯留量の減少が加速度的に進行していることがわかる[17]．

このように，地球水循環の自然システムとしての地下水だけではなく，社会システムとしての食料生産とグローバル食料貿易も，地下水環境に大きく影響を与えていることが明らかになっている．またその因果関係を見ると，原因はグローバル（貿易）であるが結果はローカルな環境変化（地下水貯留量の減少）である．このことは，現在の地下水問題において，大きな課題を抱えていることを意味する．地下水問題が地下水だけの単独課題ではなく，それと関連する食料生産やグローバル貿易等と関連している点である．このような課題を解決するには地下水単独の課題としてではなく，地下水に関連する複合課題の解決に向けた「課題の統合」が必要である．

食料貿易を通した地下水貯留量の減少は，地下水フットプリントや地下水のバーチャルウォーターのように，食料輸入地域が，食料輸出地域への環境負荷を負っていることを示しており，持続可能な社会の構築には，この関係を明確にする必要がある．地下水を使うローカルな社会とその駆動力となる（貿易等の）グローバルな社会をつなぐ「空間スケールの統合」が必要性である．

この食料貿易（仮想地下水貿易）に伴う地下水貯留領の減少をまとめたのが表 I.1.2 である．表 I.1.2 は大陸別灌漑用地下水利用，地下水貯留量の減少，食料輸出によるバーチャル地下水輸出を示している[18]．生産した食料の輸出に伴う（バーチャルウォーターによる）地下水貯留量の減少が全体の地下水貯留量の減少に占める割合は全球平均で 14.0％であり，欧州の 53.1％，豪州の 27.5％，北南米の 27.3％，

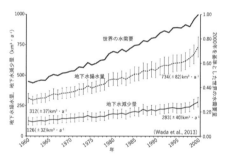

図 I.1.4 全球地下水揚水量と減少量の変化（文献 17）

表 I.1.2 大陸別バーチャル地下水輸送量（文献 18）

	A）灌漑用地下水利用(km³/年)	B）地下水貯留量の減少（km³/年）	C）食糧輸出（仮想地下水輸出）による地下水貯留量減少（km³/年）	C/B（％）
対象年	2000	2001-2008	2010	
アフリカ	17.86	5.5	0.32	5.8
アメリカ	107.86	26.9	7.34	27.3
アジア	398.63	111.0	11.81	10.6
ヨーロッパ	18.21	1.3	0.69	53.1
オセアニア	3.30	0.4	0.11	27.5
全世界	545.36	145.0	20.26	14.0

アジアの 10.6%，アフリカの 5.8%の順で大きいが，生産した食料の輸出に伴う地下水貯留の減少量自体に関しては，アジアでの減少量が全世界の 58.3%を占め，大陸別で一番多い（表 I.1.2）．

地下水に関する持続可能性指標の 1 つとしては地下水フットプリント[19]（GF，図 I.1.5）が提案されている．ここでは，現状の地下水利用が続いた場合における，現実の地下水流域面積（AA）に対する，地下水位を維持するために必要な地下水流域面積（GF）の比（GF/AA）が示されており，世界の地下水がすでに持続可能ではない状態（GF/AA が 1 以上）であることを示している．このような将来のあるべき姿（持続可能な社会）と現状のギャップを示す指標は，将来世代を見据え，将来のあるべき姿から現状を捉えて，あるべき姿に到達する道筋を示すバックキャストを行ううえで重要である．

1.4 地下水の公共性

地下水の利用・保全・リテラシーに関して，2014 年に制定された水循環基本法では水の公共性（図 I.1.6）が謳われ，2015 年には水循環基本計画に策定された（2021 年に改定）．地下水マネジメントに関しては，地下水学の新たな進展があり，第 II 編にまとめられている．地下水マネジメントに関する国と地域との関係は，国から地

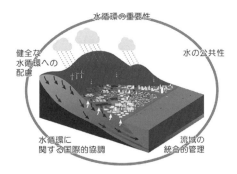

図 I.1.6　水循環基本法の 5 つの基本理念（文献 8）

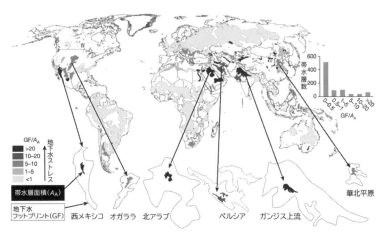

図 I.1.5　地下水フットプリント（文献 19）

域へはトップダウンとして，国で政策展開される水循環基本計画及び関連立法への適切な対応を促進することがある．一方地域から国へのボトムアップでは，地域の地下水に関する確信度のより高いモデルの改良とあわせて，ステークホルダーにとって理解しやすい可視化技術の開発を行い，地下水流動モデリングと新たな合意形成手法を統合した事例の積み上げが行われている．地下水の「利用」・「保全」・「リテラシー」の3本柱を中心に，災害時の井戸の共有等の伝統知の活用や，ネクサスゲーム等のロールゲームによる他者の理解と共感から行動変容を促す合意形成手法の確立等が進められている．また，アリゾナ州立大学のディシジョンシアター等の例にあるように，ビッグデータを用いた地下水を含む数値シミュレーションを，シナリオに応じて計算し，その場で行政と研究者が同時に瞬時に，政策決定を行う支援システムが構築されている．

　さらに持続可能な開発目標 SDGs の中での地下水は，Goal 6 を中心に様々な箇所に現れるが，地下水に関連する他の要因の多くと関わっている．SDGs における水の位置付けは，自然・社会・人のすべてを支える自然資本であり，温暖化モデルの中でも，水はその中心に位置付けられている．地球の誕生以来循環している水は，大気や生態系とともに，SDGs ウェディングケーキの基盤層を成しており，その上に，現在の社会経済が成り立っている[20]．

　水循環基本法で謳われた「水の公共性」は，持続性科学・持続可能な社会のための科学の観点からは，水を共有の財産としてとらえるコモンズ論[11] から繋がる論点である．オストロムは，公共財・共有資源の管理について，これまでの政府や市場がその管理を行うことが有効であるという主張に異議を唱え，資源を管理する効率性は市場だけでも政府だけでもなく，地域社会が補完的な役割を果たしたときに最も効果的になることを示した．オストロムの成果は，地下水を含むテーマで初めてノーベル（経済学）賞を受賞した内容であり，（地下水等の）環境問題を対象に，経済学と政治学をつなげ，組織・制度・人間行動の原理にまで踏み込んだ内容である．この公共資源のガバナンスや水の公共性の概念は，利害関係者の調整があってはじめて成立する．オストロムのコモンズ論を利害関係との文脈で要約すると，共有資源の自主的管理の研究から，理論および実証研究を通して，資源利用者間の利害対立をいかに克服して協力関係を構築・実現し，また社会がその協力を実現するルールをいかに自ら構築できるかを探求するものであったといえる．

　このオストロムの考えも，ハーディンが「コモンズ（共有地）の悲劇」で指摘したように，個々人が自分の利益のみを考えて行動する"ただのり（フリーライダー）"が，共有資源を適切に管理することを妨げることを示した学問の歴史の上に築かれている．ハーディンが示した「コモンズの悲劇」を乗り越える方策としてオストロムの「共有資源のガバナンス」があるといえる．地下水の分野では，個々の利益を追求して地下水の過剰揚水を行ったことが地盤沈下を招いたことを考えると，地盤沈下がまさしくこの「コモンズの悲劇」を経験したこ

とになる．個々人がフリーライダーとして地下水を利用したことが，全体の被害としての地盤沈下を招いたわけである．このコモンズの悲劇を乗り越える方法として提案された公共資源のガバナンスとしてのコモンズ論は，地下水を公共資源として扱うことで，土地に帰属する動かない資源としての地下水ではなく，動く資源であることで利害関係者がつながる地下水資源を管理することで，持続可能な地下水ガバナンスに転換する可能性を示している．

上記の地盤沈下だけではなく，前節で説明した地下水利用の利害関係においては，いずれも，同じ地下水を利用する複数の利害関係者が，共通の認識と管理に加わらなければ，持続可能な地下水の利用と保全は図れない．このように「地下水」は，地盤沈下や様々な利害関係者による共通管理の枠組みがなかった「コモンズの悲劇」を乗り越えて，持続可能な社会を構築するうえで不可欠な共通概念である「共有資源（水の公共性）」の対象となってきた．

1.5 国際的なフレームワーク

上述のような地下水が持つ様々な役割・視点やそれを評価する手法等を議論する地下水学の学術団体としての国際的な位置付けは，大きく2つあり，1つはIUGG（国際測地学・地球物理学連合）の下部組織としてのIAHS（International Association of Hydrological Sciences）であり，もう1つが，IGC（国際地質学連合）の下部組織のIAH（International Association of Hydrogeologists）である．

一方，IHD（International Hydrological Decade）として1965年に始まったユネスコの水文学に関する取り組みは，その後IHP（Intergovernmental Hydrological Programme）として，6年ごとに地下水を含む水文学が目指す目標を掲げてIHPの計画が更新されている．これら国際組織の水研究の流れからは，水文学が水資源管理から社会的視点の重要性へ移り，そしてより統合的なシステミックな水文学へと展開していった様子が伺える．

なお，国際水文科学協会（IAHS：International Association of Hydrological Sciences）は，10年ごとに水文学研究の取り組みを重点化し，2013年から2022年までの10年間は「Panta Rhei-Everything Flows.（パンタレイー万物は流転する）」[21]と位置付け，水文学と社会の変化に関する研究活動に取り組んだ．パンタレイでは，理解（Understanding），推定と予測（Estimation and prediction），実践科学（Science in practice）の3つをターゲットして掲げており，超学際研究としての水文学の位置付けが行われた．パンタレイに続く2023-2032年ではHELPING（Hydrology Engaging Local People IN one Global world）が提唱され，地球と地域の関係性がより強調され，社会への関与が要請されている． 〔谷口真人〕

文献

1) Tapley, B. D. et al.（2003）：Large scale ocean circulation from the GRACE GGM01 Geoid. Geophys. Res. Lett., 30, 2163.

2) Taniguchi, M.（2011）：Groundwater and Subsurface Environments-Human Impacts in

Asian Coastal Cities-. Springer, 312p.

3) Huang, S. et al. (2000)：Temperature trends over the past five centuries reconstructed from borehole temperature. Nature, 403, 756-758.

4) Zhu, K. et al. (2010)：The geothermal potential of urban heat islands. Environ. Res. Lett., 5(4), 044002.

5) Taniguchi, M. et al. (2002)：Investigation of submarine groundwater discharge. Hydrological Processes, 16(11), 2115-2129.

6) Sugimoto, R. et al. (2016)：Phytoplankton primary productivity around submarine groundwater discharge in nearshore coasts. Marine Ecology Progress Series.

7) Taniguchi, M. and Lee, S. (2020)：Identifying Social Responses to Inundation Disasters：A Humanity-Nature Interaction Perspective. Global Sustainability 3, e9, 1-9.

8) 水循環基本法 (2014)：2014 年 4 月 2 日公布, 7 月 1 日施行.

9) 水循環基本計画 (2015)：2015 年 7 月 10 日閣議決定,「新たな水循環基本計画」2020 年 6 月 16 日閣議決定.

10) Hardin, G. (1968)：The Tragedy of the Commons. Science, 162(1968), 1243-1248.

11) Ostrom, E. (1990)：Governing the Commons. Cambridge University Press, 295p.

12) 環境省水・大気環境局 (2024)：令和 4 年度全国の地盤沈下地域の概況. 24p.

13) 谷口真人 (2011)：地下水流動－モンスーンア

ジアの資源と流動. 共立出版, 272p.

14) Fowler, D. et al. (2013)：The global nitrogen cycle in the twenty-first century. Philos. Trans. R. Soc. Lond. Biol. Sci., 27：368(1621)：20130164.

15) Rockström, J. et al. (2009)：A safe operating space for humanity. Nature, 461, 472-475. https://doi.org/10.1038/461472a

16) Siebert, S. et al. (2010)：Groundwater use for irrigation -a global inventory, Hydrol. Earth Syst. Sci., 14, 1863-1880. https://doi.org/10.5194/hess-14-1863-2010

17) Wada, Y. et al. (2010)：Global depletion of groundwater resources, GRL, volume 37, issue L20402.

18) Dalin, C. et al. (2019)：Unsustainable groundwater use for global food production and related international trade. Global Sustainability 2, e12, 1-11.

19) Glesson, T. et al. (2012)：Water balance of global aquifers revealed by groundwater footprint. Nature, 488, 197-200.

20) 谷口真人 (2023)：SDGs 達成に向けたネクサスアプローチ－地球環境問題の解決のために－. 共立出版. 259p.

21) Montanari, A. et al. (2013)："Panta Rhei-Everything flows"：Change in hydrology and society-The IAHS Scientific Decade 2013-2022. Hydrological Sciences Journal. 58(6), 1256-1275.

第2章

地下水の保全と利用

2.1 地下水利用と地下水障害

地下水の利用には，井戸内に設置したポンプを稼働することで揚水する必要がある．揚水に伴って井戸内の水位が井戸周辺の地下水位よりも低まることで水位降下円錐が出現し，それにより井戸に向かう地下水流れが発生することで継続した揚水が可能となる．揚水をしていないときの自然状態での地下水位を静水位，揚水中の低下した地下水位を動水位と呼び，動水位は揚水量や帯水層の水理特性によって変化する．静水位と動水位の水位差が小さい揚水井は，高い透水特性を持つ有能な帯水層を反映しており，そのような帯水層が発達している地域では地下水利用が活発であることが多い．地下水は特段の導水施設を施すことなく，水利用需要のある場所に井戸を設けることによって利用することができるため，様々な目的で揚水井が掘削され利用されてきている．

1つの地域で多くの井戸が設けられて過剰に揚水が行われるようになると，揚水に必要な地下水量を賄うために，帯水層内の静水位が広範囲に低下する．さらに状況が悪化すると帯水層内の地下水の移流だけでは間に合わず，その上下の加圧層や粘土層からも帯水層に向かって間隙水が絞り出される現象が発生するようになる．これらを地下水障害と呼んでいる．地下水障害には，①水位（水頭）低下（それに伴う井戸枯れ，湧水消失），②地下水塩水化（沿岸付近における帯水層中への塩水侵入），③地盤沈下（図I.2.1），④酸欠空気事故（ビル地下室等に設置された被圧地下水井の井戸菅を介して，水頭低下により出現した還元的な不飽和域に気圧変化に応じて大気が出入りすることで酸欠空気が地下室内に充満して起こる事故）の発生等が知られている．

第二次大戦後の経済発展に伴って，1960

図 I.2.1 地盤沈下により抜け上がった井戸菅
(https://www.cbr.mlit.go.jp/kawatomizu/ground_sinkage/07.htm より)

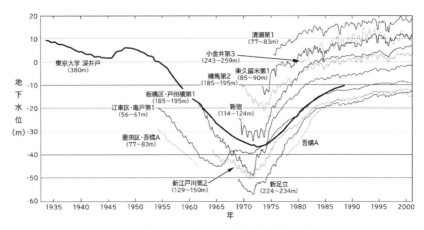

図 I.2.2 東京における被圧地下水頭の長期変化（文献2）

年以降日本の主要工業地帯である大阪，東京，名古屋といった大都市圏およびその周辺地域において地下水の過剰揚水に伴う地下水障害が発生した．図 I.2.2 は東京における被圧地下水観測井の水頭変化を示したものであるが，最も低下した1970年代前半においては，地下60m近くまで被圧地下水頭が低下し，その結果最大5mにも及ぶ地盤沈下や，塩水化，酸欠空気事故等の地下水障害が起こった．これらの障害拡大を契機に，東京都・神奈川県・千葉県・埼玉県の4自治体条例による揚水規制が行われたことで，地下水頭は低下から上昇に転じ地盤沈下は沈静化した[1]．大阪地域では東京に先立つ1960年代に，名古屋地域では東京に遅れて1970年代半ばに同様の過剰揚水に伴う地下水障害が最大期となり，その対抗策としてそれぞれの関連自治体条例による地下水揚水規制が行われてきた[2]．揚水規制により地下水利用が縮減されることで，いずれの地域においてもその後の数十年間の間に，低下した地下水頭がほぼ自然状態に近いレベルまで回復した事実（図 I.2.2）は，温帯湿潤気候下にある我が国の水文特性を端的に反映しており，興味深い．

過剰揚水に伴う地下水障害（主に水位・水頭低下，地盤沈下）は，世界各地でも出現している．モンスーンアジアの沿岸都市である台北，上海，ハノイ，マニラ，バンコク，ジャカルタ等では，日本の3大都市圏と類似した過剰揚水に伴う地下水障害が出現し，その対応としての揚水規制や地下水利用税制度の導入等の政策が試みられている[2]．

図 I.2.3 は，オーストラリアの中央部に展開している大さん井盆地の南東端にあたるクナンブル盆地の地下水頭の変化を示したものである．「さん井」という名称の由来でもある深度700-1000mにある白亜紀の砂岩帯水層にボーリング井戸を穿つと，地上40-70m近くの高さまで自噴する地域で，自噴井から流れ出た地下水から形成される数km長の流路（ボアドレン）沿

第 2 章　地下水の保全と利用

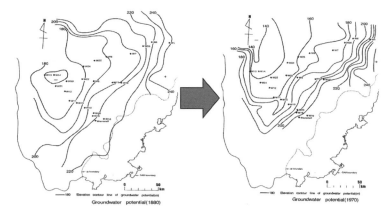

図 I.2.3　オーストラリア大さん井盆地における 1880 年と 1970 年（90 年間）の地下水頭変化

いに生える草や流路の水を羊や牛に与える放牧地として利用されてきた地域である．数 km に 1 か所程度の井戸密度ではあるが，自噴地下水垂れ流し状態が 100 年以上経過した結果，図にあるように水頭が 20-30 m 程度低下し，場所によっては自噴停止となって新たなポンプと電源が必要な事態が起こってきている．もとより年降水量 300-500 mm 程度の半乾燥地帯であるため地下水涵養はほとんどなく，数十万年の地下水年齢を持つ化石地下水利用であることから，その持続的利用が地域の大きな課題となっている[3]．

アメリカ西部の西ダコタ州からテキサス州にかけてのハイプレーンズと呼ばれる半乾燥地域は，大豆や雑穀（キビやアワ等）・トウモロコシ等の栽培基地になっており，日本もこれらの農作物を大量に輸入している．これらの作物栽培は第二次大戦後に揚水井戸関連技術の進展とともに大規模化したもので，必要な水はオガララ帯水層という地域の主要帯水層から揚水しており，セ

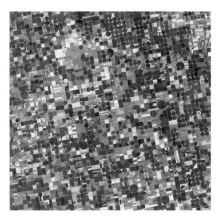

図 I.2.4　ハイプレーンズのセンターピボット式灌漑地域を空から見る．小さな円の直径は約 800 m（米国カンサス州，wikimedia commons より）

ンターピボット式と呼ばれる（図 I.2.4）揚水井戸を中心として自走式のスプリンクラーが回転する半径数百 m の円形範囲が灌漑畑となっている．写真に見える多数の緑色の丸の中心にそれぞれ揚水井戸が掘削されている．このオガララ帯水層の地下水は今から数万年前の氷河期に涵養された化

石地下水で，乾燥したハイプレーンズにおける現在の実質的な地下水涵養はほとんどゼロであるため，揚水は所謂「鉱物資源的な地下水揚水（groundwater mining）」である．帯水層からの過剰揚水により，年間に1m程度，過去数十年間に15から60mもの水位低下が発生している[4]．このまま揚水を継続すると70mの帯水層は今後数十年でくみ尽くされてしまうといわれており，レスター・ブラウン米地球政策研究所理事長は，「目の前の食糧需要を満たすために灌漑用の水を汲み上げすぎると，やがては食糧生産の低下を招く」，「現在の農民世代は，地下の帯水層の大規模な枯渇に直面する最初の世代でもある」と厳しく警告している．類似した半乾燥地域における穀物栽培のための「鉱物資源的な地下水揚水」の事例として中国の河北平原やパキスタンのパンジャブ平原等があり，地下水資源の枯渇と農業生産の停滞は近い将来大問題になることが懸念されて久しい[2]．

2.2 湿潤温帯域の地下水循環特性

太陽エネルギーと地球の重力をもとに形成される地球上の水循環を，陸域部分に注目して模式化したのが図I.2.5である．陸域での水循環は大気中の水（水蒸気・降水），河川水，湖沼水，土壌水等の地表水循環系（地上の循環）と地下水循環系（地下の循環）の2つに区分でき，相互に補完しあいながら1つの水循環系を構成している．地表面での水収支を想定した場合，降水量から蒸発散量を差し引いた残差に相当する量を水余剰量と呼んでいる．水余剰量は，水

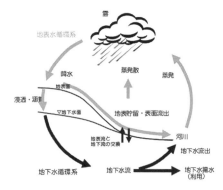

図I.2.5 地表と地下の水循環模式図

資源的には地表で利用可能な水量にあたり，地表水循環系と地下水循環系の双方の源となっている．降水量が多い割に蒸発散量が中庸な温帯湿潤地域では，相対的に豊富な水余剰量が豊かな地下水資源の涵養を支えている．図I.2.2の東京地域の被圧地下水の水頭変化に見られる1970年代の揚水規制後の顕著な水頭回復は，この潜在的に豊かな地下水涵養量により揚水量が縮減されれば，自然涵養によって水頭が回復できる地域であることに起因している．同図の中で最も長期間の観測を行っている東京大学の地下水観測井には，1970年代に加えて1945-50年頃にも一時的に地下水頭が回復している傾向が認められる．地下水揚水量は間接的な経済活動の指標として見れるので，第二次大戦直後の経済活動の停滞によって地下水揚水が一時的に低下した影響が，地下水頭の上昇変化として発現したものと考えられる．日本の3大都市圏における過剰揚水に伴う地下水障害が揚水規制によって解決された背景には，このような日本が置かれている水文環境が大きく影響していることが考えられる．

2.3 地下水の持続的利用を目指した地下水保全

循環資源として地下水を捉え，その持続的な利用をいかに行うべきか．木材や水産資源のような自然資源と同様に地球上に普遍的に存在している地下水は，水循環という枠組みの中で再生産されているが，その再生の母体まで影響する形で過剰な利用（揚水）を続ければ，いずれ枯渇することになる．持続可能な形での地下水の入手を実現するためには，利用のあり方を慎重に考え，長期的な視野に立った管理を実践してゆかねばならない．温帯湿潤なアジアモンスーンの水文環境にある我が国では，一定程度の水余剰量を背景に潜在的な地下水涵養量がある．この自然システムを有効に活用した持続的地下水保全の仕組み作りが求められている．

熊本市およびその周辺地域は，阿蘇火砕流堆積物帯水層からの地下水取水により90万人の給水人口を持つ水道事業を維持している地下水都市である．100本近い地下水観測井戸による30年以上のモニタリング結果から，地域の地下水位が長期的な低減傾向にあり，一番に疑われる地下水取水量は長期的に減少傾向にあることから，地下水位低減の主要因として都市化や減反政策による水田の減少にあると推察された．それらの結果を背景に，2001年から始まった白川中流域の転作田を利用した人工地下水涵養事業を契機として，熊本県・市の地下水条例の枠組みを活用して，行政境界を越えて取水対象となっている第二帯水層の分布域において持続的な地下水保全

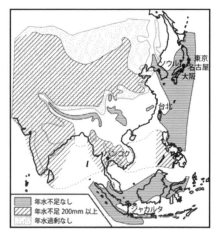

図 I.2.6 アジア地域の水余剰量分布（文献5）

図 I.2.6 は，アジア地域における水余剰量の分布図である[5]．前節に示したように過剰揚水に伴う地下水障害は，モンスーンアジア沿岸都市各地でも出現し，その対応策としての揚水規制等の政策を講じてきているが，一部では我が国同様に回復の兆しが見えてきている都市もある．これらの都市は，図 I.2.6 中に示されている水余剰量が通年にわたって正の値をとっている地域にその多くが存在しており，各都市の置かれている水文環境が地下水頭の回復に大きく貢献しているものと言える．

一方，同じく前節で紹介している化石地下水の鉱物資源的な利用による牧畜や灌漑農業が盛んな半乾燥地域における過剰揚水に伴う地下水頭低下に対しては，いずれも半乾燥地域であることから水余剰量は負になっており，持続的な地下水利用を目指した積極的な対応策の展開は極めて難しいと言わざるを得ない．

を目指した様々な地下水管理に取り組んでいる[6]．

2012年に改正された熊本県地下水条例では，地下水を「地域共有の貴重な資源・公共水」として位置付け，大口地下水採取者の許可・届出・採取量報告等を義務付けているほか，地下水の合理的使用や，地下水涵養に努めることが明記されている．条例に付随した地下水涵養指針では，地下水採取者が取り組む涵養対策として，①雨水浸透ますの設置等の事業者等の敷地内での雨水浸透の促進，②水田湛水事業や水源涵養林の整備等敷地外での涵養の取り組みに加え，熊本地域においては，③涵養域産の作物の購入，④2012年に設立された「くまもと地下水財団」に協力金，寄付金等を負担すること等によって間接的に地下水涵養に貢献する取り組みも示し，これらの取り組みによってどの程度の涵養効果（涵養量）があるかを推計する算定方法も例示している[7]．熊本地域の地下水採取許可対象者には，当面採取量の1割を目安に涵養対策に取り組むことを求めており，2021年度において熊本地域の地下水総取水量1.2億t/年に対して，その65％相当の0.8億t/年の涵養対策が実施されている．熊本地域では，新たなIC関連産業の進出によって地下水揚水量が増大することが懸念されているため，現状の地下水環境を将来的にも確保することを目指して，熊本県ではより厳格な涵養対策として新たな地下水採取者に対する採取許可にあたっては，採取量の全量相当の涵養を求める方向で2023年に条例改定を行っている．冬季水田湛水事業のような行政による涵養対策は多くの自治体で導入されているが，条例によって地下水採取者に厳格な涵養対策を求めている事例は，熊本県以外ではまだない．

2014年7月施行され2021年6月に一部改正された「水循環基本法」では，水が地表水又は地下水として河川の流域を中心に循環することを「水循環」と定義し，その水が「国民共有の貴重な財産であり，公共性の高いもの（第3条の2）」と定義した．法成立以前は，特に土地所有者との関係から，地下水の公共性の取り扱いが明確でなかったため，地域において地下水利用の配分や地下水障害発生時の対応策を難しくしていた側面があったが，水循環基本法が成立したことで地下水の公共性が明らかとなり，それまで地方公共団体が独自に定めてきた地下水保全に関連した条例等に対して国が法律的な根拠を与えることになった．それまでの水行政の縦割りによって顕在化してきた様々な弊害を打破し，健全な水循環の維持・回復に向けた政策を一体的かつ総合的に推進することを目指した画期的な法律であり，地下水を含む水が法的根拠を踏まえ，各地方自治体の状況に応じた地下水行政を行う環境がますます整ってきたといえる．今後地下水利用の盛んな地域の自

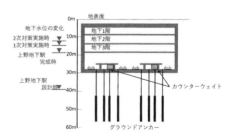

図 I.2.7　上野地下駅周辺の地下水位の変化と対策
（文献8）

治体においては，より厳格な地下水保全と利用のバランスを踏まえた仕組みが構築されてゆくことが期待される．

図 I.2.2 で確認された過剰揚水に対する揚水規制の効果がもたらした地下水頭の回復により，東京では新たな地下水問題が発生した．図 I.2.7 は，新幹線上野駅周辺の地下水位の変化とその対策を摸式化したものである[8]．東京駅を通過する総武快速線や上野駅を通る東北新幹線は，駅が地下 30-40 m に建設されており，これらの地下駅は東京の被圧地下水頭が低い頃に施工されたため，地下水位上昇に対する浮力対応は想定していない設計であった．地下水頭回復に伴う地下駅周辺の地下水位上昇から発生した浮力に対応するため，1995 年の 1 次対策ではホーム下に総重量 37000 t にもなる鉄板の錘を設置し，2004 年の 2 次対策では地下 50-60 m までのグラウンドアンカーによる浮力対策工で対応している状況にある．さらに，地下駅そのものは地下水面以下で水没状態となっているため，防水壁から漏水する地下水を常時ポンプアップして排水を行う必要があり，地上に汲み上げて公共水域である河川に排水するために，JR 東日本にはポンプの電気代と下水道相当の料金負担が求められていると聞く．まさに揚水規制がもたらした想定外の事態で，1 都 3 県で決めた規制条例の見直しをしてもよさそうに思えるが，特段の動きはまだ見えていない．

地域全体における地下水の保全と利用を，どのような状態でバランスをとることが望ましいと考えるかは，地域の実情や目的によって異なり，より自然に近い保全重視とするのか，利用重視とするのかは，地域の合意によって選択される事項である．一方，地下水は地表水と異なり，目に見えず，その賦存する地下構造や利用形態が地域ごとに大きく異なるという特徴があるため，地下水の利用や挙動の実態把握とその分析，可視化，水量・水質保全上の課題，涵養，採取等に関する情報を地域ごとに取り揃えて合意形成にあたっての共通認識の醸成を図る必要がある．そのための「地下水マネジメント」が，今度ますます重要になってくるものと思われる[9]．

〔嶋田　純〕

文献

1) 東京都土木技術支援・人材育成センター (2022)：令和 3 年度地盤沈下調査報告書. 33p.
2) 嶋田　純 (2010)：アジアの地下水問題. 谷口真人編著, アジアの地下環境. 学報社, pp. 89-114.
3) Shimada, J. et al. (1999)：Use of 36Cl age to compile recent 200k year paleo-hydrological information from artesian groundwater in great artesian basin, Australia. Proc. of Int'l Symp. on groundwater in environmental problems, Chiba Univ., Japan, 125-131.
4) 遠藤宗浩 (2008)：オガララ帯水層の水問題. 水利科学, No. 300, 26-45.
5) 榧根　勇 (1972)：モンスーンアジアの水文地域. 東京教育大学地理学研究報告 16, 33-47.
6) 嶋田　純・上野真也 (2016)：持続可能な地下水利用に向けた挑戦. 成文堂, 310p.
7) 嶋田　純 (2013)：広域地下水流動の実態を踏まえた熊本地域における地下水の持続的利用を目指した新たな取り組み—地下水資源量維持のための揚水許可制の導入—. 日本地下水学会誌. 55(2), 157-164.
8) 日本地下水学会 (2020)：地下水・湧水の疑問 50. 成山堂書店, 190-193.
9) 内閣府 (2022)：令和 4 年版水循環白書. 184p.

第3章

資源としての地下水

3.1 資源としての地下水

地下水は，地球表層環境の現状や将来を考えるうえで重要であり，また，地域における文化の醸成や産業活動の基盤としても位置付けられるものであるが，いわゆる「淡水資源」としての位置付けが，本来的には重要な観点の1つになる．私たちの社会活動においては，水は，農業用水，養魚用水，工業用水，生活用水といった多様な活用のされかたをしており，その中で，地下水も相当の役割を果たしている．

日本国内において，農業用水，工業用水，生活用水として利用されている水使用量は年間約 785 億 m^3 と推計されている．そのうち 86 億 m^3 が地下水利用とされ，地下水利用の割合は約 11％となっている[1]．地下水に関しては，上述の利用方法に加え，養魚用水，消流雪揚水，建築物用利用等があり，それらを加えた合計の地下水利用量は年間 103 億 m^3 と推計されている．図 I.3.1 には，これらの利用割合が示されている[1]．

地下水利用の特性は地域ごとに様々であり，地下水への依存度が多い地域も少なくない．例えば，工業用水と生活用水とをあわせた都市用水について見てみると，地下水利用が全体の40％を超える地域は，関東内陸部，北陸，南九州とされ，一方で，全体の10％を切っている地域は，北海道，中国山陽とされている[1]．また，日本国内における地下水使用量の変遷（図 I.3.2）からは，工業用水としての地下水利用は継続して減少しているものの，生活用水としての利用量は横ばいとなっている[1]．

地下水の持つ別の観点からの特徴として，地表から一定程度以深では，地下地盤ならびに地下水の温度は地域の年平均気温に近い値を示すことがよく知られている．その特性を生かした地下水利用や地下熱利用も進められている．井戸からくみ上げた

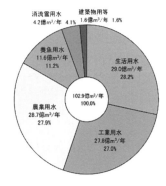

図 I.3.1 日本国内における地下水使用の用途別割合（文献1）

第3章 資源としての地下水

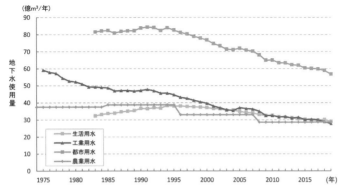

図 I.3.2 日本国内の地下水使用量の推移（文献1）

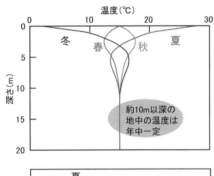

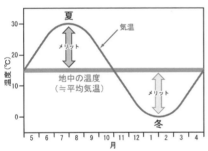

図 I.3.3 深さ方向の地下温度分布の特徴（上）と気温および地中の温度の年間変動（下）の模式図（地中熱利用促進協会による）（文献2）

水が，夏は冷たく感じ，冬は暖かく感じるのは，この，地下水が持つ「恒温性」によるものである（図 I.3.3）．

最近では，ヒートポンプ等の熱利用機器の高効率化が進み，地下と地表の温度差を利用した熱利用も行われるようになっている．クローズドループ方式とオープンループ方式が，その手法の主要なものとして開発されている．このうちの前者は，地中熱交換器内に流体を循環させることで地中から熱を取り出し，その熱を，ヒートポンプを通して，必要とされる温度領域の熱に変換するものである．掘削孔に地中熱交換器を設置する方法が一般的であるが，建物の杭に沿って地中熱交換器を設置する方法等もあり，導入が進められている．後者は，井戸から揚水した地下水が持つ熱を地表に設置されたヒートポンプで取り出す方式である．この方式は，前者に比べ井戸1本からの採熱量を大きくすることができるというメリットがある一方，地下水を揚水する必要があるため，考慮すべき事項が増加することになる．これらに加えて，最近では，帯水層を蓄熱媒体として利用する試みも技術開発として進められており，その成果にも期待が持たれる．

日本海側の豪雪地域等では，消流雪のために地下水を利用することが広く行われており，これが，図I.3.2において消流雪用水とされるものである．このような地域では，雪の処理が，冬季の生活や経済活動をきわめて困難にしてきた（図I.3.4 上）．そのような中，1961（昭和36）年に地下水を利用した消雪パイプが誕生（図I.3.4 中）し，その導入がなされた．地下水を用いた消雪パイプは，使いやすく消雪効果がきわめて高いために，豪雪地域に急速に導入されていった（図I.3.4 下）．その導入には，行政によって取りまとめられた技術指針[3]の存在も大きく貢献している．

最近の懸念のひとつは，地下水の持つ熱を活用した消雪効率が非常に高く導入が容易であることから，必要以上に揚水しがちになるという傾向に至っているのではないかという点である．また，豪雪地域における降雪パターンが変化してきたことに対する適切な地下水管理・保全の観点からの検討も必要とされるであろう．実際に，消雪用の井戸からの揚水量が減少することへの対策として，井戸の掘削深度をより深くするということも起こっているようであり，この種の状態は，いわゆる「共有地（コモンズ）の悲劇」[4]の要素を抱えた深刻な課題であるともいえる．

ところで，国内では，2014（平成26）年に水循環基本法が公布・施行された．これは，健全な水循環の維持または回復のための施策を総合的かつ一体的に推進することを目的とするものである．また，この法律に基づく施策推進のために，2015（平成27）年には，水循環基本計画が策定され，

図I.3.4 地下水を用いた消雪による地域の変遷．（上）1945（昭和20）年の新潟県小千谷市の状況（写真提供：坂東克彦氏）．（中）1961（昭和36）年に誕生した消雪パイプを導入したのちの降雪時の道路状況（写真提供：長岡市道路管理課）．（下）近年の状況（写真提供：株式会社興和）

2020（令和2）年に，新たな計画として改訂されている．水循環基本計画では，「持続可能な地下水の保全と利用の促進」が，「健全な水循環への取組を通じた安全・安心な社会の実現」の枠組みの中で述べられ

ており，「地盤沈下，塩水化，地下水汚染等の地下水障害の防止や生態系の保全等を確保しつつ，地域の地下水を守り，水資源等として利用する「持続可能な地下水の保全と利用」を推進する」とされている．関連して，「地下水マネジメントの手順書」[5]が発行されており，そこでは，地下水は「地域共有の財産」と位置付けられている．地下水は，上述のように，「水資源」「熱資源」等として地域の特性に応じて活用されてきているが，今後とも，地下水が公共性の高い「水・資源」として丁寧に取り扱われることが必要である．

3.2 地下水利用の基本的考え方

ここでは，井戸から揚水する場合の地下水収支がどのように考えられるかを，単純化した条件の下で整理する．なお，この議論は，Bredehoeft et al. (1982)[6]，Bredehoeft (2002)[7]，Konikow and Bredehoeft (2020)[8] によって包括的に議論されているので参照されたい．また，徳永 (2021)[9] にも簡単な整理がなされている．

まず，地下水流動に関する境界が閉じていると考えられる地下水盆（地下水の流域）を考えることとする．この地下水盆において，十分に長い期間における平均的水収支を考えることにすると，領域内の地下水貯留量は一定であると単純化することができる．このとき，地下水揚水を開始する以前の地下水盆への総涵養量 (R_0) $[\mathrm{L}^3/\mathrm{T}]$ と総流出量 (D_0) $[\mathrm{L}^3/\mathrm{T}]$ は等しくなる．すなわち，

$$R_0 = D_0 \tag{I.3.1}$$

である．この状態から揚水 Q_t $[\mathrm{L}^3/\mathrm{T}]$ を開始する．この揚水により，形式的に，地下水盆への総涵養量が ΔR $[\mathrm{L}^3/\mathrm{T}]$，地下水盆からの総流出量が ΔD $[\mathrm{L}^3/\mathrm{T}]$，それぞれ増加し，地下水貯留量が，時間 Δt $[\mathrm{T}]$ の間に ΔV $[\mathrm{L}^3]$ 増加したと考える．この状況においては，地下水盆中の水収支は，

$$(R_0 + \Delta R) - (D_0 + \Delta D) - Q_t = \frac{\Delta V}{\Delta t}$$

$$\tag{I.3.2}$$

と書くことができる．式 (I.3.1) および式 (I.3.2) から Q_t は，

$$Q_t = \Delta R - \Delta D - \frac{\Delta V}{\Delta t} \tag{I.3.3}$$

と整理することができる．式 (I.3.3) が意味することは，揚水量は，「地下水盆への総涵養量の増加」，「地下水盆からの総流出量の減少」，「地下水貯留量の減少」の3つの要素によるものであるということである．また，開発前の地下水盆への総涵養量は，式 (I.3.3) の収支にはあらわれてこない．

ここで，式 (I.3.3) の右辺に現れる $(\Delta R - \Delta D)$ は，キャプチャー（capture）と呼ばれる単位時間あたりの流量である[10]．キャプチャーは，揚水を行う場合の水収支において考慮する必要がある概念であり，揚水によって発生する，場の動水勾配変化による地下水涵養総量の増加と地下水総流出量の減少を意味している．

この変化を模式的に示した図 I.3.5 の最上段は，揚水開始前の状況を示しており，そこでは，不圧帯水層中の地下水が河川に流出している．このとき，式 (I.3.1) が

成り立ち，地下水盆への総涵養量と河川への地下水総流出量がつり合っている．図I.3.5の中段は，揚水開始後一定程度の時間を経たのちの状況であり，地下水面の低下とそれに伴う地下水貯留量の減少，その結果発生した動水勾配の変化による河川への流出量の減少が起こっている．図I.3.5の下段は，揚水が継続した後の状況であり，地下水面のさらなる低下による地下水貯留量の減少に加え，動水勾配が河川から揚水井戸側に向かうように変化した結果，河川水の地下への涵養（誘発涵養）を引き起こしている．

また，揚水に伴う地下水盆中の水のバランスは時間とともに変化する．図I.3.6は，井戸から揚水される水の起源の時間変化を概念的に示したものである[12]．この図からわかるように，揚水最初期は，地下水盆中に貯留されていた水が揚水され，その後，揚水継続による動水勾配が時間的に変化し，動水勾配が変化する領域が空間的に広がり，地下水盆境界への影響が大きくなるにつれ，揚水される水の中に占めるキャプチャーの割合が増えていくことになる．なお，図I.3.6の横軸の時間スケールは，地下水盆の特性（例えば，地盤・岩盤の水理特性や境界条件（河川・湖沼等表流水体との距離等））に依存して変化する．

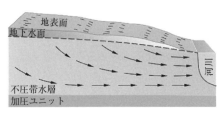
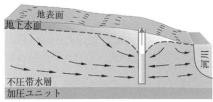
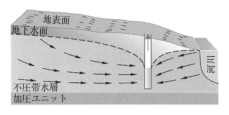

図I.3.5 揚水に伴う地下水流動パターンの変化と河川と地下水との関係を示す模式図（文献11）．詳細は本文を参照のこと．

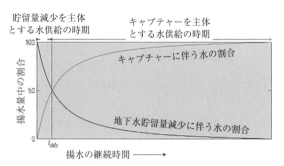

図I.3.6 井戸から揚水される水の起源の時間変化（文献12）．詳細は本文を参照のこと．

第3章 資源としての地下水

図I.3.6が示す重要なことの1つは，水収支・水循環に与える揚水の影響の時間的な変化である．揚水の最初期には，地下水として貯留されている水が揚水されるため，水循環の他の要素への影響は大きくない．その後，時間経過とともに，揚水される水としてキャプチャーの割合が増加し，それは，水循環に関わる地下水以外の要素への影響が相対的に増大する過程となっている．十分な時間を経たのちの新しい定常状態では，地下水盆に係る水収支における総水量は変化せず，揚水量は，キャプチャーとして地下水以外の要素の減少とバランスしていることになる．

このような過程について，単純な設定のもとで考えてみよう．ここでは，Konikow and Bredehoeft（2020）[8]の教科書の練習問題を取り上げてみる（図I.3.7）．図I.3.7の上の図は，問題の設定である．考慮する領域の西側からは帯水層に対して一定量の涵養がある（この問題では，1,688 m³/日）．また，帯水層（不圧帯水層）の東側は河川と接しており，河川の水位は，上流側（北側）で34.2 m，下流側で25.9 mと設定され，上流側から6,667 m³/日の河川流入がある．帯水層の北側および南側は閉境界とされている．この状況のもと，河川から約8 km離れた地点において，強い揚水（6,078 m³/日）を行った場合の結果が図I.3.7の下の図に示されている．なお，帯水層物性等については，Konikow and Bredehoeft（2020）[8]を参照されたい．

図I.3.7の下の図に示されている河川流量の上流から下流にむけての変化からわかるように，揚水を開始することにより，河川流量は減少する．これは，揚水に伴うキャプチャーを見ているということになる．ところで，この設定においては，河川流量変化は時間とともに大きくなり，揚水開始から6年後には，河川の一部では瀬切れが起こる（河川の一部区間の流量がゼロになる）．また，瀬切れの範囲は時間とともに

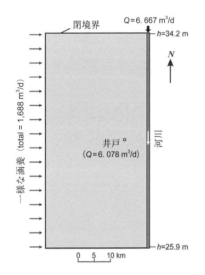

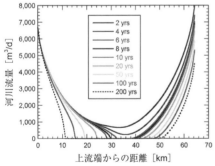

図I.3.7 河川との水のやり取りがある不圧帯水層における揚水に伴う河川流量変化（文献8）．（上）場の設定．（下）上流から下流にむけての流量の時間的変化．詳細は本文を参照のこと．

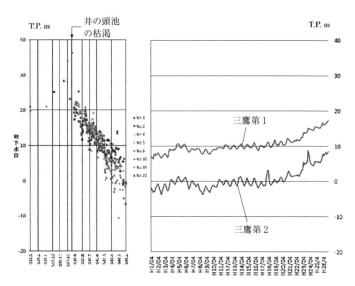

図 I.3.8 東京都三鷹市にある井の頭池周辺の井戸水位変化（文献13）．詳細は本文を参照のこと．

河川沿いに広がっていき，揚水開始後200年程度たつと，河川に沿って40 kmもの区間にも至ることが示されている．

このような認識に基づくと，日本の都市域で発生する湧水の枯渇に対する考え方も整理がしやすいかもしれない．図I.3.8は，東京都三鷹市にある井の頭池周辺深井戸の井戸水位計測結果である[13]．この地域では，深層地下水の揚水に伴う深井戸の井戸水位低下が1960年代から起こっており，その低下時期と井の頭池の枯渇の時期がよく対応していることがわかる（図I.3.8左）．一般に，都市域における浅層地下水の地下水位低下や池の水の枯渇は，都市化による浸透量の減少によるものであると直感的な理解がなされることが多いが，その理由に加え，より深い深度の地下水開発を行い，浅い位置にある帯水層から深い位置の帯水層への地下水の供給がある場合には，表流水環境に対する影響を与えるという結果になることも考慮に入れる必要がある．

以上述べてきたように，地下水を開発するということは，地下水のみではなく，地表水の流況にも影響を与えることがありうる行為であり，また，その影響が顕著になるのには，時間遅れが発生することがありうるということを認識し，適切な揚水地点の配置や揚水量の設定，必要なモニタリング体制の構築等を通した持続可能な水資源開発を進めることが求められる．なお，今回提示した計算事例（図I.3.7）は，きわめて高い強度の揚水を行ったという設定であることには留意が必要であり，持続可能な地下水・地表水利用を行うことが多くの場合において困難であることを示しているわけではないことは，強調しておきたい．

3.3 水資源確保に向けた地下環境の活用

我々が行う人間活動，特に地下開発や地下空間利用は，水資源の確保や保全にも影響を与える場合がある．例えば，地下構造物への湧水は，利用可能な水資源量を増やすという効果がある．第Ⅰ.3.2節で説明したように，揚水初期（これは，地下構造物構築初期の構造物への湧水も同様に考えることができる）には，地下に貯留されている水が湧出することから，その水量は，地下構造物構築をしなければ利用することが困難であった水ともいえる．また，十分に長い時間がたつと，トンネル等地下構造物への湧水は，恒常的な湧水量を示すことが多いことから，それは地域の安定した水源となりうる．日本各地でトンネル湧水を重要かつ安定した水資源として活用している事例も知られている（例えば，大島 (2020)[14]）．一方，これも第Ⅰ.3.2節で説明したように，湧出する水は，長期的にはキャプチャーを起源とするものになる．したがって，この種の議論を進めるにあたっては，地下水を含めた水循環の視点も含めた包括的な検討が必要となる．

〔徳永朋祥〕

文献

1) 国土交通省水管理・国土保全局水資源部(2022)：令和4年版 日本の水資源の現況．229p.
2) NPO法人地中熱利用促進協会HP：www.geohpaj.org/introduction/index1/howto（2023年5月12日閲覧）
3) 建設省北陸地方建設局 (1981)：散水融雪施設等設計要領．220p.
4) Hardin, G. (1968)：The tragedy of the commons. Science, 162, 1243-1248.
5) 内閣官房水循環政策本部事務局 (2019)：地下水マネジメントの手順書．98p.
6) Bredehoeft, J. D. et al. (1982)：The water budget myth. In：Scientific Basis of Water Reources Management, Studies in Geophysics, 51-57, National Academy Press.
7) Bredehoeft, J. D. (2002)：The water budget myth revisited：why hydrogeologists model. Ground Water, 40(4), 340-345.
8) Konikow, L. F. and Bredehoeft, J. D. (2020)：Groundwater Resources Development. Effects and Sustainability. The Groundwater Projct, Guelph, Ontario, Canada, 96p.
9) 徳永朋祥 (2021)：地下水流動・水収支と地下構造物の関連を考える―地下水流動系からの排水という観点から―．基礎工，49(6)，10-13.
10) Lohman, S. W. et al. (1972)：Definitions of Selected Ground-Water Terms-Revisions and Conceptual Refinements. United States Geological Survey Water-Supply Paper 1988. 21p.
11) Leake, S. A. and Barlow, P. M. (2013)：Understanding and Managing the Effects of Groundwater Pumping on Streamflow. United States Geological Survey Fact Sheet 2013-3001. 4p.
12) Konikow, L. F. and Leake, S. A. (2014)：Depletion and capture：Revisiting "The source of water derived from wells". Groundwater, 52(S1), 100-111.
13) 東京都環境局 (2016)：これからの地下水保全と適正利用に関する検討について．147p.
14) 大島洋志 (2020)：トンネルと地下水―私が学んできたこと―．地下水学会誌，62(2)，257-281.

第4章

地下水と技術

4.1 地下水における技術の変遷

　地下水は，河川や湖等の表流水から離れた場所で人間が淡水を確保するための資源として古代より利用されてきた．「井戸」はそれに伴って発展してきたものであり，現在でも最も基本的な取水技術として活用されている．

　近代以降，農工業の発展とともに地下の掘削を伴う大規模な"工事"が増加するようになると，地下水を人工的に制御するための様々な技術が必要とされるようになった．工事エリア等から地下水を排水する技術，地下水位低下技術，地中で地下水を遮水するための遮水技術等が発展した．

　20世紀末～21世紀になると，水資源としての地下水の枯渇を防ぐため地下水に注水する人工涵養技術，地下水汚染等の環境リスクを防ぐ地下水汚染対策技術，地球温暖化に伴いクリーンエネルギーの開発ニーズの増加を背景として，地下水を熱源とする熱利用技術等が開発されるようになった．特に21世紀に入ってから地下水を水循環系の位置プロセスとして捉え有限の資源として，どのようにコントロールしながら有効活用していくかという視点が重要視されるようになった．今後はそれを背景とした，地下水制御技術の開発が進められていくと考えられる．

　このように地下水に関わる技術は，21世紀になってから，技術の目的，内容，共に一機に"多様化"し，"複雑化"しつつある．本章ではそうした地下水に関わる技術全体を捉えつつ，他編であまり扱われていない実用上重要な技術的事項について述べ，地下水制御技術が大規模に使われた最近の具体的事例を紹介し，地下水技術の現況と今後の展望について記す．

4.2 地下水の予測評価技術

4.2.1 理論解析による評価

　井戸の揚水量を推定したり，建設工事等において地下掘削やトンネル掘削時の排水量を推定したりすることは実用上のニーズがきわめて高く，これまでに様々な状況を想定して揚水量や排水量を予測するための理論式，経験式が提案されてきた[1-3]．式（I.4.1）は最も基本的な理論式として知られ，被圧帯水層の井戸揚水に用いられる知られるティーム（Thiem）の式，影響半径を推定するシチャート（Sichart）の式で

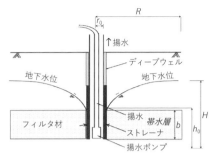

図 I.4.1 井戸による取水と緒元
（ディープウェル）

ある.

$$Q = \frac{2\pi kb(H-h_0)}{\ln(R/r_0)} \quad (\text{I.4.1})$$

ここで Q ＝揚水量（m³/s），k ＝帯水層の透水係数（m/s），H ＝自然水位（m），h_0 ＝井戸の孔内水位（m），b ＝帯水層厚さ（m），r_0 ＝井戸の半径（m），R ＝影響半径（m）：例えばシチャートの式 $3000s\sqrt{k}$，s：地下水位低下量とする.

表 I.4.1 は様々な状況を想定して導かれた地下水の揚水量，排水量を推定する理論式を紹介したものである．揚水量，排水量の推定のためには，まずはこれらの理論式や経験式を用いて評価を行うことが効率的であり，また，技術者が様々な地盤における地下水の挙動を本質的に，かつ直観的に理解するためにも効果的である．実際に現場においてこれらの式を用いて，揚水量，排水量を推定する場合の代表的手順を以下に示す（第IV編参照）．

①地盤調査による帯水層構成等の把握
②地盤の地下水パラメータを把握するための調査（現場揚水試験等）の実施
③揚水量，排水量を推定する対象の境界条件，透水性に応じた推定式の選定
④調査結果に基づく地下水パラメータと選定した推定式を活用した揚水量，排水量および周辺地下水位変化量分布の推定

4.2.2 数値解析技術

20 世紀の後半になると数値解析手法が発達し地下水分野において活用されるようになった．それらの内容は第 V 編に詳述されている．数値解析は複雑な境界条件を設定できる，地盤の不均質性の影響を評価できるという利点がある．現在，数値解析手法は，地下水汚染の拡散問題や地盤沈下や凍結現象も含めた地盤変形，相変化の現象との連成解析等，対象範囲が拡大している．特に 2010 年以降コンピュータ速度や扱えるデータ処理量が飛躍的に進歩し，不均質な地盤のパラメータ等を逆解析的に予測する手法や，統計的にパラメータを振って多くの解析を行って工学的判断を行う方法等新しい数値解析手法も実用化されつつある．

地下水分野においては，理論解析と数値解析それぞれの特長を生かして解析の目的を明確にして，課題を効率的に解決することがますます重要になる．

4.3 地下水制御技術における目詰まり問題

人工的に地下水を制御しようとすれば，地下水流速は自然状態から変化する場所が発生する．地下水流速が増加する場所ではどこでも土粒子の新たな移動が発生し，移動した土粒子の目詰まりにより透水性が低

第 I 編　概　　論

表 I.4.1　各種取水，揚水時の理論解（文献 1, 4）を改変）

近傍に表流水のある井戸揚水	$Q = \dfrac{2\pi km(H-h_0)}{\ln\dfrac{2a}{r_0}}$	被圧	
	$Q = \dfrac{2\pi km(H^2-h_0^2)}{\ln\dfrac{2a}{r_0}}$	不圧	
近傍に不透水壁のある井戸揚水	$Q = \dfrac{2\pi km(H-h_0)}{\ln\dfrac{R^2}{2ar_0}}$	被圧	
	$Q = \dfrac{2\pi km(H^2-h_0^2)}{\ln\dfrac{R^2}{2ar_0}}$	不圧	
近傍に二面の不透水壁がある井戸揚水	$Q = \dfrac{2\pi km(H-h_0)}{\ln\left(\dfrac{R^4}{8r_0ab}\dfrac{1}{a^2+b^2}\right)}$	被圧	
	$Q = \dfrac{\pi km(H^2-h_0^2)}{\ln\left(\dfrac{R^4}{8r_0ab}\dfrac{1}{a^2+b^2}\right)}$	不圧	
井戸底のみからの取水	$Q = 4kr_0(H-h_0)$		
不圧層暗渠からの揚水	$Q = \dfrac{kL(H^2-h_0^2)}{R}$		
不圧層集水管からの揚水	$Q = \dfrac{kL(H^2-h_0^2)}{R}\cdot\dfrac{1}{\left(\dfrac{h_0}{t+0.5r_0}\right)^4\left(\overline{\dfrac{h_0}{t+0.5r_0}}\right)}$		
水底下の集水管からの単位長さあたり集水量 q	$Q = \dfrac{2\pi k(D-H)}{\ln\dfrac{2D}{r_0}}$		

第 4 章 地下水と技術

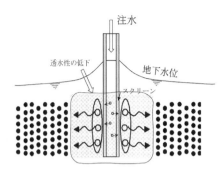

図 I.4.2 注水井戸近傍における目詰まりと透水性の低下のイメージ

下し，意図通りの地下水制御を行うことが難しくなる可能性がある．その意味で"目詰まりによる透水性の低下"という現象は，地下水の技術における本質的な課題の1つである．

4.3.1 人工涵養技術

水を地盤中に人工的に注水し，地下水を供給する技術を人工涵養技術と呼ぶ．人工涵養は生活水や産業用水のための地下水の過剰な取水に伴って水循環系が変化し，水資源としての価値が損なわれることを防止する技術として20世紀後半になって特に注目されるようになってきた地下水技術の一つである．使われる目的としては，上記に関連して地盤沈下防止，水質浄化，地下貯留，建設工事における揚水した水の処理，帯水層の蓄熱利用等様々であり，以下のようなものがある．

- 浸透池や水田からの自然浸透
- 井戸構造からの注入
- 暗渠からの自然浸透
- 地下埋設管からの浸透

いずれの方法で行うにしても，地盤内の地下水流速は，河川等表流水に比べれば一般的に非常に小さく，人工涵養により帯水層へ注水できる量は基本的に地盤の透水性に応じて限定された量となることに留意が必要である．

上記の方法のうち建設工事等比較的短期間の地盤沈下防止等を目的とする場合には，深い帯水層へ直接涵養することが必要となる場合が多く，井戸による人工涵養が行われる場合が多い．その場合は目詰まりに対して特に十分な留意が必要である．一方，水循環の保全等を考慮した長期的な地盤沈下防止や熱利用等の目的で長期間にわたり人工涵養を行う場合には，浸透池，暗渠等からの涵養が用いられる場合が多い．これらは目詰まりを防ぐために，できるだけ低い動水勾配で時間をかけて涵養する意図で用いられることが多い．なお，第VI編，第VIII編に関連の記述がある．

4.3.2 地下水流制御技術

近年，特に都市部の地下深部において大規模地下構造物が建設される場合が多く，建設工事期間のみならず恒常的に地下水流が大きく影響を受けてしまう場合があり，それに対して人工的に地下水を制御するための地下構造物が建設される場合もある．地下の遮水壁，地下構造物を通水構造にして自然の地下水流をなるべく乱さないようにする通水工法等がそれにあたる．これらは第VIII編に記述されているが，どの方法を用いる場合でも，地下水流を制御すれば，それまでとは異なる地下水流向，流速となり，地下水流速が大きくなるところでは，目詰まりが発生するおそれが高くなる

4.3.3 目詰まりによる透水性の低下

前項で述べたように人工涵養等の地下水制御を行う場合には「目詰まりによる透水性の低下」に留意する必要がある．一般に自然地下水流速が大きくなると，増加する流速に応じて一定の大きさ以下の土粒子は移動しようとして，いったん移動しても必ず近傍のどこかに目詰まりして停止する（図 I.4.2）．目詰まりにより透水性の低下するゾーンが発生すると，そこでは流速が小さくなりさらに目詰まりが進行し透水性の低下が促進される．このように“目詰まり”のメカニズム自体は比較的理解しやすい物理現象であるが，人工的な動水勾配を与えれば必ず発生し得る現象でもあり根本的な解決の難しい技術上の課題である．したがって人工涵養等の地下水制御を行う場合には，常に目詰まりの発生を前提として対策を考慮した注水計画を立案する必要がある．

4.3.4 目詰まりの原因

実際の目詰まりには前項で説明した原因以外にも様々なものがあり，それぞれの原因に対しての対策方法も異なる．表 I.4.2 には目詰まりの原因と対策方法の例をまとめた．人工涵養を行う場合，注水中に微粒分が多く含まれるような場合には，注水井のスクリーンや近傍の帯水層に急速に目詰まりが発生し，揚水時よりも非常に小さな流量しか注水できなくなり，目詰まりが発生した場合には揚水をかけてスクリーンや

表 I.4.2　人工涵養等に伴う目詰まりの発生原因と対策例（文献 4）を改変）

目詰まり原因	対策例
注入水中の細粒分 （懸濁物）	・ろ過処理による細粒分の除去 ・井戸の逆洗浄（揚水）による目詰まりの解消
注入水中の有機物， 酸素で増殖した微生物	・脱酸素装置を用いて注水中の溶存酸素を除去 ・井戸の逆洗浄（揚水）による目詰まりの解消
地盤中の化学反応 生成物	・ろ過設備による鉄・マンガンの除去 ・地下水と供給水の水質分析を実施し，生成物の推定と物理・化学的対策の検討を実施
注入水中の気泡	・注水管の先端を水面以下に設置 ・脱酸素装置を用いて注水中の溶存酸素を除去
井戸の鋼製材料の 腐食生成物 （水酸化鉄等）	・井戸管には STK（構造用炭素鋼鋼管）を用いず，耐食性に優れたステンレス鋼管（SUS304）を採用 ・脱酸素装置用いて注水中の溶存酸素を除去，井戸の逆洗浄（揚水）による目詰まりの解消
地盤中の細粒分の再配列	・注水開始前及び開始後の井戸周辺地盤の揚水洗浄 ・低流量・低動水勾配を基本とした注水方法
囲戸の施工品質	・泥水を用いない削孔方法の採用（生分解性の孔壁安定剤を使用） ・開口率の高い（25％）巻線型スクリーンの採用と適切な井戸フィルター材の選定

周辺地盤を逆洗浄する対策がかかせなくなる.

地下水質とは異なる水質の水を注水する場合には,生化学な反応により目詰まりを起こさせる物質が析出する場合がある.一般に注水に使う水は酸化環境にあり,酸素濃度が高いが,こうした水を嫌気環境にある地下水中に注水すると,地下水中に固体が析出される場合があり,それが目詰まりの原因となる.目詰まり物質は,主に①鉄細菌,②炭酸カルシウム,③鉱物粒子から形成されるフロックがあり,鉄細菌については,「ねじれたリボンの形状」が特徴的な Gallionella ferruginea(ガリオネラ・フェルギネア)が井戸や地盤・岩盤の湧水発生箇所に発生する菌としてよくみられるものである(第VI編参照).

4.3.5 目詰まりへの対応方法

表I.4.2に示すように,目詰まりが発生した場合には,涵養時とは逆の動水勾配をかけることにより(逆洗浄)目詰まりを解消する方法が井戸では行われることが多い.しかし目詰まりが発生した場合には,透水性の低下は必ず発生するので,事前の措置によってできるだけ透水性の低下を防ぐ措置を高ずる事が非常に重要である.目詰まりを発生させないようにするための技術的ポイントは以下の通りである[6].

- 涵養する水の細粒分はできるだけ取り除く.
- 地盤の透水係数に合わせてできるだけ低い流速で注入する(地盤に応じた許容動水勾配以下とする[4,5]).
- 涵養する水はなるべく空気に触れさせないようにする.
- できるだけ地下水と同じ水質でできるだけ含有する化学物質の少ないの水を注水する.

人工涵養技術は,地下水位低下防止のみならず,最近の課題である地下水汚染対策,帯水層の熱利用等あらゆる種類の地下水制御を考えるうえで,常に検討され遡上に上がる技術である.したがって,目詰まりによる透水性の低下については,今後も事例やデータの蓄積を行って,地下水技術の基本的な課題として位置付け,技術の整備,確立を図っていくことが求められている.

4.4 地下水汚染と技術の発展

地下水汚染についてはその対策技術も含めて第IX編でまとめられている.地下水汚染問題は1970年代後半より世界的な問題として認知され始めた課題である.この間,適正な飲料水の確保,健全な水循環の確保等の観点から環境問題の主要課題の1つとして認識され,各国で対応のための法整備も行われてきた.一方,地下水汚染問題への対応を地下水技術の発展という観点からみれば,新たな技術的転換が促され,

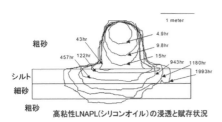

図 I.4.3 不均質地盤中のLNAPLの浸透と賦存状況(文献7)を改変)
LNAPL:Light Non Aquious Phase Liquid=水より軽い難溶解性の液体

エポックとなるものであったということができる．

地下水汚染の賦存状態は汚染物質の物理化学性質と地盤の透水性の分布によって決まる．したがって，汚染の状況を把握するための調査は，透水性の分布（地盤の不均質性）を考慮しながら行うことが重要であり，その上で調査結果に基づいて対策方法を選択するというプロセスを辿ることが必要である．過去の地下水の技術が，揚水・排水流量等の"水量"のみを対象としたものであったことを考えれば，地下水汚染技術の特色は，地盤のミクロの不均質性の評価が総合的な判断に大きな影響を与えるというところにある．

図I.4.3は水より軽い難溶性の有機化合物が地盤中に浸透した場合の賦存状態を実験的に把握した事例である．図I.4.4は水より重い物質の同様の地盤への浸透と賦存状況である．これらの実験の状況を見るだけでも，汚染物質が浸透し汚染されるメカニズム，あるいはその後の長期間の賦存状態がいかに多様で複雑であるかがわかる．また，汚染対策のため人工地下水を発生させると仮定したとすれば，それぞれのプロセスで如何に複雑な浸透現象や，相変化（揮発，分解・生成，溶解）が起こりうるか，それらの状態を把握することがいかに困難かということが想像できる．さらにこれらの化学物質を除去（浄化）するということになれば，単に地下水流速を高めるだけでは困難であり，揮発等の相変化促進，化学分解，微生物分解等の生物・化学的な技術の活用が不可欠となる．その場合にはもちろん井戸だけでなく，様々な地盤改良技術を駆使し，透水性等の地盤条件に応じて方法を選択することが必要となる．

これらの技術を地下水汚染問題発生前の地下水技術の内容と比較すれば，地下水汚染分野自体が他の技術分野と複合して形成された新たな技術分野であるといっても過言ではないことがわかる．地下水汚染問題の発生により地下水技術の多様化，複雑化が一気に進み，地下水技術の発展を考えるうえでは重要なエポックであったと認識できる．

4.5 地下水制御技術を駆使したプロジェクト事例

前節までにおいて，地下水技術の発展とその側面を概説した．その中で20世紀末頃からの「地下水技術の多様化，複雑化」について述べたが，それを象徴する大きな地下水に関連するインフラ分野のプロジェクトを2つ紹介する．いずれも21世紀の初頭に行われ，技術的な困難さだけでなく，地下水汚染を含む課題に対して，周知のもとで進行した公共プロジェクトであり，社会的な現象ともいえる状況を呈したという意

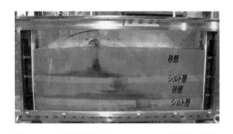

図 I.4.4 不均質地盤中のDNAPLの浸透後の賦存状況（文献8）を改変）
DNAPL：Dense Non Aquious Phase Liquid = 水より重い難溶解性の液体

味でも地下水のプロジェクトとしてそれまでにないものであった．目に見えない地下水というものを扱うプロジェクトを公共の利益のために合理的に進める難しさを関係者が痛感することになった事例でもあり，今後の地下水分野の発展を考えるうえでもこれらのプロジェクトから示唆されるものは大きいものと考えられる．

4.5.1　福島第一原子力発電所凍土壁プロジェクト

2011年，東日本大震災で被災した東京電力福島第一原子力発電所では，建屋への地下水等の流入により，1日400 m^{3}の高濃度放射能汚染水が発生していた．当初より汚染水はすべて浄化処理されており，後になって低濃度のトリチウムを含む処理水はタンクに貯蔵されるようになったが，発災直後においてはタンクもなく，汚染水の発生量を一刻も早く低減させる必要があった．すなわち福島第一原子力発電所の廃炉を進めていくうえでの初期の問題として最も深刻なものの1つであった．そこで被災した原子炉建屋への地下水流入量を抜本的に抑制するため，地下水上流側の地下水揚水，建屋近傍のサブドレンによる水位管理等の対策に加え，遮水壁で取り囲むことが検討された．「汚染源に地下水を近づけない」と称されたこの対策案については透水係数・施工性・耐震性・工期等の観点で凍土壁，粘土壁，グラベル連壁等が比較検討され，その結果として凍土方式の遮水壁が採用された．2017年に凍土壁の延長約1,500 m，深さ約30 m，凍土造成量約70,000 m^{3}の前代未聞の規模の凍土遮水壁が完成し，現在も凍土壁と揚水井戸による地下水コントロールを併せたシステムが稼働中である．本プロジェクトは2020年度の日本建設業連合会表彰，土木賞を受賞しているが，その受賞理由が全体像を把握するうえで有益であり以下要約する．

「凍土遮水壁の施工にあたっては，①多数の既存埋設設備や地下水流による凍結阻害のおそれの中で確実に凍土遮水壁を造成すること，②作業者の被ばく線量の低減や汚染水量の早期抑制のための合理化を図ること，③長期的な運用になる可能性を踏まえた設備仕様とするとともにその運用管理技術を確立すること，等の課題を実証実験でクリアしつつ実現した．課題の解決のための施工管理，維持管理方法として光ファイバを用いた測温システム，交換可能な三重管構造の凍結管，凍結用ブライン配管の

 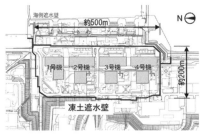

図 I.4.5　福島第一原子力発電所で建設された凍土遮水壁

プレファブ化・ワンタッチジョイントを採用するとともに，敷地全体をモデル化した三次元浸透流−熱移動連成 FEM 解析，遮蔽設備や適正な防護装備等作業員の安全対策等を実施する等，施工プロセスの工夫・改善により課題を克服した．1,568 本の凍結管により段階的に凍土造成を行い，汚染水発生量は 1/4 程度となる等大幅に減少した．2018 年 3 月の経産省，汚染水処理対策委員会にて「凍土壁による地下水の遮水効果は明確に認められることから，サブドレン等の機能と併せ，地下水を安定的に制御し建屋地下水を近づけない水位管理システムが構築された」（引用要約終わり）

このシステムは 2023 年現在も引き続き稼働中である．このプロジェクトは東日本大震災による福島第一原子力発電所の事故に起因したもので当然ながらきわめて高い関心のもとで行われ様々な指摘がなされた．その中には「現地の地下水流速下で凍結できるか」という基本的な技術課題から「凍土壁を造成することにより原子炉本体が沈下するのではないか」という技術的根拠に乏しいものまで様々なものがあった．原子力規制委員会と実施主体側のやりとりが実況中継されるという徹底した情報公開下でプロジェクトが進められたということから考えれば，今後の地下環境に関わる公共プロジェクトの遂行という意味においてきわめて貴重なものであったと考えられる．

4.5.2 豊洲工場跡地再開発プロジェクト

20 世紀末から 21 世紀初頭にかけて，かつて日本の戦後の高度成長を支えた様々な工場が改変期を迎え，多くの再開発が行わ

れた．その際に大きな問題となったのが工場跡地の土壌・地下水汚染問題である．60-70 年代より水域，大気の公害問題が健康障害を引き起こし公害問題として対策がなされてきたが，土壌，地下水汚染問題の発生時期は公害問題と同時期であるが，汚染が地盤の下のことでもあり，汚染の拡散性も大気や表流水に比して低いことから，土地の改変時期を迎えたこの頃に顕在化したということもできる．土壌汚染問題に対応するため，2003 年には土壌汚染対策法が制定される等法整備が進む中で行われたのが，豊洲のガス工場跡地を老朽化した築地市場の代替地として東京都が活用するという「豊洲再開発プロジェクト」であった．

この 40 ha の土地には戦前から高度成長期時代にかけてガス工場が存在し，敷地全域にガスの製造工程で生成された，7 つの物質（ベンゼン，シアン化合物，ヒ素，鉛，水銀，六価クロム，カドミウム）による土壌および地下水の汚染が確認されていた．その土地を全国の生鮮食品が集まる市場として活用することを目的として，非常に大規模な土壌・地下水浄化工事が行われ浄化目標が達成されたものである．

浄化工事では，土壌の掘削除去，土壌洗浄，地下水の遮水，揚水・注水，微生物分解等，化学分解等，地下水を制御し化学物質を除去する当時までに開発された様々な地下水制御技術，地下水浄化技術が，土地の汚染状態，透水係数の分布に応じて駆使された．例えば，5 街区，6 街区においては，透水係数が 10^{-5} m/s 未満の低透水性地盤であり，プラスチックボードレーンを活用した揚水・注水と酸化分解を駆使した

新技術により浄化が行われた[9]．通常は地盤改良を目的として，低透水性地盤に負圧をかける揚水するために使われていたプラスチックボードドレーンを注水にも使い，揚水，注水の組合せで配置して水の入れ替えを行った．シアンの汚染が高濃度の場合には注水用ドレーンに酸化分解剤を投入して，汚染の分解処理も行われた．また7街区においては注水しながら空気を地盤中に注入する微生物分解法が採用された[10]．これらの浄化技術は期間内に浄化するためにはシアンの原位置分解を促進する必要があるということから採用されたものである．ここでは地盤の透水性，汚染の濃度と分布，浄化期間に応じて様々な対策方法が採られており，21世紀初頭の様々な地下水汚染対策技術がフル活用されたプロジェクトであったともいえる．

本プロジェクトは古い工場跡地を再開発し，土地を有効利用するという21世紀初頭の典型的な都市型土壌地下水汚染浄化プロジェクトであったが，東京都が実施した公共事業であること，築地市場の移転先として食の安全性を確保するという跡地利用目的もあり，非常に大きな注目を受ける中で実施された公共プロジェクトであった．

4.5.3 地下水環境に関わる公的プロジェクト

紹介した2つのプロジェクトは福島第一発電所の被災リスク低減と廃炉対応，東京都の築地市場の移転というきわめて公共性が高く国民注視のもとで遂行されたという点で，それまで例のないプロジェクトであった．それゆえ実に様々な角度から意見が百出する中でプロジェクトが進行し，日本社会の環境リスク解決能力そのものが問われるものであったともいえる．その中で，客観情報の提供や冷静な議論の必要性，重要性が改めて浮き彫りになった．今後公共性の高い地下水プロジェクトを行ううえでも，この2つのプロジェクトの事例に参考に，効率的で関係者が納得できる社会的合意形成を図る方法を蓄積したことは非常に意義があった． 〔川端淳一〕

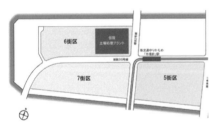

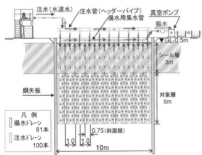

図 I.4.6 豊洲5，7街区に用いられたプラスチックボードドレーンによる揚水・注水システム（文献9）

文献

1) 地下水ハンドブック編集委員会編（1998）：地下水ハンドブック，建設産業調査会，96p．
2) 藤縄克之（2010）：環境地下水学．共立出版，pp.107-140．
3) 根切り工事と地下水編集委員会編（1992）：根切り工事と地下水，pp.79-139．

4) 川端淳一・瀬尾昭治 (2018)：土木分野における地下水処理技術の現状，基礎工，6月号，13-16.

5) 清水孝昭ら (2009)：リチャージ工法の現状と課題，日本地下水学会秋季講演会講演要旨，pp. 184-189.

6) 西垣　誠 (2002)：雨水浸透と地下水涵養の技術の現状，基礎工，Vol. 30(4)，10-13.

7) Soga, K. et al. (2003)：Centrifuge modelling of nonaqueous phase liquid movement and entrapment in unsaturated layered soils. Journal of Geotechnical and Geoenvironmental Engineering, American Society of Civil Engineers, 129(2), 173-182.

8) Kamon, M. et al. (2004)：Two-dimensional DNAPL migration affected by groundwater flow in unconfined aquifer, J. of Hazardous Materials, 110, 1-12.

9) 福島第一原子力発電所陸側遮水壁（凍土壁）－日建連表彰 土木賞，日本建設業連合会.

10) 川端淳一ら (2014)：プラスチックボードドレーンによる用いた揚水・注水工法をシアン含有地下水の原位置酸化分解浄化工事について－豊洲新市場土壌汚染対策工事への適用－．第20回地下水・土壌汚染とその防止対策に関する研究収集会講演要旨集，pp. 458-553.

11) 大石　力ら (2014)：豊洲新市場浄化工事(7街区)における地下水浄化の施工例，第20回地下水・土壌汚染とその防止対策に関する研究収集会講演要旨集，pp. 13-17.

第II編

地下水マネジメント

第1章　地下水の科学と地下水ガバナンス

第2章　地下水ガバナンスの動向

第3章　各自治体の取り組み

第4章　地下水ガバナンスの進め方

我が国の地下水研究は，多様な場の条件の水循環プロセスにおける地下水流動とそれに伴う質的変化プロセスの解明，および地下水資源の開発技術の進展等を主たる目的に，地下水流動に関わる観測と理論の構築，量と質の変化に関する観測・解析技術の開発等，主に自然科学的・工学的なアプローチを軸に展開されてきた．しかしながら 2010 年代に入り水循環基本法の施行，水循環基本計画の策定といった法律・制度の整備が進んだことを受け，それら科学的知見と地域における地下水利用・保全の取り組みの統合が地下水研究における重要な課題になっている．

　本編では，第 1 章にて地下水の科学と地下水ガバナンスの関係を大局的な視点から提示し，第 2 章では近年の地下水ガバナンス研究の歴史および主要テーマを紹介する．第 3 章では日本における地下水ガバナンス分野において先進的な取り組みを行っている自治体の事例を提示し，第 4 章では国内における水平展開を後押しすべく，地下水ガバナンスの具体的な進め方を取り扱う．

第1章

地下水の科学と地下水ガバナンス

1.1 地下水の科学と地下水ガバナンス

　地下水に関わる科学技術は，地下水の諸問題解決を志向して発展してきた経緯がある．実験的，および演繹的なアプローチによって構築されてきた地下水の流れに関わる理論，量と質の変化に関わる多くの観測事例，数値解析技術の進展，こうした科学技術的発展は，地下水の流れを流域における水循環プロセスの一環として捉えることにより，土壌物理，森林水文，農業水利，水工・水理等，多くの境界領域との共同により遂行されてきた．さらに，こうした科学技術的展開が，法律・制度整備の進展や様々なレベルのステークホルダーによる地下水利用・保全の取組と統合され，進められてきた．このような経緯については，田中（2015），田中（2020）に包括的にまとめられている[1,2]．また日本地下水学会創立60周年記念特集として編集された『地下水ガバナンス』は，地下水ガバナンスに関する近年のレビューとして，最も重要な文献の1つである（田中，2020）[2]．

　このような経緯の中で我が国において近年の最も重要な案件は，2014年の水循環基本法の施行，2015年の水循環基本計画の閣議決定，さらに，2021年の水循環基本法の一部改正，そして2022年に行われた水循環基本計画の一部見直しという一連の政策的動向である．

　とくに2021年の水循環基本法の一部改正では，国の責務として策定・実施すべき施策に関し，「水循環に関する施策」に「地下水の適正な保全及び利用に関する施策」を含むものであることが特記された（遠藤・辻村，2021，宮﨑，2022）[3,4]．これにより，地下水の保全と利用に関する具体的な規程が，初めて水循環基本法に登場したことになる．地下水に関わる科学技術的観点からは，国および地方公共団体が努めるべき措置として，「地下水の適正な保全及び利用を図るため，地域の実情に応じ，地下水に関する観測又は調査による情報の収集並びに当該情報の整理，分析，公表及び保存」が明記された点は，重要であると思われる．すなわち，地下水の多様な側面における地域的な特性や，不均一性等を踏まえたうえで，フィールドにおける観測や調査に基づくデータの収集，解析，そして公表という，地下水流動に関わる一連の研究プロセスが，法律の中に位置付けられたものとも解釈されるからである．

　これを受けた2022年の水循環基本計画

の一部見直しでは,「地下水の適正な保全及び利用」が流域マネジメントの一環として重点的に取り組む内容に位置付けられるとともに,政府が総合的かつ計画的に講ずるべき施策に地下水の適正な保全および利用が新設され,地下水マネジメント推進プラットフォームの設立や地下水データベースの構築等が明記された（内閣官房水循環政策本部事務局,2022）[5].なお,水循環基本計画は概ね5年ごとに見直すとされており,2020年に計画全体の見直しがなされていた.このため,2022年のそれは,「基本計画の一部見直し」と位置付けられた.

1.2 諸外国における地下水法制度

前節で述べた水循環基本法が施行されるまで,地下水を含めた水に関わる包括的な法は,我が国にはなかった（千葉,2020）[6].1991年に当時の国土庁が,諸外国および我が国における地下水法制度調査を行っている（国土庁,1992）[7].本調査では,オーストリア,ベルギー,デンマーク,フランス,イタリア,オランダ,スペイン,スウェーデン,スイス,トルコ,ドイツ,イスラエル,ソ連,コロンビア,中国の15か国が対象とされている.表II.1.1は,これら15か国に加え,インターネット上に情報が公開されている,カンボジア,インドネシア,韓国,スリランカ,台湾,タイ,ベトナム,ブラジル,カリフォルニア州,カナダ,米国,ロシア,イラン,13の国・地域を加え,ソ連を除いた計27の国・地域における地下水に関わる法制度を整理したものである.

表II.1.1においては,一部あるいは全面的に地下水の個人所有権を認める,いわゆる「私水」と解釈される記載のある部分に関し,網掛けをして示している.全27の国・地域の内,一部でも地下水の個人所有を認めていると判断されるのは,7の国・地域であり相対的には少数派と思われる（米国については「私水」とする考え方が有力であるが,カリフォルニア州のように州水法により「公水」と位置付けている場合もある）.また,地下水を私水としている国・地域でも大半のところでは,地下水の利用について許可制をとっている.フランスでは,新たにさく井,ボーリングを行う場合に,近隣の井戸との距離に関し,規制,または事前の許可が必要とされる地域がある.ベルギーでは,自噴井,家庭用井戸,ポンプ等の機械を使用しない井戸を除き,地下水の取水は認可を必要とする.このようにしてみると,国レベルで地下水を私水と位置付けている場合も,ほとんどの国・地域において,地下水の取水・利用には何らかの規制・許認可制が存在するものと考えられる（II.1.2節および表II.1.1の記載内容に関し,調査結果の独自性および稀少性は国土庁（1992）ならびに,各国でデータの公開を行っている諸機関に帰属するものであり,関係者には深く敬意を表する[7].ただし,本稿における記載内容についての責任はあくまで筆者にある).

1.3 アジア等の都市における地下水問題

地下水に関わる諸問題の発端は,多くの場合都市域における水需要の増加による地

第II編　地下水マネジメント

表 II.1.1　各国・地域における地下水に関わる法制度の概要（文献7）をもとに改変）

国・地域	主要法制	所有権	国土庁（1992）時点での所有権	許可制	税金・利用料金設定	地盤沈下記述	地下水管理における地下水流域の考慮
オーストリア	連邦水法	私水　土地所有者は地下水所有者	土地所有者使用権	○	○	○	○
ベルギー	民法典	土地所有者は地下水所有者	土地所有者使用権、一部許可認可必要	-	○	-	-
ブラジル	憲法(1988)	水資源は公的なもの	-	○	○	○	○
カリフォルニア	州水法	水は州民のもの	-	-	×	○(主要課題)	-
カンボジア	憲法	水資源は国家所有	-	-	-	-	-
カナダ	灌漑法	地下水財産権・使用権は国家	-	-	-	-	-
中国	水法	地下水は国家に帰属	水資源は国家の所有	○	○	○(天津)	○
コロンビア	水法	地下水は国有財産。土地所有者に使用認める	すべての水は公共物：日常生活に必要な水利用の優先。水利用相互間の配慮義務・土地利用の便宜供与	-	-	-	-
デンマーク	民法	土地委員会の認可により使用可。土地所有者は地下水所有者	土地所有者使用権	○	○	-	○
フランス	民法	公水	-	-	-	-	-
ドイツ	連邦憲法裁判所判例	水資源は公共財産	水管理法には地下水有権に関する記述無し。ただし、地下水は所有権を認めない考い方が主流	○	○	-	-
インドネシア	国法	水資源は公共財産	-	○	○	-	○
イラン	国法	すべての水体は公水	-	○	○	-	-
イスラエル	水法	地下水体は国の財産	水資源はすべて公共財産	○	○	-	○
イタリア	大統領令	地下水は公共財	私水の概念無。使用有権は水の形態・起源・使用方法・使用目的により、規定される	○	○	-	-
韓国	地下水法	不明	-	○	×	-	○
オランダ	民法	土地所有者は地表に到達した地下水の所有者であるが、地表に出る前の水は誰の所有でもない	すべての地下水利用に関し法的規制	○	×	○	○
スペイン	水法	公水	すべての水は公有財産	○	×	○	○
スリランカ		慣習上地下水は諸法規則は従い所有者の個人資産	-				
スウェーデン	民法	私水	土地所有者使用権。ただし地域の水不足の場合は水譲渡必要　土地所有者使用権。ただし水力発電使用は連邦政府監督下におく	○	×	○	○
スイス	民法	私水	土地所有者使用権	○	×	○	○
台湾	水利法	国が所有	-	○	×	○	○
タイ	公水		地下水は公共の用に供される				
トルコ	地下水法	国の制御・所有下	地下水は公共の用に供される		×		
米国	水法	私水	-				
ロシア	水法	地下水は国家の所有	-	○		○	
ベトナム	水資源法	水資源は国家の管理下	-	○		○	

地下水所有権有り.

下水の過剰揚水と水位低下，そしてその結果生ずる地盤沈下として，可視化され明確に認知される．谷口（2010）は，東京，大阪，台北，バンコク，マニラ，ジャカルタ等を主な対象に，地下水を中心とした水循環という視点から，地下における環境問題を歴史的な時間軸と，空間的な広がり・多様性を含めて総合的に解析し，水環境問題に関わる未来への処方箋を示した[8]．この研究は，地下水を主要な課題とし，アジアという多様な地域において，水に関わる自然科学，人文・社会科学，工学等他分野の研究者が地下環境に関するフィールド研究を行ったという点で，独自性の高い特筆すべきプロジェクトであると考えられ，今後の地下水ガバナンス研究の有り様の一部を示しているとも思われる．

嶋田（2010）はこの研究プロジェクトの中で，東京，大阪，台北，バンコク，マニラ，ジャカルタの各都市がいずれも沿岸部の沖積平野に位置し，時間的な遅れを伴いつつ，①都市拡大に伴う地下水の過剰揚水，②地下水位の急激な低下・地下水流動系の変化と地下水災害の発生（地盤沈下，塩水化等），③法律・条例等による地下水揚水の規制（課金制度等），④規制域における地下水位回復，⑤地下水位の回復に伴う新たな地下水災害（地下水による地下構造物への浮力影響）という，地下水問題に関わる5つの段階を経ていることを示した[9]．この5段階は，地下水問題の典型的な原因，発生，対策，回復，2次問題発生のプロセスであり，異なる地域において歴史的に繰り返されてきたものである．地下水ガバナンスの営為は多くの場合，地下水問題の顕在化が起点になっており，その観点からもこの5段階は重要な意味を持つ．

上記の5段階に関連し，八木（2020）は地下水問題のプロセスを"対応"の観点から，①社会的損失の発生対応，②社会的損失の回避，③社会的価値の創造という3段階に区分している[10]．多くの地下水ガバナンス取組が，規制による地下水位の回復や社会的損失の回避を当初目的にしているのに対し，特に我が国における地下水ガバナンスの優良な取組事例が実施されている地

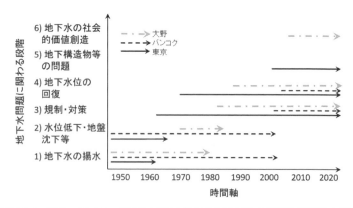

図 II.1.1 東京，バンコク，福井県大野における地下水に関わる諸課題の段階的な経緯

域の多くが，ガバナンスを通じて社会的価値の創造を志向・実現している点は着目に値する．図 II.1.1 は，このような地下水に関わる諸課題の段階的な経緯を，東京，バンコク，福井県大野を例とし，時系列的に整理したものである．

1.4 地下水流動の場の条件と地下水ガバナンス

地下水流動系は，地質，地形，気候等，流動の場の条件に大きく依存している．変動帯に位置し地質的に若く相対的に透水性の高い帯水層からなっており，降水量の総量も季節変化も顕著に大きい特徴を持つ我が国と，安定大陸にあり地質的に古く相対的に透水性の低い亀裂性の帯水層からなり，降水量の総量，季節変化とも少ないアフリカ，欧州等とは，地下水流動の特徴は異なっており，それに伴い地下水ガバナンスの考え方や経緯も異なる．

La Vigna（2022）は，都市における地下水問題を，場の地質条件，気候条件等から整理し分類している[11]（図 II.1.2）．沖積平野の都市における地下水問題については，過剰揚水と水位低下，およびそれらに伴う粘土層からの絞り出し，地盤沈下等が指摘されており，東京等の事例も参照されている．また火山地域の都市においては，火山性ガスや温水等の上昇，自然由来の地下水汚染，建材採取を目的とした採掘による浅層部地盤の不安定化等が指摘されている．

一方，我が国の火山地域では，火山山体は地下水の涵養域として位置付けられ，山麓部や下流部における豊富な地下水の涵養源として，ポジティブに捉えられる（嶋田・上野，2016）[12]．とくに，熊本市地域は，阿蘇山を涵養域に頂き，複数の帯水層を流動する地下水により市の水道水源は維持されており，我が国の地下水ガバナンスにおける先進事例と位置付けられる（嶋田・上野，2016）[12]．また，アジアの沖積平野に位置する都市では，地下水の過剰揚水により帯水層間を超えた誘発涵養が生ずることが，嶋田（2010）や Kagabu et al.（2011）により示されている[9,13]．このことは，過

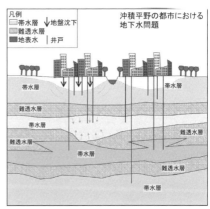

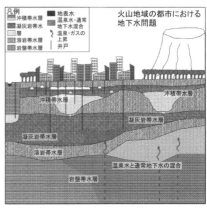

図 II.1.2 沖積平野と火山地域の都市における地下水問題

剰揚水，粘土層からの絞り出し，地盤沈下という一連のプロセスだけでは，沖積平野の地下水問題を説明できないことを示唆している．

我が国の沖積盆地における地下水流動とその利用の模式図を図Ⅱ.1.3（上）に，沿岸沖積平野におけるそれらを図Ⅱ.1.3（下）に示す．いずれも複数の地域における研究事例をもとに筆者がまとめたものである．いずれの場合も山地における涵養が盆地，平野の地下水に重要な役割を果たす．地下水涵養域である山地と，地下水流出域（利

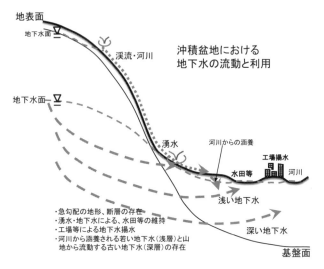

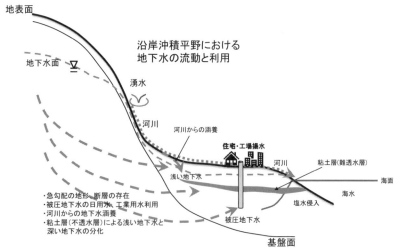

図Ⅱ.1.3 我が国の沖積盆地（上）および沿岸沖積平野（下）における地下水流動とその利用の模式図

用地域）である盆地，平野とが，数十 km 程度の空間スケールで近接しているため，こうした特徴が顕著であると考えられる．一方，図 II.1.2（上，下）に示したように，安定大陸での研究事例を念頭に描かれた都市域の地下水問題に関する模式図には，涵養域としての山地が基本的に含まれない．地下水ガバナンスを考究するうえで，涵養域の分布や涵養プロセス，涵養量に関する解析は，本来重要なものである．我が国のように，地形が急峻であり，主たる地下水の利用域である盆地や平野と，涵養域とが近接している場の条件であるからこそ，地下水涵養から流出という地下水流動を理解したうえで地下水ガバナンスを検討することが可能になる．火山地域においても，上述のように熱やガス等の汚染源等の位置付けのみならず，涵養域としての役割も考慮すべきであり，地下水問題，および地下水ガバナンスを考慮するうえで，場の条件と地下水流動の関係について，その多様性を認識しつつ研究をさらに進める必要がある．

1.5　各国における地下水ガバナンス研究

図 II.1.4 に，2000 年以降に公表された地下水ガバナンスに関わる事例研究について，主なものの地域分布を示す．これをみると，インド，欧州から地中海沿岸，南アフリカ，東南アジア，北米から中米における事例が多く報告されている．インド等の南アジア域では，農業灌漑の多くを地下水に依存している (Shah, 2017)[14]．また，アフリカ地域では，越境帯水層が地下水ガバナンス研究の重要な 1 つの課題である．

表 II.1.2 には，これら各国の地下水ガバナンス研究を，量に関わる問題，越境帯水層，質の管理，人工涵養，ステークホルダー参加，社会的価値の付加という指標から整理した．2000 年以降の地下水ガバナンス問題の多くは，地下水の量に関わる問題が発端になっていることが示される．一方で，ステークホルダーの参画が明示的に示されている地域は，決して多くはない．地下水ガバナンスを題しながら，いわゆる

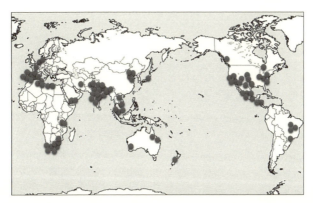

図 II.1.4　2000 年以降に公表された地下水ガバナンスに関わる事例研究の地域分布

表 II.1.2 各国・地域の地下水ガバナンスに関する事例研究の特徴

主要地域	量のコンフリクト	越境帯水層	質の管理	人工涵養	ステークホルダー参加	社会的価値
中部・北欧州				✓	✓	✓
南欧	✓		✓			
サブサハラ	✓	✓				
中南アフリカ	✓	✓	✓			
インド域	✓		✓			
南アジア	✓		✓	✓		
北米	✓		✓	✓	✓	
中南米	✓					
オセアニア	✓					
日本				✓	✓	✓

トップダウン型の地下水マネジメントに係る研究が，地域によっては多いことが伺える．

1.6 山地の地下水について

II.1.4節において述べたように，山地は地下水涵養域として重要な役割を担っている．山地は"Water Tower"とも称され（Viviroli et al., 2020）[15]，下流域の水資源確保や流域の水循環把握においても重要であるが，我が国の山地，特に高山域における地下水研究は従来きわめて少ない（Suzuki et al., 2008, Fujino et al., 2022）[16,17]．

Immerzeel et al. (2019) は，山地における水資源脆弱性を世界の主要な山地域を対象に評価しているが，この中で我が国の山地は全く対象とされていない[18]．また，山地から平野・低地への水輸送に関し，とくに山地-平野境界域における山体地下水による平野地下水涵養（mountain block recharge：MBR）については，Markovich

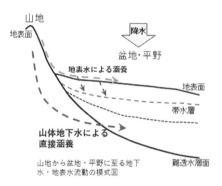

図 II.1.5 山地から盆地・平野に至る地下水流動の模式図

et al. (2019) がレビューしているが，引用されている150件の論文の内，我が国の事例は1件のみ（Liu and Yamanaka, 2012）である[19,20]．これは，山地と平野の境界部に断層等が分布し，これが難透水層としての役割を果たすと考えられたことや，山地から平野に河川により輸送される量や，平野に直接振る降水量に比較し，山体地下水涵養量が十分には多くないと考えられてきたためと思われる．しかしながら，数千m急の山地と盆地・平野が数十km程度

の空間スケールで隣接し，山体地下水と平野地下水における動水勾配が比較的大きいことを考慮すれば，山体地下水涵養に係る研究を推進する意義は，地下水ガバナンス研究としてのみならず，地下水に関わる科学技術研究の側面からも小さくはないであろう．

1.7 災害時等における代替水源としての地下水の役割

　地震等の大規模災害等に伴い，断水が発生する事例は多くある．また近年では，インフラの老朽化により，災害時以外にも断水を余儀なくされる場合も生じている．こうした状況を鑑み，非常時に代替水源として地下水を安全かつ適切に利用することが想定されており，2020年に改訂された水循環基本計画にもこの点が明記されている．

　2018-2022年度にかけて行われた内閣府戦略的イノベーション創造プログラム（SIP）「国家レジリエンス（防災・減災）の強化（災害時地下水利用システム開発）」（代表：沖大幹東京大学教授）では，モデル地域を対象に，環境に大きな影響を及ぼすことなく非常時に利用可能な地下水量を3次元水循環解析モデルによって定量的に明らかにし，地域の実情に即した非常時地下水利用システムの構築が試行された．とくに，非常時の地下水利用について，様々なステークホルダーの観点に立ちまとめられた遠藤（2023）[21]は，今後の災害時，非常時等に代替水源として地下水を利用するうえのきわめて重要なガイダランになるものと評価される．

1.8 おわりに

　第II編においては以上のような観点を持ちつつ，II.2章において地下水ガバナンスの定義や位置付けを改めて明確にし，最近の動向や課題を提示する．続いてII.3章においては，地下水ガバナンスに関し先進的な取組を進めている代表的3つの地域，長野県安曇野市，福井県大野市，神奈川県秦野市の事例を紹介する．さらに，II.4章においては，地下水ガバナンスを進めるうえでのノウハウを具体的に解説する．　　　　　　　　　　　〔辻村真貴〕

文献

1) 田中　正（2015）：地下水50年の変遷と展望—水循環の視点から—．地下水技術，57巻4号，29-45.

2) 田中　正（2020）：創立60周年記念特集「地下水ガバナンス」の掲載にあたって．地下水学会誌，62巻2号，163-166.

3) 遠藤崇浩・辻村真貴（2021）：水循環基本法の一部改正について．地下水学会誌，63巻，3号，183-184.

4) 宮﨑　淳（2022）：水循環基本法改正の立法過程と意義．地下水学会誌，64巻1号，49-89.

5) 内閣官房水循環政策本部事務局（2022）：水循環基本計画の一部見直しについて．https://www.cas.go.jp/jp/seisaku/mizu_junkan/about/pdf/r020621_gaiyou.pdf（2024年7月13日閲覧）.

6) 千葉知世（2020）：地下水ガバナンスの意義とその推進に向けた課題．地下水学会誌，62巻2号，191-205.

7) 国土庁長官官房水資源部（1992）：諸外国及び我が国における地下水法制度等調査（平成3年度地下水利用評価調査報告書）．国土庁，314p.

8) 谷口真人編（2010）：アジアの地下環境：残された地球環境問題．学報社，243p.

9) 嶋田　純 (2010)：アジアの地下水問題. 谷口真人編, アジアの地下環境, 89-114.

10) 八木信一ら (2020)：地下水ガバナンスの動態に関する研究―地下水の社会的価値を分析枠組として―. 地下水学会誌, 62巻2号, 219-232.

11) La Vigna, F. (2022)：Review：Urban groundwater issues and resource management, and their roles in the resilience of cities. Hydrogeology Journal, 30, 1657-1683.

12) 嶋田　純・上野眞也編 (2016)：持続可能な地下水利用に向けた挑戦―地下水先進地域熊本からの発信―. 熊本大学政創研叢書9, 誠文堂, 294p.

13) Kagabu, M. et al. (2011)：Groundwater flow system under a rapidly urbanizing coastal city as determined by hydrogeochemistry. Journal of Asian Earth Sciences, Vol 40, 226-239.

14) Shah, T. (2017)：Sustainable groundwater governance：India's challenge and response. The Journal of Governenace, 14, 23-45.

15) Viviroli, D. et al. (2020)：Increasing dependence of lowland populations on mountain water resources. Nature Sustainability, Vol. 3, 917-928.

16) Suzuki, K. et al. (2008)：Water balance and mass balance in a mountainous river basin, Northern Japan Alps. Bulletin of Glaciological Research, Vol. 26, 1-8.

17) Fujino, M., et al. (2022)：Influence of alpine vegetation on water storage and discharge functions in an alpine headwater of Northern Japan Alps. Journal of Hydrology X, 18, https://doi.org/10.1016/j.hydroa.2022.100146.

18) Immerzeel, W. W. et al. (2019)：Importance and vulnerability of the world's water towers. Nature, 577, 16, 364-369.

19) Markovich, K. H. et al. (2019)：Mountain-block recharge：A review of current understanding. Water Resources Research, Vol. 55, 8278-8304.

20) Liu, Y. and Yamanaka, T. (2012)：Tracing groundwater recharge sources in a mountain-plain transition area using stable isotopes and hydrochemistry. Journal of Hydrology, Vols. 464-465, 116-126.

21) 遠藤崇浩編(2023)：非常時地下水利用指針(案). 44p. https://omu.repo.nii.ac.jp/records/12814 (2024年7月13日閲覧)

第2章

地下水ガバナンスの動向

2.1 地下水ガバナンスとは何か

ガバナンスとは「民の公への関与」である[1]．それは公的部門から民間部門に至る多様な主体の連携を通じた公共課題の解決手法を意味する．公共課題の内容は様々で，ガバナンスという概念は幅広い分野に適用されてきた．環境問題への適用（環境ガバナンス）はその一例であり，地下水ガバナンスはその下位分野に位置付けられる．

地下水ガバナンスをめぐっては今なお新たな定義が提案されている．いくつか例を紹介すると以下のようになる．

- 地下水ガバナンスとは公的部門，民間部門，市民社会の交流プロセスであると同時に，地下水利用に関する法，規制，慣習をめぐる包括的な枠組みである[2]．
- 地下水ガバナンスとは多様なステークホルダーが垂直的・水平的に協働しながら，科学的知見に基づき，地下水の持続可能な利用と保全に関して意思決定し，地下水を保全管理していく民主主義的プロセスである．同時に，地下水とその関連領域における法制度的・政策的対応の包括的なフレームワークである[3]．
- 地下水ガバナンスとはマルチ・アクター

（多様なステークホルダー），マルチ・レベル（垂直的・水平的な協働），およびポリシー・ミックス（地下水とその関連領域における法制度的・政策的対応）という特徴を伴った，地下水管理の変化をめぐるプロセスである[4]．

表現こそ異なるが，これらの定義には次の共通項がある．1つは多様な主体の参加である．それは国際機関-中央政府-自治体といった公共部門内の垂直的な連携のみならず，住民，企業，非政府組織等の民間セクター内の水平的な協働も視野に入れる．もう1つはプロセスという表現である．ガバナンスという単語には，課題認識，解決策の立案・実行・修正に至るまでの動的な意味合いが含まれる．

2.2 地下水問題の性質

Hisschemoller and Hoppe（1996），Hurlbert et al.（2015）は公共課題の類型を「目標と価値観の一致」と「解決に必要な科学的知見や手法の明確さ」を軸に4つに分けている（図 II.2.1）．そして，それら2項目がともに存在するケースを「構造化された課題（structured problem）」，どちらも欠けているケースを「構造化され

		目標と価値観の一致	
		あり	なし
解決に必要な 科学的知見や 手法の明確さ	あり	構造化された課題 (Structured problem)	中程度に構造化された課題 (Moderately structured problem)
	なし	中程度に構造化された課題 (Moderately structured problem)	構造化されていない課題 (Unstructured problem)

図 II. 2. 1 公共課題の分類（文献 5）をもとに筆者作成）

ていない課題（unstructured problem）」，どちらかが欠けている中間領域を「中程度に構造化された課題（moderately structured problem)」とし，解決すべき課題が構造化されていない課題領域に近づくほど多様な主体の参加が重要になるとした[5,6]．

この課題分類を地下水分野に適用すると，例えば地下水位の観測といった日々の業務は構造化された課題の色彩が強い．その目標（データ取得）は明確であり，標準化された技術や手続きで対応可能である．そのため地域住民の意見を幅広く募る必要性は低い．他方，地下水を用いたまちづくりの検討等は構造化されていない課題である．地下水の流動は不明な点が多く，さらにまちづくりの内容は各人同じとは限らない．ある人にとっては工場誘致による地域振興かもしれないし，別な人にとっては湧水景観の整備による地域環境の保護かもしれない．地下水をめぐる不都合が多層的に発生している所では，何が課題なのか合意がない可能性すらある．

宮本（2017）は，環境問題の対処に行政だけでなく多様な主体の参加が必要となる理由を，自然に関する科学的知見が十分ではない点と環境に対する人間側の関心が変化する点に求めている[7]．これは先述の構造化されていない課題の性質と類似している．自然あるいは社会の双方に不確実性がある以上，環境保全は生態系や人々のまとまりが把握しやすい程度の範囲で，日頃から地域の資源に触れている人々を交えて試行錯誤するより他にない．地下水ガバナンスは様々な関係者が，地域の水循環やその利用状況をともに学習しつつ，次世代に地下水を引き継いでいく営為に他ならない．

2.3 地下水の性質とその管理

地下水ガバナンスの必要性を考えるうえで，天然資源が持つ特性は重要な論点になる．天然資源は水（地表水・地下水），水産資源，森林，大気等，様々であるが，総じて「排除困難性」と「消費の競合性」を兼ね備える財と定義される．

前者は所有権が不明確であり，資源利用へのアクセス障壁を設けることが技術的，経済的に難しいことを指す．その結果，不特定多数の人間が容易にアクセスできてしまう．他方，「消費の競合性」は一人の資源利用が他者の利用可能性を減らすことを意味する[8]．

この2つの性質のうち，「排除困難性」は資源の過剰利用（汚染）を引き起こす主因となる．誰でもその資源にアクセスでき

る場合，保全や浄化のために自助努力をしても，その成果を他人に奪われる可能性がある．そうした状況では誰も資源保護を行おうとせず，むしろ我先に利用する誘因を持ってしまう．環境問題は地下水の枯渇，水産資源の乱獲，大気汚染と千差万別であるが，その背後には「不特定多数の人が使うものは粗末に扱われやすい」という共通の仕組みが作動している．いわゆる共有地（コモンズ）の悲劇である[9]．多くの資源利用者の足並みを揃え，いかにして天然資源をめぐる共有地の悲劇を防ぐのか．これは地下水のみならず環境ガバナンス全体の主要課題である[10]．

同じ天然資源内でも地下水には不可視性，流速の遅さ，分散性といった，他にはない性質が備わっている．これらは英語の頭文字を取り ISD 特性（invisible-slow-distributed signature）と呼ばれており[11]，先ほどの排除困難性，競合性と相まって地下水管理に作用する（図II.2.2）．

地下水の不可視性はかねてより管理の障害になると指摘されてきた．米国オハイオ州最高裁判決（1861 年）にある「（地下水の存在，起源，流れは）あまりにも人目につかず，神秘的であり，隠されたものであるため，地下水に対して法的規制をかけるいかなる試みも全くもってその効果は不明であり，従って，事実上不可能であろう」という文言は広く知られている[12]．地下水の不可視性が対策の効果を見えにくくすることは，保全に向けた投資の妨げになる．

地下水は地表水と比べると速度は遅いものの移動性を持つ．この点は森林等の水平移動しない資源と大きく異なる．この移動性は所有権の設定を困難にし，不特定多数の人が地下水を利用できる状態を生みやすい．また地下水の流速が遅く，しかも帯水層が大きい場合，過剰利用や汚染の影響が表面化するまでに時間がかかる．これは人間側の問題把握を遅らせ，持続的な地下水利用に向けた予防策への障壁となる[13]．

分散性は地下水が面的に存在し，取水の立地制約が緩いことを指す．地表水の取水施設は川筋に限定されるが，地下水の場合そうした制約はない．しかも地下水の取水施設は小規模で目につきにくい．これらは排除困難性とあいまって，地下水採取の監視を困難にする[14]．

2.4 地下水ガバナンス研究の系譜

地下水ガバナンス研究の源流は2つある．1つは G. Hardin の共有地の悲劇論である[9]．ハーディンは共有地－誰でもアクセス可能な放牧地－では資源枯渇が起こる

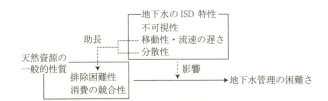

図 II.2.2　地下水の性質と資源管理への影響（文献 11）をもとに筆者作成）

ことを指摘し，その解決法として資源の公有化（公的機関による管理）もしくは私有財産権の設定（市場を通じた管理）を提案した.

コモンズ論はこのハーディンの主張を批判的に検討することで発達してきた学問分野である．コモンズ論の新規性は次の2つである.

1つは各種フィールド調査を通して，共同利用に服す資源であっても利用者が地域の実情に即した独自のルールを設け，持続的な利用を実現している事例を多数報告したことである．これは共有地の悲劇は一般法則ではなく，ある特定の条件が揃ったときに生じる特殊ケースであるとの見解につながった．次に資源の過剰利用の回避策として，ハーディンの考えにはない第3の手法,すなわち共同体による自治を提示した．この第3の手法の有効性と限界の検証こそがコモンズ論の中心課題である[15]．なおコモンズ論では様々な天然資源が題材となったが，水資源，水産資源，森林，放牧地,灌漑システムは研究事例の多さから The Big Five と呼ばれている[16].

地下水ガバナンス研究のもう1つの源流はガバナンス研究である．そのテーマは公共課題の解決における中央政府の役割の見直しであり，市民社会や市場経済への機能移転，地方政府への権限移譲等が主要な論点となってきた[17].

ガバナンス研究は1980年代以降の西欧における公共部門改革を背景に登場した．それはコモンズ論と異なり出発点となる研究が明確でない．また扱う課題も環境問題に限定されない.

しかしながら環境ガバナンス研究とコモンズ論の間には以下の接点が生まれた．先述のようにコモンズ論は環境問題の解決策として共同体の役割を重視したが，しだいに政府と市場の活用にも関心を寄せ始めた[18]．それは主体の面で見れば資源利用者だけでなく，中央政府，地方自治体，地元企業，非政府組織等との連携に，資源管理の手法でみれば強制力，金銭的誘因，慣習といった様々な政策ツールの複合利用に注目することであり，この問題関心はガバナンスのそれと共通するものであった[19]．コモンズ論は主に共同体内部の資源管理を，環境ガバナンスは垂直的・水平的に広がる組織間の利害調整に力点を置くとはいえ[20]，それらは相対的な違いであり，両者の問題関心には多くの重複部分がある.

2.5　地下水ガバナンスの構成要素

2010年代に国連食糧農業機関，世界銀行等の国際組織により「地下水ガバナンスプロジェクト」が開始された．このプロジェクトは世界各地における地下水保全の現況を評価する枠組みとして，地下水ガバナンスの構成要素を提案した．それらは「アクター」，「法・制度的枠組み」，「政策」，「情報」である[21]．先ほど地下水ガバナンスを多様な主体の参加を通した地下水管理の変化をめぐるプロセスと定義したが，これらの構成要素をそのプロセスの一里塚と考えると，地下水ガバナンスをめぐる定義と構成要素のつながりが接続可能になる（図II.2.3）.

まず地下水ガバナンスは「アクター」す

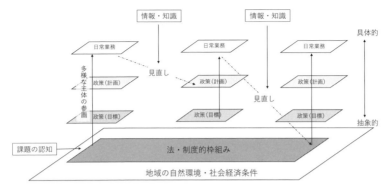

図 II. 2.3 地下水ガバナンスの構造

なわち利害関係を有する主体が課題を認知することから始まる．地下水の利用が複雑化している場合，「何が課題なのか」から議論していく必要がある．地下水ガバナンスの特徴は，公的機関がトップダウンで意見を提示するのではなく，官民を含む多様なアクターが合意形成を通じて，地下水をめぐる課題設定および解決策を模索する点にある[3]．

「情報」は地下水をめぐる自然科学的・社会経済的情報，およびそれらへのアクセスの状態を表す．これは課題認知の基礎にもなれば，次に述べる法・制度的枠組みや政策の修正にも活用される．

法は「ふるまいのルール」に相当し，主体の取り得る行動の外郭を定める機能を果たす．国の法律，自治体の条例，自治体と民間主体と締結した協定，慣習法が含まれる．制度的枠組みはアクターの権限や役割分担を規定する．役割分担は踏襲型もあれば新設されるケースもある．

政策は法・制度的枠組みを基礎に作られるもので，課題解決に向けた目標と，それを達成するための計画に大別される．FAO (2016) は法・制度的枠組みと政策の違いについて，前者は拘束力のある原理や規範を指すもので，後者に比べて修正に時間を要するとしている．また政策と計画については，前者は水資源の持続的利用，水の安定供給といった大きな目標を指すのに対し，後者は特定の地域を対象に，目標達成までの具体的な行程を意味すると述べている[21]．

計画が策定されると，それに基づき日々の業務が行われる．こうした定型的な業務が「地下水管理（groundwater management）」であり，その土台を作るプロセスである地下水ガバナンスと区分される[11]．この日常の業務の効果は後日の検証対象となり，利用可能な情報や知識を用いつつ，計画の見直しが，時には目標や法・制度的枠組みが修正される．法・制度的枠組みといった基幹部分の修正は相対的に時間を要する作業となり，自治体レベルの要綱や条例よりも国レベルの法律でその傾向が強まる．

地下水ガバナンスとは動的な概念であり，一定の時間軸のなかで捉えるべきものである．地下水の流動に対する科学的な情報は不完全であり，個々の課題の優先度も不変ではないため，その過程では試行錯誤という順応的な管理が重要視される．

また地下水政策は農業，森林，エネルギー，災害等の近隣領域と深く関わり，領域間で相互影響が起こり得る．このため政策形成の初期段階から政策間の矛盾を取り除き，共通の便益を生み出し，相乗効果を確保することが望ましい．地下水ガバナンスは個々の政策手段の組み合わせという点を越え，近隣領域との政策統合を視野に入れた意思決定プロセスそのものの転換を含意するものであることに注意が必要である[3]．

2.6 地下水ガバナンス研究の主要論点

2.6.1 地下水の持続可能性

持続可能性（sustainability），あるいは当初の表現である持続可能な発展（sustainable development）をめぐっては，ブルントラント委員会が1987年に提唱した「将来世代のニーズを満たす能力を損なうことなく現世代のニーズを満たす発展」という定義がよく知られている[22]．この概念は，それまで不可能と考えられてきた経済成長と環境保全の両立を目指す新たな考えとして提示され，その後の世界各国の環境政策の方向性を規定付けた[23]．

地下水の持続可能性（groundwater sustainability）は長年にわたり議論されてきた．Elshall et al.（2020）はその流れを図II.2.4のように整理している[24]．

まず持続可能な発展という考えが登場する以前から安全揚水量（safe yield）という概念があった．これは揚水量が涵養量を上回らないことをもって「安全」とする考えであるが，貯留だけを見て地下水の流出を考慮していなかった．地下水は水循環の一部であり，他の条件に等しければ地下水採取は地下水流出の減少を通して下流の地表水を減らす可能性がある．したがって帯水層にとって「安全」でも，下流の生態系を視野に入れればそうではなくなる．こうして水循環や生態系に対する科学的知見が深まるにしたがい，safe に変わり sustainable という単語が用いられるようになり，そしてより重要なことに，safe yield であれ sustainable yield であれ環境への配慮を欠いた定義は不適切と認識されるようになった[25,26]．

さらに地下水と持続可能性の関係は，人間による地下水利用や，時代とともに移ろいゆく価値観からも影響を受けると指摘された[27]．この考えに基づき提唱されたのが sustainable groundwater development という概念であり，「無期限に行ったとしても，環境・経済・社会に対して受け入れがたい影響を与えない地下水の開発・利用のありかた」と定義された[25]．

最後の sustainable groundwater management（持続的な地下水管理）は環境，経済，社会に対する影響に加え，さらに多様な主体が参加する意思決定や順応的な政策実施といった要素を含んだ概念である[24]．先述のように，これらはガバナンス

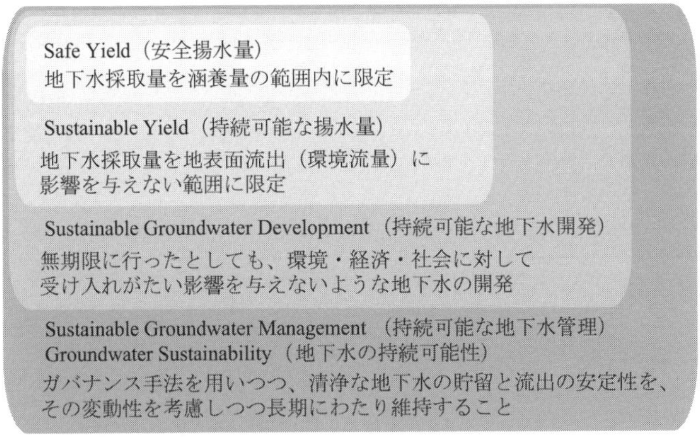

Safe Yield（安全揚水量）
地下水採取量を涵養量の範囲内に限定

Sustainable Yield（持続可能な揚水量）
地下水採取量を地表面流出（環境流量）に
影響を与えない範囲に限定

Sustainable Groundwater Development（持続可能な地下水開発）
無期限に行ったとしても，環境・経済・社会に対して
受け入れがたい影響を与えないような地下水の開発

Sustainable Groundwater Management（持続可能な地下水管理）
Groundwater Sustainability（地下水の持続可能性）
ガバナンス手法を用いつつ，清浄な地下水の貯留と流出の安定性を，
その変動性を考慮しつつ長期にわたり維持すること

図 II.2.4　地下水の持続可能性をめぐる議論の変遷（文献 24）より）

論が重要視する考え方である．

こうした要素が加味された背景には資源管理に伴う不確実性がある．Sophocleous（1997）が指摘するように，安全揚水量と持続可能性をめぐる議論の違いは，前者が地下水という個別の資源単位に注目するのに対し，後者は流域や生態系といった資源システムに着眼する点にある[26]．しかしながら，資源システムの挙動については今なお未解明な部分が多い．この資源管理上の不確実性という課題に対処するには，科学データの不足分を資源利用者の伝統的な知識で補完する，あるいは予期せぬ結果には資源管理の手法を少しずつ変えていく等の対策が必要となる．このことから多様な主体の参加や順応的管理といった考えが重視されるようになった．Gleeson et al.（2020）は地下水の持続可能性（groundwater sustainability）を「包括的で，公正な，長期にわたるガバナンスおよび管理手法を用いつつ，清浄な地下水の貯留と流出の安定性を，その変動性を考慮しつつ長期にわ

たり維持すること」と定義しているが[28]，この考えは sustainable groundwater management と軌を一にする．

2.6.2　地下水ガバナンスの目標と手段

地下水の持続可能性の達成は地下水ガバナンスの目標であるが，抽象的かつ包括な概念であるため，実際の政策立案にあたっては，各地の実情に合わせて解釈し，いわば「手のひらサイズの課題」に具体化していく作業が必要となる．

表 II.2.1 は地下水が持つ様々な価値とそれに対応する用途および社会課題を整理している[24]．道具的価値とは環境資源を人間の福利厚生の充実の手段（道具）と捉え，そこに環境保全の意義を見出す立場である．内在的価値とは人間の福利厚生への影響を考えることなく，環境それ自体に価値があるゆえに保全すべきとする立場である．他方，関係価値は環境資源が個人あるいは集団に場への愛着を付与する機能を持つ点を重視する．表 II.2.1 の整理には規

表 II. 2.1　地下水の価値分類とそれに対応する用途・社会課題（文献 24）を参考に筆者作成）

価値分類	道具的価値	内在的価値	関係価値	美的価値	公平性	公衆衛生	レジリエンス	同意
用途社会課題	灌漑都市用水	生態系保全	地域振興文化継承	景観保全	将来世代への配慮	汚染防止	地盤沈下自然災害	先住民族への配慮

表 II. 2.2　地下水政策の分類（文献 29）を参考に筆者作成）

	公共機関自身による活動手段	原因者を誘導・制御する手段	契約や自発性に基づく手段
直接的手段	社会資本整備	土地利用規制 地下水採取規制	公害防止協定 自発的環境協定
間接的手段	研究開発	地下水税 水質検査補助 地下水採取枠取引	水認証 環境報告書 環境会計
基盤的手段	地下水モニタリング・地下水情報公開・環境アセスメント・環境教育		

範的議論と記述的議論が混在している，あるいは，道具的価値といった抽象度の高い用語とその具体例である公衆衛生やレジリエンスが同じ階層に位置付けられているといった難点があるが，地下水をめぐる幅広い社会課題の抽出には一定の効果を持つ．

地下水をめぐる課題は万遍なく登場するとは限らないし，1つずつ順序よく登場するとも限らない．むしろ複数の課題が同時代に重層的に登場することが十分考えられる[4]．

例えば我が国の代表的な地下水問題といえば地盤沈下であったが，現在ではその再発防止を前提にしつつ，湧水景観を通じた街づくり，農産品に対する地下水ブランドの付与，災害時利用による都市のレジリエンス向上といった価値創出型の課題も重層的に登場している．これらを環境保全と経済成長・地域振興の両立をめぐる課題と捉

えれば，それはとりもなおさず先述の「持続可能な開発」が，よりローカルな，より具体性の高い例題として表出してきたものと解釈できる．

表 II.2.2 は植田（2002）を参考に，これらの課題に対処する手段をまとめたものである[29]．地下水をめぐるより詳細な分類については千葉（2019）に詳しい[3]．また環境問題を解決する主要な手段を，政府の強制力，市場における経済誘因，共同体における自主的取り組みに大別し，それを地下水分野にあてはめた Theefeld（2010）も参考になる[14]．

地下水ガバナンスは，地下水の持続可能性を達成に向けて複数の政策の組み合わせを重視する．再び先の例を用いると，地盤沈下の防止には地下水採取への制約，工業用水道の建設といった直接的な手段が有効である．しかし湧水景観を通じた街づくり

を同時に追求しようとすれば，規制に加え湧水観光地の故事来歴等を地域で共有することで地下水保全の機運を高めるといった方法が役立つ（基盤的手段との併用）．あるいは農産品のブランド化や防災レジリエンスの向上に関していえば，良質な地下水を用いた栽培認証ロゴマークで地元農産品の競争力を強化すると同時に，その売り上げの一部を地下水保全に寄付してもらう（間接的手段との併用），ポンプ修理や水質検査に補助金を出すことと引き換えに，災害時に利用可能な井戸の情報を地域内で共有していく（間接的手段・基盤的手段との併用）等の組み合わせが考えられる．

2.6.3 合意形成

一般にガバナンスは多様な主体の参加を重視する．それは様々な意見を活用できる反面，集団的な意思決定の足かせになるおそれがある．こうしたことから合意形成の推進方法はガバナンス研究の論点となっている[30]．

合意形成は家庭内，地域内,国家間等様々な局面で，環境問題に限らず幅広く実施されている．こうした一般性から合意形成そのものを対象とした研究が開始され[31]，水問題（特に国際河川管理）への適用も活発化している[32,33]．本節では既存の合意形成研究が地下水ガバナンスに与える示唆を整理する．

望むべくは全員が納得する意思決定を，できるだけ迅速に達成する方法は何か．合意形成研究は，①利害関係者の招聘，②共同事実確認（joint fact finding），③合意可能領域の拡大という3ステップを提案して

いる[32,33]．

①と②は利害関係者が課題解決に向けたデータを共同で検討することである．それは利害関係者が自己に有利なデータを用いて意見を戦わせるのではなく，課題に関する科学的・技術的なデータをリスト化し，共通の司会者のもとその内容を議論することを指す．図Ⅱ.2.1で示した公共課題の分類軸でいえば，これは自然の不確実性への対処に位置付けられる．

地下水問題にあてはめれば自治体の担当者,専門家,利用者等が一同に集まり,地質,地下水位,揚水量データ等に関して情報収集方法の妥当性，データ意味を確認することである．そのねらいはデータの信頼性や解釈をめぐる不同意部分を狭めることである．このプロセスは利害参加者が科学的な裏付けがあり信頼性が高い事実を抽出し，それに基づく協働的な問題解決策を考案するための準備作業に位置付けられる[32]．

③は課題のフレーミングすなわち「問題を切り取る視点」[34]を工夫することで，当事者が互いに納得できる提案を創出することである．これは図Ⅱ.2.1が表す公共課題の分類軸のうち，社会の不確実性への対処に相当する．その具体策として次の3つがある．

1つは多元的価値に基づく複数のゴール設定である．これは「同床異夢」[35]ともいわれ，無理に価値観や目標の統一化を図るのではなく，互いに納得できるレベルでの合意を重視することである．例えば利害関係者の関心が地中熱の開発，災害時の地下水利用，湧水景観の維持と分かれている場合，ひとまず地下水保全という通過点での

合意を目指すことである．なお合意形成研究は関心の多様性を必ずしも協働の阻害要因と捉えてはいない．利害関係者の間で最重要利得に違いがあれば，その実現に向けて協力を仰ぐ代わりに，より優先度の低い利得については他者に譲歩するといった歩み寄りが可能となるためである．

次に高次の課題設定がある[36]．これはやや抽象度の高い課題設定することで争点を相対化させることである．例えば地下水位の低下に悩む地域においては，採取規制や地下水協力金が選択肢となるが，利水者の同意が得られにくい．その場合，ひとまず議論の出発点を水の安定供給という大きな入口を設定し直すと，採取規制や地下水協力金等の他にも，節水，人工涵養，水の再利用等当初想定していなかった様々な選択肢を俎上に載せることができる．

第3に争点連結である．これは水問題と他の社会課題を同時に議論の俎上に載せることで合意点を探す手法である．国際河川のダム開発をめぐる上下流対立を例にすると，水問題とエネルギー問題を連結させ，下流国は上流国におけるダム建設を認める代わりに，その水力で生み出される安価な電力の供給を受けるといった提案を指す．これは水そのものではなく水が生む利益を折半するという方法で，right-based solution から benefit-sharing approach への移行といわれる[33]．地下水分野でいえば地下水の新規掘削と地中熱開発をリンクさせ，新規地下水開発を認める代わりにエネルギー節約の果実を分け合うことや，新規掘削と災害対策とリンクさせ，その井戸を災害時に広く開放してもらうといった案が考えられる．

実際の合意形成は複雑なプロセスであり，上記の工夫を用いれば必ず達成できるものではない．また合意形成を進める工夫は上記に限定されるものでもない．山本（2020）は長野県安曇野市の地下水保全計画策定に携わった経験から，自治体の一貫した会議運営サポート，部会設置を通した少人数での意見交換といった要素の重要性も指摘している[37]．

最後に合意形成研究では利害関係者の選定も議論の対象となる[31]．他方，地下水ガバナンス研究では利害関係者の選定方法に関する議論が少ない．日本の場合，地表水利用については水利権や漁業権が利害関係者の選定フィルターとして機能するが，地下水には水利権に該当するものがないため代替的な手法を探す必要がある．合意形成研究は地表水と地下水に関する利用権限の仕組みの違いが利害関係者の選定，そしてそれがその後の合意形成プロセスそのものに及ぼす影響を示唆している[36]．

2.7 おわりに

本章では地下水ガバナンスの定義，研究の流れ，主要論点を概観した．地下水ガバナンスはそれ自体が大きなトピックであるが，地表水ガバナンスとの接続を視野に入れた研究が必要である．また地下水は生態系との深いつながりがあることを考えると，水辺にすむ動植物も重要な利害関係者に位置付けられる．将来世代と合わせ，それら声なき声の持ち主の意向をどのように政策に反映させるのかという課題も今後ま

すます重要になると予想される.

〔遠藤崇浩〕

文献

1) 岩崎正洋（2011）：ガバナンス研究の現在. 岩崎正洋編, ガバナンス論の現在―国家をめぐる公共性と民主主義. 勁草書房, 3-15.

2) Megdal, S. B. et al.（2015）：Groundwater governance in the United States：common priorities and challenges. Ground Water, 53(5), 677-684.

3) 千葉知世（2019）：日本の地下水政策―地下水ガバナンスの実現に向けて（阪南大学叢書114）. 京都大学学術出版会, 355p.

4) 八木信一ら（2020）：地下水ガバナンスの動態に関する研究―地下水の社会的価値を分析枠組みとして―. 地下水学会誌, 62(2), 219-232.

5) Hisschemöller, M. and Hoppe, R.（1995）：Coping with intractable controversies：the case for problem structuring in policy design and analysis. Knowledge and Policy, 8, 40-60.

6) Hurlbert, M. and Gupta, J.（2015）：The split ladder of participation：a diagnostic, strategic, and evaluation tool to assess when participation is necessary. Environmental Science & Policy, 50, 100-113.

7) 宮内泰介（2017）：歩く, 見る, 聞く 人びとの自然再生. 岩波書店, 215p.

8) Ostrom, E. et al.（1999）：Revisiting the commons：local lessons, global challenges. Science, 284(5412), 278-282.

9) Hardin, G.（1968）：The tragedy of the commons. Science, 162 (3859), 1243-1248.

10) Young, O. R.（2016）：On Environmental Governance：Sustainability, Efficiency and Equity. Routledge, 196p.

11) Villholth, K. G. and Conti, K. I.（2018）：Groundwater governance：rationale, definition, current state and heuristic framework. In Advances in Groundwater Governance, Villholth, K. G., López-Gunn, E., Conti, K. I., Garrido, A. and Van der Gun, J., (Eds.), CRC Press, 3-31.

12) Frazier v. Brown, 12 Ohio St. 194, 1861 WL 32

13) Giordano, M.（2009）：Global groundwater? issues and solutions. Annual Review of Environment and Resources, 34(1), 153-178.

14) Theesfeld, I.（2010）：Institutional challenges for national groundwater governance：policies and issues. Ground Water, 48(1), 131-142.

15) Dietz, T. et al.（2002）：The drama of the commons. In The Drama of the Commons, Ostrom, E., Dietz, T., Dolšak, N., Stern, P. C., Stonich, S. and Weber, E. U. (Eds.), National Academy Press, 3-35.

16) Laerhoven, F. V. et al.（2020）：Celebrating the 30 th anniversary of Ostrom's Governing the Commons：traditions and trends in the study of the commons, revisited. International Journal of the Commons, 14(1), 208-224.

17) Bevir, M.（2009）：Key Concepts in Governance. SAGE Publication Ltd, 218p.

18) Meinzen-Dick, R.（2007）：Beyond panaceas in water institutions. Proceedings of the National Academy of Sciences of the United States of America, 104(39), 15200-15205.

19) Lemos, M. C. and Agrawal, A.（2006）：Environmental governance. Annual Review of Environment and Resources, 31(1), 297-325.

20) 三俣 学ら（2006）：資源管理問題へのコモンズ論・ガバナンス論・社会関係資本論からの接近. 商大論集, 57(3), 19-62.

21) FAO（2016）：Global Diagnostic on Groundwater Governance. FAO, 194p.

22) World Commission on Environment and Development（1987）：Our Common Future. Oxford University Press, 400p.

23) 亀山康子（2010）：新・地球環境政策. 昭和堂, 246p.

24) Elshall, A. S. et al.（2020）：Groundwater sustainability：a review of the interactions between science and policy. Environmental Research Letters, 15(9), 093004, doi：10.1088/1748-9326/ab8e8c

25) Alley, W. M. et al.（1999）：Sustainability of Ground-water Resources. U. S. Geological Survey, 79p.

26) Sophocleous, M.（1997）：Managing water resources systems：why "safe yield" is not sustainable. Ground Water, 35(4), 561.

27) Alley, W. M. and Leake, S. A. (2004)：The journey from safe yield to sustainability. Ground Water, 42(1), 12-16.

28) Gleeson, T. et al. (2020)：Global groundwater sustainability, resources, and systems in the Anthropocene. Annual Review of Earth and Planetary Sciences, 48(1), 431-463.

29) 植田和弘 (2002)：環境政策と行財政システム. 寺西俊一・石弘光編, 環境保全と公共政策. 岩波書店, 93-122.

30) Schenk, T. et al. (2016)：Joint fact-finding：an approach for advancing interactive governance when scientific and technical information is in question. In Critical Reflections on Interactive Governance, Edelenbos, J. and van Meerkerk, I. (Eds.), Edward Elgar Publishing, 376-399.

31) サスカインド, ローレンス, E.・クルックシャンク, ジェフリー, L. (2008)：コンセンサス・ビルディング入門. 城山英明・松浦正浩訳, 有斐閣, 241p.

32) Islam, S. and Susskind, L. (2018)：Using complexity science and negotiation theory to resolve boundary-crossing water issues. Journal of Hydrology, 562, 589-598.

33) Klimes, M. et al. (2019)：Water diplomacy：the intersect of science, policy and practice. Journal of Hydrology, 575, 1362-1370.

34) 佐藤 仁 (2002)：「問題」を切り取る視点：環境問題とフレーミングの政治学. 石弘之編, 環境学の技法. 東京大学出版会, 41-75.

35) 城山英明・松浦正浩 (2008)：日本語版のための最終章 日本における公共政策の交渉と合意形成. サスカインド, ローレンス, E.・クルックシャンク, ジェフリー, L. コンセンサス・ビルディング入門. 城山英明・松浦正浩訳, 有斐閣, 191-204.

36) 遠藤崇浩 (2020)：合意形成研究が地下水ガバナンスに与える示唆は何か？ 地下水学会誌, 62(2), 207-217.

37) 山本 晃 (2020)：長野県安曇野市における地下水ガバナンスに係る合意形成事例. 地下水学会誌, 62(2), 183-189.

第3章

各自治体の取り組み

3.1 地下水ガバナンスにおける地方自治体の役割

我が国の地下水行政の変遷を振り返ると，長らく国家（中央政府）の関与は限定的であった．地盤沈下の記憶が新しい1970年代に国レベルにおいて地下水に関する総合法制定の動きが生じた．科学技術庁，農林水産省，環境庁，建設省，国土庁をはじめとする関係機関が様々な案を提出したが，結局省庁間の調整が難航し立法は見送られることになった[1]．

こうした国の関与の空白を埋める形で地方自治体が独自の条例を制定し，地域の地下水を管理する体制が構築されていった．国土交通省によれば2020年10月末時点で国内656の地方自治体（47都道府県，609市区町村）が地下水関係条例を制定しており，その条例数は834あるという．条例の目的は，地盤沈下の防止（491条例），地下水量の保全または地下水涵養（465条例），地下水質の保全（661条例），水源地域の保全（251条例）となっている[2]．こうした多様性は地下水が地域資源であり，各地における自然条件，地下水利用の形態が千差万別であることを反映している．

地方自治体が地下水問題を認識するタイミングとその後の経過は様々である．八木ら（2020）はその類型を以下のように整理している．例えば地盤沈下等地下水利用に伴う社会的損失の発生をきっかけに課題を認識し，その後，地下水の利用を著しく制限することで問題に対処するパターンである（公害対策型の管理）．次にそうした社会的損失の回避を念頭に問題が深刻化する前に何らかの手立てを講じ始め，地域における従来通りの地下水の利用を継続させるパターンである（環境保全型の管理）．そして最後に地下水管理に取り組むきっかけは何であれ，地下水を有効活用し新たな社会的価値の創出に乗り出すパターンである（積極活用型の管理）[3]．

この分類は価値中立的なものであり，公害対策型から積極活用型への移行を望ましいと主張するものではない．それは各自治体が地域の事情に応じて選択すべきものである．ただしここで注意すべきは類型に応じて地方自治体が果たす役割は大きく異なるという点である．例えば公害対策型の場合，過剰利用や汚染といった社会的損失の解消が当面の政策課題になるため，地下水利用にブレーキをかける直接規制が有効な処方箋となる．しかしながら積極活用型の管理の場合，（一定の歯止めを前提に）地

下水の利用を促進させる必要があるため，直接規制のみでは不十分である．例えば湧水景観を活用した地域振興の促進を例にすれば，地下水の湧出量，水質を保つための最小限の規制とは別に，地域の住民や企業関係者に定期的な議論の場を提供し，湧水が金銭的便益を含め地域にとって多様な価値の創出源になるという共通認識を醸成させる手助けが期待される．

2014年の水循環基本法，そして2021年の水循環基本法の一部を改正する法律が成立し，その長期的影響は未知数の部分があるとはいえ，日本の地下水行政が大きく変わりつつある．先述のように，これまで地下水分野における国の関与は限定的であり，そのため地下水の保全と利用に関する規制は市町村を中心とする地方自治体が主導してきた．しかし同法は「地下水の適正な保全及び利用に関する施策」の推進が国，地方公共団体，事業者，国民の責務であることを明記しており，地下水分野における多様な主体の連携，すなわち地下水ガバナンスの推進を基礎付けている[4]．

本章でこの後に取り上げる長野県安曇野市，福井県大野市，神奈川県秦野市は水循環基本法成立以前から，長年にわたり地下水の積極活用に取り組んできた自治体である．自治体間で，地下水問題が認識された時期，きっかけ，利害関係者，その後の対応プロセスは全く異なる．こうした多様な経験の共有化は，自治体の垣根を越えた社会的学習（social learning）そのものであり，我が国の地下水ガバナンスの進展に大きく貢献すると考えられる． 〔遠藤崇浩〕

3.2 長野県安曇野市

3.2.1 はじめに―長野県安曇野市の概要

長野県安曇野市は，2005（平成17）年10月に5町村（南安曇郡豊科町，穂高町，三郷村，堀金村，東筑摩郡明科町）が合併し誕生した．長野県のほぼ中央にあたり，西側には北アルプスがそびえ，燕岳，大天井岳，常念岳等3,000 m級の山々が連なっている．中でも常念岳は松本平のシンボル的な山である．安曇野は，標高500 mから700 m，概ね平坦な複合扇状地で形成されており，豊富な地下水資源は産業，観光，自然生態系，風土，文化等私たちの暮らしに密接し欠かすことができない重要な地域資源となっている．

3.2.2 地下水保全への取り組みのきっかけ

近年，社会資本が整備され産業が発達し，便利で快適に暮らせるようになった一方で，産業構造や生活様式の変化等により，地下水量の減少や水質の悪化が危惧されるようになっている．また，地球温暖化の影響等による水不足が深刻化し，特に世界人口の約20%を抱える隣国中国では，660都市の半分以上が水不足に苦しんでいるともいわれている[5]．

このような社会状況の中，安曇野市においても1985（昭和60）年当時に比べ，湧水量の低下が見受けられたことが，地下水保全の取り組みのきっかけとなった．

安曇野市の東部には，信濃川水系の一級河川犀川，穂高川，高瀬川の合流する三川

合流部があり，この周辺は，わさび栽培，ニジマスの養殖が盛んな場所である．この三川合流部周辺を含め，1985（昭和60）年，環境省の「昭和の名水百選」に認定された「安曇野わさび田湧水群」は，1日あたり湧水量70万tを誇る観光名所となっている．また，1995（平成7）年度には国土交通省（当時，建設省）から「水の郷百選」に認定されている．しかしながら，合併直後の2006（平成18）年2月，安曇野わさび田湧水群公園「憩いの池」の枯渇が生じるとともに，わさび栽培農家から市に対して「昔より，わさび田の湧水が減少している．」との意見が出されたことにより，市では本格的に地下水調査・研究を行ってきた．

3.2.3　市内における地下水利用状況

安曇野市では，2012（平成24）年8月「安曇野市地下水資源強化・活用指針」を策定し，地下水が生み出す価値について調査したところ，次の表 II.3.1 の結果が得られた．安曇野の貴重な水資源である地下水は，様々な産業の発展に寄与し価値を生み出している．

安曇野市は，2013（平成25）年度から「安曇野市地下水の保全・涵養及び適正利用に関する条例及び施行規則」を施行し，市内地下水採取者に対し前年度の揚水量等の報告を義務付けた（図 II.3.1）．

3.2.4　安曇野市（松本盆地）の水循環

地下水は，安曇野市だけでなく市外（松本盆地全体）からも流動し，およそ 10-15

表 II.3.1　地下水が生み出す価値（文献6）より）

項目	生み出す価値 （年間値）	左欄の根拠
観光資源	約76億円	安曇野市碌山美術館・わさび畑周辺の2010（平成22）年の観光消費額
水道水	約20億円	安曇野市水道事業会計の2011（平成23）年度予算の収益的収入額
ミネラルウォーター	約849億円	$1,550 \times 365 \times 150 \times 1,000 \doteqdot 849$ 億円（取水量×単価） （1,550 m³/日：ある企業の取水実績量） （365日：年間取水日数） （150円/L：ミネラルウォーター単価）
わさび	約36億円	$761 \times 4,774 \times 1,000 \doteqdot$ 約36億円（出荷量×単価） （761 t：わさびの2004（平成16）年の出荷量） （4,774円：わさびのkgあたり平均単価）
養鱒	約6億円	$1,000 \times 600 \times 1,000 = 6$ 億円（出荷量×単価） （1,000 t/年：安曇野の養鱒出荷量） （600円/kg：安曇野での販売単価）
合計	約987億円	

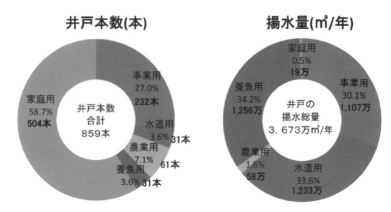

図 II.3.1 2021（令和3）年度採取量報告（区分別採取量）（文献7）

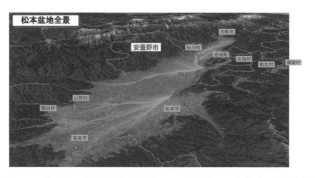

図 II.3.2 地下水の可視化研究成果（2015-16（平成27-28）年度 信州大学）

年をかけて松本盆地の出口である犀川三川合流部に集まって来ることが報告されている（図 II.3.2）.

2015（平成27）年度に松本盆地における一斉測水による地下水賦存量調査を行い，その後の2020（令和2）年度では市単独調査として調査を実施してきた．1986(昭和61）年当時，約55億7,500万 m³ であった地下水が，2007（平成19）年では54億5,000万 m³ と，21年間で1億2,500万 m³ 減少していることが，本調査により示された．一方，その後の調査では，微増傾向が示されている（図 II.3.3）.

地下水位低下の要因の1つは，土地利用の変化と考えられている．国による減反政策が開始された1970（昭和45）年当時，松本盆地では15,782 ha あった作付面積が，2019（令和元）年には9,254 ha に，約45％減少している（図 II.3.4）.

3.2.5 地下水保全への取り組み

これらの状況を鑑み，市では2014-16（平成26-28）年度に基礎調査を実施，2017（平成29）年3月に「安曇野市水環境基本計画・

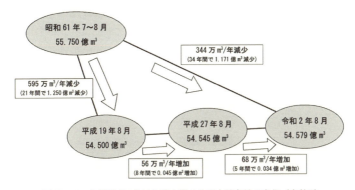

図 II.3.3 安曇野市における豊水期の地下水賦存量の変化（文献8）

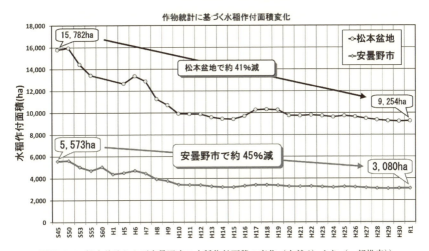

図 II.3.4 松本盆地および安曇野市の水稲作付面積の変化（文献9）より（一部推定））

同行動計画」を策定した．

a. 閾値の設定

地下水利用地域としての持続性を管理するため，市内の揚水量を適正に保ち水収支バランスを安定させるため閾値を設け，閾値を「犀川三川合流部の湧水を利用してわさび栽培へ影響を及ぼさない値（地下水位低下1cm未満）」として設定した（表II.3.2）．

b. 人為的な地下水涵養

地下水資源の強化策として，2012（平成24）年から麦刈取後の畑において地下水涵養事業を推進している．

・麦後湛水事業

麦後湛水による効果は，①連作障害対策効果，②抑草効果，③地下水資源涵養効果の3つからなり，市内の地下水資源強化の要となっている（図II.3.5）．

表 II.3.2 安曇野市内の閾値設定

項目	閾値（安曇野市における年間地下水揚水量）
目的	・地下水利用地域としての持続性を管理する．
閾値の定義	・三川合流部の湧水を利用したわさび栽培へ影響を及ぼさない値（地下水位低下1cm未満）．
設定の必要性	・市内の揚水総量を適正に保ち水収支バランスを安定させるために設ける．
設定手法	・地下水解析にて，平成25年時点の井戸の揚水量を一定割合で増加させ，地下水位低下影響（地下水位低下1cm）がわさび田分布域に達する際の揚水量から設定する（図2.44）．
設定値	・4,300万 m^3/年未満（平成25年揚水量 3,663万 m^3/年の637万/m^3 年増） ※本値は，地下水解析で求めた値であり，今後のモニタリングにより把握される地下水揚水量や地下水湧出量の変化を確認し，その妥当性を確認するものとします．

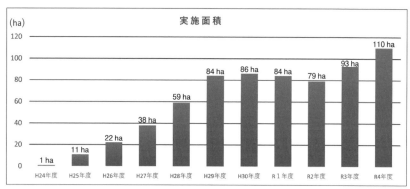

	H24年度	H25年度	H26年度	H27年度	H28年度	H29年度	H30年度	R1年度	R2年度	R3年度	R4年度
実施面積(ha)	1	11	22	38	59	84	86	84	79	93	110
涵養量(万 m^3)	1.3	15.1	39.0	80.5	97.0	100.7	101.3	98.4	90.8	102.4	118.3

図 II.3.5 麦後湛水の実施推移（文献10）

・新規需要米等転作推進事業

この事業は，転作田における新規需要米のうち，特に飼料用米の生産促進により地下水涵養策を進めた（図II.3.6）．

3.2.6 今後の涵養施策

安曇野市水環境基本計画では，人為的な地下水涵養施策の目標として「令和8（2026）年度の人為的な地下水涵養量を年間300万 m^3」に設定している．このため，今後の取り組み涵養施策として，①グリーンインフラの視点から，市内河川または小河川を利用した地下水涵養に資する環境用水施設（親水公園，ビオトープ等）の検討，②一級河川　黒沢川とあづみ野排水路を活用した地下水涵養を進めながら地下資源の

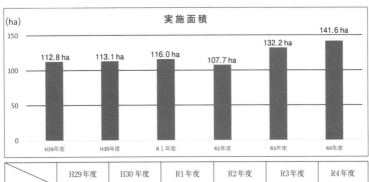

	H29年度	H30年度	R1年度	R2年度	R3年度	R4年度
実施面積(ha)	112.8	113.1	116.0	107.7	132.2	141.6
涵養量(万m³)	30.9	31.7	38.9	18.3	79.0	102.2

図 II.3.6　新規需要米等転作の実施推移（文献10）

保全に努めるため協議，調整を進めている．

〔百瀬正幸〕

3.3　福井県大野市

3.3.1　大野市の特徴

皆様は「福井県大野市」をご存じですか．大野市は，福井県の東部に位置し，北は石川県，東は岐阜県に接し，大野盆地を中心に山々に囲まれ，面積の約87％を森林が占める地方都市である．

また，白山を源とした一級河川「九頭竜川」とその支流である「真名川」，「清滝川」，「赤根川」の4つの一級河川が流れている．

古くからこの河川から地下水が涵養されいたるところに湧水池があり，人々はこの湧水を「清水（しょうず）」と呼び親しんできた．

約440年前に織田信長の家臣であった金森長近がこの清水を利用した城下町を整備した．

現在でも市街地では各家庭に自家用ポンプが設置され，炊事用やお風呂等の家庭用をはじめ，農業や工業用等様々な用途に利用されている．

3.3.2　地下水低下と井戸枯れ

湧水（地下水）とともに生きてきた大野市だが，1970（昭和40）年代後半から1980（昭和50）年代にかけて地下水位が低下した．

図 II.3.7　大野城（大野市提供）

図 II.3.8 枯渇した「御清水」(大野市提供)

図 II.3.9 地下水観測の様子 (大野市提供)

原因として考えられているのが, ①台風等の災害から市民を守るためのダムができ河川からの涵養量が減少した, ②農地を増やすために土地改良事業が進み, それまでの湿地や丘等がなくなり涵養されなくなった, ③大野市は豪雪地域であるため降雪時に地下水をくみ上げ地下水が減少した, ④当時は繊維産業が盛んで繊維工場で大量に地下水をくみ上げ利用したこと等が挙げられる.

これらが原因となり多い時で約1,000軒の家庭で井戸が枯れたほか, 先ほどの湧水池である「御清水」や「本願清水」が枯渇し, そこに住んでいた「イトヨ」が絶滅の危機に瀕した.

3.3.3 保全への取り組み

その後, 大野市では, 地下水を審議する場の設置や地下水保全条例を制定する等, 地下水を保全するための取り組みを行ってきた.

地下水が低下する冬季には, 水田に水をため充て, 涵養する「冬季水田湛水事業」を1978 (昭和53) 年から開始し, 1996 (平成8) 年には水源地域にある天然木のブナ林を約200 ha購入する等考えられる施策を講じた.

また, 地下水を保全するだけでなく大野に古くから伝わる「湧水文化」を後世に引き継ぐため, 「越前おおの湧水文化再生計画」を策定し, 国や県を含めた行政が取り組むべき課題, 市民が自主的に取り組めるものを掲げ, 行政と市民が一体となって取り組んだ.

特に, 1977 (昭和52) 年から始めた市内32か所に地下水の簡易観測所を設け地下水の監視を行う取り組みは40年以上経った現在も続けている.

32か所のうち16か所は, 市民が雨の日も雪の日 (大野市は特別豪雪地域である) も欠かさず手計で計測し, 掲示板の更新を行っている.

この地下水計測を活用し, 地下水位の基準を設け, 地下水が低下したときには「地下水注意報」を, さらに低下が進み井戸枯れが予想されたときには「地下水警報」を発令し注意喚起を行っている.

これらの取り組みが功を奏し, 大野市

の地下水は徐々に復活し，1970（昭和50）年代の水準まで戻っている．

3.3.4 Carrying Water Project

このように大野市の地下水は回復の兆しを見せているが，市民には「水はただ」，「地下水はあって当たり前」の意識が根強く残っていた．

そこで市民が水への感謝と誇りを再認識し，その思いやこれまでの行動を国内外に発信することで大野市のブランド力を高めること，これまで恩恵を受けてきた水を世界に届けて，貧困等に苦しむ人々の支援を行うことで世界とつながること，を目的に「Carrying Water Project（以下，CWPという）」事業を実施した．

水環境に恵まれない地域への支援として，公益財団法人日本ユニセフ協会とパートナーシップを締結し，安全な水の確保に苦しむ東ティモール民主共和国（以下，東ティモールという）へ2017年から3年間水道施設の建設費用の寄付を行った．

この費用は，市の予算ではなく市民や企業からの寄付や，市内の飲食店等や各種イベント会場に募金箱を設置し，広く市民からの募金を集め，年間約1,000万円，3年間で約3,000万円の寄付金が寄せられた．

集められた寄付金は，現地ユニセフに送られ水道施設の建設費用に充てられた．

私も現地に赴き，建設前の集落と建設後の集落を視察した．

建設前の地域では遠く離れた水源地まで水をくみにいかなければならないが，これは子供と女性の役割となっている（東ティモールは男尊女卑社会である）．空の容器を水源地まで持って行き，谷あいからちょろちょろと出ているところから水をくみ，いっぱいになったら自宅に運ぶ．子供なのでそんなに多くは運べない．仕方がないので何度も往復する．結果，時間がかかるので学校には行けない．

また，貴重な水なので主に食事用に使用されるため，お風呂には入れないため衛生的に問題があり，病気が多く発生し，子供たちは長生きできない．

女性が妊娠しても自宅近くに病院もなく，出産は遠く離れた病院に行かなりればならなかった．

しかし，水道施設が完成すると水くみの必要がなくなり，学校へ多くの子供たちが通うようになったため校舎が増築された．

また，各集落にも小さな病院（診療所のような感じ）もでき，女性たちが安心してお産ができるようになった．

お風呂にも入れるようになり病気も減少した（学校の先生は子供が奇麗になったと言っていた）．

現地の方々には大変喜ばれ，こちらもうれしく思ったことを今でも鮮明に覚えてい

図 II.3.10 東ティモール民主共和国での様子水道が完成して喜ぶ子供たち．

3.3.5 未来に向けて

このプロジェクトは，残念ながら市の事業としては終了した（今はこのプロジェクトに賛同した民間企業が自主的に引き継ぎ，活動を行っている）．

しかし，大野市民は，水は「当たり前」ではなくて「ありがたい」ものであるということを改めて認識できたのではないかと思う．

最後に，大野市では2021年2月に新しく「大野市水循環基本計画」[11] が策定された．

その基本理念は「健全な水循環による，住み続けたい結のまちの実現」となっている．私は市役所を退職したがこの理念を官民一体となって，達成することを願っている．

〔帰山寿章〕

3.4 神奈川県秦野市

3.4.1 神奈川県秦野市　秦野名水名人とともに

秦野市は，神奈川県の西部に位置する扇状地地形の盆地である．地下水盆と呼ばれる地下構造に約7億5千万t（箱根芦ノ湖の約4倍）の地下水を湛えている．

丹沢山地で育まれた地下水は，1890年給水開始の水道の水源に使用され，現在でも約7割を賄っている．1985年には名水百選に秦野盆地湧水群として認定されている．

秦野名水とは，市域の地下水を水源（原料）とするすべての水であり，地下水・湧

図 II.3.11　秦野名水ロゴマーク

水・水道水等である．本市では秦野名水を市内外に周知するため2014年にロゴマークを作成した（図II.3.11）．

本市の地下水の歴史の中で，3つの危機を市民・事業者・行政が一丸となって乗り越えることにより，地下水が市民共有の貴重な財産であるとの共通認識が定着してきた．

本節は主に谷（2015a），谷（2015b）の記述を用いつつ，さらに本市の地下水行政の最新動向をまとめたものである[12,13]．

3.4.2 地下水の量の危機（第1の危機）

地下水は，地球上で利用できる淡水の最大を占めている．しかし，その全量が利用できるものではなく，地下水に涵養される量（＋）と揚水・湧出する量（－）のバランスが重要である．本市では，高度経済成長期の水需要が増大した時代に，このバランスが崩れた．

地下水位の低下により，湧水枯れや浅井戸の水枯れ等の地下水障害が起こった．

地下水を守るため，神奈川県温泉地学研究所に1970年に秦野盆地の地下水調査を委託した．それによると，他の地域とは異なり，市域内で水循環が成り立つ恵まれた地形的条件であることがわかった．

この調査により，地下水揚水の影響は自らに降りかかり，逆に，地下水涵養をすれ

第3章　各自治体の取り組み　　　73

ば自らに返ってくることが、科学的に解明されたのである.

効率的に地下水を増やす水田涵養、雨水浸透、冷却水の地中注入等に市費を投入し、積極的な事業展開を行った.

また、これら事業に係る費用を補うため、地下水を揚水している事業所と協定を結び、地下水利用協力金の納付を求めた.

事業所の協力を得るにあたっては、民法第207条（土地の所有権は法令の制限内においてその土地の上下に及ぶ）の主張に対して、「秦野盆地の地下水は市民共有にして有限な財産である」との考えや地下水調査の科学的知見に基づく事業の有効性を説明して賛同を得た.

これらの事業展開のほか、条例や要綱の制定による規制の強化も功を奏し、地下水位は徐々に安定し、地下水の量の危機を乗り越えたのである.

3.4.3　地下水の質の危機（第2の危機）

1989年2月、名水百選「秦野盆地湧水群」の代表的な「弘法の清水」の湧水が化学物質によって汚染されていると報道され、市民の間に大きな衝撃と不安を与えた. 水質検査では、水道水質基準の約2倍（0.021 mg/L）のテトラクロロエチレンが検出した.

すぐさま汚染の概況調査を実施するとともに、健康被害防止のため、基準を超過した飲用井戸の水道への切り替え工事を行った.

当時、地下水汚染対策に取り組む事例は少なく、調査や浄化の技術は確立されていなかった. そこで、独自に化学物質、水文学、地質学、法学、保健健康等の専門家を集めた地下水汚染対策審議会を設置した. 審議会からは、①汚染の未然防止、②汚染機構の解明、③健康調査、が第1次答申された.

その後、汚染対策に関する法制化の必要性が第2次答申された. これを受け、国内初となる汚染原因者による浄化義務を盛り込んだ「秦野市地下水汚染の防止及び浄化に関する条例」を、1994年1月1日に施行した.

条例により汚染事業所として指定された事業所は46社になり、そのすべてで浄化事業が行われた.

中小企業には費用負担が大きいという問題がある. そこで、簡易浄化装置を無償で貸し出すこととした. この制度を利用して、中小企業の浄化事業が飛躍的に進んだ.

また、地質条件が土壌ガス吸引に適していたこともあり、46社のうち39社で条例の浄化目標値を達成した.

しかし、汚染対策の発端となった「弘法の清水」の水質を改善するには、複合汚染である地下水の浄化が必須であった.

そこで、市が主体となって、汚染地下水を揚水し、浄化した後、再び地下に戻す浄化手法を考案し、実証実験を経て、1998年度から浄化装置を本格稼働した. 装置稼働から3年で、「弘法の清水」の水質は、環境基準を下回るようになった.

1994年の条例施行から10年が経ち、事業者と市の協働が実を結び水質が改善したことを受け、2004年1月1日に「弘法の清水」において、名水の復活宣言を行った.

これらの汚染対策により、当初の試算では100年かかると言われたところを、条例

施行から 10 年で 1 つの区切りとなる名水の復活まで至った．しかし，未だ深層部やスポット汚染は残っており，完全復活を目指して汚染対策事業を継続している．

3.4.4　地下水の条例の危機（第 3 の危機）

本市は，地下水保全のための条例を整備してきた．1973 年には，地下水の利用制限，工事による影響の措置等を盛り込んだ「秦野市環境保全条例」，1994 年には，「秦野市地下水汚染の防止及び浄化に関する条例」を施行した．

そして，2000 年には，環境保全条例と，地下水汚染の防止および浄化に関する条例を合わせて，地下水の量と質を一元化した「秦野市地下水保全条例」を施行した．条例では，地下水を公水として認識するとともに新規井戸設置の原則禁止を規定した．

本市の地下水保全の要である条例に危機が訪れた．2003 年に住宅用井戸について，条例により設置が認められず，自費で水道を敷設したことによる損害賠償請求訴訟が，2011 年 12 月 7 日に横浜地方裁判所小田原支部に提起された．数回の口頭弁論，証人尋問を経て，2013 年 9 月 13 日に第 1 審判決が出た．結果は，本市が敗訴し，原告の主張する水道敷設費用等の損害賠償請求が認められた．

このままでは本市の地下水保全施策が根底から崩れると考え，東京高等裁判所に控訴した．控訴理由書では，本市の地下水保全の歴史的背景，積極的な施策展開，市民・事業者の理解と協力，地形・地質的特徴等の地下水を市民共有の財産として保全してきた本市独自の地下水の公共性を強く訴え

た．

2014 年 1 月 30 日に第 2 審（控訴審）判決が出た．結果は，逆転勝訴であり，第 1 審判決の敗訴部分を取り消すものとなった．

相手側は，最高裁判所への上告手続きをとったが，2015 年 4 月 22 日に，上告棄却の決定が最高裁判所第二小法廷から下され，東京高等裁判所の判決が確定し，損害賠償請求は認められないとともに，条例の合憲性が認められた．

東京高等裁判所の判決文では，今まで民法における所有権が主張されてきた地下水について，「秦野市地下水保全条例による井戸設置の規制は，公益的見地からの合理性を有し，条例制定権を有する市の合理的裁量を超えるものとは言えず，憲法に違反しないと解すべき．」と明記された．

その後，市は，持続可能な地下水の利活用に向け，「秦野名水の利活用指針」を始め，新規井戸設置許可の基準を定めて運用している．

3.4.5　秦野市地下水総合保全管理計画

条例の施行に伴い，2003 年 3 月に「秦野市地下水総合保全管理計画」を策定した．計画では，施策の成果の指標として，秦野盆地の水収支と監視基準井戸の地下水位を掲げている．2011 年の改定では，市民共有の財産にふさわしい利活用を計画目標に追加した．

第 3 期となる 2021 年の改定では，「地下水のマネジメント」と「秦野名水名人とともに」を改定ポイントに据えた．

「地下水のマネジメント」では，新たな

調査データにより，シミュレーションソフトを用いた「はだの水循環モデル」を更新した．

その結果，今まで基盤岩（地下水盆の底）は深度 100-200 m とされてきたが，そこには箱根火山を由来とする火山灰の難透水層があり，基盤岩はさらに下層部（最大深度 480 m）にあることがわかった．これにより，帯水層の容積が増え，地下水賦存量が従来の約 2 億 8 千万 t から約 7 億 5 千万 t となった．

計画では，新たな地質・水文情報や水質・水位等のモニタリングデータを活用し，健全な水循環の下での持続可能な地下水をマネジメントするとしている．

また，これまでの行政主導型から，市民・団体・事業者との連携・協働に重点を置くため，「秦野名水名人とともに」を施策の取組みに掲げた．「秦野名水名人」とは，使う・守る・育てる・伝える名人があり，人に限らず，地下水に関わる団体・事業者・行政・施策を名人として定義している．

昔から湧水地は，水神様を祀り，水神講によって守られてきた．この歴史文化に倣い，「秦野名水名人講」を立ち上げた．本市の地下水は，生活の中にある名水である．その恩恵を享受している市民を中心とした「秦野名水名人講」は，名水の里秦野を伝えるための説得力に長けているはずである．

3.4.6 まとめ

本市は，地下水は市民共有の財産である公水（公の水）との認識に立っている．その根拠は，①生活用水や水道事業の歴史的背景，②水道水源という公共性のある使用実態，③地下水に恵まれた地形・地質，④地下水保全のための積極的な施策，⑤条例・計画の整備，これらの要因がそろっているところにある．

地下水という自然を相手に，幾多の危機に直面し，その都度，科学的知見に基づく創意と工夫，市民・事業者との協働によって乗り越えてきた．

しかし，地球温暖化による気候変動の影響，有機フッ素化合物による汚染，湧水枯れによる生物多様性の損失等，新たな問題も起きてきている．

地下水は，地域性が強いが，市域にとどまらず，水循環という大きな環の中で，空も川も海もつながっているというグローバルな視点を持って，健全で持続可能な水循環の創造に取り組む必要がある．

〔谷　芳生〕

文献

1) 千葉知世（2019）：日本の地下水政策－地下水ガバナンスの実現に向けて（阪南大学叢書 114）．京都大学学術出版会，355p.

2) 国土交通省(2021)：地下水関係条例の調査結果．https://www.mlit.go.jp/common/001256444.pdf　2023 年 7 月 15 日アクセス．

3) 八木信一ら（2020）：地下水ガバナンスの動態に関する研究－地下水の社会的価値を分析枠組みとして－．地下水学会誌，62(2)，219-232.

4) 遠藤崇浩・辻村真貴（2021）：水循環基本法の一部改正について．地下水学会誌，63(3)，183-184.

5) 池田鉄哉（2008）：中国における水資源問題とその統合的管理に係る初歩的考察．水文・水資源学会誌，21 巻 5 号，368-377.

6) 安曇野市地下水保全対策研究委員会（2012）：安曇野市地下水資源強化・活用指針．安曇野市．

7) 安曇野市：安曇野市水環境審議会会議資料.

8) 安曇野市：安曇野市水環境基本計画. p29.

9) 農林水産省：作物統計調査 農林水産関係市町村別統計 各年度 耕地面積 長野県.

10) 安曇野市：安曇野市水環境審議会統計資料.

11) 大野市（2021）：大野市水循環基本計画.

12) 谷 芳生（2015a）：秦野名水を守り育てる秦野市の水循環. River Front, 80, 20-25.

13) 谷 芳生（2015b）：秦野名水を守る―地下水保全施策について. 環境管理, 51(8), 8-15.

第4章

地下水ガバナンスの進め方

4.1 国内における地下水ガバナンスの取組動向

2014 年に制定された水循環基本法および 2015 年に閣議決定された水循環基本計画を踏まえ，内閣官房水循環政策本部事務局は，地方公共団体を中心とする地域における主体的な取り組みを支援するための参考資料として，2019 年に「地下水マネジメントの手順書 身近な資源を地域づくりに活かすために」[1]（以下，「手順書」という）を公表した[2]．

その後，2020 年に改定された水循環基本計画において，地下水の保全と利用に関する基本方針を定めるとともに，それに基づく取組を実施する主体として地下水協議会が位置付けられ[3]，地方公共団体，国等は，水ガバナンスの向上に必要な措置を

講じるよう努めるものとされた．さらに 2022 年の水循環基本計画の一部見直しでは，「地下水マネジメントは，関係する行政などの公的機関，大学，研究機関，企業，特定非営利活動法人（NPO），住民等の様々な主体により連携して行われるべきもの」と，地下水マネジメントのあり方が示された．

手順書の位置付けは，「地域からの要望などを契機の一つとして，行政側から地下水マネジメントの取組を提案し，地域住民，取組団体，事業者等の様々な地下水関係者の意向や取組の実情を踏まえながら，相互に調整・連携して「持続可能な地下水の保全と利用」を図る「地下水協議会」の設置・運営及び取組の評価・見直しを行う際の手順・留意点等の例を示すもの」とされており，総論編と実践編で構成されている．

総論編では，地下水マネジメントの趣旨として，「様々な関係者等が，地下水の実態に関する認識を共有する必要」，「取組の段階や状況に応じて方向性が変化する場合もあり…中略…地域全体としての合意を地道に積み重ねながら実施していく必要」等，地下水ガバナンスに通じる要素を積極的に取り上げ，技術資料編において「地下水マネジメントにおける合意形成」まで解

表 II.4.1 水循環基本計画における地下水協議会の位置付け

当初	関係者との連携調整の場
2020 年改定	当初に加えて，地下水マネジメントの基本方針を定め，取り組み等を実施する主体
2022 年一部見直し	2020 年改定に加えて，都市計画，まちづくり，土地利用等の関係者と相互に連携し，協議できる体制

説している.

　一方，実践編では，行政が提案する地域の地下水マネジメントの基本方針の案を軸に，段階的に関係機関や地域の合意を得るプロセスを一例として取り上げ，行政担当者が実施すべき手順や留意点等を淡々と整理，解説しており，ガバナンス的な要素への処し方が必ずしも十分に例示されていない．これは，手順書が水循環基本計画の改定前に作成されているため，現行の水循環基本計画に必ずしも対応しきれていないことが背景にある.

　現状で唯一，地下水マネジメントの全体像を示した手順書においても最新動向に対応しきれていない．国内における地下水ガバナンスは，一部の地域で先進的取り組みは見られるものの，行政が地下水障害への対応としてトップダウン型で施策を遂行してきた従来の地下水管理から，多様な主体の連携により社会的動向や価値観の変化等に応じて目標や施策の設定を図る新たな枠組みへ転換する過渡期に入った段階にあると思われる.

　また，平時の地下水利用を前提とした地下水ガバナンスとは別に，大規模地震，洪水，事故等の非常時における地下水ガバナンスと称すべき課題がある．地下水を用いた緊急の給水活動には様々な関係者が関与する必要があり，その方策や事例，有効性，さらに限界をわかりやすく解説した資料として「非常時地下水利用指針（案）」[4]が 2023 年 3 月に公表されており，あわせて参照されたい.

4.2　地下水協議会と地下水ガバナンス

　水循環基本計画における地下水協議会の位置付けは，当初，「関係者との連携調整を行う」場であり，地下水の採取や利用，あるいはそれによる著しい影響を受けるまたは及ぼすおそれのある者，地下水の保全に大きく貢献し得る者等の直接的な当事者で構成されるものとしていたが，2020 年の改定により，地下水協議会が地下水マネジメントの基本方針を定め，実施する主体と位置付けられるとともに，構成範囲が地下水に関わる多様な関係者まで含むものとされた.

　宮崎（2022）は，市民を含む多種多様なアクターで構成される地下水協議会を機能させ，地方公共団体の行政区域を超えた流域レベルでの産官学民の協働等によって，地下水マネジメントの内容を充実させていくプロセスが，地下水ガバナンスにほかならないとしている[3].

4.3　地下水協議会による地下水マネジメント

　学術分野で研究対象として論じられる地下水ガバナンスと，水循環基本計画をはじめ行政分野で取り組まれる地下水マネジメントの関係性を整理したい.

　手順書は，一例としてであるが，地下水マネジメントを推進する流れを示している.

　図 II.4.1 は，手順書に示された流れ図に，地下水マネジメントとしての運用が想定される範囲を示したものである.

第 4 章　地下水ガバナンスの進め方

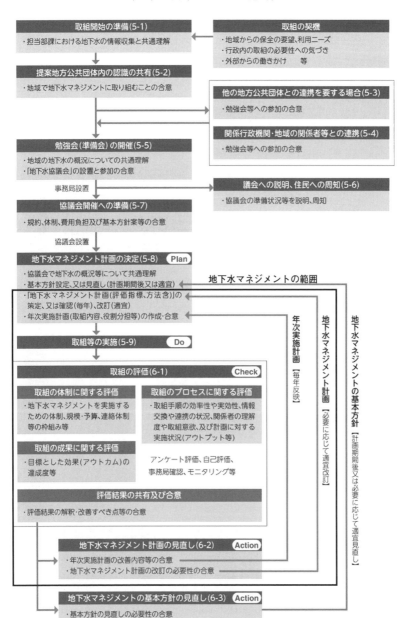

図 II.4.1　行政側からの提案で地下水マネジメントを推進する場合の流れにおける地下水マネジメントの範囲（文献 1）より抜粋・加筆）

地盤沈下，塩水化，地下水汚染等の地下水障害からの回復を目指して施策を展開していた地域では，取り組みの基本方針や目標が自明であり，いかに効率的，効果的に目標を達成し，地下水障害を解消するかが課題であった．

一方，地下水障害の多くが解消された昨今，地下水を地域の資源と捉え，より積極的な活用を図る動きも広まりつつある中で，地下水マネジメントにより目指すべき目標や，達成しようとする地域社会と地下水の関わり方を，いかなる基本方針として位置付けるかが，新たな課題となっている．

地域が一体となって地下水の課題と向き

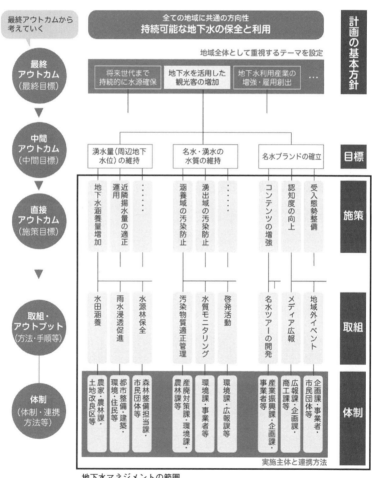

図II.4.2 基本方針から施策・取り組み，体制までの体系的設定のイメージにおける地下水マネジメントの範囲（文献1）に加筆）

合い，地域の地下水マネジメントの基本方針を定め，取り組みを決定，実施するとともに，必要に応じて基本方針の見直しを図るのが地下水協議会の役割とされており，まさに地下水ガバナンスであると理解できる．つまり，水循環基本計画で示されている「地下水協議会による地下水マネジメント」は，「地下水ガバナンスによる地下水マネジメント」と言い換えられる．

図 II.4.2 は，手順書に示された，基本方針から取り組み等までを体系的に設定するイメージに，地下水マネジメントに対応する範囲を示したものである．

地下水協議会で決定される基本方針および目標は，その下位にある施策・取り組み等の地下水マネジメント計画とともに，地下水ガバナンスの構成要素である「政策」に該当する．

以上より，手順書は地下水マネジメントの手順書であるとしながらも，地下水マネジメントの方向性を定める地下水協議会，すなわち地下水ガバナンスまで言及したものである．

このような理解のもと，地下水ガバナンスの進め方の観点から重要と思われる点を中心に，手順書の概要を示す．

なお，詳細については手順書を参照するとともに，技術資料編も併せて確認することを推奨する．

4.4　地下水マネジメントの契機と準備

手順書では，地下水マネジメントの取り組みを始める「契機」について，住民・団体，行政，事業者のそれぞれの立場から想定される様々なきっかけを例示している．（図 II.4.3）

地下水障害からの回復や予防に関わるもの以外に，より幅広い主体の様々なニーズが想定されている．2022 年の水循環基本計画の一部見直しの際，地下水協議会に，都市計画，まちづくり，土地利用等の関係者と相互に連携し，協議できる体制が求められた背景として，このような地域のニーズの多様化がある．

また，このような地域の実情を的確に捉

住民・団体
- 住民や地下水利用者からの地下水の状況に関する相談，要望等
- 渇水による地下水位低下や水質汚濁事故等の発生による対策の要請
- 特定の地下水利用者による過剰な地下水採取の懸念や採取事例の発覚から，地域全体での地下水保全を要望

行政
- 企業誘致による雇用創出や交流人口促進など，地下水の活用による地域の活性化を検討
- 地域が地下水に依存している一方で，地下水障害リスクへの備えをしていないことに気づき，予防保全の必要性を認識
- 国や先進地方公共団体の動きを踏まえて，導入について首長等から検討を指示
- 地域の地下水について，複数の地方公共団体が参加する広域市町村圏の協議会等から問題提起
- コスト縮減や人手不足の対応のため，地下水に関わる施策の効率化や省力化，省人化を検討

事業者
- 地域の地下水に事業活動が依存しているため，安定した取水環境を持続する対策を要望
- 地下水を大量に取水利用する事業者等が，地域貢献活動等の一環として協働の取組を提案
- 利用している地下水取水井の水位低下や採取できる水量の減少などの変化により，持続的な利用への不安が拡大

図 II.4.3　地下水マネジメントの取り組みを開始する際の契機の例（文献 1）

表 II. 4. 2　各観点における取り組みの例（文献 1）

		各観点における取組等
①日常的な利用	a）水道用水	水道の水源として利用.
	b）事業場用水	工場の冷却水・洗浄水，建築物用の冷暖房やトイレ洗浄などに利用.
	c）農業用水	水田，野菜，花きなど様々な品目の生産に利用.
	d）養魚用水	養殖場における利用.
	e）消流雪用水	北陸をはじめ積雪の多い地域で消流雪用水として利用.
	f）飲食品製造	様々な飲料や食品の原料として利用.
②地域活性化への活用	a）観光資源利用	地域の名水・湧水などを観光スポットとして活用.
	b）地方創生	地域のブランディングや水利用企業の誘致による雇用創出等に活用.
③リスクの予防保全	a）揚水設備設置時の手続	新規井戸設置時の届出，採取量報告，許可等.
	b）揚水設備能力の制約	吐出口面積と採取量の取水基準の設定等.
	c）水質保全対策	水質のモニタリング調査，下法投棄の監視，合併浄化槽の管理等.
	d）地下水涵養の促進	水田湛水や浸透ます設置，森林整備による水源涵養等.
	e）啓発活動等	イベントやシンポジウム，出前授業による環境学習等.
	f）協力金等	保全の取組への資金面の支援.
	g）啓急時対策	急激な水位低下や水質事故時の情報共有や緊急措置・体制等.
	h）防災用水利用	地下水を非常時用水（トイレ洗浄，洗濯，清掃，浴用等）として利用.
	i）条例に基づく保全体制（保全）	条例に基づく利用者協議会への参加等.
	j）モニタリング等調査	取組の効果等を把握するための初期状態及び動態把握調査.
	k）実態把握調査	地下水の実態を把握.
④地下水障害の解決	a）地下水汚染物質の除去	汚染物質の除去・土壌浄化等.
	b）条例に基づく保全体制（解決）	地下水障害対策として条例等により取水量等を規制.

えて取り組みを開始するための準備として，関係者が，地域の地下水に関する情報と理解を共有し，地下水の状態の解釈について同じ認識を持つことが重要であるとし，「地域の地下水の現況」と「地域社会と地下水の関わり」の両面から，地域の状況を把握することとしている.

ここで，前者は，地形・地質，地下水位，水質，水収支等の自然科学的観点からの情報収集，および地下水利用量や過去の地下水に関わる取り組みに関する統計資料・調査資料等の情報を客観的情報として位置付

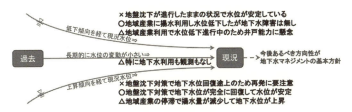

図 II.4.4 地下水の現況を時系列で捉えるイメージ（文献5）

けて共有することを想定している．

一方，後者は，網羅的に取り組みや関係主体を把握するとともに，地下水との関わり方における個々の意向を適切に共有し，相互理解を得るための準備として，地域の生活・産業等における住民や事業者の利活用状況やニーズ，行政や住民・事業者・団体等による保全の取り組みの現況等を把握するとしている．表 II.4.2 は，①〜④の4つの観点から取り組みを例示したものである．

これらの状況把握において留意すべき点として，時系列のなかで現状を解釈することの重要性が挙げられる．

例えば，地下水位の低下傾向を経て現況水位に至っている場合に，「地盤沈下が進行したままの状況で水位が安定している」とすれば水位の回復を図るべき状況であるが，一方，地下水障害の心配のない地域で産業振興のため「地域産業に揚水利用し水位低下」したのであれば地域に恩恵をもたらす地下水マネジメントともいえる．（図 II.4.4）

現況をどう評価するべきかは，地域の社会環境の変化や地質地下水条件等に左右されるため，現況データだけではなく，その背景を含めて関係者が理解を共有することが，地域の地下水マネジメントの基本方針や目標等を検討するための準備作業として重要である．

4.5 地下水マネジメントにおける合意形成

手順書では，「様々な関係者が…中略…，お互いの意向を尊重しながら，地域全体としての「地下水マネジメントの基本方針」の下に，保全と利用のバランスの取れた環境を後世に引き継ぐため，地下水マネジメントを段階的に進めるための様々な合意形成を積み上げていく」こととし，以下の段階を例示して合意形成の重要性を指摘している．

- 様々な関係者の参加を促すための合意形成
- 地域の地下水に関する客観的な理解と認識に関する合意形成
- 地域全体として望ましい地下水マネジメントの基本方針等の合意形成
- 取組状況や社会・産業の動向変化等に応じて方向性を見直す合意形成

また，技術資料編では，地下水マネジメントにおける合意形成について，「共同事実確認」の重要性，および「見かけ上の対立」への対処法を示している．

地域の地下水の現状や過去から現在までの変化，利用状況や保全の取り組みの履歴

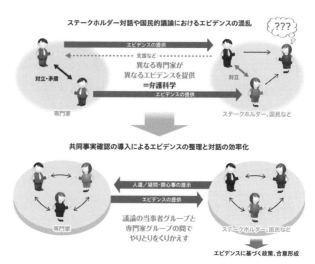

図 II.4.5 共同事実確認の導入による効果（文献 1）

図 II.4.6 見かけ上の対立における落としどころの見つけ方（文献 1）

等について，地域の地下水関係者のすべてが，同じ情報をもとに，客観的な事実として地下水の現状や履歴を理解したり共通の認識を持ったうえで協議を行うことが重要であり，このような「共同事実確認」と呼ばれる方法により，地下水関係者（ステークホルダー）間における対話の効率化が図られるとしている．（図 II.4.5）

また，個々の関係者の「意向」が異なる種類のものであるにもかかわらず，「立場」が異なるために見かけ上の対立を生じてしまう場合に，相互に「意向」や「本音」を確認し，落としどころを探る場としての地下水協議会の有用性も示している．

4.6　地下水協議会の設置

手順書では，地下水ガバナンスを具現化する1つの方策として，地下水協議会の設置に向けた段階的な手続きが実践編に示されている．

「行政側が提案して地域で取組を進める場合の，標準的と考えられる一例を参考として示したもの」とのただし書きが付されているものの，枠組みの持続性を担保する主体として行政への期待は大きく，職員がなすべき項目と手順を具体的に示している

点は有用である.

しかしながら,水循環基本計画の改定前に作成されているため,地下水協議会を「取組の方向性を確認し,関係者との連携調整を行うもの」と定義しており,現行の位置付けと整合していない点に留意する必要がある.

例えば,「地下水マネジメントの基本方針」について,早い段階から担当課で案を作成し,関係する地方公共団体間で調整した行政案を地下水協議会に提案し,地下水関係者に説明して合意を得ることとしている.

基本方針の最終決定はあくまで地下水協議会によるとしている点,また,実践編は一例を示したものにすぎないとしている点を鑑みても,2020年の水循環基本計画改定における「地下水協議会が地下水マネジメントの基本方針を定め,実施する主体」との位置付けに込められた理念から乖離しているように思われる.

手順書を参照するにあたっては,水循環基本計画改定の趣旨,および地域の取組状況等に照らして,適宜読み替える必要がある.

4.7 地下水マネジメント計画の作成

地下水協議会では,まず初めに,地域の地下水に関する情報の共有と地下水の状態の共通理解を図り,その上で,地下水マネジメントの基本方針と目標を設定することとしている.また,目標を達成するための地下水マネジメント計画を策定することとし,以下の項目を必要に応じて定めること

表 II.4.3　地下水マネジメント計画の主な項目

1. 対象地域及び地下水の概況
2. 地下水マネジメントの基本方針
3. 地下水マネジメント計画の目標
4. 計画の期間
5. 地下水関係者の責務と役割
6. モニタリング計画
7. 取組の具体的方策と実施主体及び年次計画
8. 地下水マネジメントの評価の視点・指標と評価方法

としている.

一方,現況の利用状況に支障が生じておらず保全の取組の緊急性が低い場合,あるいは地下水の実態把握が進んでいないために定量的な検討が困難な場合等は,「地下水モニタリング計画」と「急激な地下水低下発生時等の緊急体制」のみ定めて,順応的な管理により持続的な地下水の保全と利用を図るといった場合もあるとしている.地域の実情を踏まえ,持続性の観点から無理のない,適切なレベルの計画とすることが肝要である.

また,2020年の水循環基本計画改定で地下水協議会の構成主体に加えられた「地下水に関わる多様な主体」を幅広く網羅する観点から,取組等の主な関係課・実施者の例が参考となる.(表 II.4.3)

4.8 取り組み等の評価・見直し

一般に,行政施策としての予算措置のもとに実施される取り組みでは,主に実施量(アウトプット)が計画数量を満たしたか否かが評価される.

一方,地下水マネジメントの取り組みには,住民・団体や事業者等との協働による

表 II.4.4 各観点における取組等の主な関係課・実施者の例（文献1）

	各観点における取組等	主な関係課・実施者の例
①日常的な利用	a) 水道用水	水道課（水道事業者等），専用水道設置者
	b) 事業場用水	商工課，企業局，事業者
	c) 農業用水	農林課，商工課，土地改良区，農協，農家，事業者等
	d) 養魚用水	水産課，漁協，養殖業者
	e) 消流雪用水	道路課，住民，事業者
	f) 飲食品製造	商工課，産業振興課，事業者
②地域活性化への活用	a) 観光資源利用	産業振興課，まちづくり課，事業者
	b) 地方創生	企画課，産業振興課，まちづくり課，企業局，事業者，住民
③リスクの予防保全	a) 揚水設備設置時の手続	環境課，事業者，住民
	b) 揚水設備能力の制約	環境課，事業者
	c) 水質保全対策	環境課，環境団体，住民
	d) 地下水涵養の促進	農林課，環境課，森林整備担当課，土地改良区，農家，市民団体，住民，NPO
	e) 啓発活動等	水資源課，環境課，広報課，教育委員会
	f) 協力金等	環境課，事業者，住民
	g) 啓急時対策	水資源課，環境課，事業者，住民
	h) 防災用水利用	防災課，自主防災組織，住民
	i) 条例に基づく保全体制（保全）	環境課，事業者，住民
	j) モニタリング等調査	環境課，事業者，住民
	k) 実態把握調査	環境課，事業者，有識者
④地下水障害の解決	a) 地下水汚染物質の除去	環境課，事業者
	b) 条例に基づく保全体制（解決）	環境課，事業者，住民

事業者：地下水・湧水を利用して事業を行っているもの.

ものも多く，進捗状況等の量的なアウトプット評価のみでは，目標達成に効果的な施策・取り組みとするための改善に役立つフィードバック情報は得られない.

そのような観点から，地下水マネジメントの取組の評価は，「体制」，「プロセス」，「成果」のそれぞれの観点から行うこととしている.

「体制」に関する評価は，多様な関係者が参画しやすく，無理なく継続的に参加できる体制を構築し維持する観点から，地下水マネジメントの実施体制，実施規模・予算，連絡体制等の枠組みを評価するとしている.

「プロセス」に関する評価は，より負担の少ない効率的・効果的な取組手順や，取組の理解や意欲を高めたり，満足度・達成感を得られる活動となる工夫等の観点か

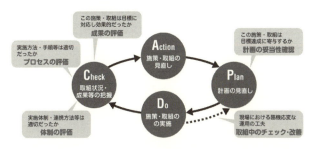

図 II.4.7　地下水マネジメントにおける PDCA のイメージ（文献 1）

ら，取組手順の効率性や実効性，情報交換や連携の状況，関係者の理解度や取組意欲及び計画に対する実施状況（アウトプット）等の取組状況を評価するとしている．

「成果」に関する評価は，目標とした効果（アウトカム）の達成度や波及効果等により，計画の目標の達成状況等を評価するものである．

これら「体制」，「プロセス」，「成果」のいずれを重視すべきかは地下水マネジメントの段階に応じて変わるものであるが，特に取組初期段階においては，「体制」の評価を重視することが，持続的な枠組みを確立する上で重要である．

また，毎年度の PDCA においては，「成果」の評価結果は，翌年度の年次計画を策定する際に適切な見直しを行うための材料とし，「体制」および「プロセス」の評価は，日常的に取り組みのチェック・改善を行った結果も含めて取りまとめられることが望ましい．

このような多面的な評価の結果，目標達成に最も効果的であった取り組みにマンパワーと資金を集中し，その他の取り組みを中断するといった見直しも，協議会で合意が得られればあり得る戦略である．逆に，従来から実施あるいは計画通りに実施してきた取り組みという理由で，継続することが自己目的化するような硬直した計画や取り組みとならないように留意することも重要である．

「地域の実情に応じて」といったキーワードが水循環基本計画に多用されているが，これはまさに，地域の多様な主体により，柔軟に計画や取り組みを見直しながら運用できるするプロセスこそが，適切かつ持続的な地下水マネジメントに重要であることを示唆している．　　　　　　〔蛯原雅之〕

文献

1) 内閣官房水循環政策本部事務局（2019）：地下水マネジメントの手順書 身近な資源を地域づくりに活かすために．98p．
2) 竹内久一・大田和明（2020）：「地下水マネジメントの手順書」の背景と概要．地下水学会誌，62(2)，323-328．
3) 宮﨑 淳（2022）：水循環基本法改正の立法過程と意義．地下水学会誌，64(1)，49-89．
4) 遠藤崇浩（2023）：非常時地下水利用指針（案）．https://omu.repo.nii.ac.jp/records/12814
5) 内閣官房水循環政策本部事務局（2023）：第2回地下水マネジメント研究会 資料「地下水の観測について」．https://www.cas.go.jp/jp/seisaku/gmpp/pdf/about/reports/02_03.pdf

第III編

地下水の科学

第1章　水循環における地下水

第2章　地下水流動と水文地質・地形

第3章　不飽和帯の水分移動

第4章　地下水の水理

第5章　地下水と物質移行

第6章　地下水中の熱輸送

第7章　地下水の化学

第8章　地下水のトレーサー

第9章　地表水と地下水の相互作用

地表に達した降水が浸透すると土壌水や地下水として地中を流動し，地球上水循環の主要な構成要素を形成している．この流れは地形，地質および地表近くでは地表水，海水との相互作用の影響を受け，その温度と成分は接触する媒体との物理化学的反応を通して変化する．これらの流れや変化は，M. K. Hubbert 博士が Vetlesen Prize 受賞スピーチ（1982年）で指摘した通り，基本的にはニュートンの運動法則，万有引力，熱力学の法則等物理化学的法則で理解し記述することができる．本編では地下水の流動とそれに伴う物質輸送，熱輸送現象を物理化学的に解説し，それらを支配する基礎理論について説明する．また，流れを解明する主要な道具であるトレーサーの基礎理論についても解説する．数学的な導出や代表的な解，パラメータの値についての詳細は第 V 編を参照されたい．

第1章

水循環における地下水

地球は水の惑星と呼ばれ，地球表面の7割を海洋が占め，その広い蒸留器でもある海洋が地球の水循環を形成，維持している．水が地球上を，基本的に淡水として循環・流動することにより，人類を含めた生物が存在，生存でき，社会が活動を継続あるいは維持できる．

1.1 地球上の水循環

水は地球上を循環しており，地球全体として見れば，地球上でのあり方（賦存）や形態（相）は変化するものの，水の量は一定であるが，流動（循環）していることが重要である．地球上には，海水，氷床・氷河，地下水，湖沼，河川，水蒸気という形で表Ⅲ.1.1のような量・性状で存在するが，淡水は氷雪等を含めても3%以下しか存在せず，しかも遍在しているのでなく，時空間的に偏在している[1]．なお，貯留量等の数値については Abbott et al.（2019）[2] が最近の文献を検討して平均値や推定幅等を示しているので参考となる．

水は物質として特異な物性を持っている．すなわち大きい比熱・融解熱・気化熱・熱伝導率・表面張力・浸透圧，逆に小さな熱膨張率・圧縮率・水蒸気密度・飽和水蒸気圧，そして液体の密度（3.98℃で最大）が固体の密度より大きく，さらに大きな溶解性を持つ等である．高い融点と沸点，そして液体としてとして存在する温度範囲が広く，地球上に流動可能な液体として多量に存在できることが水の惑星たる所以である．また，大量の物理化学的に特異な水が循環・移動すること，そして同時に熱と物質の輸送を担っていることも重要である．

1.1.1 水循環における地下水

地下水は表Ⅲ.1.1のように海水，氷床等に続き3番目に多い水体であり，淡水としては雪氷に並ぶ量である．非再生可能地下水（化石水等の古い地下水と塩水地下水）と再生可能地下水（renewable groundwater，新しい淡水地下水）にも区分でき[2]，前者が量的には圧倒的に多く，滞留時間が長く，ほとんど流動していない地下水である．後者の再生可能地下水が我々の持つ一般的な地下水のイメージで利用可能な地下水の主体となる．

地下水は地中に存在する間隙を飽和し，流動している水体であり，特徴として流動が遅く，滞留時間が長く，水循環においては水体量も多く，安定性をもたらすバッファーの役割を担っている．

表 III. 1. 1 地球上の水の分布と特性（文献1）

貯水体	分布面積 ($\times 10^3 \, km^2$)	貯留量 ($\times 10^3 \, km^3$)	全貯留量 に対する 割合（%）	淡水 に対する 割合（%）	平均滞留 時間 （年）	輸送量 ($\times 10^3 \, km^3$/年)
海洋	361300	1338000	96.5	—	2500	535
氷雪　　　　山岳氷河	16227	24064	1.74	68.7	1600	15.0
極氷					9700	2.48
永久凍土層中の氷	21000	300	0.022	0.86		
地下水 　うち淡水	134800	23400 10530	1.7 0.76	— 30.1	1400	16.7
非再生可能地下水(化石・塩水) 　再生可能地下水（主に淡水）		22000 630				
土壌水	82000	16.5	0.001	0.05	1	16.5
湖沼水 　うち淡水	2059 1236	176.4 91	0.013 0.007	— 0.26	17	10.4
人造湖		10.8				
湿地の水	2683	11.5	0.0008	0.03	5	2.3
河川水	148800	2.12	0.0002	0.006	0.05	45.5
生物中の水	510000	1.12	0.0001	0.003		
大気中の水	510000	12.9	0.001	0.04	0.02	589
合計 　うち淡水		1385984 35029	100 2.53	— 100		

1.1.2 水循環における人間の役割

　人類・人間の活動が地球の地質や生態系に与えた影響に注目して名付けられた「人新世」（anthropocene）とは，パウル・クルッツェンらが，2000年に提唱した時代区分を表す地質学の言葉であるが，まさしく人類が地球を破壊する時代となり，人間活動の影響により水循環にも改変，変容が随所に現れている.

　USGS（2022）は水循環模式図の改訂[3]を行い，自然の循環（プロセス）から人間の活動（水利用等）も含めた水循環を示し

た．我が国での水循環図は，内閣官房水循環政策本部事務局[4] が健全な水循環として示す図に代表されるように，かなり以前から水循環プロセスを示すというよりも水循環のなかの水利用を示す図が一般的であった．

　人間活動に関わる水の充当量は年間 $24.4 \times 10^3 \, km^3$ である．最近使用されているウォーターフットプリントではグリーンウォーター使用（天水利用量）・ブルーウォーター使用（取水量）・グレーウォーター使用（排水処理水量）の3つに分類しており，それぞれ 19, 4.0, $1.4 \times 10^3 \, km^3$

第1章 水循環における地下水

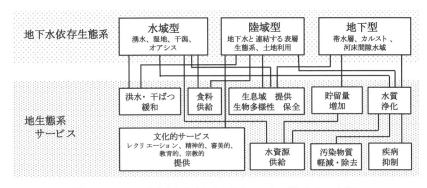

図 III.1.1 地下水依存生態系と地生態系サービス（文献5）に加筆）

となる[2]．全体としてはわずかな量であるが，淡水の河川，湖沼，そして地下水と比較すると，人間が関わる量は決して小さくなく，重大な改変や障害をもたらす可能性がある．人間による地下水利用に関連して問題となるのは，地下水位低下，井戸枯渇，地盤沈下，塩水化等であるが，それぞれの詳細は第 II 編の第1章，第 VII 編第4章等を参照されたい．

1.2 環境要素としての地下水

環境を形成するうえで水は重要な構成要素であり，地下水も重要である．水の持つ各種機能，生態系サービス・地生態系サービス（geo-ecological service）は，水資源の供給，栄養の供給，生息場所の提供，生物多様性の保全等多々ある．地下水に依存した生態系と地生態系サービスを図 III.1.1 に示した．地下水依存生態系には湧水や湿地，特異なオアシス等の水域型，地下水と連携する表層付近の陸域型，そして帯水層，カルスト，河床間隙水域も含めた地下水型に分類できる．地生態系サービスは，我々の生存，環境の維持保全に資する数多くの機能を有しているが，水循環が時空間的に偏在しているので，気候・地形・地質条件等にも左右されて複雑な様相を呈することになり，その機能，組み合わせは地域や季節ごとに多様である．

1.3 地下水の特徴と地下水利用

地下水は，極地や高山帯に分布する雪氷に対し，我々の身近に存在する淡水資源である．地表の90%の地下には地下水（量や質に問題のある非再生可能地下水も含め）が存在[6]するとされ，オンサイトで利用可能な水資源である．とくに我が国のような温暖湿潤地域では遍在性が高く，どこでも井戸が掘削できれば，多くの場合，良質な地下水が取水できる．取水・配水システム／ネットワークが必要な表流水の利用に比べ経済的にも安価である．良質な水質には水温の恒温性もあり，夏冷たく，冬暖かいことも長所である[7]．逆に，短所としては流動速度あるいは涵養速度が遅いため，急激・多量に揚水すると，水位低下，

井戸枯渇，圧密による地盤沈下，塩水化等の水質悪化等が発生してしまい，世界中で大きな問題となっている．

なお，我が国では地下水は基本的に私水であり，土地所有者のものとされているが，条例等で地下水を公水とみなすようになってきている（詳細は第I編第1章や第II編を参照）．

地下水の利用は，湧水から始まり，掘削技術・取水ポンプの進歩に伴い浅井戸から被圧地下水を取水する深井戸へと発展してきたが，まいまいず井戸，宙水井戸，上総堀等の創意工夫がなされてきた．内容は第I編の第2章や第3章で述べられているように，生活用水（家庭用水と都市活動用水），工業用水，農業用水（水田灌漑用水，畑地灌漑用水，畜産用水），その他（流消雪用水，養魚用水，発電用水）である．近年地下水利用で注目されているのは消雪用水で，消雪パイプの延伸で使用量が増加し，水位低下や地盤沈下等の障害を生じている地域もでている．最近では，地下水は災害緊急時の水源としても注目されており，自治体での非常災害用井戸（防災井戸，災害用井戸，災害協力井戸等）の整備等が進んでいる[7]．また，地下水の恒温性を利用して，地中熱利用型の冷暖房施設が導入され，都市のヒートアイランド対策や省エネルギー対策に利用されてきているが，地中熱利用に伴う地下水や環境への影響，とくに長期的な影響については注視する必要がある（第VI編第4章参照）．

地下水は貴重な水資源であり，地下水保全と持続可能な利用へ向けた管理も重要である[8]．

1.4 地球環境問題と地下水

地球環境問題とは，人類にとってすでにあるいは将来大きな脅威となる地球的規模のあるいは地球的視野にたった環境問題で，環境省は地球温暖化，オゾン層の破壊，酸性雨，熱帯林の減少，砂漠化，野生生物種の減少，海洋汚染，有害廃棄物の越境移動，開発途上国の環境問題の9つを挙げている[9]．また地球の限界を示したプラネタリーバウンダリー[10]では気候変動，海洋酸性化，成層圏オゾンの破壊，窒素とリンの生物化学的循環，グローバルな淡水利用，土地利用変化，生物圏の一体性，大気エアロゾルの負荷，新規化学物質による汚染の9項目を挙げている．ここでは地球温暖化と窒素問題について取り上げる．

1.4.1 気候変動・地球温暖化と地下水

地球温暖化により気温，地温，水温が上昇し，蒸発による水蒸気量の増加が水循環を強化・加速する．それにより水循環・水収支が時空間的に変化し，水環境，生態系や土地利用等に影響する[11]．地下水の性質上，ゆっくりとした長期的な影響が生じることが懸念され監視が必要である．

地下水に関連する問題としては，水循環・水収支の変化による直接的影響と，その影響に対応・適応する社会の水利用や土地利用等の変化による間接的影響（破線矢印）に分類できる（図III.1.2）．気候変動による水循環の時空間的な変化に伴う蒸発量や涵養量等の変化，それらの結果としての地下水流動系の変化，水資源としての地下水

第1章 水循環における地下水

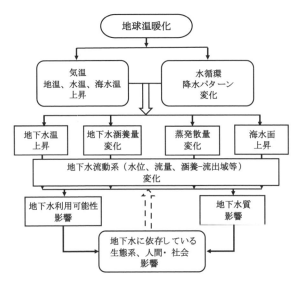

図 III.1.2 地球温暖化の地下水への影響（文献11）に加筆・改変）
変化は時空間により増加したり減少したり，あるいは移動したりする．

への影響，海面上昇による地下水塩水化等が懸念される．

なお，地下水に関連して二酸化炭素の除去技術として，CCS（carbon dioxides capture and storage），地層中での CO_2 の貯留が期待されているが，技術的，コスト的にまだまだ課題が多いようである[12]．

1.4.2 窒素問題と地下水

窒素とリンの生物化学的循環では，深刻であるが認識度が低い窒素問題[13]が重要で，窒素の流出経路として地下水が大きく寄与している[14,15]．窒素利用の便益が窒素汚染の脅威を伴うことを窒素問題（nitrogen issue）と称し，地下水の硝酸性窒素汚染問題は窒素利用の弊害の典型例である．問題となる窒素は，N_2 以外の窒素化合物である NO_3^-，NH_4^+，N_2O，NO_x 等

の反応性窒素（reactive nitrogen, Nr）であり，地下水汚染だけでなく，温暖化・水質汚染・富栄養化・成層圏オゾン破壊等ほとんどの地球環境問題と関わっており，窒素問題は最重要課題の1つであるとの認識を持って根本的に対処する必要がある．

硝酸性窒素（NO_3-N）による地下水汚染は，世界的な課題で，我が国でも集約的農業，畜産地域等全国的に顕在化しており，根本的な解決方策が依然として模索されている状況である[16]．我が国における硝酸性窒素による地下水汚染状況等の詳細は第IX編を参照されたい．　〔田瀬則雄〕

文献

1) 田瀬則雄（2017）：水の循環（水循環）．小池一之ほか編，自然地理学事典．朝倉書店，152-153.
2) Abbott, B. W. et al. (2019)：Human domination

of the global water cycle absent from depictions and perceptions. Nature Geoscience, 12, 533-540.

3) USGS (2022)：The water cycle. https://www.usgs.gov/special-topics/water-science-school/science/water-cycle

4) 内閣官房水循環政策本部事務局 (2018)：水循環とは. https://www.cas.go.jp/jp/seisaku/mizu_junkan/about/index.html

5) UNESCO (2022)：GROUNDWATER Making the invisible visible. The United Nations World Water Development Report 2022, 225p.

6) Shiklomanov, A. (1997)：Comprehensive assessment of the freshwater resources of the world. WMO, 88p.

7) 田瀬則雄 (2019)：人類を支える地下水. 生活と環境, No. 754, 4-10.

8) 環境省水・大気環境局土壌環境課地下水・地盤環境室 (2021)：「地下水保全」ガイドライン (第二版) ～地下水保全と持続可能な地下水利用のために～. 94p.

9) 環境イノベーション情報機構：環境用語集「地球環境問題」. https://eic.or.jp/ecoterm/

10) ロックストローム, J.・クルム, M. (武内和彦・石井菜穂子 監修, 谷 淳也・森 秀行訳) (2018)：小さな地球の大きな世界～プラネタリー・バウンダリーと持続可能な開発. 丸善出版, 242p.

11) Swain, S. et al. (2022)：Impact of climate change on groundwater hydrology：a comprehensive review and current status of the Indian hydrogeology. Appl Water Sci 12, 120.

12) 田中敦子 (2020)：CCS における社会受容性の課題―国際動向との関係からの整理―. Journal of MMIJ, 136(11), 127-133.

13) 林健太郎ら編著 (2021)：図説 窒素と環境の科学―人と自然のつながりと持続可能な窒素利用―. 朝倉書店.

14) 林健太郎 (2023)：窒素問題に対する世界の取り組みとその地下水硝酸性窒素汚染への影響. 地学雑誌, 129, 75-91.

15) 田瀬則雄 (2014)：環境中の窒素の流れと地下水の硝酸性窒素汚染. 畜産環境情報, 54, 1-14.

16) 平田健正 (2023)：硝酸性窒素による地下水汚染問題の環境省の取り組み. 地学雑誌, 129, 93-105.

第2章

地下水流動と水文地質・地形

2.1 地下水流動系概念

　地球上の水循環系の一部を構成している地下水は，地表水に比べるときわめて緩やかな速度ではあるが地質媒体中を流動している．地下水流動は，標高に基づく重力ポテンシャルと地下水面下の水圧に基づく圧力ポテンシャルの和として得られる地下水ポテンシャル（水理水頭）に基づいている．地表水は標高による重力ポテンシャルに基づいて流動しているので，地形図があればその流動は把握できるが，地下水は地下水面下の3次元的な地下水ポテンシャル分布に基づいて流動しているのでより複雑である．地下水流動の支配要因としては，①地形的な要因（topo drive），②地質的な要因（geo drive），および主に流出域の境界条件として影響する③古水文環境下で涵養された滞留性地下水・塩水の存在（paleo drive）が挙げられる．

　Tóth（1962, 1963）[1,2]は，等方均質な帯水層を仮定し，地形の高まりによって生じる地下水面の凹凸が駆動力となって形成

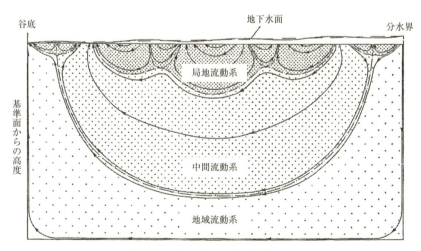

図 III.2.1　地下水流動系概念図（文献2）

される地下水流動を解析的に解いた結果から地下水流動系の概念を提唱した．図 III.2.1 は Tóth (1963)[2] による地下水流動系の概念図である．左端が谷底河川，右端が分水界となるような緩い傾斜面に，地形起伏を想定したサインカーブ状の凹凸を持つ地下水面を設定し，鉛直2次元の均質帯水層場にできる地下水流動パターンから，地形起伏の局所的高まりから隣接する低まりである谷部へ流れる「局地流動系」，流域右端の最高所（分水界）と左端の最低所（谷底）を結ぶ流れの「地域流動系」，局地と地域流動系の中間に存在する「中間流動系」という3つの階層的な地下水流動を

定義した．この概念は，地下水の流れを涵養・流動・流出という空間的な広がりを持つ連続した系として認識し，水循環の一環として捉えるものである．流線の密度は浅層の局地流動系が最も大きく，涵養された水の80-90%は局地流動系を通して流出しており，地形起伏は地下水流動の第1の要因ということができる[1]．

Freeze and Witherspoon (1967)[3] は Tóth のモデルを発展させて，より現実的な地下水流動を把握することを目的に，不均質・異方性帯水層における鉛直2次元の地下水流動を数値シミュレーションによって把握した．図 III.2.2 は，異なる不均質

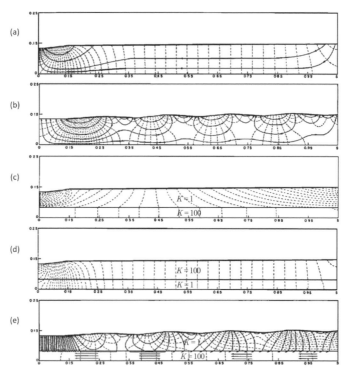

図 III.2.2 不均質帯水層における鉛直2次元の地下水流動（文献3）

帯水層分布を想定した場合の代表的なモデル結果である．(a) と (b) は，均質帯水層で地下水面が単純な傾斜面の場合と地形起伏を模擬した凹凸がある場合で，Tóthによる解析解とほぼ同じ結果である．(c) と(d)は，単純傾斜地下水面で透水係数(K)が100倍異なる2つの地層の層序関係が異なるケースである．下層に高い透水係数を持つ (c) では，バイパス的な排水効果が下層帯水層に存在しているのに対し，その逆構造の層序となる上層に高い透水係数がある場合の (a) では，下層のバイパス効果はなく，(a) の均質モデルに類似した結果になっている．凹凸のある地下水面を持つ上層と，その100倍の透水係数を持つ下層からなる2層モデル (e) では，上層には局地流動系が出現し，下層はバイパス的な早い排水効果が発生している[3]．これらの結果から，透水性を異にする地層の重なり方のような複雑な地質構造によっても地下水流動系は影響を受けており，地下水流動の第2の要因といえよう．

沿岸域の地下水帯水層では，淡水である地下水と海水との密度差に基づく塩淡境界面が形成されており，陸域の地下水はこの塩淡境界面に沿って上昇することで地下水流出域を形成し，地域によっては海底下での地下水湧出現象（submarine groundwater discharge）として確認されることもある．一方塩淡境界面より下位に存在する密度の重い海水起源の塩水は，その一部は淡水性地下水の上昇性流動に影響されて境界面沿いに移動するが，大部分は停滞した状態で存在している．海水準は地質時代を通して変動しているため，塩淡境界もまた時代に応じた変化をするが，その

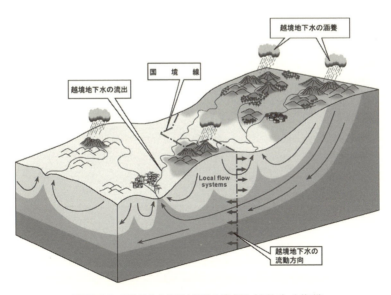

図III.2.3　3次元的な地下水流動の模式図（文献4）を修正）

動きに追従できずに残存した淡水が海底下に，あるいは海水性塩水が陸域に存在している場合がある．また，地質時代の海成層が地殻の構造運動によって陸域に上昇することで堆積物中に塩水が残存する場合もあり，これら現在の陸域地下水流動には直接的に関与しない古水文環境下で涵養された滞留性地下水や塩水の存在は，地下水流動に影響する要因として考える必要がある．

実際の地下水流動は，図III.2.3に示すような3次元的な流動状態になっており，その存在の確認には，本書第IV編や第V編に詳述されている水理地質構造把握のためのボーリング調査，観測井戸による地下水ポテンシャルの測定，環境同位体や地球化学的要素を含む地下水流動特性調査等のデータを踏まえた3次元の地下水流動モデルの構築等を活用して総合的に考察する必要がある．

2.2 地下水流動の実態

2.2.1 様々な地形に対応した地下水流動

モンスーンアジアの湿潤水文環境の影響を受けた活発な水循環がある我が国では，高い透水性を持つ第四紀の未固結堆積物帯水層が主体の地下水もまた活発な流動状況を特徴としている．

地下水流動把握として最初に手掛ける調査手法が井戸の測水調査であり，特段の観測井戸のない地域でも民家の水井戸を探して測水することで地域全体の不圧地下水の地下水ポテンシャル分布が把握できる．図III.2.4は，2000本近くの民間井戸データから作成された低水位期の武蔵野台地の詳細な不圧地下水面図である[5]．地形面と類似した形状に見えるが，全体的には地形面

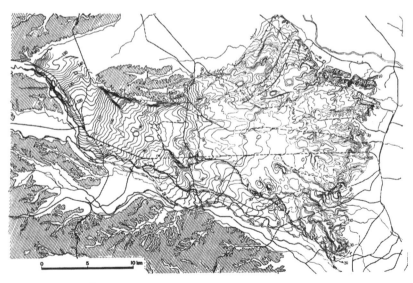

図III.2.4　武蔵野台地の低水期の不圧地下水面図（文献5）

をややなだらかにしたような形状で，高位の段丘面である武蔵野面での地下水面深度は地形面より5-10m低くなっており，一方台地面を浸食する谷部では地形標高に近い水面標高となっている．標高50m付近にみられる台地から発生している谷頭湧水やそこから発生する河川（井之頭湧水池・神田川，善福寺湧水池・善福寺川，三宝寺湧水池・石神井川，黒目川）は地下水によって補充される得水河川になっており，野川沿いの段丘崖湧水についても地下水面標高と一致していて，地形が支配する局地流動系の特徴が良く表れている．武蔵野台地の不圧地下水は，関東ローム層の下位にある古多摩川の扇状地砂礫層を帯水層としており，標高50m付近の湧水は，傾斜変換点にあたる扇状地の末端湧水帯に相当していた場所と考えられている．

図III.2.5は，井戸の測水調査から作成された黒部川扇状地の冬季の不圧地下水面図である．黒部川沿いの地下水面形状には，流下方向に対して凸型形状となる失水河川の特徴を持ち扇状地における河川と地下水の交流関係が明瞭に現れた局地流動系を示している．この交流関係は，同時に測定している地下水中の起源指標である安定同位体比や年齢指標であるトリチウム濃度分布からも整合的である[6]．なお，図中左上の黒部市付近に見られる0m以下の地下水位低下域は，冬季の消雪用地下水の揚水に伴う季節的な水位低下域である．

日本の平野は沈降地域である構造盆地に形成された堆積平野で，数百mに及ぶ厚い砂礫や粘土シルトの互層からなる沖積層で構成されており，良好な帯水層に豊富な地下水を賦存している．図III.2.6は，関

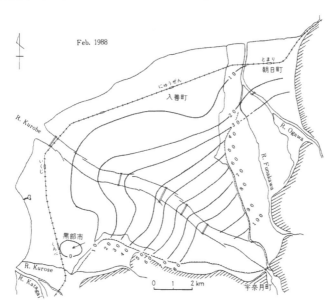

図III.2.5 黒部川扇状地の不圧地下水面図（文献6）

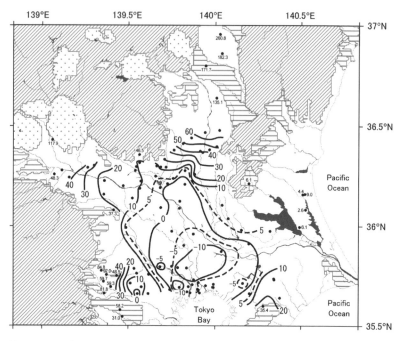

図 III.2.6　関東平野の深度 50-100 m 付近の被圧帯水層中の地下水ポテンシャル分布（1994-1998 年）（文献 7）

東平野の主要被圧帯水層である深度 50-100 m に存在している地下水のポテンシャル（水頭）分布図である．関連する関東 7 自治体の 1990 年中頃の地下水観測データをもとに作成しており，-10 m の水頭コンターで示された地下水低下域は，1970 年代には -40 m 近くまで下がっていたものが首都圏の揚水規制により 30 m ほど回復してきた状況が読み取れる．一方 0 m の水頭コンターは北東方向の宇都宮方面に膨らんでおり，これは揚水規制の対象外地域である群馬・栃木・茨城県地域での揚水が増加している影響と考えられている[7]．人為的な揚水の影響がなければ，おそらく -10 m の水頭コンターで囲まれた付近が 0 m の地下水ポテンシャルを持つ地下水の停滞域を構成し，関東平野周辺部の高崎や宇都宮方面の涵養域から平野中央部の東京の下町低地方向に向かう地域流動系の存在が想定できる．

我が国のような湿潤気候で第四紀堆積層を主体とする水文地質環境においては，水資源として利用している地下水の大部分を局地流動系が支配していると考えられ，前述の Tóth（1963）[2] の指摘とも整合している．

2.2.2　地下水流動に影響を及ぼす地質構造

表層地形の影響を受ける局地流動系や地域流動系に対して，地質構造の影響が比較

的浅い地下水帯水層で確認できる事例として，火砕流堆積物で構成された帯水層を持つ熊本地域が挙げられる．熊本地域は約9万年前の噴火がもたらした阿蘇4火砕流堆積層からなる表層付近の不圧帯水層を構成する第一帯水層と，27万年から12万年前までに繰り返された噴火による阿蘇1-3火砕流堆積層からなる半被圧帯水層を構成する第二帯水層があり，両層の間にある粘土・シルト層からなる湖成層が不透水層として機能している．日本一の地下水都市として知られる70万市民の水道水源として利用されている地下水は，第二帯水層の地下水である．図III.2.7は，熊本地域の第一・第二帯水層の地下水ポテンシャル分布図を示したものであるが，白川を挟んで南北の阿蘇4火砕流台地にそれぞれ独立した不圧帯水層がほぼ地形形状に類似した形状で局地流動系を形成しており，主要な流動方向は北側の菊池台地では東-西方向，南側の詫麻台地では北東-南西となっている．また，図中に破線で示している菊池台地の第一帯水層の地下水分水嶺は，地形上の分水嶺とほぼ同じ位置に存在している．一方，第二帯水層では，白川が形成する河谷低地を超えて，北側の菊池台地の下まで連続した1つの帯水層となっており，主要な流動方向は，菊池台地から白川中流域までは北-南方向に，その後江津湖方面に向けて南西方向に向きを転じて流下している．その地下水分水嶺は第一帯水層に見られた地形分水嶺よりもより北側の破線位置まで拡大している[8]．この違いは，第二帯水層を構成する阿蘇1-3火砕流堆積層の分布状況に大きく依存するもので，半被圧性の第二

帯水層は菊池台地から白川中流域低地付近を涵養域として，江津湖・嘉島湧水付近を流出域とする地域流動系を形成している．第二帯水層は，地質構造が地下水流動系に影響している好例で，地表流域とは異なる地下水流域をもっている点がユニークである．

2.2.3 古水文環境下で涵養された滞留性地下水・塩水が影響した地下水流動

図III.2.8は，熊本県宇土半島における安山岩質凝灰角礫岩を主体とする4.5 km^{2}の流域において行われた，10本の岩盤ボーリングと各種水質・同位体調査や水文調査を基にして得られた源流域から沿岸海底下までに至る岩盤中の広域地下水流動の実態を示したものである[9]．地下水ポテンシャル分布から推測される地下水流動系に整合した，トリチウム，CFCs，^{14}C等から得られる地下水年齢分布が得られている．年齢分布図の右端にあるSB-4孔は，海岸線から500 mほど沖合の水深3 mの海底下に掘削された50 m深度のボーリング孔で，そこには2,000年オーダーの^{14}C年齢を持つ淡水の存在が確認されている．海底堆積物中の貝殻の炭素年代等と照合した結果，かつて陸域から沿岸部に流出していた地下水が海進に伴って海底下の岩盤内に封じ込められ，現在の陸域の地下水流動系とは独立した停滞性の地下水として存在している可能性が高いと解釈された．このように，海底下に古水文由来の淡水が存在している類似事例として，有明海の三池海底炭鉱や瀬戸内海の宇部海底炭鉱，釧路海底炭鉱等が確認されている．

堆積速度の大きな霞ケ浦湖底の難透水性

第III編　地下水の科学

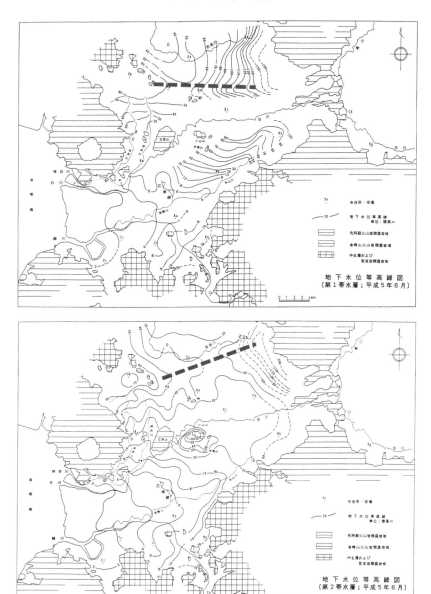

図 III.2.7　熊本地域の第一および第二帯水層の地下水ポテンシャル分布図（文献8）
　　　　　破線は地下水分水嶺を示す．

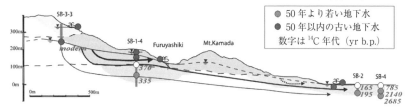
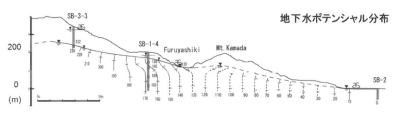

図 III. 2. 8 角礫凝灰岩を主体とする岩盤地下水流動の実態（文献9）

完新世粘土堆積物の間隙水中には，地層堆積当時の古汽水成分が残存しており，その残存状況が深心と湖岸部では異なっている（高本ら，2016）[10]．高本ら（2017）[11] は，湖を含めた周辺 45 km × 45 km の領域で過去 8,000 年間にわたる 3 次元非定常広域地下水流動解析を行い，縄文海進以降の海退に伴う内陸湖化に応じて，湖岸周辺陸地から湖に流出する地下水による洗い出し効果の影響が，湖岸からの距離に応じて異なっていることを確認している．

高レベル放射性廃棄物の地層処分研究関連では深部岩盤内の地下水流動に関する知見が収集されてきており，日本原子力研究開発機構東濃地科学センターでは，花崗岩中の 1,800 m 付近に海水と同程度の濃度の高塩濃度の停滞性地下水が存在していることを確認している．スウェーデンやカナダの深部花崗岩においても同様に高濃度塩水が存在していることが報告されており，こ

れらの深部高濃度塩水の起源は現時点では未確定であるが, 花崗岩形成時（17-15 Ma）以降の長期間に渡ってほとんど同じ場所で滞留している地下水が存在していることは，花崗岩中の広域地下水流動を考えるとき考慮すべき事象である[12]．

同様に地層処分研究の行われている幌延深地層研究所における深度 1,000 m におよぶ新第三紀から第四紀に形成された隆起海成堆積岩中の地下水に関する研究では，きわめて低透水媒体のため，直接的な地下水採水に代わってボーリングコア間隙水の抽出による深度別の地下水を採取し，その地化学成分や ^{36}Cl, ^{4}H，水素・酸素安定同位体比等の年代トレーサー測定を行っている．それらの結果をもとに，0-500 m 付近の比較的浅い深度にある声問層と，400-2,000 m 程度のより深い深度にある稚内層中の地下水挙動を考察し，深層の稚内層中の地下水は，堆積時の海水起源から変質し

た塩分を保存しており,隆起（1.3-1.0 Ma）以降ほとんど流動していない状況であるが,表層からの影響がより高い声問層中や稚内層浅部の地下水では,隆起以降に侵入した氷期天水起源の地下水による希釈が起こっていることを確認している[13,14].

2.2.4 人為および自然起源の擾乱に伴う地下水流動変化

取水目的での地下水揚水,建設工事やトンネル掘削のための地下水排水等の人間活動由来の擾乱は,これまで述べてきたような地下水流動系に対して影響を及ぼす.

1960-70年代の大阪・東京・名古屋地域では,過剰揚水に伴う地域的な地下水低下が甚大な地下水障害を引き起こしたため,その対応策として揚水規制が行われ,その結果一度低下した地下水頭は急激に回復したことは2.2.1項において述べられている.このような大規模な揚水に伴う擾乱が起こると,不足する地下水を求めて誘発涵養が出現することがある.図III.2.6に示した関東地域における揚水規制後の水頭回復時の分布図において,武蔵野台地に見られる10 mの水頭コンターで囲まれた低まりは,下町地域の過剰揚水時の誘発涵養が残存しているものと考えられる[7].類似した現象は,タイ平野においても確認されている[15].

冬季の日本海側の都市では,消雪用の揚水が盛んでその結果季節的な過剰揚水による地下水位の低下が都市部に出現する.図III.2.5に見られる黒部市付近の地下水低下域が該当する.

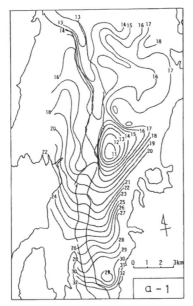
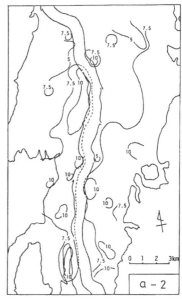

図 III. 2. 9 長岡平野における冬季の被圧地下水頭分布と水温分布（文献16）

樋根・谷口（1985）は，長岡市における200本近い浅井戸の地下水位と水温の繰り返し測定をもとに，冬季の消雪水揚水に伴う都市部の水位低下によって，本来は得水河川である信濃川から低い水温の河川水を誘発涵養している状況（図III.2.9）を示している[16]．

トンネル工事や大規模地下構造物掘削による地下水擾乱については，筑波山を貫く花崗閃緑岩のトンネル施工に伴うトンネル湧水のトリチウム濃度変化から読み取れる地下水流動変化[17]や，東濃地科学センターの花崗岩中に掘削された500mにも及ぶ大深度地下研究施設建設時の地下水挙動変化[18]等の報告がある．

人為的要因に加えて自然的要因によっても地下水流動変化が生じることがある．地下水を賦存している帯水層そのものが，大規模地震によってその構造が変化することで地下水流動に影響を与える．2016年4月に熊本地域を襲ったM7.3，最大震度7の内陸型大地震は，地下水都市熊本に多くの被害をもたらした．熊本大学と日本地下水学会は，熊本地域の地下水観測網を活用した地震に伴う地下水への影響のプロジェクトを立ち上げ，世界的にも稀有な高密度で長期の地下水位・水質の観測データに基づく地震の地下水への影響を解明している[19]．水前寺断層（地震断層）による地下水の一時的呑み込みとそれに伴う水前寺成趣園湧水池枯渇，阿蘇外輪山西麓斜面にある山体地下水の解放に伴う水位低下と河川消失および，下流域での広域異常地下水上昇，水道水源井戸の水質変化から読み取れる深部流体の上昇，硝酸態窒素等の不飽和

層起源物質の降下等多くの新知見が確認されている[19]．詳しくは，第VII編第4章や嶋田・細野（2020）を参照されたい[19]．

〔嶋田　純〕

文献

1) Tóth, J.（1962）：A theory of groundwater motion in small drainage basins in Central Alberta. Canada. J. Geophys. Res., 67, 4375-4387.

2) Tóth, J.（1963）：A theoretical analysis of groundwater flow in small drainage basins. J. Geophys. Res., 68, 4795-4812.

3) Freeze, R. A. and Witherspoon, P. A.（1967）：Theoretical analysis of regional groundwater flow：2. Effect of water-table configuration and subsurface permeability variations. Water Resour. Res., 3, 623-634.

4) Stephan, R. M. ed.（2009）：Transboundary Aquifers：Managing a Vital Resources. The UNILC Draft Articles on The Law of Transboundary Aquifers. UNESCO, 23p.

5) 細野義純（1978）：武蔵野台地の地下水．日本の水収支，古今書院，174-188.

6) 樋根　勇編著（1991）：実例による新しい地下水調査法．山海堂，171p.

7) 林　武司ら（2003）：水質・同位体組成からみた関東平野の地下水流動．日本水文科学会誌，33(3)，125-136.

8) 熊本県・熊本市（1995）：平成6年度熊本地域地下水総合調査報告書．122p.

9) Shimada, J. et al.（2007）：Basin-wide groundwater flow study in a volcanic low permeability bedrock aquifer with coastal submarine groundwater discharge. IAHS publication No. 312, 75-85.

10) 髙本尚彦ら（2016）：難透水性湖底堆積物コアの間隙水を用いた霞ヶ浦の完新世における古水文状況の復元．地下水学会誌，第58巻第3号，273-288.

11) 髙本尚彦ら（2017）：非定常地下水流動解析による霞ヶ浦の完新世における古水文環境の復元．地下水学会誌，第59巻第4号，325-343.

12) Iwatsuki, T. et al.（2005）：Hydrochemical

baseline condition of groundwater at the Mizunami underground research laboratory (MIU). Appl. Geochem., 20(12), 2283-2302.

13) Nakata, K. et al. (2018)：An Evaluation of the long-term stagnancy of porewater in the neogene sedimentary rocks in northern Japan. Geofluids, 2018, 7823195_1-7823195_21.

14) 寺本雅子ら (2006)：コア間隙水中の安定同位体比をもとにした低透水性堆積岩盤における地下水挙動の兆候. 応用地質 47(2), 68-76.

15) Yamanaka, T. et al. (2011)：Tracing a confined groundwater flow system under the pressure of excessive groundwater use in the Lower Central Plain, Thailand. Hydrological Processes, 25(17), 2654-2664.

16) 榧根　勇・谷口真人 (1985)：長岡平野の地下水 (III). 水利科学, 29(3), 1-17.

17) 嶋田　純 (1985)：筑波トンネルの掘削に伴う結晶質岩中の地下水挙動と水質変化. ハイドロロジー, 15, 42-54.

18) 萩原大樹ら (2015)：大規模地下施設の建設・排水に伴う浅層地下水の地下深部への侵入. 日本水文科学会誌, 45(2), 21-38.

19) 嶋田　純・細野高啓編著 (2020)：巨大地震が地下水環境に与えた影響ー2016熊本地震から何を学ぶかー. 成文堂, 224p.

第3章

不飽和帯の水分移動

生物生産の場である地表面から地下水までの水分不飽和帯（vadose zone）の土は，固相，液相，気相の三相からなる．不飽和土中の物質移動のモデル化には，土の構成物と構造に対する正しい理解が不可欠である．土の固相は数オーダーの異なる大きさ，様々な形状の無機鉱物や有機物の粒子により構成される．特に地表面付近の有機物含有量は多い．さらに，団粒と呼ばれる集合体を階層的に形成している．この水分不飽和帯における土中の水分，溶質，ガス成分の物質移動は，この土固有の間隙構造により与えられる保水形態の影響を受ける．ここでは，まず土を構成する粒子と団粒構造を示し，土の保水特性としての水分特性曲線と不飽和透水係数について述べる．そして，リチャーズ（Richards）式の与える土中の不飽和水分移動について，地下水への浸潤過程を例に解説する．

3.1 土の構造

3.1.1 団粒構造と間隙

土の骨格をなす固相は，数 nm から数 cm までのオーダーの異なる様々な大きさ，形状の無機鉱物，有機物，微生物からなる．

鉱物は，岩石が物理的風化により砕かれた微細な土粒子と化学的風化により生成された粘土鉱物である．有機物も非常に多様であり，動植物遺体の様々な分解段階の物質である．土中の鉱物粒子は，粒径によって，粘土（<0.002 mm），シルト（<0.02 mm），砂（<2 mm），礫（>2 mm）の4つに区分される．砂や礫は土の骨格を形成し，微細な粘土はコロイドの性質を持ち，土粒子表面に水分や化学物質を多く吸着する．

砂のように単一粒径の土粒子からなる単粒構造の場合，粒子間の間隙は粒子の大きさに対応した大きさになる．一方，粘土鉱物や有機物を含む土では，微細な粒子が団粒を形成する．団粒が形成されると，構成粒子より大きい団粒の大きさに対応する間隙が形成される．その一次団粒が集合して二次団粒が形成されると，団粒径に応じたより大きな間隙が生じ，さらに粒径に応じた様々な粘着物質により高次の団粒構造が形成される（図 III. 3.1）．

Weil and Brady（2017）[1] は，様々な大きさの土粒子や有機物からなる土に対して，4段階の階層性団粒の模式図を示している（図 III. 3.2）．数 mm のマクロ団粒は，ミクロ団粒を糸状菌の菌糸や細根が網のように取り巻くことで形成される．ミク

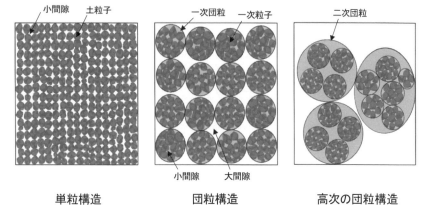

図 III.3.1　土の構造と間隙の大きさ

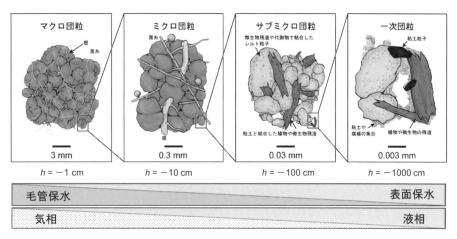

図 III.3.2　土の階層的な団粒構造（文献1, Fig.4.15 に基づき作画）

ロ団粒は，微細な砂，シルト，粘土，有機物残渣を根毛，糸状菌，代謝産物等の粘着物質が接着することで形成される．サブミクロ団粒は，微生物残渣に覆われた細かいシルトや，粘土鉱物，腐植等に覆われた植物残渣等により構成される．さらに小さいスケールの一次団粒（primary particles）は，層状粘土鉱物の集合体と鉄やアルミニウムの酸化物，有機高分子化合物等との相互作用により形成される．この一次団粒も数 nm から 1 μm 以下の粘土鉱物や有機物がさらに階層的な集合体を形成している．階層的な団粒構造が発達すると，それぞれの階層における団粒の大きさに対応した間隙が形成されるため，間隙率が増加する（図 III.3.1）．粘土鉱物や有機物を多く含む土

の間隙率は $0.8\,\mathrm{cm^3/cm^3}$ 以上にもなる.

3.1.2 粘土鉱物と比表面積

化学的風化により生成された粘土鉱物，層状粘土鉱物に代表される結晶性粘土鉱物と明確な結晶構造を持たない鉱物の種類があり，結晶構造や組成等により細かく分類される[2]．層状粘土鉱物は，シリカ4面体とアルミナ8面体の基本構造単位からなり，それぞれが縦横に繋がりあってシリカ4面体シートとアルミナ8面体シートを形成する（図III.3.2）．シリカ4面体シートとアルミナ8面体シートが1枚ずつ重なった粘土鉱物を1:1型粘土鉱物，2枚のシリカ4面体シートがアルミナ8面体シートを挟む粘土鉱物を2:1型粘土鉱物という．この板状構造は，平面方向の大きさが 100-500 nm 程度なのに対し，厚さが約 1 nm の薄層である．層状粘土鉱物は，この薄層が数枚から数十枚重なった集合体を形成して，図III.3.3の一次団粒の 1 μm 以下の間隙内部等に分布する．

土粒子の表面には水分や溶質成分が吸着する．そのため，乾土単位質量あたりの表面積である比表面積は，土を特徴付ける指標である．砂やシルトを想定して，半径 R, 密度 ρ_s の球形粒子を考える．均一な粒子の集合体の場合，比表面積 s は球の表面積を質量で除した次式で与えられる．

$$s = \frac{4\pi R^2}{\rho_s(4/3)\pi R^3} = \frac{3}{\rho_s R} \quad \text{(III.3.1)}$$

球の比表面積は半径に反比例する．$\rho_s = 2.6\,\mathrm{g/cm^3}$ のとき，$R=0.1\,\mathrm{mm}$ の砂粒子は $s = 1.15\times 10^{-2}\,\mathrm{m^2/g}$, シルト区分で最小の大きさの $R=0.001\,\mathrm{mm}$ のとき，$s=1.15\,\mathrm{m^2/g}$ である．

一方，薄層の層状粘土鉱物を想定して，半径 R に対して十分に薄い厚さ $T(\ll R)$ の円板を考える．表面積は両面の円の面積と端面の面積の和であり，比表面積 s は次式となる[3]．

$$s = \frac{2\pi R^2 + 2\pi RT}{\rho_s(\pi R^2 T)} = \frac{2(R+T)}{\rho_s RT}$$

$$\approx \frac{2}{\rho_s T} \quad \text{(III.3.2)}$$

薄い円板の比表面積は半径によらず，その厚さのみに反比例する．層状粘土鉱物の厚さを $T=1\,\mathrm{nm}$ とすると，$s=770\,\mathrm{m^2/g}$

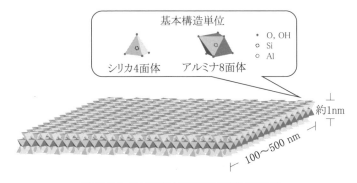

図 III.3.3 2:1型粘土鉱物の結晶構造の模式図

となり，砂粒子の比表面積に比べて 10^5 倍近く大きい．土の比表面積の大きさは，細粒化に伴う断面積の増加で説明されることが多いが，土の場合は，薄層の粘土鉱物の寄与が大きい．

図 III.3.4 は，$R = 0.001$ mm のシルト粒子と厚さが $T = 1$ nm の層状粘土鉱物の 2 種類の鉱物からなる土を仮定したとき，比表面積と粘土の重量分率の関係である．粘土含有率 1% 程度で粘土の寄与率がほぼ 100% 近くになり，1% 以上では粘土含有率に比例して比表面積が増加する．この結果は，土の比表面積が主に粘土区分の粒子（コロイド粒子）の含有率で決まることを示す．

3.1.3 三相分布

土の間隙には水が保持され，水以外の間隙空間は空気が占める．この固相，液相，気相の三相の体積や重量を用いて土の水分量や密度等を表現する（図 III.3.5）．土の全体積 V は固相体積 V_s と液相体積 V_w，気相体積 V_a の和であり，全体積に対する各相の体積割合は，それぞれ固相率 $\theta_s (= V_s/V)$，体積含水率（液相率）$\theta_w (= V_w/V)$，気相率 $\theta_a = V_a/V)$，間隙率 $\phi (= V_v/V = \theta_w + \theta_a)$ である．

固相の密度 $\rho_s (= M_s/V_s)$ は土粒子密度であり，鉱物粒子では 2.6 g/cm^3 程度であり，有機物含量が高くなると小さくなる．また，水分を含まない乾燥した土の密度は乾燥密度 $\rho_b (= M_s/V)$ であり，土粒子が密に充填された土では大きい．また，土の水分量は液相と固相の質量比である含水比 $w (= M_w/M_s)$ であり，水の密度を ρ_w とすると，$\theta_w = (\rho_b w)/\rho_w$ である．

単粒な砂の飽和体積含水率 θ_{sat} は 40% 程度であり，粘土含量や有機物含量が高く団粒構造が発達すると θ_{sat} は高く ρ_b は低くなる．極端に粘土含量の高い重粘な土の

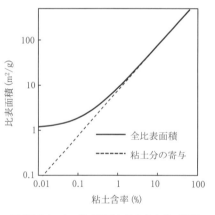

図 III.3.4 土の比表面積と粘土含有率の関係

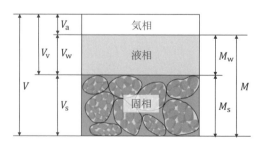

図 III.3.5 土の三相の体積・質量割合

θ_{sat} は 90% 以上になることもある.なお,通常は封入空気が存在するため,$\phi > \theta_{sat}$ である.

3.2 土中の水分保持

3.2.1 毛管保水と表面保水

土中の水分は,比較的大きな間隙における毛管保水と土粒子への表面保水により保持される.間隙の水分は,水の表面張力,土粒子表面の濡れやすさ,間隙の大きさで決まる毛管力によって保持される.小さな間隙ほど,水–空気界面の曲率が小さくなり,より強く保水される.土の間隙は不規則な形状であり,様々な曲率の気液界面,固液界面の力が作用するが,等しい毛管力を与える等価毛細管の保水としてみなす(図 III. 3.6).この毛細束の下端を水の入った容器に沈めると,上方への毛管力が作用し,吸い込まれた水に働く重力と釣り合うまで管内の水は上昇する.毛細管が十分に濡れやすいとき,毛細管の半径 r[cm] と水の上昇高 h_c[cm] の関係は次式で与えられる.

$$h_c = \frac{0.15}{r} \quad \text{(III.3.3)}$$

そして,土中の異なる間隙による保水は,管径の異なる毛細管の束の下端を水中に沈めたときの毛管束モデルで表すことができる(図 III. 3.7).半径が小さいほど毛管力が大きく,上昇高が高い.そのため,毛管束の断面は,上方に向けて太い毛細管から空になっていく.それぞれの高さ位置における断面積と水に満たされた毛細管の面積の比を体積含水率とみなすと,最大径の管に空気が侵入する高さまでの飽和体積含水率 θ_{sat} から上方へ水分量が減少する分布となる.同様な水分分布は,地下水上部の土に生じる.毛管束モデルでは,砂質土では大きな管径の毛管が大半を占め,また粘質土では小さな管径の毛管がより小さな管径まで幅広く分布する.そのため,それぞれの土性の間隙径分布に応じた上方に向けての排水が生じ,それぞれ異なる水分分布が形成される.

間隙の毛管保水に加えて,土粒子の表面には土中空気の湿度と平衡した水分が吸着する.この表面保水は,毛管保水に比べてより強い保水である.そのため,間隙に毛管保水されている水分が抜けた後も,間隙には土粒子表面の吸着水が残る.層状粘土鉱物の比表面積は $s = 770 \text{ m}^2/\text{g}$ になることを示したが,水分子の大きさを 0.3 nm と

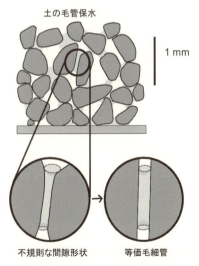

図 III. 3.6 土の毛管保水と毛細管モデル

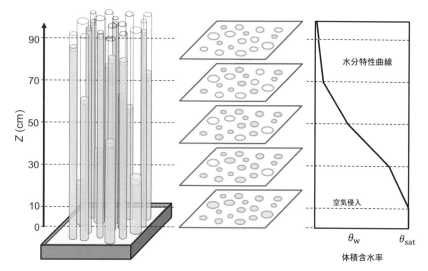

図 III.3.7 毛細菅束モデルによる水分保持と水分量分布

して表面に水2分子が吸着すると,吸着水の質量は粘土鉱物の質量の約半分に達して含水比 $w=50\%$ 程度になる.この吸着水の水分量は図 III.3.3 の比表面積と同様に粘土含量が高い土ほど大きくなり,強く吸着された表面保水の割合が毛管保水に比べて大きくなる.

3.2.2 土中水のポテンシャルと平衡

土中水のエネルギー状態は,土中水の保持力を特徴付ける.土中水の流速は遅く,通常,運動エネルギーは無視できるため,土中水のエネルギー状態を定めることは,ポテンシャルエネルギーを定義することに等しい.以下の議論では,土中水は等温,大気圧条件であると仮定する.

土中水のポテンシャルエネルギーは,無限小量の土中水を基準圧力(大気圧),基準温度,基準高さの基準状態から対象とする点まで移動するために要する純水の単位量あたりの仕事量として定義される.土中水を自由な水に取り出すには正の仕事が必要であるため,土中水は負のポテンシャルエネルギーを持つ.純水の単位量には,質量,体積,重量のいずれかが用いられるが,土中水に対しては単位重量あたりのエネルギーが広く用いられ,単位は水頭(cm)である.ここでは,気相が大気圧に保たれ,溶質成分を含まないときの土中の水分移動に直接関わるポテンシャル成分を水頭単位で示す.

• 重力ポテンシャル z

基準高さ z_0 から土中水の高さ z_{soil} まで自由水が移動するのに要するエネルギーであり,水頭単位では2点間の高さの差, $z=z_{soil}-z_0$ で与えられる.

• マトリックポテンシャル h_m

土と同じ高さに位置する土中水と同じ成

分の水溜めから，土中の対象とする地点まで水を移動するのに要するエネルギーである．マトリックポテンシャルは水分不飽和土の毛管保水や表面吸着により生じ，基準状態の水に対して常に負の値を持つ．

• 静水圧ポテンシャル h_p

対象とする土中の地点の上部に，飽和した水が存在するときに生じる．この成分は，地下水下部や湛水条件下等土が飽和しているときに働く．地下水下部では h_p は正であり，地下水より上部ではゼロである．

土中水の流れが止まった平衡状態では，これら3成分の和である全水頭 H は位置によらず等しい．図III.3.8は，図III.3.7と同様に地下水面（$z=0$）と平衡している土中の全水頭とポテンシャル成分の水頭分布である．平衡条件では，すべての位置で $H=0$ である．不飽和土中の h_m と飽和土中の h_p はそれぞれ負と正の値を持つが，傾き-1の直線であり $z=0$ で連続する．そのため，不飽和土中の水分移動では，圧力水頭 h を定義して h_m と h_p を統一して表すことが多い．以下，h を用いるときは，負ならば h_m，正ならば h_p を表す．

3.2.3 水分特性曲線

不飽和土により保持される土中水のマトリックポテンシャル（圧力水頭，以下単に圧力）h と体積含水率 θ の関係は，水分特性曲線（水分保持曲線）である．図III.3.7の毛管束が地下水面と平衡して図III.3.8のポテンシャル分布を持つとき，それぞれの位置の h と断面の θ が水分特性曲線である．図III.3.9(a)は，典型的な砂質土とシルト質土の水分特性曲線である．大きな隙間が大半を占める砂質土では，$h=-10\,\mathrm{cm}$ 程度から $h=-100\,\mathrm{cm}$ 程度まで θ は大きく減少する．また，砂質土は比表面積が小さいため，低い h の領域の θ は小さい．一方，シルト質土の場合，団粒が形成されて間隙率が大きいため飽和付近の θ は大きく，小さな間隙が幅広く分布す

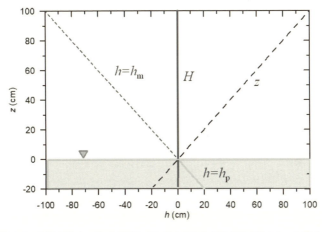

図III.3.8 地下水面（$z=0$）と平衡している土中の全水頭 H とポテンシャル成分分布

るため, h の低下に伴う θ の減少は小さい. この傾向は粘土成分が増えるほどより顕著で, 飽和の θ は, より大きくなり h の低下に伴う θ の減少割合が小さくなる.

ここで図III.3.2の階層的な団粒において, 図中に示した団粒の大きさを団粒間隙の管直径 $2r$ とすると, 式 (III.3.3) よりマクロ団粒では $h=-1$ cm, 一次団粒では $h=-1000$ cm である. $h=-1000$ cm を毛管保水と表面保水の境界と考えると, ミクロンオーダーの一次団粒以上の団粒間隙は毛管保水, 一次団粒内部は表面保水が卓越すると考えられる. また, 階層的な高次の団粒構造が発達すると (図III.3.1), 大きなマクロ団粒やミクロ団粒の団粒間隙は砂質土と同様に高い h で排水されるが, 一次団粒の内部に水分が保持されるため, 砂質土に比べて低い h の領域の θ は大きい. この団粒内部に保持される水分量は, 比表面積の大きく吸着水分量の多い粘土成分が増えるほど大きい.

3.3 不飽和土中の水分移動

3.3.1 バッキンガム-ダルシー則

不飽和土中の水分流れは, バッキンガム-ダルシー (Buckingham-Darcy) 則で与えられる. 水頭単位を用いた鉛直流れの不飽和土中の水分フラックス q_w [cm/d] は,

$$q_w = -K(h)\frac{\partial H}{\partial z} = -K(h)\left(\frac{\partial h}{\partial z}+1\right)$$

(III.3.4)

ここで, $H=h+z$ は不飽和土の全水頭 (cm), $K(h)$ は不飽和透水係数 (cm/d), z は上向き正の位置(cm)である. ダルシー則の右辺第1項は圧力勾配に基づくフラックス成分であり, 第2項は重力によるフラックス成分である. 飽和流れのダルシー則と同じく全水頭勾配が駆動力であるが, 不飽和の非定常流れの h は z と時間 t の関数であるため, 導関数は偏微分である. h

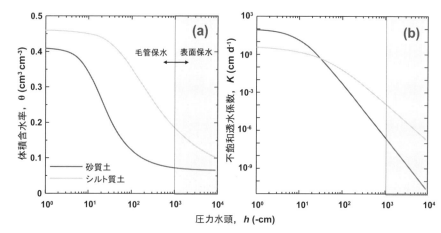

図III.3.9 砂質土とシルト質土の水分特性曲線と不飽和透水係数 (ムアレム-バンゲニヒテンモデル)

が時間変化しない定常流れでは，偏微分は常微分となる．

3.3.2 不飽和透水係数

不飽和透水係数 K は，マトリックポテンシャル，あるいは水分量の非線形の関数であり，h の低下，すなわち θ の低下によって大きく低下する．図 III.3.9(b) は，砂質土とシルト質土の K と h の関係である．水で満たされた半径 r の毛細管中をゆっくりと水が流れるとき，透水係数は管径の2乗に比例することが知られている．そのため，$h \approx 0$ の飽和付近においては，大きな隙間が大半を占める砂質土の K は，間隙径の小さなシルト質土の K に比べて20倍程度大きい．しかし h の低下により大きな間隙は排水され，K のオーダーは大きく低下する．一方，h の低下に伴う θ の減少の小さいシルト質土は，K の低下は砂質土に比べて小さく，$h < -30$ cm の K は砂質土より大きい．このように，飽和近傍の K は砂質土＞シルト質土＞粘質土であるのに対し，乾燥の進行した h の低い領域では，砂質土＜シルト質土＜粘質土と大きさが逆転することが，不飽和水分流れの特徴を与える．

また，階層的な団粒構造が発達すると（図 III.3.1），大きなマクロ団粒やミクロ団粒の団粒間間隙に水分が保持されるため，飽和付近の K は砂質土のように大きい．一方，低い h の領域では，一次団粒の内部に多くの水分が保持されるため，砂質土のように K の大きな低下は生じず，粘質土のような緩やかな低下を示す．この団粒土の「水はけが良く水持ちの良い」性質は，

植物の生育にとって好ましい環境を与えることができる．

3.3.3 リチャーズ式

ダルシー則を水の保存則に代入すると，鉛直1次元非定常水分流れのリチャーズ式が得られる．

$$\frac{\partial \theta}{\partial t} = \frac{\partial}{\partial z}\left[K(h)\left(\frac{\partial h}{\partial z}+1\right)\right] \qquad \text{(III.3.5)}$$

ここで，t は時間（d）である．式（III.3.2）は，土の性質として水分特性曲線 $\theta(h)$ と不飽和透水係数 $K(h)$，そして初期条件，地表面と下端の境界条件を与えると解くことができる．リチャーズ式は2階の非線形偏微分方程式であり，$K(h)$ は h に関して非線形性がきわめて強く（図 III.3.9(b)），数値的な解法が必要である．また，$\theta(h)$ と $K(h)$ に対しては，ムアレム-バンゲニヒテン（Mualem-van Genuchten）モデルが広く用いられている[4]．

$$S(h) = \frac{\theta(h) - \theta_r}{\theta_s - \theta_r} = (1 + |\alpha h|^n)^{-m} \qquad \text{(III.3.6)}$$

$$K(h) = K_s S(h)^l [1 - (1 - S(h)^{1/m})^m]^2 \qquad \text{(III.3.7)}$$

ここで，S は有効飽和度，θ_s は飽和体積含水率，θ_r は残留体積含水率，α, n, $m(=1-1/n)$ は水分特性曲線の形状を与えるパラメータ，K_s は飽和透水係数（cm/d），l は間隙結合係数である．

3.3.4 計算事例

ここでは，リチャーズ式の計算事例として，下方浸透流（基底流）が生じている土層に対して，降雨により浸潤前線が $z=$

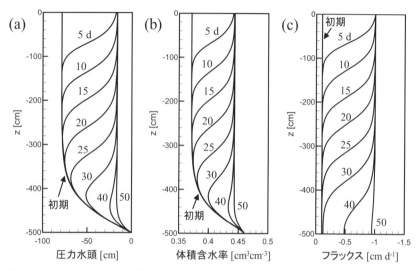

図 III.3.10 $q=0.1\,\mathrm{cm/d}$ の定常流れの生じている地下水面が $z=-500\,\mathrm{cm}$ に位置するシルト質土に対して，$q_0=1\,\mathrm{cm/d}$ の降雨を与えたときの (a) 圧力分布，(b) 水分分布，(c) 水分フラックス分布．

$-500\,\mathrm{cm}$ の地下水面に到達する過程を示す[5]．地表面のフラックス条件と深さ L における地下水の境界条件は次式で与えられる．

$$-K(h)\left(\frac{\partial h}{\partial z}+1\right)\bigg|_{z=0}=q_0 \quad (\mathrm{III}.3.8)$$

$$h(-500, t)=0 \quad (\mathrm{III}.3.9)$$

ここで，q_0 は地表面水分フラックス（cm/d）である．図 III.3.9 のシルト質土に対して，基底流フラックスとして我が国の気象条件における年平均の下方浸透フラックス程度として $q_0=0.1\,\mathrm{cm/d}$ を与え，地下水面までの定常流れの圧力分布を初期条件 $h_i(z)$ として与えた．

$$h(z, 0)=h_i(z) \quad (\mathrm{III}.3.6)$$

図 III.3.10 は，$q_0=1\,\mathrm{cm/d}$ の降雨を与えたときの圧力分布，水分分布，水分フラックス分布をに示す．10 d の土層上部では，圧力勾配はゼロの重力流れとなり，20 d まで浸潤前線の形状が一定で浸潤する．このとき土層上部は，$q=K(h)=1\,\mathrm{cm/d}$ となる $h=-16.5\,\mathrm{cm}$ となった．一方，地下水面の影響がおよぶ土層下部では，h は地下水面に向かって増加し，透水係数が大きくなる．そのため，土層上部とは逆の圧力勾配が重力を打ち消す方向に形成され，最終的には表層から地下水まで $q=1\,\mathrm{cm/d}$ の新たな定常分布が形成される．

〔取出伸夫〕

文献

1) Weil, R.R. and Brady, N.C. (2017): The nature and properties of soils 15th edition, Pearson, 1086p.
2) 和田信一郎：土壌学 第2.03版. https://www.soilsci.info/Books.html
3) ジュリー，ウィリアム・ホートン，ロバート（取

出伸夫監訳）（2006）：土壌物理学～土中の水・熱・ガス・化学物質移動の基礎と応用．築地書館，377p.

4) van Genuchten, M. Th. (1980)：A closed-form equation for predicting the hydraulic conductivity of unsaturated soils. Soil Science Society of America Journal, 44(5)：892-898.

5) 斎藤広隆・取出伸夫（2023）：地下水涵養過程の数値解析再訪．土壌の物理性，153号，13-24.

第4章

地 下 水 の 水 理

4.1 地層中の間隙と水

　地下水は，地層の間隙や岩石の割れ目に存在し，重力の作用によって移動する水である．

　一般に地層は，固相，液相，気相の三相からなり，地層の骨格である土粒子の間隙は，水と空気によって満たされている．地表から地下水面までを土壌水，地下水面より下を地下水と呼んで区別する．地下水の間隙は水によって飽和状態にあるが，土壌水の間隙は水と空気からなり不飽和状態にある．

4.1.1 地層中の間隙

　岩石あるいは地層中に占める間隙の割合を間隙率（porosity）と呼び，以下の式で表される．

$$P = \frac{W}{V} \times 100 \ [\%] \qquad (\text{III.4.1})$$

ここに，P：間隙率，V：地層あるいは岩石の全容積，W：全容積中の間隙の容積である．

　間隙率は，地層の土の粒度組成，岩石の種類や節理等によって異なる．表 III.4.1 に地層の土粒子の種類別に平均的な間隙率

を示した．この表には，後述する有効空隙率についても併せて示した．

4.1.2 地層中の間隙と水の移動

　間隙中に存在する水は，吸着水と自由水からなる．吸着水は分子力によって土粒子に結合している水である．自由水は，地中の毛管力によって保持される毛管水と重力の作用によって移動する重力水に分けられる．重力水は，主に重力によって間隙や割れ目を自由に移動できる水であり，地下水は重力水である．

　地下水は，揚水または排水によって間隙から排除されるが，一部は吸着水や毛管水として地層中に保留される．この保留される水を保留水と呼ぶ．一方，排除される水は浸出水と呼ばれ，水の全容積に対する浸出水の比（W_y/V）が比産出率（specific

表 III.4.1　地層中の間隙率と有効空隙率（文献 1）

土の種類	間隙率 （％）	比産出率（％） （有効空隙率）
粘土	45	3
砂	35	25
礫	25	22
砂礫	20	16
砂岩	15	8
石灰岩・頁岩	5	2
頁岩・花崗岩	1	0.5

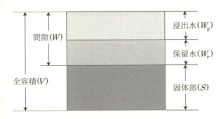

図III.4.1 飽和帯の間隙における浸出水と保留水

yield) である．比産出率は，比産水率，比浸出量等と呼ばれることもある．浸出水，保留水と間隙の関係を図III.4.1に示した．

なお帯水層において流動に関与する水の占める割合について有効空隙率 (effective porosity) という用語がある．流動性を有効という言葉で表現している．この有効空隙率は，考え方は異なるが，比産出率とほぼ同等である．

表III.4.1に地層の土や岩石の違いによる間隙率と有効空隙率を示した．粘土の場合，間隙率は大きいが，有効空隙率はきわめて小さい．粘土層の間隙には多くの水が含まれるが，通常の揚水や排水では自由に移動できない水である．

4.2 地下水流動の原理

熱は温度の高い方から低い方へ伝わる．電流は電位の高い方から低い方へ流れる．それでは地下水はどのような量の勾配によって流れるのだろうか．

4.2.1 流体ポテンシャルと水理水頭

Hubbert[2]は，地下水の流れを支配するポテンシャルについて，流体ポテンシャル (fluid potential) を導入した．それを「流れのシステムのすべての位置において測定可能であり，その値の高いところから低い所へ常に地下水の流れが生じる物理量」と定義した．

$$\Phi = gz + \int_{p_0}^{p} \frac{dp}{\rho} + \frac{v^2}{2} \quad \text{(III.4.2)}$$

ここに，Φ：流体ポテンシャル，g：重力加速度，z：基準面からの高さ，ρ：水の密度，v：地下水の流速，p, p_0：それぞれ高さzの水圧，基準面における水圧である．この式をベルヌーイ (Bernoulli) の定理との対応で考えると，各項それぞれ位置ポテンシャル，圧力ポテンシャル，速度ポテンシャルに相当する．

この式 (III.4.2) において，速度ポテンシャルの項は他の項に対して無視できるほど小さい．また水を非圧縮性流体とすれば，式 (III.4.2) は式 (III.4.3) として表現できる．

$$\Phi = gz + \frac{p - p_0}{\rho} \quad \text{(III.4.3)}$$

この式で，圧力について大気圧を基準とし，さらに重力加速度gで除して長さの次元の量として表すと，式 (III.4.4) となる．hは水理水頭 (hydraulic head) と呼ばれ，位置水頭と圧力水頭の和となる．

$$h = z + \frac{p}{\rho g} \quad \text{(III.4.4)}$$

ここに，h：水理水頭，z：位置水頭（基準面からの高さ），$p/\rho g$：圧力水頭，p：圧力，ρ：水の密度，g：重力加速度である．水理水頭は，ピエゾ水頭とも呼ばれ，水理水頭の勾配を動水勾配という．水理水頭は長さの次元を持つ．

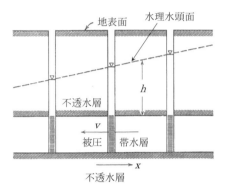

図 III.4.2 被圧帯水層と水理水頭（文献3）

4.2.2 不圧地下水と被圧地下水

　地下水は，動水勾配によって流動する．ただ，動水勾配と地下水流動の関係は不圧地下水と被圧地下水において異なっている．不圧地下水においては，動水勾配は，地下水面の圧力を大気圧にとると，位置水頭の勾配，すなわち自由地下水面の勾配と一致する．一方，被圧地下水の帯水層には自由地下水面がないため，図 III.4.2 のように，位置水頭と圧力水頭の和としての水理水頭の勾配（動水勾配）によって流れる．

4.3 帯水層と貯留係数

　帯水層における水の流入・流出と水頭変化の関係を表すものが貯留係数である．

4.3.1 貯留係数の概念

　地下水帯水層において水の流入・流出により水収支が増減すると，それに伴い水理水頭が変化する．その関係を表すものが貯留係数である．ただ貯留係数の意味は，不圧地下水と被圧地下水で異なる．不圧地下水の場合，流入・流出量の変化は自由地下水面の上下となって現れる．一方，被圧地下水においては，流入・流出量の増減が帯水層自体の弾性的な変化として現れ，水と地層のスケルトンの弾性特性が関わる．

4.3.2 不圧・被圧帯水層の貯留係数

　図 III.4.3(a) に不圧帯水層の場合を示した．不圧帯水層の単位柱状において，水頭が Δh だけ低下すると，体積 ΔV の貯留水が排出される．式 (III.4.5) に示した比が貯留係数 S（storativity あるいは coefficient of storage）であり，無次元の量である．不圧帯水層においては，貯留係数は，比産出率あるいは有効空隙率に等しい．

$$S = \frac{\Delta V}{\Delta h} \quad (\text{III.4.5})$$

　被圧帯水層の場合（図 III.4.3(b)）は，被圧水頭の低下により帯水層中の貯留水が排水されるが，自由地下水面を持たないため不圧帯水層のような帯水層の空洞化は生じない．

　被圧帯水層の水頭と貯留量の変化の関係は一種の弾性変化と捉えることができ，貯留水量の変化は，帯水層の骨格（スケルトン）と水の弾性変化をもたらす．厚さが b の被圧帯水層の場合，貯留係数は以下の式で表される[4]．

$$S = \rho g b (\alpha + n\beta) \quad (\text{III.4.6})$$

ここで，b：帯水層の厚さ，ρ：水の密度，g：重力加速度，α：帯水層骨格の圧縮率，β：水の圧縮率，n：間隙率を表す．水の圧縮率は，帯水層の圧縮率に対して2オーダーほど小さい．そのため $n\beta$ は，α に対して

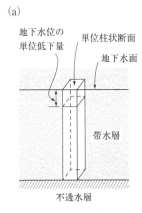
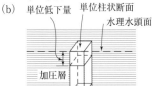
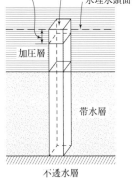

図 III.4.3 貯留係数の概念図（文献4）
(a) 不圧地下水の貯留係数. (b) 被圧地下水の貯留係数.

無視できる程度の量であり，被圧帯水層の貯留係数は帯水層の骨格の圧縮率のみ考えてよい.

被圧帯水層の貯留係数は[5]，一般に揚水試験の解析によって求められ，その値は通常 10^{-4}-10^{-3} のオーダーであり，10^{-7} くらいのものも多い. 不圧帯水層の場合，貯留係数は有効空隙率に相当し，ほぼ0.01-0.35である.

貯留係数は，帯水層における水の流入・流出量と水頭変化を関係付けたものであるが，被圧地下水において，水頭の単位低下量に対して，帯水層の単位体積から排出される量として比貯留率 S_s（specific storage）がある. 比貯留係数，比貯留量と呼ばれることもある.

$$S_s = \rho g(\alpha + n\beta) \tag{III.4.7}$$

貯留係数を帯水層厚さ b で除した量であり，次元は L^{-1} となるが，3次元の被圧地下水の流動解析において重要となる.

4.4 ダルシー則と透水係数

地下水の流れは，通常の水理学で扱う連続体としてのそれではなく，複雑で不規則的に分布する固体粒子間の空隙の流れである. そのため，ミクロ的な流動ではなく，個々の粒子よりも大きなスケールでの平均的な流れとして扱う.

4.4.1 ダルシー則

ダルシーは，1856年，砂層中を流れる地下水について実験を行い（図III.4.4），以下のような実験式を立てた.

$$Q = k \cdot A \cdot \frac{\Delta h}{L} \tag{III.4.8}$$

ここに，Q は管内に流入・流出する水量，A は管の断面積，$\Delta h/L$ は動水勾配，k は比例定数である.

式（III.4.8）の比例定数 k は透水係数と

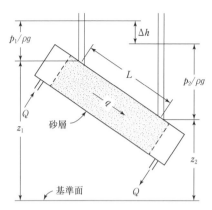

図 III.4.4　ダルシーの実験（文献6）

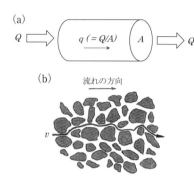

図 III.4.5　地下水の流速について
(a) ダルシー流速 ($q=Q/A$). (b) 実流速 (v).

呼ばれ，速度の次元を持つ．透水係数は地下水の水理における重要な係数であり，帯水層の透水性を規定する．式 (III.4.8) において，Q を A で割り，速度の次元を持つ q という量を用い，$\Delta h/L$ を動水勾配 i に置き換えると，式 (III.4.8) は式 (III.4.9) となる．

$$q = k \cdot i \qquad (\text{III.4.9})$$

この式 (III.4.9) の q は，ダルシー流速と呼ばれる．Q/A という定義から明らかなように，地下水流と直交する断面を単位時間に通過する地下水量であり，比流速 (specific flux) ともいう（図 III.4.5(a)）．いわばマクロ的に平均した流速である．

間隙中を流れる実流速は，図 III.4.5(b) に示したように，間隙中を通過するミクロな流れの流速である．

ダルシー流速 q と断面で平均した実流速 $\bar{v}$ とは，$q = \bar{v} \cdot n_e$（n_e は有効空隙率）の関係にある．

ダルシー則を地下水の流れに適用するとき，この実流速 v とダルシー流速 q は混同されることが多いので注意を要する．

4.4.2　ダルシー則の流体力学的裏付け

ダルシー則は，砂層の実験から得られた経験則であるが，地下水の流れを多孔質内の流れとして，平均的に細い管の層流に置き換え，ナヴィエ-ストークス (Navier-Stokes) 方程式で解くと以下の式が得られる．

$$u = -\frac{\rho g d^2}{c\mu} \cdot \frac{dh}{dx} \qquad (\text{III.4.10})$$

ここに，u：管内平均流速，ρ：流体の密度，g：重力加速度，d：粒子の平均粒径，μ：流体の粘性係数，c：無次元係数である．

ここで式 (III.4.10) を式 (III.4.9) と比較すると，透水係数 k が以下のように表現できる[7]．

$$k = \frac{\rho g d^2}{c\mu} \qquad (\text{III.4.11})$$

透水係数 k は，帯水層の空隙の構造のみならず，流体の粘性や密度にも関係していることがわかる．

ダルシー則は，以上のように，地下水の水理においてきわめて重要な法則であり，経験則とはいいながら，式 (III.4.10) に示したように流体力学的な裏付けもある．

第4章 地下水の水理

表 III.4.2 帯水層の透水係数（文献8）

土の種類	透水性	透水係数（m/s）
粘性土	実質上不透水	10^{-11}-10^{-9}
微細砂・シルト	非常に低い	10^{-9}-10^{-7}
砂－シルト－粘土混合土	低い	10^{-7}-10^{-5}
砂および礫	中位〜高い	10^{-5}-10^{-2}
清浄な礫	高い	10^{-2}-

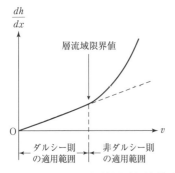

図 III.4.6 ダルシー則の適用限界（文献7）

帯水層の透水係数の概要を表 III.4.2 に示す．

4.4.3 ダルシー則の適用限界

地下水の流れを支配する法則としてダルシー則について述べた．ダルシー則における速度と動水勾配の比例関係は，流体力学的な検討からも明らかなように，流れとして層流状態を仮定している．層流とは，渦を生じることなく流線が平行して流れる状態である．動水勾配が大きくなり，より高速な流れになると渦をともない，流線は互いに交差する複雑なものとなる．つまり乱流状態になる．

層流から乱流への遷移は，レイノルズ（Reynolds）数（$R_e = vd/\nu$, v：ダルシー流速，d：代表粒径，ν：流体の動粘性係数）によって支配される．ここで層流域の限界値として，

$$(Re)_{critical} = O(1) = 1 \sim 10$$

とされている[7]．これより大きいレイノルズ数，つまりこの限界値に相当する流速を超えるとダルシー則は成立しない．

地下水の流れでは揚水井戸周辺において乱流状態になる．

4.5 地下水流動の基礎方程式

水理学の基礎方程式は，保存則，運動則，状態則を組み合わせて定式化する．ここでは，質量保存則，ダルシー則，そして弾性方程式を用いて，被圧地下水流動の基礎方程式を導く．

4.5.1 質量保存則

帯水層の単位体積 ΔV を考える．この ΔV への流入量と流出量の質量の差は，質量保存則から貯留量の変化となる．図 III.4.7 に $\Delta V = (\Delta x \Delta y \Delta z)$ における流入量・流出量（質量）を示した．この流入量・流出量の差と貯留量の変化 $\Delta M (= n\rho \cdot \Delta x \Delta y \Delta z)$ を整理すると，以下の式が得られる．

$$-\left[\frac{\partial(\rho q_x)}{\partial x} + \frac{\partial(\rho q_y)}{\partial y} + \frac{\partial(\rho q_z)}{\partial z}\right] = \frac{\partial(n\rho)}{\partial t}$$

(III.4.12)

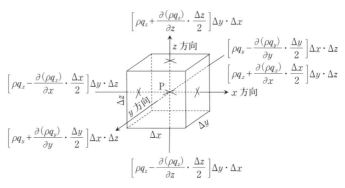

図 III.4.7 帯水層の単位体積を通過するダルシー流速

ここに，ρ：水の密度，n：間隙率，q_x, q_y, q_z：x, y, z 方向のダルシー流速である．

ここで状態則として，圧力と間隙中の水の質量に関する弾性方程式を用いる．

$$\frac{1}{\rho} \cdot \frac{\partial (n\rho)}{\partial t} = (\alpha + n\beta) \cdot \frac{\partial p}{\partial t} \quad \text{(III.4.13)}$$

ここに，ρ：水の密度，p：水圧，n：間隙率，β：水の圧縮率，α：地層の垂直圧縮率である．

地下水の水収支と帯水層の弾性方程式から地下水流の質量保存則を表現した．

4.5.2 ダルシー則から基礎方程式へ

地下水の流動はダルシー則にしたがう．比流速と動水勾配の関係から

$$q_x = -k\frac{\partial h}{\partial x}, \quad q_y = -k\frac{\partial h}{\partial y},$$
$$q_z = -k\frac{\partial h}{\partial z} \quad \text{(III.4.14)}$$

ここで，帯水層の等質性・等方性を仮定している．式 (III.4.13) を式 (III.4.12) に代入し，$h = z + p/\rho g$ の関係を用いる．さらに比貯留率 $S_s = \rho g(\alpha + n\beta)$ を導入して整理する．最終的に以下の式が得られる[9]．

$$\frac{\partial^2 h}{\partial x^2} + \frac{\partial^2 h}{\partial y^2} + \frac{\partial^2 h}{\partial z^2} = \frac{S_s}{k}\frac{\partial h}{\partial t} \quad \text{(III.4.15)}$$

この式 (III.4.15) が被圧帯水層の地下水流動を表現した基礎方程式である．

〔守田　優〕

文献

1) Linsley, R.K. et al. (1982)：Hydrology for Engineers, 3rd ed. McGraw-Hill, 183.
2) Hubbert, M.K. (1940)：The theory of groundwater motion. J. Geol., 48, 785-944.
3) Todd, D.K. (1959)：Ground water hydrology. John Wiley & Sons, 79.
4) Freeze, R.A. and Cherry, J.A. (1979)：Groundwater. Prentice-Hall, 60.
5) 山本荘毅(1962)：揚水試験と井戸管理. 昭晃堂, 60.
6) Todd, D.K. (1959)：Ground water hydrology. John Wiley & Sons, 45.
7) 日野幹雄 (1983)：明解 水理学, 丸善出版, 286-287.
8) 土質工学会 (1990)：土質試験の方法と解説, 土質工学会, 273.
9) Freeze, R.A. and Cherry, J.A. (1979)：Groundwater, Prentice-Hall, 65.

第5章

地下水と物質移行

5.1 移流と分散

5.1.1 保存性溶質の輸送現象

　地下水中において吸着や微生物による分解のない溶質の輸送では，移流，拡散，分散現象が重要である．

a. 移 流

　非反応性の溶質は地下水の流れとともに移動する．この輸送過程を移流という．地下水の流速は，基本的にはダルシーの法則から決定される．水平方向を x, y 座標，鉛直上向きを z 座標とすると，流体の密度変化を考慮したダルシーの法則は，

$$
\begin{aligned}
q_x &= -\frac{k_x}{\mu}\frac{\partial P}{\partial x} \\
q_y &= -\frac{k_y}{\mu}\frac{\partial P}{\partial y} \\
q_z &= -\frac{k_z}{\mu}\left(\frac{\partial P}{\partial z}+\rho g\right)
\end{aligned}
\tag{III.5.1}
$$

である[1]．ここに，q_x, q_y, q_z は x, y, z 方向のダルシー流速（見かけの流速），P は水圧，ρ は流体密度，g は重力加速度，μ は水の粘性係数，および k_x, k_y, k_z は流体の性質によらず媒体のみに依存する係数で，長さの2乗の次元を持つ．例えば x

方向の透水係数 K_x と係数 k_x の関係は，

$$
K_x = \frac{k_x \rho g}{\mu} \tag{III.5.2}
$$

である．ダルシー流速と間隙断面平均流速である浸透流速 v_x, v_y, v_z とは，有効間隙率を n_e とすると，次の関係にある．

$$
\begin{aligned}
v_x &= \frac{q_x}{n_e} \\
v_y &= \frac{q_y}{n_e} \\
v_z &= \frac{q_z}{n_e}
\end{aligned}
\tag{III.5.3}
$$

すなわち，浸透流速はダルシー流速より $1/n_e$ 倍速い．多孔質媒体中の移流による x 方向の質量フラックスは，溶質の濃度を C とすると，$v_x n_e C\ (=q_x C)$ で与えられる[1]．

b. 拡 散

　地下水中の溶質の分子拡散は，フィック (Fick) の法則に基づいて表される．例えば，単位時間あたりに単位面積を通過する拡散によるフラックス F は，1次元定常状態では，

$$
F = -D^*\frac{dC}{dx} \tag{III.5.4}
$$

である．D^* は有効分子拡散係数であり，水中の拡散係数 D_0 とは次の関係にある．

$$
D^* = \tau D_0 \tag{III.5.5}
$$

ここに，τ は屈曲度（$\tau<1$）である[2]．地

下水中の溶質は，微視的には，鉱物粒子のまわりの不規則な間隙経路を移動するので，D^* は D_0 より小さい．地下水の停滞域では，拡散が溶質の希釈に重要な役割を果たす．

c. 機械的分散

多孔質媒体中を汚染流体（溶質）が移動するとき，汚染流体は，汚染されていない淡水と混合する．微視的スケールでは，汚染流体粒子は，浸透流速で間隙中を直線的に移動する（図III.5.1 の (a)-(b)）のではなく，間隙内の不規則な経路（図III.5.1 の (c)-(d), (e)-(f)）を移動する．流体粒子の間隙内における平均的な移動位置（直線経路）と，実際の不規則な経路による移動位置（ジグザグ経路）の違いから生じる流体粒子の空間的な拡がりが，機械的分散である．この機械的分散は，浸透流速（v）と分散長（α）の積（αv）で定式化される[2]．

流れ方向に沿って生じる拡がりが縦分散であり，流れ方向に直交する方向の拡がりが横分散である．微視的スケールでの縦方向の機械的分散の要因として，流体粒子が間隙の端よりも中央の方がより速く移動すること，大きな間隙を移動する流体粒子はより小さい間隙内を移動する流体粒子より速く移動すること等が挙げられる[1]．また，横分散は，鉱物粒子の存在のため，流体粒子の流路が流れ方向に対して横側に分岐することによって引き起こされる．このように，多孔質媒体内の微視的スケールでは，流路の不規則な形状により，流体粒子が機械的に前後，左右，上下に振り分けられる．一般に，横分散長は縦分散長より小さく，縦分散長の 1/10 から 1/100 の値となる[3]．

〔籾井和朗〕

5.1.2 巨視的分散とスケール依存

分散は，理論上は統計的過程として扱われ，多数回障害物を経験することにより流れの経路上の分布が正規分布にしたがうと想定される．こうした過程は，土粒子が均一に充填されたカラムにおいて容易に再現

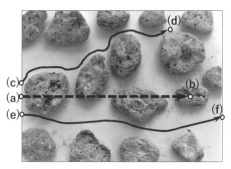

図 III.5.1　微視的スケールにおける流体粒子（図中の○）の移動経路と機械的分散
(a)-(b)：浸透流速 v による直線移動経路．(c)-(d), (e)-(f)：間隙内の移動経路．

されるが，帯水層規模においてはそうではない．異なる透水係数を持つ層の互層や，粘土，シルト，礫を含む自然の堆積物で構成される帯水層の持つ不均一構造の影響を受け，実験室規模で観測されるよりも大きな拡がりを持ち，個々の土粒子のサイズの違いというより，分散を決定する低透水係数構造の周りの流下距離の変動により特徴付けられ，巨視的分散と呼ばれる．これは巨視的分散長として特徴付けられるが，トレーサー試験を行い，評価するとき，そのサンプリング方法によっても値が異なる．例えば，スクリーン長が短い場合やパッカーにより限定区間において注入やサンプリングが行われるとき，小さめの値が得られ，1 m 以上のスクリーン長の場合，異なる層の水が混合され，大きめの値が得られる．したがって，深度方向に累積的にサンプリングする場合，不均一性の影響を含み，より大きな分散長が得られる[4]．

帯水層規模の分散長は距離にしたがい増加傾向を示し，これをスケール依存性と呼ぶ．縦方向の巨視的分散長は，一般に流下距離の10%程度といわれる．透水係数の分布がわかっている場合，その対数透水係数の分散 $(\sigma_{\ln k})^2$ と相関長 λ から次式によって縦方向の巨視的分散長 A_{11} を求めることができる．

$$A_{11} = (\sigma_{\ln k})^2 \lambda \qquad \text{(III.5.6)}$$

横方向の巨視的分散長については，水平横分散長として縦方向のおよそ10%，鉛直横分散長として縦方向のおよそ1%である[5]．

〔中川　啓〕

5.2　保存性物質の移行

5.2.1　移流分散の基礎方程式

3次元多孔質媒体中の分散係数は，縦分散長 α_L，水平方向の横分散長 α_{TH}，鉛直方向の横分散長 α_{TV}，浸透流速 v_x, v_y, v_z，有効分子拡散係数 D^* を用いて，機械的分散係数と分子拡散係数の和として次の9つの分散係数テンソルで表される[1]．

$$D_{xx} = \alpha_L \frac{v_x^2}{|v|} + \alpha_{TH} \frac{v_y^2}{|v|} + \alpha_{TV} \frac{v_z^2}{|v|} + D^*$$

$$D_{yy} = \alpha_L \frac{v_y^2}{|v|} + \alpha_{TH} \frac{v_x^2}{|v|} + \alpha_{TV} \frac{v_z^2}{|v|} + D^*$$

$$D_{zz} = \alpha_L \frac{v_z^2}{|v|} + \alpha_{TV} \frac{v_x^2}{|v|} + \alpha_{TV} \frac{v_y^2}{|v|} + D^*$$

$$D_{xy} = D_{yx} = (\alpha_L - \alpha_{TH}) \frac{v_x v_y}{|v|} \qquad \text{(III.5.7)}$$

$$D_{xz} = D_{zx} = (\alpha_L - \alpha_{TV}) \frac{v_x v_z}{|v|}$$

$$D_{yz} = D_{zy} = (\alpha_L - \alpha_{TV}) \frac{v_y v_z}{|v|}$$

ここに，$|v| = \sqrt{v_x^2 + v_y^2 + v_z^2}$ は浸透流速の大きさである．なお，等方性の多孔質媒体の場合には，水平方向と鉛直方向の横分散長を等しいとし，式（III.5.7）の α_{TH}, α_{TV} の代わりに1つの横分散長 α_T を用いる[6]．

多孔質媒体中を移流と分散・拡散により単位時間に x, y, z 方向に輸送される質量フラックス F_x, F_y, F_z は，それぞれ

$$F_x = v_x n_e C - n_e D_{xx} \frac{\partial C}{\partial x}$$

$$- n_e D_{xy} \frac{\partial C}{\partial y} - n_e D_{xz} \frac{\partial C}{\partial z}$$

$$F_y = v_y n_e C - n_e D_{yx}\frac{\partial C}{\partial x}$$
$$- n_e D_{yy}\frac{\partial C}{\partial y} - n_e D_{yz}\frac{\partial C}{\partial z}$$
$$F_z = v_z n_e C - n_e D_{zx}\frac{\partial C}{\partial x}$$
$$- n_e D_{zy}\frac{\partial C}{\partial y} - n_e D_{zz}\frac{\partial C}{\partial z}$$
(III.5.8)

となる．式（III.5.8）の右辺第1項が移流フラックス項であり，右辺第2-4項が濃度勾配を駆動力とする分散フラックス項である．右辺の負の符号は，分子拡散に対するフィックの法則（式（III.5.4））と同様に，高い濃度から低い濃度に向かって分散輸送が生じることを表している．

一様な飽和多孔質媒体中において，図III.5.2に示す微小直方体（体積 $\Delta x\Delta y\Delta z$）に流入・流出する質量フラックスを考える．まず，単位時間内に，x 軸に直交する面A（断面積 $\Delta y\Delta z$）から微小直方体に流入する溶質の質量は，

$$F_x \Delta y \Delta z$$

である．次に，面Aから Δx 離れた面B（断面積 $\Delta y\Delta z$）から流出する溶質の質量は，

$$\left[F_x + \frac{\partial F_x}{\partial x}\Delta x\right]\Delta y\Delta z$$

である．微小直方体への流入を（＋），流出を（－）の量と考えると，x 方向に関する溶質の輸送量は，

$$-\frac{\partial F_x}{\partial x}\Delta x\Delta y\Delta z$$

となる．y 方向，z 方向に関する溶質の輸送量も同様に，

$$-\frac{\partial F_y}{\partial y}\Delta x\Delta y\Delta z$$
$$-\frac{\partial F_z}{\partial z}\Delta x\Delta y\Delta z$$

となる．これらの3方向の溶質の輸送量の和が，多孔質媒体中の微小直方体における溶質の質量 $n_e C\Delta x\Delta y\Delta z$ の時間的な変化を引き起こすので，次式が成り立つ．

$$\frac{\partial(n_e C)}{\partial t}\Delta x\Delta y\Delta z$$
$$= -\left[\frac{\partial F_x}{\partial x} + \frac{\partial F_y}{\partial y} + \frac{\partial F_z}{\partial z}\right]\Delta x\Delta y\Delta z$$
(III.5.9)

両辺に共通の $\Delta x\Delta y\Delta z$ を消去し，質量フラックス F_x, F_y, F_z の式（III.5.8）を代入し整理すると，次式を得る[1,6]．

$$\frac{\partial(n_e C)}{\partial t}$$
$$=\frac{\partial}{\partial x}\left(n_e D_{xx}\frac{\partial C}{\partial x} + n_e D_{xy}\frac{\partial C}{\partial y} + n_e D_{xz}\frac{\partial C}{\partial z}\right)$$
$$+\frac{\partial}{\partial y}\left(n_e D_{yx}\frac{\partial C}{\partial x} + n_e D_{yy}\frac{\partial C}{\partial y} + n_e D_{yz}\frac{\partial C}{\partial z}\right)$$
$$+\frac{\partial}{\partial z}\left(n_e D_{zx}\frac{\partial C}{\partial x} + n_e D_{zy}\frac{\partial C}{\partial y} + n_e D_{zz}\frac{\partial C}{\partial z}\right)$$
$$-\frac{\partial(q_x C)}{\partial x} - \frac{\partial(q_y C)}{\partial y} - \frac{\partial(q_z C)}{\partial z}$$
(III.5.10)

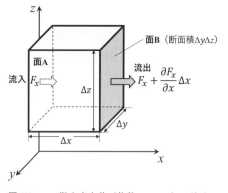

図III.5.2 微小直方体（体積 $\Delta x\Delta y\Delta z$）に流入・流出する質量フラックス

この式は，化学反応や生物学的分解，放射性減衰等のない，保存性溶質の 3 次元移流分散方程式である．左辺が濃度の時間変化項，右辺の第 1-3 項が分散項，第 4-6 項が移流項である．なお，式（III.5.10）の有効間隙率 n_e を土壌水分量を表す体積含水率 θ に置き換えれば，不飽和帯の移流分散方程式になる．

5.2.2　1 次元基礎方程式と解析解

有効間隙率と浸透流速 v が一定の場合，1 次元移流分散方程式は次式となる[2]．

$$\frac{\partial C}{\partial t} = D\frac{\partial^2 C}{\partial x^2} - v\frac{\partial C}{\partial x} \quad (\text{III}.5.11)$$

ここに，D は縦方向の微視的分散係数で，機械的分散係数 $\alpha_L v$ と有効分子拡散係数 D^* の和（$\alpha_L v + D^*$）である．いま，初期の濃度の空間分布が 0 であり，$x=0$ で一定濃度 C_0 を連続注入する場合の解析解は，相対濃度を C/C_0 とすると次式となる[7]．

$$\frac{C}{C_0} = \frac{1}{2}\Big[\text{erfc}\Big(\frac{x-vt}{\sqrt{4Dt}}\Big) + \exp\Big(\frac{xv}{D}\Big)\text{erfc}\Big(\frac{x+vt}{\sqrt{4Dt}}\Big)\Big] \quad (\text{III}.5.12)$$

ここに，erfc は補誤差関数である．

図 III.5.3 に，$D=0.005$，$v=1.0$ の場合の時間 $t=0.1, 0.25, 0.5$ における濃度の空間変化を示す．濃度分布は，流下距離 $x=0.5$ の周りに対称であり，$x=0.5$ より下流（右）側での濃度の増加は，$x=0.5$ より上流（左）側での濃度の減少に等しい．このように，分散は，上流側と下流側で等しく発生し，濃度分布は対称となり，質量が保存される[8]．また，$t=0.1, 0.25, 0.5$ を比較すると，時間の経過とともに，拡が

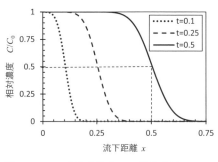

図 III.5.3　一定注入濃度 C_0，浸透流速 $v=1.0$，分散係数 $D=0.001$ の場合の濃度の空間分布

りが大きくなり，濃度の空間変化が緩やかになる．

5.2.3　密度変化を考慮した解析

海岸帯水層における海水侵入阻止型地下ダム設置に伴う海水と地下淡水の動態評価[9]には，海水と淡水の密度差を考慮した解析が行われる．また，海岸域において，津波により海水が地表面や井戸から地下淡水域に侵入する場合[10]，侵入した密度の高い海水は，表層の地下淡水域において下方に沈み込み，不規則な濃度の空間分布を示しながら輸送される．このような海水の地下淡水中での輸送パターンの予測には，流体の密度変化を考慮した解析が必要となる．流体密度と溶質濃度の関係には次式が用いられる．

$$\rho = \rho_f + \frac{\partial \rho}{\partial C}C \quad (\text{III}.5.13)$$

ここで，ρ_f は淡水密度，$\partial\rho/\partial C$ は密度と濃度を関係付ける線形関数の傾きである．海岸帯水層への海水侵入の場合，一般的な海水の密度 $1025\,\text{kg/m}^3$ と塩分濃度 $35\,\text{kg/}$

m^3, および淡水の密度 $1000\,kg/m^3$ と塩分濃度 $0\,kg/m^3$ であり, $\partial\rho/\partial C$ の値（無次元）には, 0.7143 が用いられる[11].

流体密度を考慮した移流分散解析では, 密度 ρ に応じた浸透流速をダルシーの法則式 (III.5.1) と式 (III.5.3) に基づいて求め, 式 (III.5.7) より流速に依存して変化する分散係数を求める. 次に, 流速と流速依存型分散係数に対応する移流分散方程式 (III.5.10) の解（濃度 C）と式 (III.5.13) の密度 ρ を求める. ここでの海水侵入の数値解析には, SEAWAT[11] や FEFLOW[12] が広く適用されている. 〔籾井和朗〕

5.3 吸脱着と生成・消滅

5.3.1 固体表面（土粒子）への吸脱着

土中における物質の吸脱着過程は, 土のろ過機能, 分子間力や電気的力に基づく物理的吸着, 荷電に基づく化学的結合等である. また吸着性は, 物質の大きさや形, 水への溶解度, 荷電特性等によって異なる. したがって, 物質に固有の吸脱着過程を正確に表現しようと思えば, 非常に複雑なモデルになる.

しかし, 一般的な移流分散解析では吸脱着過程の詳細には触れずに, 対象物質の土粒子への吸着量が地下水中の濃度のみで決まると仮定することが多い. この場合, 地下水中の溶存物質（溶質）の土粒子への吸脱着過程に局所平衡が成り立っており可逆的であると仮定すると, 溶質濃度 C と吸着量 q の関係式は, 次のようなヘンリー (Henry) 型の吸着等温式でよく表される.

$$q = K_d C \qquad (III.5.14)$$

ここに, K_d は分配係数と呼ばれている. 移流分散解析で対象とする溶質は比較的低濃度で拡がっていることが多く, また数値解析の容易さから, 溶質の挙動解析ではこのヘンリー型の吸着等温式がよく用いられる.

一般的な移流分散解析では, 溶質の土粒子への吸脱着過程は遅延係数 R で表される.

$$R = 1 + \frac{\rho_d}{\theta} K_d \qquad (III.5.15)$$

ここに, θ は体積含水率（飽和帯では有効間隙率）, ρ_d は土の乾燥密度である.

遅延係数は, 非吸着性物質では $R=1$, 吸着性物質では $R>1$ となる. なお, 遅延係数は, 土粒子表面への吸着と脱着が瞬時に行われ（局所平衡）, また可逆的であると仮定して誘導されてる. したがって, 土粒子表面への吸脱着に時間を要する場合や, 吸脱着が不可逆の場合には, 遅延係数を使えない.

ヘンリー型の吸着等温式に基づいた遅延係数のほかに, フロインドリッヒ (Freundlich) 型およびラングミュア (Langmuir) 型の吸着等温式に基づいた遅延係数もある.

5.3.2 水中での生成・消滅

地下水中における溶質の生成や消滅を表すモデルには, 次のような一次反応モデルがよく利用される.

$$s = -\lambda C \qquad (III.5.16)$$

ここに, s は単位時間あたりの溶質濃度の変化量, λ は一次反応速度定数で, 半減期

$T_{1/2}$ との間には，次の関係がある．

$$\lambda = \frac{\log_e 2}{T_{1/2}} \tag{III.5.17}$$

一次反応モデルは式が簡単なうえ，水中における物質の減衰が一次反応過程に従うとみなせることも多いので，溶質の生成や消滅（分解）を表すモデルとして広く利用されている．

一次反応以外にも，溶質の生成や消滅を表すモデルがある．例えば，微生物分解過程に対しては，次のようなモノー（Monod）型反応モデルが使用されることも多い．

$$s = -\frac{kXC}{K+C} \tag{III.5.18}$$

ここに，k は最大分解速度定数，X は微生物濃度，K は半飽和定数（分解速度が k の半分になる濃度）である．

なお，微生物濃度が一定（$X =$ 一定）で，かつ $K \gg C$ の場合には，式（III.5.18）は次の一次反応モデルで近似できる．

$$s = -\lambda_1 C \tag{III.5.19}$$

ここに，$\lambda_1 = kX/K =$ 一定である．一方，$K \ll C$ の場合には次式で近似できる．

$$s = -\lambda_2 \tag{III.5.20}$$

ここに，$\lambda_2 = kX =$ 一定である．この式は，汚染物質の濃度に関係なく分解速度が一定であることを示しており，ゼロ次反応モデルと呼ばれる．

5.3.3 界面を通した物質移行

土中に存在する汚染物質原液（NAPL）の地下水や土中水への溶解，土中ガスへの揮発，揮発性物質の気液界面における揮発と溶解，さらには可動水と不動水の間の物質移行といった界面における物質移行過程

は，界面が薄い膜で分けられ，物質移行はフィックの拡散法則にしたがうとする仮定に基づき，通常は次式が使用される．

$$s = \varepsilon(C_1 - C_2) \tag{III.5.21}$$

ここに，s は単位時間あたりの溶質濃度の変化量，ε は界面の物質移動係数（単位は時間の逆数），C_1，C_2 は界面を通して接している流体 1 と流体 2 の物質濃度である．$s > 0$ は流体 1 から流体 2 への溶質移動，$s < 0$ は流体 2 から流体 1 への溶質移動を表す．ただし，NAPL からの溶出の場合は，地下水中の溶質が原液側に移行することはないので，$s < 0$ はあり得ない．

5.4 非保存性物質の挙動

ここでは，簡単のために間隙率が一定の一次元帯水層を対象にして，非保存性物質の挙動を表す移流分散方程式を示す．

5.4.1 吸脱着と消滅を含む移流分散方程式

土粒子への吸脱着と地下水中における消滅（分解）を表す移流分散方程式は次式で表される．

$$R\frac{\partial C}{\partial t} = D_x \frac{\partial^2 C}{\partial x^2} - v_x \frac{\partial C}{\partial x} - \lambda C \tag{III.5.22}$$

なお，この式は溶質の消滅が地下水中でのみ生じる場合のものである．

遅延係数は土粒子への吸脱着により溶質の移流と分散が遅れる過程を表す係数であり，式（III.5.22）の両辺を R で割るとその特徴がよくわかる．例えば，$R = 2.0$ の場合，右辺第 1 項の分散係数 D_x と右辺第 2 項の実流速 v_x がとも R で割られるので，両者が 2 分の 1 になる．分散と移流が小さ

くなるわけである．遅延係数は溶質の吸着と脱着が可逆的と仮定しているので，土粒子への吸着により地下水中から溶質が消滅するわけではないことに注意しなければならない．例えば，$R = 2.0$ の場合には，$R = 1.0$ の倍の時間が経過すれば両者の濃度分布は一致する．

5.4.2 吸脱着と消滅を含む移流分散方程式

代表的な土壌・地下水汚染物質であるテトラクロロエチレン（PCE）は，地下水中で還元的条件下において，トリクロロエチレン（TCE），ジクロロエチレン類（DCEs），クロロエチレン（CE）に順次脱塩素化される．これら4物質はすべて環境基準値が定められているので，移流分散解析を実施する場合には，これら4物質の還元的脱塩素化を連鎖反応過程で表した次式が用いられる．

$$R_P \frac{\partial C_P}{\partial t} = D_x \frac{\partial^2 C_P}{\partial x^2} - v_x \frac{\partial C_P}{\partial x} - \lambda_P C_P$$

$$\text{(III.5.23)}$$

$$R_T \frac{\partial C_T}{\partial t} = D_x \frac{\partial^2 C_T}{\partial x^2} - v_x \frac{\partial C_T}{\partial x} + Y_{T/P} \lambda_P C_P - \lambda_T C_T \quad \text{(III.5.24)}$$

$$R_D \frac{\partial C_D}{\partial t} = D_x \frac{\partial^2 C_D}{\partial x^2} - v_x \frac{\partial C_D}{\partial x} + Y_{D/T} \lambda_T C_T - \lambda_D C_D \quad \text{(III.5.25)}$$

$$R_C \frac{\partial C_C}{\partial t} = D_x \frac{\partial^2 C_C}{\partial x^2} - v_x \frac{\partial C_C}{\partial x} + Y_{C/D} \lambda_D C_D - \lambda_C C_C \quad \text{(III.5.26)}$$

ここに，下付き P は PCE，T は TCE，D は DCEs，C は CE を示す．また，Y は算出比と呼ばれ，$Y_{T/P}$ の場合は，還元的脱塩素化により消滅する PCE と生成する

TCE の分子量比となる．

ここでは，各物質の還元的脱塩素化による消滅に一次反応モデルを用いているが，PCE 等の還元的脱塩素化は微生物反応過程なので，微生物反応過程を表すモノー式（式（III.5.18））がふさわしいと思われる．しかし，実際に実現場を対象にした場合には，モノー式に含まれる最大分解速度定数や半飽和定数を得ることが難しいこともあり，一般的な連鎖反応過程を含んだ移流分散解析では一次反応モデルが使われている．

5.4.3 二重間隙モデル

一般的な移流分散解析では間隙中を移動する水中（可動水）における溶質の輸送過程を対象とするが，土の種類によっては吸着水や水が動き得ない程小さくて孤立した間隙に存在する水（あわせて不動水）が存在し，可動水と不動水の間の物質移行を考慮しなければならないこともある．このような場合に用いられるのが二重間隙モデル（MIM モデル）である．二重間隙モデルは次式で表される．

$$\theta_m R_m \frac{\partial C_m}{\partial t} + \theta_{im} R_{im} \frac{\partial C_{im}}{\partial t}$$

$$= \theta_m D_x \frac{\partial^2 C_m}{\partial t^2} - \theta_m v_x \frac{\partial C_m}{\partial x} \quad \text{(III.5.27)}$$

$$\theta_{im} R_{im} \frac{\partial C_{im}}{\partial t} = \varepsilon (C_m - C_{im}) \quad \text{(III.5.28)}$$

$$R_m = 1 + \frac{f \rho_d}{\theta_m} K_d \quad \text{(III.5.29)}$$

$$R_{im} = 1 + \frac{(1-f) \rho_d}{\theta_{im}} K_d \quad \text{(III.5.30)}$$

ここに，下付き m は可動水，im は不動水を表す．また，θ_m は間隙に占める可動水

の割合，θ_{im} は間隙に占める不動水の割合であり，$\theta_m + \theta_{im} =$ 間隙率となる．f は土粒子と可動水の接触割合，$1-f$ は土粒子と不動水の接触割合である．一般的な二重間隙モデルでは，不動水中では溶質の移流と分散は生じないとしている．

　二重間隙モデルは複雑なため，実現場よりも室内カラム実験の解析等に主に用いられている．カラムを用いたトレーサー試験を実施した場合，濃度低下時に濃度がゆっくりと低下する現象（テーリング現象）がみられることがある．これは不動水中のトレーサーが徐々に可動水中に溶出してくるためであり，このような現象を再現するのに二重間隙モデルが適している．

〔江種伸之〕

文献

1) Zheng, C. and Bennett, G. D. (2002)：Applied Contaminant Transport Modeling. Second Edition, Wiley-Interscience, 621p.

2) Freeze, R. A. and Cherry, J. A. (1979)：Groundwater. Prentice-Hall International, 604p.

3) Todd, D. and Mays, L. (2005)：Groundwater Hydrology, 3rd Edition. John Wiley and Sons, 636p.

4) Appelo, C. A. J. and Postma, D.（中川　啓監訳）(2021)：環境保全のための地下水水質化学（上）．九州大学出版会，117-123.

5) Gelhar, L. W. (1997)：Perspectives on field-scale application of stochastic subsurface hydrology. In Subsurface flow and transport：a stochastic approach, Dagan, G. and Neuman, S. P. (eds), Cambridge University Press, 157-176.

6) Bear, J. (1979)：Hydraulics of Groundwater. McGraw-Hill, 567p.

7) Ogata, A. and Banks, R. B. (1961)：A solution of the differential equation of longitudinal dispersion in porous media. United State Geological Survey, Professional Paper No. 411-A, 1-7.

8) Pinder, G. F. and Celia, M. A. (2006)：Subsurface Hydrology. Wiley, 468p.

9) Luyun, R. et al. (2009)：Laboratory-scale saltwater behavior due to subsurface cutoff wall. Journal of Hydrology, 377(3-4), 227-236.

10) Illangasekare, T. et al. (2006)：Impacts of the 2004 tsunami on groundwater resources in Sri Lanka. Water Resources Research, 42, W05201. doi：10.1029/2006 WR004876.

11) Langevin, C. D. et al. (2003)：MODFLOW-2000, the U.S. Geological Survey modular ground-water flow model-Documentation of the SEAWAT-2000 version with the variable density flow process (VDF) and the integrated MT3 DMS transport process (IMT). United States Geological Survey. Open-File Report 2003-426, 43p. https://doi.org/10.3133/ofr03426

12) Diersch, H. J. G. (2013)：FEFLOW：Finite element modeling of flow, mass and heat transport in porous and fractured media. Springer, 996p. https://doi.org/10.1007/978-3-642-38739-5

第6章

地下水中の熱輸送

地下水の温度環境は多かれ少なかれ非一様である．空間的に温度の違いが生じているところでは熱が輸送される．また，間隙中の水が移動する場合には，水移動に伴う熱移動も生じる．さらに，不飽和状態においては，水蒸気移動による熱移動も発生する．本章では，熱輸送の基本である熱伝導と水の移動に伴う熱移動理論，および理論が適用される現場例，とくに地下熱利用の実態について述べる．

6.1 熱伝導

熱移動（伝熱, 熱伝達）の基本形態には，伝導，対流，放射の3つがある．実際の伝熱形態は，これらのどれかに属するか，あるいはこれらの組み合わせであるが，土中の熱移動においては，放射の寄与は，伝導と対流に比べて小さく，考慮しないことが多い．対流は 6.2 節で触れることとし，本節では伝導について述べる．

6.1.1 フーリエの法則と熱伝導方程式

伝導（熱伝導）（heat conduction）とは，固体や静止している流体の内部で温度差があるとき，分子・原子の振動の伝播によって高温側から低温側に熱が移動する形態で

ある．熱伝導による熱フラックス $\boldsymbol{q}_{hc}$ （J/s/m^2 = W/m^2）はフーリエ（Fourier）の法則によって表され，温度勾配に比例する．

$$\boldsymbol{q}_{hc} = -\lambda \nabla T \qquad (\mathrm{III.6.1})$$

ここで，λ は熱伝導率（thermal conductivity）（J/s/m/K = W/m/K），T は温度（K）である．熱伝導率とは物体内部での熱移動速度を規定する性質であり，これが大きいほど，熱の良導体である．

また，熱伝導が生じているときの，空間的・時間的な温度を表す非定常熱伝導方程式は，

$$C_T \frac{\partial T}{\partial t} = -\nabla \cdot \boldsymbol{q}_{hc} = \nabla \cdot (\lambda \nabla T) \quad (\mathrm{III.6.2})$$

により表される．ここで，C_T は体積熱容量（volumetric heat capacity）（J/m^3/K），t は時間（s）である．体積熱容量は単位体積の物体の温度を 1 K 上昇させるのに必要な熱量である．

熱伝導率，体積熱容量が一定の場合は，以下のように変形できる．

$$\frac{\partial T}{\partial t} = \frac{\lambda}{C_T} \nabla \cdot (\nabla T) = \kappa \nabla \cdot (\nabla T) \quad (\mathrm{III.6.3})$$

ここで，κ は熱伝導率を体積熱容量で除したもので熱拡散率（温度伝導度）（thermal diffusivity）（m^2/s）と呼ばれる．熱伝導率が熱の伝わりやすさを表すのに対して，

表 III.6.1 土の構成物質の熱的特性（文献 1, 2）より作成）

	密度 (kg/m³)	比熱 (J/kg/K)	体積熱容量 (kJ/m³/K)	熱伝導率 (W/m/K)	熱拡散率 (mm²/s)
石英	2660	800	2130	8.80	4.13
雲母 (323 K)	1900-2300	880	1700-2000	0.50	0.27
有機物	1300	1920	2500	0.25	0.10
水 (300 K, 0.1 MPa)	1000	4180	4180	0.61	0.15
空気 (300 K, 0.1 MPa)	1.16	1010	1.17	0.026	22

熱拡散率は温度の変化のしやすさを表す．

6.1.2 熱的特性

土は固相，液相，気相の三相から構成されるため，土全体としての熱伝導率と体積熱容量は主に各相の値と存在割合によって決まる．土の構成物質の熱的特性を表 III.6.1 に示す．これらの特性は，温度と圧力による変化が無視できない場合があり，留意が必要である．

各相の熱伝導率は大きく異なるため，土の熱伝導率は，土粒子の接触の程度や土壌水分量に大きく依存する．乾燥密度が大きくなるほど，また，体積含水率が大きくなるほど，熱伝導率は高くなる．例として，豊浦標準砂の熱伝導率と体積含水率の関係を図 III.6.1(a) に示す．粘性土や有機質土の場合は，粘土鉱物，有機物自体の熱伝導率が低いことから（表 III.6.1），熱伝導率は図 III.6.1(a) よりも低くなる．

体積熱容量は物体の比熱と密度の積で表される．したがって，土の体積熱容量 C_T は三相のそれぞれの比熱と密度および構成割合によって次式で表される．

$$C_T = C_s s + C_l \theta + C_a a$$
$$= c_s \rho_s s + c_l \rho_l \theta + c_a \rho_a a$$

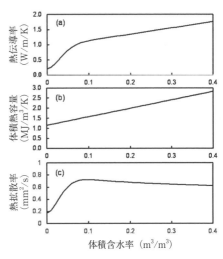

図 III.6.1 豊浦標準砂の熱伝導率，体積熱容量，熱拡散率の例（固相の密度 2640 kg/m³，固相の比熱 726 J/kg/K，乾燥密度 1584 kg/m³，間隙率 0.4）

$$= \sum_i c_{si} \rho_{si} s_i + c_l \rho_l \theta + c_a \rho_a a \quad \text{(III.6.4)}$$

ここで，C は体積熱容量 (J/m³/K)，c は比熱 (J/kg/K)，ρ は密度 (kg/m³)，s は固相率，θ は体積含水率，a は気相率，添字 s, l, a はそれぞれ固相，液相，気相を表す．i は固相の複数の構成物質を表す．図 III.6.1(b) に示すように，土の体積熱容量は体積含水率の増加に伴い大きくなる．

豊浦標準砂の熱拡散率の体積含水率によ

る変化を図 III.6.1(c) に示す. 熱拡散率が最大値をとる体積含水率が低水分側に存在することがわかる. また, 土の熱拡散率は金属の値（例えば, 鉄では 22.7 mm²/s (300 K)[2]）に比べると2オーダー程度低く, すぐれた断熱性を有することがわかる.

6.2 水移動を伴う熱輸送

6.2.1 飽和・不飽和土中の熱移動機構

地下水帯, つまり飽和土中の熱の流れを図 III.6.2 に模式的に表す[3]. 経路 A は固相の接触面を通して固相から固相に移動する熱伝導による流れであり, 土粒子間の接触面の大きさに依存する. 経路 B は液相中の熱伝導による流れである. 経路 C は固相と液相の接触面での熱交換であり, 固相と液相に温度差がある場合に生じる. 経路 D は液相の流れに伴う移流による熱移動, 経路 E は液相の流れに伴う機械的分散による熱移動である. 機械的分散には, 物質移動論での溶質分散とアナロジーがあり, 流動地下水中の溶質移動とほぼ等しい熱分散（thermal dispersion）が発生しうるといわれている[3].

液相の流れはダルシーの法則によって生じるが, 土中に温度差がある場合, 流体の密度と粘性にも空間的な違いが生じて流体の運動が影響を受けるため, 流体と熱の移動には相互依存の関係がある.

不飽和土中の水の流れを厳密に解析する場合は, 液相と気相の流れの二相流を扱う必要があるが, 急激な浸潤がない一般的な環境下での気相は大気と連続しており, 液

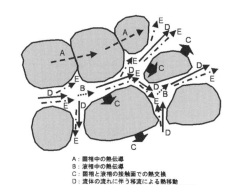

図 III.6.2 飽和土中の熱移動形態（文献3）を改変）

A: 固相中の熱伝導
B: 液相中の熱伝導
C: 固相と液相の接触面での熱交換
D: 流体の流れに伴う移流による熱移動
E: 流体の流れに伴う機械的分散による熱移動

相の移動のみが考慮されることが多い[4]. また, 不飽和土の場合は, 水蒸気移動とそれに伴う熱移動が考慮されることがある.

6.2.2 水の物性の温度依存性を考慮した飽和・不飽和土中の水移動方程式

温度による水（液相）の密度と粘性の変化を考慮した飽和・不飽和土中の水移動のフラックスは, ナヴィエ-ストークスの運動方程式より, 一般化されたダルシー式によって表される[3].

$$q_l = \theta v = -\frac{k_r k_s}{\mu}(\nabla p + \rho_l g \nabla z) \quad \text{(III.6.5)}$$

ここで, q_l は水のフラックス (m/s), v は間隙流速 (m/s), k_r は相対透過度, k_s は固有透過度（異方性の場合はテンソル）(m²), μ は水の粘性係数 (Pa s), p は水の圧力 (Pa), g は重力加速度 (m/s²), z は鉛直上向き座標 (m) である. 右辺括弧内の第2項は等温条件下では重力勾配による下向きの水移動成分であるが, 下方の温度が上方より高くなって下方の密度が低下し, 下向きの水移動成分よりもその影響が大きくなると, 自然対流 (natural convection）が生じる．一方，温度に起因する密度差以外の外力によって発生する対流を強制対流（forced convection）という．つまり，浮力による対流が自然対流，浮力によらない対流が強制対流である．なお，水の流れが流体中の熱や溶質を輸送する場合，その流れを移流（advection）と呼んでいる[3]．

水が非圧縮のとき，水の圧力水頭を h（m）とすると，$p = \rho_l g h$ である．

$$\boldsymbol{q}_l = -K(\nabla h + \nabla z) \qquad (\mathrm{III}.6.6)$$

ここで，K は次式で表される透水係数（m/s）である．

$$K = \frac{k_r k_s \rho_l g}{\mu} \qquad (\mathrm{III}.6.7)$$

$k_r = 1$ のときの K が飽和透水係数，$k_r < 1$ のときに不飽和透水係数となる．透水係数は水の密度と粘性の影響で温度依存性を有する．水の場合，例えば以下の式から摂氏温度 T を用いて密度（kg/m³）と粘性係数（Pa s = kg/m/s）の温度依存性を考慮できる[4]．

$$\rho_l(T) = 1000 - 0.0269 \times (T-4) - 0.0055233 \times (T-4)^2 \qquad (\mathrm{III}.6.8)$$

$$\mu(T) = \frac{0.00178}{1 + 0.0337T + 0.000221T^2} \qquad (\mathrm{III}.6.9)$$

基準温度 T_0 のときの値を ρ_{l0}, μ_0 とすると，飽和・不飽和土中の非定常水移動方程式は，水の質量保存則より次式で表される[5]．

$$-\nabla \cdot (\rho_l \boldsymbol{q}_l) = \frac{\partial(\rho_l \theta)}{\partial t} = \rho_l \frac{\partial \theta}{\partial t} + \theta \frac{\partial \rho_l}{\partial t}$$

$$= \rho_l \left(S_s \frac{\theta}{n} \frac{\partial h_0}{\partial t} + \frac{\partial \theta}{\partial t} \right) + \theta \frac{\partial \rho_l}{\partial t} \qquad (\mathrm{III}.6.10)$$

ここで，

$$\boldsymbol{q}_l = -\frac{K_0}{\mu/\mu_0} \left(\nabla h_0 + \frac{\rho_l}{\rho_{l0}} \nabla z \right) \qquad (\mathrm{III}.6.11)$$

$$K_0 = \frac{k_r k_s \rho_{l0} g}{\mu_0} \qquad (\mathrm{III}.6.12)$$

$$h_0 = \frac{p}{\rho_{l0} g} \qquad (\mathrm{III}.6.13)$$

である．また，S_s は有効応力に対する堆積層の圧縮率と圧力に対する水の圧縮率が内包される比貯留係数（1/m）である．水の熱膨張率がきわめて小さいことから水の密度の影響は浮力項を除いて無視できるとするブシネスク（Boussinesq）の近似を適用すると，非定常水移動方程式は次式で表される[3,5]．

$$S_s \frac{\theta}{n} \frac{\partial h_0}{\partial t} + \frac{\partial \theta}{\partial t} = \nabla \cdot \frac{K_0}{\mu/\mu_0} \left(\nabla h_0 + \frac{\rho_l}{\rho_{l0}} \nabla z \right) \qquad (\mathrm{III}.6.14)$$

比貯留係数が無視できるとき，以下のリチャーズ式となる．

$$\frac{\partial \theta}{\partial t} = \nabla \cdot [K(\nabla h + \nabla z)] \qquad (\mathrm{III}.6.15)$$

6.2.3 飽和・不飽和土中の熱移動方程式

固相，液相，気相の温度が平衡状態にあるときの熱移動方程式は次式で表される[5]．

$$C_T \frac{\partial T}{\partial t} = \nabla \cdot (\lambda_e \nabla T) - \theta C_l \nabla \cdot (\boldsymbol{v} T) \qquad (\mathrm{III}.6.16)$$

ここで，λ_e は図 III.6.2 の経路 A（固相），B（液相）および気相の熱伝導に経路 E の機械的分散による熱移動を加味した熱分散

係数（W/m/K）である.

$$\lambda_e = \lambda + \lambda_d = C_T D_h \tag{III.6.17}$$

ここで，λ は間隙流体（液相，気相）が静止しているときの三相系の土の熱伝導率，λ_d は機械的熱分散係数である. 熱分散係数は土の体積熱容量に土中の物質移動論での水理学的分散（流体力学的分散）係数 D_h（m²/s）を乗じることで得られる. D_h は間隙流速に比例し，比例係数が分散長となる. 流れ方向の縦分散長と流れ方向に垂直方向の横分散長が考慮される.

式（III.6.16）の右辺第2項は，図 III.6.2 の経路 D に相当し，水移動に伴う顕熱輸送を表す. 水移動にブシネスクの近似を適用すると，$\nabla \cdot \boldsymbol{v} = 0$ とできるため，式（III.6.16）は次式となる.

$$\frac{\partial T}{\partial t} = \nabla \cdot (D_h \nabla T) - \theta \frac{C_l}{C_T} \boldsymbol{v} \cdot \nabla T \tag{III.6.18}$$

水移動を伴う熱輸送解析では，式（III.6.14）と式（III.6.18）を連成させることになる.

相間に温度差がある非平衡状態では，各相の温度を別の変数として解析を行う. 例えば，固相と流体相（液相あるいは気相）の二相から構成される場合で，固相と流体相の温度をそれぞれ T_s，T_f とする. 固相，流体相の非平衡熱移動方程式[6]はそれぞれ以下のようになる.

$$(1-n)C_s \frac{\partial T_s}{\partial t} = \nabla \cdot (\zeta_s (1-n) \lambda_s \nabla T_s) - Q \tag{III.6.19}$$

$$nC_f \frac{\partial T_f}{\partial t} = \nabla \cdot (\zeta_f n \lambda_f \nabla T_f) + Q \tag{III.6.20}$$

ここで，n は間隙率，ζ は固相，流体相の

それぞれの連続性を表す形状係数（0～1），添字 s, f はそれぞれ固相と流体相を表す. Q は固相と流体相間の伝熱量（J/s/m³）であり，以下のニュートン（Newton）の冷却法則によって表される.

$$Q = h_t a_s (T_s - T_f) \tag{III.6.21}$$

ここで，h_t は熱伝達係数（J/s/m²/K），a_s は固相の比表面積（m²/m³）である.

6.2.4 水蒸気移動を伴う不飽和土中の水分・熱移動方程式

a. 水蒸気移動

不飽和土中においては，水と水蒸気間の相変化と水蒸気移動およびそれに伴う潜熱輸送が生じる. 水蒸気移動はフィックの拡散則によって表される.

$$\boldsymbol{q}_v = -\frac{D_v}{\rho_l} \nabla \rho_v \tag{III.6.22}$$

ここで，$\boldsymbol{q}_v$ は水蒸気フラックス（m/s），D_v は土中の水蒸気拡散係数（m²/s），ρ_l は水の密度（kg/m³），ρ_v は水蒸気密度（kg/m³）である. 水蒸気密度は飽和水蒸気密度 ρ_s（kg/m³）と相対湿度 h_r の積で表され，相対湿度は温度 T（K）と圧力水頭 h（m）の関数で表される.

$$\rho_v = \rho_s(T) h_r = \rho_s(T) \exp\left(\frac{M_w h g}{RT}\right) \tag{III.6.23}$$

ここで，M_w は水1モルの質量（0.0180 kg/mol），R は気体定数（8.31 J/mol/K），g は重力加速度（9.81 m/s²）である. したがって，水蒸気密度勾配は温度勾配と圧力水頭勾配の成分に分離することができ，水蒸気フラックスは，

$$\boldsymbol{q}_v = -\frac{D_v}{\rho_l} \nabla \rho_v$$

$$= -\frac{D_v}{\rho_l}\left(\left.\frac{\partial \rho_v}{\partial T}\right|_h \nabla T + \left.\frac{\partial \rho_v}{\partial h}\right|_T \nabla h\right)$$

$$= -D_{vT}\nabla T - D_{vh}\nabla h \qquad \text{(III.6.24)}$$

ここで，D_{vT} は非等温水蒸気拡散係数（m²/s/K），D_{vh} は等温水蒸気拡散係数（m/s）で次式により表される．

$$D_{vT} = \frac{D_v}{\rho_l}\left(h_r\frac{d\rho_s}{dT} - \frac{M_w g h}{RT^2}\rho_v\right) \quad \text{(III.6.25)}$$

$$D_{vh} = \frac{D_v}{\rho_l}\frac{M_w g}{RT}\rho_v \qquad \text{(III.6.26)}$$

式（III.6.24）より湿潤側から乾燥側へ，高温側から低温側に水蒸気が移動することがわかる．土中の水蒸気拡散は大気中に比べて間隙中の屈曲した気相に限られることから，D_v は大気中の水蒸気拡散係数 D_{atm}（m²/s）に気相率 a と屈曲度 τ（0〜1）を掛け合わせたもので表される．

しかし，$D_v = D_{atm}\tau a$ としたときの D_{vT} では温度勾配を駆動力とする水蒸気移動量を過少評価することが知られており，水蒸気促進係数 β が導入される．

$$D_{vT} = \frac{D_v}{\rho_l}\beta\left(h_r\frac{d\rho_s}{dT} - \frac{M_w g h}{RT^2}\rho_v\right) \text{(III.6.27)}$$

β の物理的意味として，①マスフローファクタ，②液島現象，③気相中の局所的温度勾配と土中の平均的温度勾配の違い，等が提案されている．①のマスフローファクタは，D_{atm} が空気と水蒸気の相互拡散の条件で定義されるため，空気が静止しているという前提条件との違いを補正するもので[7]，例えば1.02が用いられる[8]．②の液島現象とは，図III.6.3に示すように，水蒸気は気相中だけではなく，局所的に間隙内に存在する水（液島）を介しても移動することを考慮するものである[7]．③は気相の熱伝導率が固相・液相に比べて小さいために，実際の水蒸気移動の駆動力となる気相中の局所的温度勾配が土壌中の平均的温度勾配よりも大きくなることを考慮するものである[7]．これらの要因に加えて，水が水蒸気に相変化するときの体積膨張が一因との報告がある[9]．

なお，D_{atm}（m²/s），τ はそれぞれ例えば以下のように与えられる[10]．T は摂氏温度である．

$$D_{atm} = 0.229 \times 10^{-4}\left(1 + \frac{T}{273.16}\right)^{1.75}$$

(III.6.28)

$$\tau = (n - \theta)^{2/3} \qquad \text{(III.6.29)}$$

b. 水分移動方程式

水のフラックスが式（III.6.15）で表されるとすると，水と水蒸気のフラックスの和（全水分フラックス）は，

$$\boldsymbol{q}_w = \boldsymbol{q}_l + \boldsymbol{q}_v$$
$$= -(K + D_{vh})\nabla h - D_{vT}\nabla T - K\nabla z$$

(III.6.30)

となり，これを全水分移動の連続式，

$$\frac{\partial(\theta + \theta_v)}{\partial t} = \frac{\partial[\theta + (n-\theta)\rho_v/\rho_l]}{\partial t}$$

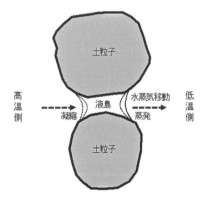

図III.6.3　液島現象（文献7）を改変）

に代入すると，水蒸気移動を考慮した水分移動方程式は次式で表される[11]．

$$\frac{\partial(\theta+\theta_v)}{\partial t}$$
$$=\nabla\cdot[(K+D_{vh})\nabla h+D_{vT}\nabla T+K\nabla z]$$

(III.6.32)

ここで，θ_v は体積水蒸気率である．

c. 熱移動方程式

水分移動を伴うときの熱フラックスは，熱伝導，機械的分散による熱移動，水と水蒸気の移動に伴う顕熱輸送，水蒸気移動に伴う潜熱輸送の和となる．

$$q_h=-\lambda_e\nabla T+C_l q_l(T-T_0)$$
$$\quad+C_v q_v(T-T_0)+L_0 q_v$$
$$=-(\lambda_e+L_0 D_{vT})\nabla T-L_0 D_{vh}\nabla h$$
$$\quad+C_l q_l(T-T_0)+C_v q_v(T-T_0)$$

(III.6.33)

ここで，L_0 は基準温度 T_0 のときに単位体積の水を蒸発させるのに必要な熱量（蒸発潜熱）$(\mathrm{J/m^3})$，C_v は水蒸気の体積熱容量（J/m³/K）である．これを熱移動の連続式，

$$\frac{\partial[C_T(T-T_0)+L_0\theta_v]}{\partial t}=-\nabla\cdot q_h$$

(III.6.34)

に代入すると，水蒸気移動を考慮した熱移動方程式は次式となる[11]．

$$\frac{\partial C_T T}{\partial t}+L_0\frac{\partial\theta_v}{\partial t}$$
$$=\nabla\cdot[(\lambda_e+L_0 D_{vT})\nabla T+L_0 D_{vh}\nabla h]$$
$$\quad-C_l q_l\nabla T-C_v q_v\nabla T$$

(III.6.35)

温度勾配下の水蒸気移動を伴う水分・熱移動解析では，式(III.6.32)と式(III.6.35)を連立させて解くことになる．

6.3 熱移動理論の利用

6.3.1 地下水温・地温を利用した地下水調査

地下水温は主に熱伝導と地下水流動によって決まることから，地下水温の分布から地下水流動状況やその変化を推測することができる[12]．つまり，地下水流動を把握するためのトレーサーとして温度を利用できる．地下水流の方向で水温変化を測定したり，周辺の地下水と温度の異なる水を人工トレーサーとして注入したりすれば[13]，地下水流速を推定することも可能である．また，浅層部の地温分布から地下熱源（温泉帯）の深さや大きさを推定する地温探査法がある[12]．さらに，ヒーターと温度センサーを組み合わせた孔内流向流速計は熱をトレーサーとした地下水流の測定方法の1つである[13]．これらの推定においては，主に熱伝導と水の流れに伴う熱移動を考慮した理論式が用いられる．

6.3.2 地球温暖化と都市化による地下熱環境への影響評価

都市における深度200 mまでの地下水温の鉛直分布の観測値と，熱伝導と地下水流を考慮した地温の1次元解析解の比較から，例えば東京では深度約140 mまでが地球温暖化と都市化に伴うヒートアイランド現象による地表面温度上昇の影響を受けていることが示されている[14]．とくに都市化に伴うヒートアイランドの影響が地下温度環境に大きく影響を与えている[15]．このように，地下熱環境は地球環境変化の影響を反映する重要な情報となりうる．

6.3.3 水蒸気移動を伴う水分・熱移動を扱う現場

水蒸気移動を伴う水分・熱移動は，不飽和土中において大きな温度勾配の環境下におかれる状況で扱われる．例えば，地表面蒸発過程，沙漠における水・熱環境[16]，畑地農業において薬剤を用いない環境保全型の土壌消毒法である熱水土壌消毒[9]や太陽熱土壌消毒，高レベル放射性廃棄物の地層処分[17]等で考慮が必要になる．

〔中村公人〕

6.4 地下熱の利用

6.4.1 地球の熱構造

地球の内部は地表に比べて高温であり，地球中心部の温度は約6,000℃と推定されている[18]．地球表面から放出される熱は ^{235}U, ^{238}U, ^{232}Th, ^{40}K 等放射性核種の崩壊と，永続的な地球の冷却によるものであり，地球内部では主に伝導と対流により熱の輸送が生じている[19]．地球全体の地表面における総熱流量は 46.7 TW，平均熱流量は 91.6 mW/m^2 と見積もられている[20]．一方で，太陽放射によるエネルギーは 342 W/m^2（地球全表面の年平均値）[21]で，そのうち 168 W/m^2 が地球表面に到達する[3]．以上から，太陽からもたらされるエネルギーは，地球内部からの熱流量に比べてはるかに大きいことがわかる．地球も長波放射を放出しており，地下浅部の温度は太陽放射と長波放射により日・年周期で変動する[3]．地表面温度が $T_s = T_0 + \Delta T \cos \omega t$ のように周期的に変化する場合の温度の時空間分布は以下の式で表される[19]．

$$T = T_0 + \Delta T \times \exp\left(-y\sqrt{\frac{\omega}{2\kappa}}\right) \cos\left(\omega t - y\sqrt{\frac{\omega}{2\kappa}}\right)$$

(III.6.36)

ここで，T は温度，T_0 は平均地表面温度，ΔT は地表面温度の変動における振幅，y は深さ，ω は角振動数，κ は熱拡散率，t は時間である．なお，$\omega = 2\pi/\tau$ で，τ は温度変化の周期（例えば日，年）である．この式から，地温変化の振幅は地表面から深さ方向に指数関数的に小さくなり，地表面温度の周期的な変化に対して位相差（$y\sqrt{\omega/2\kappa}$）が生じることがわかる[19]．実際に，式（III.6.36）を用いて計算され

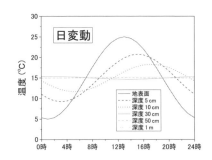

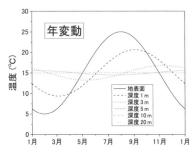

図 III.6.4 異なる深度における地温の日変動（上）と年変動（下）

図のように地表面温度が変化したと仮定し，熱拡散率を 3.0 m^2/s として式（III.6.36）により算出．

た異なる深度における地温の日変動および年変動では，深くなるほど温度変化の振幅が小さくなり，相対的に浅い地点の温度変化に対して位相の遅れが生じている（図III.6.4）.

周期的な温度変化が生じる浅部に対して，地下10m程度よりも深部では温度が時間によらずほぼ一定となる．時間的な温度変化が見られなくなる深さは不易層（あるいは恒温層）と呼ばれる．不易層の地下水温はその地点の年平均気温に比べて1-3℃高いことや，積雪地域の地下水温は積雪が生じない同緯度地域に比べて1℃程度低いことが知られている[3]．不易層よりも深部では，一般に20-30 K/km[19]の割合で温度が上昇し，この温度上昇率は地温勾配と呼ばれる．地下にマグマや地熱流体等の熱源が存在する地域では，地温勾配，熱流量ともに大きくなる．日本では，北海道，東北，九州の中央部と南部等で80-100 K/kmを超える地温勾配が報告されている[22]．

6.2節で見たように，地下の温度分布は地下水流動の影響も受ける．地下水流動系の涵養域では，浅部から深部に向けた水の浸透により浅部の温度影響が深くまで生じ，逆に流出域では深部から浅部に向けた地下水流動により浅部の温度影響が深くまで生じにくくなる[3]．さらに，地球温暖化や都市化の影響により，浅部で高い温度を示し，深さが増加するにつれて温度が低下して再度上昇する地域があることが指摘されている[3]．

6.4.2 地下熱の利用法

地下の水が有する熱は，その温度に応じて様々な用途に利用されている．比較的低温の地下水や温泉水は道路融雪，ヒートポンプの熱源，野菜・花卉栽培，水産養殖，温水プール，入浴に，高温の温泉水や蒸気は野菜・花卉栽培，熱帯植物園の熱源，木材の乾燥，調理，湯の花製造，染色，サウナ等に用いられている[23]．

深さ200m程度までの地下浅部の地盤が有する低温（〜数十℃）の熱エネルギーは地中熱と呼ばれる[24]．上述のように，季節に応じて大気や地表面の温度は変動するのに対して，地下の温度はほぼ一定であることや，地下水や地盤・岩盤の比熱が大きいことを利用して，熱源や蓄熱媒体として活用する．地中熱利用の代表的な形態として，ヒートポンプの温・冷熱源として地中熱を利用する地中熱ヒートポンプシステムがある（詳細は第VI編を参照）．地中熱ヒートポンプシステムには，地下水をくみ上げて熱交換を行うオープンループ型と，地下に熱交換器を埋設し，熱媒体を循環させることで熱交換を行うクローズドループ型がある．オープンループ型では，十分な水量を確保できる場合，初期投資に対して多くの熱を利用できる一方で，スケールの生成による還元井の還元能力の低下等，地下水の水質に関係する問題が生じることがある[24]．クローズドループ型では地下の熱交換器を用いた熱利用を行うため，設置する地点の地盤や岩盤の熱伝導率が重要となる．土壌の有効熱伝導率（土壌粒子や岩石に加えて，間隙の水やガスを含む平均的な

熱伝導率）は岩盤に比べて小さいが，地下水が流れている場合，地下水流動の効果も含めた見かけ熱伝導率が大きくなる[24]．そのため，クローズドループ型の利用を考えるうえでも，周辺の地下水系に関する理解が求められる．温暖地で地中熱ヒートポンプシステムを利用する場合，空気熱源ヒートポンプを利用する場合に比べてCO_2排出量を暖房時 33%，冷房時 20% 削減できるとの報告もあり[24]，地中熱の利用は欧米や中国に続いて日本でも広がりつつある．また，夏季の温熱を帯水層や地盤に蓄熱して冬季に利用し，その過程で生じた冷熱を夏季に利用する地下蓄熱（underground thermal energy storage：UTES）も行われている．UTES の一種である帯水層蓄熱（aquifer thermal energy storage：ATES）を用いることで，エネルギー消費量を 40-70%，CO_2 排出量を 1 年あたり数千 t 低減できる[25]．

高温の温泉水や蒸気が得られる場合は地熱発電が可能となる．80℃を超える温泉水や比較的低温の蒸気は，沸点の低い媒体（ペンタン，代替フロン，アンモニア等）を加熱して気化させ，タービンを回すことで発電するバイナリ発電[26]に利用できる．さらに高温（200-350℃ 程度）の地熱流体が得られる場合には，代表的な地熱発電方法であるフラッシュ発電が可能となる[26]．フラッシュ発電では，地下の地熱貯留層に掘削された生産井を通して地熱流体を取り出し，気水分離器により熱水と蒸気を分離したうえで，蒸気でタービンを回すことで発電する[26]．蒸気生産による貯留層の圧力低下を防ぐため，熱水は還元井を通して地下に還元される．地熱発電は他の発電方法に比べてライフサイクル CO_2 排出量が少なく[27]，出力が安定している等の長所を有しており，さらなる活用が期待される．さらに高温・高圧で超臨界状態の水を利用し，従来型の地熱発電よりも大きな出力が得られると見込まれる超臨界地熱発電に関する研究開発も進められている．　　〔柏谷公希〕

文献

1) de Vries D. A. (1963)：Thermal properties of soils. pp. 210-235. In van Wijk W. R. (ed) Physics of Plant Environment. North-Holland Publishing Co.

2) 日本機械学会 (1986)：伝熱工学資料　改訂第4版．日本機械学会，365p.

3) 藤縄克之 (2010)：環境地下水学．共立出版，354p.

4) 藤縄克之 (1995)：飽和・不飽和多孔体中の熱移動とヒステリシスを伴う浸透流の連成解析．地下水学会誌，37(3)，175-192.

5) 藤縄克之・片樫 聡 (2012)：地下熱利用技術　9．地下熱利用のための数値解析技術．地下水学会誌，54(1)，39-52.

6) 藤縄克之 (1991)：有限要素法を用いた飽和多孔体中の 2 相系熱伝導に関する理論的研究－多孔体中の熱移動に関する研究 (I)－．農業土木学会論文集，152，83-90.

7) Philip, J. R. and de Vries, D. A. (1957)：Moisture movement in porous materials under temperature gradients. Trans. Amer. Geophy. Union, 38(2), 222-232.

8) 福原輝幸・佐藤邦明 (2002)：第 4 章　温度勾配下の地下水の流れ．佐藤邦明・岩佐義朗編著，地下水理学．丸善株式会社，143-168.

9) 登尾浩助 (2019)：第 7 章　土壌と気象障害．西村 拓編，実践土壌学シリーズ 4　土壌物理学．朝倉書店，115-136.

10) Milly, P. C. D. (1984)：A simulation analysis of thermal effects on evaporation from soil. Water Resources Research, 20(8), 1087-1098.

11) 中村公人 (2019)：第 9 章　数値解析．西村

拓編，実践土壌学シリーズ4 土壌物理学．朝倉書店，156-182.

12) 湯原浩三（1979）：第10章 地温・水温を利用した地下水調査．地下水ハンドブック編集委員会編，地下水ハンドブック．建設産業調査会，369-376.

13) 亀海泰子（2009）：第4章 トレーサー物質．日本地下水学会原位置トレーサー試験に関するワーキンググループ編，地下水のトレーサー試験 地下水の動きを知る．技報堂出版，89-119.

14) Taniguchi, M. et al.（2007）：Combined effects of urbanization and global warming on subsurface temperature in four Asian cities. Vadose Zone Journal, 6(3), 591-596.

15) 谷口真人（2011）：第13章 循環する資源としての地下水．谷口真人編著，地下水流動 モンスーンアジアの資源と循環．共立出版，244-262.

16) Scanlon, B. R. and Milly, P. C. D.（1994）：Water and heat fluxes in desert soils, 2. Numerical simulations. Water Resources Research, 30, 721-733.

17) Aded, A. A. and Solowski, W. T.（2017）：A study on how to couple thermo-hydro-mechanical behaviour of unsaturated soils：Physical equations, numerical implementation and examples. Computers and Geotechnics, 92, 132-155.

18) Anzellini, S. et al.（2013）：Melting of Iron at Earth's Inner Core Boundary Based on Fast X-ray Diffraction. Science, 340(6131), 464-466.

19) Turcotte, D. and Schubert, G.（2014）：Geodynamics Third Edition. Cambridge University Press, 623p.

20) Davies, J. H. and Davies, D. R.（2010）：Earth's surface heat flux, Solid Earth, 1, 5-24.

21) Le Treut, H. et al.（2007）：Historical Overview of Climate Change. In Climate Change 2007：The Physical Science Basis. Contribution of Working Group I to the Fourth Assessment Report of the Intergovernmental Panel on Climate Change, Solomon, S. et al.（eds.）, Cambridge University Press 127p.

22) 矢野雄策ら（1999）：日本列島地温勾配図．地質調査所．

23) 江原幸雄・野田徹郎（2014）：地熱工学入門．東京大学出版会，2018p.

24) 北海道大学環境システム工学研究室編（2020）：地中熱ヒートポンプシステム．オーム社，227p.

25) Fleuchaus, P. et al.（2018）：Worldwide application of aquifer thermal energy storage-A review. Renewable and Sustainable Energy Reviews, 94, 861-876.

26) 新エネルギー・産業技術総合開発機構（編）（2014）：NEDO再生可能エネルギー技術白書第2版．森北出版，672p.

27) 今村栄一ら（2016）：日本における発電技術のライフサイクルCO_2排出量総合評価．電力中央研究所報告，Y06.

第7章

地下水の化学

　地下水の水質分析は，利用目的への適合性評価のほか，汚染状況の把握，地下水の起源や流れ場の推定等を目的とし，目的ごとに適切な水質項目を選定しておこなわれる．ここでは一般的な地下水の水質項目と関連する反応について概説する．

7.1　一般水質と濃度

7.1.1　一般水質項目

　地下水の水質として一般的に測定される項目を表 III.7.1 に示す．特にルーチンと

して現場で最もよく測定される項目は水温，pH と電気伝導度（EC）であろう．

　pH は水素イオン活量の負の常用対数で，pH＜7 のとき酸性，pH＝7 は中性，pH＞7 はアルカリ性である．電気伝導度（EC）は電気の通りやすさを示す抵抗の逆数で表され，地下水中に溶存する電解質総量の目安となる．そのほか，必要に応じて溶存酸素量（DO），酸化還元電位（Eh または pe）等も現場で測定される．

　一般的に実験室で分析される地下水の主な溶存無機成分は 4 つの陽イオン，Na^+，K^+，Ca^{2+}，Mg^{2+} と 4 つの陰イオン，Cl^-，

表 III.7.1　地下水の一般的な水質測定項目

一般水質項目	必要に応じて測定される項目
pH	DO（溶存酸素量）
水温	Eh（pe）（酸化還元電位）
EC（電気伝導度）	
（主成分）	（準主成分）
Ca^{2+}	Si
Mg^{2+}	Fe^{2+}，Fe^{3+}
Na^+	F^-
K^+	PO_4^{3-}
Cl^-	
SO_4^{2-}	
HCO_3^-	
NO_3^-	

HCO_3^-, SO_4^{2-}, NO_3^- である. そのほかの準主成分, 重金属等の微量成分, 有機物（全有機炭素量（TOC）), 全無機炭素量（TIC）等）が測定されることも多い. これらは地下水中の物質量である濃度として表される.

7.1.2 濃度の単位

分析結果の表示に用いられる質量濃度（mass concentration）は単位体積の溶液に溶解している物質の質量で, 単位は（mg/L）が一般的である. 希薄な溶液の場合1Lが1kgであるため, 単位重量の溶液に溶解している物質の質量（mg/kg＝ppm）で表されることもある.

一方, 地下水中での化学反応を考える際にはモル濃度または当量濃度を用いる方が便利である. モル濃度（molarity（mol/L））は溶液1L中のモル数である. 一方, 溶媒1kg中のモル濃度は重量モル濃度（molality（mol/kg））と呼ばれ, 両者は希薄溶液ではほぼ同じ値となる. モル濃度は質量濃度を1モルの原子量または分子量で除することにより得られる.

当量濃度（equivalent charge concentration）は1Lの溶液に溶解しているイオンを当量（meq/L）で表す. 希薄溶液の場合, 単位重量の溶液に溶解しているイオン当量（equivalents per million または epm）が使われることが多い. 当量濃度はモル濃度に価数を乗じた値となる.

既存データとの比較や汎用解析モデルへの入力等の際には単位に注意する必要がある.

7.2 平衡定数と活量

7.2.1 平衡定数

反応に関与するモル数 a, b, c, d をそれぞれ持つ化学種 A, B, C, D による以下のような反応を考える. ここで, A, B は反応物で C, D は生成物である.

$$aA + bB \rightleftarrows cC + dD \qquad (\mathrm{III}.7.1)$$

この反応が平衡状態にあるとき, 式（III.7.1）は質量作用の法則により式（III.7.2）のように表せる.

$$\frac{[\mathrm{C}]^c[\mathrm{D}]^d}{[\mathrm{A}]^a[\mathrm{B}]^b} = K \qquad (\mathrm{III}.7.2)$$

K は平衡定数と呼ばれる定数である. また, [ ] はその中に記された化学種の実際に反応に関わる濃度である活量であり, 理想状態でない溶液中では真の濃度とは異なる値となる.

平衡定数 K は, 標準状態における「反応生成物の自由エネルギーの総和と反応物の自由エネルギーの総和の差」にあたる「反応による自由エネルギーの変化（ΔG_R°)）」と次の関係がある.

$$\Delta G_R^{\circ} = -RT \ln K \qquad (\mathrm{III}.7.3)$$

ここで R は気体定数（25℃, 1気圧では $R = 8.314 \,\mathrm{J/mol/K}$）, T は絶対温度（K）である. したがって ΔG_R° が求まれば K を求めることができる.

ΔG_R° は反応に関与する各化学種 i の生成エネルギー（$\Delta \mu_{f,i}^{\circ}$）から式（III.7.4）により算出することができる.

$$\Delta G_R^{\circ} = c\mu_{f,c}^{\circ} + d\mu_{f,d}^{\circ} - a\mu_{f,a}^{\circ} - b\mu_{f,b}^{\circ}$$

$$(\mathrm{III}.7.4)$$

また，ΔG_R° は標準状態におけるエンタルピー（H）変化とエントロピー（S）変化から式（III.7.5）により算出することも可能である．

$$\Delta G_R^\circ = \Delta H_R^\circ - T\Delta S_R^\circ \qquad \text{(III.7.5)}$$

ただし，ΔH_R°, ΔS_R° は

$$\Delta H_R^\circ = cH_{f,c}^\circ + dH_{f,d}^\circ - aH_{f,a}^\circ - bH_{f,b}^\circ \qquad \text{(III.7.6)}$$

$$\Delta S_R^\circ = cS_{f,c}^\circ + dS_{f,d}^\circ - aS_{f,a}^\circ - bS_{f,b}^\circ \qquad \text{(III.7.7)}$$

である．したがって式（III.7.4）または式（III.7.5）から，ΔG_R° を求めれば K を得ることができる．地下水に関わるほとんどの化学種の H° および S° の値は熱力学データベース（例えば Stumm and Morgan (1996)[1]）から得ることができ，K を算出することが可能となっている．

7.2.2 活量

地下水中における化学種が実際に反応に寄与する濃度「有効濃度」は「真の濃度」とは少し異なることが多い．特に全体のイオン濃度が高い場合，イオン同士の衝突等により反応が阻害され，反応に有効な濃度は真の濃度より小さくなる．

反応に有効な濃度は「活量」（a_i）と呼ばれ，次式のように活量係数（γ）と真のモル濃度（c_i）の積で表される．

$$a_i = \gamma c_i \qquad \text{(III.7.8)}$$

理想溶液中では活量係数（γ）は $\gamma = 1.0$ で活量は真の濃度の値に等しい（$a_i = c_i$）が，実溶液中においては反応阻害等のため，ほとんどの場合 γ は 1 より小さくなる．

活量係数は（III.7.9）式で表されるイオン強度（I）に依存することが知られる．

$$I = \frac{1}{2}\sum c_i z_i^2 \qquad \text{(III.7.9)}$$

z_i はイオン i の価数である．

イオン強度から活量係数（γ）を推定する方法として，荷電しているイオン間に働く力から理論的に提唱された式（Debye-Hückel limiting law）をある程度高濃度条件下でも適用可能に改良したデバイ-ヒュッケル（Debye-Hückel）の式（式（III.7.10））がよく用いられる．

$$\log \gamma_i = \frac{-Az_i^2\sqrt{I}}{1 + Ba_0\sqrt{I}} \quad (I < 0.1) \qquad \text{(III.7.10)}$$

ここで A, B は温度と圧力に依存する定数，a_0 は水和イオンの大きさを表すパラメータである（表 III.7.2）．

溶液中のイオン濃度がより高い場合にはデバイ-ヒュッケルの式に経験的な補正項を加え，小さい径のイオンの場合には $I < 0.5$ まで適用可能なデーヴィス（Davis）の式（式（III.7.11））が用いられる．

表 III.7.2 拡張デバイ-ヒュッケル式のパラメータ（1 気圧）（文献 2）より抜粋）

温度（℃）	A	B（×10⁻⁸）
0	0.4883	0.3241
5	0.4921	0.3249
10	0.4960	0.3258
15	0.5000	0.3262
20	0.5042	0.3273
25	0.5085	0.3281
30	0.5130	0.3290
35	0.5175	0.3297
40	0.5221	0.3305
50	0.5319	0.3321
60	0.5425	0.3338

第III編 地下水の科学

表 III.7.3 主なイオンの大きさをあらわすパラメータ（文献2）

$a_o (\times 10^{-8})$	イオン
2.5	NH_4^+
3	K^+, Cl^-, NO_3^-
3.5	OH^-, MnO_4^-, F^-
4	SO_4^{2-}, PO_4^{3-}, HPO_4^{2-}
4.0-4.5	Na^+, HCO_3^-, $H_2PO_4^-$, HSO_3^-
4.5	CO_3^{2-}, SO_4^{2-}
5	S^{2-}, Sr^{2+}, Ba^{2-}
6	Ca^{2+}, Fe^{2+}, Mn^{3+}
8	Mg^{2+}
9	H^+, Al^{3+}, Fe^{3+}

$$\log \gamma_i = -Az_i^2 \left[\frac{\sqrt{I}}{1+\sqrt{I}} - 0.3I \right]$$

$$(I < 0.5) \qquad\qquad (III.7.11)$$

より高濃度の地下水の水質解析にはピッツァー（Pitzer）の式[4]を用いることができる．Pitzer（1975）は，デバイ-ヒュッケルの式に複数の項を加えた半経験式を提唱し，任意の成分組成の溶液でイオン強度が $I < 6$ まで適用可能とされる．

汎用水質解析モデルや物質輸送モデルを利用する際等には解析場の条件に適した γ の推定式を選択することが重要である．

7.3 地下水中で生じる平衡反応

7.3.1 H^+ の授受

地下水中には pH に依存して存在形態が変化する物質が多く含まれる．例えば，地下水の溶存成分で最も普遍的に存在する炭酸は地下水中で以下のような2段階の解離反応をおこす．

$$H_2CO_3 \rightleftarrows H^+ + HCO_3^- \quad K = 10^{-6.35}$$
$$(III.7.12)$$
$$HCO_3^- \rightleftarrows H^+ + CO_3^{2-} \quad K = 10^{-10.33}$$
$$(III.7.13)$$

質量作用の法則により式（III.7.12），（III.7.13）はそれぞれ

$$K = 10^{-6.35} = \frac{[H^+][HCO_3^-]}{[H_2CO_3]} \quad (III.7.14)$$

$$K = 10^{-10.33} = \frac{[H^+][CO_3^{2-}]}{[HCO_3^-]}$$
$$(III.7.15)$$

と表せる．式（III.7.14），（III.7.15）より pH = 6.35 では $[HCO_3^-] = [H_2CO_3]$，pH = 10.33 では，$[CO_3^{2-}] = [HCO_3^-]$ と活量が等しくなり，pH が 6.35 未満のときには H_2CO_3，6.35 < pH < 10.33 では HCO_3^-，pH > 10.33 では CO_3^{2-} が主な化学種となることがわかる．

地下水中のプラス電荷を有したイオンは周囲の水分子中の H^+ と反応して錯イオンを形成する．例えば Fe^{3+} は次のような段階的な反応により，地下水の pH により主な化学種の存在形態が変化する．

$$Fe^{3+} + H_2O \rightleftarrows FeOH^{2+} + H^+$$
$$K = 10^{-2.2} \qquad (III.7.16)$$
$$FeOH^{2+} + H_2O \rightleftarrows Fe(OH)_2^+ + H^+$$
$$K = 10^{-3.5} \qquad (III.7.17)$$
$$Fe(OH)_2^+ + H_2O \rightleftarrows Fe(OH)_3^0 + H^+$$
$$K = 10^{-7.3} \qquad (III.7.18)$$
$$Fe(OH)_3^0 + H_2O \rightleftarrows Fe(OH)_4^- + H^+$$
$$K = 10^{-8.6} \qquad (III.7.19)$$

$[H_2O] = 1$ であるため，質量作用の法則により式（III.7.16）-（III.7.19）は，

$$10^{-2.2} = \frac{[FeOH^{2+}][H^+]}{[Fe^{3+}]} \qquad (III.7.20)$$

$$10^{-3.5} = \frac{[Fe(OH)_2{}^+][H^+]}{[FeOH^{2+}]} \quad \text{(III.7.21)}$$

$$10^{-7.3} = \frac{[Fe(OH)_3{}^0][H^+]}{[Fe(OH)_2{}^+]} \quad \text{(III.7.22)}$$

$$10^{-8.6} = \frac{[Fe(OH)_4{}^-][H^+]}{[FeOH_3{}^0]} \quad \text{(III.7.23)}$$

と表せる. 式 (III.7.20)-(III.7.23) より pH=2.2 で $[Fe^{3+}]=[FeOH^{2+}]$, pH=3.5 で $[FeOH^{2+}]=[Fe(OH)_2{}^+]$, pH=7.3 で $[Fe(OH)_2{}^+]=[Fe(OH)_3{}^0]$, pH=8.6 で $[Fe(OH)_3{}^0]=[Fe(OH)_4{}^-]$ となる. さらに pH<2.2 では $[Fe^{3+}]$, 2.2<pH<3.5 では $[FeOH^{2+}]$, 3.5<pH<7.3 では $[Fe(OH)_2{}^+]$, 7.3<pH<8.6 では $[Fe(OH)_3{}^0]$, 8.6<pH では $[Fe(OH)_4{}^-]$ が主な溶存形態であることがわかる.

7.3.2 電子 (e^-) の授受 (酸化還元反応)

酸化還元反応は化学種間における電子移動を伴う反応である. 例えば,

$$Cu^+ + Fe^{3+} \rightleftarrows Cu^{2+} + Fe^{2+} \quad \text{(III.7.24)}$$

の反応では電子1個が Cu^+ から Fe^{3+} に移動し, Cu^+ が Cu^{2+} となる酸化反応, および Fe^{3+} が電子1個を受け取り Fe^{2+} となる還元反応を示している. 地下水中に遊離の電子はほとんど存在しないため, 式 (III.7.24) のように酸化反応と還元反応は電子の授受を通じて同時に生じる. 式 (III.7.24) を酸化と還元に分けて表記する半反応式は

$$Cu^+ \rightleftarrows Cu^{2+} + e^- \quad \text{(III.7.25)}$$
$$Fe^{3+} + e^- \rightleftarrows Fe^{2+} \quad \text{(III.7.26)}$$

となり, 還元の半反応 (式 (III.7.26)) を平衡定数で表現すると

$$K_{Fe^{3+}} = \frac{[Fe^{2+}]}{[Fe^{3+}][e^-]} \quad \text{(III.7.27)}$$

となる. ここで $p\varepsilon = -\log[e^-]$ とすると式 (III.7.27) は

$$\log K_{Fe^{3+}} = \log \frac{[Fe^{2+}]}{[Fe^{3+}]} + p\varepsilon \quad \text{(III.7.28)}$$

または

$$p\varepsilon = \log K_{Fe^{3+}} + \log \frac{[Fe^{3+}]}{[Fe^{2+}]} \quad \text{(III.7.29)}$$

となる. $\log K_{Fe^{3+}}$ は定数であるため, 式 (III.7.29) より, 平衡状態下では $p\varepsilon$ に依存して $[Fe^{2+}]$ と $[Fe^{3+}]$ の存在比が決まる.

一般的に, ある化学種 Oxi が還元されて Red になる反応,

$$Oxi + ne^- \rightleftarrows Red \quad \text{(III.7.30)}$$

を考えると $p\varepsilon$ は

$$p\varepsilon = \frac{1}{n}\left(\log K + \log \frac{Oxi}{Red}\right) \quad \text{(III.7.31)}$$

と表すことができる. ここで n は半反応における移動電子の数である.

地下水の酸化還元環境は野外で比較的容易に測定が可能な酸化還元電位 (E_h[mV]) で表すことができ, E_h は $p\varepsilon$ と次の関係がある.

$$p\varepsilon = \frac{E_h}{2.303\, RTF^{-1}} \quad \text{(III.7.32)}$$

ここで F はファラデー (Faraday) 定数 ($F=96,500$ クーロン) で, 25℃では $E_h=0.059\, p\varepsilon$ となる.

実際の地下水中における反応は反応場の $p\varepsilon$ と同時に pH の影響も受ける.

$p\varepsilon(E_h)$-pH ダイアグラムは横軸に pH, 縦軸に $p\varepsilon(E_h)$ をとった2次元のグラフ上にいくつかの主な化学種の領域を示すもので, ある pH, $p\varepsilon$ 環境下で主な化学種を一目でみてとることができる. ダイアグラム

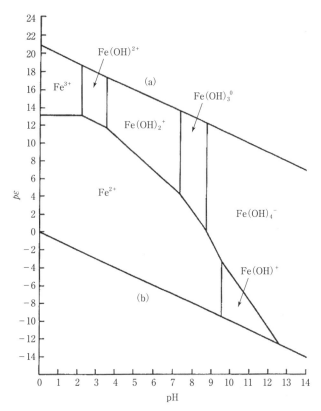

図 III.7.1 $Fe^{3+}(aq)$, $Fe^{2+}(aq)$ の $p\varepsilon$-pH ダイアグラム（文献5）より，一部変更）

の例を図 III.7.1 に示す．なお，地下水に係る pH-$p\varepsilon$ ダイアグラムは水の安定領域に制限されるため図 III.7.1 における (a) は水の安定境界の上限，すなわち酸素の水への還元であり，下限 (b) は水が水素ガスになる還元反応である．

7.3.3 吸着とイオン交換

地層中を流れる地下水の溶存物質は地層構成物質とも様々な反応をおこす．地層構成物質と地下水の境界面では溶質と固相表面の間に分子間力やクーロン力等の電気化学的な引力が働いてイオンが固相表面に引き付けられる現象が生じる．電気化学的な力は小さいが，非常に小さいイオンにとっては引き付けられるに十分な力として働く．表面が負電荷を持つ場合には陽イオン，正電荷を持つ場合には陰イオンが引き付けられる．固相表面に密着したり，束縛される場合を吸着，固相内部に取り込まれる場合を吸収といい，これらを合わせて収着と呼ぶ．

固相表面は①粘土鉱物の縁辺・結合部分の壊れ，②粘土鉱物の中心にある陽イオン

の置換（例えば Si^{4+} と Al^{3+}, Al^{3+} と Mg^{2+} の置換がおこると粘土鉱物の構造には変化なく負に帯電する），③水和物による表面のプロトン化により負の電荷を持つことが多い．これらの固相は陽イオンを吸着することにより全体として電気的な中性を保つ．

固相表面に引き寄せられる全陽イオン量を陽イオン交換容量（CEC）と呼び，次のように定義される．

$$CEC = \sum z_i S_i \qquad (III.7.33)$$

ここで S_i は固相の単位質量あたりに吸着されている i の物質量である．

地層中の粘土鉱物や腐植物質の持つ陽イオン吸着基の量は一定であるため，陽イオンの吸着は他の陽イオンと交換する「イオン交換」の形で生じる．イオン交換反応は通常地下水流速に比べて非常に速いため，瞬時に生じると仮定できる可逆反応である．さらに固相に吸着されている物質の活量係数は $\gamma = 1$，吸着場は均一で不動であると仮定できる．

今，Ca^{2+} と Mg^{2+} のイオン交換を考える．

$$Ca^{2+} + \overline{Mg} \rightleftarrows \overline{Ca} + Mg^{2+} \qquad (III.7.34)$$

￣ は固相に吸着された物質を示す．質量作用の法則により式（III.7.34）は

$$K_{Ca\text{-}Mg} = \frac{[\overline{Ca}][Mg^{2+}]}{[Ca^{2+}][\overline{Mg}]} \qquad (III.7.35)$$

と表せる．$K_{Ca\text{-}Mg}$ は平衡定数であり，$K_{Ca\text{-}Mg}$ が 1 より大きければ吸着基は Ca を，1 より小さければ Mg を吸着する方が安定であることを示す．

実際に地下水中に溶存する陽イオンの内どのイオンが選択的に吸着されるかは，吸着基の性質や溶存イオンの濃度等に依存し

て変化する．一般的には電荷の多いイオンの方が少ないイオンより，サイズの大きなイオンの方が小さいイオンより吸着されやすい．吸着された量を吸着イオンのモル分率[6]または等量分率[7]，X_{Ca}, X_{Mg} で表すと

$$K_{Ca/Mg} = \frac{X_{Ca}[Mg^{2+}]}{[Ca^{2+}]X_{Mg}} \qquad (III.7.36)$$

となり $K_{Ca/Mg}$ は選択係数を呼ばれる[8,9]．吸着基ごとのイオンの選択性については和田（1997）[8]に詳しい．

7.3.4 吸着等温線

ある溶存物質濃度 C_i を持った溶液を粒状の固相と混合すると物質は吸着により固相表面と溶液中に分配され，溶液中の濃度が低下する．固相表面に吸着された物質量を単位固相あたりで表すと

$$S = \frac{(C_i - C)(溶液体積)}{(固相重量)} \qquad (III.7.37)$$

となる．バッチ試験と呼ばれる室内実験で C_i の濃度を段階的に変化させて C と S を測定してプロットした C-S 曲線は吸着等温線と呼ばれる．吸着等温線は固相，溶存物質の種類と濃度により様々な形となるが，フロインドリッヒ吸着等温線では

$$S = K\,C^n \qquad (III.7.38)$$

と近似される．K と n は経験的に決められるパラメータである．n は，$n < 1.2$ で通常 1 より小さい値となる．低濃度領域では C-S 曲線は直線（$n=1$）に近似でき，K は K_d 分配係数（distribution coefficient）と呼ばれる定数となる．

吸着量が上限に近づく高濃度領域では溶液濃度が高くなっても吸着量が増加しにくくなる．そのような領域では吸着量の上限

を考慮したラングミュア吸着等温線が近似曲線として用いられる.

吸着は地下水中の物質移行を著しく遅らせるため,シミュレーション等では対象とする濃度領域に適合する吸着等温線を選択することが重要である.

7.3.5 飽和指数

飽和指数は地下水のある鉱物との飽和の度合いを示す.例えば,方解石の溶解は

$$CaCO_{3(固相)} \rightleftarrows [Ca^{2+}] + [CO_3^{2-}]$$

(III.7.39)

と表せ,質量作用の法則により式(III.7.39)は

$$K_{sp} = \frac{[Ca^{2+}][CO_3^{2-}]}{[CaCO_{3(固相)}]} = 10^{-8.48}$$

(III.7.40)

となる.K_{sp}は飽和溶液中のイオン濃度の積で,溶解度積(solubility product)と呼ばれる.溶解度積(K_{sp})は,平衡状態であれば実際の溶液の水質分析で得られるイオンの活量積(ion activity product:IAP)

$$IAP = [Ca^{2+}][CO_3^{2-}]$$

(III.7.41)

と等しくなる.

活量積(IAP)と溶解度積(K_{sp})の比

$$\frac{IAP}{K_{sp}} = \frac{[Ca^{2+}][CO_3^{2-}]_{(実際の溶液)}}{[Ca^{2+}][CO_3^{2-}]_{(飽和溶液)}}$$

(III.7.42)

は溶液の飽和の度合いを示す.IAPの値は大きく変化しうるので対数表示の方が便利である.そこで飽和の度合いを示す飽和指数(saturation index:SI)は次式で定義される.

$$SI = \log \frac{IAP}{K_{sp}}$$

(III.7.43)

飽和平衡状態では$SI = 0$である.不飽和では$SI < 0$となり,方解石が存在すればさらに溶解することが予測される一方,過飽和では$SI > 0$となり,沈殿が生じることが予測される. 〔杉田 文〕

7.4 炭素の循環と地下水

地下水中の炭素は主に炭酸水素イオン(HCO_3^-)として存在し,これは土壌有機物の分解により生じたCO_2が地下に浸透したものである.一方,石灰岩等炭酸塩鉱物を主体とする地層を持つ地域の地下水では鉱物由来のHCO_3^-が多く含まれる.

7.4.1 土壌環境での炭素の酸化数と循環

地球規模でみると,700 Gtの炭素がCO_2として大気中に存在する.一方陸域には,土壌中に1500 Gt,植物体として550 Gtの炭素が有機物として存在し,分解と光合成による固定を通して大気CO_2とほぼ交換平衡関係にある.

炭素は自然環境中で+4〜−4の酸化数を示す(表III.7.4).有機物の酸化数は0で,酸化状態ではCO_2,還元状態ではCH_4ガスの形態をとる.動植物の遺体や排泄物を起源とする土壌有機物は微生物によって分解される.

好気条件では,式(III.7.44)で示すようにCO_2と水に分解される.ただ,分解有機物のすべてがCO_2になるわけではな

表III.7.4 自然環境中での炭素の形態と酸化数

化合物	CH_4	C_2H_6O	$C_6H_{12}O_6$	$C_3H_4O_3$	CO_2
酸化数	−4	−2	0	+2	+4

く，4割程度は新たな菌体の合成に使われる．

$$C_6H_{12}O_6 + 6O_2 \rightarrow 6CO_2 + 6H_2O$$
$$(III.7.44)$$

嫌気条件では，炭素の分解が制限され，ピルビン酸が生成される（式（III.7.45））．この酸化に対応した還元反応として，脱窒（式（III.7.46）），鉄還元（式（III.7.47）），エタノール発酵（式（III.7.48）），メタン発酵（式（III.7.49））等が生じる．

$$C_6H_{12}O_6 \rightarrow 2C_3H_4O_3 + 4H^+ + 4e^-$$
$$(III.7.45)$$

$$2NO_3^- + 12H^+ + 10e^- \rightarrow N_2 + 6H_2O$$
$$(III.7.46)$$

$$Fe(OH)_3 + 3H^+ + e^- \rightarrow Fe^{2+} + 3H_2O$$
$$(III.7.47)$$

$$2C_3H_4O_3 + 16H^+ + 16e^-$$
$$\rightarrow 3C_2H_6O + 3H_2O \qquad (III.7.48)$$
$$CO_2 + 8H^+ + 8e^- \rightarrow CH_4 + 2H_2O$$
$$(III.7.49)$$

有機態炭素の分解は式（III.7.50）の一次反応式で与えられることが多い．

$$\frac{dC_{org}}{dt} = -k_{min}C_{org} \qquad (III.7.50)$$

ここで，t：時間，C_{org}：有機態炭素含有量，k_{min}：分解速度定数である．この積分形は式（III.7.51）になるが，k_{min} の代わりに半減期 $t_{1/2}$（有機態炭素が半分になるまでに要する時間）がパラメータとして用いられることも多い．なお，両者は $t_{1/2} = 0.693/k_{min}$ の関係にある．

$$C_{org} = C_{org0} \exp(-k_{min}t) = C_{org0}\left(\frac{1}{2}\right)^{\frac{k_{min}}{\ln 2}t}$$
$$= C_{org0}\left(\frac{1}{2}\right)^{\frac{t}{t_{1/2}}} \qquad (III.7.51)$$

ただし，C_{org0}：有機態炭素の初期含有量である．

CO_2 は気液間でヘンリーの法則にしたがって平衡状態に達する（式（III.7.52））．

$$[CO_2(aq)] = K_H P(CO_2) \qquad (III.7.52)$$

ここで，$P(CO_2)$ は気相中 CO_2 濃度（分圧），$[CO_2(aq)]$ は液相の溶存態 CO_2 濃度を示し，K_H はヘンリー定数と呼ばれる．また，液相中では pH によって化学形態が変化する（式（III.7.53））．中性では HCO_3^- として主に存在し，土壌水の浸透に伴って下方に移動する．

$$CO_2(aq) \rightleftarrows H^+ + HCO_3^-$$
$$\rightleftarrows 2H^+ + CO_3^{2-} \qquad (III.7.53)$$

7.4.2 地下水中での炭酸塩平衡

石灰岩を含む地層では $CaCO_3$ の一部が液相に溶解し，地下水 HCO_3^- 濃度が高くなる（式（III.7.54））．この平衡関係は式（III.7.55）の溶解度積で決まり，化学種については式（III.7.53）に従う．

$$CaCO_3 \rightleftarrows Ca^{2+} + CO_3^{2-} \qquad (III.7.54)$$
$$K_{sp} = [Ca^{2+}][CO_3^{2-}] \qquad (III.7.55)$$

[ ] は各イオンの液相モル濃度，K_{sp} は溶解度積で，温度，圧力に依存する定数である．

7.5 窒素の循環と地下水

7.5.1 硝化

多くの土壌では土壌窒素の90%以上が有機態である[10]．これに有機質資材として新たに新鮮有機物が加わる．有機物の無機化あるいは化学肥料として農地に施され

た NH_4^+ は，好気条件では NO_2^-，NO_3^- へと土壌微生物によって以下の2段階で酸化される．これを硝化といい，主に酸素が豊富な表層土壌で生じる．

$$NH_4^+ + \frac{3}{2}O_2 \rightarrow NO_2^- + H_2O + 2H^+$$
(III.7.56)

$$NO_2^- + \frac{1}{2}O_2 \rightarrow NO_3^-$$
(III.7.57)

式（III.7.56）はアンモニア酸化細菌（AOB）とアンモニア酸化古細菌（AOA），式（III.7.57）は亜硝酸酸化細菌（NOB）という異なる独立栄養細菌群が反応を担っており，エネルギー源として有機物を必要としない．つまり，土壌中の微生物が介在する反応は有機物が律速になることが一般的であるが，硝化についてはその限りではない．なお，式（III.7.57）の反応は比較的早いため，土壌環境中に亜硝酸イオンが蓄積することはほとんどない．

7.5.2 脱窒

脱窒とは，気条件下において，有機物を電子供与体として，NO_3^- がガス態窒素にまで還元される反応であり[11]，表層土壌だけでなく，易分解性有機物を含む地下水中でも反応が生じる．

$$NO_3^- \rightarrow NO_2^- \rightarrow NO \rightarrow N_2O$$
$$\rightarrow N_2$$
(III.7.58)

脱窒菌の多くは通性嫌気性細菌であり，好気条件では酸素，嫌気条件では窒素酸化物を電子受容体として用いる．式（III.7.58）の反応には，左から順に，硝酸還元酵素（NAR），亜硝酸還元酵素（NIR），一酸化窒素還元酵素（NOR），亜酸化窒素還元酵素（NOS）の4つの酵素が作用する．最終ステップに関与する NOS は pH，水分，塩分等のストレスに弱く，亜酸化窒素の発生に強く影響する．有機物を $C_6H_{12}O_6$ として一連の反応を一括すると，半反応式では式（III.7.44）および式（III.7.46）となり，合わせると式（III.7.59）となる．

$$5C_6H_{12}O_6 + 24NO_3^- + 24H^+$$
$$\rightarrow 30CO_2 + 12N_2 + 42H_2O \quad \text{(III.7.59)}$$

反応場全体が嫌気的になる必要はなく，土壌溶液中で酸素の拡散律速が生じて局所的に嫌気的になれば脱窒は進行する[11]．

〔前田守弘〕

文献

1) Stumm, W. and Morgan, J. J. (1996)：Aquatic Chemistry, Chemical Equilibria and Rates in Natural Waters. 3rd Edition, John Wiley & Sons, 1040p.

2) Freeze, R. A. and Cherry, J. A. (1979)：Groundwater, Prentice-Hall Inc. 604p.

3) 杉田　文・籾井和朗・佐藤芳徳 (1997)：地下水水質化学の基礎　1．地下水水質の熱力学的基礎．地下水学会誌，第39巻第2号，129-138.

4) Pitzer, K. S. (1975)：Thermodynamics of electolytes V：Effect of higher order electrostatic terms. J. Solm. Chem., 4, 249-265.

5) Nordstrom, D. K. and J. L. Munoz (1985)：Geochemical Thermodynamics, The Benjamin/Cummings Publishing, 477p.

6) Vanselow, A. P. (1932)：Equilibria of the base-exchange reactions of bentonites, permutates, soil colloids and zeolites. Soil Sci. 33, 95-113.

7) Gaines, G. J. and Thomas, H. C. (1953)：Adsorption studies on cloay minerals. II. A formulation of the thermodynamics of exchange adsorption. J. Chem. Phys. 21, 714-718.

8) アペロ，C. A. J.・ポストマ，D.（中川　啓監訳）

（2021）：環境保全のための地下水水質化学 下．九州大学出版会，339p.

9) 和田信一郎（1997）：地下水水質化学の基礎 4. 吸着現象．第39巻第3号，229-239.

10) Vinten, A. J. A. and Smith, K. A.（1993）：Nitrogen cycling in agricultural soils. In Nitrate：Processes, patterns and management, Burt, T. P. et al.（Eds.）, John Wiley and Sons, 39-74.

11) Myrold, D. D.（1999）：Transformations of nitrogen. In Principles and applications of soil microbiology, Sylvia, D. M. et al.（Eds.）, Prentice Hall, 333-372.

第8章

地下水のトレーサー

8.1 トレーサー物質とは

地下水トレーサー（tracer）とは，文字通り水の動き，すなわち流向や流速等を追跡する目的で使用される，人工的，半人工的，あるいは自然的に水循環系に負荷・投入された，水中で非常に低い濃度で検出できる物質である．水文学システムの複雑なプロセスを理解するうえでトレーサーは大きな役割を果たす．例えば，蒸発散プロセスの推定，涵養量の把握，ハイドログラフの成分分離，地表水と地下水の交流評価，気候や土地利用の変化が流域の水文学的な反応に与える影響評価等，水文学システムの複雑なプロセスを理解するためのツールとして利用されている[1]．目に見えない水資源である地下水の動態に関する疑問を解決するために，トレーサーの利用は大いに役立つことから，本章では地下水のトレーサーについて解説する．

8.2 人工トレーサーと環境トレーサー

トレーサー物質は，環境トレーサー（environmental tracer）と人工トレーサー（artificial tracer）の大きく2種類に分けられる．

8.2.1 環境トレーサー

環境トレーサーとは，自然界に存在し，計画した実験において意図的に添加したものではない水の特性や構成要素であり，水文システムに関する質的または量的な情報を提供されるものと定義される．

環境トレーサーの大きな特徴は，水文学系へのトレーサーのインプットが，自然に行われたことである．これにより，集水域規模の研究や地球規模の研究等，様々なスケールで使用することができる．さらに，長期にわたりインプットが行われているため，滞留時間の長い水文システムも理解することができる．

環境トレーサーとして考えられる物質としては，自然由来の物質と，人の活動によって環境中に持ち込まれた物質の2種類がある．前者の例として，溶存イオンの組成，水の安定同位体比の違い，ラドン等特定の溶存物質の濃度分布等が挙げられる．一方，後者の例としては，核実験により環境中濃度が激増したトリチウムや，事故により放出されたセシウム，工業用として合成され環境に放出されたCFCs等が挙げられる．これらは自然界に導入され始めた時期（物

質によっては供給が止まった時期も）が特定でき，その濃度履歴も把握できているため，比較的新しい時代の地下水の移動や混合状況等を知るためのトレーサーとして活用され，多くの情報をもたらしている．

8.2.2　人工トレーサー

人工トレーサーとは，水の流動を追跡するために計画的な実験において人為的に投入もしくは注入される物質を指す．表流水・地下水等自然水の調査に限らず，人工構造物での漏水調査等にも使われる．

人工トレーサーのイメージを端的に示すものは，流速を測定するときの浮きといえ，現場で川に木の葉や浮きを浮かべて，簡易的な河川流量観測を行うことができる．もう少し洗練されたトレーサー試験としては，染料や塩化ナトリウムを河川に投入し，その物質の到達時間や濃度勾配を把握する方法が挙げられる[2]．

流域スケールでの水文現象を明らかにするために人工トレーサーを投入する場合は，対象とする系が大きいため大量に投入しなければならない．そのため，人工トレーサーを用いた解析は，局所的なスケールが主となる．このように，調査の目的に応じてトレーサー物質は異なるため，適切なトレーサー物質の選定およびその測定方法の立案は重要といえる．

8.3　トレーサー物質の種類

トレーサー物質は，既存の化学物質の他に，トレーサー用として開発された物質もあり，多くの種類の物質が提案されている．

トレーサー物質の概要と測定方法についての一覧表を表 III.8.1 に示す．以下に，種類ごとの性質を紹介する．

8.3.1　安定同位体

自然界にごくありふれて存在する水素や酸素，炭素，窒素，硫黄の安定同位体は，環境トレーサーとして使われる．特に水そのものを追跡するうえで最適なものは水分子自体を構成する水素と酸素の安定同位体である[3]．

水 素 に は ^{1}H・^{2}H，酸 素 に は ^{16}O・^{17}O・^{18}O の安定同位体がそれぞれあり，これらの組み合わせとして様々な同位体分子種（isotopologue）が存在する．圧倒的に多いのは ^{1}H$_2$^{16}O であり，それに対する ^{1}H^{2}H^{16}O や ^{1}H$_2$^{18}O の存在量比を目印として水を追跡するのが一般的である．

存 在 量 比 は ^{2}H/^{1}H（$\fallingdotseq$ ^{1}H^{2}H^{16}O/^{1}H$_2$^{16}O）や ^{18}O/^{16}O（$\fallingdotseq$ ^{1}H$_2$^{18}O/^{1}H$_2$^{16}O）といった同位体比（isotope ratio）として定量されるが，次式で表される δ（‰）を用いることが慣例となっている．

$$\delta = \left(\frac{R - R_{\mathrm{STD}}}{R_{\mathrm{STD}}} \right) \times 1000$$

ここで，R は同位体比，下付き添え字の STD は国際標準試料の値であることを示し，現在は VSMOW（Vienna Standard Mean Ocean Water）が用いられている．

また，反応の前後で安定同位体比に偏りをもたらす作用を同位体分別（isotope fractionation）という．水循環の過程で最も重要なのは（特に，気-液間の）相変化時の分別であり，同位体分子種間の飽和水蒸気圧の違いに起因するものを平衡分別，

表III.8.1　トレーサー物質の一覧表

種類	物質例	測定方法	利点	欠点
安定同位体	^2H, ^{13}C, ^{15}N, ^{18}O, ^{34}S	質量分析計	水と振る舞いがほぼ同じである（H_2O）、起源の情報が既知である	高度な分析技術・設備が必要、分析費用が高い
放射性同位体	^3H, ^{14}C, ^{32}Si, ^{36}Cl, ^{39}Ar, ^{60}Co, ^{81}Kr, ^{85}Kr, ^{129}I, ^{222}Rn	放射線計測、タンデム加速器による質量分析	検出感度が高い	高度な分析技術・設備が必要、多量の試料水が必要となる場合がある
熱	温水	高感度温度センサー	測定が容易	水温変化に伴う密度流の発生に注意が必要
気体	希ガス（He, Ne, Ar, Kr, Xe）、有機ガス、CFCs, SF_6	質量分析、GC（ガスクロマトグラフィー）等	バックグラウンドが低い、検出感度が高い、特定の起源からの混入を評価できる	サンプリングの際に溶存ガスが気化し散逸しないよう採取を行う必要がある
微生物	細菌、ウイルス等、微生物DNA	顕微鏡観察、遺伝子解析等	特定の起源からの混入を評価できる	安全性、高度な分析技術が必要
染料	ウラニン、ローダミン、エオシン等	比色分析、分光分析	溶解度が高い、安価で入手しやすい、自然界にはない	直射日光や微生物による分解、懸濁物や有機物への吸着による減少
ハロゲン化物	塩化物、臭化物が一般的。NaCl, KCl, KBr, KI等	電気伝導度、分光分析、イオンクロマトグラフィー	溶解度が高い、安価で入手しやすい	バックグラウンドが高いため、投入量が多くなる
ハロゲン以外の無機塩類	硝酸塩	イオンメーター、イオンクロマトグラフィー	溶解度が高い、安価で入手しやすい	バックグラウンドの確認が必要、生物代謝で減る
金属イオン（アルカリ、アルカリ土類）	ナトリウム、カリウム、リチウム等の塩	イオンメーター、イオンクロマトグラフィー、原子吸光度計、ICP	溶解度が高い、安価で入手しやすい	バックグラウンドが高いため、投入量が多くなる
芳香族有機酸類	安息香酸類、ベンゼンスルホン酸、フルオロ安息香酸類	HPLC（高速液体クロマトグラフィー）	バックグラウンドが低い、検出感度が高い	熱分解性、吸着性に注意
キレート錯体化希土類元素	EDTA-In, YB, LU, Tm, Tb, DTPA-Eu, Dy等	ICP、黒鉛炉式AAS、放射化分析	バックグラウンドが低い、検出感度が高い	入手しにくい
コロイド	ベントナイト、ゼオライト、金属コロイド、マイクロスフィア	レーザー誘導分光分析、パーティクルカウンター、目視計測等	用途により特殊な、サイズ・性質を選べる	測定が難しい
異分野で用いられる物質	人工甘味料、医薬品類	質量分析計	バックグラウンドが低い、検出感度が高い	測定が難しい

第8章 地下水のトレーサー

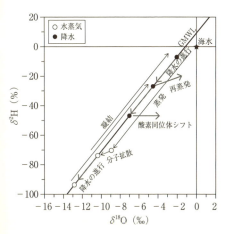

図 III.8.1 水の安定同位体比変化を模式的に示す δ ダイアグラム

分子拡散係数の違いに起因するものを動的分別という.

$\delta^{18}O$ を横軸, δ^2H を縦軸とした図を δ ダイアグラムといい, 海水 ($\fallingdotseq$ VSMOW) はほぼ原点にプロットされる. 海水が蒸発して降水を形成する際の δ 値の変化を図 III.8.1 に模式的に示す.

降水を起源とする天水は, 基本的に同様のプロセスを経るため, そのデータは $\delta^2H = 8 \times \delta^{18}O + 10$ の直線上に概ね分布する. この直線はグローバル天水線 (global meteoric water line: GMWL) と呼ばれ, ローカルに見た場合は傾きと切片がやや変化するが, 対象とする水が降水起源か否かを判定するうえで重要である. ただし, 降水起源であっても地表や土壌表層で部分的に蒸発したり, あるいは雲底下での雨滴の蒸発が顕著であったりした場合は天水線の右側にシフトするため注意が必要である.

また, $\delta^2H - 8 \times \delta^{18}O$ (‰) で定義される d-excess (あるいは d 値) は, 水の蒸発・凝結時の同位体分別における平衡・非平衡過程に基づいて, 水の起源の特定や起源の異なる水の混合過程を論ずる研究等, 多くの水循環研究に用いられている.

その他の主な安定同位体として, 窒素や硫黄の安定同位体があるが, 詳細は第 IV 編第 7 章で紹介されている.

8.3.2 放射性同位体

水素の放射性同位体である ^3H (T:トリチウム) は天然にも存在する放射性同位体であり, 半減期が 12.3 年と短い. 1950 年代前半から 1960 年代半ばまで続いた大気圏水爆実験の結果, この期間に天然起源の 200 倍程度のトリチウムが放出されたと推定されている. したがって人為的に導入された環境トレーサーの一種としても使われ, このピークを目印として滞留時間の短い地下水の年代測定に広く利用されてきた. ただし, 近年は水爆実験による濃度ピークが低減し, トリチウム濃度が天然レベルまで低下していることから, 年代測定トレーサーとしての感度は低下している[4].

炭素の放射性同位体である ^{14}C は, 半減期 5730 年で壊変する放射性核種で, 原理的には数万年前ほどまでの年代測定に利用できる. 地下水年代を決定するうえで最も重要な問題は, 地下水流動中に生じる起源や年代の異なる地下水の混合や反応に伴う炭素成分の付加・除去に関するものである. これらによって引き起こされる ^{14}C 濃度の変化を定量的に記述できなければ, 得られた地下水の年代値が解釈できない.

その他, ^{36}Cl や ^{81}Kr といった放射性同位

体が地下水の年代推定に用いられるほか，^{222}Rn は海水や湖水への地下水流入の評価に用いられる．一連の放射性同位体を地下水トレーサーとして用いた研究に関する詳細は，第IV編第8章で紹介されている．

8.3.3 熱

熱もトレーサーの1つとして考えることができる．例えば，ある観測ポイントで地下水の温度を常時観測しておき，そのポイントの上流側に，付近の地下水温とは著しく異なる温度の水を浸透させる．浸透させた時間と観測ポイントで温度変化が検出された時点の時間を差し引くと，（正確には，流動モデルや拡散係数等を考慮する必要があるが）滞留時間を推定できる．ただし，拡散が大きいのでより滞留時間が長い場合には不向きである．また，水の物理的性質（密度や粘度）は温度によって変わることにも留意すべきである．ヒーターと温度センサーを組み合わせた孔内流向流速計も熱をトレーサーとした測定方法の1つといえる．このように，温度は環境トレーサーとして考えられるし，周辺環境と温度の異なる水を利用する場合は人工トレーサーとして使用することもできる．

8.3.4 気体

希ガス（ヘリウム（He），ネオン（Ne），アルゴン（Ar），クリプトン（Kr），キセノン（Xe），ラドン（Rn））は化学的に不活性であるため，岩石-水間のイオン交換反応等による濃度の変動がなく，さらにそれぞれの起源の情報を保持していると考えられ，地球科学の様々な研究分野に用いられている[5]．通常，地下水中には涵養時に大気と平衡にある希ガス成分が溶存している．しかし，地下水流動過程において，①岩石中の放射性核種の壊変，あるいは核破砕反応によって生成した各種同位体（^{4}He，^{40}Ar 等）の溶解，②地下水中のトリチウムの β 崩壊による ^{3}He の溶解，③涵養に溶存していた放射性核種（^{39}Ar，^{81}Kr，^{85}Kr 等）の壊変による減少，④深部より上昇してきたマントル起源成分の混入，等により同位体組成は変動する．

^{4}He 濃度による地下水滞留履歴の推定は，岩石中の非大気起源の ^{4}He が地下水流動・滞留中に蓄積される量を年代の指標として応用したものである．^{4}He 濃度と蓄積時間が比例関係にあるため，蓄積量の多い非常に古い地下水に対しての適用が行われている．

また，水に対する Ne, Ar, Kr, Xe の溶解度は，希ガスと水が平衡状態におかれたときの温度に依存する．したがって，地下水中のこれらの元素濃度は，地下水涵養時の情報を保持しているとみなし，地下水中の溶存濃度から涵養温度の推定を行うことができる[6]．

また，CFCs（クロロフルオロカーボン類）はフロンとして知られ，冷却用や洗浄剤等の工業用の用途で1930年代に人工的に生成された不活性ガスであり，1950年以降に大気中のCFCs濃度が増加した．こうした大気のCFCs濃度の単調増加と化学的な安定性に着目され，若い地下水の年代トレーサーとして利用されている．しかし，CFCsはオゾン層の破壊源であることや温室効果ガスであるため，大気中濃度は低減

している．そこで，新たな年代トレーサーとしてSF$_6$（六フッ化硫黄）が提唱され，近年は広く地下水の年代推定で利用されている．CFCsやSF$_6$を用いた年代推定については，第IV編第8章で紹介されている．

8.3.5　微生物

微生物をトレーサーとして用いた研究は，主に地下水の飲料水としての利用の面から行われてきた．これは，微生物を微小粒子として捉え，その挙動を追跡するものであり，特定の微生物や合成DNAを環境中へ投入したり，人為起源の微生物やウィルスを追跡することで行われてきた．一方で，最近の研究では，地下水中にもともと存在する微生物のDNAを活用するアプローチがある[7]．これは，単にその挙動を追跡する従来の人工トレーサーとしての側面を持つ微生物トレーサー法とは異なり，微生物の生理特性を考慮することで地下水の由来や履歴を評価しようとするものである．

地下水水文学において，地下水流動系を明らかにするためのツールとして微生物DNAを用いるという発想は新しく[8]，特定の微生物等を環境中に投入する従来の人工トレーサーとしての微生物トレーサー法とは明らかに性質が異なる．河川や海洋表層環境における環境影響評価に関する研究では，環境中に浮遊するDNA断片に着目し，その網羅的な解析を行う環境DNA（environmental DNA：eDNA）の活用が広がっている．今後，環境中の（微生物）DNAの解析を通して地下水の履歴に関する理解が深まっていくことが期待される．

8.3.6　染料

染料は低濃度での分析が可能であり，環境への負荷・毒性が低く，岩石等への吸着が顕著ではなく，水と同じように動くことが期待できる等の理由から，古くから地下水を含む水のトレーサーとして利用されてきた．

染料は一般に溶解度が高く，比較的安価で，毒性が低く，取り扱いが容易である．バックグラウンドは多くの場合無視できるし，低濃度まで測定できるという利点がある．また，目視で観測できるので原位置試験に適している．数多くの種類の染料が市場に出回っているが，多くのものは褪色したり吸着性が高かったり，安定性に問題があったりするため，トレーサーとして適しているものは多くない[9]．最もよく使われている染料はウラニン（フルオレセインナトリウム）で緑がかった黄色の蛍光色を持ち，きわめて低濃度でも検出できる．

染料は目視によって検出を確認でき，分析機器を使わなくてもかなり低濃度まで確認可能である．濃度標準列（コンパレーター）を用意することにより，比色によって濃度を推定することも可能である．機器により濃度を測定する場合は，分光光度計で吸光を測定する．染料が蛍光を持つ場合は，蛍光光度計（フルオロメーター）を使用することができる．一般に蛍光を測定する方が高感度である[2]．

8.3.7　ハロゲン化物

塩化物，臭化物，ヨウ化物等がある．陽イオンとの組み合わせで，いろいろな物質

が考えられる．塩化ナトリウム（NaCl），塩化カリウム（KCl），塩化リチウム（LiCl），臭化カリウム（KBr），ヨウ化カリウム（KI）等がトレーサーとしてよく使用されるハロゲン化物である．これらは水に対する溶解度が高く，安価である．なかでも安価でどこでも入手できる塩化ナトリウムは，最も多く使われてきたトレーサーである．

　塩化ナトリウムは濃度と電気伝導度には高い相関関係があるため，塩化ナトリウムは電気伝導度の上昇として簡便に検出することができる．ただし，電気伝導度では化学種を特定できないため，他の要因で電気伝導度が上昇しても区別がつかない．したがって，精密な解析を実施する場合には，電気伝導度と化学分析（吸光光度法，イオンクロマトグラフィ等）を併用することが求められる．また，塩化ナトリウムの成分であるナトリウムイオンや塩化物イオンは自然界に多く存在する化学種なので，バックグラウンド濃度が高い場合や一定していない場合には，トレーサーとしての解像度が落ちることに注意が必要である[2]．

8.3.8　ハロゲン以外の無機塩類

　硝酸塩等が考えられるが，硝酸イオンは微生物に消費されるので長時間の試験には向いていない．また，塩化ナトリウムと同様に，バックグラウンド濃度が高い場合や季節変化が見られる地域では解像度が落ちることが考えられる[2]．

8.3.9　金属イオン

　アルカリ金属（リチウム（Li），ナトリウム（Na），カリウム（K）），アルカリ土類金属（カルシウム（Ca），マグネシウム（Mg））等は自然界に多く存在し，比較的安価である．これらの金属イオンは溶解度の高いものが多く吸着性が低いため，トレーサー試験に使いやすい．

　希土類金属（レアアース：ランタン（La），ネオジム（Nd），ユウロピウム（Eu）等ランタノイド・アクチノイド系列の元素）は，バックグラウンド濃度が低いため投入量を減らすことができるのが利点である．希土類はその可溶性塩を溶かして使用するか，錯体化して溶解度および安定性を高めて使用するかの2通りの使用方法がある．キレートで錯体化した希土類については後述する．

　金属イオンもハロゲン同様に電気伝導度でモニターすることが可能であるが，この方法では化学種の特定ができない．化学種ごとの濃度を分析するためには，原子吸光光度計（AAS）や誘導結合プラズマ装置（ICP）を使用する必要がある．分析機器の性能や金属の種類によって検出感度は異なるが，おおまかには AAS では ppm から ppb レベル，ICP-AES（発光分光）では ppb レベル，ICP-MS（質量分析）では ppt レベルが測定可能といえる[2]．

8.3.10　安息香酸類，芳香族スルホン酸類

　これらは低分子芳香族有機酸類で，陰イオンとして水に溶け，土壌吸着性が低く，HPLC（高速液体クロマトグラフィ）を用いて高感度で分析することが可能なことから，トレーサーとして使われるようになった．安息香酸およびそのナトリウム塩は食品添加物にも使用され有害性がきわめて低

い．水生生物に対する急性毒性も低く環境中でも使用可能である．一般に有機酸類はナトリウムやカリウム等アルカリ金属の塩にすると溶解度が飛躍的に上がる[2]．

8.3.11　キレート錯体化希土類元素

キレート剤は，カニのハサミに由来するキレートという名の通り，多座配位子を持ち陽イオンである金属イオンを挟み込むように錯体を形成する．親水性キレートで錯体化すると金属は溶解度が高くなり，また土壌粒子等への吸着性を下げられることから，もともとトレーサーとして不適であった金属類（遷移金属や希土類）が使用できるようになった．

希土類はバックグラウンドが低く，かつ測定検出感度が高いことから濃度が低くても測定可能であり，大量投入しなくてもトレーサーとして使うことができる[2]．

8.3.12　コロイド

コロイドとは，粒子として見ることはできないが，物質が溶解しているのではなく，一様に媒質中に分散している状態を指す．土壌粒子等の振る舞い，移動を研究するために使用する．ベントナイトやゼオライトはコロイドとして古くから知られているが，近年ではこれらのほかに金属コロイドや合成された微小粒子であるマイクロスフィアが使われる例が見られるようになった．マイクロスフィアはポリスチレン，ラテックス，シリカ等を素材とした粒子径が揃った球体粒子で，大きさは nm から μm まで幅広く用意されており，サイズ依存性のある現象の解明に効果的である．このような微粒子には着色したり蛍光を持たせたり，磁性や放射性を持たせたり，表面を修飾して反応性（疎水性・親水性等）を変えたりといったオプションも提供されており，機能性マイクロスフィアと呼ばれている[2]．

8.3.13　異分野で扱われる物質

近年，水文学とは異なる分野で測定されてきた物質が，地下水のトレーサーとなる可能性が示されている．ここでは人工甘味料と医薬品類を紹介する．

人工甘味料は飲料等に含まれる食品添加物で，その代表例であるサッカリンは日本では 1948 年に認可・使用されてきた．また，近年は低カロリー志向の高まりに伴い，スクラロースやアセスルファムカリウムといった新たな人工甘味料が流通するようになった．いずれもショ糖（砂糖）に比べて 200 倍以上の甘味度を有している．これらは水溶性が高い一方で，生物体内や水環境中で難分解性を示す．また，体内で代謝分解されず，結果としてエネルギーを生まないのがこの種の人工甘味料が低カロリーである所以といえる．厚生労働省が国内のスクラロースとアセスルファムカリウムの使用を認めたのは，それぞれ 1999 年と 2000 年である．このことは，任意の地下水を分析してこの種の人工甘味料が検出された場合，その中にはおよそ 2000 年以降に涵養された「若い水」が含まれていることを示す[10]．2016 年に発生した熊本地震で下水道網が甚大な被害を受け，下水の浸透による地下水汚染が懸念された．このとき，地下で発生している下水の漏出を人工甘味料

で捉える試みがなされ，地震発生後には，発生前の最大189倍の濃度で地下水中から人工甘味料が検出され，その濃度が下水道の復旧とともに低下したことから，人工甘味料が下水検知のトレーサーになり得る事例が示された[11]．

上述した人工甘味料のように，環境水中で検出可能で，かつ認可年の異なる物質として医薬品類（例えば2015年に医薬品としての使用が認可されたCitalopram等）が挙げられる．医薬品類はCFCsやSF$_6$のような普遍的な濃度変動履歴をもとにした年代推定ではないものの，処方が認可された年をラベルとして利用すれば，数年単位での細かい年代測定が可能になることが期待されている[12]．主に用いられている年代トレーサーであるCFCsやSF$_6$は，濃度を元に年代測定を行うことに対して，医薬品は存在の有無で年代を予測するという原理が異なる手法であるため，両手法を組み合わせれば年代推定の確度を高めることが期待される．　　　　　〔利部　慎〕

文献

1) Leibundgut, C. and Seibert, J. (2011)：Tracer Hydrology. In Treatise on Water Science. Wilderer, P. (ed.), Academic Press, vol. 2, 215-236.

2) 日本地下水学会（2009）：地下水のトレーサー試験　地下水の動きを知る．日本地下水学会原位置トレーサー試験に関するワーキンググループ編，技報堂出版，383p.

3) 山中　勤（2022）：環境同位体による水循環トレーシング．共立出版，242p.

4) 浅井和由・辻村真貴（2010）：トレーサーを用いた若い地下水の年代推定法―火山地域の湧水へのCFCs年代推定法の適用―．日本水文科学会誌，39，67-78.

5) Ozima, M. and Podosek, F. A. (2002)：Nobel Gas Geochemistry, Cambridge University Press, 286p.

6) 風早康平ら（2007）：同位体・希ガストレーサーによる地下水研究の現状と新展開．日本水文科学会誌，37，221-252.

7) Sugiyama, A. et al. (2018)：Tracking the direct impact of rainfall on groundwater at Mt. Fuji by multiple analyses including microbial DNA. Biogeosciences, 15(10), 721-732.

8) 齋藤光代ら（2020）：地下水と生態系；これまでの研究動向と今後の展開．地下水学会誌，62(4)，525-545.

9) Flury, M. and Wai, N. N. (2003)：Dyes as tracers for vadose zone hydrology. Reviews of Geophysics, 41(1), 2-1-2-37.

10) 嶋田　純・上野眞也（2016）：持続可能な地下水利用に向けた挑戦―地下水先進地域熊本からの発信―．成文堂，310p.

11) Ishii, E. et al. (2021)：Acesulfame as a suitable sewer tracer on groundwater pollution：A case study before and after the 2016 Mw 7.0 Kumamoto earthquakes. Science of The Total Environment, 754, 142409.

12) 利部　慎ら（2021）：地下水年代推定の高精度化に向けた異分野横断型アプローチの試み．水文・水資源学会/日本水文科学会2021年度研究発表会発表要旨．

第9章

地表水と地下水の相互作用

9.1 河川との相互作用

9.1.1 交流現象

　河川は流域内の降水や地下水を集め海へと流す排水路の役割を持つが，河岸や河床を通じて周囲の地下水と交流している．河川の水面が地下水面（水理水頭）より低い場合は地下水が河川へ流出し，これは基底流出と定義される．一方で，河川水面が地下水面より高い場合は河川水が地下へ浸透（地下水を涵養）する．例えば，扇状地は山地から侵食・運搬されてきた土砂が河床勾配の低下に伴い一気に堆積する場であるため，河道面に比べて周辺の地形面が低くなり，さらに粗粒な堆積物によって構成されるため，扇状地上部（扇頂部）では河川水が地下に失水し，扇状地下部（扇端部）では地下水が地表に湧出するという，大規模な地表水-地下水交流の場となっている[1]．

　また，河岸沿いや河床部では，河川水が一部地下に浸入して地下水と混合し，再び河川に流出する現象が生じることが知られている．このような河川水と地下水との活発な交流をハイポレイック（hyporheic）効果およびこの領域をハイポレイックゾーンと呼ぶ[2]．図III.9.1(b) に示すように，地下水面が平水時の河川水面より高い場合（河川周辺の地形面が河川より高い台地等の場合），側方から流動してきた地下水は河川に向かって流出する．一方，河川の増水時には河川水面が地下水面より高くなる場合もあり，その際には河川水が地下水に流入する[3]．

　また，定常的にも，図III.9.1(a) のように河川が蛇行している場合，蛇行帯の内側にある堆砂帯に注目すると，上流側の河川水位に比べて下流側の水位が低いことから堆砂帯内において水位勾配が生じ，河川水は一旦堆砂帯に入り下流側から流出す

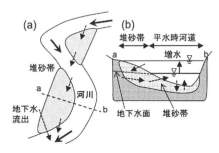

図III.9.1　河岸周辺堆砂帯における河川-地下水交流
(a) 蛇行河川および (b) 増水時の堆砂帯での交流（文献3）を一部改変）

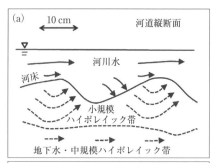

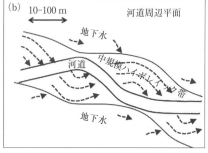

図 III.9.2 多様なスケールのハイポレイックゾーン
(a) 10 cm スケール断面，(b) 100 m スケール平面（文献 4）一部改変）．

る．

　河川-地下水交流は，前述（図 III.9.1）したような 100 m スケールでの中規模なハイポレイック効果（図 III.9.2(b)）に加えて，河床の 10 cm スケールでの砂紋（リップル）やさらに大きな砂堆（デューン）におけるより小規模かつ短時間のスケールで循環する交流場（小規模なハイポレイックゾーン，図 III.9.2(a)）が存在する．この循環量は河川全体でこれらを積分すると膨大な量になるため，近年注目されている[4]．このような交流の重要性の 1 つは河川水の溶存成分への影響であり，その意味では水がどのくらいの時間交流場に滞留している

かがその決め手となる．図 III.9.2(a) の小規模スケールの交流は，河川流速によって作り出される圧力勾配が駆動力となって循環が生じ，一般に砂等の粒径が粗く透水性も良い河床にみられる形態であることから，循環速度はきわめて早く滞留時間も短く，均一な流れ場が仮定できる．一方で，図 III.9.2(b) の河岸を経由する中規模スケールから扇状地等の大規模スケールの交流になると，砂から礫と透水性が一様でない（透水係数に幅がある）大きな流動場で，地形勾配に依存する河川の水位差が駆動力となり流動が引き起こされるため，滞留時間も長く溶存物質への影響も大きくなる．また，交流場は旧河道等にも多く存在するため不均一である．

9.1.2　物質循環への影響

　河岸沿いに分布する河畔域や湿地，氾濫原はいずれも前節で述べたような河川水と地下水の交流が活発な場であり，それに伴う物質の消失・生産が生じる．

　図 III.9.3 に示すのは，河畔域における河川-地下水交流の模式図である[3]．河道近傍に生息する樹木（河畔林）は，日射の遮断による水温上昇の緩和や倒木・流木による淵の形成を通して河道生態の生息場を提供し，同時に餌（有機物：植物葉や昆虫等の動物）も供給する場として生態学的に，また斜面物質の流出に対する緩衝帯として環境保全学的にも重要視されている．この河畔林エリアはライパリアンゾーンと呼ばれ，このエリアでは，地下水の流速低下に伴い，地下水が輸送してきた硝酸性窒素が脱窒により消失することが多くの研究で示

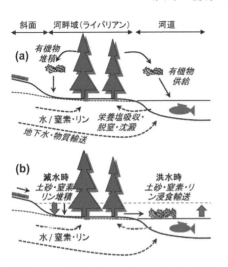

図 III. 9.3 河畔域（ライパリアンゾーン）の河川-地下水交流と物質循環
(a) 平水時, (b) 洪水-減水時（文献3）を一部改変).

されている[5,6]. また, 増水時に河川が輸送してきたリンを多く含む土砂が河畔林等で流速の低下にともなってトラップされることも物質循環上重要な意味がある. すなわち, 懸濁物質に輸送されてきたリン等のミネラルや有機物等のストックおよびその後の分解・溶脱を通して供給場としての機能を有する.

9.2 湖沼との相互作用

地下水と湖は, 湖岸周辺の地下水面形状や湖盆形態にもよるが, 河川と同様に湖岸や湖底面を通じて密接に交流している. すなわち, 地下水の水理水頭が湖水面よりも高ければ湖へ流出し, 湖水面よりも低ければ逆に湖水が地下水へ浸透（漏水）する. ただし, 湖岸周辺の地下水面と湖水面の水位差が比較的小さい場合は, 地下水の流出や湖水の浸透が波浪や静振による湖水位変動の周期に対応することもある[7]. 我が国では, 地下水が流出する湖として, 琵琶湖や霞ケ浦における研究事例が蓄積されており, 琵琶湖においては, 湖岸沿いの地下水流出の空間分布や流出量変化が湖の静振の周期や降水量に対応すること等が明らかにされている[7]. また, 湖底から流出する地下水は一般に河川水等の地表水と比べて水温が安定しており, 溶存成分濃度も高いため, 地下水が流出する湖では湖底面付近の湖水の物理的・化学的性質が変化する. 地下水と湖水の交流が湖の富栄養化や生態系に及ぼす影響については未だ十分な理解が進んでいないが, 湖への地下水流出は近年 LGD（lacustrine groundwater discharge）と定義され, 定量的な評価や既存研究を踏まえた総括も行われている[8].

9.3 海洋との相互作用

9.3.1 海底地下水湧出

地下水と海水が接する沿岸域の地下水帯水層では, 淡水性地下水と海水との間に塩淡水境界が形成されているが, 「降雨-浸透-流動-流出」の一連の水循環によって形成される地下水流動系により, 塩淡水境界は海岸線よりも沖合および深部方向に押し出される. このようにして海域地下に存在する地下水が海水中に流出する現象を, 海底地下水湧出（あるいは海底湧水, 英語では submarine groundwater discharge : SGD）と呼ぶ（III.2.1 節参照）（これ以降

はSGDと表記する).ただし,SGDには大きく分けて陸域で涵養された淡水地下水の流出(淡水性SGD)と,潮汐や波浪等によって地下へ侵入した海水の流出(海水再循環:塩水性SGD)の2種類が存在する(図III.9.4)[3,9].

瀬戸内海沿岸の潮間帯のように,潮位変動幅が比較的大きい場合は,干潮時に陸から海へ向かう地下水流動が卓越し,対照的に満潮時には海水の地下水への侵入が卓越することが観測されている(図III.9.5)[3].

淡水性のSGDは全球規模での水収支でみると河川流出量の10%に満たないと推定されているが[10],地形が急峻な島嶼部等では,河川流出量に匹敵するという結果も報告されている[11].

9.3.2 栄養塩循環への影響

一般に,地下水は河川水よりも高濃度の溶存物質を含む傾向にあるため,SGDによる海域への物質供給量は水自体の流出量に比べて大きいと考えられており[10],沿岸域の生物生産にとって重要な窒素,リン,ケイ素等の栄養塩流出量については,全球規模でSGDが河川を上回ると推定されている[12].さらに,塩水性SGDによる栄養塩流出量は淡水性SGDのそれを上回ると推定されており,塩水性SGDは沿岸域に堆積した有機物の分解により生じる栄養塩等を洗い出す効果を有していると考えられる[12].

9.4 人間活動および環境変動の影響

地下水の過剰な揚水に伴う地下水の急激

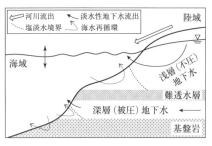

図III.9.4 海底地下水湧出の模式図(文献3, 9)

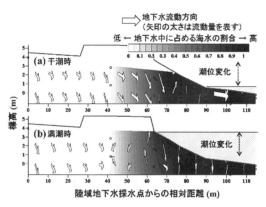

図III.9.5 瀬戸内海沿岸潮間帯におけるSGDの変化(文献3)
(a):干潮時,(b):満潮時.

な水圧低下は，周辺地表水の侵入を引き起こす．従来から指摘されているように，沿岸付近では塩水侵入に伴う地下水の塩水化（塩分汚染）が報告されている．これらは，人口が多く，地下水の需要が大きい沿岸都市部で特に顕著である[13]．また，アジア巨大都市での規模の大きい地下水の集約的な揚水は，地下水の水圧低下を30 m以上も引き起こした．その結果，海水だけでなく直上の地表水や浅層地下水等を吸い込むことも報告されており，浅層地下水における重金属汚染の深層への拡散を引き起こした例もある[14]．また，東南アジアを中心に沿岸域で進む養殖場の開発では，海水を養殖池に1年中引き込み生産しているため，塩分の地下水への浸透に伴い堆積物中に吸着されているアンモニア性窒素や重金属の溶脱が生じ，塩分汚染に加えて重金属汚染等が進行し，沿岸の地下水資源の喪失が深刻な状況である[15]．

この他にも，地球温暖化に伴う海水面の上昇は塩水侵入を助長し，地下水の量的・質的劣化を招く原因となる．また，地震時の津波の影響も2004年のスマトラ沖地震や2011年の東日本大震災の際に数多く報告されており，深刻な塩分汚染や重金属汚染が報告されている．

9.5 生態系への影響

地下水は，生態系を構成する生物の水資源としての役割もさることながら，生物を取り巻く環境（生息域や物質循環）の形成や維持にも影響していることが従来の研究で報告されている．地下水に影響を受ける（地下水依存）生態系はGroundwater Dependent Ecosystems（GDEs）と定義され，主に次の3種類：（I）ハイポレイックゾーン，帯水層，および洞窟やカルストに存在する生態系，（II）河川や水路における基底流出域，湖沼，湿地，湧水域（陸域・沿岸域）等の地下水が地表へ流出する場所に存在する生態系，および（III）地下水面が根系の深さよりも浅い位置に形成される領域に存在する生態系（根系から地下水を吸収する生態系）に分類される[16]．このうち，主に（I）のハイポレイックゾーンおよび（II）が地表水-地下水交流域に該当する[17]（図III.9.6）．

河川沿いのハイポレイックゾーンや河畔域，湿地，氾濫原については，9.1節で述

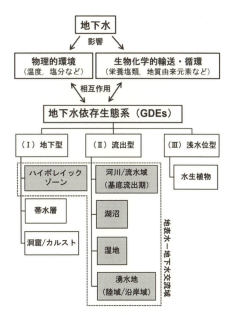

図III.9.6 地表水-地下水相互作用と地下水依存生態系（GDEs）との関係（文献16, 17）

べたとおり，地下水との交流が河川の物質循環に及ぼす影響が明らかにされているほか，これらの場が魚類等特定の生態系にとっての貴重な生息環境になっていることも報告されている[18]．また，淡水湖沼においては，基礎生産がリンによって制限を受ける場合が多く，地下水中では植物プランクトンが取り込みやすい溶存態のリン濃度が高いため，リンの供給経路としてのLGDの重要性が指摘されている[19]．SGDについては栄養塩の供給が沿岸域の富栄養化や植物プランクトンや底生藻類の大量発生（ブルーム）を誘発しているという指摘がある一方で，魚類等の水産資源量増加に寄与しているという事例も報告されている[12]．　　　〔小野寺真一・齋藤光代〕

文献

1) 嶋田　純（1998）：扇状地における地下水涵養と流出．日本水文科学会誌，28，63-70.

2) Harvey, J. D. and Bencala, K. E.（1993）：The effect of streambed topography on surface-subsurface water exchange in mountain catchments. Water Resour. Res., 29, 89-98.

3) 小野寺真一ら（2018）：瀬戸内海流域の水環境－里水－. 吉備人出版，266p.

4) Boano, F. et al.（2014）：Hyporheic flow and transport processes：Mechanisms, models, and biogeochemical implications. Rev. Geophys., 52, 603-679, doi：10.1002/2012 RG000417.

5) Hill, A. R. et al.（2000）：Subsurface denitrification in a forest riparian zone：Interactions between hydrology and supplies of nitrate and organic carbon. Biogeochemistry, 51, 193-223.

6) 井岡聖一郎・田瀬則雄（2004）：茨城県筑波台地，斜面－湿地プロットでの地下水帯における硝酸イオンの還元場．地下水学会誌，46，131-144.

7) 小林正雄（2001）：地下水と地表水・海水との相互作用3. 湖水と地下水の相互作用，地下水学会誌，43(2)，101-112.

8) Lewandowski, J. et al.（2015）：Groundwater-the disregarded component in lake water and nutrient budgets. Part 2：Effects of groundwater on nutrients. Hydro. Process., 29, 2922-2955, doi：10.1002/hyp. 10384.

9) Taniguchi, M., et al.（2002）：Investigation of submarine groundwater discharge. Hydrol. Process., 16(11), 2115-2129.

10) Zektser, I. S. and Loaiciga, H. A.（1993）：Groundwater fluxes in the global hydrologic-cycle-past, present and future. J. Hydrol., 144 (1-4), 405-427.

11) Zhu, A. et al.（2019）：Evaluation of the spatial distribution of submarine groundwater discharge in a small island scale using the ^{222}Rn tracer method and comparative modeling. Marine Chem., 209, 25-35.

12) Santos, I. R. et al.（2021）：Submarine groundwater discharge impacts on coastal nutrient biogeochemistry. Nature Reviews Earth & Environ., 2, 307-323, https://doi.org/10.1038/s43017-021-00152-0

13) Taniguchi, M. (ed.)（2011）：Groundwater and Subsurface Environments：Human Impacts in Asian Coastal Cities. Springer, 312p.

14) Onodera, S. et al.（2008）：Effects of intensive urbanization on the intrusion of shallow groundwater into deep groundwater：Examples from Bangkok and Jakarta. Science of the Total Environment, 404, 401-410.

15) Rusydi, A. et al.（2021）：Potential Sources of Ammonium-Nitrogen in the Coastal Groundwater Determined from a Combined Analysis of Nitrogen Isotope, Biological and Geological Parameters, and Land Use. Water, 13(1), 25, doi：10.3390/w13010025.

16) Eamus, D. et al.（2006）：A functional methodology for determining the ground-water regime needed to maintain the health of groundwater-dependent vegetation. Australian Journal of Botany, 54(2), 97-114.

17) 齋藤光代ら（2020）：地下水と生態系；これまでの研究動向と今後の展開．地下水学会誌，62(4)，525-545.

18) 齋藤光代ら（2018）：特集「地下水－地表水交
流過程；その物質輸送および生態系への影響．
地下水学会誌，60(2)，139-221．

19) 齋藤光代・小野寺真一（2015）：沿岸地下水
流出域におけるリン動態．地球環境，20(1)，
55-62．

第 IV 編

地下水調査法

第 1 章　地下水調査のための計画と水文地質調査

第 2 章　土 質 調 査

第 3 章　地下水流動層の調査

第 4 章　人工トレーサー調査法

第 5 章　地温・地下水温調査

第 6 章　水 質 調 査

第 7 章　起源を探る環境トレーサー

第 8 章　プロセスを探る環境トレーサー

第 9 章　リモート技術による地下水調査

近年，地下水調査の必要性・重要性は利水や治水，防災，さらには環境等の観点から高まりつつある．地下水調査では，流域単位の水循環を形成する涵養域–流動域–流出域という連続した空間的広がりを持つ系からなる地下水流動域（地下水盆）における地下水流動の実態を解明することが重要である．そのためには，適切な調査計画を立案し，調査地点周辺の水文地質構造を理解することが重要となる．そのうえで，目的に応じた適切な調査手法を適用することによって高品質のデータを取得することが可能となる．これらの調査で得られたデータは，その後の分析や数値解析等の結果を左右することとなるため，品質管理されたデータ取得に留意することが必要である．本編では，地下水調査法として，第1章では調査計画の立案と水文地質調査の考えや留意点，第2章では土質調査の方法，第3章では主として帯水層を対象とした地下水流動調査，第4章では人工トレーサを用いた調査法，第5章では地温・水温に関する調査法，第6章では水質調査，第7章では起源を推定するための環境トレーサの利用法，第8章ではプロセスを探るための環境トレーサの利用法，第9章ではリモートセンシング技術を用いた地下水調査について概説する．

第1章

地下水調査のための計画と水文地質調査

本章では水文地質構造を把握するための調査計画の考え方や具体的な調査手法等について解説するとともに，次章以降への導入とする．

1.1 地下水調査計画の考え方と概要

一般に地下水調査は，流域単位の水循環を形成する涵養域-流動域-流出域という連続した空間的広がりを持つ系からなる地下水流動域における地下水流動の実態を解明することが重要である[1]．Tóth（1963）は地下水流動解析結果に基づき，地下水盆全域での地下水の流れが地下水面の起伏に規制されて，局地・中間・地域という規模の異なる流動系を形成していることを示した[2]．地下水調査を行ううえでこのような流動系が存在することを念頭におくことが必要である．そのうえで，調査の目的に応じた調査領域を設定し，調査仕様を検討し，調査を実施することが重要である．その際，調査結果に基づいて地下水解析等を実施する場合は，解析に必要な調査点数を検討することが必要である．

地下水調査は目的に応じて，広域スケールからサイトスケールまでの多様な領域を設定して調査を行うこととなる．地下水調査を実施する際に認識しておくべき重要なことは，地下水は目に見えないこと，この地下水の流動状況や特性はどんなに莫大な費用と人員を投入して詳細な調査を行ったとしても水文地質構造を完璧に理解することは不可能であるということである．自然を知り尽くすことはできないという謙虚な姿勢が肝要である．そのため，明確な目的を設定し，結果に大きく影響する項目を明らかにしたうえで，その不確実性をできる限り小さくするための調査を重点的に実施することが重要である．

地下水調査を実施するうえで最も重要な調査地点周辺の水文地質構造を把握するためには，事前情報の収集，水収支の把握，地下水盆における水文地質調査，および地下水流動層調査等が有効である[3]．事前情報収集では，既存の地形図，地質図，地質柱状図等の資料に基づいて地下水盆の概略の構造を推定する．このうち，地質柱状図には，一般的に井戸の掘削深さ，スクリーン位置と地質，地下水位情報，電気検層結果等が記載されており，帯水層の区分判定に有効である．なお，事前情報収集の詳細については，IV.1.2節「事前情報収集」を参照されたい．以下，本章ではIV.1.3節で「広域地下水流動場の推定のための概

要調査」について概説し，地下水調査の基本となる水収支把握のための基本的な考え方をIV.1.4節「広域地下水流動の定量に向けての概要調査」で紹介する．さらにIV.1.5節では，サイトスケールでの地下水流動を把握するうえで必要となる不飽和土壌の水分量の測定方法や流出域における湧水量の測定方法等について述べる．さらにIV.1.6節では，地下水学会が策定した，「地下水学の夢ロードマップ」に示された課題とその解決に向けた技術革新への期待を述べる．

なお，近年では，時間的な制約や予算等を考慮して合理的に地下の地質環境を理解する，「繰り返しアプローチ」が提案されている[4]．これは，第1段階として既存資料に基づいて水文地質構造を予測し，予測結果から抽出される不確実な構造や特性等を明らかにする．さらに次段階ではこれらの不確実性を小さくするための調査計画を立案する．このように計画立案・調査・予測・課題抽出というサイクルを繰り返しながら，段階ごとに課題を解決し，水文地質構造を理解していく手法である．上述の個別調査と繰り返しアプローチを組み合わせることによって，合理的で効率的な水文地質調査が期待される．　　　〔竹内真司〕

1.2　事前情報収集

事前情報収集は，調査計画の立案時ないしは調査の開始時に現地調査に先立って実施する．

現在，水文地質構造を把握するための事前情報は多く存在し，そのほとんどは電子データとして公開されている．事前情報としては，以下の項目に大別される．

①地形・土地利用情報
②地質情報
③気象情報
④水理・水文・水質情報
⑤関連する論文等

1.2.1　地形・土地利用情報

地形情報については，国土地理院のweb地図である地理院地図[5]から地形図，空中写真，標高，地形分類，災害情報等を得ることができる．地理院地図は，地形断面図の作成や新旧の写真を比較する機能等も備えており，調査地点の地形情報の収集等に有用である．また，埼玉大学の谷謙二氏が開発した，「今昔マップ on the web」(https://ktgis.net/kjmapw/index.html)は，明治期以降の新旧の地形図を時期を切り替えながら確認できることから，調査地点の過去の地形的な特徴を把握するのに便利である．

土地利用情報については，国土交通省の5万分の1都道府県土地分類基本調査[6]に掲載された，地形分類図，表層地質図，土壌図等が利用可能である．

1.2.2　地質情報

全国規模の地質情報については，産業技術総合研究所の20万分の1日本シームレス地質図や地質図Naviが，パソコンだけでなくスマートフォンやタブレットでも利用可能である．またボーリングデータについては，国土地盤情報検索サイトであるKunijibanが利用可能である．このサイト

では，国土交通省の道路・河川・港湾事業等のボーリング柱状図や土質試験結果等の地盤情報を検索し閲覧することが可能である．

1.2.3　気象情報

気象庁が関わる気象データは，地方気象台が公表している情報も含めて気象庁のwebサイト（「過去の気象データ検索」，「過去の気象データ・ダウンロード」）に集約されている．この他にも国交省が観測している気象情報や地方行政（都道府県，市区町村，消防署等）が観測している情報もインターネットから入手可能である．

1.2.4　水理・水文・水質情報

水理・水文・水文情報については，以下に示すように，多くの情報がインターネット上で公開されている．

・全国地下水資料台帳

（https://nlftp.mlit.go.jp/kokjo/inspect/landclassification/water/f9_exp.html）（2022年2月11日閲覧）：国土交通省が深井戸（概ね30 m以深）を対象として，井戸掘削時に得られた地質情報，揚水試験で得られた帯水層情報と水質検査結果等の情報を全国規模で集約してとりまとめたものである．

・水文環境図・全国水文環境データベース

（https://gbank.gsj.jp/WaterEnvironment-Map/main.html）（2022年2月11日閲覧）：産業技術総合研究所が提供する，地域の地下水資源の利用や保全に資する地下水位，水質，水温等を1枚の地図上に重ねて表示できるデジタルマップである．

・水文・水質データベース

（http://www1.river.go.jp/）（2022年2月11日閲覧）：国土交通省水管理・国土保全局が所管する観測所における雨量，水位，流量，水質，底質，地下水位，地下水質，積雪深等の観測データベースである．

1.2.5　関連する論文等

論文の検索，閲覧にはJ-STAGEやJDream IIIのほか，国立国会図書館のNDL ONLINE等が利用可能である．また，地下水に関連する論文を集約したものとして，日本地下水学会が提供する地域地下水情報データベース[7]がある．これは，全国各地の地下水に関わる情報に言及した論文・資料等を地下水盆・地下水区毎に収集・分類したもので，ウェブサイト上で閲覧可能なものについては，原文PDFまたは原文公開ページへのリンクとして閲覧可能である．　　　　　〔鈴木弘明・竹内真司〕

1.3　広域地下水流動場の推定のための概要調査

道路や鉄道の長大トンネル，エネルギー資源の地下備蓄や放射性廃棄物の地中処分等のための地下構造物の建設では，その安全性を長期にわたって確保することが求められる．そのため，地下水の涵養，貯留，流動，流出といった一連の過程を明らかにして，広域の地下水流動系を理解することが重要である．ここではそのために必要な水文地質調査について概説する．水文地質調査は地下水の器である地質・地質構造やそこを流動する地下水の特性を理解する調査であり，地質学的知見と水文学的知見が

必要である．具体的には現地の露頭調査により地質の分布に加え，堆積物や堆積岩を構成する粒子の粒径分布，空隙構造，堆積構造，さらには火成岩や変成岩であれば岩石の風化度合い，亀裂の幅や分布を詳細に観察し，記載する．さらに断層の幅や分布，破砕帯の内部構造等も地下水流動の観点から観察・記載することが重要である．また，沢水や湧水，井戸，ため池，湖沼の分布，これらの水量，水位や水温，電気伝導率，pH等を測定する．さらに，沢筋の源頭位置は地下水の湧出位置を示しており，地下水等高線図の作成の基礎資料として活用できる[8]．このような情報を広く収集することで，帯水層の分布を推定することが可能となる．さらに，河川や渓流の流量の変化等は，帯水層や高透水性の断層の存在が関与している可能性があり，地質調査結果と併せて地下水流動に影響を与える透水性構造の存在を推定するうえで重要な情報となる．以上のような水文地質踏査に加えて，ボーリング調査（コア観察やボアホールテレビによる孔壁観察）や孔内検層（電気検層，温度検層，現場透水試験や揚水試験等）や物理探査（電気探査，電磁探査，地中レーダー，放射能探査等）等によって，詳細な透水性構造や不圧帯水層，被圧帯水層の分布の把握が可能となる．これらの調査の方法や原理，長所や短所については大島（2000）[9]に詳しい．

水文地質調査を実施する際の流域境界となる地下水分水界の設定は，水収支計算や地下水流動解析の境界設定等の際に必要となる．地質構造が明らかでない場合には，地形の尾根線を連ねた地形分水界を地下まで鉛直に下ろした仮想的な境界を地下水流動の閉境界として設定することが多いが，流域の地質構造によっては隣接する流域から，あるいは隣接する領域へ地下水が供給・補給されることがある[10]ことから，現地調査における流域の地質構造とその水文学的特性の把握は重要である．

我が国はプレートの沈み込み境界に位置することから，火山活動や断層運動が活発なうえ，地形が急峻であることから侵食作用も活発である．その結果，地形や地質が複雑となり，そこでの水文地質調査結果の解釈も複雑となることが想定される．水文地質調査では，対象とする地形を火山，山地，丘陵，台地，扇状地，低地等に区分し，それらの地形的特徴を理解して調査を進めることが重要である．それぞれの地形における水文地質特性と地下水等の賦存・流動を考慮する際の留意点は，環境省報告書（2011）[11]に整理されている．

上述の水文地質調査（露頭における地質

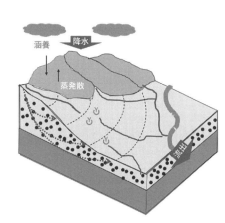

図 IV.1.1　水文地質構造の概念モデルの例（文献12）の図に加筆）

学的特徴の記載，地表水や井戸水の分布，それらの水温，電気伝導率，pHの測定等の水文学的調査，孔内検層を含むボーリング調査や物理探査等）の結果に基づいて調査領域の水文地質構造に関する概念モデルの構築が可能となる．この概念モデルは調査結果の統合化の1つの姿であり，調査領域の水文地質構造の理解の程度を可視化したものである．このような概念モデルの一例を図 IV.1.1 に示す．この概念モデルは，分野の異なる技術者が水文地質調査結果の議論をするうえでのツールとして利用可能なほか，利害関係者に説明するための可視化ツールとしても有益である．

〔竹内真司〕

1.4 広域地下水流動の定量に向けての概要調査：水収支の把握

1.4.1 適切な地下水利用量

地下水賦存量と，適切な（持続可能な）地下水の利用量には明確な違いがある．地下水は地層間隙中に胚胎されていることから，理論上，地下水面の位置，帯水層の体積，間隙率をもとに，地下に胚胎されている地下水の量を算出することができる．これが地下水賦存量である[13]．過剰揚水により，長期間にわたって緩やかに地下水位が低下している地域があるが，このような地域では地下水賦存量が徐々に減少している．一方，持続可能な地下水の利用量については，地下水賦存量よりも涵養量をもとにして評価されるべきである．この視点で重要になるのが，次節で述べる水収支の考え方である．

1.4.2 小流域の水収支

地下水流動や地下水資源を考えるうえで，最も重要な地形単位として流域がある．出口を起点とし（図 IV.1.2 の A），上流側に地形上の尾根線を辿って囲った範囲が流域である（図 IV.1.2 上図の破線）[14]．流域の水収支とは，流域を1つの箱とみたて，その箱に出入りする水の量の関係を表した概念である．山地での小流域の場合は，水収支は以下の式で表される（図 IV.1.2 の下図）．

$$P - E - R - G = \Delta S \quad (IV.1.1)$$

ここで，P は降水量，E は蒸発散量，R は河川水の流出量，G は地下水の流出量，ΔS は貯留量変化である．この式では流域の側方からの地下水流入量が書かれていないが，それは地下水面の高さが地形と相関するために，流域界が地下水の分水嶺になることが多いためである（第III編第2章）．また，基盤岩の上位に土壌が分布し

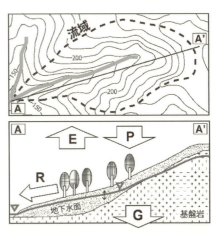

図 IV.1.2　山地小流域における水収支の概念図

ているような小流域等では(図IV.1.2下),
G は相対的に小さいために無視すること
がある．このように考えることによって,
流域の境界は閉じているとみなすことがで
き，流域内での水収支式が成り立つ．また,
ΔS は対象期間内の流域内の地下水の貯留
量の変化を表しており，地下水面の位置に
よって評価される．人為的な影響がなけれ
ば，地下水面の位置は年周期性を持つと考
えられることから，水収支期間の単位を1
年とした場合には，流域の貯留量変化 ΔS
をゼロと仮定できることが多い．

　式 (IV.1.1) のパラメータのうち，降
水量 P と河川流出量 R は観測可能であり，
E と G は観測が困難であるが，G と ΔS
がゼロとなる場や期間を選択すると，式
(IV.1.1) は $P-R=E$ となり，流域の蒸
発散量 E が求められる．

1.4.3　広域の水収支

　広い流域の水収支，涵養量，流出量等を
大局的に理解することは，持続的に利用
可能な地下水の量を評価するためでなく,
フィールドの理解促進や，より適切な地下
水モデルの構築につながる（第V編）．広
域かつ長期の水収支を扱う場合，自然状態
では地下水流動を定常的と考えることが多
くなるため，式 (IV.1.1) の ΔS はゼロと
なる．一方，流域への降水量や蒸発散量の
空間変化，地表水，地下水の流出，人間活
動による揚水等についても考える必要があ
る．

　揚水の影響がない場合，水収支式は以下
の式となる（図IV.1.3）．

$$P - E + (R_{ri} - R_{ro}) - G = 0 \quad (IV.1.2)$$

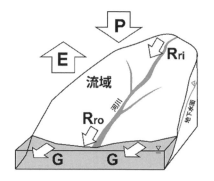

図 IV.1.3　広域での水収支の概念図

　ここで，$(R_{ri} - R_{ro})$ は流域に出入りする河
川流量の差である．小流域のケースとは異
なり，$P-E$ は空間的な差が大きくなると
ともに推定せざるを得ない場合がほとんど
である．多くの場合，降水量 P は気象庁
の測候所のデータ[15]を，蒸発散量 E も気
象データから，ソースウェイト法等で推定
されることが多い．一方で，長期的に変化
しうる土地被覆（水田，市街地，森林等）
や気象条件に関連する係数を用いて蒸発
散量 E を計算する方法もあり，この方法
は地下水資源量を評価するためにドイツ[16]
や熊本[17]等で用いられている．また，河
川流量 R_{ri}, R_{ro} について，国内の一級河川
については国交省による観測結果が用いら
れることがある[18]．

　$P-E$ と $R_{ri}-R_{ro}$ が求められると，その
残差が地下水として流域外あるいは海洋
へ流出する成分 G となる．これが余剰分の
地下水となり，流域における持続的な地下
水の利用可能量となる．ただし，流域に扇
状地が存在するケースでは，扇頂および扇
央付近にて河川水が伏没し，地下水の涵養
源となっていることがある．この場合，扇

状地での揚水によって地下水位が低下し，河川水による涵養が促進される．そのため，扇状地での持続的に利用可能な地下水の量を見積もる際には，河川流量調査等を行って流域内での地表水と地下水の交流に関する知見を得ることが望ましい．

この例からもわかるように水収支は何らかの目的のために求められるものであり，流入と流出を書いて差し引きをゼロにすることが良いというわけではない．目的のために考慮すべき項目の精査や，その数値の精度等を確認するという視点が重要である．　　　　　　　　　　　〔町田　功〕

1.5　サイトスケールでの地下水調査概要

前節では主に，流域等の広範囲（広域）における地下水調査についての概要を紹介した．地下水調査では，より詳細な地下水流動や水文現象を理解するために狭域での地下水調査が必要となる．本節では，局所（サイト）スケールに着目した地下水調査手法として，地下水流動の涵養域での不飽和帯中の水分移動の測定法と，流出域における湧水の測定方法についてそれらの概要を紹介する．

1.5.1　不飽和帯での水分移動の測定

地表面から不圧地下水面（自由地下水面）までの不飽和帯（unsaturated zone, vadose zone）の水分移動を知るうえでは土壌水分量と吸引圧（マトリックポテンシャル）を測定することが重要である．以下では，主な土壌水分量の測定方法を紹介するが，詳細は開發（1995）[19]や開發

(2018)[20]を参照されたい．

土壌水分量の測定法としてもっとも古典的な方法は，直接法である採土・炉乾法である．また，土壌中の水の吸引圧をテンシオメーターで測定し，土壌水の圧力と水分量の関係を利用して間接的に水分量を求めるテンシオメーター法は最もよく用いられる方法である．この方法は素焼きのポーラスカップに水を入れると，素焼きカップを通して土壌が水を吸引する際の容器内の圧力変化を利用し土壌水分量を測定する方法である．また，近年では土壌の誘電率を電磁波で捉える TDR（time domain reflectometry）法が間接法の代表的な方法として多用されている．

点スケール（数 cm から数十 cm スケール）の測定では TDR 法が最も高精度である．最近では TDR 法をはじめとして，用途に応じた種々の原理に基づいたプローブが開発されている．その中でも，より経済的な土壌水分計である TDT（時間領域伝播速度法）は，安定性や精度に関しては TDR 法とそれほど遜色がない[2]．1-2 m スケールの土壌水分測定としては，静電容量式の土壌水分計が利用可能であり，浅い不圧地下水面を有する小流域での季節レベルの多点観測として静電容量式鉛直プロファイル土壌水分計が利用可能である．また数 m スケールの土壌水分測定には GPR（地中レーダー）が適用可能である．数十 m の土壌水分測定には複数の点スケールの土壌水分計を組み合わせたものを用いるのが現実的であるが，これに代わる方法としてリモートセンシング技術（レーダーやマイクロ波センサー等）を用いる方法がある．

なお，リモートセンシング技術については本章9.2節を参照されたい．

1.5.2 湧出量の測定

本項では，地下水の流出境界（湖底，海底，河床）を通過する水フラックスを測定する方法として，シーページメーター（地下水湧出量計または地下水漏出量計）とピエゾメーターについて解説する．これらの境界を通過する流量は通常非常に小さいため，市販の流速計での測定は不可能であり，一般に，境界面における集水面積と集水時間を大きくして，一定時間内に増加，あるいは減少する水の体積を集水面積で除することで求められる．シーページメーターには手動式と自動式がある．手動式はLeeによって考案されたもので，上・下部分に小さな穴を1-2個開け，輪切りにして作った円筒型の缶と採水装置で構成されたものである[21]．これを湖底の堆積物に挿入し，4Lのプラスチックの袋にたまる湧出水の量を測定する[22]．この装置は制作費が比較的安価で，運搬・設置が容易なことから多数地点の測定が可能なうえ，流束の測定や採水も可能である等利点が多い[21]．一方で，ドラム缶とプラスチック袋の間のチューブの抵抗やプラスチック袋の抵抗を最小限にする必要なこと等いくつかの課題が指摘されていたが，その後それらの多くは改善され，現状では十分信頼性のある測定が可能となっている[22]．一方，手動式での測定は，プラスチック袋の頻繁な交換や地下水の増減量の毎回の測定等に多大な労力を要し，多数のシーページメーターを用いて地下水湧出量の測定を連続的に行うことが困

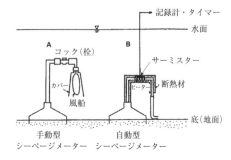

図IV.1.4 手動型（ロート型）（左）と自動型（右）のシーページメーター（文献23））

難であったこと等から自動化測定が可能な装置が開発された[23]．これは湖底に設置したロート型の集水装置で集めた地下水をパイプに導き，パイプ内の水の流速を瞬間熱源（ヒートパルス）と流速に応じた熱輸送量（熱移流）を利用して測定し，その流速にパイプと集水器の断面積の比を乗じてダルシー（Darcy）流速（地下水流出（あるいは漏出）速度）を連続的に求めるものである（図IV.1.4）．

この装置によって測定可能な流出速度は2×10^{-7}-5×10^{-6}（m/s）の範囲で，数分間隔での自記記録が可能である．装置は，その後さらに改良され，現在では水質データの同時連続測定も可能となっている．図IV.1.5にびわ湖和邇（わに）川におけるシーページメーターを用いた測定例を示す[24]．

また，シーページメーターは沿岸部の塩淡境界にそった海底面からの湧水の測定にも適用されている．このように，湖底や海底等それぞれに適した調査手法が考案されており，これらを正しく使うことにより，サイトスケールの地下水の流れに関する情

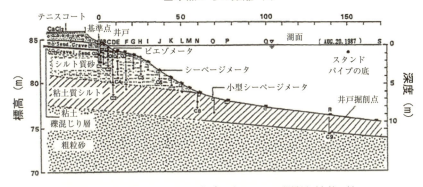

図 IV.1.5　シーページメーターとピエゾメーターの設置例（文献23)）

報を取得することが可能となる.

　ピエゾメーターは，帯水層中の多深度のピエゾメーターを利用して地下水ポテンシャルの分布を測定する方法である. 帯水層の透水係数を別途測定あるいは推定し，これに2深度のポテンシャルから得られる動水勾配を乗じることによって，地下水湧出量（あるいは漏出量）を求めることが可能である. シーページメーター同様，地質の不均質性に起因して地下水湧出分布が不均質となるため，多数のピエゾメーターによる測定が必要であることや地下水湧出量の精度が透水係数の推定精度に依存することにも留意が必要である[4]．

　上記のほか，地下水温も地下水の流れを理解するうえで重要な指標となる. 詳細については，第IV編第5章を参照されたい.

〔井川怜欧・竹内真司〕

1.6　新しい水文地質学の構築

　既述のように，水文地質調査は地下水の器である地質・地質構造やそこを流動する地下水の涵養から流出に至るプロセスにおける特性を理解するための調査である. これらは，これまでに開発された調査機器や構築された調査手法を用いることで，調査対象地域の水文地質構造を把握することが可能となってきている. 一方で，近年の地球温暖化に伴う異常気象の発生や砂漠化，土壌・地下水汚染，2011年3月に発生した東北地方太平洋沖地震に伴う津波による塩水化や原子力発電所事故による土壌の放射能汚染等は日常生活に影響を及ぼす大きな社会問題となっている. さらには原子力発電所等から発生する放射性廃棄物の地中処分や二酸化炭素の地中貯留等は，今後早急な解決が求められる社会的課題である. これらはいずれも水文地質学に関連する課題であり，水文地質学の基礎的理解なくして解決できないものである. 本節では，今後解決すべき水文地質学的な課題を，2020年に公益社団法人日本地下水学会が策定した，今後30年程度の間に地下水学が解決すべき課題を示した「地下水学の夢ロードマップ～地下水学の長期展望～」[25]（以下，

ロードマップ）に基づいて紹介する．

ロードマップでは，総合地球科学研究所が策定した「日本における戦略的研究アジェンダ」[26]を参考に，持続可能な地球社会を実現するための研究課題のうち，地下水学に関連する12の研究開発項目を挙げ，さらにこれを細分した28の研究開発小項目を掲げている．ここではこれらの中から，水文地質調査に深く関連する，地球温暖化，自然環境，自然災害，人間生活，地下水環境利用の5つの項目に関連する課題について紹介する．

地球温暖化と地下水に関しては，主として温暖化対策としての温度計測技術の高精度化や地中熱利用に関わる稠密ポテンシャル計測等が課題として挙げられている．また，自然環境と地下水に関しては，主として砂漠化防止のための地下水資源量評価技術や生態系管理のための技術開発が，自然災害と地下水に関しては主として災害時の地下水利用技術やマイクロセンサーを用いた流動経路推定技術の開発等が課題となっている．さらに，人間生活と地下水に関しては主として土壌・地下水汚染修復の効率化技術や地下水の見える化のための4次元同位体地図技術のシステム化が，地下環境利用と地下水では年代測定技術の高度化や地下深部（数千メートル）におけるモニタリング技術の開発や融雪散水や温泉水の還元技術等が挙げられている．

以上の課題は，その多くが新たな装置や調査技術の開発に関するものである．今後の技術革新によって装置の小型化や高精度化，測定の簡易化や合理化等が期待される．これに伴って多くのデータが取得され，

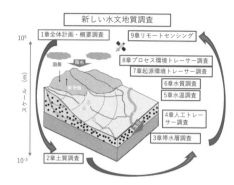

図 IV.1.6 水文地質構造の概念モデル構築に必要な水文地質調査（文献12）に加筆）

ビッグデータや人工知能技術のさらなる活用も求められ，水文地質学分野の飛躍的な発展につながる可能性が期待される．

第IV編「地下水調査法」では9つの章にわたり調査計画や個別の地下水調査の手法について，従来技術とともに最新技術について概説する．様々な水文地質学的な調査結果に基づいて，図IV.1.6のような水文地質構造の概念モデルが構築される．

〔竹内真司・小野寺真一〕

文献

1) 国土開発技術研究センター編（1993）：地下水調査および観測指針．山海堂，218p.
2) Tóth, J.（1963）:A theoretical analysis of groundwater flow in small basins. Journal of Geophysical Research, 68, 4795-4812.
3) 地盤工学会編（2013）：地盤調査の方法．第7編地下水調査第1章，pp.471-483.
4) 三枝博光ら（2007）：超深地層研究所計画おける地表からの調査予測研究段階（第1段階）研究成果報告書．JAEA-Research 2007-043.
5) 国土地理院：地理院地図．https://maps.gsi.go.jp/help/intro/（2022年2月11日閲覧）
6) 国土交通省：5万分の1都道府県土地分類基本調査．https://nlftp.mlit.go.jp/kokjo/inspect/

第1章　地下水調査のための計画と水文地質調査　　187

landclassification/land/5-1/prefecture05.
html#prefecture05（2022年2月11日閲覧）

7）日本地下水学会：地域地下水情報データ
ベース．http://www.jagh.jp/jp/g/activities/
committee/research/gwdb.html#nihon_02_
16.pdf（2022年2月11日閲覧）

8）地盤工学会編（2013）：地盤調査の方法と解
説一二分冊の1一．477p.

9）大島洋志（2000）：分かりやすい土木地質学.
土木工学社，pp. 98-100.

10）日本地下水学会編（2011）：地下水用語集．理
工図書，66p.

11）環境省総合環境政策局編（2001）：環境省環境
影響評価技術検討会報告書，大気・水・環境負
荷の環境アセスメント（II）表2-1-2. http://
assess.env.go.jp/files/0_db/seika/4734_01/2/
chap2_1_2.html（2023年3月30日閲覧）

12）株式会社ダイヤコンサルタント：降水の涵養
〜地下水流動〜流出の概念図．http://www.
diaconsult.co.jp/saiyou/business/business04.
html（2022年2月11日閲覧）

13）日本地下水学会編（2020）：地下水・湧水の疑
問50. 成山堂書店，249p.

14）谷口真人編（2011）：地下水流動　モンスーン
アジアの資源と循環．272p.

15）気象庁：過去の気象データ.

16）町田　功ら（2015）：ドイツ・ヘッセン州の地
下水管理．日本地下水学会誌，57(3)，307-

315.

17）熊本県：地下水涵養指針.

18）国交省：水文水質データベース.

19）開發一郎（1995）：誌面講座「雨水浸透と地下
水涵養」2.　地下水涵養に関わる新しい観測・
計測法．地下水学会誌，37(3)，193-206.

20）開發一郎（2018）：陸域水循環における土壌水
分観測研究地下水学会誌，60(3)，263-271.

21）小林正雄（2001）：「地下水と地上水・海水と
の相互作用」3.　湖水と地下水の相互作用，地
下水学会誌，43(2)，101-112.

22）谷口真人（2001）：「地下水と地上水・海水と
の相互作用」7.直接測定法，地下水学会誌，
43(4)，343-351.

23）谷口真人（1992）：自記地下水漏出量計の開発
とびわ湖々底での適用，ハイドロロジー（日
本水文科学会誌），22(2)，67-74.

24）Kobayashi, M.（1994）：Study of groundwater
seepage into Lake Biwa. Dr. Thesis, Univ.
Tsukuba.

25）竹内真司ら（2020）：地下水学の夢ロードマッ
プ一地下水学の長期展望一．地下水学会誌,
563-571.

26）総合地球環境学研究所（2017）：日本における
戦略的研究アジェンダ．http://www.chikyu.
ac.jp/future_earth/ristex/outputs/（16p）
JSRA.pdf.（2023年5月19日閲覧）

第IV編　地下水調査法

第2章

土 質 調 査

2.1 調査計画および試料採取

　土質調査は，第IV編第1章の地下水調査のための計画と水文地質調査を踏まえて，対象とする地下水の流動および物質輸送に直接関与する媒体の特性をミクロな視点（10^{-3}-10^{-1} m スケール）で明らかにすることを目的とするものである．すなわち，地下水に関してマクロな視点で捉えるうえでの基盤的な情報となる．例えば，透水性や水分特性等は，斜面等での不飽和帯や帯水層スケールでは不均一性を有しばらつきが大きく平均化して取り扱う必要があるため，円筒等の試料を使用した実験結果は帯水層等の基盤的な貴重な情報となる．また，吸着特性や化学組成については，帯水層での物質輸送や水質形成の解析の点で，必要不可欠な情報である．一方で，第3章における地下水流動層の原位置調査や第4章における人工トレーサー調査等のマクロな視点での調査と補完的に実施することにより，透水性，分散特性や吸着特性等の不均一性を考慮したより良い精度の解析や有機的な解釈に繋がるであろう．

　まず，調査計画を立て，それに基づき試料採取を行い，各種物理特性および化学特性に関する室内試験に供していく．本節では，計画と試料採取について概説する．地下水媒体として，地質媒体全体および表層土壌それぞれを対象とした調査計画や試料採取法については，いくつかの良書[1-3]等があるので詳細はそれらを参照されたい．

2.1.1 調査計画

　調査計画は，目的に合わせて下記のような①から⑤までの流れになる．
　①採取地点の選定
　②採取地点・深度間隔の決定
　③採取方法の選定
　④採取試料の管理
　⑤試料の試験計画の策定

　ただし，これらは実行順であり，実際には，目的に応じて⑤試料の実験計画を立て，それに合わせて①-③採取計画を立てることになるだろう．特に，⑤試料の実験計画については，次節以降の物理特性（IV.2.2節，IV.2.3節），化学特性（IV.2.4節，IV.2.5節）についての主要な実験方法を参考にして欲しい．

2.1.2 試料採取

　試料採取は，不撹乱状態であれば，より現実に近いという意味で，精度の良い物理・

化学特性情報となる．一方で，特に圧縮や撹乱等に配慮のないボーリングコア試料や断面から直接採取した撹乱試料の場合も，他の試料等からの汚染に配慮していれば，化学性等の試料としては特に問題がない．

表層土壌ならびに表層地質媒体の不撹乱試料採取については，主に断面（トレンチ）を作成して，その壁面から切り出す形で不撹乱試料を採取する[1-3]等．通常は直径5 cmで長さ5 cmのステンレス製円筒を使用し，媒体試料をナイフで丁寧にカットしながら円筒に隙間なく挿入する．円筒のサイズについては，目的に応じて多様である．ボーリング時の試料採取については，地盤工学会（2017）[1]等を参照して欲しい．

〔小野寺真一〕

2.2 物理特性1：構造，水分特性

土や岩石の中を流れる水の特性を考える際に，移動経路となる間隙構造を考えることが重要となってくる．ここで，間隙（空隙）とは土や岩石の中を構成する固相，液相，気相の三相のうちの固相以外の部分のことをいう．間隙は土においては，固相である土粒子と土粒子の隙間であり，岩石においては，亀裂部分に相当する．本節では，これらの間隙構造の定量的な評価法とその物理特性として水分特性の室内での試験法についてまとめる．

2.2.1 間隙構造

間隙構造は，固相部と間隙の比率として，間隙率（空隙率）（$n = (V_V/V) \times 100\%$）や間隙比（$e = V_V/V_S$）で表される．ここで，Vは試料体積，V_Vは間隙体積そしてV_Sは固相体積である．この間隙率の測定は試料の乾燥密度，含水比や土粒子密度等を測定することによって算出できる．しかしながら，間隙構造を他の物理量と関連させて考えるには，間隙率だけでは情報量が少ないといえる．例えば，土では空隙径，岩石では亀裂開口幅等の情報は地下水の流れを考えるうえで重要となってくる．空隙径や亀裂開口幅の分布は断面の観察によっても推定することができるが，水銀圧入法（ナノメートル-マイクロメートルサイズ）やガス吸着法（ナノメートルサイズ）により直接的に測定することができる．また，間隙構造は3次元構造であるため，直接観察することは困難であるが，近年ではX線CTの撮影によりその3次元構造を可視化することができるようになってきた（図IV.2.1）．

不飽和領域において，土等の多孔質体中の水は，毛管現象により保水されている．毛管現象による土の保水メカニズムは，土

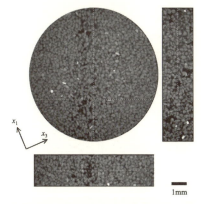

図IV.2.1　X線CTによる豊浦砂のせん断帯での間隙構造（文献5）

の間隙を異なる毛細管の集合体とみなすことで理解できる．粘土を含む土壌が砂に比べてより多くの水を保持できるのは，平均間隙径が小さいことにより，水を保持できる力（毛管力）が大きいためである．このように水分保持特性から，間隙構造を間接的に評価することもできる．

2.2.2 水分特性

土中水は，土粒子表面の吸着力，土粒子間隙に発生する表面張力（毛管作用）等の影響を受けて，土粒子に保持されている．土中水のエネルギー状態を表す化学ポテンシャルの内，マトリックポテンシャルは，土粒子と水の相互作用によるエネルギー低下分であり，水が土粒子間隙に引き付けられる強さを表す．土中水分量とマトリックポテンシャルの関係，すなわち水分特性曲線を測定する方法としては，加圧法や吸引法等がある．一般的に高いマトリックポテンシャル域（>−20 kPa≒−200 cmH$_2$O）では吸引法，それよりも低いマトリックポテンシャル域では加圧法を用いる．吸引法では，一定負圧下の水を素焼き（メンブレン）フィルターを介して土壌水と接触させる．試料から排水地点までの距離を h とした場合，$-h$ よりも高いマトリックポテンシャルで保持されている試料中の土中水は排水され，試料中の水分はマトリックポテンシャル $-h$ と平衡状態になる．また，より低いマトリックポテンシャル下での水分特性曲線を把握するために，吸引法や加圧法に加えて，蒸気圧法やサイクロメータ法を組み合わせることもある．

図IV.2.2に砂およびローム質土で測定

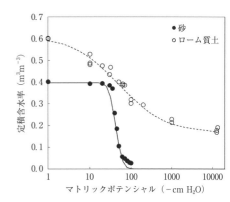

図 IV.2.2 水分特性曲線の測定例（文献5）に加筆修正）図中の実線と点線は，対数正規分布モデル（文献6）に基づいたフィッティング

した水分特性曲線の例を示す．砂は，平均間隙径が大きいことから，マトリックポテンシャルの低下とともに間隙に満たされていた土中水が急激に排水される．一方で，ローム質土では，微細な間隙が多いことから，低いマトリックポテンシャルでも間隙内に土壌水が保持されていることを示している．このように水分特性曲線から，あるマトリックポテンシャル，すなわち毛管径に対応した水分量がどの程度含まれるかを推定することができる．水分量と土中水圧力の関係を表す水分特性曲線は，これまで様々なモデルが提案されており，通常，水分特性曲線の実測値に対してモデルをフィッティングして用いられる．

2.3 物理特性2：水理定数の算出

地下水の流動を考える際に使われる水理定数を求める手法として，各種パラメータを得るための室内試験がある．ここでは，

透水係数と拡散係数そして，地下水に関連する問題として取り上げられることの多い地盤沈下を考える際の圧密試験についてまとめる．

2.3.1 飽和透水試験

土や岩石の透水係数の値は対象とする媒体によりオーダー単位で異なる．図IV.2.3は透水係数を測定するための試験法を対象ごとにまとめたものである[7,8]．ここでは，透水係数の単位はm/sとしているが，亀裂や空隙の幾何学的特徴から決まる浸透特性である浸透率（固有浸透率，固有透過係数）も岩石の透水性を考えるときに使われることも多く，単位はm^2やmD（mDarcy）で表される．

砂質試料の場合，定水位法を選択する場合が多く，シルトや粘土を含む土であれば変水位法が選択される．また，岩石試料の場合，水頭差の変化から透水係数を求める方法である，トランジェントパルス法やフローポンプ法等が用いられる．特に，難透水性の岩石試料ではトランジェントパルス試験が用いられることが多い．

室内透水試験時に考慮すべき点として，動水勾配，配管と試料内の水分飽和度の確認，亀裂を有する試料の場合の異方性や温度が透水係数に与える影響が挙げられる．

2.3.2 拡散試験

拡散係数は飽和試料中の溶質拡散と地表面に近い不飽和試料中のガス拡散の問題を取り扱うときに測定されるものである．いずれも元となるのはフィック（Fick）の法則となる．

飽和試料中の物質拡散については，トレーサー元素を使うことで，岩石中を拡散する元素の見かけの拡散係数を測定することができる[9]．ここで，見かけの拡散係数には間隙率や吸着の影響が含まれている．一方で，濃度差を付けた容器の間に岩石試料をはさむことで，通過したトレーサー元素の濃度変化を測定することで有効拡散係数を測定することができる（図IV.2.4）．前者の方法ではトレーサー元素は放射性物質を使うことが多いが，後者の方法では，イオン濃度を測定することで求められるた

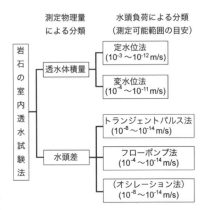

図 IV.2.3 透水試験の方法と対象とする透水係数

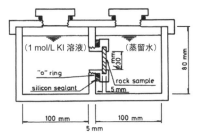

図 IV.2.4 岩石試料の有効拡散係数測定のための装置図（文献9）

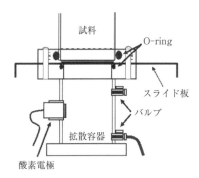

図 IV.2.5 ガス拡散係数測定のための装置図

め,岩石の拡散係数の測定に多く用いられている.

不飽和試料中のガス拡散については,酸素ガスをトレーサーとして測定されることが多い.はじめに拡散容器を窒素ガスで置換する.拡散容器に試料を設置することで,大気中の酸素は試料中を拡散し拡散容器内に侵入する.拡散容器内の酸素の濃度変化を酸素電極で測定することでガス拡散係数を求める(図 IV.2.5).土壌中の拡散係数はガス種や土壌水分量の影響を受ける[10].

2.3.3 圧密試験

地盤沈下を考える際の粘土の圧密は上載荷重の増加により間隙比が減少することに伴う過剰間隙水圧が消散されることで引き起こされる.ここで,圧密の進行する速さは過剰間隙水圧の消散する速さに依存しており,それは粘土の透水係数と関係している.この粘土の圧密を考えるには以下のテルツァーギ(Terzaghi)の圧密方程式で考えることができる[7].

$$\frac{\partial u}{\partial t} = C_v \frac{\partial^2 u}{\partial z^2}$$

$$C_v = \frac{k}{\gamma_w m_v}$$

ここで,u は過剰間隙水圧,C_V は圧密係数,γ_W は水の重量密度,m_V は体積圧縮係数 k は透水係数である.

粘土の圧密を実用的に考える際には圧密試験を行い,圧密曲線を作成し先行圧密力を求め,正規圧密や過圧密の判断を行う.圧密試験は標準圧密試験と呼ばれる段階載荷による方法が多く用いられており,これは,段階的に粘土試料に圧密応力をかけ,各段階で沈下が収束した時の間隙比を求め,間隙比-圧密応力の関係を圧密曲線としてプロットするものである.この圧密曲線を使うことで C_V や m_V 等を得ることができる.また,圧密時の透水係数は圧密方程式から求めることもできる.また,圧密試験は,試験装置が複雑になるが,試験時間を短縮することのできる定歪み圧密試験もある. 〔竹村貴人・濱本昌一郎〕

2.4 化学特性 1:pH および吸着特性

2.4.1 土壌 pH

土壌 pH は土壌コロイド表面での吸着現象や土壌から溶出する元素の種類や速度に影響を与える重要な因子である.土壌 pH はガラス電極法を用いて測定されることが一般的であり,ガラス電極と比較電極および温度センサーも一体化した複合電極を用いた測定が主流となっている.測定前には必ず pH 標準液を用いた校正を行う.校正にはフタル酸塩(pH=4.01),中性リン酸塩(6.89),ホウ酸塩(9.18)標準液の 3

種類を用いるのが一般的であり，正確な測定を行うためには校正に加えてガラス電極表面や液絡部の洗浄を頻繁に実施することが重要である．

　土壌 pH は土壌の種類や採取時期によって概ね 3-9 の間で大きく変動する．ただし土壌 pH は，土壌の乾燥（風乾）の有無や土液比，溶液の組成等の測定条件によっても値を大きく変動させるため，条件を統一することが正確な測定には重要である．土壌環境分析法では，未風乾の新鮮土に対して土液比 1：2.5 で脱イオン水を加え，撹拌を伴う 1 時間以上放置の後，懸濁状態のままガラス電極を挿入し，30 秒以上経過した後の pH 値を読み取ることが推奨されている．

　ただし黒ボク土や褐色森林土の表層土や泥炭土等では吸水力が大きいため，これらの土壌が広く分布する日本では，液量を増やし土液比 1：5 にする方が一般的である[11]．また，新鮮土を用いた pH 測定は採土後速やかに実施する必要があるため，利便性や再現性を優先させて風乾土を用いる場合が多い．一般に，pH 値は土壌に対する水の量を減らすほど，あるいは風乾することで低下する傾向を示すことから，報告書や論文中には測定条件を明記することが重要である．

2.4.2　吸着特性

　土壌の吸着特性は，浸透水を通じたイオンや様々な化学物質の地下水への移動を制御する重要な因子である．ただし吸着の強さは，移動する吸着性の物質（吸着質）の種類だけでなく，土壌の物理・化学的な性質の組み合わせによっても大きく異なるため，吸着特性が地下水への物質移動に及ぼす影響を移行予測モデル等に反映するためには，吸着試験によって対象土壌の吸着能力を定数化する必要がある．

　吸着質の土壌コロイド表面への吸着反応と表面からの脱着反応の速度が釣り合っている状態（＝平衡状態）が想定され，かつ吸着質による吸着サイトの占有割合が十分小さい場合，土壌の吸着能力を定数化する最も有効な指標の 1 つが固液分配係数（Kd）である．Kd は吸着量 Q（mol/kg）を液相濃度 C（mol/L）で割った値であり，土壌中の水移動に対する移動の遅れを表す遅延係数 R の算出に用いられる．

$$R = 1 + Kd \cdot \frac{\rho}{\theta} \tag{IV.2.1}$$

　ここで，θ は体積含水率（m^3/m^3），ρ はかさ密度（Mg/m^3）である．Kd の実験室内における測定方法は主にカラム法とバッチ法に大別される．バッチ法では，遠沈管等の密閉系で土壌とある初期濃度（C_0）の吸着質を含む溶液を混和し，図 IV.2.6 の手順で実験を進めることで吸着質の平衡後の濃度（C）を測定する．吸着前後の濃度差 $C_0 - C$ に相当する化学物質がすべて土壌に吸着していると仮定し，以下の式から Kd 値を算出する．

$$Kd = \frac{C_0 - C}{C} \cdot \frac{V}{m} \tag{IV.2.2}$$

　ここで，V は溶液量（L），m は土壌量（kg）である．バッチ法は試験操作が容易で迅速性が高いため，多くのマニュアルやガイドラインで採用され，広く利用されている[12]．一方で，吸着質の接触時間や固

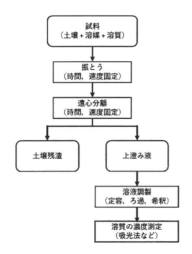

図 IV.2.6 バッチ法による吸着実験の
フローチャート

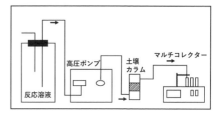

図 IV.2.7 カラム法による吸着反応速度の実験系
（文献 13）を参考に作成）

液比等の物理的な要因，pH や競合イオンの種類等化学的な要因が組み合わさることで，数桁のオーダーで変動するため，測定する際の実験条件について十分に検討する必要がある．また，液固比が現実の状況よりもかなり高いことや，間隙水が構造化された土壌空間を移動する状況を模擬できないといった課題がある．

これらの課題の一部を克服した吸着試験の方法がカラム試験である．カラム試験では，土壌に初期濃度（C_0）の吸着質を含む溶液を連続的に通過させて，一定時間ごとに採取した浸出液中に含まれる吸着質の濃度 C の経時変化から，土壌の吸着特性を評価する（図 IV.2.7）．

カラム試験の試験結果から Kd を求める方法は複数提案されており，例えば土壌を通過した前後の吸着質の濃度比（C/C_0）を時間に対してプロットした曲線（破過曲線）と Y 軸，および $C/C_0 = 1$ で囲まれた部分の面積を求めて遅延係数 R を推定し，式（IV.2.1）から Kd を求める面積法等がある[14]．カラム試験から Kd を取得する方法について明確な整理や規定はされていないが，より現実に近い吸着特性の評価方法として今後重要性が高まることが想定される．

なおバッチ法，カラム法いずれの場合も，吸着質の固相分配の実態が吸着か沈殿かを判別することは困難である．この判別には，放射線吸収分光法等の非破壊分析や地球化学モデリングによる推定が有効である[15]．

2.5 化学特性 2：元素，鉱物組成

2.5.1 元素組成

降水の多くが地中に浸透し，土壌・風化帯と相互作用した後，地下水系に加わるため，土壌・風化帯の元素組成は地下水の水質に大きな影響を与える[16]．

土壌の元素組成を測定する方法は，主に土壌中の全元素を溶液化した後に測定する湿式法と，土壌に X 線を照射した際に発生する蛍光 X 線を利用して測定する蛍光 X 線法に分けられる．どちらの方法も長所・

短所があり，目的元素の種類や設備環境に応じて使い分けられている．

湿式分解法の場合，まず土壌を微粉砕し，試料の均質化と分解時の反応効率を向上させた後，微粉砕試料を溶液化する[17]．溶液化の方法は，酸分解とアルカリ融解の2種類に大別される．酸分解による溶液化では，Si-Oの結合を切断するフッ化水素酸を含む混酸が主に利用され，分解反応を迅速に進めるために，ホットプレート上での加熱もしくはマイクロ波が用いられる（表IV.2.1）．この方法では，分解液のマトリックス元素を低く抑えられる長所がある一方で，揮発性物質の損失やフッ化物および一部の難分解性物質の残留によって測定精度が低下する元素もいくつか存在する．揮発による損失を防ぐには密閉容器の利用が有効だが，その場合は別の要因によって測定精度が低下する．またフッ化水素酸は毒性が高いため取り扱いに注意が擁する．

アルカリ溶融法は，白金やニッケル製のるつぼに土壌と融剤を入れて，バーナー等を用いて融解して，土壌を酸に可溶な状態にする方法である．用いる試薬の毒性が低く，フッ化水素酸を含む酸分解法では分解できない一部の難分解性物質を可溶化できる等の長所がある一方で，融解液の塩濃度が高いため，分析元素の汚染や機器分析におけるマトリックス効果等の影響には注意が必要である．

蛍光X線分析法を用いた土壌の元素組成の測定では，土壌を油圧プレスによりペレット化するか，融剤とよく混ぜて加熱しガラス化したものを測定に供する[18]．つまり，溶液化の過程を必要としないため，危険な薬剤の利用も有害な廃棄物を発生させる危険もないことが同法の大きな利点である．一方で，Naよりも軽い元素については測定精度が保証されない．また，固形試料間の物理的，化学的，鉱物学的相違によるマトリックス効果が蛍光X線の強度に影響を及ぼすことが注意点となる．そのため，正確な測定には化学組成の類似する試料グループごとに検量線を別個に準備する必要がある．なお近年では携帯型装置が汎用化したことで，フィールドでの直接観測等活用の幅が広がっている．

有機物は土壌の物理性に影響を及ぼす重

表IV.2.1　元素の全量分析における前処理の代表例（文献17）を参考に作成）

前処理法	器具・装置例	試薬例
ホットプレート酸分解	開放容器（ビーカー），ホットプレート	硝酸，塩酸，過塩素酸，フッ化水素酸，硫酸，ホウ酸
	密閉容器（ステンレスブロック被覆），ホットプレート	上記から過塩素酸を除いた試薬
マイクロ波支援酸分解	密閉容器（セラミックスまたはPEEK製ブロック被覆），マイクロ波分解装置	同上
アルカリ溶融	るつぼ（白金，ニッケル製），バーナー	炭酸塩，ホウ酸塩，過酸化物

要な構成要素だが，その主成分である水素（H），炭素（C），窒素（N）等の軽元素は上記の測定法では定量することができない．これらの測定には主に乾式燃焼法が用いられる[11]．また精度は落ちるが土壌有機物量を簡易的に推定する方法として，土色や近赤外線スペクトルの利用も提案されている．

2.5.2 鉱物組成

土壌の元素組成が同じであっても，その元素が配列してできる鉱物の種類や存在割合によって固液界面での吸着や溶解等の反応性は大きく異なる．つまり鉱物組成に関する情報は，土壌から地下水への物質動態の理解に欠かすことができない．

土壌粒子の中でも吸着特性に主に関与するのは粘土であり，その主成分である結晶性の層状ケイ酸塩の種類と相対的な存在割合の把握には，通常 X 線回折による定方位法分析が用いられる．同法ではまず土壌の有機物を分解し，超音波処理を行うことで土壌を単粒化し，分散処理を行った後にストークス（Stokes）法により粘土粒子を分画する．分画粘土は塩化マグネシウムまたは塩化カリウム溶液で飽和し，スライドガラス上に塗布する．これらを乾燥後にそのまま，もしくはエチレングリコールの湿布や加熱処理等を行った後に X 線回折装置にかけることで，2:1型，1:1型の判別やそれぞれの型の中での優占鉱物種の同定等が可能となる（図IV.2.8)[19]．ただし定方位法では配向性を強めることで層状ケイ酸塩の検出感度を上げているため，X 線回折強度と存在量が必ずしも一致しない．

土壌粒子の中の鉱物組成を定量するには，X 線回折による不定方位法分析が有効である．ただし低結晶性の鉱物も多い土壌

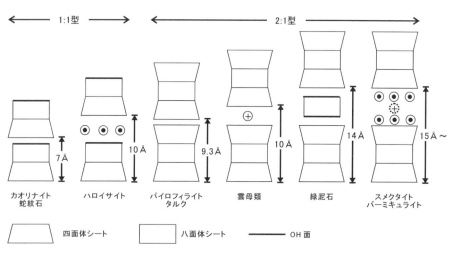

図 IV. 2. 8 層状ケイ酸塩の種類と層間距離の関係（文献 19）を参考に作成）

を対象とする場合，同法での定量精度を確保するためには，内標準物質の添加や配向性を抑えるための試料調製等，様々な工夫が必要であり，回折パターンの解析方法によっても結果が異なるため，慎重な解釈が求められる[20]．　　　　〔中尾　淳〕

文献

1) 地盤工学会 (2017)：地盤調査の方法と解説．第5編，201-275.
2) 中野政詩ら (1995)：土壌物理環境測定法．東京大学出版会，236p.
3) 森林立地調査法編集委員会 (2010)：森林立地調査法．第1章 土壌．博友社，pp.5-42.
4) Oda, M. et al. (2004)：Microstructure in shear band observed by microfocus X-ray computed tomography, 54(8), 539-542.
5) Hamamoto, S. et al. (2010)：Excluded-volume expansion of Archie's law for gas and solute diffusivities and electrical and thermal conductivities in variably saturated porous media. Water Resources Research, 46, W06514.
6) Kosugi, K. (1996)：Lognormal distribution model for unsaturated soil hydraulic properties, Water Resources Research, 32, 2697-2703.
7) 地盤工学会 (2004)：土質試験の方法と解説．地盤工学会，904p.
8) 林 為人ら (2003)：岩石の透水係数の各種室内測定手法および測定結果の比較に関するレ

ビュー．資源と素材，119(8), 519-522.
9) 喜多治ら (1989)：花崗岩および凝灰岩間隙水中のイオンの拡散係数の測定．応用地質，30, 84-90.
10) 宮崎 毅・西村 拓 (2011)：土壌物理実験法，東京大学出版会，209p.
11) 土壌環境分析法編集委員会編 (1997)：土壌環境分析法，博友社，pp.129-138.
12) 高橋知之ら (1997)：分配係数の相互比較実験—測定値の変動要因の検討—．JAERI-Research, 97-066.
13) Song, Y. et al. (2016)：Preparation and characterization of nano-hydroxyapatite and its competitive adsorption kinetics of copper and lead irons in water. Nanomaterials and Nanotechnology, 6, 1-8.
14) 加藤智大ら (2021)：カラム吸着試験に基づく分配係数の取得方法が吸着層の性能評価に及ぼす影響の考察．地盤工学ジャーナル，16, 131-141.
15) 高橋嘉夫編 (2021)：分子地球化学．名古屋大学出版会，pp.57-183.
16) 関 陽児 (1998)：土壌・風化帯の形成と水質変化，地質調査所月報，49, 639-667.
17) 中里哲也 (2012)：土壌中重金属分析のための前処理法．ぶんせき，7, 352-357.
18) 仙田量子 (2020)：岩石．ぶんせき，10, 352-358.
19) 白水晴雄 (2010)：粘土鉱物学—粘土科学の基礎—．朝倉書店，p 18.
20) 中井 泉・泉富士夫 (2009)：粉末X線解析の実際—第2版—．朝倉書店，pp.34-41.

第3章

地下水流動層の調査

3.1 地質概要の把握

　地下水流動層の調査においては，地下の地質構造をあらかじめ把握しておくことが重要である．そのためには，地上での地質調査やボーリング調査，物理探査等が有効である．本節では，まず，一般的な物理探査手法のうち，地下水を対象とした代表的な探査手法として，電気探査，電磁探査についてその概要を紹介する．そのうえで，地下水流動を規制する断層や水みちを検出するための物理探査手法について紹介する．なお，水文地質調査の詳細は第IV編第1章を参照されたい．

3.1.1 電気探査

a. 探査原理

　電気探査では，自然電位（SP）法・比抵抗法・強制分極（IP）法等の探査手法が挙げられるが，本書では地下水探査に多く採用されている比抵抗法を記載する．

　比抵抗法では，基本的には2個の電極間に直流電流を流し，別の2個の電極間の電圧（電位差）を測定することにより，地下の比抵抗分布を把握する．近年の地下水調査では，比抵抗2次元探査（比抵抗映像法・高密度電気探査法）と呼ばれる断面2次元による探査の実績が多い．

　比抵抗法では，電極間に流す電流は時間的に変動しない定電流（直流）とした静電場の理論を基礎としている．一般に，各電極間隔を広げることにより，より大深度の探査が可能となる．代表的な電極配置として，ウェンナー（Wenner）法・シュランベルジャー（Schlumberger）法・スタッガード（Staggered）法・ダイポール・ダイポール（Dipole-dipole）法・遠電極を用いた2極法等がある．

b. 探査方法

　本書では近年の地下水探査で多く採用されている断面2次元探査の概要を紹介する．電気探査の詳細ついては文献[1]を参照されたい．

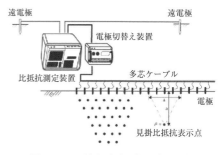

図IV.3.1　電気探査法概念図（文献1）

探査測線上に設置した多数の電極は，探査器の設置場所まで多芯ケーブルを敷設し，電極切替機に接続する．電極切替機では，制御用のパソコン等からリレースイッチを動作させ，探査に必要な任意の電極を送信機および受信機に接続する．受信機では受信した電位波形を増幅回路やフィルター回路を通過させた後にデジタル波形に変換し測定データを得る（図IV.3.1）．

c. データ整理・解析手法

比抵抗法では，かつては標準曲線を用いた図式解析法が一般的であったが，現在はインバージョン解析が用いられる．インバージョン解析では，現地で測定されたデータを説明するための地下比抵抗構造モデルを仮定し，このモデルによる応答が測定データに十分に近似するように，モデルパラメータを数値解析により逐次近似させることで行われる．

d. 探査対象と留意すべき事項

断面2次元探査等で設定する測線は，偽像を生じさせないように，地形や地質構造にできるだけ直交するように測線配置を設定する．

断面2次元探査では，求められる比抵抗断面は逆台形型となり，測線の両端部域では期待される探査深度までの探査が困難となる．したがって，探査深度と実施する電極配置から適切な測線延長を計画する．探査結果の解釈にあたっては，地形・地質情報等と総合的に行う．

3.1.2 電磁探査

a. 探査原理

時間変動する電磁場が大地へ透過すると大地は有限の比抵抗値を持つため，大地には誘導電流が流れる．この誘導電流が作る電磁場を二次場と呼び，もとの電磁場は一次場と呼ばれる．電磁探査は，このような電磁誘導現象を利用し，大地に誘導された磁場や電場（電磁応答）を測定することにより，地下の比抵抗構造を把握する探査手法である．

地下水調査では，CSMT（CSAMT・地磁気地電流）法・TEM（TDEM・時間領域電磁）法・空中電磁法・ループループ法等が用いられている．本書ではCSMT法について紹介するが，他の探査手法については，文献[2]を参照されたい．

b. 探査方法

CSMT法は，地表に設置した人工の送信源から電磁波を放射し，これにより生じる地磁気や地電流の変化を受信機により電場と磁場の成分として計測し，地下の比抵抗分布を把握する探査手法である．本探査法では，送信源から1-10,000 Hzの帯域で10-15の測定周波数を，対数軸上に等間隔となるように設定し送信する．測定周波数が低いほど，探査深度は深くなる（図IV.3.2）．

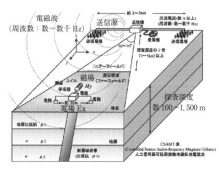

図IV.3.2　CSMT法概念図（文献3）

c. データ整理・解析手法

CSMT法においてもインバージョン解析が用いられている。インバージョン解析により、現地で測定されたデータを説明するための地下比抵抗構造モデルを仮定し、このモデルによる応答が測定データに十分に近似するようなモデルパラメータを求めることにより行われる。

d. 探査対象と留意すべき事項

本探査法は、温泉・帯水層・粘土層・変質帯・金属鉱床等電気を通しやすい地層を対象とし、深度100-1,000 mの調査に適している。また、地震断層や火山の調査、山岳トンネル等地下深部構造物の調査にも用いられる。一方、硬い岩盤の分布する地域は電気を通しにくい（比抵抗値が高い）ため、ニアフィールド現象が生じ、計画した深度まで探査ができない場合がある。

温泉・地下水・鉱床等の資源探査では、調査範囲全体に測点を散在させて配置する。一方、トンネル調査や断層調査では、測線上に測点を配置する。

本探査法は、電磁ノイズの多い市街地や、電磁ノイズ発生源となる高圧線・発変電所・大規模工場の周辺では、探査が困難となる。また、測点数量が10測点以下の小規模な場合、経済性が悪くなる。　〔中谷　仁〕

3.1.3　断層と水みち

断層は岩石の破壊によって生じた不連続面であり、2つの断層面の間にはしばしば粘土を含む断層ガウジや断層角礫等が挟まれている。断層は隣接する地下環境をつなぐ水みちとしての役割を果たす場合もあるが、断層粘土等の低透水部により水の流れを阻害する遮蔽物となることもある。このような地質構造は、地下水の流れを複雑にするとともに、地下水の賦存状況に遍在性を生じさせる。結果として、地下水資源開発の適地となることもある一方、土木工事や斜面地で出水や崩壊の要因となることもある。このため、断層およびその周辺の地下水流動特性や物質移行特性を理解することは、土木構造物の設計・施工・維持管理、防災、資源調査・管理等において重要となる。

a. 断層・水みち調査への物理探査の適用

断層やその周辺の地下水の流れを理解するためには、文献調査、空中写真による地形判読、露頭調査、ボーリング、トレーサー試験といった多様な手法に加え、種々の物理探査が活用されている。物理探査は間接的に地盤の性状を推定する手法ではあるが、地表から見えない被覆層下の断層を可視化するうえで広く適用されてきている。ここでは、断層や水みち調査で用いられる代表的な物理探査手法について、次節では比較的新しい取り組みについて紹介する。

表IV.3.1に示す物理探査手法は、断層の位置・形状の推定、断層を含めた地盤性状の把握等に用いられている。対象は、地すべり地等の斜面、トンネル掘削時の地山、ダムサイト、扇状地等と幅広い。いずれの手法も、断層とそれ以外の地層や岩体との物性値の違い、生じる物理現象の違いを利用している。また、含水率や水質による物性値の違い（比抵抗等）から地下水や温泉水の水みちを捉えることも可能である[4,5]。直接水みちを探査しない場合でも、地下水

第3章　地下水流動層の調査

表 IV.3.1　断層調査で用いられる代表的な物理探査

種類	対象物性・現象	手法の特徴
弾性波探査	弾性波速度	発振した弾性波が物性の異なる境界面で屈折・反射する現象を利用する
電気探査	比抵抗	地盤に通電し，断層とそれ以外の地盤の比抵抗分布の違いを求める
電磁探査	比抵抗	電磁誘導現象を利用し，断層とそれ以外の地盤の比抵抗分布の違いを求める
重力探査	重力加速度	断層を境にした地層の変化域における局所的な重力異常を検知する
放射能探査	放射線強度	断層とその周辺部から放出される放射線（α 線，γ 線）強度の違いを利用する
微動探査	地盤の振動特性	地下構造の違いが地表面の震動（微動）に与える違いを利用する
磁気探査	磁場，磁気異常	岩石の磁化率の違いによって生じる断層付近の局所的な磁気異常を測定する
トモグラフィ	弾性波速度 比抵抗	地表面以外に観測孔や坑道を利用して信号源・センサーを配置し，対象領域を取り囲むように探査を行う

が流動しやすい地盤の構造を把握するうえでそれぞれの探査手法は有効である．

多角的に断層や水みちを検討するために，複数の探査・検層等を組み合わせた調査が実施されることも多い．例えば，弾性波探査，重力探査，ハイドロフォンVSP検層による花崗岩体中の水みち調査[6]，電気探査と微動探査による扇状地の伏在断層と帯水層厚の変化の調査[7]，陸域の弾性波探査と海上の音波探査による陸域から海域までの断層の分布の推定[8]等が行われている．

より分解能の高い地盤内部の情報を取得するため，対象領域を取り囲むように地表以外にも信号源やセンサーを配置するトモグラフィ（ジオトモグラフィ）が断層検出にも用いられる．信号源・センサーの設置にはボーリング孔や坑道等が利用される．例えば，弾性波トモグラフィによりトンネル掘削時の切羽前方の断層破砕帯等の把握

が可能である[9]．

b.　新たな取り組み

小型無人航空機（ドローン）の技術の進展と社会実装の拡大により，物理探査においてもドローンが活用されている（図IV.3.3）．特に広域探査における省力化，立ち入りが困難な斜面地等での探査に有効である．深層崩壊が発生した斜面地や沖積平野の地下水流動域等で断層を含む地盤構造の把握にドローンを用いた空中電磁探査が適用されている[10,11]．計測したデータのパターンを認識し，特徴を抽出するという物理探査の解析には機械学習の適用が可能である．石油・天然ガス関連分野では，井戸掘削位置選定のための弾性波探査のデータが増加している．それに伴って解析の自動化の必要性が高まり，機械学習による断層の自動判別手法の開発が進んでいる（図IV.3.4）．また，計測データは時間的にも空間的にも離散的であり，得られるデータ

図 IV.3.3 2機のドローンを用いた空中電磁探査の例

 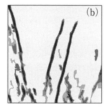

図 IV.3.4 機械学習を用いた断層の自動抽出のイメージ（文献12）をもとに作成）
(a) 弾性波探査解析結果（黒線は専門家による断層の推定）．(b) 機械学習による断層の推定（色が黒に近いほど断層を示す）．

数に対して未知のパラメータが多い劣決定問題が発生する．これに対し，解の疎（スパース）性を利用して逆問題を解くスパースモデリングの手法が開発され，断層位置の推定への適用が検討されている[13]．さらに，複数の探査法を用いるだけでなく，計測値から新たに別の物性値を求める「統合物理探査」も新たな取り組みの1つである．複数の物理探査の結果から間隙率や含水率を求めることが可能であり，水みちや浸透過程の把握への貢献が期待される．

〔土原健雄〕

3.2 地下水流動層の把握

地下水の流動状況を支配する地盤の透水性は，地層の堆積環境や土質性状，岩盤では亀裂性状等に左右される．地下水の流動は，同じ砂質地盤や礫質地盤からなる帯水層でも，帯水層全体を均等に流動せずに「水みち」として一定の領域を選択的に流動することがある．このため地盤の中を地下水がどのように流れているかを正確に把握することは非常に重要である．また，地下水の流動状況を正確に捉えることで，安全で経済的かつ地下水環境・地盤環境への負荷を可能な限り軽減する建設工事や，災害対策・地下水汚染対策等を行う可能性を向上させることとなる[14]．ここでは地下水流動層の把握を目的とした3種類の調査手法について述べる．

3.2.1 地下水流動層検層

地下水流動層検層は，単一のボーリング孔内にトレーサー液を投入・置換し，地下水が孔内に流入することにより生じるトレーサー濃度の経時変化を計測し，希釈される速さによって地下水流動層を検出する調査方法である．トレーサーの種類によって，これまでは電気抵抗測定による方法を「地下水検層」，温度測定による方法を「温度検層」等と呼ばれていたが，2003年にこれらを統合する形で「トレーサーによる地下水流動層検層（JGS 1317）」[15]として地盤工学会で基準化されている．

トレーサー液は，電気抵抗測定では食塩水等の地下水と電気抵抗が異なる水，温度

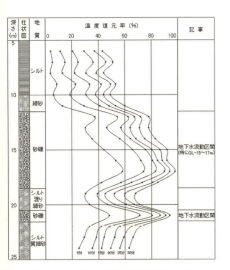

図 IV.3.5 地下水流動層検層結果の例

測定では地下水と温度が異なる水をそれぞれ用いる．孔内のトレーサー濃度変化の測定方法として，1つの検出センサーを孔内で移動させて計測する「一点方式」と，複数の検出センサーを孔内に固定して計測する「多点方式」があるが，近年では深度ごとの測定時間にずれが生じにくく，また，検出センサーの移動に伴う乱れが小さい多点方式が一般的である．

検層結果は，測定記録をデータシートに整理するとともに図IV.3.5に示すような深度ごとの濃度復元率（または濃度変化）を図化する．

検層の実施に際しては，試験孔の適正な洗浄やトレーサー液の投入等に対する留意が必要である．また，ボーリング孔内の水圧環境が静水圧分布ではなく，帯水層や亀裂ごとに水圧（水頭差）が大きく異なる場合，孔内では水圧が高い帯水層から水圧が低い帯水層への流動が発生することがある．このような環境下では，水圧が低い帯水層の検出ができないことがあるので，事前に各帯水層の水圧を把握しておくことが望ましく，揚水状態での検層の実施や，次に説明するフローメータ検層の実施も有効である．

3.2.2 フローメータ検層

フローメータ検層は，単一のボーリング孔内において深度ごとの水圧（水頭差）の違いによって地下水が鉛直方向に流れる流速を計ることで，地下水流動層や岩盤亀裂を検出する調査方法である．これまでは，孔内装置に装着された羽の回転数（スピナー型）や，熱変化（ヒートパルス型）から流速を測定する手法を「孔内微流速測定」[15,16]等と呼ばれていたが，ここでは電磁流量計を用いて流速を測定する手法を「フローメータ検層」として説明する．

従来の検層は，ボーリング孔内の鉛直方向の流速を直接的に計測していたのに対し，図IV.3.6に示すフローメータ検層では孔内測定器の外周にスポンジパッカーを取り付けることにより，電磁流量計が取り付けられた測定器内に地下水を取り込み，より高精度な検層が可能な点が特徴である．また，機器によっては，装着されたボアホールカメラで検層と同時に孔壁（亀裂等）を観察できるものや，地下水の温度や電気伝導度の変化等を計測できるものもある．

測定方法は，ボーリング孔内の水圧環境が自然状態における測定のほか，孔内水を揚水や注水した状態での測定を行うことも

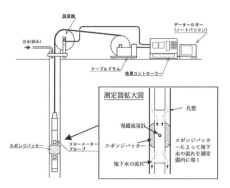

図 IV.3.6　フローメータ検層装置の例

可能である．検層の実施に際しては，適正な試験孔の洗浄や，必要に応じて孔壁保護のためのスクリーン（十分な開孔率を有する有孔管）の設置が必要である．

3.2.3　地下水流向流速測定

地盤中の地下水は，ダルシーの法則（$v = k \cdot i$, v：ダルシー流速, k：透水係数, i：動水勾配）にしたがって流動すると考えられており，地下水流動層検層やフローメータ検層で確認された水みちの情報のみでは地下水の流速や流向の把握は難しい．このことよりこれまでは，複数のボーリング孔を用いた水位観測や投入トレーサーの追跡による方法等が実施されてきた．これらの方法に対して地下水流向流速測定は，単一のボーリング孔を利用して地下水の流向と流速を容易に測定することができ，費用や測定時間の低減や，水みち等の局所的な流動状況の把握が可能である．

測定原理にはいくつかの種類があり，ある溶液の移動や温度変化を検出する「溶液濃度追跡法」と，特定の浮遊粒子に着目しその軌跡を追う「粒子追跡法」の2つに大別される．また，これまでは地下水の水平方向の流速と流向の計測を基本としていたが，近年では3次元方向の測定が可能な機器も開発されている[14]．

一般に，地下水流向流速測定は，測定孔周辺の狭い領域の流れの影響を反映するため，等方均質な多孔質媒体とみなされる砂質地盤や礫質地盤等の未固結堆積物からなる飽和帯水層を対象とする．転石や玉石等を含む地盤の場合は，それらに強く影響され，全体的な地下水の流れとは異なる局所的な流れを測定する可能性があるので注意が必要である．また，測定原理や測定器によって流速の測定範囲が異なるので，地質条件や試験の目的，測定孔の条件，既存資料等から想定される地下水の流速の大きさ等を事前に十分検討し，測定機器を選定しなければならない．　　　　　〔田岸宏孝〕

3.3　間隙水圧の測定

間隙水圧は，地盤中の間隙（ミクロに見たときの固体粒子間の空間）に存在する地下水の水圧のことであり，間隙水圧計等を用いて測定可能な場合もある．地下水調査では，ボーリング孔や井戸を用いて測定することがより一般的である．また，ボーリング孔や井戸の水位として間隙水圧が測定されることも多い．

ここでは，まず間隙水圧測定方法を紹介した後に，ミクロな間隙の水圧をボーリング孔や井戸の区間としてマクロに測定する場合の問題点（マクロによるミクロの平均化）と対応策について述べる．最後に，間隙水圧の変動（時間変化）について述べる．

3.3.1 間隙水圧の測定方法

間隙水圧の測定方法も地盤工学会[17]が基準を示しており、図IV.3.7に示す3通りの方法に区分することができる。なお、間隙水圧の測定においては、いずれの方法でも、間隙水圧計、水圧計、水位計の設置深度の正確な把握と記録が絶対条件である。

まず、ボーリング孔の孔底に間隙水圧計を設置して、間隙水圧を直接的に測定する方法がある。この方法では、間隙水圧計近傍の局所的な間隙水圧を測定することができる。ただし、粘性土や砂質地盤のみに適用可能である。

次に、裸孔で孔壁が崩れない地盤では、孔内にパッカーを拡張させて鉛直方向の流動を遮水した測定区間を設けて、その内部の水圧を水圧計で測定することができる。

地下水調査の実務で最も一般的な測定方法は、ボーリング孔や井戸の水位(水面深度)を測定する方法である。孔内の水圧は静水圧分布であるため、測定されたボーリング孔内の任意深度の水圧を計算することができる。具体的には、換算対象深度と水位の深度差(鉛直長さ)を計算し、孔内流体の密度と重力加速度を掛け合わせることによって、その深度の水圧が求められる。逆に、任意深度の水圧とつり合う孔内流体の重量から水位を計算することができる。すなわち、水位と間隙水圧は、孔内流体の密度がわかれば、相互に換算可能である。

3.3.2 複数の帯水層が存在する場合の間隙水圧の測定方法

水位と水圧の換算に関して、孔内は静水圧分布と上述したが、実際の地盤内では間隙(位置)ごとに水圧の値は異なり、水圧を計算で求めることはできない。一般に地盤内の間隙水圧は静水圧分布ではなく(すなわち動水勾配がゼロではなく)、だからこそ地下水は流動している。

このため、パッカーを拡張させて設けた測定区間や井戸に設けられたスクリーンのように、区間で間隙水圧を測定する場合には、その区間の長さに応じた平均的な間隙水圧が測定されることになる。例えば、図

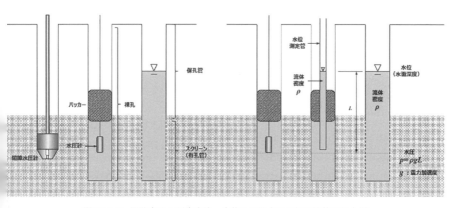

図IV.3.7 間隙水圧の測定方法、水位と間隙水圧の相互換算の概念図

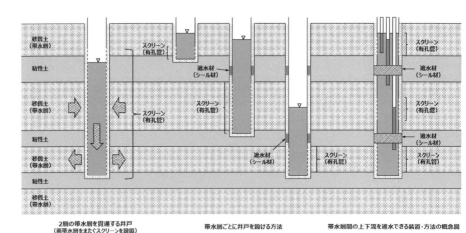

図 IV.3.8 複数の帯水層をまたぐスクリーンを設置した場合とその対応策

IV.3.8(左)に示したように，2層の帯水層を貫通する井戸で，両帯水層をまたぐ深度にスクリーンを設置すると，井戸内で鉛直方向の流れが生じる場合がある．このとき，水位は両帯水層の間隙水圧と透水係数によってバランスする位置に形成され，この水位を測定しても意味が不明確になってしまう．したがって，複数の帯水層を貫通する井戸で水位を測定する場合には，図 IV.3.8(中)(右)に示すように帯水層ごとに井戸を設ける方法や帯水層間の上下流を遮水できる装置や方法を採用する必要がある．断層や複数の亀裂を貫通するボーリング孔についても同様である．

3.3.3 間隙水圧の変動

間隙水圧は，降雨，融雪，海洋潮汐のような浸透現象の他にも，気圧，地球潮汐，地震に起因する地盤の微小変形に伴っても変動することが知られている．また，地下水や温泉のくみ上げやトンネル工事等の人間活動に伴っても間隙水圧は変動している．このような長期的な変動を把握するために，間隙水圧は長期的にモニタリングされることも多い．

間隙水圧の測定開始直後には，測定開始作業に起因する変動も計測される．例えば，パッカーを拡張して設けた区間で間隙水圧をモニタリングする場合，初期の水圧はパッカー拡張の影響を受けて変動する．この変動は時間とともに減衰して，やがて水圧は平衡水圧と呼ばれる一定値に漸近するが，変動がなくなることはなく，ある時点以降は降雨や人間活動等による変動の大きさがパッカー拡張による変動の大きさを上回る．〔細谷真一〕

3.4 透水特性の把握：単孔および複数孔を利用した透水試験

透水特性は，定量的には透水係数として把握される．ダルシーの法則によれば，透水係数は，動水勾配と単位面積あたりの流

第3章　地下水流動層の調査　　　*207*

表 IV. 3. 2　透水試験方法の分類

	複数孔を利用した透水試験	単孔を利用した透水試験（単孔式透水試験）	
		定常法	非定常法
影響範囲 （対象範囲）	試験（揚水あるいは注水）孔 （井）と観測孔（井）間の地盤	試験（注水あるいは揚水）孔 の周辺地盤	試験（注水あるいは揚 水）孔のごく近傍地盤
把握できる 情報	透水係数あるいは透水量係数 透水異方性 比貯留係数あるいは貯留係数 地盤構造※	透水係数	透水係数 比貯留係数（一般に精度 は低い） 地盤構造※
実務上の 留意点	低透水性の場合は不可 長時間（比較的高価）	低透水性の場合は困難 短時間（比較的安価）	高透水性の場合は困難 短時間（比較的安価）
代表的な 方法	揚水試験（JGS 1315） 孔間透水試験	定常法（JGS 1314） 低圧ルジオン試験（JGS 1322）	非定常法（JGS 1314） スラグ試験（JGS 1321） パルス試験（JGS 1321）

※ 条件によっては地盤構造が推定できる場合がある.

量の比例関係の傾き（比例係数）である.
したがって，対象地盤（帯水層や岩盤を含
む，以降同じ）に一定流量で注水や揚水を
行い，それによる水圧（水頭も含む，以降
同じ）の変化量を測定することによって，
透水係数を求めることができる．流量と水
圧の変化量の両方を測定することが，透水
係数を求める条件である．ボーリング孔や
井戸で透水係数を求める試験は透水試験と
総称され，実務でも様々な方法が用いられ
ている．それらの多くは地盤工学会[18]に
詳細が示されているので，ここでは目的に
適した方法を選定するための考え方を示
す．表 IV. 3. 2 では，複数孔を利用した透
水試験，単孔を利用した透水試験（単孔式
透水試験）に区分し，後者をさらに定常法
と非定常法に分けて，影響範囲，把握でき
る情報，実務上の留意点，代表的な試験方
法を示した.

3. 4. 1　単孔式透水試験　定常法

a.　試験の概要

　定常法では，本節冒頭でも述べたように，
対象地盤への注水あるいは揚水の流量を一
定に制御して，それに伴う水圧変化量を測
定し，流量と水圧変化量の関係から透水係
数を求める．図 IV. 3. 9 には注水の場合を
示したが，原理は揚水も同様である（以降,
注水あるいは揚水のいずれかで代表する）.
また，水圧変化量を一定に制御して流量を
測定してもよい．後述の非定常法よりも注
水量が大きいため，透水係数として把握で
きる地盤領域（影響範囲）も相対的に広い
（ただし，複数孔を利用した透水試験より
は狭い）．また，把握できる情報は透水係
数のみであるが，逆に，非定常法とは異な
り比貯留係数等の影響を受けにくいため,
解析方法等による誤差が小さい．ただし,
低透水性地盤では，定常状態を維持するこ
とが難しく適用できない場合がある.

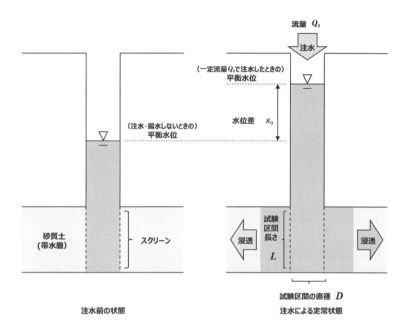

図 IV.3.9　ボーリング孔を対象とした定常法による透水試験の概念図

b. 解析方法[18]

定常状態における測定用パイプ内水位の平衡水位との水位差 s_0 (m) と定常時の流量 Q_0 (m^3/s) より，透水係数 k (m/s) を次式により算定する．

$$k = \frac{Q_0}{2\pi s_0 L}\ln\left(\frac{2L}{D}\right) = \frac{2.3 Q_0}{2\pi s_0 L}\log_{10}\left(\frac{2L}{D}\right)$$

ただし，

$$\frac{L}{D} \geq 4$$

L：試験区間の長さ (m)，D：試験区間の孔径あるいは測定用パイプのスクリーン外径 (m)．

3.4.2　単孔式透水試験　非定常法

a. 試験の概要

定常法の透水試験として試験孔に注水を開始すると，試験孔の水圧は急激に上昇した後，時間とともに一定値に漸近して定常状態とみなすことができる．この定常状態に達するまでの非定常状態の水圧変化を測定，解析する方法が非定常法である．非定常状態の水圧変化は透水性だけではなく，比貯留係数として表される地盤の変形特性の影響も受ける．したがって，非定常状態の水圧変化を解析すると比貯留係数の値を得ることができるが，後述の複数孔を利用した透水試験から求められる値に比べると信頼性が低いことに注意を要する．

代表的な非定常法に，スラグ試験とパルス試験がある．いずれも試験区間の水圧を一時的に変化させて，平衡状態に回復する水圧の時間変化を測定，解析する．これらの試験では，流量を直接には測定していな

いが，スラグ試験では装置の一部である水位測定管の断面積，パルス試験では事前に測定した装置の圧縮率を用いて，水圧変化から流量を換算している．

b. 解析方法[18]

(1) 直線勾配法

本手法は，測定用パイプ内水位の回復曲線（$\log_{10} s\text{-}t$ 曲線）で直線部分が認められる場合に適用する．この試験では透水係数のみが算定される．片対数グラフの対数目盛軸（縦軸）に平衡水位 h_0 (m) と測定用パイプ内の水位 h (m) との水位差 $s = h_0 - h$ (m) を，算術目盛（横軸）に時間 t (s) をとり，図IV.3.10に示す $\log_{10} s\text{-}t$ 曲線で直線部分の有無を確認する．

直線勾配 a は，2点の座標 $(t_1, \log_{10} s_1)$ および $(t_2, \log_{10} s_2)$ から次式で求める．

$$a = \frac{\log_{10}\left(\frac{s_1}{s_2}\right)}{t_1 - t_2}$$

$$k = \frac{(2.3 d_e)^2}{8L} \log_{10}\left(\frac{2L}{D}\right) a$$

ただし，

$$\frac{L}{D} \geq 4$$

d_e：手動式水位測定器の場合，$d_e = d$．

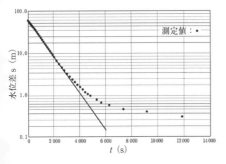

図IV.3.10 $\log_{10} s\text{-}t$ 曲線の例

水圧式測定器の場合，測定用パイプ内の断面積から水位測定ケーブルの断面積 c (m^2) を差し引いて求めた有効断面積と等価な面積を有する円の直径

$$\sqrt{d^2 - \frac{4c}{\pi}} \ (\text{m})$$

d：水位変動区間における測定用パイプの内径 (m)，D：試験区間の孔径あるいは測定用パイプのスクリーン外径 (m)，L：試験区間の長さ (m)．

この手法はボシュレフ（Hvorslev）の方法と呼ばれるものである．

(2) 曲線一致法

本手法は，試験結果が地盤の貯留性の影響を受けて $\log_{10} s\text{-}t$ 曲線に明確な直線が見られないと判断される場合に適用する．この方法では透水係数と比貯留係数を求めることが可能である．なお，比貯留係数の推定感度は，透水係数に比べると著しく鈍いため参考値とするのがよい．

曲線一致法の結果は以下のような整理を行う．まず，平衡水位 h_0 (m)，試験中に測定した水位 h (m) および試験開始時の水位 h_p (m) から，試験中の水位差 $s = h_0 - h$ (m)，および試験開始時の水位差 $s_p = h_0 - h_p$ (m) を求める．さらに，水頭差比 s/s_p を求める．次に，片対数グラフの算術目盛（縦軸）に水頭差比 s_p を，対数目盛（横軸）に試験開始時からの経過時間 t (s) をとって測定値をプロットする．これに，上で作成したグラフと同じスケールで，別の片対数グラフに，図IV.3.11のように，貯留係数比 α ごとの水頭差比 s/s_p と無次元時間 β の関係を示す標準曲線群のグラフを重ね，時間軸（横軸）方向に片方のグラ

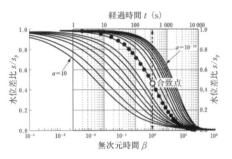

図 IV.3.11 標準曲線との重ね合わせの例

フを平行移動させ，測定値と最もよく合致する標準曲線を選ぶ．この標準曲線に対応する α の値 (α_m) および任意の合致点に対応する両グラフの時間軸座標 $t_m(\mathrm{s})$ と β_m を読み取る．

次式により，透水係数 $k(\mathrm{m/s})$ と比貯留係数 $S_s(1/\mathrm{m})$ は以下のように求める．

$$k = \frac{d_e^2 \beta_m}{4L t_m}$$

$$S_s = \frac{d_e^2}{LD^2} \alpha_m$$

この手法は，クーパー（Cooper）らの方法と呼ばれるものである．

(3) 留意点

単孔式の透水試験では，ボーリング孔の掘削により，孔壁近傍の空隙構造が変化して透水係数等の物性値の異なる領域が形成されるスキンの影響に留意が必要である．スキンの影響は，孔周辺が掘削による損傷でゆるみ高透水性となる場合と，掘削によるカッティングス等に起因した目詰まりによって低透水性となる場合が考えられる．

さらに，単孔式の非定常法による試験では，試験開始初期に瞬時に水位差を与えることに起因する水位測定管内の水位の脈動，水位差が大きいことに起因する水頭損失（乱流状態），試験中のバックグラウンドの水位変動，水位回復の慣性力に起因する水位測定管内の水位が平衡水位に収束する前後で脈動する現象（underdamped well response）等の影響が見られることがある．結果の整理の際には，水位の脈動や水頭損失等の影響がない部分を抽出することや，再試験を実施する等の検討も必要である．　　　〔細谷真一・竹内真司〕

3.4.3 複数孔を利用した透水試験

a. 試験の概要

試験孔で揚水（あるいは注水）を行い，周辺の複数の観測孔で水圧変化（応答）を測定して，試験孔と観測孔間の透水係数等を把握する試験である．単孔式透水試験に比べると試験孔周辺だけではなく広い領域の情報が得られるため，信頼性が高い試験とみなされている．ただし，試験孔と観測孔の距離が大きい場合や低透水性地盤では，観測孔までの水圧伝播に時間を要するため，応答が観測できずに試験が成立しない場合がある．ここでは，複数孔を利用した透水試験のうち，多孔式揚水試験につい

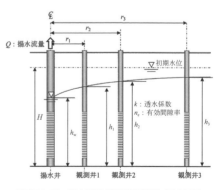

図 IV.3.12 揚水試験実施状況概要（文献19）

て紹介する．多孔式揚水試験（以下，揚水試験と呼ぶ）は，揚水井からの揚水によるインパクトを帯水層に与え，このときの地下水位あるいは被圧水頭（以下，水位）の変動を観測井において連続的に計測するものである（図IV.3.12）．

b. 揚水試験の設備

揚水試験に用いる設備は揚水を行う井戸（揚水井）と，水位の変動を計測するための井戸（観測井）である．一般に1本の揚水井と複数本の観測井を設置する．揚水井・観測井の径や深度，観測井の設置本数や配置等は試験計画上の重要なポイントであり，地盤の透水性や周辺の水理条件を考慮して設定する．観測井は最低3本以上設置し，揚水井からの距離rが対数軸上でほぼ等間隔のプロットとなるよう配置する．

c. データの計測

試験中は水位および流量を連続的に計測する．計測点数，計測頻度，計測精度等の条件を考慮のうえ最適な計測手法を選択する．データのサンプリング間隔は自動計測の場合，高頻度かつ等間隔で設定することが一般的である．手動計測の場合は対数軸上でほぼ等間隔のプロットが得られるように初期は高頻度で，徐々に間隔を延ばすことが一般的である．

d. 揚水試験の実施

揚水試験は通常，自然水位計測，段階揚水試験，連続揚水試験，回復試験の順に実施する．

試験実施時の留意事項としては地下水位がどのような外乱要因により影響されているかを把握しこれを補正すること，試験実施のための適切な揚水流量を設定すること，試験の打ち切りや継続を適切に判断すること，等である．

(1) 段階揚水試験

連続揚水試験時の揚水流量を決定するために段階揚水試験を実施する．この試験では比較的短い揚水継続時間（例えば1時間）ごとに揚水流量を段階的に変化させ，このときの水位低下状況を揚水井，観測井で計測する．試験結果は図IV.3.13のように揚水流量Qと揚水井内水位低下量s_wの関係として整理し，揚水井内の水位低下量が過剰にならない範囲で，観測井において解析のために十分な水位低下が得られる揚水流量を決定する．

(2) 連続揚水試験

段階揚水試験結果をもとに定めた揚水流量により，揚水井から継続的に揚水を行う．揚水開始と同時に揚水井・観測井の水位，揚水流量を計測する．試験データは図IV.3.14に示すような水位低下量sと揚水開始からの経過時間tの関係をs-$\log_{10}(t)$プロットとして整理し，水位低下の進行状況を確認する．このプロットにおいて定常

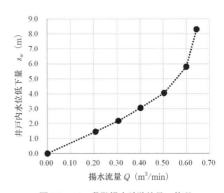

図 IV.3.13 段階揚水試験結果の整理
s_w-Q プロット

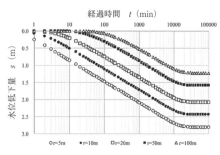

図 IV.3.14 揚水試験結果の整理
s-$\log_{10}(t)$ プロット (文献19)

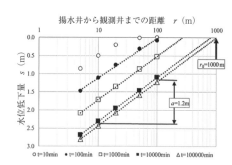

図 IV.3.15 揚水試験結果の解析
s-$\log_{10}(r)$ プロット (文献19)

状態が確認されるまで試験を継続することが望ましい.

(3) 回復試験

ポンプの運転停止をもって連続揚水試験を終了し,これと同時に回復試験を開始する.連続揚水試験と同様,揚水井・観測井における水位回復状況を経時的に計測する.一般に,揚水試験と同程度の期間を回復試験期間とする.

e. 揚水試験結果の解析

(1) 揚水試験の実施条件

揚水試験の解析は第 V 編第 4 章に示せる井戸理論式に基づき行われる.井戸理論式は種々の理想的な条件を仮定して誘導されている.実際の揚水試験ではこれらの条件が完全に満たされることはなく,以下に示す解析法との乖離が生じる.この乖離の原因を評価することにより地盤状況を推定することが重要である.

(2) 定常解析法(ティーム (Thiem) の方法)

定常解析法は定常井戸理論式を利用して地盤の透水量係数 T および影響圏半径 R を求めるものである.定常水位低下量 s を

揚水井からの距離 r に対し s-$\log_{10}(r)$ により整理する(図 IV.3.15).このプロットに最適な直線をひき,この直線の対数1サイクルあたりの勾配 a を読み取り次式により透水量係数 T を求める.

$$T = \frac{2.3Q}{2\pi a}$$

さらにこの直線と水位低下量 $S=0$ (m) 軸が交わる点(水位低下量0軸の切片)より影響圏半径 R を決定する.

(3) $\log_{10}(s)$-$\log_{10}(t/r^2)$ プロットによる非定常解析法(タイス (Theis) の方法)

井戸関数 $1/u$-$W(u)$ の関係および試験により得られた s-t/r^2 の関係を同スケールの両対数紙上にプロットし,この両図が最もよく合致するよう重ね合わせ,グラフ上の任意点の座標 $((1/u)_m, W(u)_m, s_m, (t/r^2)_m)$ を読み取る(図 IV.3.16).これらを次式に代入して透水量係数 T および貯留係数 S を求める.

$$T = \frac{Q}{4\pi} \times \frac{W(u)_m}{s_m}$$

$$S = 4T \frac{(t/r^2)_m}{(1/u)_m}$$

第3章　地下水流動層の調査

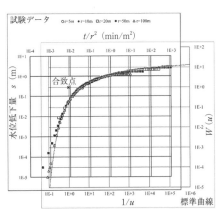

図 IV.3.16　揚水試験結果の解析
$\log_{10}(s)$-$\log_{10}(t/r^2)$ プロット（文献19）

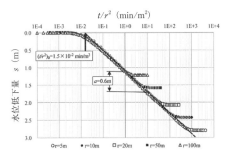

図 IV.3.17　揚水試験結果の解析
s-$\log_{10}(t/r^2)$ プロット（文献19）

(4) s-$\log_{10}(t/r^2)$ プロットによる非定常解析法（ヤコブ（Jacob）の方法）

各観測井における水位低下量 s と経過時間 t の関係を片対数紙上に s-$\log_{10}(t/r^2)$ としてプロットする（図 IV.3.17）。1 枚のグラフ上に複数の観測井データをプロットすることが重要である。このプロットに最適な直線をひき，この直線の対数 1 サイクルあたりの勾配 a および水位低下量 0 軸の切片 $(t/r^2)_0$ から次式により透水量係数 T および貯留係数 S を求める。

$$T = \frac{2.3Q}{4\pi a}$$

$$S = 2.25T\left(\frac{t}{r^2}\right)_0$$

揚水井からの揚水を継続すると，水位・水頭が変化する影響範囲が時間とともに揚水井から周辺に放射状に広がる。このため，揚水井の水位・水頭の経時変化を解析すると，地下水流動を妨げる構造の存在等，地盤構造（あるいは帯水層モデル）の推定が可能な場合がある。地盤構造の推定のためには，水位・水頭変化の時間微分の形態を活用する方法が有効とされている[20]。

〔高坂信章〕

文献

1) 物理探査学会（2016）：物理探査ハンドブック増補改訂版，第 6 章電気探査．物理探査学会，pp. 367-433.
2) 物理探査学会（2016）：物理探査ハンドブック増補改訂版，第 7 章電磁探査．物理探査学会，pp. 439-544.
3) 物理探査学会標準化検討委員会（2008）：新版物理探査適用の手引き，第 7-2 章 CSAMT 法．物理探査学会，221.
4) 西山成哲ら（2016）：電磁探査および地質・地下水調査による深部流体の移動経路の可視化―山口県北東部徳佐盆地における適用―．応用地質，57(3)，102-112.
5) 木下篤彦ら（2021）：2011 年に深層崩壊が発生した奈良県十津川村栗平地区における比抵抗探査を用いた断層沿いの地下水流入過程の検討．日本地すべり学会誌，58(1)，40-47.
6) 塚本斉ら（2010）：物理探査・検層に基づく花崗岩体中の「水みち」の調査法．日本水文科学会誌，39(4)，103-116.
7) 宮地修一ら（2021）：伏在活断層発見の手掛かりとしての扇状地河川の瀬切れ．応用地質，62(3)，156-169.
8) 石田聡史ら（2021）：物理探査を用いた富来川南岸断層の地下構造の把握．電力土木，415，74-78.

9) 横田泰宏ら（2015）：坑道と地表面間における弾性波トモグラフィ探査技術に関する研究. 土木学会論文集F1（トンネル工学），71(3)，I_28-I_37.

10) 結城洋一ら（2021）：ドローン空中電磁探査法による濃尾平野西濃地域の地質構造調査. 物理探査，74，142-150.

11) 木下篤彦ら（2021）：2011年台風12号により深層崩壊が発生した熊野地区でのドローン空中電磁探査による深層崩壊メカニズムの解明. 2021年度砂防学会研究発表会概要集，127-128.

12) An, Y. et al.（2021）：Deep convolutional neural network for automatic fault recognition from 3D seismic datasets. Computers & Geosciences, 153, 104776.

13) 佐々木勝（2019）：スパースモデリングの弾性波探査への適用性の検討. 全地連「技術フォーラム2019」岡山，No. 2019_106.

14) 地盤工学会編（2016）：新規制定地盤工学会基準・同解説 単孔を利用した地下水流向流速測定方法，1-25.

15) 地盤工学会編（2013）：地盤調査の方法と解説. 二分冊の1，丸善，pp. 615-659.

16) 関東地質調査業協会編（2015）：改訂版地質調査技術マニュアル. pp. 207-212.

17) 地盤工学会（2013）：地盤調査の方法と解説. 二分冊の1，丸善，pp. 484-511.

18) 地盤工学会（2013）：地盤調査の方法と解説. 二分冊の1，丸善，pp. 512-614.

19) 高橋直人ら（2020）：原位置地下水調査法の留意点と建設現場での活用 5.多孔式揚水試験. 地下水学会誌，62(4)，613-641.

20) 地盤工学会（2017）：地下水調査に用いる井戸理論式の整理及び解説. https://www.jiban.or.jp/?page_id=4519（2023. 3. 31閲覧）

第4章

人工トレーサー調査法

　地下水調査におけるトレーサーとは，地下水や溶存物質の起源，それらが流動・移行する空間的な広がりや速さと滞留時間，流動・移行の過程で生じた種々の反応，地盤・岩盤の地下水流動や物質移行に関わる特性等を把握するために用いることができる物質や状態（例えば水温等）のことである（第III編第8章も参照）．トレーサーには，調査時点で環境中に存在している天然起源および人為起源の物質（例えば，水素，酸素，炭素等の同位体，クロロフルオロカーボン，六フッ化硫黄等）である環境トレーサーと，調査のために人為的に地下水に添加される人工トレーサーに大別される．本章では，人工トレーサーを用いた地下水調査法について述べる．

4.1 トレーサー試験の目的と調査計画

4.1.1 トレーサー試験の目的

　人工トレーサーを用いた試験の主な目的は，①水みちの連続性評価，②地下水の流向・流速の評価，③物質移行特性の評価である[1]（表IV.4.1）．

　水みちの連続性評価では，地盤や岩盤内で相対的に地下水が流れやすい経路である水みちの連続性を明らかにし，さらには水みちが空間的にどのように広がっているかを把握することが目的となる．地下水にト

表 IV.4.1　目的に応じたトレーサー試験の方法（文献1）を改変）

試験目的	水みちの連続性評価	地下水流向・流速の評価	物質移行特性の評価
ボーリング孔	利用しない場合もある	多くの場合利用	原則利用
試験装置	使わない場合もある	汎用の装置を組み合わせて用いる	トレーサー試験用の試験装置の必要性が高い
トレーサー	非収着性トレーサー（陰イオン，蛍光染料）	非収着性トレーサー（陰イオン）	非収着性トレーサーに加えて収着性トレーサーを用いる場合もある
破過曲線	必ずしも必要でない	必要	必要
その他	物理探査法が有効な場合がある	比較的簡単な理論解を用いる場合が多いが，数値計算も有効	計画時および評価時に数値計算を併用する場合が多い

レーサー物質（IV.4.2節参照）を添加し，別の地点でトレーサー物質の濃度変化を検出する．添加した地点と異なる地点でトレーサー物質が検出された場合，それら2地点間で水みちが連続していると評価される．また，ボーリング孔内にトレーサー物質を添加あるいは温度を変化させ，孔内への地下水流入による濃度や温度の変化を検出することで，水みちの深度区間を把握する方法もある[2]．

地下水の流向・流速の評価では，トレーサー物質を添加した地点と検出された地点の位置関係から流向を推定できる．また，投入地点と検出地点の距離と，検出地点におけるトレーサー物質の濃度の時間変化（破過曲線）等に基づいて地下水の流速を推定する（IV.4.3節参照）．なお，ここで評価される流速はダルシー流速ではなく平均間隙流速であることから，汚染物質の移行等を考えるうえで重要な情報となる[1]．

物質移行特性の評価では，地盤や岩盤の有効間隙率，分散長，移行物質と地盤・岩盤を構成する物質との相互作用による収着，移行に伴って生じる化学反応の影響等，物質移行が生じる場の特性を理解したり，それらに応じた物質移行現象を予測したりするうえで必要なパラメータを明らかにできる（IV.4.5節参照）．

地熱貯留層における還元井と生産井の連続性[3]や，二酸化炭素地中貯留における流体の挙動[4]等を把握する目的でもトレーサー試験が行われている．

4.1.2 トレーサー試験の流れと計画

図 IV.4.1 に一般的なトレーサー試験の

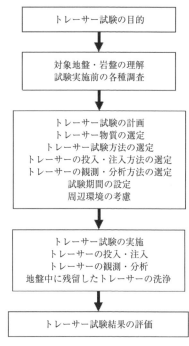

図 IV.4.1 トレーサー試験の流れ（文献1）を改変）

流れを示す．トレーサー試験で有意義な結果を得るためには，トレーサー試験の目的を明確にしたうえで，評価対象となる地盤や岩盤の特性を把握し，トレーサー物質や試験方法，必要な試験期間等の条件を適切に選択する必要がある．上述の①を目的とした調査では，ボーリング孔や複雑な試験装置を用いなくとも，例えばトレーサー物質として染料を地下水に添加して下流側で色の変化を目視で確認することで簡便に連続性を評価できるが，②や③では地下水の流向・流速や物質移行特性の定量的な評価を可能とする調査方法や高精度な試験装置が用いられる[1]（表 IV.4.1）．〔柏谷公希〕

4.2 トレーサー試験方法とトレーサー物質

本節ではトレーサー試験の代表的な試験方法や試験に用いるトレーサー物質についてまとめる.

4.2.1 ボーリング孔を用いたトレーサー試験の方法

ボーリング孔を用いたトレーサー試験は，孔間トレーサー試験（inter-well tracer test）と単孔トレーサー試験（single-well tracer test）に分類される[5,6].

孔間トレーサー試験は注入孔と観測孔が異なる試験であり，孔の配置やトレーサーの注入・回収方法の違いから，①自然勾配試験（natural gradient test）[7]，②放射状発散試験（radially divergent test）[8]，③放射状収束試験（radially convergent test）[9]，④ダイポール試験（dipole test）[10]等に分類できる.

①自然勾配試験では，ボーリング孔にトレーサーを注入したあと，その場の地下水流動によりトレーサーが移動していく様子を観測孔で調査する. もともとの地下水流動場で種々のパラメータを評価できるため，得られたパラメータを解析等にそのまま適用しやすい. しかし，配置した観測孔でトレーサーが観測できない場合がある，観測までの時間あるいはそれに伴う費用がかかる等の短所がある. ②放射状発散試験では，注入孔からトレーサーを圧入し，周辺に配置した観測孔でトレーサー濃度の経時変化を観測する. 理論解が適用しやすいが，トレーサーの回収率が低く，岩盤中にトレーサーが残留しやすい. ③放射状収束試験では注入孔から注入したトレーサーを，観測孔から揚水して回収・観測する. 比較的高いトレーサーの回収率が期待できるが，注入の制御が容易でない場合がある. ④ダイポール試験は注入孔からトレーサーを圧入する一方で，観測孔から揚水してトレーサーを回収・観測する. 透水性の低い岩盤でも高い回収率が期待できるが，評価がやや複雑になる.

単孔トレーサー試験においては，1つの孔で注入孔と観測孔の役割を兼ねる. トレーサー溶液を圧入後，同じ孔から揚水してトレーサー濃度の経時変化を観測する[11]. 長所として，試験が簡易・安価に実施可能であることや，吸着性が強いトレーサーにも適用できる可能性があることが挙げられる.

4.2.2 利用するトレーサー

試験に用いるトレーサーは，目的や状況に応じて適切なものを選定する必要がある（人工トレーサー試験に用いられるトレーサー物質の詳細については第III編第9章を参照）. 水の動きを追跡するには，岩石と相互作用せず，水の流動とともに移動するものが最適であり，同位体でラベルした水（HTO・D_2O 等）や地化学反応に関与しにくいハロゲン，溶存希ガス，蛍光染料等が選択肢となる[12]. 地下での動態を評価したい対象がある場合には，その物質そのもの，あるいは環境挙動が類似する物質を模擬物質として選定して使用する. 微粒子の地下での移行挙動解明が必要な場合には，コロイド粒子やビーズ等もトレーサーとして用いられる[13].

上述のような試験の目的に加え，入手しやすさ（コストの観点も含む），環境への影響（毒性や法律からの要請），測定しやすさ（現場での分析の可否・検出下限・分析装置の汎用性等）を考慮し，現実的に使用可能なものを選定する．地下での溶質の移行挙動に関わるパラメータを抽出するには，水と一緒に移動するトレーサーと対象となる物質を混合したカクテルを用いる．また，拡散係数の異なるトレーサーを複数組み合わせることで，マトリクス拡散の影響を評価できる可能性もある．

〔中田弘太郎・長谷川琢磨・野原慎太郎〕

4.3 トレーサー試験結果の評価法

トレーサー試験の評価法は試験の目的に応じて様々な手法が適用される．本節では物質の移流分散現象を記述する移流分散方程式およびその理論解と試験結果との比較によって地下水の流速や地盤の分散特性といったパラメータを推定する手法を記載する．

4.3.1 理論解との比較による流速・分散長の評価

トレーサー試験での観測結果とトレーサーの移動を説明する理論との比較によって簡便に地下水流速や分散長を評価することができる．ここでは試験で得られたトレーサーの破過曲線（トレーサー濃度 C の時間変化）が，パルス入力を境界条件とする1次元移流分散方程式の理論解で評価できるものとして地下水の流速とトレーサーの分散度合いを表現するパラメータである分散長の推定方法を説明する[14]．

1次元移流分散方程式：

$$\frac{\partial C}{\partial t} = D\frac{\partial^2 C}{\partial x^2} - \frac{\partial C}{\partial x}$$

初期条件：$C(x, t=0) = C_0 \delta(x)$
境界条件：$C(\pm\infty, t) = 0$

以上の条件に対する理論解：

$$C(x, t) = \frac{C_0}{2\sqrt{\pi Dt}} \exp\left\{-\frac{(x-ut)^2}{4Dt}\right\}$$

$$= \frac{C_0}{2\sqrt{\pi \alpha_L ut}} \exp\left\{-\frac{(x-ut)^2}{4\alpha_L ut}\right\}$$

ここに x：観測位置, t：時間, C_0：初期濃度, $D = \alpha_L u$：分散係数, α_L：分散長, u：流速, $\delta(x)$：ディラックのデルタ関数である．観測井でのトレーサー濃度の時間変化模式図（1次元理論解）を図IV.4.2に示す．

濃度がピークを迎える時間 t_{peak} にて投入井戸と観測井戸との距離 L を除することで実用的，近似的に地下水流速 $u = L/t_{peak}$ と算定できる．ただし，理論解から導かれる任意地点での濃度ピーク時間 t_{peak} と地下水流速 u との関係は $\partial C/\partial t = 0$ を満たす t から求められ，分散長 α_L を使用して一次近似として $u = (L-\alpha_L)/t_{peak}$ となる．これを言い換えると，理論解から導かれる地下水流速 $u = (L-\alpha_L)/t_{peak}$ から分散長 α_L が

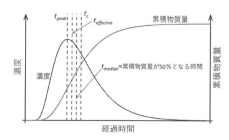

図IV.4.2 破過曲線と累積物質量の時間変化

距離 L よりも十分に小さいとすると近似的な地下水流速として $u = L/t_{peak}$ と推定できる．しかし分散長 α_L が既知であることはまれであり，分散長を使わずに平均的な移行時間 $t_{effective} = (t_{peak} + t_{median})/2$ を求めて平均的な流速 $u = L/t_{effective}$ を推定する式も提案されている．

続いて分散長は以下の手順の換算手法が提案されている．まず観測井戸での破過曲線から時間に関する2次モーメントを計算する．その時間に関する2次モーメントを空間に関する2次モーメントへと変換する．最後に分散係数，流速および分散長の関係式 $D = \alpha_L u$ より，分散長を推定する[15]．

時間に関する2次モーメント：
$$\sigma_t^2 = \frac{\Sigma C(t)(t - t_c)^2}{\Sigma C(t)}$$
$C(t)$：時刻 t での濃度，t_c：破過曲線の重心

空間に関する2次モーメント：
$$\sigma_x^2 = \frac{\sigma_t^2 L^2}{t_c^2}$$

分散長換算：
$$D = \alpha_L u = \sigma_x^2/2t_c \quad \text{より} \quad \alpha_L = \sigma_x^2/2ut_c$$

一方，トレーサー試験結果と理論解との比較から地下水流速や分散係数，分散長等のパラメータを同時に推定する手法として表計算ソフトのソルバー機能を利用する方法も汎用性が高い．トレーサー試験結果と何らかの初期値を設定した理論解との差の最小化問題を制約条件のもとで解くことで最適な変数を得ることができる．ただし一般に初期値依存性があり局所解を返すこともあるため注意が必要である．

4.3.2 逆解析によるパラメータ評価

地下水流動問題や移流分散問題の対象となる地盤や岩盤は，単純なモデルや理論解で表現できない場合も多い．そのため何らかの単純化を施しつつも2次元や3次元モデルを構築して数値解析検討を行って，地下水位の推定や汚染物質の時空間分布の推定等が行われる．移流分散方程式の代表的な数値解析手法として有限要素法や有限差分法に代表されるオイラー（Euler）法や，粒子追跡法に代表されるラグランジュ（Lagrange）法，および移流分散方程式の移流部分をラグランジュ法で解き，分散部分をオイラー法で解くオイラリアン・ラグランジュ法が適用されている．その他，支配方程式を時間に関してラプラス変換してラプラス空間上でガラーキン法を適用して解を得る LTG 法（Laplace transform Galerkin method）も提案されている．以上のような数値的に高度な解析手法やそれらを反映した解析ソフトの整備は進んでいるものの，透水係数や分散長といったパラメータの不確実性は大きく，地下水流動解析では観測地下水位と解析結果の比較，移流分散解析ではトレーサー濃度の観測結果と解析結果との比較を通じたパラメータの調整，広義の逆解析がしばしば実施される．

トレーサー試験結果を対象とした逆解析は，観測値と数値解析結果との差の二乗和等を目的関数として，目的関数を最小化するパラメータを求めることとなる．適当な初期・境界条件を拘束条件として制約条件付き非線形最小化問題として定式化し，準ニュートン法等が適用される．または推定

したいパラメータを組合せ最適化問題として探索する方法も採用される．最も単純にはパラメータの組合せに対して網羅的に順解析を実施してその組み合わせの中で最適なパラメータセットを求める方法や，近傍探索法や遺伝的アルゴリズムといった手法も適用される．しかし，これらの逆解析法は網羅的な探索方法を除くと数学的に高度な解析技術を必要とするため，地下水流動問題では検討事例がある程度報告されているものの，トレーサー試験に対しては一般に浸透しているとは言い難い．ただし近年では米国地質調査所が開発して公開した汎用逆解析ツールPEST[16]等を用いて，市販の移流分散解析ソフトウェアと連動してパラメータを評価した事例も報告されている．　　　　　　　　　　〔本島貴之〕

4.4　水みちの広がりと地下水流動状態の評価

4.4.1　トレーサー試験による水みち評価

水みちの評価は，トレーサー試験を実施する重要な目的の1つである．例えば，以下のような場合にトレーサーによる水みち評価が実施されている．

- 採水井戸の汚染源として複数の場所が疑われており，ポテンシャル分布や水収支等から汚染源が把握できない場合
- ダムの基礎岩盤のような低透水性が期待される岩盤を対象に，広い範囲での地下水流動状況や，特定の漏水経路等の流動経路の連続性を把握したい場合
- 地滑り地等の斜面防災フィールドにおいて，特に不均一かつ局所的に地下水の流

動経路が存在するような場合

トレーサー試験による水みちの評価では，観測点においてトレーサーが観測されることが最も重要であり，事前に対象とする地盤・岩盤の透水性や地下水の流向を把握し，数値解析等によってトレーサーの到達時間や濃度等を検討しておくことが望ましい．トレーサーの濃度を観測するうえでは，トレーサーの希釈や分散による濃度の低下を考慮した計測機器の計測レンジの決定や，到達時間から予測した観測間隔の設定，事前の地下水流向場の計測から予測した観測点もしくは投入点の適切な配置が必要となる．また，トレーサー試験以外にも水圧の応答をモニタリングする手法や，ボーリング孔内でのBTV観察やフローメーター検層等の物理・流体探査手法を組み合わせることで水みちの評価をより精度良く行うことが可能となる．さらに，トレーサーの添加と物理探査法を併用することで，地下の水みちの可視化が可能となる．

〔本島貴之〕

4.4.2　トレーサーと物理探査法を用いた水みちの可視化

物理探査法を用いた水みち調査については数多くの研究例がある．例えば，地すべり地での降雨の浸透状況[17]，地熱地帯での貯留層のモニタリング[18]，ロックフィルダムや河川堤防等大規模人工構造物の経年劣化に伴い形成された水みちの調査[19,20]における適用例が報告されている．

トレーサー試験に物理探査法を併用することにより，トレーサーの投入点と複数の観測点間に広がる水みちの経路を可視化することができる．地盤の含水率や地下水の

電気伝導度の変化に伴い，比抵抗（電気伝導度の逆数）は変化する．そのため，地盤の2次元的または3次元的な比抵抗構造を捉える電気探査法や電磁探査法が有効となる．フィールドでは予想される流動経路と直交する方向にこれらの探査法の測線を設置し，投入点に高塩分濃度のトレーサーを注入する．その前後の期間において同様の測定を繰り返し行い，逆解析により得られた比抵抗の変化率断面から，トレーサーが浸透した水みちを変化率の大きい領域として検出できる．また，複数の平行した測線を設置すれば，水みちの3次元的な経路を捉えることが可能となる．

フィールドでの適用例として，竹内・長江（1990）[21]は砂丘地において食塩水をトレーサーとして投入して電気探査を行い，水みちの流動経路や流速の推定に有効であることを示した．また，Suzuki et al. (2010)[22]はダム湛水池の止水性能の改良を目的に実施したグラウト工事中に，電気探査法と電磁探査法を繰り返し行った．グラウト孔より注入されたセメントミルクは電気伝導度がきわめて高いため，高透水性の割れ目帯を比抵抗変化率の大きい領域として検出できること示した．

一方，水みちに伴う比抵抗変化を地表面において測定可能とするためには，食塩水等のトレーサーをある程度の流量で注入する必要があるが，環境への配慮からその注入は困難な場合がある．例えば，高経年ロックフィルダム堤体内に形成された水みちを推定するためには，上流側に食塩水等のトレーサーを投入すれば電気探査法によりその位置を検出できる可能性は高い．しかし，

環境への配慮から塩水の投入は困難であるため，ダムの定期点検時に貯水位が低下する時期に，電気探査法による水みち探査が行われている[23]．この事例では，水みち内が貯水位の満水時は貯水が浸透し，貯水位低下時は周辺地盤のやや電気伝導度の高い地下水が浸透するため，比抵抗が変化する領域として水みちの位置を検出できたと考えられる．

その他の手法として，環境に影響のない河川水等を圧入することにより発生する自然電位（流体流動電位）を計測する流体流動電磁法を行うことにより，地下水の流動状況を可視化することが可能となる．本手法では，注入孔の下流側に面的に設置した測点において，電場と磁場の経時変化を多点で同時に測定する．

フィールドでの適用例として，星野ら（2018）[24]は砂層中への注水に伴い発生した流動電位を計測することにより，流体の浸透経路を推定している．しかし，流動電位により発生する磁場強度は電場より微弱なため，従来は測定が難しい状況であった．近年，小型のMIセンサー（高感度マイクロ磁気センサー）を使用した磁場センサーの性能と，低消費電力型のワイヤレスセンサーネットワーク技術が向上しており，磁場の多点同時測定による広域を対象としたモニタリングの実用化が期待されている[25]．　　　　　　〔鈴木浩一〕

4.5　物質移行特性の評価

物質は地下水溶質としてあるいはコロイドとして地盤内を移動する．土壌や割れ目

のない堆積岩においては，物質は地盤内の間隙を地下水とともに，移流および分散により移動する．一方，花崗岩のような割れ目を含む岩盤においては，物質は割れ目内を地下水とともに移流および分散により移動する過程で，割れ目に隣接するマトリクスへ拡散し，さらに収着性物質であればマトリクスへの収着も生じ，地下水の移動速度よりも遅れて下流へと移動する．

そのため，地盤内での物質の移行を評価・予測するためには，土壌や割れ目のない堆積岩であれば，有効間隙率や分散長，地盤構成粒子への分配係数を，花崗岩のような割れ目を含む岩盤では，割れ目の開口幅，割れ目内の分散長，マトリクスの拡散係数，マトリクスや割れ目充填鉱物に対する分配係数等の物質移行特性を把握する必要がある．

4.5.1　有効間隙率

間隙率は，地盤中に存在する間隙の容積が地盤の体積に対して占める割合である．しかし，地盤中の間隙には土壌の団粒構造内の間隙や地下水の淀み域等地下水の移動に関与しない部分もある．有効間隙率は，地盤中の間隙のうち地下水の移動に関わる間隙の容積が地盤体積に占める割合である．したがって，有効間隙率は一般に間隙率よりも小さくなる．有効間隙率は地盤試料の強制乾燥状態，強制湿潤状態それぞれの重量 W_1, W_2 を測定し，さらに強制湿潤試料の水中重量 W_3 を測定して，次式により有効間隙率 n_e を求めるのが一般的である[26]．

$$n_e = \frac{W_2 - W_1}{W_2 - W_3}$$

一方，物質移行の観点から，地盤試料を充填したカラムや原位置において，非収着性物質を用いたトレーサー試験を行い，トレーサーの平均移行速度とダルシー流速の比から算出する方法もある．

4.5.2　分散長

分散長は直接的に計測することのできないパラメータであり，評価が最も難しい物質移行特性といえる．Gelhar et al.（1983）は，地盤中の透水係数の分布から分散長を推定する式を導いている[27]．一方，実際の現場での調査では，人工あるいは天然のトレーサー物質や汚染物質の地盤中での移動状況を計測し，理論式や数値計算による逆解析を行うことで分散長を評価する．また，多くの現場での調査結果をまとめたGelhar et al.（1992）によれば，縦分散長は物質の移行距離の 1/10，横分散長はさらにその 1/10 付近を中心として，それらのプラスマイナス1オーダーの範囲に多く分布している[28]．

4.5.3　割れ目の開口幅

岩盤割れ目の開口幅については，直接的には，坑道内での壁面観察，ボアホールカメラを用いたボーリング孔の壁面観察により計測できる．また，原位置でトレーサー試験を行い，その試験結果から理論式あるいは数値計算により対象となる割れ目の平均的な開口幅を推定することも可能である．さらに，岩盤に掘削したボーリング孔から樹脂を注入した後，オーバーコアリン

第4章　人工トレーサー調査法　　　*223*

グや周辺に新たなボーリング孔を掘削し，取得された岩石コアの樹脂の充填幅を計測するという試みもなされている[29]．

4.5.4　マトリクスの拡散係数

マトリクスの拡散係数は，拡散セルを用いて透過拡散法[30]により測定するのが最も一般的である．円盤状に加工した岩石試料を，高濃度溶液を含む容器と低濃度溶液を含む容器で挟み，高濃度側と低濃度側の容器内の濃度変化を計測する．そして，それらの濃度変化から計算した溶質の積算破過量を縦軸に，横軸を時間としたグラフを作成し，近似直線の勾配から試料の拡散係数を算出する．また，このグラフの y 切片の数値と試料の間隙率，真密度を用いて，溶質の試料に対する分配係数を算出することも可能である．原位置において，ボーリング孔内の閉鎖区間にトレーサー溶液を静置し，孔内のトレーサー濃度の減衰を計測する，あるいは一定期間の後にボーリング孔をオーバーコアリングして孔周辺の岩盤に広がったトレーサー濃度の分布を計測し，拡散係数を推定するといった試みも行われている．

4.5.5　分配係数

分配係数を取得するために最も一般的に行われているのは，バッチ法による収着試験[31]である．バッチ法試験では，土壌あるいは岩石であれば粉砕し粒径を揃えた試料を容器に入れ，対象となる物質の溶液を加えた後に撹拌あるいは容器ごと振盪する．そして，接触前と平衡後の溶液濃度の差から試料への収着量を求め，平衡後の溶液濃度との比から分配係数を決定する．粒径の異なる岩石試料に対してそれぞれバッチ法試験を実施し，試料表面への収着係数と試料内部への分配係数を分離して推定する試みも行われている[32]．バッチ法試験は簡便であり，多種多様な地質環境での分配係数を取得するのに非常に有効な試験方法といえる．一方で，試験時の固相体積と液相容積の比が，地盤とは異なるために，取得した分配係数と実際の地盤に対する値との整合性が課題である．

それに対して，土壌を詰めたカラムや原位置で，収着性物質を用いたトレーサー試験を行い，得られた破過曲線から理論解や数値解析により分配係数を取得することが可能である．特に原位置トレーサー試験は，原位置の地下環境を反映した分配係数が得られるという利点があるが，多大な労力と時間を要するという難点もある．

〔田中靖治〕

文献

1) 日本地下水学会原位置トレーサー試験に関するワーキンググループ編（2009）：地下水のトレーサー試験—地下水の動きを知る—．技報堂出版，383p.

2) 地盤工学会地盤調査規格・基準委員会（2013）：地盤調査の方法と解説—二分冊の1—．地盤工学会，659p.

3) Liu, Y. et al.（2022）：Tracer test and design optimization of doublet system of carbonate geothermal reservoirs. Geothermics, 105, 102533.

4) Ju, Y. et al.（2020）：Noble gas as a proxy to understand the evolutionary path of migrated CO_2 in a shallow aquifer system. Applied Geochemistry, 118, 104609.

5) Patidar, A. K. et al.（2022）：A review of tracer testing techniques in porous media specially

6) attributed to the oil and gas industry. Journal of Petroleum Exploration and Production Technology, 12, 3339-3356.

6) 日本地下水学会原位置トレーサー試験に関するワーキンググループ編（2009）：地下水のトレーサー試験―地下水の動きを知る―. 技報堂出版, 46-50.

7) Leblanc, R. et al.（1991）：Large-scale natural gradient tracer test in sand and gravel, Cape Cod, Massachusetts 1. Experimental design and observed tracer movement. Water Resources Research, 27, 895-910.

8) Novakowski, K. S.（1992）：The analysis of tracer experiments conducted in divergent radial flow fields. Water Resources Research, 28(12), 3215-3225.

9) Huang, C. et al.（2019）：Analysis of radially convergent tracer test in a two-zone confined aquifer with vertical dispersion effect：Asymmetrical and symmetrical transports. Journal of Hazardous Materials, 377, 8-16.

10) Alraune, Z. et al.（2018）：Revisitation of the dipole tracer test for heterogeneous porous formations. Advances in Water Resources, 115, 198-206.

11) 野原慎太郎ら（2016）：バックグランド地下水流れを考慮した単孔トレーサー試験の評価法に関する検討. 土木学会論文集C（地圏工学）, 72(3), 224-238.

12) Dafflon, B. et al.（2011）：Hydrological parameter estimations from a conservative tracer test with variable-density effects at the Boise Hydrogeophysical Research Site. Water Resources Research, 47, 1-19.

13) Vilks, P. et al.（1997）：Field-scale colloid migration experiments in a granite fracture. Journal of Contaminant Hydrology, 26(1-4), 203-214.

14) 日本地下水学会（2009）：地下水のトレーサー試験―地下水の動きを知る―. 第8章, 技報堂出版, pp. 183-231.

15) 中川 啓・神野健二（2000）：原位置トレーサー試験と数値計算による不均一浸透場の推定. 土木学会論文集, No. 656/II-52, 47-59.

16) Doherty, J. E. and Hunt, R. J.（2010）：Approaches to Highly Parameterized Inversion-a Guide to Using PEST for Groundwater-model Calibration. U. S. Geological Survey Scientific Investigations Report, 2010-5169.

17) 鈴木浩一ら（2016）：電気探査法による地すべり斜面における集中豪雨時の浸透水モニタリング. 物理探査, 69, 103-116.

18) 水永秀樹ら（2004）：流体流動電位法による大沼地熱地帯の貯留層モニタリング. 日本地熱学会誌, 26, 251-271.

19) 森 充広ら（2009）：比抵抗トモグラフィ法によるフィルダム堤体内部の比抵抗モニタリング. ダム工学, 19(3), 143-153.

20) 鈴木浩一ら（2015）：電気探査法によるロックフィルダム初期湛水時の浸透水モニタリング. 物理探査, 68, 189-199.

21) Suzuki, K. et al.（2010）：Monitoring of grout material injected under a reservoir using electrical and electromagnetic surveys. Exploration Geophysics, 41, 69-79.

22) 竹内睦雄・長江亮二（1990）：電気探査法による地下水流動モニター法の研究. 応用地質, 31, 12-18.

23) 萬寶徹郎ら（2021）：電気探査法によるロックフィル堤体内部の水理特性のモニタリング. 電力土木, 416, 59-64.

24) 星野剛右ら（2018）：流体流動電磁法の測定機器開発と注水モニタリング実験. 第138回物理探査学会講演論文集, 211-214.

25) 田中俊昭ら（2022）：小型MI装置を活用したMT探査手法の高度化（2）：ハードウエアの設計と試作. 第146回物理探査学会講演論文集, 17-18.

26) 土質工学会編（1989）：岩の調査と試験. 第46章 有効間隙率試験, pp. 385-387.

27) Gelhar, L. W. and Axness, C. L.（1983）：Three-dimensional stochastic analysis of macrodispersion in aquifers. Water Resources Research, 19, 161-180.

28) Gelhar, L. W. et al.（1992）：A critical review of data on field-scale dispersion in aquifers. Water Resources Research, 28, 1955-1974.

29) Hakami, E. and Wang, W.（2005）：Äspö Hard Rock Laboratory：TRUE-1 Continuation Project：Fault rock zones characterization：Characterisation and quantification of resin-impregnated fault rock pore space using image analysis. Swedish Nuclear Fuel and

Waste Management Company. SKB IPR-05-40.

30) 喜多治之ら（1989）：花崗岩および凝灰間隙中のイオンの拡散係数の測定. 応用地質, 30(2), 26-32.

31) 日本原子力学会（2006）：収着分配係数の測定方法－浅地中処分のバリア材を対象としたバッチ法の基本手順及び深地層処分のバリア材を対象とした測定の基本手順－.

32) Byegård, J. et al. (1998)：The interaction of sorbing and non-sorbing tracers with different Äspö rock types -sorption and diffusion experiments in the laboratory scale-. Swedish Nuclear Fuel and Waste Management Company. SKB TR-98-18.

第5章

地温・地下水温調査

5.1 温度情報の概要，計測・計画

　一般に地下水の流動は遅いため，地下温度（地温）と地下水温は等しく，それらは主に地表面からの熱伝導および涵養や流出を含む地下水の流動に伴う熱移流とともに地下深部熱源からの熱伝導を受けて形成される．特に表層では，日および季節的な地表面温度変化や地下水涵養量の変動等の影響を受ける．一般に地表面温度の日変化は地表面から1m程度の深度で収束し，季節変化は10m程度で収束する[1-3]．地下水温の計測によって得られる地下温度情報は，IV.5.2節での浅層部およびIV.5.3節での深層部の地下水流動を理解するうえで有益であるだけでなく，文字通り地下の温度環境を理解するという点で，IV.5.4節のように地熱資源エネルギーとの関係に加えて，IV.5.5節のように人間活動がもたらす地球温暖化やヒートアイランドの影響[1,2]を探るためのトレーサーとしての役割も有する[3]．

　その一方で，計測は比較的簡易で迅速であり，計測機器も比較的安価であることから，本調査は同時期に多点での計測が可能でありきわめて機動性に富むことが特徴である．また，井戸のスクリーン深度の計測値に限定される水位や水質等の他指標と比較して，地下温度情報はプロファイルとして多深度の計測値を得られる利点がある．すなわち，空間的な情報を多くの時期に得ることで，温度に由来する空間情報の時間変化を捉えることができる．特に近年では，自記式温度計（ロガー）の価格低下に伴いモニタリングが容易となり時間解像度が上がっている．このような特徴は，他のトレーサー調査法（IV.6-8章）とは異なる点であり，それらと組み合わせることで，補完的かつ総合的な成果を得ることが期待できる．これら地温・水温（地下水温）の指標としての特徴を踏まえて，本節では計測および計画の留意点を整理したい．

5.1.1 概要と計測方法

　地下温度情報は，地下に直接温度センサーを設置して計測する（IV.5.2節等）か，井戸孔内で水温を計測する（IV.5.3節等）ことにより得られる．地下温度情報の収集においては，温度とともに正確な深度の値が必要であり，検層方式（温度センサーを坑内に降下させながら計測する）の場合には，深度情報と合わせて計測する．特に，地下水流動や環境変化の影響は，深度に対

する温度上昇率（地温勾配）とその変化にも反映されるため，その情報は重要である．ただし，深度100m程度までの地温勾配について，一般に非火山地域では1-3℃/100m程度と小さいため，地下温度情報の詳細な検討を行うためには1/100℃程度の分解能を有する温度計を用いた計測が必要である．一般に，サーミスタ温度計や白金測温抵抗体温度計が用いられる他，光ファイバー温度計を用いた事例がある[4]．

井戸孔内での地下温度情報の計測方法は主に，①スクリーン深度が明確な井戸で揚水された地下水温を計測する方法，②井戸に温度計を投入して検層方式で孔内水温を計測する方法の2つがある．②の方法による地下温度プロファイルを可能な限り把握するとともに，①の方法による揚水井の温度情報を用いて空間分布を補間することは有益である．また，②の方法において，高精度・高分解能の温度計を用いて計測深度の間隔を短く設定することで，①の方法よりも高分解かつ高精度の地下温度情報と微細な温度変化を捉えることができる（図IV.5.1）．

国内では平野や盆地に都市域が発達し，地下水が水源として利用されてきた．このため都市域では，地下水位・地盤沈下観測井や消雪用の井戸が整備されていることが多く，これら既存井戸を活用することで地下温度情報を広範囲に3次元的に得ることができるため，局地〜広域スケールまで幅広く適用できる．また，実際の地下水環境調査においては，水位や水質等，他の指標との併用によるマルチトレーサーの1つとして地下温度情報を活用することが有益である．

5.1.2 留意点

井戸孔内での計測条件として，孔内水温が井戸周囲の地層の温度と熱平衡であり，原位置の地下温度と等しいことが求められる．つまり，計測の過程で温度変化が生じている場合や，井戸孔内の水の流れによって温度分布の攪乱が生じている場合は，計測値は地下温度情報として取り扱えないため，地下水の流動や環境変化の指標として適用することは難しい．

前述の①の方法では，揚水を十分に行った上での計測であっても，スクリーンが地下深部にある井戸では揚水過程で温度が変化しているおそれがあるため，注意が必要である．これに加えて，マルチスクリーン構造の揚水井の場合は，深度に精度が求め

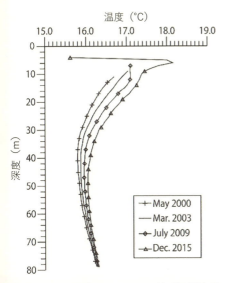

図IV.5.1　地下温度プロファイルの例　埼玉県南西部の観測井における測定事例（文献4）

られる検討には適用できない．また，②の方法では，井戸孔内の水温分布が撹乱されていないことが前提条件となるため，日常的に揚水しない観測井が最適である．さらに②の方法は，観測井のスクリーン区間や上下をスクリーンに挟まれたケーシング区間では水の流れの影響を受けているおそれがある．また，観測井でも井戸の口径が著しく大きい場合や，地温勾配が著しく大きい場合も，井戸孔内に水の流れが生じていないか注意が必要である．地下温度プロファイルを地質ボーリング孔で計測する場合は，ケーシング区間であっても，繰り返し計測やモニタリングを実施して，掘削や揚水試験等，各種作業による撹乱の影響が残留していないか確認する必要がある．

〔宮越昭暢・小野寺真一〕

5.2 水みち，浸透過程を探る

5.2.1 深度 1 m 地温探査[5]

a. 探査原理

1 m 深地温探査は，地下水の水温と測定時の日平均気温から推定される平均 1 m 深地温との温度差から，浅層部を優先的に流動する地下水の流動経路（いわゆる水みち）を把握することを目的としたものである．

周辺の平均的な地温（測定時の日平均気温から推定）と比較して地下水温（通常は年平均気温に近いが，地下水の涵養高度や地熱の影響を受ける）が低い時期（夏季等）の場合，浅層部において地下水流動が生じている区域（水みち周辺部）では，計測さ

れる地温が低くなる．一方，逆の現象が想定される季節では，この逆の関係となる．

上記の探査原理に従い，調査対象地区に測点網（測線群）を配置し，細密な 1 m 深地温探査を実施することにより，浅層部を流動する地下水の流動経路「水みち」についての経路網の把握が可能となる．主な適用対象として①地すべりに関連した地下水流動経路，②河川流域における伏流水等浅層地下水流動経路，③ため池・堤防からの漏水流動経路の検出が挙げられる．

b. 探査方法

1 m 深地温探査は，流動地下水温度と平均地温との差が大きい 1-4 月または 8-9 月に探査を実施する．現地作業では，設定された測点上に 1 cm 径程度の鋼棒を挿入し（打ち込む）その後引き抜くことで深度 1 m の孔を作成し，そこに 1 m 深地温用測定器（測温体）を挿入し，10 分後に温度（地温）を計測する．野帳には，測点・測線番号，測温体挿入時刻，計測時刻，測定値（複数の機器を使用する場合は測温体番号も記録しておく），測点から半径 3 m 以内の地表面状況，孔内水の有無等を記録する．

c. データ整理・解析手法

1 m 深地温測定値には，いろいろなノイズが包含されている．内因的ノイズとして測温体の固有誤差，外因的ノイズとして経日変化，地表面状況，地形・地質・土壌等の要因等がある．これらの因子ごとに，1 m 深地温測定値に包含された寄与分を算定し，補正を行う．各因子の補正方法については文献[5]を参照されたい．

1 m 深地温探査結果の解釈にあたっては，平均 1 m 深地温と流動地下水温に関

する情報を得る必要がある．平均1m深地温は，文献において提案されている「横睨み法」で推定する．一方，流動地下水温は，調査地内のボーリング孔あるいは井戸の水温を測定し把握する．

平均1m深地温と流動地下水温とを比較し，平均1m深地温＞流動地下水温となる夏季の場合は，低温部に着目し「水みち」の検討を行い，一方，平均1m深地温＜流動地下水温となる冬季の場合は，高温部に着目し「水みち」の検討を行う．

5.2.2 地温モニタリング

土壌や斜面等の浅層部において，地下温度の時系列変化データを収集し，水の移流によって温度場が大きく変化することを利用して水分量の変化や選択流の解析等への活用が可能であり，浸透過程や浸透フラックスを2次元的に推定することが可能である[6,7]．計測センサーや自記記録計はこの20年間で格段に進化し安価になっている

ため，その汎用性は高まってきている．特に，温度情報の多点同時計測という有利性を活用しつつ，他の計測機器（水圧センサー（テンシオメーターや孔内水圧），電気伝導度センサー，FDR法[7]等，TDR土壌水分・塩分センサー）との組み合わせによって，幅広くかつ総合的な評価が可能になるであろう．　　　　〔中谷　仁・小野寺真一〕

5.3　地下水流動系を探る

地下水流動系は，地形と地質条件に支配される（第III編参照）．地質を等方均質と仮定し，上部境界を地下水面，下部境界を不透水基盤，上流部側方境界および下流部谷底の側方境界を別の地下水流動系との分水界として設定した断面2次元領域の定常場において，単純な曲線の地下水面を仮定して地下水流動を理論的に解析できる．Domenico and Palciauskas (1973)[9]は，上記の仮定で求められる水理水頭分布にお

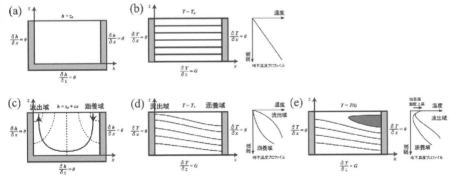

図 VI.5.2 地下水流動 (a, c)，地下温度分布と地下温度プロファイル (b, d, e) の概念図（文献 10, 11）に一部加筆．(a) 地下水流動がないと仮定した場合の (b) 地下温度分布，(c) 地下水涵養と流出を仮定した地下水流動がある場合の (d) 地下温度分布と (e) さらに地表面温度上昇がある場合の地下温度分布．

いて，上部境界の地表面温度と下部境界の地温勾配に一定値，側方境界を断熱という条件のもと，熱輸送の式から温度分布を求める近似解を得て，地下水流動と温度分布の関係を検討した（図IV.5.2）．

地下温度分布は地下深部からの地熱熱流量と地表面温度により決まるが，地下水流動に伴う熱移流により温度分布に歪が生じる．同一深度で比較した場合，地下水涵養域では地表面からの影響を受け相対的に低温となり，地下水流出域では地下深部からの影響を受け高温となる．観測井で計測された地下温度プロファイルは，涵養域では相対的に低温となり地温勾配は小さくなり，流出域では高温となり地温勾配が大きくなる特徴を示す．これら地下温度分布の歪を抽出して適切に評価することで地下水流動系の探査が可能となる[10]．一般に地下水流動系の探査に適用されるのは，季節変動が十分に小さくなる恒温層以深の地下温度情報が対象となる．

5.3.1 観測サイトにおける地下水流動系を探る

観測サイトにおける地下温度プロファイルを丁寧に解析することで，深度による地下水流動系の違いを探ることができる．図IV.5.3において，地温勾配の変化の特徴からA～Cの3区間に区分できる．A区間は勾配変化が大きく，地表面温度の季節変動等の影響が大きい区間である．C区間は，地温勾配の変化が上位区間よりも小さく，熱移流の影響が小さい固結した透水性の悪い地層であり，停滞性の地下水賦存域と推定される．一方，B区間の地温勾配には深度に応じた変化が認められる．この変

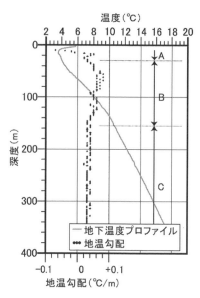

図IV.5.3 地下温度プロファイルを用いた検討事例（文献12）に一部加筆）

化は地層の熱伝導率の違いではない．鉛直方向の地下水流速を推定するタイプカーブ比較解析から上向きの地下水流速が検出され，地下水流出域と確認された．これらの結果は環境同位体等の化学的指標による検討結果とも整合的であった．

この事例のように，地下温度情報は1つの井戸で多深度のデータを取得できるため，深度方向の変化について詳細に検討できる利点がある．これを活かしつつ，実際の調査では，水理水頭や水質等の他指標と統合して検討することが効果的である．

5.3.2 3次元分布から広域地下水流動系を探る

複数の観測井で計測した地下温度プロファイルの統合により把握した地下温度情報の3次元分布に基づいて，広域スケール

の地下水流動系の探査に適用可能であり，国内では長岡平野[13]を筆頭に，盆地や平野を対象とした複数の事例が報告されている．関東平野の事例[14]では，自治体等所管の地盤沈下・地下水観測井網（92井，孔底深度50-600 m）で計測した地下温度プロファイルを用いて検討した．地下温度分布には高温域と低温域の分布に地域性が認められた．低温域が丘陵や台地部に見られるのに対して，高温域は低地部とくに平野中央部に広く分布する．また，地下温度プロファイルを地温勾配変化の特徴から流出域型，涵養域型，中間域型の3タイプに分類すると，平野縁辺部から中心部と東京湾岸に向かって，涵養域－中間域－流出域タイプと変化する（図IV.5.4）．このような地下温度分布は広域地下水流動系の構造を反映したものであり，地質構造や水理水頭，水質等から推定される地下水流動系とも整合的である．

また，過去データとの比較によって，地下温度プロファイルに認められる地温勾配の変化や乱れから，地下水流動が地下水開発によって複雑に変化していることも抽出できる[15]．これらも他のトレーサーとの統合によって，より有機的な結果が得られる．

〔宮越昭暢〕

5.4 地熱開発の影響を探る

5.4.1 地熱資源と温泉

地熱地域における地熱資源と温泉はともに火山活動を起源とする地下のマグマから熱を得ているといった共通点がある．地下の熱水系においては，そのほとんどの水の起源は天水である．天水の一部は地下に浸透するが，その過程で熱源に遭遇し十分温められ，貯留する条件が整うと地熱貯留層や温泉帯水層が形成される．温泉の起源や熱源が深部の地熱貯留層と関係している場合には，地熱開発の規模により，温泉に影響が現れる可能性があることから，温泉の生成機構と開発対象とされる地熱貯留層との関係の解明が必要となる．

地熱開発では，マグマ溜り等から供給される熱（熱構造），蒸気や熱水を地下に封じ込める器（貯留構造），蒸気や熱水を供給する断裂系（流路）の3つの要素が揃ってはじめて大規模な開発ができるとされる．地熱調査[16]をはじめる前には，過去に対象地域とその周辺で行われた地質，物理探査，地化学等の各種調査データをコンパイルする．もちろん温泉に関する様々なデータも収集される．それらに基づく地質・

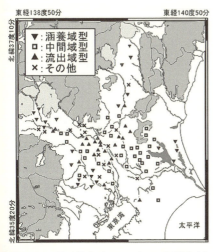

図IV.5.4　地下温度プロファイルの分類例（文献14）に一部加筆）

水理学的な検討資料は地熱開発のすべての段階で重要な役割を果たす. 物理探査法は空中, 地表または地表に近い深度から地下深部の地層の物性値を把握することにより地質構造等の推定を行う. 例えば地震探査, 重力探査, 磁気探査等は, 地熱貯留層を形成する地質構造の形状, 規模, 深度等の情報を与える. 地質構造中に地熱流体が賦存するかどうかについては, 電気・電磁探査, 地温探査によって調べる事ができる. これらの探査法は, 他の手法と比較して, 地熱流体の存在や温度に対する感度が高い. 地化学探査法は, 地熱系が蒸気卓越型か熱水卓越型かを確認し, 深部でどの程度の温度が期待されるか, さらには供給される水の起源等を評価し, 熱水の供給源を推定する手掛かりとなる. ボーリング探査では地表下の地質構造, 温度, 圧力, 地熱流体等を直接把握することで地熱資源のより詳細な評価を行う. 温泉調査は, 地熱調査に比べて調査規模が小さく, 調査手法も地熱調査の手法の一部に限られる場合が多い.

5.4.2 温泉のモニタリング

地熱開発の温泉への影響を判断するに

は, 温泉の変動を把握することが前提となる. そのためには, 出来るだけ長期の温泉変動データを取得する必要がある. 温泉モニタリングは温泉の季節的な変動を理解することから始まり, 得られたデータをバックグラウンド値と位置付ける. そして, 地熱開発の期間を通してモニタリングデータを解析することにより地熱開発の影響が現れているかどうかを判別する. モニタリング項目の選定と実施は, 温泉の変動を適切に反映したデータが得られる環境にあるか, また長期観測を行う上で支障がないか等を考慮したうえで行われる.

温泉資源の保護に関するガイドライン (地熱発電関係)[17] では, 温泉に変動をもたらす要因について例示している (表 IV.5.1). 温泉に変動をもたらす要因のうち自然的要因としては, 降雨, 河川, 潮汐, 地震活動, 火山活動, 気圧, 源泉へのスケール付着等がある. 人為的な要因としては, 源泉周辺での土木工事や他の源泉の揚湯に伴う影響等がある. 地熱開発の影響が周辺温泉に及ぶ場合, 水位変化が時間的に最も早く現れ, その後泉温や泉質の変化が現れることが予想される. このことから温泉モ

表 IV.5.1 温泉に変動をもたらす要因 (文献 17)

自然要因	人為的要因
a. 降雨, 降雪, 積雪	a. ダム・貯水池工事
b. 河川, 湖沼水位	b. 河川・護岸工事
c. 潮汐	c. トンネル・隧道工事
d. 地震	d. 道路・広域駐車場工事
e. 火山活動	e. 源泉・源泉同士の干渉, 乱開発
f. 気圧変化	f. 源泉のスケール浚渫, 改修工事
g. 源泉のスケール付着	g. 森林伐採
h. その他	h. その他 (例えば地すべり対策のための水抜き孔掘削)

ニタリングでは，一般的に水位（揚湯量），泉温，泉質の3つの項目を基本とし，同時に周辺環境の変化等も把握する．温泉への影響で特に留意しなければならないのが，源泉相互の関係である．規模の大きな温泉地では，複数の源泉が存在する場合が多く，近接する源泉からのくみ上げにより源泉相互間での影響が生じ，温泉変動の大きな原因となる場合もある．

5.4.3 地熱開発が温泉に及ぼす影響の評価方法

地熱開発による影響が周辺の温泉に及ぼす影響を理解するためには地質学，地球物理学，地球化学，水理学等の各種データに基づき段階的に構築される地熱構造モデル，地熱流体流動モデル，数値シミュレーションモデル等により，温泉との関連性が検討される[18, 19]．

一般に地熱調査のステージは①広域調査，②概査，③精査，④発電所建設，⑤発電所運転開始の各段階に分けられる．

地熱構造モデルは温泉と地熱貯留層の関係について地質構造調査の結果に基づき，地層や断層等の分布，地熱貯留層と温泉帯水層の分布，熱源等から説明するものであり，地熱調査ステージの概査段階以降に作成される．

地熱流体流動モデルは地熱構造モデルを発展させ，温泉水や地熱流体の温度，圧力，地化学情報等を基に，温泉および地熱流体の生成機構，地熱貯留層温度，熱水系の分類，混合状態，流動状態等を説明するものであり，地熱調査ステージの精査段階以降に作成される．

数値シミュレーションモデルは地熱流体

採取による地熱貯留層の圧力や温度の変化，温泉への影響予測等を定量的に検討するために，地熱構造モデルや地熱流体流動モデルを踏まえて構築される．

地熱貯留層と温泉帯水層がつながっているかどうかは，両者の位置関係（水平距離，深度）も踏まえたうえで，様々な面から総合的に判断される．温泉帯水層と地熱貯留層の水理的関係は，温泉水の温度と地化学特性から，同一熱水型，熱水滲出型，蒸気加熱型，伝導加熱型，そして独立型（無関係型）といった大まかに5つのタイプの構造モデルに分類することができ，それぞれのタイプによって影響の現れ方が量的，質的に異なるとされる．このことから，それぞれのタイプから予想される影響に応じた温泉モニタリングを行うことにより，万が一影響が発生し始めた場合には，その兆しを早めに検知し，温泉利用への影響が生じる前に対策を取ることが重要である．

〔秋田藤夫〕

5.5 温暖化の影響を探る

地下温度は地表面における温度変動や環境変動等の影響によって時間的に変動している場合も多い．したがって，地下温度の鉛直プロファイルを経時的に測定することにより，地域ごとに特色のある地球温暖化の影響（例えば，外気温の上昇に伴う地表面温度の増大の影響）を知ることができる．地球温暖化による地下への影響を探るには，同一観測井戸において繰り返し地下温度情報を取得することが望ましい．地下温度情報は5.1節に示す方法で取得すること

が一般的である．また，観測井孔内に多点温度検層器を設置できるのであれば，データロガーで長期間記録したデータを用いて地下温度変化過程を詳細に捉えることができる．特に都市域の地下温度分布には，①人工物による地表面の被覆，②地上・地下構造物からの排熱，③地下水開発に伴う地下水流動の改変といった様々な人間活動の影響を受ける[20,21]ため，長期かつ連続的な観測データの取得は，地域ごとに異なる地下温度変化の要因解明に大きく寄与する．

理論上，地下水流動の影響がなく，かつ地殻熱流量や地表面温度，地下の物性が一様であれば，地下温度分布は直線的になる．しかし，実際に地下温度を観測すると，多くの地点で地下数十mから地表部に近づくにつれて温度が上昇する傾向が見られる．特に都市域では温度の上昇幅が大きいことから，浅い深度の地下温度の上昇は地表面付近の長期的な温度変動に起因している可能性が指摘されている[20,21]．地表面の長期的な温度上昇の要因としては，地球温暖化や都市化（ヒートアイランド，土地利用変化）等が考えられる．

東京や大阪[20,21]等に加えてアジアや世界各地の大都市圏において，観測した地下温度プロファイルから地表面温度の変遷が推定され，地下温度分布に都市化の影響が強く反映されている可能性が指摘されている．また，以下に述べる地下温度プロファイルからの逆解析により，地表面温度の変遷を推定することができる[20,21]．地表面温度の変動は以下の階段関数で近似される．

$$T(z=0, t_{i-1} < t < t_i) = T_0 + \Delta T_i$$

$$\text{(IV.5.1)}$$

ただし，T_0 は地表面温度の基準となる温度（$t=t_0$ における温度），ΔT_i は t_{i-1} から t_i の間の地表面温度と T_0 との差である．$t = t_M$（現在）における地下の温度分布は，熱拡散方程式で表される．

$$\frac{\partial T}{\partial t} = \kappa \frac{\partial^2 T}{\partial z^2} \qquad \text{(IV.5.2)}$$

ただし，z は深さ，κ は熱拡散率，T は温度である．また，T は，式（IV.5.2）を解くことで，以下のように表される．

$$T(z, t=t_M)$$
$$= T_0 + G \cdot z + \sum_{i=1}^{M} \Delta T_i$$
$$\left\{ \text{erfc}\left(\frac{z}{2\sqrt{\kappa(t_M - t_{i-1})}} \right) \right.$$
$$\left. - \text{erfc}\left(\frac{z}{2\sqrt{\kappa(t_M - t_{i-1})}} \right) \right\}$$

$$\text{(IV.5.3)}$$

ここで，erfc は余誤差関数である．式（IV.5.2）と式（IV.5.3）からある地表面温度変動を仮定してその影響を受けた地下の温度分布を逆問題解析することにより，地表面温度の変動を推定することができる．式（IV.5.3）のモデルはシンプルな解析解が得られるが，多層構造モデルや地下水流動による熱移流を考慮した複雑なモデルへの発展も可能である[20,21]．

さらに，世界各地の都市域では，都心部での地下温度上昇量が郊外よりも大きいことが報告され，地下においてもヒートアイランド現象が生じていることが明らかとなってきている[22]等．このことは，地下の微生物活動やそれに伴う物質の分解や鉱物の化学的風化等の空間的多様性に対しても大きな影響を与えることになるだろう．

ドイツの都市では，地下水温度データ（深度20 m）の空間分布と土地利用，地下インフラ（地域暖房ネットワークや地下鉄の位置，下水・排水の流入位置），および人口密度の空間分布等を，GIS化して比較している[22]．都市中心部の地下温度は農村部よりも高い傾向にある．また，都市中心部と農村部との間の地表面温度の最大温度差を表す都市ヒートアイランド強度（urban heat island intensity：UHII）と比較するために，都市中心部～農村部に分布する地下水温データの最大温度差から地下のUHII$_{10-90}$（極端な温度分布を除外し，温度分布の10-90%の範囲を使用）を求めた．その結果，地下のUHIIは地表部のUHIIより大きいことが示された．また，地下温度分布と人口密度の間に相関関係が認められたことから，都市部では地表面温度の上昇や地下インフラからの排熱が地下温度上昇に影響している可能性が示唆された．

近年では，地下構造物からの排熱が地下温度に影響を及ぼしている可能性を指摘した研究報告も見られる[23]．ドイツのカールスルーエとケルンでは，地下への人為的な熱流束（anthropogenic heat fluxes：AHFs）の数理モデルを構築してAHFsの空間分布を表示することにより，地下鉄や下水道等の地下構造物からの排熱が都市域の地下温度分布に影響を与えていることが指摘されている[23]．

以上のように，近年では国内外において地下温暖化の事例が報告されており，地下温度プロファイルの測定およびプロファイルの逆解析にもとづく地表面温度変化や人工物が地下温度上昇に与える影響について検討した研究がなされている．

〔石原武志・シュレスタガウ ラブ・
冨樫　聡〕

文献

1) 佐倉保夫（2000）：気候変化に伴う地下の熱環境変化．陸水学雑誌，61，35-49．

2) 谷口真人（2010）：地下環境における水と熱のカップリング研究．地下水学会誌，52(4)，371-379．

3) Anderson, M. P.（2005）：Heat as Ground Water Tracer. Groundwater, 43(6), 771-972.

4) 宮越昭暢ら（2018）：埼玉県南西部における地下温度の長期観測結果に認められた地下温暖化とその成因．地下水学会誌，61(4)，495-510．

5) 竹内篤雄（1996）：温度測定による流動地下水調査法．古今書院，1-249．

6) 佐倉保夫（1984）：温度による水温調査法．日本地下水学会誌，26，193-197．

7) 開發一郎（1995）：「雨水浸透と地下水涵養」2 地下水涵養に係わる新しい観測・計測法．日本地下水学会誌，37，193-206．

8) 西垣　誠ら（2004）：FDR法による土壌・地下水汚染のモニタリング手法に関する基礎的研究．日本地下水学会誌，46，145-157．

9) Domenico, P. A. and Palciauskas, V. V.（1973）：Theoretical analysis of forced convective heat transfer in regional groundwater flow. Geological Society of America Bulletin, 84, 3803-3814.

10) 佐倉保夫（1984）：温度による地下水調査法．日本地下水学会誌，26(4)，193-197．

11) Taniguchi, M. et al.（1999）：Disturbances of temperature-depth profiles due to surface climate-change and subsurface water flow；(1). Water Resour. Res., 35, 1507-1517.

12) 宮越昭暢ら（2005）：高緯度地域における地下温度環境評価－積雪および温暖化の影響．日本地熱学会誌，27(2)，163-172．

13) 谷口真人（1987）：長岡平野における地下水温形成機構．地理学評論，第60巻第11号，725-738．

14) 宮越昭暢ら（2003）：地下温度分布からみた関東平野の地下水流動，日本水文科学会誌，33

(3), 137-148.

15) 宮越昭暢ら（2016）：関東平野北部における地下温度の高温域の構造と変化．日本地下水学会誌，58(1)，47-62.

16) 日本地熱学会地熱エネルギーハンドブック刊行委員会（2014）：地熱エネルギーハンドブック．オーム社，940p.

17) 環境省（2012）：温泉資源の保護に関するガイドライン（地熱発電関係）．環境省，51p.

18) 地熱発電と温泉利用との共生を検討する委員会（2010）：報告書地熱発電と温泉利用との共生を目指して．日本地熱学会，62p.

19) 安川香澄・野田徹郎（2017）：温泉帯水層と地熱貯留層との水理・熱的関係ついての温泉地化学的手法による分類．日本地熱学会誌，39(4)，203-215.

20) 濱元栄起ら（2014）：地中熱利用システムのための地下温度情報の整備とポテンシャルの評価—埼玉県をモデルとして—．物理探査，67(2)，107-119.

21) Taniguchi, M. and Uemura, T. (2005)：Effects of urbanization and groundwater flow on the subsurface temperature in Osaka, Japan. Phys. Earth Planet. Inter., 152, 305-313.

22) Menberg, K. et al. (2013)：Subsurface ueban heat oslands in German cities. Science of the total Environment, 442, 123-133.

23) Benz, A. S. et al. (2015)：Spatial resolution of anthropogenic heat fluxes into urban aquifers. Science of the Total Environment, 524-525, 427-439.

第6章

水 質 調 査

6.1 水質調査の流れ

　地下水の水質の理解は，その目的による
が，現地での簡易測定やモニタリングに
よって可能なものと，試料を採取し実験室
での分析が必要なものとに大別される．ま
た，対象とする項目が主要溶存成分か，汚
染物質か，それ以外（例えば，後述の第7,
8章で扱われる安定・放射性同位体，溶存
ガス，微生物等）かによっても測定やモニ
タリング方法は異なってくる．そこで本節
では，まず地下水質調査の流れについて，
採水・現地測定→室内分析→結果の整理
の順に概説する（図 IV.6.1）．なお，本節
の内容は後述の第7, 8章にも共通するもの
である．

6.1.1　採水および現地測定

　地下水の水質試料を採取する地点として
は，地下水調査の専用施設（観測井等），
湧水，取水井が一般的であり，調査目的に
応じて選定する．汚染物質の調査の場合は，
汚染物質が地下浸透した場所，地下水の流
向・流速等を考慮したうえで，汚染源の上
流側から下流側にかけて複数の井戸を選定
することが望ましい[1]．

　採水を行う井戸が長期間使用されていな
い場合は，井戸内の水が近傍の帯水層とは
異なった環境に置かれていることになり，
当該地点付近の地下水の水質を反映したも
のでなくなっている可能性があるため，井
戸洗浄を行う必要がある．揚水洗浄は，揚
水を行うことによりスクリーンに付着した
物質を取り除く効果と，井戸内の地下水を
近傍の地下水と入れ替える効果がある．こ
のときの揚水量としては，井戸内体積の
3-10倍，あるいは水質が安定するまでと
いった目安が挙げられる[1]が，必要以上の
揚水を行うと採水地点から離れた地下水水
質の影響を受けやすくなるため，注意が必
要である．

　地下水試料を採水する位置は，近傍の地
下水が流入するスクリーン区間とすること
が原則であり，スクリーン区間の中間を代
表深度とする場合が多い．また深度による
水質変化の把握では，スクリーン位置や地
質柱状図，透水性等を踏まえて採取深度を
設定する．

　掘り抜き井戸や湧水からの採水にはバケ
ツ等の簡易な採水用具を用いる場合もある
が，観測井やピエゾメーターではベーラー
や揚水ポンプを用いる．一方，家庭用や工
業用の取水井は通常蓋がされており，採水

用具を直接孔内に入れることが困難であるため，揚水ポンプや蛇口が既設されている場合はそれらを用いて採水を行う.

試料採取では，試料中に含まれる化学成分の濃度および化学形態を変えないようにする必要があり，他の成分が混入しないよう採水容器を数回共洗いしたのちに速やかに試料を入れ，容器中に空気が残らないようにする必要がある.特に，年代トレーサーである CFCs（クロロフルオロカーボン類）や SF_6（六フッ化硫黄）等の溶存ガス（第8.3節参照）分析用の試料については，試料水への大気の混入や採水に用いる器具に細心の注意を払う必要がある.詳細については第8.3節を参照いただきたい.また，地下水汚染調査等では，対象地点に一定期間採水容器を設置し，自然状態で容器内に入ってきた地下水を採水する静的サンプリングを用いることもある.

採水容器は，水質項目に応じて，分析結果に影響しない材質で，試料の封入や搬送等の作業性が良いものを選択する.通常は軽量・安価なポリプロピレン（PP）やポリエチレン（PE）製の瓶や，材料の溶出・反応の懸念が少ないガラス瓶を用いる.また光（特に紫外線）による変質を防止するためには褐色瓶を用いる.微生物や細菌類については滅菌瓶を使用する（第8.2節）.

採水した試料は，分析する項目に応じた処理ならびに保管を行う.特に，変質しやすい水質項目については試薬を添加し固定する場合もある.成分の変質を避けるため，試料は分析まで冷暗所で保管する.例えば，窒素やリン等の栄養塩類の場合は，採水の際にメンブレンフィルター等を用いて濾過

を行い，懸濁物質を除去したのちに容器に封入し，分析まで冷凍保存する.

地下水水質のうち，ポータブル型水質計を用いて現地での測定が可能なものには主に電気伝導度（electric conductivity：EC），pH，溶存酸素濃度（dissolved oxygen：DO），酸化還元電位（oxidation reduction potential：ORP あるいは Eh）等がある（第6.2節）.また，溶存鉄等，DO の変化によって濃度が変わりやすい項目については，比色計（吸光光度計）を用いて現地で測定を行う場合もある.

6.1.2　室内分析

主な水質項目のうち，主要陽イオン・陰イオンについては，重炭酸イオン（あるいは炭酸水素イオン，HCO_3^-）は主に硫酸を用いた滴定法で，それ以外についてはイオンクロマトグラフィーを用いた定量を行うのが一般的だが，低濃度の主要陽イオン分析については誘導結合プラズマ発光分光分析法（ICP-AES）を用いることもある[2].また，無機態栄養塩類（無機態窒素等）については前述したイオンクロマトグラフィーおよび吸光光度法を用いる（第6.5節）[2].なお，汚染物質については第6.4節を参照されたい.

6.1.3　結果の整理

水質調査の目的に応じて，実施した水質測定（原位置での測定（第6.2節），室内分析での測定）の結果について，定点での経時変化や異なる地点における空間分布・季節変化等を整理し，水文地質条件や地下水流動等の情報とあわせて第6.2-第6.5

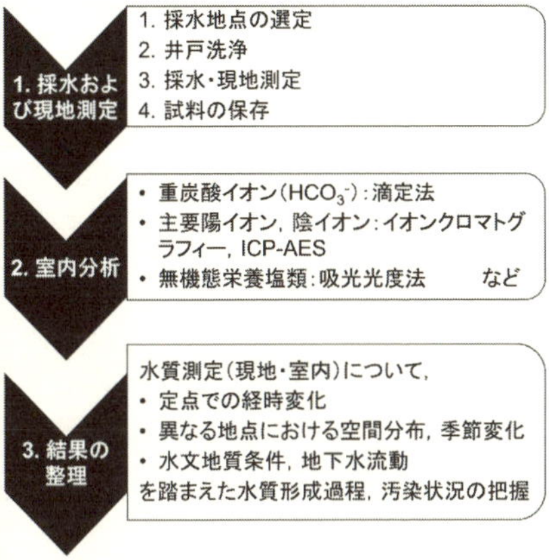

第6章 水質調査

図 IV.6.1　地下水水質調査の流れ

節で後述されるような水質形成過程や汚染状況の把握等を行う.

〔齋藤光代・工藤圭史〕

6.2　基本的な水質の状態を知る

6.2.1　物理化学パラメータ

地下水の基本的な水質を把握するための主な調査項目として以下が挙げられる.

a) 電気伝導度（率）（electric conductivity：EC）

b) 水素イオン指数（potential hydrogen：pH）

c) 酸化還元電位（oxidation reduction potential：ORP）

d) 溶存酸素濃度（dissolved oxygen：DO）

これらの物理化学パラメータは, 採取した試料水を実験室に持ち帰るまでの間に容易に変化するので, 現場で測定することが望ましい. 測定には, 各項目に対応したハ ンディメーターや多項目水質計を用いる. 以下に各項目の意味や重要性, 測定時の留意点等を述べる.

a.　電気伝導度（率）（EC）

EC は物質中での電気の流れやすさを表し, 水中では電解質の溶存量が多いほど値が大きい. このため, 塩濃度の指標となり, 特に淡水の地下水と高塩濃度の地下水の混合状況を推定する際に有用となる[3]. EC は温度依存性を示すので, 水温を同時に測定して温度補正を行う.

b.　水素イオン指数（pH）

pH は溶液の酸性・アルカリ性の程度を表す指標である. 地下水を地上に揚水した場合, 水圧変化に伴う溶存二酸化炭素（CO_2）の脱離（脱ガス）や大気中の CO_2 との反応により pH が変化する[4-6]. このため, 可能な限り圧力の変化や大気との接触を排除し, 速やかに測定する. 試料水に通気または振とうして, 大気中の CO_2 と平衡にさせた状態での pH を RpH と呼ぶ.

c.　酸化還元電位（ORP）

ORP は溶液の酸化還元状態を表す指標である. 酸化還元反応に鋭敏な元素（窒素, マンガン, 鉄等）の種類・活量および水温に依存し, 値が高いほど酸化的環境であることを意味する. 試料水に作用電極と比較電極（近年では一体型の電極が多い）を挿入して測定する. 使用した比較電極と標準水素電極の電位差を考慮して, 標準水素電極の電位が 0 となるように換算した ORP を Eh と呼ぶ.

d.　溶存酸素濃度（DO）

DO は試料水中に溶けている酸素の濃度を表し, 地下水の酸化還元反応に関わる化

学成分の濃度や生物の活性と関係する．滴定法，隔膜電極法，光学式センサー法等により測定する．ただし，酸素以外のガスが多量に溶存した地下水を，フローセル等の密閉容器内で隔膜電極法により測定すると，脱ガスにより生じた気泡が隔膜を透過して測定に影響することがある．また，酸素が消費され尽くした還元的な環境の地下水を対象とする場合には，測定方法によらず，大気からの酸素の溶け込みに留意する必要がある．

6.2.2　原位置測定の重要性

前項に記載の通り，物理化学パラメータは現場での測定を基本とし，さらには地下水が存在している深度（原位置）で直接測定することが望ましい．原位置と地上での測定値の乖離が多数報告されており，その原因として大気からのCO_2の溶解[4]や酸素の侵入[7]，揚水過程での脱ガス[5-7]，酸化還元反応の制限固相の変化[5]等が指摘されている．図IV.6.2に，CO_2とメタンが溶存する地下水について，原位置に電極を設置した場合と地上に揚水した場合の物理化学パラメータの測定結果[5]を例示する．原位置と比べて地上でのpHとEhの測定値が高く，脱ガスや酸化還元状態の変化によるものと考えられている．このように，フローセルにより大気との接触を抑制した状態であっても，地上での測定値は原位置の地下水水質を正しく反映しない場合がある．なお，脱離したガスの量と種類がわかれば，熱力学的計算により原位置の地下水水質の推定が可能である[5,6]．

6.2.3　長期モニタリングの重要性

地表から数m-数十mに位置する浅層地下水では，気温や地下水流動の変化の影響を受けて水温や物理化学パラメータが季節変動を示す[3]ため，その影響を評価可能な期間・頻度でのモニタリングが必要となる．より深部の地下水では，一般的に水質の大きな変化は生じないと考えられるが，鉱山や地層処分場等の大規模地下施設の建設・操業時には排水に伴う数十年規模での地下水水質の変化が生じる可能性があり，長期間のモニタリングが求められる[8]．地下水マネジメントや気象・気候変動の影響評価等の観点からも，同一の観測地点での長期モニタリングによるデータの蓄積は重要である．

〔望月陽人〕

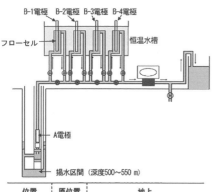

図IV.6.2　原位置と地上での物理化学パラメータの測定結果事例[5]

6.3 水質の成り立ちや特徴を理解する

6.3.1 主要溶存成分とは

地下水の化学的な特徴を把握する際に，最も重要な項目の1つとして主要溶存成分が挙げられる．地下水には様々な成分が溶存しており，陽イオンや陰イオンに加えて，Fe（鉄）やAl（アルミニウム）等の微量成分があり，これらの濃度はmg/L（ppm）からng/L（ppt）のオーダーまで広範囲に渡る．イオンに関しては，地下水に比較的多く含まれているNa^+（ナトリウムイオン），K^+（カリウムイオン），Mg^{2+}（マグネシウムイオン），Ca^{2+}（カルシウムイオン），Cl^-（塩化物イオン），NO_3^-（硝酸イオン），SO_4^{2-}（硫酸イオン），HCO_3^-（炭酸水素イオン）の8成分を主要溶存成分と呼んでいる．

地下水に含まれるこれらのイオン成分濃度は地質や人間活動等の影響を受けて変化しており，水質の特徴を把握することにより水質形成要因を推定することができる．例えば，海岸近くの地下水では海水（塩水）侵入や風送塩等の影響によりNa^+やCl^-濃度が高くなることがあり，農地に散布する肥料や家畜排せつ物，生活排水の影響等により地下水のNO_3^-濃度が高いことがある．鍾乳洞等の石灰岩が分布する地域の地下水にはCa^{2+}やHCO_3^-が多く含まれており，鉱山や火山地域の地下水にはSO_4^{2-}が多く含まれることがある．また，溶存成分の濃度の情報から，地下水の相対的な滞留時間の長短を把握することが可能である．

地下水の起源は大部分が降水であるため，降雨直後の水はほぼ蒸留水に近い水質を示すが，降水が地表面から浸透して地中を流動する間に溶存成分量が増え，水質も変化する．これは鉱物と地下水の反応[9]や，土壌や岩盤風化帯における水-岩石相互作用等に起因する．一般的に地中を流動する時間の長さに伴い，地下水の水質組成はCa-HCO_3型からNa-HCO_3型に移行する[10]．さらに深層の地下水では，土壌間隙中に貯留されている化石海水の混入等により高濃度のNa-Cl型を示す場合もある[10]．したがって，地下水に溶存しているイオンの種類と濃度を知ることができれば，大まかではあるがその地下水がどのような経路をとり，どのくらいの時間をかけて流動してきたか等，いわゆる水の履歴を把握することができる．

6.3.2 水質組成図の特徴とその解釈

通常，水質の結果は数値として得られ，イオン濃度の場合はmg/L（またはppm）で表示される．実際にどの成分がどのくらい含まれているのかを把握するには数値データが必要であるが，例えば複数地点の水質の特徴把握を行う際には，数値データをみるだけでは判断するのが難しい．そこで活躍するのが，溶存成分の値を図として表示する方法である．この図を水質組成図と呼ぶ．水質組成図には複数の種類があるが，水循環研究ではシュティフダイアグラムとトリリニアダイアグラムが多く用いられている．

シュティフダイアグラムとは上述した8種のイオン濃度を六角形の図で示したもの

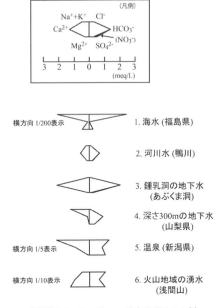

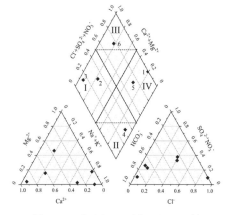

図 IV.6.3 シュティフダイアグラムの例

図 IV.6.4 トリリニアダイアグラムの例

である(図IV.6.3).中央の線を濃度0として,左側に陽イオン(上からNa$^+$+K$^+$,Ca^{2+},Mg^{2+}),右側に陰イオン(上からCl$^-$,HCO$_3^-$,SO$_4^{2-}$+NO$_3^-$)をプロットし,これら6点を直線で結ぶことにより図が完成する.利用するデータの単位はmg当量値(meq/L)である.横軸は濃度を示すため,横方向の大きさを比較することで溶存成分量の多少を把握することができる.また,六角形の形は水質の特徴を表すため,複数地点の水質の比較が容易である.陰イオン,陽イオンでそれぞれ最も濃度が高い成分を用いて水質組成型を示すことがあり,図IV.6.3の例では,1の水はNa-Cl型,2と3はCa-HCO$_3$型,4はNa-HCO$_3$型,5はNa-(Cl+SO$_4$)型,6はMg-(Cl+SO$_4$)型となる.5や6は混合型と示すこともあ

る.なお,1,5,6は溶存成分の濃度が高いため,横方向の縮尺率をあわせて示している.

トリリニアダイアグラムは,中央の菱形の図(キーダイアグラム)と左右2つの正三角形の図を配置したものである(図IV.6.4).当量値の百分率を用いて作成するため,対象となる水に含まれる各イオン成分が占める相対的な割合を把握することができる.キーダイアグラムは4つの領域に分けられ,図IV.6.4では,I:アルカリ土類炭酸塩型,II:アルカリ炭酸塩型,III:アルカリ土類非炭酸塩型,IV:アルカリ非炭酸塩型のように区分される.Iは表流水や浅層地下水等の流動性の良い水,IIは深層地下水等滞留性の水,IIIは温泉水や化石海水,IVは海水等が相当し,測定試料のデータをこの図にプロットすることにより大まかな水質の特徴を把握することができる.図IV.6.4の例では,各地点の特徴と水質区分は概ね整合している.ただし,すべての水が上記の分類に当てはま

第6章　水　質　調　査　　　　243

る訳ではないので，この点に留意して水質
の特徴を評価することが重要である．また，
イオン成分だけでなく，水温や微量成分，
同位体等，他の水質項目を用いて総合的に
判断することにより，より現実に即した考
察に繋がると考えられる．　〔藪崎志穂〕

6.4　汚染の状況を把握する

地下水汚染の多くは，地表面から地盤内
に浸透した汚染物質が帯水層に達すること
で引き起こされる．また，帯水層に達した
汚染物質は地下水の流れに沿って拡大す
る．そのため，地下水汚染の調査において
は，地下水の水質もさることながら，帯水
層の地質情報や地下水の流動状況，土壌の
汚染状況もあわせて把握することが重要で
ある[1]．

6.4.1　地下水汚染の原因物質

地下水汚染の原因物質には，主に揮発性
有機化合物（トリクロロエチレン，テトラ
クロロエチレン等），重金属（カドミウム，
シアン等），農薬（PCB，チウラム等），ダ
イオキシン類，油類（石油系炭化水素等），
無機態富栄養塩類（硝酸性窒素等），病原
性微生物，放射性物質等がある[1]．地下水
環境基準は「環境基本法」第16条に基づ
き1997年に設定され，その後1999年に項
目の追加，2009年に項目の追加および基
準項目の変更が行われ，現在は28項目と
なっている．ダイオキシン類については，
別途「ダイオキシン類特別措置法」に基づ
いて1999年に環境基準が定められている．

6.4.2　試料の採取と保存

地下水汚染把握のための試料を既設の観
測井等から採取する場合は，地下水採取用
具（ベーラー，揚水ポンプ等）と試料容器
（IV.6.1節参照）に加えて洗浄用具，被汚
染防止用具，廃水容器を準備し，被汚染防
止用具を装着してから行う．また，試料採
取後は二次的な汚染の発生を防ぐため，地
下水採取用具を洗浄し，試料採取の過程で
発生する廃水は適切に処理する[1]．

試料容器は，容器の材質と分析対象物
質の性質を踏まえて適切なものを選択す
る[1]．例えば，一般的に多く使用されるポ
リエチレン（PE）素材の容器は油，有機
塩素系化合物，農薬等の有機化合物を吸着
しやすく，かつ多くの有機化合物によって
変質劣化する性質を持つため，それらの成
分を対象とする場合はガラス製かポリテト
ラフルオロエチレン（PTFE）素材の容器
を使用する．一方，重金属イオンはガラス
に吸着されやすいため，微量重金属類を対
象とする場合はガラス容器を避ける必要が
ある．また，揮発性の高い物質を採取する
場合は，高密度ポリエチレンあるいはガラ
ス製の容器を使用する．

試料容器は使用前に洗浄が必要であ
り[1]，PE製およびガラス製容器について
は，未使用の場合，対象とする成分を含ま
ない洗浄剤を用いて洗浄した後，洗浄剤が
残らないように水道水で十分洗い流し，さ
らに純水で洗浄する．金属類を対象とする
場合は，必要に応じて40℃程度に加温し
た1mol/L程度の希硝酸または希塩酸で
酸洗浄を行う．また，揮発性有機塩素化合

第IV編　地下水調査法

物用のガラス容器については，PE 製および ガラス製容器の洗浄法と同様に洗浄した後，高圧蒸気滅菌器を用いて121℃で30分間滅菌する．

採取した試料はただちに分析を実施することが望ましいが，やむを得ず時間を要する場合は温度変化や紫外線等による対象物質の変質に注意するとともに，容器の破損と漏れを防止する．適切な保存方法[1]として，例えば油脂・炭化水素や農薬を対象とする場合は2-5℃に冷却し，最大保存期間は24時間とすることが望ましい．

6.4.3 試料の分析

地下水汚染物質の分析法は JIS や環境省告示で定められている[11]．揮発性有機化合物および農薬等の微量有機化合物の測定方法はガスクロマトグラフ（GC）法が中心であり，チウラムのみ高速液体クロマトグラフ（HPLC）法が用いられる．GC 法および HPLC 法による定量では分離，濃縮を目的とした前処理として，揮発性有機化合物の場合はパージ・トラップ法およびヘッドスペース法を中心に，一部で溶媒抽出法が，農薬等の場合は溶媒抽出法および固相抽出法がそれぞれ適用される．また，重金属等の定量には誘導結合プラズマ（ICP）発光分光分析法，ICP 質量分析法，吸光光度法，GC 法，イオンクロマトグラフ法が用いられる．

〔齋藤光代・中島　誠〕

6.5 地下水の化学反応を深く理解する

自然環境条件で複数の酸化数を示す物質

は地下水の酸化還元電位や pH（第6.2節）によってその化学形態が変化する．また，土壌粒子への吸着や気化により，地下水から固相または気相への物質移行が生じる．

本節では，自然環境条件で酸化数が−3から+5まで変化する窒素（N）を例に化学反応と水質分析の関係について説明する．地下水中での窒素は無機態に限っても表 IV.6.1 の化学形態を示す．有機物に含まれるタンパク質やアミノ酸が分解すると，アンモニア態窒素（NH_4^+）が生じる．溶存酸素濃度が高い地下水中では，酸化還元電位が高いため，NH_4^+ は硝化菌によって亜硝酸態窒素（NO_2^-），硝酸態窒素（NO_3^-）へと酸化される．一方，溶存酸素濃度が低い地下水中では脱窒が生じ，NO_3^- は窒素ガス（N_2）や一酸化二窒素ガス（N_2O）ガスへと還元される．また，これら硝化や脱窒は微生物の働きによる酵素反応であり，土壌 DNA の機能遺伝子と関連が深い．

6.5.1 イオン態窒素（NH_4^+, NO_2^-, NO_3^-）の分析

イオン態窒素の分析は JIS の工業用水・工場排水試験法や米国公衆衛生協会・水道協会・水環境連盟発行の標準分析法に準拠して行われることが多い[12-14]．吸光光度法やイオンクロマトグラフィーによる分析が主であるが（第6.1節），検体数が多い場合は前者を自動化した連続流れ分析計が便利である．

表 IV.6.1　地下水中窒素の化学形態と酸化数

化合物	NH_4^+	N_2	N_2O	NO	NO_2^-	NO_3^-
酸化数	−3	0	+1	+2	+3	+5

6.5.2 溶存態 N_2O の分析

地下水の溶存態 N_2O を分析するには，ブチルゴム栓付きのガラス容器に気相を含まない水試料を採取する必要がある[15]．次いで，一定温度のもと，水試料の一部を高純度ヘリウム（He）や N_2 ガスで置換し，強く振とうすることにより N_2O を気液間に平衡分配させる．最後に，気相 N_2O 濃度を ECD（electron capture detector）検出器付きガスクロマトグラフで測定する．地下水の溶存 N_2O 濃度はブンゼン（Bunsen）分配係数（20℃の場合，0.539 mol/mol）を用いて計算できる．

6.5.3 土壌吸着態

地下水中の窒素は主に NO_3^- で存在する．一般的な土壌は陽イオン交換能のみを持つが，日本で広く分布する黒ボク土は陰イオン交換能も有するため，深層土に吸着態 NO_3^- が多量に存在する場合がある[16]．

吸着態 NO_3^- あるいは NH_4^+ は，2 mol/L KCl 溶液抽出によって測定することができる．また，土壌が有する NO_3^- あるいは NH_4^+ 吸着能は，土壌と所定濃度の NO_3^-，NH_4^+ 溶液を振とうし，平衡状態の液相濃度を測定することによって，吸着等温曲線で評価できる[17]．

6.5.4 機能遺伝子

土壌・地下水系での硝化および脱窒反応は関連微生物の有する機能遺伝子が発現することによって進行する．市販の DNA 抽出キットを用いれば，地下水あるいは土壌から DNA を容易に抽出できる．抽出 DNA に対して，定量 PCR（polymerase chain reaction）法を用いれば対象遺伝子の定量化が可能で，その地下水環境が有する窒素変異ポテンシャルを評価できる．

〔前田守弘〕

文献

1) 地盤工学会編（2020）：地盤調査の方法と解説．第 11 編，997-1097．
2) 日本分析科学会北海道支部編（2005）：水の分析 第 5 版．化学同人，101-331．
3) 改訂地下水ハンドブック編集委員会（1998）：改訂地下水ハンドブック．建設産業調査会，1503p．
4) 古江良治ら（2005）：深層ボーリング孔を用いた地下水の地球化学調査の課題に対する試み．応用地質，46(4)，232-236．
5) 岩月輝希ら（2009）：深部地下水の物理化学パラメータ（pH，酸化還元電位）の測定とその留意点．地下水学会誌，51(3)，205-214．
6) Sasamoto, H. et al.（2011）：Interpretation of undisturbed hydrogeochemical conditions in Neogene sediments of the Horonobe area, Hokkaido, Japan. Applied Geochemistry, 26, 1464-1477.
7) Gascoyne, M.（2004）：Hydrogeochemistry, groundwater ages and sources of salts in a granitic batholith on the Canadian Shield, southeastern Manitoba. Applied Geochemistry, 19, 519-560.
8) 村上裕晃ら（2020）：放射性廃棄物の処分分野における地下水モニタリングの方法．原子力バックエンド研究，27(1)，22-33．
9) 鹿園直建（1999）：鉱物－雨水・地下水反応による地下水の水質形成と風化作用の解釈．粘土科学，38(3)，145-152．
10) 永井 茂（1992）：井戸と地下水の水文学．応用地質，33(4)，227-236．
11) 嘉門雅史ら編（2007）：地盤環境工学ハンドブック．朝倉書店，156-159．
12) 日本規格協会（2008）：JIS ハンドブック 53 環境測定 II 水質．日本規格協会，832-850．
13) APHA, AWWA, WEF（2005）：Standard methods for the examination of water &

wastewater, 21 st ed. 4, 107-129.

14) 日本分析化学会北海道支部編（2005）：水の分析 第5版. 化学同人, 307-320.

15) Minamikawa, K. et al.（2011）：Comparison of indirect nitrous oxide emission through lysimeter drainage between an Andosol upland field and a Fluvisol paddy field. Soil Science and Plant Nutrition, 57(6), 843-854.

16) Maeda, M. et al.（2008）：Deep-soil adsorption of nitrate in a Japanese Andisol in response to different nitrogen sources. Soil Science Society of America Journal, 72(3), 702-710.

17) 前田守弘ら（2008）：土壌 pH および共存陰イオンが異なる黒ボク土における硝酸イオンの吸着と移動遅延. 日本土壌肥料学雑誌, 79(4), 353-357.

第7章

起源を探る環境トレーサー

7.1 水の起源を探る

7.1.1 水の安定同位体

地下水の起源を探る環境トレーサー全般については第III編第9章で概説されている．本節では，水分子を構成する水素と酸素の安定同位体を利用した手法[1]について述べる．

水の水素・酸素安定同位体分析には質量分析もしくはレーザー分光分析が用いられる．近年一般的となりつつある後者は，波長調整されたレーザー光の反射・散乱特性が同位体分子種ごとに異なるという原理に基づいたものである．

水試料としては数 mL あればよく，保管期間中の蒸発濃縮を避けるため密栓可能なガラスバイアルが多く用いられる．採水時には試料容器が完全に乾燥している必要があるが，そうであれば共洗いの必要はない．地下水の採水は月ごともしくは年4回程度行い，年平均値を求めるのが望ましい．開放型の井戸を用いる場合は降水の混入を防ぐ等注意を要する．採水方法，採水容器および試料保存方法の詳細については，IV.6.1節も参照いただきたい．

7.1.2 起源の判別

$\delta^{18}O$ を横軸，$\delta^{2}H$ を縦軸とした図を δ ダイアグラムといい，海水（≒VSMOW）はほぼ原点にプロットされる．海水が蒸発して降水を形成する際の δ 値の変化を図 IV.7.1 に模式的に示す．降水を起源とする天水は，基本的に同様のプロセスを経るため，そのデータは $\delta^{2}H = 8\delta^{18}O + 10$ の直線上に概ね分布する．この直線はグローバル天水線（global meteoric water line：GMWL）と呼ばれ，ローカルに見た場合

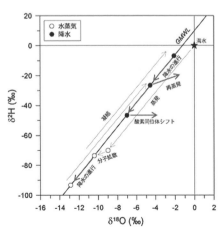

図 IV.7.1 水の安定同位体比変化を模式的に示す δ ダイアグラム

は傾きと切片がやや変化するが，対象とする水が降水起源か否かを判定するうえで重要である．ただし，降水起源であっても地表や土壌表層で部分的に蒸発したり，あるいは雲底下での雨滴の蒸発が顕著であったりした場合は天水線の右側にシフトするため注意が必要である．

7.1.3　涵養標高の推定

一般に，標高が高いほど降水の δ 値は低くなる（これを高度効果という）．また，地下水の流動過程では基本的に分別は生じない．そのため，次式によって地下水の涵養標高 z_r (m) を推定できる（図 IV.7.2）．

$$z_r = \frac{10^3}{\Gamma_i}(\delta_{GW} - \delta_{Psl} - \Delta)$$

ここで，Γ_i は同位体逓減率（‰/km），δ_{GW} は地下水の δ 値，δ_{Psl} は海面付近あるいは海面更生された降水の δ 値，Δ は蒸発濃縮等による地下水涵養以前の δ 値のシフトである．

7.1.4　涵養源の寄与率評価

地下水流動過程で分別は生じないが，起源の異なる（すなわち δ 値が異なる）水塊が混合するとき，地下水の δ 値は変化する．しかし，その変化を利用することで涵養源の寄与率評価が可能となる．

いま，涵養源として河川水と降水の 2 成分を仮定すれば，両者の寄与率（F_R と F_P）は次式で計算できる．

$$F_R = \frac{\delta_{GW} - \delta_P}{\delta_R - \delta_P}$$

$$F_P = 1 - F_R$$

ここで，δ_R と δ_P はそれぞれ河川水と降水

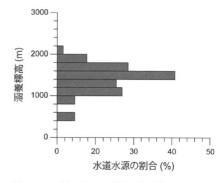

図 IV.7.2　長野県・山梨県の水道水源に占める涵養標高の割合（文献 1）

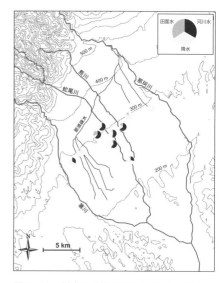

図 IV.7.3　栃木県那須扇状地における地下水涵養源の寄与率（文献 1）

の δ 値である．3 成分の場合は式が複雑となるが，$\delta^2 H$ と $\delta^{18}O$ の双方を用いることで評価が可能である（図 IV.7.3）．ただし，涵養源を 3 種以下に限定できない場合や涵養源の δ 値の変動が大きい場合等は注意を要する．

7.1.5 非天水成分の寄与率評価

　地質時代スケールで滞留する地下水の場合は造岩鉱物中の水素・酸素と水分子中の水素・酸素の間で生じる同位体交換が無視できないことがある．また，数百℃以上の高温を経験した熱水も同様である．これらの場合，鉱物中の水素量が少ないため地下水の$\delta^{18}O$のみが増加するケースが多く，これを酸素同位体シフトと呼ぶ．δダイアグラム上で天水線の右側にシフトしてプロットされる温泉水や鉱泉水は，そうした影響のほかにマグマ水やプレート脱水流体等の非天水成分の混合を反映している可能性もある．いずれの場合も天水成分と非天水成分の同位体組成が決定できれば，前項同様の寄与率評価が可能である．

〔山中　勤〕

7.2　窒素・硫黄の起源を探る

　ここでは，地下水の水質汚染の起源を推定する代表的な安定同位体トレーサーを紹介し，それらの分析手法ならびに起源推定法の原理を説明する．硝酸態窒素汚染は最も広範かつ深刻な地下水汚染の1つである．硝酸イオンを構成する窒素と酸素の安定同位体比は，汚染トレーサーとしての汎用性が高く，学術研究のみならず行政や民間環境アセスメント業界にも広く浸透している．こうした重要性から，まずはこれらを中心に説明する．続いて，硫酸イオンを構成する硫黄と酸素の安定同位体比についても，地下水の汚染トレーサーとしての利用可能性が指摘されており，これについて

も課題と合わせて説明する．なお，一般に同位体トレーサーの原理や応用については既に多くの教科書や解説が出版されている[2,3]．

　地下水の硝酸態窒素汚染の主な原因として，農地における施肥，畜産排泄物からの負荷，都市や生活排水の漏洩等が挙げられる．いずれも面源負荷でありしばしば地下水中の濃度測定からだけでは汚染原因の特定が困難となる．窒素には^{14}Nと^{15}Nの質量の異なる2つの安定同位体が存在する．この存在比（$^{15}N/^{14}N$）を窒素安定同位体比と呼ぶ．同位体比は質量分析装置を用いて計測可能である．窒素安定同位体比は$\delta^{15}N$と表記し，以下の式に示す通り国際標準物質（大気窒素）からの千分率偏差（‰）で表す．

$$\delta^{15}N(‰) = \left[\frac{(^{15}N/^{14}N)_{試料}}{(^{15}N/^{14}N)_{国際標準物質}} - 1\right] \times 1,000$$

　考えられる汚染起源物質の$\delta^{15}N$組成と地下水中の硝酸態窒素の$\delta^{15}N$組成との比較を行うことで，汚染に寄与した窒素源の特定が可能となる．また，地下水中の硝酸イオンの$\delta^{15}N$値は脱窒を通し同位体分別が進むことで上昇することが知られている．汚染の起源や脱窒の有無，程度を評価するツールとしての$\delta^{15}N$の利用は1970年代に遡る．その後，分析前処理法の改良が進められ，2000年初頭に脱窒菌法が開発されたことで，硝酸中の$\delta^{15}N$と$\delta^{18}O$が同時に計測できるようになった．なお，酸素には^{16}O, ^{17}O, ^{18}Oの3つの安定同位体が存在し，同位体比は^{16}Oに対する^{18}Oの比をとって以下のように国際標準物質（標準平

均海水）に対する千分率偏差（‰）で表される．

$$\delta^{18}O(‰) = \left[\frac{(^{18}O/^{16}O)_{試料}}{(^{18}O/^{16}O)_{国際標準物質}} - 1\right] \times 1,000$$

従来は水試料の濃縮を通して分析検体を得ており，こうした前処理法では$\delta^{15}N$値のみ計測が可能であり，また，硝酸イオン濃度の低い地下水（〜0.5 mg/L 程度）については10 L 程度もの水試料検体が必要で，測定値の精度にも懸念があった．脱窒菌法であれば，低濃度でも10 mL 程度の検体があれば十分となる．試料分析の迅速化や自動化も進み，これまでより詳細な解析が可能となってきた．

今日では，$\delta^{15}N$と$\delta^{18}O$の2成分図を用い，採水試料と考えられる起源物質の組成比較を通し，また，脱窒反応による組成変化を考慮することで，地下水汚染の原因や振る舞いを評価できるようになっている（図IV.7.4）．同手法は我が国でも2005年以降よく見られるようになり，地下水分野でも学術ベースでの実績が蓄積されており，一般的な技術になりつつある．

硫酸イオンは水質を構成する主要な陰イオンの1つであり，陸域水循環過程において地質や海生成分の影響，また，化学肥料，都市排水や大気汚染等の人為負荷を通して溶存するようになる．硫酸イオンを構成する硫黄には^{32}S，^{33}S，^{34}S，^{36}Sの4つの安定同位体が存在し，硫黄同位体比（$^{34}S/^{32}S$）は以下に示すように国際標準物質（canyon diablo troilite）に対する千分率偏差（‰）で表される．地下水試料を分析する際は一般に2 L 程度の試料を採水し，検体中に含まれる硫酸イオンを化学固定することで固体として分析用検体を得る．計測は質量分析装置を用いて実施する．

$$\delta^{34}S(‰) = \left[\frac{(^{34}S/^{32}S)_{試料}}{(^{34}S/^{32}S)_{国際標準物質}} - 1\right] \times 1,000$$

環境汚染トレーサーとしての硫黄安定同位体比の利用は，公害や酸性雨が重大な社会問題となっていた1970年代頃から盛んであった．降水，地質物質，環境負荷要因物質（石油，硫化物鉱石等の資源や工業的な硫黄化合物）の同位体比が特徴付けられ，同位体環境研究の基礎が築かれた．水質汚染の原因特定にも広く応用され，我が国の例だと琵琶湖の水質変化の原因究明にも役立てられた．

1990年代に入ると，地下水中の硫酸イオンの酸素安定同位体比（$\delta^{18}O$）も報告されるようになり，2000年までには，硝酸と同様に，硫酸に対しても$\delta^{34}S$と$\delta^{18}O$の2成分図上でその起源や微生物還元反応を評価する方法が提案された．しかし，硝酸の場合とは異なり，社会に浸透するレベル

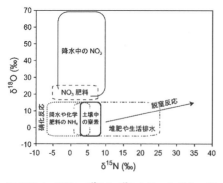

図 IV.7.4　硝酸の$\delta^{15}N$と$\delta^{18}O$を用いた汚染の起源推定に用いる概念的な図（文献1）

7.3 地下水の起源を探る

7.3.1 ラドン

a. 概要

ラドンは元素記号 Rn で表されるが,地下水調査では主に ^{222}Rn（狭義のラドン）が利用される.^{222}Rn はウラン崩壊系列に属する半減期 3.82 日の放射性元素で,親核種である ^{226}Ra（ラジウム,半減期 1,600 年）の α 崩壊で生じる.^{222}Rn は希ガスであるために不活性で他の物質と結合しにくく,水への溶解性が高い.

地下水中の ^{222}Rn は,地層の鉱物に含まれる ^{226}Ra と地下水中に存在する微量の ^{226}Ra の放射性崩壊で生成され[4],その濃度は約 3 週間で放射平衡に達する.また,水中の ^{222}Rn は放射性崩壊や大気への散逸によって濃度が減少するため,地下水の ^{222}Rn 濃度は高く,河川水や海水では低くなる.このような性質がある ^{222}Rn は,水循環過程における様々な現象を解析できるトレーサーとして活用されている.

b. 測定方法

従来,水中の ^{222}Rn 濃度測定ではトルエンシンチレータと液体シンチレーションカウンターによる方法が広く使用されていたが,多量の水試料が必要であった.今日では新しい機器の開発が進み,少量の試料でも現場で簡便に ^{222}Rn 濃度を測定できるようになった.測定原理の例として,^{222}Rn の崩壊で生じる α 線に伴う電離で発生したパルスをカウントする電離箱式や,娘核種の ^{218}Po（正に帯電）を捕集して半

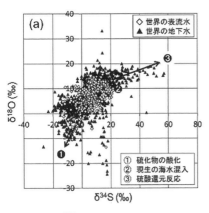

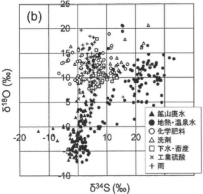

図 IV.7.5 硫酸の $\delta^{34}S$ と $\delta^{18}O$ の 2 成分図.世界中の既往文献によって報告されている世界の（a）水と（b）負荷要因物質の組成をそれぞれ示す.

にまで波及が進んでいない.その理由の 1 つとして,硫酸は一般に地質物質等天然からも多く供給されること,また,考えられる起源物質の同位体区別の定義化が進んでこなかったことが指摘できる.今後より汎用性の高い方法論となるよう改良されることが期待される.現在までに筆者が収集したアーカイブデータを図 IV.7.5 に示す.

〔細野高啓〕

導体検出器でカウントする静電捕集式等がある．濃度は1秒あたりに崩壊する原子の数を意味するBq（ベクレル）やdps（disintegration per second）で表される（1 Bq/L＝1 dps/L）．

c. 調査事例

^{222}Rnを用いた地下水調査は，対象とする事象や目的が広範にわたる．例えば，地下水の^{222}Rn濃度分布から断層や埋没谷等の水理地質構造を解析する調査や，地下水中で^{222}Rnが増加する性質を利用した滞留時間の調査等が挙げられる．^{222}Rn濃度の連続測定手法[5]が開発されてからは，世界各地で海底地下水湧出の調査が行われるようになった．地下水が湧出する海域では，周囲に比べて海水の^{222}Rn濃度が高くなるため，^{222}Rnの空間分布を調べることで湧出域を推定できる．また，海水中の^{222}Rn収支を計算して地下水由来の^{222}Rn量を見積もることで，地下水の湧出量を推定できる．^{222}Rnを用いた湧出水の調査は，海域のみならず河川や湖沼でも広く行われている．また^{222}Rnの他に，^{226}Raや^{220}Rn（トロン，半減期55.6秒）等も湧出水のトレーサーとして活用されている．

7.3.2 ストロンチウム

a. 概要

ストロンチウムは元素記号Srで表される重金属元素であり，その同位体である^{87}Srと^{86}Srの比（^{87}Sr/^{86}Sr）が地質や地下水分野で利用されるトレーサーである．^{87}Srは^{87}Rb（ルビジウム，半減期488億年）の放射性崩壊で生成されるため，岩石の年代が古いほど^{87}Sr/^{86}Srは大きくなる．また，

鉱物ごとに見てもSr含有量や^{87}Sr/^{86}Srの違いがある[6]．

Srは岩石，水，動植物等に含まれているが，物理・生物過程では値が変化しない．そのため，地下水中のSrは互いに異なる値を持つ水の混合や，水と岩石・鉱物・土壌・植物等の化学反応のみで変化する[7]．この性質を利用して，帯水層の地質や水質形成過程に関する情報が得られる．

b. 測定方法

水試料のSr濃度は，一般的に誘導結合プラズマ質量分析計で測定し，単位はμg～mg/L等で表される．^{87}Sr/^{86}Srは水試料からSrを分離して表面電離型質量分析装置で測定されるが，今日では熟練を必要としないまでに手順がルーティン化されている[7]．手順は，水試料をテフロンビーカーに入れて蒸発乾固させた後，塩酸を添加して陽イオン交換樹脂等を用いてSrを分離する．この分離精製したSrをフィラメントに塗布して質量分析計で測定する．測定値は標準物質（例えばNBS987，NIST－SRM987）で補正した値で示される．

c. 地質や天然水の^{87}Sr/^{86}Sr

地質の^{87}Sr/^{86}Srは，一般的にRb/Srの高い花崗岩や古い岩石で高く，Rb/Srの低い火山岩で低い．地下水には岩石から溶出したSrが含まれるため，その^{87}Sr/^{86}Srは帯水層の地質の^{87}Sr/^{86}Srに近くなる．同様に，河川水や湖沼水の^{87}Sr/^{86}Srも周辺地域の地質を反映する．ただし，帯水層中での選択的な鉱物の溶解やSrを含む肥料の混入等がある場合は，水と地質の^{87}Sr/^{86}Srが異なることもあるため注意が必要である．現海水の^{87}Sr/^{86}Srは世界的に

も均質で，0.7092 程度である．

d. 地下水の混合状況の解析

互いに異なる Sr 濃度と $^{87}Sr/^{86}Sr$ を持つ 2 成分の水（A と B）があるとき，両者が混合した試料（M）の Sr 濃度と $^{87}Sr/^{86}Sr$ は，以下の式で表される[6]．

$$(Sr)_M = (Sr)_A f + (Sr)_B (1-f) \tag{VI.7.1}$$

$$f = \frac{\left[(Sr)_M \left(\dfrac{^{87}Sr}{^{86}Sr}\right)_M - (Sr)_B \left(\dfrac{^{87}Sr}{^{86}Sr}\right)_B\right]}{\left[(Sr)_A \left(\dfrac{^{87}Sr}{^{86}Sr}\right)_A - (Sr)_B \left(\dfrac{^{87}Sr}{^{86}Sr}\right)_B\right]} \tag{VI.7.2}$$

f は A$/$(A$+$B) で表される A と B の混合比，(Sr) と $(^{87}Sr/^{86}Sr)$ は各成分の Sr 濃度と同位体比である．上記 2 式を解くと以下の式が得られる．

$$\left(\frac{^{87}Sr}{^{86}Sr}\right)_M = \frac{a}{(Sr)_M} + b \tag{IV.7.3}$$

$$a = \frac{(Sr)_A (Sr)_B \left[\left(\dfrac{^{87}Sr}{^{86}Sr}\right)_B - \left(\dfrac{^{87}Sr}{^{86}Sr}\right)_A\right]}{(Sr)_A - (Sr)_B} \tag{IV.7.4}$$

$$b = \frac{(Sr)_A \left(\dfrac{^{87}Sr}{^{86}Sr}\right)_A - (Sr)_B \left(\dfrac{^{87}Sr}{^{86}Sr}\right)_B}{(Sr)_A - (Sr)_B} \tag{IV.7.5}$$

式（IV.7.3）で示されるように 2 成分が混合した地下水 M が持つ $^{87}Sr/^{86}Sr$ は，Sr 濃度の逆数との関係式で表され，両者を軸に取ったグラフを用いて異なる起源の地下水の混合状況を解析できる． 〔小野昌彦〕

文献

1) 山中　勤（2022）：環境同位体による水循環トレーシング．共立出版，242p.
2) Kendall, C. and McDonnell, J.J. (1998)：Isotope Tracers in Catchment Hydrology. Elsevier Science BV, The Netherlands, 839p.
3) 細野高啓（2013）：地下水研究における種々の安定同位比を用いた新たな取り組み，特集『水環境評価に向けた安定同位体研究の最前線』．水環境学会誌，36，231-236.
4) Porcelli, D. (2008)：Investigating groundwater processes using U- and Th-series nuclides. In Radioactivity in the Environment, 13, U-Th Series Nuclides in Aquatic Systems, Chapter 4, Krishnaswami, S. and Cochran, J. K. (eds), Elsevier, 105-153.
5) Burnett, W. C. and Dulaiova, H. (2003)：Estimating the dynamics of groundwater input into the coastal zone via continuous radon-222 measurements. Journal of Environmental Radioactivity, 69, 21-35.
6) Faure G. (1986)：Principles of Isotope Geology, 2nd ed. John Wiley and Sons, 589p.
7) 中野孝教（1993）：水文トレーサーとしての Sr 同位体．ハイドロロジー，23，67-82.

第8章

プロセスを探る環境トレーサー

8.1 生物地球化学プロセスを探る：生元素の循環過程

　微生物が関与する酸化還元反応は，地下水中における最も重要な生物地球化学プロセスの1つである．このプロセスは地下水の水質組成を規制するのみならず，地下水汚染の浄化の観点からも重要なプロセスである．酸化還元反応は電子の授受に関する反応であり，電子を放出する酸化反応と電子を受け取る還元反応の組み合わせからなる（概説は第III編第7章を参照されたい）．ここでは生物地球化学プロセスを探る環境トレーサーとして窒素・硫黄の安定同位体組成（$\delta^{15}N \cdot \delta^{34}S$）を取り上げることから，これら元素に関する酸化還元反応を中心に概説する．

　地下水中で起こる酸化反応の電子供与体としては有機物（CH_2O として表記）がその主なものである．これに対して還元反応における電子受容体は，嫌気環境の進行にともなって O_2, NO_3^-, SO_4^{2-} の順に変化する．地下水中で酸化還元反応に関与する微生物は両反応の電位差で生じるエネルギーによって生命活動を行っているため，還元反応に認められるこの順序はその電位差の大きさを反映した結果といえる．これら酸化および還元反応の組み合わせで起こる酸化還元反応はそれぞれ，好気環境下での呼吸反応，脱窒反応，硫酸還元反応と呼ばれ，以下の式で表される．

- 好気環境下での呼吸反応：
$$CH_2O + O_2 \rightarrow CO_2 + H_2O \qquad (IV.8.1)$$
- 脱窒反応：
$$5CH_2O + 4NO_3^- + 4H^+$$
$$\rightarrow 5CO_2 + 2N_2 + 7H_2O \qquad (IV.8.2)$$
- 硫酸還元反応：
$$2CH_2O + SO_4^{2-} + 2H^+$$
$$\rightarrow H_2S + 2CO_2 + 2H_2O \qquad (IV.8.3)$$

　式（IV.8.1）-（IV.8.3）では，付随して発生する CO_2 の地下水の溶解により水中に HCO_3^- を主とする溶存無機炭素（DIC）が供給される一方で，式（IV.8.2）および（IV.8.3）では NO_3^- および SO_4^{2-} が取り除かれる形となる．これらはいずれも地下水の水質組成を規制する重要な反応であり，さらに式（IV.8.1）の CH_2O および式（IV.8.2）の NO_3^- は地下水中で汚染物質ともなりえることを考えあわせると，地下水における汚染物質の浄化の観点からも重要な反応といえる．

　一方，窒素・硫黄等の軽元素の安定同位体トレーサーの利用法としては大まかに次の2つがある．1つは起源物質によって同

位体組成が特徴的に異なること利用する元素の追跡指標としての適用であり，もう1つは同位体分別を伴う物理・化学・生物プロセスの評価指標としての適用である．前者については第7章の起源を探るトレーサーで詳述されているのでこれを参照されたい．地下水中における生物地球化学プロセスを評価する上で重要となるのは後者であり，$\delta^{15}N$ は脱窒反応，$\delta^{34}S$ は硫酸還元反応（式（IV.8.2），（IV.8.3））の定量的な評価を行ううえでしばしば重要な指標となる．

嫌気的環境下の地下水中において，微生物は軽い同位体を含む $^{14}NO_3^-$ や $^{32}SO_4^{2-}$ を選択的に利用して両反応を行うため，残される両イオン中に $^{15}NO_3^-$ や $^{34}SO_4^{2-}$ が濃縮する形で同位体分別が起こる．このときのイオン濃度と同位体組成との関係は次式のようなレイリー蒸留モデルを用いて近似できる．

$$\delta_R = \delta_I + \varepsilon \ln f \qquad (IV.8.4)$$

なお，δ_R および δ_I は反応後および反応前（初期）の地下水における同位体組成（$\delta^{15}N \cdot \delta^{34}S$），$\varepsilon$ は同位体濃縮係数（$=10^3(\alpha-1)$），f は初期からの溶存イオン（$NO_3^- \cdot SO_4^{2-}$）の残存割合をそれぞれ表す．このときの ε 値については地下水環境によって異なるが，一般的に脱窒反応で $-24 \sim -5‰$ 程度，硫酸還元反応で $-24 \sim -10‰$ 程度の報告が行われている[例えば 1,2)]．なお，これらの ε 値はおおまかに反応物と生成物間の同位体組成の差を表している．式（IV.8.4）を用いることで脱窒・硫酸還元反応による濃度および同位体組成の変化を理論的に理解できるため，地下水水質に与える両反応

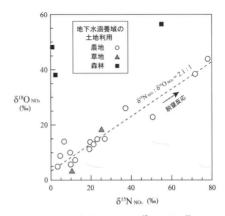

図 IV.8.1 地下水中における $\delta^{15}N_{NO3}$ と $\delta^{18}O_{NO3}$ の関係の事例（文献1）．直線は脱窒反応の理論線を表す．

の影響を定量的に評価することが可能となる．また，同様の同位体分別は $NO_3^- \cdot SO_4^{2-}$ に含まれる酸素同位体組成でも生じるため，両イオンにおける2つの同位体組成（$\delta^{15}N_{NO_3}$ と $\delta^{18}O_{NO_3}$，$\delta^{34}S_{SO_4}$ と $\delta^{18}O_{SO_4}$）を組み合わせて脱窒・硫酸還元反応についての評価を行うことも可能である（図 IV.8.1）．

実際に同位体指標を用いて野外における生物地球化学プロセスを評価する場合には，必ずしも単純な式（IV.8.2），（IV.8.3）の反応のみからでは十分に説明できない場合もある．例えば嫌気的な帯水層環境を流れていた地下水が局所的に好気的環境になると次のような硫化物（FeS_2 等）の酸化反応が起こることで，SO_4^{2-} 濃度と $\delta^{34}S$ との関係に影響を与えることもある．

$$FeS_2 + \frac{7}{2}O_2 + H_2O$$
$$\rightarrow Fe^{2+} + SO_4^{2-} + 2H^+ \qquad (IV.8.5)$$

特に海成の硫化物の場合には一般的に負

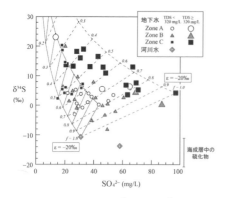

図 IV.8.2 地下水中の SO_4^{2-} 濃度と $\delta^{34}S$ との関係の事例（文献 2）．実線は硫化物酸化の影響を受けていない場合，破線はこの影響を受けた場合における硫酸還元反応の理論曲線をそれぞれ表す．

の $\delta^{34}S$ 値を持つため，この反応は地下水中の SO_4^{2-} 濃度と $\delta^{34}S$ との関係に大きな影響を与えうる．このため，地下水中の生物地球化学プロセスを評価する際には，付随して起こるこのような反応を理解したうえで評価する必要がある（図 IV.8.2）．

〔山中　勝〕

8.2　生物地球化学プロセスを探る：微生物情報の活用

一般に微生物というと，「肉眼で直接確認することのできない微小な生物」を指すことが多く（広義），真正細菌（bacteria）と古細菌（archaea）からなる原核生物（prokaryote）の他に，鞭毛虫類や繊毛虫類等の単細胞の原生生物からなり，ウィルス等も含むこともある．従来より，微生物トレーサーを用いた研究は，主に地下水の飲料水としての利用の面から行われてきた．これは，微生物を微小粒子として捉え，

その挙動を追跡するものであり，特定の微生物や人工合成 DNA を環境中へ投入したり，人為起源の微生物（例えば，fecal indicator bacteria：FIB）やウィルスを追跡することで行われてきた[3]．その検出法は，当初，水試料中の微生物をフィルタ上に集菌し，そこから DNA を抽出・精製したうえで，Taq DNA polymerase を用いた PCR 法（polymerase chain reaction）により rDNA を増幅し，DGGE 法（denaturing gradient gel electrophoresis）により微生物群集の時間的および空間的変遷をバンドパターンにより評価するものであった．DGGE のバンドパターンは群集構成の変化を視覚的に捉えることができる一方で，各バンドが示す微生物の分類群を直接的に特定することはできない．そのため，目的とする微生物を評価するためには，DGGE のゲルから DNA 断片を切り出し，塩基配列を決定することが必要であった．近年では，次世代シーケンサーの開発により微生物の検出技術や感度が各段に向上した．そして，その汎用化により，微生物トレーサーの適用の可能性は広がっている．しかしながら，微生物や DNA 断片の環境中への投入には，生態系への影響や社会の合意形成の問題があり，人為起源の微生物等の追跡は特定の限られたケースのみで適用可能な手法である．そのため，実際には微生物トレーサーが適用できるフィールドは限られてきた．

一方で，ごく最近の研究では，地下水中にもともと存在する微生物の DNA 情報を活用するアプローチがある[4]．これは，次世代シーケンサーを用いた微生物 DNA の

網羅的な解析により，地下水試料中の微生物群集を解析し，検出された個々の塩基配列データを DNA 情報のデータベースと比較することで近縁な微生物を特定し，その微生物の生理・生息条件等からその微生物が生息する環境条件を推定するものである．単にその挙動を追跡する従来の人工トレーサーとしての側面を持つ微生物トレーサー法とは異なり，微生物の生理特性を考慮することで地下水の由来や履歴を評価しようとするものである．ここでいう微生物は広義のそれではなく，原核生物を指す．微生物は多様なエネルギー代謝経路を持ち，あらゆる（水圏）環境に存在し，生物地球化学プロセスと密接な関係を持つ．そして，その分布は環境条件を反映する．そのため，検出された微生物の代謝様式や増殖条件，すなわち生態学的な要素を考慮することで，その微生物が検出された環境条件自体やその微生物が地下水の流動により異なる環境から運ばれた場合，由来する環境の条件を推定することが可能になると考えられている．一般的な水文トレーサーや地下水の溶存成分，水の水素酸素安定同位体比等の水文データが異なる起源水の混合を含む地下水流動プロセスの結果として平均化された情報を示すのに対し，微生物 DNA から得られる情報は異なる起源水の混合においても，混合する以前の情報を積算し，保持していると考えられることから，地下水の履歴に関する情報が得られることが期待されている．これまでに，富士山麓の湧水・地下水を対象とした研究では，溶存酸素を豊富に含み，年間を通じて水温が 15℃ 程度で変化がほとんどない浅層地下水から，絶対嫌気性の好熱菌に近縁な微生物の DNA が検出されたとこで，深部地下水が寄与している可能性が指摘されている[5]．また，降雨強度の強い降雨直後に，雨水中に生息する微生物が湧水・地下水からも検出されたことで，雨水が湧水・地下水に与える影響が微生物 DNA の解析から評価されている[4]．その他，沿岸域の研究では，塩水侵入の影響の評価[6]や森林小流域における研究では，地下水流動系の評価[7]等が報告されている．

例えば，硝酸中の窒素および酸素同位体比（$\delta^{15}N_{NO_3}$ や $\delta^{18}O_{NO_3}$）の測定や脱窒，硝化等特定の機能を持つ微生物の活性の評価，その機能遺伝子の定量は，地下水中における微生物作用による脱窒の有無等地下水中の生物地球化学プロセスの評価に有効と考えられる．一方で，微生物 DNA 自体の網羅的な解析により地下水流動系を評価しようとする試みは，環境トレーサーとしての微生物トレーサー法といえ，地下水水文学において，新しい発想であり[8]，特定の微生物等を環境中に投入する従来の人工トレーサーとしての微生物トレーサー法とは明らかに性質が異なるアプローチである．河川や海洋表層環境における環境影響評価に関する研究では，環境中に浮遊する DNA 断片に着目し，その網羅的な解析を行う環境 DNA（environmental DNA：eDNA）や人工的に合成した DNA（人工合成 DNA トレーサー）の活用も広がっている．今後，環境中に存在する（微生物）DNA の解析や検出された微生物と環境条件との関係の検討が地下水の履歴や生物地球化学プロセスに関する理解を深めること

に寄与することが期待される．

〔杉山 歩〕

8.3 滞留時間を探る 1：短期 (CFCs, SF_6, ^3H)

8.3.1 国内での地下水の滞留時間推定

日本は降水量が多く，地形が急峻であるうえ，平野部には未固結堆積層が広がっているため，浅い深度での地下水流動が活発で，平野の深層地下水や山体深部の地下水を除けば，地下水の滞留時間は数年から数十年の範囲にある．したがって，日本国内で滞留時間推定を行う際には，50年未満のいわゆる「若い地下水」を対象にした時間分解能の高い推定手法が求められる．

8.3.2 環境トレーサーを用いた推定

環境トレーサーについては，第III編第8章で様々な物質が紹介されているが，本節では，滞留時間の推定に用いられる環境トレーサーを紹介する．人間活動に伴って環境中に持ち込まれたトレーサーが，しばしば滞留時間の推定に用いられている．これを地下水の「年代トレーサー」と呼び，数年から数万年といった時間スケールに応じ，放射性同位体，安定同位体，希ガス等の種々のトレーサーが提唱され現地適用されてきている[9]．

1990年代までは，年代トレーサーとして12.3年の半減期を持つ水素の放射性同位体であるトリチウム（^3H）が多くの研究で用いられてきた．すなわち，1950年から60年代に北半球の各地で実施された核実験に伴い，短期間に大気中の ^3H 濃度

が急上昇した濃度ピークを利用して滞留時間を評価した．しかし，現在では降水中の濃度が天然レベルまで減衰しているため，時間分解能が低下している．このような背景から，CFCsやSF6が用いられ，その有効性が示されると，国内での適用例が報告され始めた[10]．CFCsは，冷却用や洗浄剤等の工業用の用途で1930年代に人工的に生成された不活性ガスであり，1950年以降に大気中のCFCs濃度が増加した．しかし，温室効果ガスであることに加え，オゾン層を破壊することが確認されたことから，モントリオール議定書の発効（1989年）以降はその濃度が横ばいから減少に転じた．一方で SF_6 は，すぐれた電気絶縁性を示すため，変圧器やガス遮断器等の絶縁媒体・消弧媒体として1950年代から利用され始めた．大気濃度は1950年以降単調に増加しており，大気中で数百年から千年オーダーで安定であること等の理由から，今後も大気中濃度は上昇することが予測されており，滞留時間推定の観点でいえば，年代トレーサーとしての SF_6 の有効性は将来的にも続き，高時間分解能での推定幅が拡大すると考えられている．また，

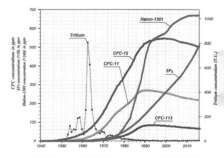

図 IV. 8.3 各年代トレーサーの濃度履歴

濃度増加のトレンドが SF_6 と類似している Halon-1301 が，新たなトレーサーとして提唱されている（図IV.8.3）．

8.3.3 採水・分析方法

年代トレーサーとなる溶存ガスの採水時には，試料水への大気の混入に細心の注意を払う必要がある．もし試料水が大気と接触すると，大気中のガスが水試料に混入し，その結果大気中のガスに汚染された水試料を測定することになるためである．また，採水・分析時にガスが含まれたり吸着したりする性質を有する器具を用いると，これも本来の水試料の溶存ガス濃度を保持できなくなるため，採水・分析の各段階において，あらゆる汚染の可能性を排除した方法が求められる．

CFCs や SF_6 の採水手順は，ステンレス容器に採水瓶（CFCs：125 mL，SF_6：500 mL が目安）と，蓋（CFCs：内側をアルミ箔でコーティング，SF_6：穴開きキャップにエスプレン製のパッキン）を入れ，ナイロンチューブを通して試料水を採水瓶に導入し，ステンレス容器から試料水をオーバーフローさせて採水瓶中の試料水を十分に置換した後に，水中で蓋をする．ナイロンチューブまでの試料水の導入方法としては，試料水が地表面より高い位置から湧出する湧水や自噴井の場合は水頭差を利用し，地表面より低い場合にはペリスタルティックポンプを用いて揚水・導入する．

8.3.4 涵養条件の設定

CFCs や SF_6 の不活性ガスを用いた滞留時間推定法は，地下水中のトレーサーが大気に由来し，涵養時の濃度を保存したまま流動・流出していることを前提としている．そのため，地下水の溶存濃度を定量した後，ヘンリーの溶解平衡法則により溶解平衡に達した当時の大気中トレーサー濃度へ換算し，さらに大気中トレーサー濃度の経年変化データと対比することで，いつ地下水に涵養されたか（＝涵養年代）を推定する．水に対する気体の溶解度は，温度と圧力の関数であるが，試料水ごとに涵養時の温度（涵養温度）と圧力（涵養標高）の状況は異なるため，それらを適切に設定する必要がある．一般的に，水素・酸素安定同位体比の高度効果を利用し涵養標高を推定したあと，気温の逓減率をもとに涵養時の温度を推定することになる．

8.3.5 滞留時間推定の精度向上

四季があり降水量の豊富な日本では，CFCs や SF_6 濃度が季節変動をする地下水の存在が指摘されている．そのため，1回の測定値に基づいた滞留時間評価が，必ずしも高い信頼性を有するとはいえない．このような状況下で精度の高い滞留時間情報を得るためには，試料中のトレーサー濃度を同一地点で繰り返し測定し，試料水中のトレーサー濃度の時系列変動から推定する方法や，複数の年代トレーサーを適用するマルチ年代トレーサー法が提案されている．

若い地下水が卓越する日本においては，季節変動を踏まえた採水や，各年代トレーサーの弱点（濃度分解や付加）を補うための複数の年代トレーサーを組み合わせることで，滞留時間の推定精度の向上を目指す

ことが望まれるといえる.

さらに, 人工甘味料や医薬品類といった異分野で利用されている物質が, 環境中での保存性の高さと異なる認可年を有していることで, 滞留時間の指標となる可能性も指摘され始めており, 地下水の滞留時間推定のさらなる精度向上が期待されている.

〔利部　慎〕

8.4 滞留時間を探る2：長期（He, Cl, C, Kr）

地下水の滞留時間を評価する方法は, 滞留時間の増加にしたがって①地下で増加するもの, ②地下で減少するもの, ③古気候等イベントに関連するものに分類することができる. 以下①および②について記載する.

8.4.1 地下で増加するものを使う

滞留時間とともに地下水中での濃度が増加していくものの代表例としてヘリウム（He）が挙げられる. Heは岩石に含まれるウラン（U）やトリウム（Th）のα崩壊によって発生し, 地下水に蓄積される[1]. このため, 定性的にはHe濃度が高いほど古い地下水と考えられる. 岩石中のU・Th濃度および岩石の間隙率等から, He生成速度（濃度上昇速度）を算出できる. このため, 地下水中のHe濃度と地下水の起源である水におけるHe濃度（例えば地表で大気と平衡になった水：4.8×10^{-8} cc$_{STP}$/g$_w$[11]）の差を, 上述のHe濃度上昇速度で除することにより, 地下水の滞留時間を推定することが可能である.

Heを用いた滞留時間の定量的な評価を

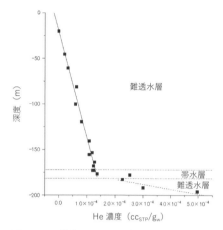

図 IV. 8. 4　帯水層上下の難透水層におけるHe濃度の分布（文献13）に追記）：He濃度分布から, 帯水層にHeが流入・流出していることがわかる.

妨げる大きな要因として「Heフラックス」がある. これは, 地下水のHe濃度が, 原位置で生成するだけでなく, 外部から流入出する現象である. フラックスの影響がある場合には, 上述の岩石からの生成にHeフラックスを加味したHeの蓄積速度から, Heによる年代を決定する必要がある. Heフラックスを評価する方法として, 後述の放射性核種と比較する[12], 外部からの流入出をHeの拡散係数とHe濃度分布から評価する等がある（図IV.8.4）.

8.4.2 地下で減少するものを使う

滞留時間とともに地下水中での濃度が減少していくものの代表例として, 天然の放射性同位体（^{14}C・^{81}Kr・^{36}Cl）が挙げられる. これらの放射性同位体は主に宇宙からの中性子線（宇宙線）と大気との反応によって生成する. 大気中では, 発生と崩壊がバラ

ンスした状態である．これらが，雨水に溶けて地下に涵養した後は，宇宙線による発生がなくなるため，半減期にしたがって減少していくと考えられる．このため，起源となる水における濃度，対象となる地下水における濃度，半減期から地下水の滞留時間を評価することができる．

^{14}C は半減期 5,730 年の放射性同位体であり，2,000-20,000 年程度の滞留時間評価に適している．無機形態の ^{14}C は多くの適用例があるが，地化学反応によって値が変化するため，これを補正する必要がある．有機形態の ^{14}C は，地化学反応による補正をせず滞留時間を評価できる可能性があるが，地下水から有機物を採取・精製および起源を評価する必要がある[14]．

^{36}Cl は半減期約 30 万年の放射性同位体であり，10-100 万年程度の滞留時間評価に適している．海水由来の地下水の場合には，初期の ^{36}Cl 濃度が低く，地中の放射線による ^{36}Cl の増加を利用して滞留時間を評価する[14]．

^{81}Kr は半減期約 23 万年の放射性同位体であり，8-70 万年程度の滞留時間評価に適している．従来は放射線計測によって定量され，測定に必要な Kr を確保するために大量の（-10 t）地下水が必要とされたが，近年 Atom Trap Trace Analysis（ATTA）という分析方法の確立により，数十 L の地下水からガスを抽出することで，分析が可能となった．現在のところ地下での発生はほぼ無視できると考えられており，地表由来の水の地下への浸入を評価するのに適していると考えられる．

〔中田弘太郎・長谷川琢磨〕

文献

1) Böttcher, J. et al. (1990)：Using isotope fractionation of nitrate-nitrogen and nitrate-oxygen for evaluation of microbial denitrification in a sandy aquifer. Journal of Hydrology, 114, 413-424.

2) Yamanaka, M. et al. (2007)：Sulfate reduction and sulfide oxidation in anoxic confined aquifers in the northeastern Osaka Basin, Japan. Journal of Hydrology, 355, 55-67.

3) Sabir, I. H. et al. (1999)：DNA tracers with information capacity and high detection sensitivity tested in groundwater studies. Hydrogeology Journal, 7(3), 264-272.

4) Sugiyama, A. et al. (2018)：Tracking the direct impact of rainfall on groundwater at Mt. Fuji by multiple analyses including microbial DNA. Biogeosciences, 15(10), 721-732.

5) Segawa, T. et al. (2015)：Microbes in Groundwater of a Volcanic Mountain, Mt. Fuji：^{16}S rDNA Phylogenetic Analysis as a Possible Indicator for the Transport Routes of Groundwater. Geomicrobiology Journal, 32(8), 677-688.

6) Unno, T. et al. (2015)：Influence of seawater intrusion on microbial communities in groundwater. Science of the Total Environment, 532, 337-343.

7) Sugiyama, A. et al. (2023)：Groundwater flow system and microbial dynamics of groundwater in a headwater catchment. Journal of Hydrology, 624, 129881.

8) 齋藤光代ら (2020)：地下水と生態系；これまでの研究動向と今後の展開．地下水学会誌, 62(4), 525-545.

9) Kazemi G. et al. (2006)：Groundwater Age, 325. Hoboken, New Jersey：John Wiley & Sons.

10) Asai, K. et al. (2011)：Impact of natural and local anthropogenic SF_6 sources on dating springs and groundwater using SF_6 in central Japan. Hydrological Research Letters, 5, 42-46.

11) Ozima, M. and Podsek, F. A. (2002)：Noble

Gas Geochemistry, 2nd Edition, Cambridge University Press, Cambridge, 102.

12) Hasegawa, T. et al.（2016）：Cross-checking groundwater age by ^{4}He and ^{14}C dating in a granite, Tono area, central Japan. Geochim. Cosmochim. Acta, 192. 166-182.

13) 中田弘太郎ら（2006）：地下水年代測定評価技術の開発（その2）－He 濃度の深度方向分布を利用したオーストラリア大鑽井盆地における He フラックスの評価ー. 電力中央研究所報告書，N05066.

14) Nakata, K. et al.（2013）：Groundwater dating using radiocarbon in fulvic acid in groundwater containing fluorescein. Journal of Hydrology, 489, 189-200.

15) Nakata, K. et al.（2018）：An evaluation of the long-term stagnancy of porewater in the neogene sedimentary rocks in Northern Japan. Geofluids, vol 2018, Article ID 7823195.

第9章

リモート技術による地下水調査

9.1 リモートセンシング技術概要

リモートセンシングはその名の通りリモート（遠隔）でのセンシング，すなわち離れたところに位置する対象に関する情報をセンサーによって取得する技術を指す．1972年のLandsat衛星打ち上げ以来，人類は宇宙空間を飛翔する「鳥の目」を手に入れた．人工衛星よるリモートセンシングには，得られるデータの均質性，反復性，面的な連続性を有する等の利点があり，地球環境の幅広い分野の研究や業務で活用されている[1]．水文学に資するセンサー技術やその活用法については，樋口（2019）[1]を参照されたい．

本章では水収支に関連して最も重要となる蒸発散量の空間分布の推定への適用（IV.9.2節），地下水流出現象の推定への適用（IV.9.3節），地下水貯留量変化の推定への適用（IV.9.4節），さらには地盤沈下・地下水汚染等への応用（IV.9.5節）について解説する．2006年にHydrogeology Journalにリモートセンシングの特集号[2]が組まれたことで，リモートセンシング技術の地下水研究に対する適用法が明確に示されたといえるだろう．

地球観測衛星では計測高度は概ね数100 km以上（極軌道衛星は700-800 km）である．10-150 mの近距離から測定する，ドローン等の近接リモートセンシングと衛星計測データとを組み合わせて使用することで有益な情報を得ることができる．また，センシング情報を補完する現地検証との校正により実水文地質情報を推定することが可能になってきたが，さらにGIS情報やモデル解析との組み合わせにより，多様な評価が可能となってきている．

〔樋口篤志・小野寺真一〕

9.2 土壌水分・蒸発散量調査

9.2.1 土壌水分

土壌水分は表層土壌に含まれる体積含水率を指すことが多く，蒸発散の抑制を通じて地表面熱収支の再分配を決定し，気候形成・変動に深く関与する．また，地中水の再配分や植生生育に強く影響するため，防災，水資源管理，農業生産等社会や経済活動にも密接に関わる．したがって，リモートセンシング技術を用いて継続的に土壌水分をマッピングすることが不可欠である．

リモートセンシングによる土壌水分量推

定ではマイクロ波を用いた観測が主流であり，輝度温度（マイクロ波放射計）または後方散乱係数（レーダー・散乱計等の能動的センサー）から地表面付近の土壌水分を推定する．受動的・能動的ともに①土壌誘電率，②地表面粗度，③植生の3つの因子があり，①が土壌水分推定の基礎を有する．液相の水はマイクロ波帯で高い誘電率を持つため，①は土壌水分の多寡により変化するが，土壌誘電率は土壌の密度・土性，地温，および土壌水分で決まるため，そのモデル化は受動的・能動的センサ共通の課題である[3]．

JAXA の AMSR（advanced microwave scanning radiometer）シリーズはマイクロ波放射計を代表するものの1つであり，大きな開口径を持つアンテナにより低周波領域の観測を可能とした点に特長を持つ．低周波観測では雲があっても透過率が小さくならず，地表面観測には有利に働く．AMSR-E から GCOM-W AMSR2 までの長期運用により毎日ほぼ全球での観測が得られており，AMSR シリーズの土壌水分プロダクトもほぼ同じ期間の長期データセットが整備・公開されている[3]．AMSR 土壌水分は半乾燥域での土壌水分推定制度に定評がある[4]．一方，主に②と③の理由により森林等多層構造を持つ植生域では原理的に推定精度が相対的に下がる傾向にあるが，土壌水分の重要性も湿潤域では相対的に下がることが想定される．

能動的なマイクロ波センサーでは土壌誘電率，地表面粗度，植生による散乱の影響を受けた後方散乱係数を用いて推定される．さらにセンサーによっては偏波情報，複数の波長による観測データを組み合わせる等のアプローチがある．合成開口レーダーの空間分解能はマイクロ波放射計より精細だが観測頻度は下がるため，目的により使い分ける必要がある．欧州は SMOS（soil moisture and ocean salinity），米国は SMAP（soil moisture active passive）を打ち上げ，土壌水分モニタリングを実施している．前者はマイクロ波合成開口式干渉計を，後者は名前の通り合成開口レーダー（打ち上げ後運用停止）とマイクロ波放射計を搭載している[5]．また，観測原理の利点・欠点に加え，観測がない期間や物理的な整合性を保つため，陸面過程モデルとデータ同化技術を用いて統合土壌水分プロダクトを生成，公開する試みがなされている[5]．これらのプロダクトは時空間両方で連続性が高く使いやすいプロダクトではあるが，数値モデルを介した結果であることに注意が必要である．

9.2.2 蒸発散量

水循環の中での蒸発散は地球表層付近で液体水が気化し水蒸気となり大気中に放出されるプロセスを指す．植物の生理活動を通じた水の気化現象を蒸散，それ以外の水の気化現象を蒸発と呼び区別する．蒸発散は気化熱で表面からエネルギーを奪うため（潜熱フラックス），熱エネルギー（顕熱フラックス）とともに地表面熱収支を構成する重要な要素の1つである．また太陽・地球放射（放射収支）の影響を強く受ける．蒸発散現象は目に見えないが，重要な要素であることからリモートセンシング技術を応用した推定がこれまで試みられてきた．

衛星によるリモートセンシングの初期〜発展期には，衛星から得られた指標（例えば正規化植生指数 NDVI (normalized difference vegetation index)）と蒸発散量との関係を帰納的に調べた例や，NDVI と同じく衛星観測から推定される地表面温度の散布図の傾きが蒸発散推定で重要なパラメータとなる群落抵抗と負の相関にあることを示した例，およびこの成果の発展的応用例として MODIS プロダクトの1つとして蒸発量を推定するアルゴリズムを開発した例等を挙げることができる．蒸発散は放射収支の影響を強く受けることから，時間解像度の細かい静止気象衛星による熱赤外域での観測データと再解析データを併用することで地表面熱収支の各要素の推定を試みた例もある．

土壌水分（9.2.1項）と同様，蒸発散量も陸面過程モデルによるシミュレーションによる推定方法が有効なアプローチとなる．より現実的な解析を実施するためには，陸面パラメータを衛星観測より推定されたものを用いる（例えば葉面積指数 LAI (leaf area index) や農事歴を活用したシミュレーション）等で衛星観測が活用されている．さらに湿潤域では地表面の湿潤度は蒸発散量の変動に対する支配的な要因ではなくなり，放射収支の正確な推定，特に時空間変動が激しい太陽放射の正確な広域推定が有効であることが多い．Kotsuki et al (2015)[6] は定評ある陸面過程モデルである SiBUC (simple biosphere including urban canopy) の入力データの1つである太陽放射を静止気象衛星観測からの推定値に差し替えることで顕熱・潜熱フラックスの推定精度が向上したことを示した（図 IV.9.1）．陸面再解析（例えば MERRA-2 (The modern-era retrospective analysis for research and applications, Version 2)）においても様々なパラメータ・入力項で衛星観測データがデータ同化技術と共に利活用されており，衛星観測無しでの蒸発散量

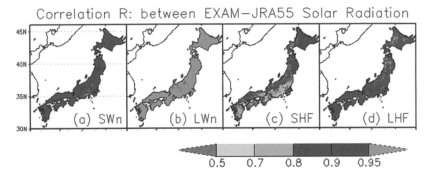

図 IV.9.1　(a) 正味の短波放射，(b) 正味の長波放射，(c) 顕熱フラックス，(d) 潜熱フラックス（蒸発散量）．太陽放射を衛星推定値（EXAM）と気象庁再解析（JRA55）に入れ替えた際，観測・推定値とシミュレートされた値の相関係数が下がると，入れ替えた効果が高い（文献6）を一部改変）．

推定がすでに成り立たない状況となっている．　　　　　　　　〔樋口篤志〕

9.3 地下水湧出調査

リモートセンシングによる地下水湧出調査の特徴は，地下水湧出を面的なデータとして捉えることができる点である．最も一般的な方法は，TIR（thermal infrared），いわゆる熱赤外の波長領域を使用し，水面の温度から地下水湧出の有無を調査する方法である．観測事例としてはSGD（submarine groundwater discharge）いわゆる海底地下水湧出（第III編第8章参照）が多く[8,9]，その他にも湖や河川における地下水湧出の例が報告されている[7,10]．

人工衛星に搭載されているTIRセンサーの空間分解能は数十m-数kmと短波放射の波長領域を観測するセンサーと比べると空間分解能は大きいが，広域を観測可能である．衛星リモートセンシングでは，ネブラスカ州サンドヒルズにある湖を対象に，衛星で観測した湖面水温の季節変化特性から地下水湧出の多寡を調査した研究がある[10]．この研究では，水温変化の大きい湖岸周辺の水温の季節変化を湖全域で比較し，湖岸の水温の季節変化が小さい場所は地下水湧出量が多いことを明らかにした．その他にも，衛星リモートセンシングでは広域の沿岸を対象に夏季の平均海面水温との比較から異常に冷たい水温の地点の検出も可能である．

その一方で，局所的な地下水湧出やプルーム状に広がる異常水温域をより詳細に観測するためには高い空間分解能の画像が

図IV.9.2　栃木県日光市湯ノ湖の湖面水温分布．ドローンにTIR（熱赤外）カメラを搭載した空撮画像では，湖の北東部における温泉水の湧出が確認できる．

必要である．それに加えて，地下水湧出による水温変化が顕著になるタイミングを狙った観測が効果的である．したがって，人工衛星よりも高い空間分解能の画像が取得可能な航空機を使用したTIR観測や，UAV（unmanned aerial vehicle）いわゆるドローンを利用したTIR観測が有効な手法となっている[8,9]．図IV.9.2には筆者らが栃木県日光市に位置する湯ノ湖で，ドローンを用いた温泉水湧出箇所の観測を行った事例を示す．湯ノ湖の北東部の湖岸から湧出する高温の温泉水による湖面水温の変化が明瞭である．

以上のように，リモートセンシングで観測可能な表面水温は，地下水湧出の面的な分布を把握するうえで有用である．

〔濱　侃〕

9.4 地下水貯留量変動調査

広域の地下水貯留量の変化は，観測井のネットワークによってモニタリングされて

いる地域もあるが，大部分の地域では現地観測データはごく限られ，広域の変化を知るには不十分である．

地下水貯留量の変化は，水の質量の移動と再分配を伴い，これは重力場の変化として検出が可能である．重力測定衛星 Gravity Recovery and Climate Experiment（GRACE, 2002-2018）[1]およびその後継機 Gravity Recovery and Climate Experiment Follow-On（GRACE-FO, 2018-）による地球重力場の時間変化の測定は，他のリモートセンシング技術では実質不可能な広域の地下水貯留量の変動を捉えることができる重要な手段である．

9.4.1 衛星重力データからの陸域貯留量の導出

GRACE/GRACE-FO の観測データの解析によって得られた時間変動重力場（時間分解能1か月）の球面調和関数係数は，重力場の時間変動が主に地球の表層流体（大気，海洋，陸水，雪氷）の質量変化によって生じるという仮定のもとで，次式によって質量の変化に変換することができる[12]．

$$\Delta\sigma(\theta, \lambda)$$
$$= \frac{M_E}{4\pi a^2} \sum_{l=1}^{N} \sum_{m=0}^{l} \frac{2l+1}{1+k_l} W$$
$$\times (\Delta \bar{C}_{lm} \cos m\lambda + \Delta \bar{S}_{lm} \sin m\lambda)$$
$$\times \bar{P}_{lm}(\cos\theta) \quad\quad (IV.9.1)$$

ここで，$\Delta\sigma(\theta, \lambda)$ は緯度 θ，経度 λ における面密度の時間変動成分（$1\,\mathrm{kg/m^2}$ は水当量換算で高さ $1\,\mathrm{mm}$ の水柱の質量と等価），$\Delta\bar{C}_{lm}$, $\Delta\bar{S}_{lm}$ は重力場の球面調和関数係数の時間変動成分，M_E は地球の質量（$5.97\times 10^{24}\,\mathrm{kg}$），$a$ は地球の平均半径（$6.371\times 10^{6}\,\mathrm{m}$），$k_l$ は固体地球の荷重ラブ数，$\bar{P}_{lm}(x)$ は次数 l，位数 m のルジャンドル多項式，N は l の切断次数である．W は，時間変動重力場の短波長誤差を除去するために一般に適用されるフィルタ関数である．GRACE/GRACE-FOのデータから得られる質量変動の空間分解能は300-500 km 程度である．

式（IV.9.1）によって得られるのは，質量の時間変化の鉛直積分値であり，地下水変動を導出するには他の質量変動成分をモデルまたは観測を用いて差し引かねばならない．大気変動成分および短周期の海洋変動成分については，重力場の球面調和関数を生成する段階でデータセンターによって取り除かれている．Glacial Isostatic Adjustment（GIA）による固体地球内部の質量再分配は，高緯度地域での長期の経年質量変動に影響を及ぼすので，陸水の研究では一般にGIAモデルを使ってこの影響を取り除き，その残差が陸域貯留量

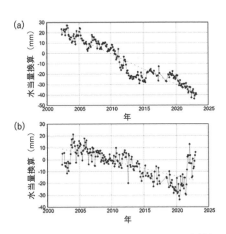

図 IV.9.3 GRACE/GRACE-FO データから得られた(a) 米国ハイプレーンズ帯水層，(b)中国華北平原のTWSの時間変化．

(terrestrial water storage, TWS) の時間変化 ΔTWS とみなされる.

広域の TWS 変化の大部分は,気候変動に起因するもので,温暖化等による長期的な経年変化のトレンドのほか,数年から数十年スケールの気候振動の影響が大きい.一方,人為的な要因による大規模な地下水の減少が卓越する場合は時間的な挙動や空間分布が大きく異なっており,判別が容易である.図 IV.9.3 は,筆者が GRACE/GRACE-FO のデータを用いて作成したもので,米国ハイプレーンズ帯水層(図 IV.9.3(a))および中国の華北平原(図 IV.9.3(b))における TWS の時間変化を示したものである.これらの地域では,地下水のくみ上げの影響が卓越しており,顕著な TWS の減少として表れている.

9.4.2 地下水貯留量変化の導出

氷床や山岳氷河のない地域での ΔTWS は,土壌水分(M_{SM}),積雪(M_{SN}),地下水貯留量(M_{GW}),河川や池等の地表水の貯留量(M_{SW})の変化の総和として表すことができる[13].

$$\Delta TWS = \Delta M_{SM} + \Delta M_{SN} + \Delta M_{GW}$$
$$+ \Delta M_{SW} \qquad (IV.9.2)$$

衛星重力観測から得られる ΔTWS を使用して地下水貯留量の変化(ΔM_{GW})を定量化するには,他の成分(ΔM_{SM},ΔM_{SN},ΔM_{SW})を独立に数値モデルまたは地上観測から決定する必要がある.通常,ΔM_{SM},ΔM_{SN} は陸面モデルから求められ,ΔM_{SW} はモデルまたは観測によって得られる.

注意しなければならないのは,式(IV.9.2)の各成分のデータの時間・空間解像度を ΔTWS と合わせる必要があることである.時間方向については,1 か月ごとの平均を使用する.空間方向については,全球あるいは ΔTWS の空間解像度(300-500 km 程度)以上の広い範囲をカバーする地域的なモデルや観測ネットワークのデータが利用できる場合は,式(IV.9.1)で使用したものと同じフィルタを適用する.局所的な観測データしか使用できない場合は,そのデータの地域代表性,すなわち,観測された時系列変化,振幅の大きさが 300-500 km 程度の地域の平均値として適切であるかについて,事前に十分に検討をしたうえで使用する必要があり,場合によっては,調整のためのスケーリングファクターを見積もって適用するといった処理が必要である.これは,最終的に得られた ΔM_{GW} を,検証の目的で,観測井から得られる地下水貯留量変化の観測値と比較する場合も同様である.

衛星重力データはすでに 20 年を超える蓄積があり,データ品質も年々改良されている.それを用いた地下水貯留量変化の研究については多数の報告があり,総説にまとめられている[11,13]. 〔山本圭香〕

9.5 地盤沈下調査や GIS との統合による総合評価

人間活動の地下水への影響を広域かつ一定の空間解像度を保って評価していく上では,リモートセンシングに加えて GIS 情報や解析モデルと結合していくことで,より多様なアウトプットを可能にする[2].本節では,そのようないくつかの手法について整理したい.

9.5.1 地盤沈下の推定

地盤沈下は，本書において第Ⅶ編や第Ⅷ編でも災害や工事と関連して取り扱っており，主に過剰揚水に伴う地下水水圧の低下により発生する現象として，地下水環境との関係が深い現象である．すなわち，地盤沈下をもとに地下水の水圧環境を探ることもできるといえる．このモニタリングについては，主に地盤沈下調査孔（二重管）を用いて原位置で沈下量を記録する手法で行われてきた．一方，リモートセンシング技術によって，広域，高解像度，高感度での観測ができるようになってきた[14,15]．ALOS-2（だいち2号）の場合，50 km^{2}の範囲で3 mの解像度でかつ数cmの感度での沈下量を捉えることができるようになっている[16,17]．

この原理は，以下の通りである．合成開口レーダー（SAR）を搭載した衛星（ALOS-2, Sentinel-1等）により，発信したマイクロ波を受信することで地表の情報（高度，粗度等）を獲得する．異なる時期（ALOS-2の場合14日間隔，Sentinel-1の場合6日間隔）で計測された2つの画像を用いて，位置合わせをしたのち干渉解析を行いInSAR（干渉SAR）画像を作成し，年ごとの水準測量結果（またはGPS情報）で検証したうえで，異なる期間で作成した干渉SAR解析画像の高度差から沈下速度の空間分布を推定する[15-17]．詳細については，従来の文献[15-17]を参考にして欲しい．1990年代に地球科学的に重要な地震による地殻変動の解析が行われて以来，解析方法や衛星・センサーの進化（解像度や回帰

日数）に伴い，その精度や利用価値は一層高まっている[17]．前述したように，地盤沈下から地下水水圧環境や流動場の変化の推定等への展開もモデルを介在することで可能になってきている[15]．

9.5.2 地下水汚染や栄養塩流出等の推定

リモートセンシングで得られる精度の高い空間情報（標高，土地利用，植生情報，リニアメント等の地質構造情報等）や水文情報（降水量，土壌水分量，蒸発散量）をGISを通して，分布型水文モデルや地下水流動モデルに組み込むことで，地下水涵養域での涵養量の空間分布や地下水汚染等の推定が試みられてきている[2]．

地球規模で，土地利用や標高情報をベースとした陸面水文-窒素循環モデルを開発し，気象-水文情報，窒素循環情報（窒素負荷，揮散，脱窒，植物吸収等）を導入することにより，世界規模での窒素汚染の空間分布（0.5°グリッド）が日スケールで確認されている[17]．また，準分布型の水文-栄養塩流出モデル（SWAT）を使用した例では，標高データ，土地利用データ，土壌データをもとに水文応答単位（500 mグリッド程度）を作成し，気象情報や窒素・リン循環情報（施肥，生活・工業排水，家畜，大気負荷等）をインプットしたうえで，下流での3年間程度の河川流量および栄養塩濃度をもとに校正し，別の期間のデータで検証することで，水文変動（蒸発散，流出，地下水涵養）や栄養塩循環量変動を評価するとともに，水文応答単位での空間分布を推定することもできるようになってきた[18]．　　　　　　　〔小野寺真一〕

文献

1) 樋口篤志（2019）：衛星リモートセンシングと水文科学—水文科学，地球水循環研究において特筆すべき衛星，センサー．日本水文科学会誌，49，73-89.

2) Hoffmann, J. (2006)：Remote sensing and GIS in hydrogeology. Hydrogeology Journal, DOI 10.1007/s10040-006-0140-2.

3) 藤井秀幸（2022）：土壌水分の推定．日本リモートセンシング学会編，リモートセンシング事典，丸善出版，270-271.

4) 開發一郎（2018）：地球観測衛星の地中水観測．地下水学会誌，59，3-9.

5) https://www.esa-soilmoisture-cci.org/（2023年3月30日引用）

6) Kotsuki, S., Takenaka, H., Tanaka, K., Higuchi, A. and Miyoshi, T. (2015)：1-km-resolution land surface analysis over Japan：Impact of satellite-derived solar radiation, Hydrological Research Letters, 9, 14-19.

7) Hare, D. K. et al. (2015)：A comparison of thermal infrared to fiber-optic distributed temperature sensing for evaluation of groundwater discharge to surface water. Journal of Hydrology, 530, 153-166.

8) Lee, E. et al. (2016)：Unmanned aerial vehicles (UAVs)-based thermal infrared (TIR) mapping, a novel approach to assess groundwater discharge into the coastal zone. Limnology and Oceanography：Methods, 14, 725-735.

9) Londoño-Londoño, J. E. et al. (2022)：Thermal-Based Remote Sensing Solution for Identifying Coastal Zones with Potential Groundwater Discharge. Journal of Marine Science and Engineering, 10, 414.

10) Tcherepanov, E. N. et al. (2005)：Using Landsat thermal imagery and GIS for identification of groundwater discharge into shallow groundwater-dominated lakes. International Journal of Remote Sensing, 26, 3649-3661.

11) Tapley, B. D. et al. (2019)：Contributions of GRACE to understanding climate change. Nat Clim Chang, 9, 358-369.

12) Wahr, J. et al. (1998)：Time-variability of the Earth's gravity field：hydrological and oceanic effects and their possible detection using GRACE. J Geophys Res, 103(B12), 30205-30230.

13) Chen, J. L. (2019)：Satellite gravimetry and mass transport in the earth system. Geod Geodyn, 10(5), 402-415.

14) Galloway, D. L. and Hoffmann, J. (2006)：The application of satellite differential SAR interferometry-derived ground displacements in hydrogeology. Hydrogeology Journal, DOI 10.1007/s10040-006-0121-5.

15) 環境省（2019）：地盤沈下観測等における衛星活用マニュアル．106p.

16) 古屋正人（2006）：地殻変動観測の新潮流InSAR．測地学会誌，52，225-243.

17) He, B. et al. (2011)：Assessment of global nitrogen pollution in rivers using an integrated biogeochemical modeling framework. Water Research, 45, 2573-2586.

18) Wang, K. et al. (2022)：Assessment of long-term phosphorus budget changes influenced by anthropogenic factors in a coastal catchment of Osaka Bay. Science of the Total Environment, 843, 156833.

第 Ⅴ 編

地 下 水 解 析

第 1 章　地下水解析とは

第 2 章　地下水の統計解析

第 3 章　地下水の水収支解析

第 4 章　地下水の理論解

第 5 章　地下水の数値解析

第 6 章　地下水解析に関わる手法

現地調査によって得られた地下水の水位や水質といった情報は，地下水の状態の現状を把握することに利用できるが，その将来予測や，地下水マネジメントの実施にあたり，数値シミュレーションによる予測が用いられることがある．また地下水障害とされる地盤沈下や地下水汚染等の対策を講ずるにあたり，数値シミュレーションによる予測や対策効果の評価が行われることがある．本編では，こうした地下水の数値シミュレーションに関する内容をまとめた．まず，第1章において，地下水解析について概説し，第2章では地下水の統計解析について説明している．ここでは，地下水モデルにおけるパラメータの空間分布に関係する統計に関する理論に加え，現場における地下水の分析値の多変量解析についても触れている．第3章では，地下水の水収支解析について述べており，詳細な数値シミュレーションによらなくてもタンクモデルのような簡便なモデルによる地下水位を再現する事例等を示している．第4章では，詳細な数値モデルを構築する前に見立てを行う際や，地下水の数値シミュレーションコードの妥当性を評価する際等に活用できる地下水の理論解について説明している．第5章では，現在では広く用いられている数値シミュレーションの基礎理論から，利用できる数値シミュレーションコードまで示されている．第6章においては，こうした数値シミュレーションの実施にあたって，応用的な手法について述べている．

第1章

地下水解析とは

1.1 モデルとは

　地下水の係る問題について，コンピュータを用いて検討する場合に，すなわち地下水解析を行う場合に，対象とする場とそこで生じる現象をモデル化する必要がある．モデルとは，こうした自然界とそこで生じる現象を単純化して扱えるようにしたものといえる．本章では，地下水解析を行ううえで必要な，地下水モデルの種類およびその目的と手順について整理する．

　モデル化する対象が決まれば，概念モデルの構築の作業に移る．なお，概念モデルという言葉は，2種類の意味があり，1つは文字通り，これからモデル化し地下水解析を行おうとするために対象領域や検討を加える現象を概念化するものであり，モデル化の最初の段階のものである．これは，水文地質学的な知見を，文章，フローチャート，断面図，表等の形式で単純化する作業であり，現場で得られる情報および現場で入手可能な知見に基づき，過去や現在における地下水流動系の状態を表現するものである[1]．一方，第3章で示すようなタンクモデルや水収支モデルといった，物理的なプロセスよりはその対象領域における水収支を一致させることに主眼をおいたモデルを概念モデルということもある．

　概念モデルをもとにモデル化に着手する段階では，対象とする問題によって適切なモデルが存在する．地下水モデルのテキスト[1]における分類にならいモデルを大きく分類すると，物理モデルと数理モデルに分けることができる．

　まず物理モデルは，実際の空間や現象を室内実験で再現するときに使用する水槽や砂箱を用いた模型等のことを意味する．こうした実験室で用いられるものに，ヘルショウモデルといわれる2枚の薄いガラス板で浸透現象を再現したものや，地下水ポテンシャルを電位に置き換えた電気アナログモデルというものもかつては利用された．

　数理モデルは，さらにデータ駆動型モデルとプロセス型モデルに分けられる．現在では，地下水解析というと，後者のプロセス型モデルを想定することがほとんどであろう．データ駆動型モデルは，入出力関係によるモデルであり，ブラックボックス型のモデル，経験式，統計的な関係式からモデル化し，パラメータをフィッティングにより求めるようなものをいう．例えば，ある地点の地下水位だけを精度良く予測した

いという場合は，複雑なプロセス型モデルによるシミュレーションよりも，こういったデータ駆動型モデルによる検討で十分な場合がある．これらは，先に述べたように概念モデルと呼ばれる場合もある．こうしたモデルの代表例といえる水収支解析については第3章で取り扱う．

なお長期的な地下水位や水質の変動が時系列データとして保存されている場合は，時系列モデリングによる検討も可能だろう．時系列モデリングとは，時系列の可視化や記述統計量を用いて時系列特性を把握することから，時系列モデルを推定して，その特徴を把握することであり，それと現在までのデータを用いて将来の変動を予測することができる[2]．

プロセス型モデルとは，現在，最も一般的な地下水解析手法といえるだろう．これは，物理過程と物理的な原理に基づき，解析の対象としている領域内の地下水流動を表現するものであり，対象領域内の物理過程を記述する支配方程式，領域境界上の水頭や流れを特定する境界条件，シミュレーション開始時の対象領域内の水頭を特定する初期条件から構成される[1]．プロセス型モデルで必要となる，透水係数や分散長といった水理パラメータの空間的な分布等を扱う地球統計学については，第2章で取り扱う．

検討しようとしている現象や条件を大きく単純化することができれば，初期条件および境界条件を用いて，解析的に解くことができる．これを解析的モデルと呼び，得られる結果を解析解という．差分法や有限要素法によるプロセス型モデルの構築前に

見当を付けるための簡易的な解析や，プロセス型モデルによる数値解の検証には，解析解が用いられる場合があり，第4章において，地下水解析に係る理論解として取りまとめている．

数値計算に用いる手法というと，差分法や有限要素法といったものであり，これについては，第5章において網羅的に扱う．現在では，MODFLOW[3]をはじめとした地下水解析のための数値解析コードが国内外で広く用いられており，そのいくつかも紹介する．地下水解析で扱われる現象は，①飽和浸透流，②不飽和浸透流，③飽和・不飽和浸透流，④多相流，⑤地下水汚染問題に対応する場合に重要である物質輸送を伴う地下水流れ（吸着，脱着，放射性壊変），⑥密度流を伴う地下水流れ（塩淡二相流モデル，熱輸送モデル），⑦亀裂性岩盤中の地下水流れ，⑧統合型水循環モデル等である．これらの他，地下水の水質組成を計算することを主目的としたコードについても本編で取り扱う．また第6章では，こうした数値計算モデルについて，逆解析やデータ同化手法，高速化や最適化手法といった地下水解析を行ううえでの有用な手法について取りまとめる．

1.2 モデルの目的

モデル化の目的としては，将来の人間活動や水文条件が及ぼす影響を予測することや，過去の状態を再現すること等とされており[1]，対象とする地下水流動系がどういった特性を持つのか調べる場合や，過去から現在に至る経緯，将来予測等がその目

第1章　地下水解析とは　　　*275*

的となるだろう.

　地下水シミュレーションのテキストには，地盤の浸水・浸透に関する諸問題として，①地盤および土構造物の安定と地下水との関係に関する問題，②広域の地下水流動と地下水利用による地盤沈下や地中構造物の設置等による地下水の流動阻害とそれを回避するための地下水流動保全工に関する問題，③地盤内を種々のエネルギーに関するプロジェクトに利用しようとするときの問題，④地下水の質に関する課題で，土壌や地下水の汚染に関する課題等が挙げられ，さらに具体的な問題も列挙されている[4]. こうした問題について，現状がどうであるのか，将来どのように影響が現れてくるのか，あるいは対策を行った場合の効果がどのようであるか，ということを把握することがモデル化の目的といえる. このためには信頼性の高いモデル化を行うことが望ましい. モデルの精度向上を目指したアプローチは第6章で扱う. 明らかにすべき問題とモデル化の目的が明確になれば，データ駆動型モデルや解析解を用いれば十分なのか，あるいはプロセス型モデルが必要かどうか判断できるだろう.

　こうした将来予測を行うことの他に，信頼性の高いモデルが構築されていれば，現況を再現できる水理パラメータを見出すことによって，その地下水流動系の動態を理解することにも利用可能であり，それがモデルの目的となる場合もある.

1.3　モデル化の手順

　一般的な地下水解析の手順は図V.1.1

のようである[1,4,5].

　まずは①解析目的を設定する. 目的を明確にすることで，どのように単純化し，仮定を設け，解析するかといったことを決定する動機付けとなる.

　次に，②概念モデルの構築を行う. ここでは，地形・地質・地下水条件（水位，水頭，流向，水質）等の現地観測データや室内試験データに基づき，水文地質学的な知見を単純化する作業を行い，地下水位観測孔のデータ等によって地下水流れ場の評価により解析領域の設定を行う. 水収支に関する情報や帯水層定数（物性・水理パラメータ），降雨・蒸発散特性等の水文学的な条件の整理も行っておく. 解析領域は，領域内で水収支がとれるように，河川，尾根筋，谷筋，難透水層，基盤等の明確な水文境界を考慮して設計する. この段階で，デジタル標高モデル（DEM）や河川網データ，観測井戸の分布データ等解析の目的に応じたデータの収集と地盤情報システム（GIS）のソフトウェアを利用した作成を行う.

　さらに，③概念モデルを踏まえ，数理モデルの構築や，それを記述するための解析コードの選定を行う. 数理モデルの構築においては，数式化を行い，基礎式を整理する. 基礎式は支配方程式とも呼ばれる. 解析コードは，数理モデルを有限要素法や差分法等によって数値的に解くためのアルゴリズムを含むプログラムである. このプログラムは，解析解との比較により検証されなければならない. 別のコードによる数値解との比較による場合もある.

　そして，④解析モデルの設計においては，概念モデルの数理モデル化を行い，概念モ

第V編

地下水解析

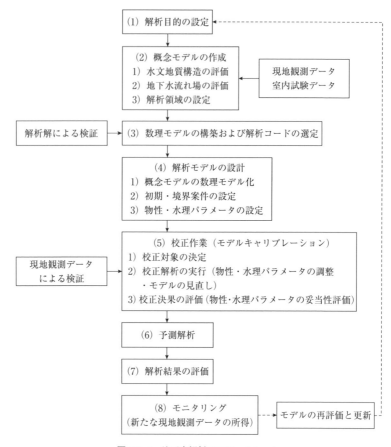

図 V.1.1 地下水解析のフローチャート

デルにおいて設定した解析領域に対して，計算格子分割（メッシュ分割）を行い，解析モデルを作成する．計算を実行するための初期・境界条件を設定し，差分時間間隔や，すでに整理している物性・水理パラメータの設定を行う．

次に，作成された解析モデルが現地で実測された水頭や流量を再現できるようにするために⑤校正作業（モデルキャリブレーション）が行われる．これを行うことを目的としたコードも開発されている．ここでは校正対象と校正すべきパラメータを決定し，現地の観測値と解析モデルの出力値である数値解とが十分に一致し，かつ妥当なパラメータ値となるまで，繰り返し解析モデルを実行することになる（校正解析）．校正すべきパラメータとしては，感度解析を実行して，モデルの改善に有効なものを設定する．解析モデルを構成する計算条件等を見直すことも考えられる．この段階で

十分に校正結果の妥当性を評価しておく.

十分に校正された解析モデルを用いて⑥予測解析が実行される.将来のイベントに対する地下水流動系の応答を予測するものであるが,過去の状態を再現するためにも適用される.

予測解析の実行後は,⑦解析結果の評価が行われる.ここでは結果の可視化が行われ,流速ベクトル分布や地下水頭,濃度,温度のコンター図等が描かれる.計算条件や境界条件は,単純化されていること等のため,たとえ校正作業が十分に行われたとしても実測値と数値解の間に差異が生じることが多い.そういった場合でも,要因がどこにあるのか十分に理解しておくことが重要である.

当初の予測計算を実行してから,ある程度の時間が経過すると,その間,⑧モニタリングが行われることで,新たな現地観測データが得られる.これに対応して改めてモデルの再評価と更新が必要になるが,こうした再検討を行うことは,その後の予測解析の信頼性を高めるうえで重要であるといえる.

1.4 数値解析の構成[4]

ここでは,プロセス型モデルによる地下水の数値解析について整理する.

1.4.1 基礎式

地下水解析の基礎式は,連続の式と運動方程式から構成される.連続の式は,水の質量保存則,物質や熱の保存則であり,運動方程式は,ダルシーの法則,物質について

てのフィックの法則や熱についてのフーリエの法則である.これらを目的に応じて組み合わせて基礎式を構成する.すなわち,地下水流れの基礎式は,水の質量保存則とダルシーの法則から導かれる.物質輸送の基礎式は,物質保存則とフィックの法則から導かれ,熱輸送の基礎式は,熱の保存則とフーリエの法則から導かれる.

1.4.2 物性・水理パラメータ

物性・水理パラメータは,現地観測データや室内試験データに基づき,概念モデルを構築する際に参照され,解析モデルで適用される.地下水流れの解析では,透水係数や比貯留係数等であり,物質輸送の解析では,分散長や分子拡散係数等であり,熱輸送の解析では,熱伝導率等である.モデルの改善に有効なパラメータは,校正作業によって妥当な範囲内において適切なものに修正される場合がある.

1.4.3 初期・境界条件

定常解を求めるような解析では,初期値は任意の値を設定しておいて構わないが,境界条件から空間的に推定される値の分布を初期条件として与える場合もある.非定常解析においては,初期値に一致するように定常計算を行って得られる値の分布を初期条件とする場合がある.

境界条件とは,解析領域の境界部に設定する条件のことである.これには3種類のタイプがある(図V.1.2)[1,6,7].1つ目はディリクレ条件といわれ,既知の水頭,濃度,温度を与える.解析領域内にこの境界条件で構成される点が少なくとも一点は存在し

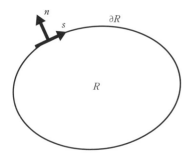

図 V.1.2 解析領域 R と境界条件（文献7）
1）ディリクレ条件：$h=f$ on ∂R，2）ノイマン条件：$\partial h/\partial n = g$, $\partial h/\partial s = g$ on ∂R，3）混合条件：$\partial h/\partial n + kh = f$ on ∂R.

なければならない．2つ目はノイマン条件といわれ，水頭勾配，したがって地下水流れの解析では流量を規定する境界となる．物質輸送では濃度勾配を与え，熱輸送では温度勾配を与える境界となる．この境界条件の特別な場合が，こうした勾配がゼロとなる境界であり，地下水流れの場合は，不透水性境界となる．物質輸送では，境界の内外で同じ濃度を持つことになり，熱輸送では断熱条件となる．3つ目はコーシー条件といわれ，地下水流れの解析では水頭依存境界であり，境界の水頭と流量を関連付けるため混合境界条件と呼ばれる．物質輸送や熱輸送においては，それらのフラックスを規定する境界となる． 〔中川　啓〕

文献

1) Anderson, M. P. et al.（堀野治彦ら訳）(2019)：地下水モデル－実践的シミュレーションの基礎－ 第2版，共立出版，497p.
2) 北川源四郎 (2005)：時系列解析入門．岩波書店，265p.
3) USGS：MODFLOW and Related Programs, https://www.usgs.gov/mission-areas/water-resources/science/modflow-and-related-programs（2022.2.7閲覧）
4) 日本地下水学会地下水流動解析基礎理論のとりまとめに関する研究グループ (2010)：地下水シミュレーション－これだけは知っておきたい基礎理論－．技法堂出版，232p.
5) Anderson, M. P. and Woessner, W. W.（藤縄克之監訳）(1994)：地下水モデル-実践的シミュレーションの基礎．共立出版，246p.
6) Kinzelbach, W.（上田年比古監訳，杉尾　哲・神野健二・中田欣也・藤野和徳・細川土佐男・籾井和朗・河村　明訳）(1990)：パソコンによる地下水解析．森北出版，286p.
7) Fletcher, C. A. J.（澤見英男訳）(1993)：コンピュータ流体力学．シュプリンガーフェアラーク東京，411p.

第2章

地下水の統計解析

　地下水学を含むいわゆる自然科学において，「測定」とは対象とする物質や現象において注目する特性について記述することであり，測定結果としてその特性の「データ」が与えられる．地下水学において対象となるものは，地下水位であり地下水の水質や温度であり，これらの多くは原位置で測定した結果が数値データとして与えられる．地下水流動を決定する透水係数等の材料の物性値も数値データとして与えられる．透水係数の場合は，試料を採取後に室内実験で測定する場合や，原位置での透水試験によって得ることができる．このような数値データは，基準となるゼロ点からの距離できまるため，大小関係で並び替え順位付けをすることができる．このようなデータを「量的データ」呼ぶ．量的データの場合，加減乗除の四則演算すべてを適用することができる．一方で，帯水層を構成する材料は，「砂」や「礫」のような「質的データ」として与えられ，内容を区別するために用いられる質的データは量的データのような並び替えは意味をなさず，その数値には四則演算を適用できない．一方で，質的データであっても，例えば5段階評価のような場合は，順位付けができるため，各評価に対して数値で置き換えることがで

き，その数値に対して四則演算を適用することができる．本章では，主に量的データの統計解析を示す．

　一般に，測定や試料の採取に基づく量的データにおいて，その過程のどこかで何らかの誤差が生じるため，データには「真の値」と「誤差」が含まれる．この誤差は正の値も負の値も取ることができ，データは「真の値」より大きくなることも小さくなることもある．誤差の要因は様々であるが，地下水学分野の調査・研究で生じる誤差は，大きく測定誤差と標本誤差の2つがある．測定誤差は，データ測定の際に生じる誤差のことである．言い換えると1つの試料に対して，同じ方法を用いて測定を繰り返したとしても，毎回同じ値になるとは限らないことを指す．同じ人あるいは測定機を用いてできるだけ正確に測定をしたとしても，測定を繰り返したときに全く同じ結果は得られない．このように，測定誤差の結果として，データに「ばらつき」が生じる．この測定誤差は，「真の値」から系統的にずれて測定されるようなシステマティックエラー（系統誤差）と，測定ごとにばらつくランダムエラー（偶然誤差）の2つに分類することができる．

　一方，標本誤差は，有限個の試料の測定

値から，母集団（全体）の値を推定すると
きの誤差である．どこから試料を採取する
のか，いくつ試料を採取するか，等試料採
取の方法や頻度によって測定値には差が生
じ，これを標本誤差と呼ぶ．

現場で複数地点においての地下水サンプ
ルを採水し，その特性を評価するときに，
主成分分析やクラスター解析等の多変量解
析がよく用いられる．また地下水に関する
物性値等は，空間的にも時間的にも「ばら
つく」ことが知られており，空間的な「ば
らつき」についても統計的な処理によって
定量的に特徴付けることができる．

2.1 統計学の基礎

2.1.1 データの統計解析

一般に量的データ（以降単にデータと呼
ぶ）を入手したら，まずその特徴をつかむ
ことが重要である．データは一般にばらつ
きを持っており，その特徴を知るためには
度数分布をもとにヒストグラムを描く．ヒ
ストグラムでは，データの取りうる値に応
じて階級に分割して作成するが，階級の幅
の取り方によって十分にデータの分布の特
徴を見出すことは難しくなるため注意が必
要である．また，ヒストグラムは視覚的に
特徴を与えるものであり，何か定量的な特
徴を見出すことはできない．そこで，デー
タから代表値（または統計量）を求め，デー
タの分布を定量的に客観的に特徴付ける．
平均にもいくつか種類があり，一般的な算
術平均のほかにも，透水係数のように2桁，
3桁と取りうる値のオーダーが変わる場合

に用いる幾何平均や逆数の算術平均である
調和平均等があり，ふさわしい代表値を用
いる必要がある．このほか，データの代表
値を表す統計値として，中央値や四分位数
等の分位数（quantile）がある．

データの分布は，代表値だけでは十分に
特徴づけできず，ヒストグラムを描いたと
きの広がり，または「ばらつき」，の程度
を表す指標として分散がある．分散の平方
根 s（＞0）は標準偏差と呼ぶ．分散や標準
偏差は，データ値のスケールに依存するの
で，異なる物性値の比較には適さない．そ
のような場合，データ分布の広がり具合を
表す指標の1つとして変動係数（coefficient
of variance：CV）を用いる．

2.1.2 確率変数と確率分布

統計学的な分析の多くは，データが何ら
かの確率分布に従っていることに基づい
ている．今ある変数に対して，それが取
りうる値に対してそれぞれ値となる確率が
与えられている場合，その変数を確率変
数（random variable：RV）という．確率
変数は X のように大文字で表記する．質
的データの場合は離散型の確率変数，量的
データについては連続型の確率変数として
扱う．X が取りうる値 x_i とその確率 p_i の
関係を表したものを確率分布（probability
distribution）という．

連続型の確率変数の場合，確率密度関
数（probability density function：pdf）に
よって特徴付けられる．累積分布関数
（cumulative distribution function：cdf）
$F(x)$ は，確率密度関数の積分で与えられ
る．主な確率分布としては，離散型の場合，

第2章　地下水の統計解析

一様分布，二項分布，ポアソン分布等がある．連続型の場合，正規分布や対数正規分布等である．正規分布とは，その平均を μ，分散を σ^2 とするとき，データ x が得られる確率密度関数 $f(x)$ が

$$f(x) = \frac{1}{\sqrt{2\pi}\sigma} \exp\left(-\frac{(x-\mu)^2}{2\sigma^2}\right)$$

で与えられる．一方，地下水に関わる物性値の中には，対数正規分布のように平均値に対して非対称な分布を示すものもあり，その場合は対数変換等のデータ変換を適用する．

2.1.3　母集団と推定

2.1.1項で示したデータの統計的手法は記述統計学と呼ばれ，データの分布を客観的に要約し整理することが目的である．一方で，ある集団に対して，その一部分から推定することが必要となることがある．今，無限個の測定値（データ）の集合を母集団と呼び，母集団の平均や分散は母平均と母分散と呼びそれを「真の値」とする．しかし，地下水に関する測定にといては，現実には無限回の測定を行うことやあるいは無限個のサンプル用いることは不可能であり，たかだか数個～数十個（n 個）の測定値を得るのが限界である．この n 個の測定値のことを，母集団に対して「大きさ n の標本」と呼ぶ．標本から求められる平均や分散は，標本平均 m や標本分散 s^2 と呼ばれる．

今，母集団から無作為に取られた n 個の標本 $x_1, x_2, \cdots, x_n$ から未知の母数を推定する．異なる標本を使うと，異なる母数の推定量（estimator）が得られる．つまり，推定された母数は，同一の母集団からの標本を用いた推定にもかかわらず異なる値となるため，区間で推定する（区間推定）．区間推定では，母数 θ が入る確率がある値 $(1-\alpha)$ 以上となる区間 $[L, U]$ を求める．この区間のことを信頼区間と呼ぶ．

$$P(L \leq \theta \leq U) \geq 1-\alpha$$

信頼区間は標本の大きさ n が大きくなるにつれて小さくなる．なお，α は推定量が区間に入らない確率となり，通常1%や5%等が使われる．母集団の推定方法については，一般的な統計学の教科書に詳しい[1]．

2.1.4　仮説検定

統計的な推定が，母集団の確率分布に関するパラメータ，すなわち母数を推定するのに対して，統計的な検定とは，標本の統計量が母集団のそれと差があったときに，その差が単なる誤差や偶然によるものなのか，何か意味のあるもの（有意，significant）なのかを仮説に基づいて検証する．ここで立てられた仮説を統計的仮説，単に仮説（hypothesis）という．仮説検定の詳細については，一般的な統計学の教科書に詳しい[1]．

2.1.5　分散分析

地下水学を含む自然科学の多くの分野では，実験等を通して3つ以上の母集団を対象とした検定が必要になることがある．一般に3つ以上の母集団の平均の比較には分散分析（analysis of variance：ANOVA）を行う．ある実験において，ある条件が実験結果にどのような影響を与えるかを判定するとき，実験で対象とするものを因子

第V編

地下水解析

282　第Ⅴ編　地下水解析

表 V. 2. 1　1次元実験配置表

水準	観測値	計	平均
A_1	$z_{11}, z_{12}, \cdots, z_{1r1}$	T_1	$\bar{z}_1$
A_2	$z_{21}, z_{22}, \cdots, z_{2r2}$	T_2	$\bar{z}_2$
$\vdots$	$\vdots$	$\vdots$	$\vdots$
A_s	$z_{s1}, z_{s2}, \cdots, z_{srs}$	T_s	$\bar{z}_s$

(factor) と呼び，与える条件を水準 (level) と呼ぶ．分散分析では因子 A に対して，n 個の水準 $A_1, A_2, \cdots, A_s$，各水準での繰り返し数を $r_1, \cdots, r_s$ とすると，A_i 水準の j 番目の観測データを z_{ij} と表す．この z_{ij} は以下の確率変数 Z の実現値である．

$$Z_{ij} = \mu_i + \varepsilon_{ij} = \mu + a_i + \varepsilon_{ij}$$

ここで，μ_i は水準 A_i に固有の平均，μ は全水準に共通な平均で共通の効果を表し，a_i は水準 A_i における効果を表し，ε_{ij} はそれ以外の誤差であり正規確率変数 $N(0, \sigma^2)$ に従う．これらをまとめると表 V.2.1 のようになり，この表を 1 次元実験配置表という．分散分析の詳細については，一般的な統計学の教科書に詳しい[2]．

〔斎藤広隆〕

2.2　多変量解析

　ここでは地下水特性の多変量解析について適用事例を中心に概説する．ここで示したいずれの手法も広く用いられているため，書籍やウェブ上でも多くの情報を得ることができ，実際に解析を行うためのソフトウェアや様々な言語で書かれたコードも公開されていて，誰でもすぐに利用可能である．

2.2.1　主成分分析

　主成分分析は，要するに「多次元の変数を結合して，なるべく少ない次元でデータ全体の特徴を表そう，説明しよう」とする手法であり，すなわち「次元の圧縮」を行う方法である[3]．主成分を求めていく手続としては，データの特徴を最も適切に表す方向を求めていくことになり，主成分の軸上で分散が最大になる方向を求めていくことになる[3]．このことはデータの分散共分散行列の固有ベクトルを求めることを意味する．主成分軸上の分散（固有値）が，データ全体の分散（固有値の合計）に占める割合を寄与率という．この寄与率を，第1主成分から順に足し合わせていったものを累積寄与率と呼び，通常は，固有値が1を超える主成分まででそのデータを説明することが行われる．

　ここで，長崎県島原市の40地点で2011年から2013年に採水された地下水の水質データ 277 個を8つの主要イオン（Cl^-，NO_3^-，SO_4^{2-}，HCO_3^-，Na^+，K^+，Mg^{2+}，Ca^{2+}）

表 V. 2. 2　主成分分析結果の一例（島原市の地下水）（文献4）

	第1主成分	第2主成分
Cl^-	0.83	-0.50
NO_3^-	0.77	-0.60
SO_4^{2-}	0.90	-0.02
HCO_3^-	0.05	0.97
Na^+	0.73	0.53
K^+	0.83	-0.11
Mg^{2+}	0.78	0.53
Ca^{2+}	0.92	0.16
固有値	4.78	2.15
寄与率（％）	59.7	26.8
累積寄与率（％）	59.7	86.5

を入力として，主成分分析した事例を示す（表 V.2.2）[4]．第2主成分までが固有値1を超えており，累積寄与率は86.5%であった．表から第1主成分および第2主成分のそれぞれの特徴を考えてみると，第1主成分は，Cl^-，NO_3^-，SO_4^{2-}，Na^+，K^+，Mg^{2+}，Ca^{2+} との相関が高く，このことから畜産排泄物や堆肥，化学肥料による硝酸性窒素汚染を表していると考えることができ，第2主成分は，HCO_3^-，Na^+，Mg^{2+} との高い相関から，地下水流動中の溶出を表していると考えることができる．

2.2.2 クラスター解析

クラスター解析は，データがどのようなグループ（クラスター）にまとまっているか，分かれているかについて見出す方法である[3]．このグループ分けは，データの類似度によって行われるが，通常，類似度の指標には幾何学的な距離であるユークリッド距離が適用される．このグループ分けの手法も様々なものが提案されているが，まず階層型クラスタリングは，距離が最小となるデータを順次グループ化していく方法で，個別のデータとグループとの距離の計算方法も様々であるが，ウォード（Ward）法と呼ばれる計算方法がよく適用される．このほか，非階層型の k-means 法もよく用いられる．これは次のような手順でグループ化していく手法である[3]．①あらかじめ与えたクラスター数（グループ数）の中心点を初期値としてランダムに配置する．②それぞれのデータ点と中心点の距離が最も近いグループへこのデータ点を加える．③すべてのデータ点を加えた時点で，それぞれのグループの中心点を再計算する．④次のステップとして，新しい中心点との距離を再び計算していき，最も近いグループへ加える．⑤この処理を繰り返し，グループに所属するデータ点の変更がなくなるまでこの処理を繰り返す．ここでは，階層型クラスター解析によってグループ分けされた事例を，前述のデータについて示す．277個の地下水サンプルは，4つのグループに分類された（図 V.2.1）．グループごとの平均イオン濃度を表 V.2.3 に示しており，これによって概ねグループごとの水質の特徴が見出せる．例えば，グループ4は他に比べて硝酸イオン濃度が高く（73.4 mg/L），硝酸性窒素汚染を示すグループといえる．こうした各グループの特徴は，主成分分析の結果を用いて説明されることが多い．図 V.2.1 は，第1主成分と第2主成分に対するデータの散布図上で4グループを示している．グループ4は，第1主成分の影響のみを受けており，硝酸

表 V.2.3 それぞれのクラスターグループごとの平均濃度（文献4）

グループ	サンプル数	Cl^-	NO_3^-	SO_4^{2-}	HCO_3^-	Na^+	K^+	Mg^{2+}	Ca^{2+}
1	60	6.7	9.9	13.6	113.0	13.2	5.3	10.9	21.0
2	11	7.1	5.2	49.7	209.2	31.7	8.8	21.4	44.6
3	81	5.3	11.7	3.8	37.7	7.0	3.7	3.5	9.2
4	125	20.0	73.4	34.7	31.0	14.3	8.3	10.4	28.9

単位はすべて mg/L.

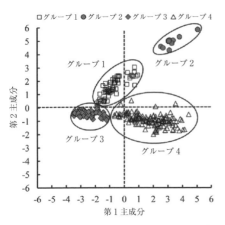

図 V.2.1 分類されたクラスターグループの主成分軸上における散布図（文献4）

性窒素汚染を表す点で整合しているといえる．グループ1のほとんどのサンプルは第2主成分の影響を受けており，このグループは主に地下水流動中の溶出によるグループといえる．グループ1の残りのサンプルとグループ2は，両方の主成分の混合した影響を受けている．グループ3はいずれの影響もあまり受けておらず，硝酸性窒素汚染とも，イオン溶出ともほとんど関係のないグループといえるだろう．

2.2.3 自己組織化マップ

多次元データの関連性を低次元のマップ上で表現することができる自己組織化マップ（self organizing maps：SOM）による水質特性のパターン分類事例が増えてきた[5]．SOM は Kohonen（1989）によって開発されたニューラルネットワーク手法の一種であり，教師なしで多次元データの関連性を低次元（ここでは2次元）のマップに写像する[6]．マップの大きさは入力データの第1主成分と第2主成分の比率から決定される．SOM 解析の結果は，このマップ上に六角格子で配置され（ここで示す事例の場合），これを参照ベクトルあるいはニューロンと呼ぶ．配置されるニューロンの数は，入力データによって決まってくる．

ここでは，長崎県島原市における地下水および河川水の水質を分類した事例を示す．サンプリングした地点数は 36 地点であり，入力ベクトルの構成成分は 2012 年4月から 2015 年5月にサンプリングされた主要イオン濃度 8 成分であり，解析に供した総データ数は 353 個である．SOM 解析によって得られた成分ごとの結果を図 V.2.2 に示す．91 個の参照ベクトルに分類されており，その濃淡は 0-1 の範囲の基準化された濃度を示している．同じ参照ベクトルには同じ地点が配置されている．視覚的にすぐ理解できることは Cl^- と NO_3^- が類似していることである．左上が薄く右下が濃い分布を示すといった点で Na と Mg も類似しているといえる．これらはそれぞれ相関が高いことを意味する．すべての成分で左上端のニューロンが低濃度を示

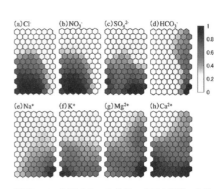

図 V.2.2 主要イオン 8 成分の SOM 解析の結果

している. HCO_3^-, Mg^{2+}, Ca^{2+} については, 右上端のニューロンが示すように中程度の濃度を示すことがわかる. HCO_3^- を除く他の成分が左下端のニューロンでは高濃度を示している. Cl^- と NO_3^- を除く右下端のニューロンで比較的高い濃度を示していることがわかる. こうした SOM 解析によって 353 個のデータが 91 のグループに分けられたことになるが, その特性を把握するにはまだ若干多すぎる. そこで, さらにこの 91 のグループを階層的クラスター解析により分類が行われることがある.

〔中川　啓〕

2.3　地球統計学

帯水層を構成する砂や礫の物性値は空間的にばらつくことが知られているが,「ばらつき」に一定の特徴があるとされる. それは, ある場所での測定値は, その場所から離れているところよりも, 近いところの方が, 似た値になることが期待されるという, 空間的相関のことである. このような空間的な相関は, 対象とする地下水の物性によって強いもの, 弱いものがあり, また距離と相関の関係も物性によって異なる. この相関特性は, サンプリング計画やデータがない場所での補間による地質の物性値の推定の際に必要となる. 以下に, 基本的な地球統計学（geostatistics）による空間データの解析方法を示す. 地球統計学の詳細は文献[7,8]に詳しい. また, 自らのデータを用いた解析には, 古くは GSLIB[9] のような FORTRAN で書かれたオープンソースのライブラリがあり, 現在では R[10] の gstat[11] や geoR[12] 等のパッケージをはじめとして様々なソフトの利用が可能である.

2.3.1　領域変数

領域変数（regionalized variable）とは, 空間領域において定義される空間的に相関のある確率変数 $Z(\boldsymbol{u})$ で, $\boldsymbol{u}$ は一般的に 3 次元空間内の座標ベクトル (x_1, x_2, x_3) である. 地球統計学では, 空間は相関のある確率変数の集合であるとして, ある地点 $\boldsymbol{u}$ における観測値 $z(\boldsymbol{u})$ は確率変数 $Z(\boldsymbol{u})$ の 1 つの実現値（realization）とみなされる. また N 地点の確率変数で構成される空間を確率場（random function または field）と呼び, RF は以下の N 点累積分布関数 F によって特徴付けられる.

$$F(\boldsymbol{u}_1, \boldsymbol{u}_2, \cdots, \boldsymbol{u}_N ; z_1, z_2, \cdots, z_N)$$
$$= P\{Z(\boldsymbol{u}_1) \leq z_1, Z(\boldsymbol{u}_2) \leq z_2, \cdots,$$
$$Z(\boldsymbol{u}_N) \leq z_N\}$$

ここで N 地点における観測値は 1 つ, つまり各確率変数の実現値は 1 つであり, この N 点同時確率 P をすべて理解することはできない. 今, RF を距離ベクトル $\boldsymbol{h}$ だけ平行移動したときの確率分布が同一であるとき, その RF は定常（stationary）となる.

$$F(\boldsymbol{u}_1, \boldsymbol{u}_2, \cdots, \boldsymbol{u}_n ; z_1, z_2, \cdots, z_N)$$
$$= F(\boldsymbol{u}_1 + \boldsymbol{h}, \boldsymbol{u}_2 + \boldsymbol{h}, \cdots,$$
$$\boldsymbol{u}_n + \boldsymbol{h} ; z_1, z_2, \cdots, z_N)$$

定常性の程度の違いにより, 二次定常や固有定常等がある. 二次定常な RF では, 確率変数の一次モーメント（期待値）は位置 $\boldsymbol{u}$ に依存せず（$E\{Z(\boldsymbol{u})\} = m$）, 二次モーメント（共分散やセミバリオグラム）は $\boldsymbol{u}$

と $u+h$ の 2 点間の差（つまり h）のみに依存する．一方，以下に示すセミバリオグラムの定義には一定の期待値 m や有限の分散は求められておらず，確率変数の差分 $(Z(u)-Z(u+h))$ が二次定常となることが十分条件となる．このような定常性を固有定常と呼び，二次定常より緩い条件となる．固有定常な RF では，差分の分散（つまりセミバリオグラム）が h のみに依存する．

2.3.2 セミバリオグラム

セミバリオグラム (semivariogram) $\gamma(h)$ は，標本が h 離れたときに，その値がどれくらい「似ていないか（非類似度）」を表す統計量で，次式で定義される．

$$\gamma(h) = \frac{1}{2} \mathrm{Var}[Z(u+h)-Z(u)]$$
$$= \frac{1}{2} \mathrm{E}[\{Z(u+h)-Z(u)\}^2]$$

確率場 RF のセミバリオグラムの推定には，標本データから次式を使って標本セミバリオグラム（または経験セミバリオグラム）を求める．

$$\gamma(h) = \frac{1}{2N(h)} \sum_{\alpha=1}^{N(u)} [z(u_\alpha)-z(u_\alpha+h)]^2$$

ここで，$N(h)$ は h 離れているデータペアの数，z は観測値，u_α は観測点の位置を表す．今，固有定常な確率場を想定しており，位置 u_α にかかわらず h 離れているデータペアすべてを使って $\gamma(h)$ を計算することができる．ここでは，h をラグと呼ぶ．

この標本セミバリオグラムに対して，モデルを当てはめることで RF の空間的な相関構造を決定する．なお，モデルは条件付

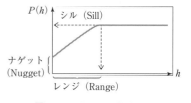

図 V.2.3 セミバリオグラム

き負定値を満たす関数でなければならず，許容される基本モデルの線形結合を使用する．基本モデルには，球型モデル，指数モデル，ガウスモデル，べき乗モデル，ナゲット効果モデル等がある[9]．一般にこれらセミバリオグラムは，ラグが増加すると増加し（非類似度が増加），ある距離 a から先は一定値を取るような挙動を示す（図 V.2.3）．この距離のことをレンジと呼び，レンジより 2 点間が離れると標本には相関がないとされる．またレンジに対応したセミバリオグラム値 $\gamma(a)$ をシルと呼ぶ．一般に $|h|=0$ においても，セミバリオグラム値はゼロとはならず，この不連続性をナゲット効果 (nugget effect) と呼び，測定誤差や空間距離がとても短い 2 点間の非類似度を表すものと解釈される．また，すべてのラグにおいてセミバリオグラムが一定値となる場合は，空間的な相関が存在せず，ピュアナゲットと呼ばれる．

2.3.3 クリギング

クリギング (kriging) とは，セミバリオグラムや共分散関数に基づいて空間的な相関構造を有し，空間に分布する n 個の観測データやデータの残差の重み付き線形結合から，観測値のない地点 u_0 における値を推定する空間的補間方法の総称であ

る．クリッギングによる線形推定量 $Z^*(\boldsymbol{u})$ は以下の式で与えられる．

$$Z^*(\boldsymbol{u}_0) - m(\boldsymbol{u}_0)$$
$$= \sum_{\alpha=1}^{n(\boldsymbol{u}_0)} \lambda_\alpha(\boldsymbol{u}_0)[z(\boldsymbol{u}_\alpha) - m(\boldsymbol{u}_\alpha)]$$

ここで $\lambda_\alpha(\boldsymbol{u})$ はクリッギング重み係数と呼ばれ，推定量が不偏であるとき，誤差分散が最小となるように決定される．また，$m(\boldsymbol{u})$ はトレンドと呼ばれ，$Z(\boldsymbol{u})$ の期待値として与えられる．このように線形で，誤差分散を最小とする推定量を Best Linear Unbiased Estimator（BLUE）と呼ぶ．様々なクリッギングの変型はトレンド $m(\boldsymbol{u})$ の与え方によって異なる．

全領域においてトレンド $m(\boldsymbol{u}) = m$ のとき，単純型クリッギング（simple kriging）と呼び，推定量は次式で与えられる．

$$Z_{SK}^* = \sum_{\alpha=1}^{n(\boldsymbol{u})} \lambda_\alpha(\boldsymbol{u})[Z(\boldsymbol{u}_\alpha) - m] + m$$

このとき，重み係数 $\lambda_\alpha(\boldsymbol{u})$ は推定量が不偏でかつ誤差分散が最小となる以下の線形連立方程式を解くことで得ることができる．

$$\boldsymbol{C} = \boldsymbol{\lambda}\boldsymbol{c}$$

$$\boldsymbol{C} = \begin{pmatrix} C_{11} & C_{12} & \cdots & C_{1n} \\ C_{21} & C_{22} & & C_{2n} \\ \vdots & & \ddots & \\ C_{n1} & C_{n1} & \cdots & C_{nn} \end{pmatrix},$$

$$\boldsymbol{\lambda} = \begin{pmatrix} \lambda_1 \\ \lambda_2 \\ \vdots \\ \lambda_n \end{pmatrix}, \quad \boldsymbol{c} = \begin{pmatrix} C_{10} \\ C_{20} \\ \vdots \\ C_{n0} \end{pmatrix}$$

ここで C_{ij} は，2 地点 $\boldsymbol{u}_i$ と $\boldsymbol{u}_j$ 間の共分散を指す．この線形方程式をクリッギングシステムと呼ぶ．

通常型クリッギング（ordinary kriging）では，次式のように観測値のない地点 $\boldsymbol{u}_0$ における推定量を，その周辺 n 個の $Z(\boldsymbol{u}_\alpha)$ の線形結合によって推定する．

$$Z_{OK}^* = \sum_{\alpha=1}^{n(\boldsymbol{u})} \lambda_\alpha(\boldsymbol{u})Z(\boldsymbol{u}_\alpha)$$

ただし，通常型クリッギングの場合，重み係数の総和が 1 $(\sum_{\alpha=1}^{n(\boldsymbol{u})} \lambda_\alpha(\boldsymbol{u}) = 1)$ となる制約条件がつく．この重みは，推定量が不偏でかつ誤差分散が最小となるような基準を満たすが，推定量の不偏性は，重み係数の総和が1となることで保証されている．クリッギングには他にも様々な種類が存在するが，Goovaerts（1997）等参考文献にクリッギングの変異型については詳しい[7]．

ここまで，単変量（univariate）のクリッギングについて説明したが，地下水分野では多い．多変量（multivariate）においても，地球統計学的解析が適用できる．多変量の場合の地球統計学的解析については Wackernagel（2003）等に詳しい[8]．

2.3.4 地球統計学的シミュレーション

クリッギングは空間データをなめらかに補間する手法であり，現実の細かな空間的変動を再現することができない．地球統計学的シミュレーションでは，対象とする問題に対して重要となる統計値を再現する z 値のマップまたは実現値（例えば $\{z^{(l)}(\boldsymbol{u})$，$\boldsymbol{u} \in A\}$ で l は l 番目の実現値を表す）を生成する．シミュレーションの中でも観測位置ではデータと一致するように行うシミュレーションのことを条件付きシミュレーション（conditional simulation）という．

地球統計学的条件付きシミュレーションでは一般に，シミュレーション値は標本ヒストグラムと標本セミバリオグラムの再現を要件とする．

シミュレーションマップは，N地点での同時分布を表すN点累積分布関数Fからサンプルすることで生成できる．

$$F(\boldsymbol{u}_1', \boldsymbol{u}_2', \cdots, \boldsymbol{u}_n'; z_1, z_2, \cdots, z_N)$$
$$= P\{Z(\boldsymbol{u}_1') \leq z_1, Z(\boldsymbol{u}_2') \leq z_2, \cdots,$$
$$Z(\boldsymbol{u}_N') \leq z_N\}$$

このとき同時分布を直接推定するのではなく，次のような条件付き確率分布の積として求める．

$$F(\boldsymbol{u}_1', \boldsymbol{u}_2', \cdots, \boldsymbol{u}_n'; z_1, z_2, \cdots, z_N)$$
$$= F(\boldsymbol{u}_1'; z_1 | (n)) \cdot F(\boldsymbol{u}_2'; z_2 | (n+1))$$
$$\cdot F(\boldsymbol{u}_3'; z_3 | (n+2)) \cdots$$
$$\cdot F(\boldsymbol{u}_N'; z_N | (n+N-1))$$

ここで，$|(n+m)$ は n 個の観測値と m 個の実現値に対する条件を付したことを示す．例えば，$F(\boldsymbol{u}_2'; z_2 | (n+1))$ は n 個の観測値と $\boldsymbol{u}_1'$ における実現値の計 $m+1$ 個を条件とした累積分布関数である．このようにすでにシミュレートされた実現値を条件として付すことで，セミバリオグラムの再現性を確保する．1回のシミュレーションで $\boldsymbol{u}_1'$ から $\boldsymbol{u}_N'$ までランダムに移動しながら，各地点において順次条件付き累積分布関数（conditional cdf または ccdf）をモデル化し，そこから実現値を得るシミュレーションを逐次シミュレーション（sequential simulation）と呼ぶ．逐次シミュレーションでは，各地点における ccdf のモデル化手法の違いにより Sequential Gaussian Simulation（sGs）や Sequential Indicator Simulation（sis）等がある．なお，クリッギングと同様，多変量の場合でも，2つ目以降の変数を取り入れたシミュレーションも可能である（Goovaerts（1997）等に詳しい）[7]．

なお，地球統計学的シミュレーションによって実現値を求めること自体が目的となることはほとんどなく，多くの場合，実現値は伝達関数（例えば地下水流動モデル等）の入力値として利用される．L 個の入力に対して L 個の出力を得ることができ，その伝達関数に対する不確実性を評価することができる．　〔斎藤広隆〕

文献

1) 東京大学教養学部統計学教室編（1991）：統計学入門．東京大学出版会，307p.
2) 東京大学教養学部統計学教室編（1992）：自然科学の統計学．東京大学出版会，366p.
3) 山内長承（2018）：Python によるデータ解析入門．オーム社，273p.
4) Nakagawa, K. et al.（2016）：Spatial trends of nitrate pollution and groundwater chemistry in Shimabara, Nagasaki, Japan. Environ Earth Sci, 75, 234.
5) 中川　啓・河村　明（2018）：自己組織化マップによる地下水水質の分類．水循環　貯留と浸透，114, 25-28.
6) Kohonen, T.（1989）：Self-Organization and Associative Memory, Springer Series in Information Sciences（SSINF, volume 8），Springer-Verlag Berlin Heidelberg, 312p.
7) Goovaerts, P.（1997）：Geostatistics for Natural Resources Evaluation, Oxford University Press, 483p.
8) Wackernagel, H.（2003）：Multivariate Geostatistics：An Introduction with Applications. Springer, 403p.
9) Deutsch, C. and Journel, A.G.（1997）：GSLIB：Geostatistical Software Library and User's Guide. Oxford University Press, 350p.
10) Ihaka, R. et al.（1996）：R：a language for data analysis and graphics. J. Comp. Graph. Stat. 5,

299-314.

11) Bivand, R. S. et al. (2008)：Applied Spatial Data Analysis with R. Springer, 424p.

12) 間瀬　茂 (2010)：地球統計学とクリギング法－R と geoR によるデータ解析. オーム社, 240p.

第3章

地下水の水収支解析

3.1 基本概念と基礎式

　水収支とは，ある地域内のある水循環系において，ある期間の水の流入・流出を定量的に検討するものである．水収支解析の目的は，水収支を構成する要素の妥当性を水収支式を用いて検討することにあるが，逆に未知な要素を水収支式を用いて算出することもある．
　地域の水循環システムは，図 V.3.1 のように，おおよそ自然環境を構成する大気系，地表系，土壌系，地下水系，河川系と人間の生産活動を構成する人間系（人工系）といったサブシステムに分解できる．地下水の水収支とは，このうちの地下水系の水の流入・流出に着目したものをいう．
　地下水の水収支を構成する要素は，主に地下水流入・流出（G_I, G_O），地表からの地下水涵養（G_R, R_L），基底流出（B_F），地下水揚水（Q_P）であり，各要素の相互関係は次式のような水収支式で表される．

$$I - O = \Delta S \qquad (\text{V}.3.1)$$

ここで，I：流入量（$= G_I + G_R + R_L$），O：

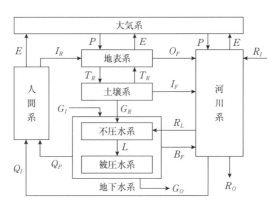

図 V.3.1 水循環システムを構成する系と要素（文献1）を加筆修正）
　▭：サブシステム，R_I, R_O：河川流入，流出，P：降水，G_I, G_O：地下水流入，流出，E：蒸発散，G_R：陸域からの地下水涵養，O_F：表面流出，R_L：水域からの地下水涵養，I_F：中間流出，Q_P, Q_I：揚水，取水，B_F：基底流出，I_R：灌漑，T_R：移動，L：地下水漏水．

流出量（$= G_O + B_F + Q_P$），ΔS：地下水の貯留量の変化である．

式（V.3.1）を常微分形で表すと次式のようになり，これは水文式または貯留式とも呼ばれる．

$$I(t) - O(t) = \frac{\Delta S}{\Delta t} \qquad (V.3.2)$$

3.2 対象領域と対象期間

地下水の水収支における対象領域（水収支区）の設定は，領域の境界において地下水の出入りが既知であるのが基本である．しかし，現実的には，できる限り明確な情報が得られる境界を選んで対象領域としつつ，必要に応じて境界部からの流入出量を既知量として取り扱うことが多い．例えば，地下水は地域の水文地質条件に強く支配されるので，透水係数や貯留係数が非常に小さい難透水層あるいは不透水層を水理基盤とし，その上位の数枚の帯水層と難透水層からなる地下水盆を対象領域とするのが望ましい[1,2]．しかし，地下水盆の一部を対象領域とする場合は，平面的には地下水の出入りがほとんどゼロとみなせる地下水の分水界（地形的な尾根，谷筋）や，地下水位等高線に直交する領域を対象領域の境界とするような工夫がなされる[2]．地下水の流況は考慮されず，行政界のように対象流域が指定される場合は，側方からの地下水流入・流出を既知量として取り扱う必要がある．鉛直的には不圧地下水の場合は地表面と地下水の不圧・被圧を分ける難透水層，被圧地下水の場合は難透水層と水理基盤あるいは下位の難透水層を境界とする．もし，

境界とする難透水層から漏水や絞り出しが見込まれる場合は，それらを既知量として取り扱う必要がある[2]．

対象期間については，定常的な水収支を解析するのであれば，年単位とするのが一般的である．しかし，検討目的に応じ，季節ごと（3か月），豊水期・渇水期ごと（半年）に設定される場合もある．

3.3 水収支式による水収支解析

水収支式を用いた水収支解析では，水収支を構成する要素をどのように評価するかが，水収支式の精度を担保するうえで重要となる．しかし，各要素には測定・調査に基づいて定量的に決定できるものと，推定あるいは仮定しなければならないものがある．

3.3.1 地下水流入・流出量

地下水流動量は，断面積を通過する見かけの流速で，次式のように表される．よって，地下水流入量や流出量は，原理的に流入（流出）断面積とそれに直角な見かけの流速を測定すれば決定できる．

$$G_F = vA \qquad (V.3.3)$$

ここで，G_F：地下水流動量，v：見かけの流速，A：断面積である．

断面積は，ボーリング調査や電気探査等の地質調査に基づいて決定できる．見かけの流速は $v = KI$ から計算され，ここで K は透水係数，I は地下水面勾配である．地下水面勾配は対象領域を包括する範囲で測水調査を行い，作成した地下水面図から得られる流線が対象領域の境界を横断する断

面の地下水位の傾きを読み取る. このとき, 流線は必ずしも断面と直角ではないので, 流線と断面のなす角を考慮し, 読み取った地下水位の傾きを補正する必要がある. 透水係数は揚水試験や現場透水試験により断面位置で測定するのが最も良い. しかし, これが難しい場合は, 対象とする帯水層の既往調査結果や層相から推定する.

地下水流出と地下水流入の差 $(G_O - G_I)$ は残項として求められることがあり, $(G_O - G_I) > 0$ ならば対象領域において地表水が地下に流入している量が多く, $(G_O - G_I) < 0$ ならば地下水が地表に流出している量が多いことを意味することから, 地下水と地表水の動態を捉えることができる.

3.3.2 地表からの地下水涵養量

対象領域の側方から流入する地下水流入量も地下水涵養量のひとつであるが, ここでは, 対象領域の上面, つまり, 地表からの地下水涵養量について言及する.

地表からの地下水涵養量には, 降水の浸透, 水田灌漑水の浸透等陸域で生じるもの, 河川・湖沼水の浸透等水域で生じるものに大別される. 地下水涵養量も地下水流動量と同じで, 原理的には地下水面 (不飽和帯と飽和帯の境界面) を通過する見かけの流速を測定すれば推定できる. しかし, 現実的には, 地下水面付近の鉛直方向の透水係数と動水勾配を測定することは難しいため, 前者は地表系・土壌系の水収支, 後者は河川系の水収支の残項として求められることが多い.

地表系・土壌系の水収支は次式のように表される. このうち, 降水量, 灌漑水量は

測定により, 蒸発散量は気温, 風速等の気象観測データとソーンスウェイト法, ハーモン法, ペンマン法等の推定式を使って決定できる. 表面流出量と中間流出量を併せた直接流出量 $(O_F + I_F)$ については, 地表水の流量を測定し, 水平分離法や傾斜変換点法[2]等でハイドログラフから基底流出分を分離すれば推定できるが, 現実的には, 地表水の流量を任意の地点で継続的に測定することは難しいため, 既往調査・研究に基づく直接流出率 (降水量に対する直接流出量の割合)[3,4] を使って推定することが多い. 不飽和帯の土湿の変化 (ΔM) は, 定常的な水収支を解析するのであれば, 対象期間を年単位としてゼロと仮定できる. ただし, 非定常的な水収支を解析するのであれば, 土壌水分量の測定が必要である. これらの結果, 残項として陸域からの地下水涵養量を推定することができる.

$$(P + I_R) - (E + O_F + I_F + G_R) = \Delta M$$

$$(V.3.4)$$

ここで, P: 降水量, I_R: 灌漑水量, E: 蒸発散量, O_F: 表面流出量, I_F: 中間流出量, G_R: 陸域からの地下水涵養量, ΔM: 不飽和帯の土湿の変化である.

河川系の水収支は次式のように表される. このうち, 降水量, 河川取水量は測定により, 蒸発散量は推定式を使って決定できる. 対象領域の河川や湖沼への流入量 (河川上流端の流入および表面・中間・基底流出), 流出量 (河川下流端の流出) も地表水の流量の測定により決定できる. 河川水の貯留量の変化 (ΔW) は, 定常的な水収支を解析するのであれば, 対象期間を年単位としてゼロと仮定できる. この結果,

残項として水域からの地下水涵養量を推定することができる.ただし,現実的には,任意の地点で地表水の流量を継続的に測定することは難しいため,水域からの地下水涵養量は対象期間を通じて概ね一定と仮定し,無降雨時に一斉測定した地表水の流量と河川取水量の収支から推定することが多い.

$$(P+R_I+O_F+I_F+B_F)-(E+R_O+R_L+Q_I)=\Delta W \quad (\text{V}.3.5)$$

ここで,R_I:河川流入量,B_F:基底流出量,R_O:河川流出量,R_L:水域からの地下水涵養量,Q_I:河川取水量,ΔW:河川水の貯留量の変化である.

3.3.3 地下水揚水量

地下水揚水量については,地域ごとの法令等に基づく地下水揚水量(採取量)報告値から決定することができる.

3.3.4 地下水の貯留量変化

対象領域の地下水の貯留量の変化(ΔS)は,次式のように表され,地層の有効空隙率と対象期間前後の地下水面図(地下水位)の変化を測定すれば,推定することができる.定常的な水収支を解析するのであれば,対象期間を年単位として,ゼロと仮定できる.

$$\Delta S = n_e \Delta V \quad (\text{V}.3.6)$$

$$\Delta V = \sum_{i=1}^{n} a_i \cdot \Delta h_i \quad (\text{V}.3.7)$$

ここで,n_e:地層の有効空隙率,ΔV:地下水位が変化した範囲の体積,Δh_i:地下水位変化量,a_i:地下水位変化量 Δh_i の面積である.

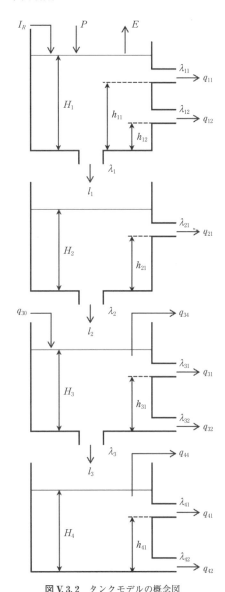

図 V.3.2 タンクモデルの概念図
P:降水量,q_{30}:河川からの地下水涵養量,E:蒸発散量,q_{34}, q_{44}:地下水揚水量,I_R:灌漑水量.

3.4 タンクモデルによる水収支解析

タンクモデルによる水収支解析法とは,菅原 (1972)[5)] によって河川の流出解析用として開発されたタンクモデル法を,タンクモデルそのものが帯水層モデルとして合理的であることを踏まえ,地下水位の解析にも応用したものである.タンクモデルによる水収支解析法では,対象領域を,例えば図V.3.2のような多段直列タンクモデルで表す.基礎方程式は以下の通りである.対象領域への地下水流入を考慮するような場合は,上流域にも同様のタンクモデルを作成し,多重並列タンクモデルとする場合もある.

$$q_{ij} = \lambda_{ij} \cdot (H_i - h_{ij}) \quad (\text{V}.3.8)$$

$$l_{ij} = \lambda_i \cdot H_i \quad (\text{V}.3.9)$$

$$\frac{dH_i}{dt} = l_{i-1} - (\sum_j q_{ij} + l_i) \quad (\text{V}.3.10)$$

ここで,q:流出高,λ:孔の係数(流出率・浸透率),h:孔の高さ,l:損失高(浸透高),H:タンクの水深(貯留高),i:タンクの番号,j:孔の番号,t:時間である.

各タンク・各孔の意味は,分析目的によって異なるが,例えば,図V.3.1の水循環システムと対比するならば,図V.3.2のタンクモデルのうち,第1段タンクは地表系の水収支を表し,流出孔 q_1, q_2 が表面流出,浸透孔 l_1 が土壌系への水分移動(地下浸透)を受け持つ.第2段タンクは土壌系の水収支を表し,流出孔 q_{21} が中間流出,浸透孔 l_2 が地下水系への水分移動(地表からの地下水涵養)を受け持つ.第3段タンクは地下水系のうち不圧水系の水収支,第4段タンクは被圧水系を表し,流出孔 q_{31}, q_{41} が基底流出,流出孔 q_{32}, q_{42} が地下水流出を,浸透孔 l_3 が不圧水系から被圧水系への水分移動(地下水漏水)を受け持つ.

タンクモデルを用い,測定・調査から比較的容易に決定・推定できる水収支要素(降水量,蒸発散量,灌漑水量,揚水量,河川からの地下水涵養量)を入力値とし,各タ

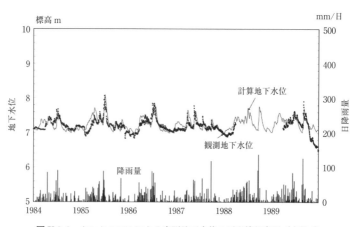

図V.3.3　タンクモデルによる実測地下水位の再現検証事例(文献6)

ンク・各孔の係数・高さを調整して，図V.3.3[6] のように測定した地下水位や地表水の流量の変化を再現すれば，地表からの地下水涵養量，不飽和帯の土湿の変化等，測定・調査では定量困難な水収支要素についても，定量的に推定することができる．

〔古川正修〕

文献

1) 水収支研究グループ編（1993）：地下水資源環境論―その理論と実践―．共立出版，350p.

2) 建設省河川局監修，国土開発技術研究センター編集（1993）：地下水調査および観測指針（案），山海堂，330p.

3) 国土交通省水管理・国土保全局（2014）：国土交通省河川砂防技術基準調査編.

4) 水工学委員会水理公式集編集小委員会（2018）：水理公式集2018年版．土木学会，927p.

5) 菅原正巳（1972）：流出解析法（水文学講座7）．共立出版，257p.

6) 竹内 均監修（2003）：地球環境調査計測事典―第2巻陸域編2―．フジテクノシステム，1166p.

第4章

地下水の理論解

本章では，地下水のモデル化において，比較的使用する機会が多いと考えられる条件を想定して，その理論解についてまとめる．

4.1 フィールドの簡易解析

本節では，フィールドデータを簡易的に解析する場合等を想定した理論解を示す．

4.1.1 沿岸の地下水位

ここでは，海や湖・河川等の比較的大きな水域に接続している帯水層内の地下水位の理論解を取り扱う．

a. 定常状態の不圧地下水位

1次元直交座標系において，デュプイ-フォルヒハイマー（Dupuit-Forchheimer）近似を用いた不圧地下水の流れを考える（図V.4.1 a）．このとき，ダルシー流束 $q(x)$ は，式（V.4.1）のように表される．

$$q(x) = -K(x)(h+H)\frac{\partial h}{\partial x} \quad \text{(V.4.1)}$$

ここで，$K(x)$ は透水係数，H は基準面下の帯水層厚さ，h は水頭である．地下水の涵養や揚水等の分布を $Q(x)$ とすると，質量保存則は，式（V.4.2）のように表される．

$$\frac{\partial}{\partial x}\left[K(x)(h+H)\frac{\partial h}{\partial x}\right] = Q(x) \quad \text{(V.4.2)}$$

式（V.4.2）の一般解は，

$$h(x) = -H + \sqrt{H^2 + 2f(x)} \quad \text{(V.4.3)}$$

$$q(x) = -K(x)\frac{\partial f}{\partial x} \quad \text{(V.4.4)}$$

$$f(x) = \int \frac{\int Q(x)\,dx}{K(x)}\,dx \quad \text{(V.4.5)}$$

と表される．式（V.4.5）の不定積分における2つの積分定数は，境界条件により定まる．

円形の島等を想定した場合，1次元極座標系による扱いが便利な場合がある（図V.4.1 b）．この場合，ダルシー（Darcy）

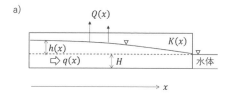

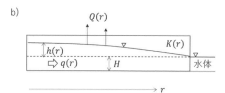

図 V.4.1　定常状態の不圧地下水位問題
a) 直交座標1次元問題．b) 極座標1次元問題．

流束は，式（V.4.6）のように表される．

$$q(r) = -K(r)(h+H)\frac{\partial h}{\partial r} \qquad (V.4.6)$$

地下水の涵養や揚水等の分布を $Q(r)$ とすると，質量保存則は，

$$-rK(r)(h+H)\frac{\partial h}{\partial r} = \int_0^r rQ(r)dr \qquad (V.4.7)$$

と表される．式（V.4.7）の一般解は，

$$h(r) = -H + \sqrt{H^2 - 2g(r)} \qquad (V.4.8)$$

$$q(r) = -K(r)\frac{\partial g}{\partial r} \qquad (V.4.9)$$

$$g(r) = \int \frac{\int_0^r rQ(r)dr}{rK(r)}dr \qquad (V.4.10)$$

となる．式（V.4.10）の不定積分から表れる積分定数は，境界条件により定める．

式（V.4.2）および式（V.4.7）は，h に関しては非線形方程式であるが，$(1/2)h^2 + Hh$ に関しては線形方程式である．したがって，$(1/2)h^2 + Hh$ に関しては重ね合わせの原理が適用可能である．

塩淡境界があるような海洋島の地下水を考える場合は，淡水レンズの問題を考えることになる．帯水層の厚さが十分にある場合には，ここまで扱ってきた理論解において，

$$H \to 0, \quad K \to K\frac{\rho_s}{\rho_s - \rho_f} \qquad (V.4.11)$$

と置換することにより，解を得ることができる．ここで，ρ_s は塩水の密度，ρ_f は淡水の密度である．

b. 水位変動の伝搬

ここでは，均質な被圧帯水層における非定常状態の地下水位変動の伝搬を対象とした理論解を考える（図V.4.2）．

1次元直交座標系における支配方程式は，

$$c\frac{\partial^2 h}{\partial x^2} = \frac{\partial h}{\partial t} \qquad (V.4.12)$$

と表される．ここで，c は水頭拡散係数である．境界条件は，水域の水位変動として，

$$h(0, t) = h_0 e^{i\omega t} \qquad (V.4.13)$$

とする（図V.4.2a）．ここで，h_0 は振幅，ω は角周波数，$i = \sqrt{-1}$ である．なお，実際の水域の水位変動は，様々な変動パターンが想定されるが，その計測データをフーリエ変換すれば，角周波数ごとに式（V.4.13）の形に変形することが可能である．周波数ごとの解を重ね合わせれば，任意の水位変動に対する応答を実用上十分な精度で求めることが可能である．また，水域から十分離れたところでは，その水位変動の影響が無視できると考えると，

$$\lim_{x \to \infty} \frac{\partial h}{\partial x} = 0 \qquad (V.4.14)$$

である．式（V.4.12）-（V.4.14）に対応する理論解は，

$$h(x, t) = h_0 e^{i\omega t - \lambda x} \qquad (V.4.15)$$

$$\lambda = \sqrt{\frac{i\omega}{c}} \qquad (V.4.16)$$

である．円形の島等を想定した場合，1次元極座標系が便利な場合がある（図V.4.2b）．この場合，支配方程式は，

$$c\left(\frac{\partial^2 h}{\partial r^2} + \frac{1}{r}\frac{\partial h}{\partial r}\right) = \frac{\partial h}{\partial t} \qquad (V.4.17)$$

となる．境界条件は，水域の水位変動として，

$$h(R, t) = h_0 e^{i\omega t} \qquad (V.4.18)$$

とする．このときの理論解は，

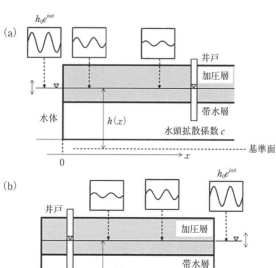

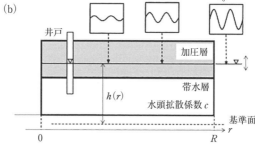

図 V.4.2 被圧帯水層の水位変動の伝搬問題
a) 直交座標 1 次元問題. b) 極座標 1 次元問題.

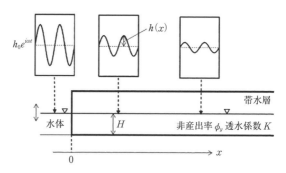

図 V.4.3 不圧帯水層の水位変動の伝搬問題への拡張

$$h(x, t) = h_0 \frac{I_0(\lambda r)}{I_0(\lambda R)} e^{i\omega t} \quad (\text{V.4.19})$$

と得られる. ここで, $I_n(\cdot)$ は, n 次の第一種変形ベッセル関数である.

ここまでは, 被圧帯水層を想定した理論解を示したが, 不圧地下水においても平均的な飽和部分の厚さ H について, $(h_0/H \ll 1)$ であれば, 比産出率 ϕ_y を用いて,

$$c = \frac{HK}{\phi_y} \quad (\text{V.4.20})$$

と置き換えることで, 実用上十分な精度で地下水位を計算することが可能である (図

V.4.3).

4.1.2 被圧帯水層の非定常井戸水位

ここでは，上下を完全な不透水層に挟まれた均質で水平な無限平板被圧帯水層（透水係数 K，比貯留係数 S_s）から一定量の揚水を行う場合の地下水位変動を考える（図 V.4.4a）．

回転対称な問題であるため，1次元極座標系の支配方程式（式(V.4.17)）を用いる．初期水位を h_0 とし，境界条件は，無限遠で揚水の影響がないとすると，

$$h(\infty, t) = h(r, 0) = h_0 \qquad (\text{V}.4.21)$$

である．また，井戸での揚水量 Q とのバランスから，

$$\lim_{x \to \infty}\left(-2\pi r H K \frac{\partial h}{\partial r}\right) = Q \qquad (\text{V}.4.22)$$

が条件となる．式 (V.4.21)-(V.4.22) の条件の下での理論解は，

$$h_0 - h = \frac{Q}{4\pi KH}\int_{\frac{r^2}{4ct}}^{\infty} \frac{e^{-u}}{u}du$$

$$= \frac{Q}{4\pi KH}E_1\left(\frac{r^2}{4ct}\right) \qquad (\text{V}.4.23)$$

により，与えられる[1]．なお，$E_n(\cdot)$ は n 次の一般化指数積分である．

また，難透水層を経由した隣接帯水層からの漏水がある場合（図 V.4.4b），支配方程式は，

$$KH\left(\frac{\partial^2 h}{\partial r^2} + \frac{1}{r}\frac{\partial h}{\partial r}\right) + K'\frac{h_0-h}{b} = S_s H\frac{\partial h}{\partial t}$$

(V.4.24)

となる[2]．ここに，K' は加圧層の透水係数，b は加圧層の厚さである．初期条件と境界条件は，式 (V.4.21)，(V.4.22) と同様

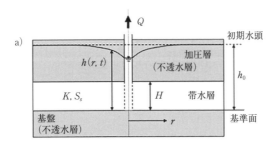

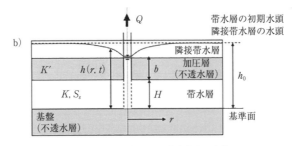

図 V.4.4 被圧帯水層の非定常井戸水位
a) 完全被圧帯水層問題．b) 漏水性被圧帯水層問題．

である。この場合の理論解は，

$$h_0 - h = \frac{Q}{4\pi KH}\int_{\frac{r^2}{4ct}}^{\infty}\frac{1}{u}\exp\left(-u - \frac{r^2}{4B^2 u}\right)du$$

$$= \frac{Q}{4\pi KH}\Gamma\left(0, \frac{r^2}{4ct}; \frac{r^2}{4B^2}\right)$$

(V.4.25)

$$B^2 = \frac{Khb}{K'}, \quad c = \frac{K}{S_s} \quad \text{(V.4.26)}$$

となる[2]．

最後に，透水係数の鉛直異方性を持つ均質半無限地盤中の井戸水理問題を考える（図 V.4.5）．r-z 円筒座標系で考え，スクリーン深度を z' とするとこの問題の支配方程式は，

$$K_h\left(\frac{\partial^2 h}{\partial r^2} + \frac{1}{r}\frac{\partial h}{\partial r}\right) + K_z\frac{\partial^2 h}{\partial z^2}$$
$$+ \frac{Q}{2\pi r}\delta(r)\delta(z-z') = S_s\frac{\partial h}{\partial t} \quad \text{(V.4.27)}$$

と表せる．ここで，K_h は水平方向の透水係数，K_z は鉛直方向の透水係数である．初期条件が，

$$h(r, z, 0) = 0 \quad \text{(V.4.28)}$$

で，境界条件を，

$$h(r, 0, t) = 0, \quad |h(r, -\infty, t)| < \infty$$

(V.4.29)

図 V.4.5 均質半無限地盤中の井戸水理問題

とする．このとき，式 (V.4.27)-(V.4.29) の理論解は，

$$h = \frac{Q}{4\pi K_h\sqrt{K_{z/h}}H}\int_0^t \frac{1}{2\tau\sqrt{\pi c\tau}}\exp\left(\frac{r^2}{4c\tau}\right)$$
$$\times\left[\exp\left(\frac{(z-z')^2}{4c\tau K_{z/h}}\right) - \exp\left(\frac{(z+z')^2}{4c\tau K_{z/h}}\right)\right]du$$

(V.4.30)

で与えられる．ただし，$c = K_h/S_s$，$K_{z/h} = K_z/K_h$ である．

ここまで，揚水量や圧入量は時間方向に変化しないケースを扱ってきた．時間変化がある場合には，これらの解を時間方向に重ね合わせることで，計算可能である．ここでは，式 (V.4.23) を例にとって計算法を示すこととする．まず，

$$W(t) = \frac{Q}{4\pi KH}E_1\left(\frac{r^2}{4ct}\right) \quad \text{(V.4.31)}$$

とおく．時間間隔 Δt で，N 個の揚水量データ（$Q_1, \cdots, Q_N$）から同時刻の地下水頭（$h_1, \cdots, h_N$）を計算するものとする．このとき，時刻 $n\Delta t$ における地下水頭 h_n は，

$$h_n - h_0 = Q_n W(\Delta t) + \sum_{i=1}^{n-1}Q_{n-k}$$
$$\times [W(\{k+1\}\Delta t) - W(k\Delta t)]$$

(V.4.32)

により求めることができる．また，群井系の場合も，重ね合わせの原理により，それぞれの井戸からの距離を考慮した解を足し合わせることで，すべての井戸の影響を考慮した水頭を求めることができる．

4.1.3 物質・熱輸送

ここでは，地下水中の物質輸送や熱輸送等の問題に関わる理論解を紹介する．

a. 定常流動場中の湧き出し点

1次元直交座標系で，地下水が軸に沿って流れていて，濃度0の場の中で時刻での地点に湧き出し点が現れたとする（図 V.4.6）．

このときの物質輸送の支配方程式として，以下の移流拡散方程式を考える．

$$\frac{\partial C}{\partial t} + v\frac{\partial C}{\partial x} - D\frac{\partial^2 C}{\partial x^2} - \mu C = 0$$

(V.4.33)

ここで，C は濃度，v は地下水のダルシー流束，D は拡散係数，μ は減衰率である．ここで，初期条件，

$$C(x, 0) = 0 \quad (V.4.34)$$

境界条件，

$$C(0, t) = C_0, \quad C(\infty, t) = 0 \quad (V.4.35)$$

のもとで，(V.4.33) を解くと，

$$\frac{C}{C_0} = \frac{1}{2}\exp\left(\frac{vx}{2D}\right)[u_1 + u_2] \quad (V.4.36)$$

$$u_1 = e^{-\beta x}\,\mathrm{erfc}\left(\frac{x - t\sqrt{v^2 + 4\mu D}}{2\sqrt{Dt}}\right)$$

(V.4.37)

$$u_2 = e^{\beta x}\,\mathrm{erfc}\left(\frac{x + t\sqrt{v^2 + 4\mu D}}{2\sqrt{Dt}}\right)$$

(V.4.38)

$$\beta = \sqrt{\frac{v^2}{4D^2} + \frac{\mu}{D}} \quad (V.4.39)$$

が得られる[3,4]．

次に，2次元直交座標系で，間隙率 ϕ の

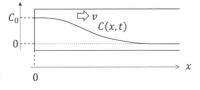

図 V.4.6 直交1次元移流拡散減衰問題

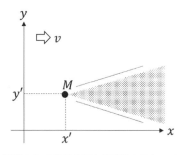

図 V.4.7 1次元地下水流動場中において，$t=0$ に湧き出し点が置かれた直交二次元移流拡散問題

均質な無限平板帯水層内を，地下水流が x 軸に沿って流れているとする．時刻 $t=0$ で点 (x', y') に質量 M の瞬間的な湧き出し点が生じたとする（図 V.4.7）．このときの物質輸送の支配方程式として，以下の移流拡散方程式を考える．

$$\frac{\partial C}{\partial t} + v\frac{\partial C}{\partial x} - D_x\frac{\partial^2 C}{\partial x^2} - D_y\frac{\partial^2 C}{\partial y^2} = 0$$

(V.4.40)

ここで，D_x および D_y はそれぞれ x 軸方向と y 軸方向の拡散係数である．このときの理論解は，

$$\frac{C}{C_0} = \frac{M}{4\pi\phi t\sqrt{D_x D_y}} \times$$
$$\exp\left(-\frac{(x - x' - vt)^2}{4D_x t} - \frac{(y - y')^2}{4D_y t}\right)$$

(V.4.41)

と得られる[4]．

b. 井戸からの定常圧入流動場中の濃度分布

均質な厚さ H，分散長 α の無限平板帯水層に，井戸から一定流量 Q で圧入されている定常流動場中での移流拡散問題を考える．物質輸送のフラックスは，

$$q_c = vC - (D + \alpha v)\frac{\partial C}{\partial r} \quad \text{(V.4.42)}$$

$$v = \frac{Q}{2\pi r \phi H} \quad \text{(V.4.43)}$$

であるから，極座標系における物質量保存則より，

$$R\frac{\partial C}{\partial t} = \left(D - \frac{Q}{2\pi r \phi H}\right)\frac{1}{r}\frac{\partial C}{\partial r}$$
$$+ \left(D + \frac{\alpha Q}{2\pi r \phi H}\right)\frac{\partial^2 C}{\partial r^2} - \mu R C = 0$$
$$\text{(V.4.44)}$$

が得られる．ここで，R は遅延係数である．ここでは，定常状態を考え，

$$\left(D - \frac{Q}{2\pi r \phi H}\right)\frac{1}{r}\frac{\partial C}{\partial r}$$
$$+ \left(D + \frac{\alpha Q}{2\pi r \phi H}\right)\frac{\partial^2 C}{\partial r^2} - \mu R C = 0$$
$$\text{(V.4.45)}$$

の解を考える（図 V.4.8）．境界条件は，

$$QC_0 = vC - (D + \alpha v)\frac{\partial C}{\partial r} \quad (r = r_w),$$
$$C(\infty) = 0 \quad \text{(V.4.46)}$$

とする．ここで，r_w は井戸半径である．この理論解は，

$$\frac{C}{C_0} = \frac{2\xi \exp\left(\frac{r_{DW} - r_D}{2}\right)}{r_{DW}}\left(\frac{r_D}{r_{DW}}\right)^\xi$$
$$\times \frac{U(a, b, r_D)}{U(a, b, r_{DW}) + 2aU(a+1, b+1, r_{DW})}$$
$$\text{(V.4.47)}$$

$$\xi = \frac{Q}{2\pi \phi HD} \quad \text{(V.4.48)}$$

$$r_D = 2\sqrt{\frac{\mu R}{D}}(r + \alpha \xi) \quad \text{(V.4.49)}$$

$$r_{DW} = 2\sqrt{\frac{\mu R}{D}}(r_w + \alpha \xi) \quad \text{(V.4.50)}$$

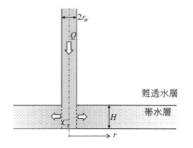

図 V.4.8 定常圧入による移流分散減衰問題

$$a = \frac{1}{2}\left[1 + \xi\left(1 - \alpha\sqrt{\frac{\mu R}{D}}\right)\right] \quad \text{(V.4.51)}$$

$$b = 1 + \xi \quad \text{(V.4.52)}$$

と得られる[5]．ここで，$U(\cdot, \cdot, \cdot)$ は第二種合流型超幾何関数（トリコーミ（Tricomi）の ψ 関数）である．

4.2 数値解析検証ベンチマーク

数値解析においては，有限区間の非定常問題を解く場合が多いため，無限媒体や定常状態を仮定した理論解では直接的な検証がしにくいことが多い．また，支配方程式を離散化して解く場合には，離散化誤差が生じるため，離散化誤差とプログラムの誤作動の可能性を分離して検証する必要がある．ここでは，そのようなことを踏まえて，数値解析コードの検証を想定した理論解を紹介する．

4.2.1 有限領域の問題

ここでは，有限の領域における非定常問題の理論解を紹介する．

a．1次元被圧帯水層

均質な1次元帯水層において，片側の境界の水頭を変化させた場合を考える（図

第4章 地下水の理論解

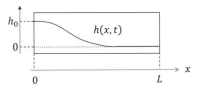

図 V.4.9 有限直交1次元帯水層内の水位伝搬問題

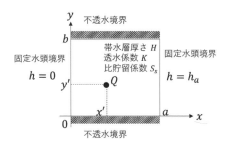

図 V.4.10 直交2次元矩形帯水層中の揚水問題

V.4.9).

支配方程式（V.4.12）を
$$h(x, 0) = 0, \quad h(0, t) = h_0, \quad h(L, t) = 0 \quad \text{(V.4.53)}$$

のもとで解くと，
$$h = \frac{2h_0}{\pi} \sum_{n=1}^{\infty} \sin\left(\frac{n\pi x}{L}\right)$$
$$\times \left[1 - \exp\left(-\frac{n^2\pi^2 ct}{L^2}\right)\right] \quad \text{(V.4.54)}$$

が得られる[1,6]．

b. 2次元被圧帯水層

厚さ H の2次元矩形領域の被圧帯水層（$0 \leq x \leq a$, $0 \leq y \leq b$）において，(x', y') に井戸があり，Q の圧入/揚水（圧入が正）を行う問題を考える（図 V.4.10）．この問題の支配方程式は，
$$KH\left(\frac{\partial^2 h}{\partial x^2} + \frac{\partial^2 h}{\partial y^2}\right)$$
$$= S_s H \frac{\partial h}{\partial t} - Q\delta(x - x')\delta(y - y') \quad \text{(V.4.55)}$$

と表せる．境界条件を
$$h(0, y, t) = 0, \quad h(a, y, t) = 0 \quad \text{(V.4.56)}$$

とし，$y = 0, b$ では不透水とする．初期条件は井戸がない場合の定常解
$$h(x, y, 0) = \frac{h_a x}{a} \quad \text{(V.4.57)}$$

とする．このときの理論解は，

$$h = h_\infty - \frac{2Q}{abKH} \sum_{n=1}^{\infty} \frac{\sin(\alpha_m x)\sin(\alpha_m x')}{\alpha_m^2 \exp\left(-\frac{\alpha_m^2 t}{S_s H}\right)}$$
$$- \frac{4Q}{abKH} \sum_{m=1}^{\infty} \sum_{n=1}^{\infty} \frac{\sin(\alpha_m x)\sin(\alpha_m x')}{r_{m,n}^2 \exp\left(-\frac{r_{m,n}^2 t}{S_s H}\right)}$$
$$\times \cos(\beta_n x)\cos(\beta_n x') \quad \text{(V.4.58)}$$

$$h_\infty = \frac{h_a x}{a} + \frac{Q}{aKH}$$
$$\sum_{n=1}^{\infty} \frac{\sin(\alpha_m x)\sin(\alpha_m x')}{\alpha_m \sinh(\alpha_m b)}$$
$$\times \{\cosh \delta_{1,m} + \cosh \delta_{2,m}\} \quad \text{(V.4.59)}$$

$$\delta_{1,m} = \alpha_m(b - |y' - y|)$$
$$\delta_{2,m} = \alpha_m(b - |y' + y|) \quad \text{(V.4.60)}$$

$$\alpha_m = \frac{m\pi}{a}, \quad \beta_n = \frac{n\pi}{b}, \quad \gamma_{m,n}^2 = \alpha_m^2 + \beta_n^2$$
$$\text{(V.4.61)}$$

によって得られる．なお，h_∞ は定常解となっている．この解を含め，異なる境界条件の場合の理論解も知られている[7]．

c. 1次元移流拡散問題

1次元移流拡散方程式の支配方程式として，
$$R\frac{\partial C}{\partial t} = D\frac{\partial^2 C}{\partial x^2} - v\frac{\partial C}{\partial x} \quad \text{(V.4.62)}$$

を考える．初期条件は，
$$C(x, 0) = C_i \quad \text{(V.4.63)}$$

とし，境界条件は，

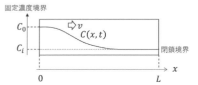

図 V.4.11　有限直交一次元帯水層内の移流拡散問題

$$C(0, t) = C_0, \quad \frac{\partial C}{\partial x}(L, t) = 0 \quad (V.4.64)$$

とする（図V.4.11）．このとき，式（V.4.62）-（V.4.64）の理論解は，

$$C(x, t) = C_i + (C_0 - C_i) A(x, t) \quad (V.4.65)$$

$$A(x, t) = 1 - \sum_{m=1}^{\infty} \frac{2k_m \sin\left(\frac{\kappa_m x}{L}\right)}{\kappa_m^2 + \frac{vL}{2D} + \left(\frac{vL}{2D}\right)^2}$$
$$\times \exp\left(\frac{vx}{2D} - \frac{v^2 t}{4DR} - \frac{\kappa_m^2 D t}{L^2 R}\right) \quad (V.4.66)$$

となる[8]．なお，κ_m は，固有方程式

$$\kappa \cot \kappa + \frac{vL}{2D} = 0 \quad (V.4.67)$$

の m 番目の解である．

4.2.2 離散化方程式の理論解

ここでは，有限差分法および標準ガラーキン有限要素法で1次元拡散方程式を陰解法で離散化した場合を例に，離散化方程式の理論解を示す．離散化次数が1次の1次元問題であれば，隣接3項間漸化式を境界条件のもとで解く問題に帰結するため，ここで示す拡散方程式以外に，移流分散方程式等でも理論解を得ることは可能である．離散化誤差を含んだ理論解を用いて検証することで，数値解析コードの不具合と微分方程式を離散化したことによる離散化誤差の問題を分離して検証することができる．

a. 有限差分方程式

1次元拡散方程式（式（V.4.12））を有限差分法によって離散化すると，

$$\frac{h_n^{t+\Delta t} - h_n^t}{\Delta t} = c \frac{h_{n+1}^{t+\Delta t} - 2h_n^{t+\Delta t} + h_{n-1}^{t+\Delta t}}{\Delta x^2} \quad (V.4.68)$$

が得られる．式（V.4.68）は，

$$h_{n+1}^{t+\Delta t} - 2(1+\Lambda) h_n^{t+\Delta t} + h_{n-1}^{t+\Delta t} = -2\Lambda h_n^t \quad (V.4.69)$$

$$\Lambda = \frac{\Delta x^2}{2c\Delta t} \quad (V.4.70)$$

となる．ここで，時刻 t の値と境界条件を

$$h_n^t = 1, \quad h_1^{t+\Delta t} = 0, \quad h_{N+1}^{t+\Delta t} - h_N^{t+\Delta t} = 0 \quad (V.4.71)$$

とすると，時刻 $t+\Delta t$ における理論解は，

$$h_n^{t+\Delta t} = \sqrt{\frac{\Lambda}{\Lambda+2}} \left(\frac{r_2^{n-1} - r_1^{n-1}}{\zeta - 1} + \frac{1 - r_1^{n-1}}{1 - r_1} - \frac{1 - r_2^{n-1}}{1 - r_2} \right) \quad (V.4.72)$$

$$\zeta = \frac{r_2^N - r_1^N}{r_2^{N-1} - r_1^{N-1}} \quad (V.4.73)$$

$$\begin{aligned} r_1 &= 1 + \Lambda - \sqrt{\Lambda(\Lambda+2)} \\ r_2 &= 1 + \Lambda + \sqrt{\Lambda(\Lambda+2)} \end{aligned} \quad (V.4.74)$$

と得られる．なお，r_1 と r_2 は，必ず正の値となるため，式（V.4.72）の数列は振動することなく，なめらかな解が得られる．

b. 有限要素方程式

標準ガラーキン法で1次元拡散方程式（式（V.4.12））を陰解法で離散化すると，

$$A h_{n+1}^{t+\Delta t} + 2B(1+\Lambda) h_n^{t+\Delta t} + A h_{n-1}^{t+\Delta t} = C(h_{n+1}^t + 4h_n^t - h_{n-1}^t) \quad (V.4.75)$$

$$A = C - \frac{K}{\Delta x}, \quad B = 2C + \frac{K}{\Delta x}, \quad C = \frac{S_s \Delta x}{6\Delta t} \quad (V.4.76)$$

となる．前項と同様に式（V.4.71）の境界条件のもとで解くと，$A = 0$ のとき，

$$h_n^{t+\Delta t} = \frac{3C}{B} \tag{V.4.77}$$

で，$A \neq 0$ のとき，

$$h_n^{t+\Delta t} = \frac{3C}{\sqrt{B^2 - A^2}} \left(\frac{r_2^{n-1} - r_1^{n-1}}{\zeta - 1} + \frac{1 - r_1^{n-1}}{1 - r_1} \right.$$
$$\left. - \frac{1 - r_2^{n-1}}{1 - r_2} \right) \tag{V.4.78}$$

$$r_1 = \frac{-B - \sqrt{B^2 - A^2}}{A} \tag{V.4.79}$$

$$r_2 = \frac{-B + \sqrt{B^2 - A^2}}{A} \tag{V.4.80}$$

である．式 (V.4.79)，(V.4.80) の r_1 と r_2 は，有限差分法の場合と異なり，

$$\frac{\Delta x^2}{6\Delta t} > \frac{K}{S_s} \tag{V.4.81}$$

の範囲では，負の値となる．その場合，式（V.4.78）の数列は公比が負の等比数列を含むことになり，振動を生ずることになる．つまり，標準ガラーキン有限要素法で拡散方程式を解く場合には，陰解法であっても，空間刻みおよび時間刻みの大きさの選択に注意が必要である．式（V.4.81）から，少ないコストで振動を回避するためには，Δt を大きく取るのが良いことがわかる．なお，この振動を無条件で回避する比較的簡便な手法として，貯留項の要素積分を台形積分とするSimple FEM法がある[9]．

4.3 理論解計算法

様々な文献等に掲載されている理論解を活用する際に，示されている式を数値計算する必要がある．この計算法は易しい場合もあるが，収束が悪い無限級数，積分変換や特殊関数を含むような場合も多いため，これらを計算したり変換したりする手法を知らなければ実際に使用することができない．そこで，ここではそれらの計算方法や計算ライブラリ等を紹介する．

4.3.1　積分変換とその逆変換

a.　フーリエ変換

微分方程式にフーリエ変換を施すことで，時間微分項が形式上消去されるため，特に周期的現象をターゲットにした問題では，フーリエ変換して微分方程式を解いた理論解が，よく求められている．例えば，式（V.4.12）に時間方向のフーリエ変換

$$\tilde{h}(x, \omega) = \frac{1}{2\pi} \int_{-\infty}^{\infty} h(x, t) e^{-i\omega t} dt \tag{V.4.82}$$

を施すと，

$$i\omega \tilde{h} = c \frac{d^2 \tilde{h}}{dx^2} \tag{V.4.83}$$

となり，常微分方程式として容易に解けるようになる．フーリエ空間で得られた解 $\tilde{h}$ は，複素数になっているが，その複素数の大きさと偏角が，それぞれ角周波数 ω における振幅と初期位相に対応しているため，例えば，

$$h = |\tilde{h}| \cos \left(\omega t + \tan^{-1} \frac{\mathrm{Im}(\tilde{h})}{\mathrm{Re}(\tilde{h})} \right) \tag{V.4.84}$$

により，実時間における解を計算することができる．

b.　ラプラス変換

フーリエ変換と同様に，微分方程式にラプラス変換を施すと，時間微分項が形式上

消去されるため,解きやすくなる.例えば,式 (V.4.12) に時間方向のラプラス変換

$$\hat{h}(x, s) = \int_0^\infty h(x, t) e^{-st} dt \qquad (V.4.85)$$

を施すと,

$$s\tilde{h} - h(x, 0) = c\frac{d^2\hat{h}}{dx^2} \qquad (V.4.86)$$

となり,常微分方程式として解けるようになる.フーリエ変換が周期的現象の問題に適しているのに対し,ラプラス変換は時刻 $t=0$ で現象が突然開始する問題に適している.ラプラス空間で得られた解は,フーリエ変換ほど容易に実時間の解に変換することはできない.ラプラス逆変換の定義は,

$$f(t) = \frac{1}{2\pi i}\int_{p-i\infty}^{p+i\infty} \hat{f}(s) e^{st} ds \qquad (V.4.87)$$

であり,p はラプラス空間で得られた解 $\hat{f}(s)$ のすべての特異点よりも複素平面上で右側にある実定数である.式 (V.4.87) の積分は,被積分関数の留数の総和として求められる.しかし,その計算は非常に煩雑であるため,頻出する形を表にまとめたラプラス逆変換表を使用することが現実的には多い.拡散方程式の場合によく表れる形は Carslaw and Jeager (1959) にまとめられている[1].ここでは,その中でも代表的なものを抜粋して表 V.4.1 に示す.

ラプラス逆変換を解析的に求めることが困難な場合には,数値的に求める手法がある.よく使われている手法としては,シュテーフェスト (Stehfest) のアルゴリズム[10]

$$f(t) \fallingdotseq \frac{\ln 2}{t}\sum_{m=1}^{2M} V_m \hat{f}\left(m\frac{\ln 2}{t}\right) \qquad (V.4.88)$$

表 V.4.1 ラプラス変換表

$\hat{h}(s)$	$h(t)$
$\exp(-\sigma x)$	$\dfrac{x}{2t\sqrt{\pi ct}}\exp\left(-\dfrac{x^2}{4ct}\right)$
$\dfrac{1}{s}\exp(-\sigma x)$	$\operatorname{erfc}\left(\dfrac{x}{2\sqrt{ct}}\right)$
$\dfrac{1}{\sigma}\exp(-\sigma x)$	$\sqrt{\dfrac{c}{\pi t}}\exp\left(-\dfrac{x^2}{4ct}\right)$
$\dfrac{\exp(-\sigma x)}{\sigma+\varepsilon}$	$\sqrt{\dfrac{c}{\pi t}}\exp\left(-\dfrac{x^2}{4ct}\right)$ $-\varepsilon c\exp(\varepsilon x+\varepsilon^2 ct)$ $\operatorname{erfc}\left(\dfrac{x}{2\sqrt{ct}}+\varepsilon\sqrt{ct}\right)$
$K_0(\sigma x)$	$\dfrac{1}{2t}\exp\left(-\dfrac{x^2}{4ct}\right)$
$s^{\frac{v}{2}-1}K_v(\sigma x)$	$2^{v-1}\left(\dfrac{x}{\sqrt{c}}\right)^{-v}\int_{\frac{x^2}{4ct}}^\infty e^{-u}u^{v-1}du$
$\left[s-\sqrt{s^2-c^2}\right]^v$	$\dfrac{vc^v}{t}I_v(ct) \quad (v>0)$
$s^{\frac{v}{2}}K_v(\sigma x)$	$\dfrac{1}{2t}\left(\dfrac{x}{2\sqrt{ct}}\right)^v\exp\left(-\dfrac{x^2}{4ct}\right)$
$\dfrac{1}{s}\ln s$	$-\gamma-\ln t$

$\sigma=\sqrt{s/c}$,c, x は正の実定数,ε は任意の定数.

$$V_m = (-1)^{M+m}\times\sum_{k=\left[\frac{m+1}{2}\right]}^{\min(m, M)}$$

$$\frac{k^M(2k)!}{(M-k)!k!(k-1)!(m-k)!(2k-m)!}$$

$$(V.4.89)$$

がある.ここで,$[\eta]$ は η を超えない整数である.また,M は任意の正の整数で式 (V.4.88) の近似精度を定める.理論上は,M が大きいほど近似精度が高いが,計算量が増大する.さらに,式 (V.4.88) の和の計算中に桁落ちが発生しやすくなるため,数値計算上の精度が向上するとは限らない.通常の倍精度演算環境であれば,

M は 5 程度を初期値とし，多少増減させても答えに大きな差が出ないことを確認するようなアプローチが有効であることが多い．また，式 (V.4.89) は，階乗計算や累乗計算が多く桁あふれを起こしやすいので，対数を取って演算した後に指数計算を行って戻す等の工夫も必要である．このような課題もあるが，シュテーフェストのアルゴリズムは実数のみで計算可能であるという大きな利点がある．なお，任意多倍長演算が可能な環境であれば，上記の計算精度の問題ははば生じない．はかには，演算に複素数を用いるが比較的安定性が高い手法もある[11]．

c. ゼロ次ハンケル変換

0 次のハンケル変換

$$\bar{f}_0(k) = \int_0^\infty f(r) J_0(kr) \, r \, dr \qquad (V.4.90)$$

は，円筒座標系における拡散方程式に対してよく用いられる，方向に対する積分変換であり，円筒座標系の問題における理論解でよく表れる．例えば，式 (V.4.17) の半径方向に 0 次ハンケル変換を施すと，

$$-ck^2 \bar{h}_0 = \frac{d^2 \bar{h}_0}{dt} \qquad (V.4.91)$$

となり，時間に関する常微分方程式として解ける．ハンケル変換の逆変換は，

$$h(r) = \int_0^\infty \bar{h}_0(k) J_0(kr) \, k \, dk \qquad (V.4.92)$$

により得られる．ハンケル逆変換もラプラス変換と同様に逆変換表による変換が用いられることが多い．例えば，円筒座標系の拡散方程式でよく表れる形としては，

$$f(r, z, t) = \frac{1}{2ct\sqrt{t}} \exp\left(-\frac{r^2}{4ct} - \frac{z^2}{4cKt}\right) \qquad (V.4.93)$$

$$\bar{f}(k, z, t) = \frac{1}{\sqrt{t}} \exp\left(-k^2 ct - \frac{z^2}{4cKt}\right) \qquad (V.4.94)$$

の関係がある．このほか，数値的な評価では，4.3.2 項で述べるような拡張台形積分がよく用いられている．

また，円筒座標系の問題では，ラプラス変換とハンケル変換を同時に用いることも多い．例えば，式 (V.4.27)-(V.4.29) の問題にラプラス変換とハンケル変換を施すと，

$$\frac{d^2 \check{h}}{dz^2} = \frac{1}{K_{z/h}}\left(\frac{s}{c} + k^2\right)\check{h} - \frac{Q}{2\pi K_z s}\delta(z - z') \qquad (V.4.95)$$

となり，常微分方程式として解ける．この問題では，最終的に

$$\check{h} = \frac{Q\left(e^{-\lambda(-z+z')} - e^{-\lambda(z+z')}\right)}{4\pi K_z \lambda s} \qquad (V.4.96)$$

$$\lambda = \sqrt{\frac{1}{K_{z/h}}\left(\frac{s}{c} + k^2\right)} \qquad (V.4.97)$$

を逆ラプラス変換および逆ハンケル変換することになる．ここで，式 (V.4.94) のラプラス変換，

$$\bar{f}(k, z, s) = \int_0^\infty \frac{1}{\sqrt{t}} \exp\left\{-(k^2 c + s)t - \frac{z^2}{\Lambda cKt}\right\} dt \qquad (V.4.98)$$

に対し，積分公式

$$\int_0^\infty e^{-\left(au - \frac{b}{u}\right)^2} du = \frac{\sqrt{\pi}}{2a} e^{-2ab} \qquad (V.4.99)$$

を用いると，

$$\bar{f}(k, z, s) = \sqrt{\frac{\pi}{k^2 c + s}} \exp\left(-\frac{z}{\sqrt{K}}\sqrt{\frac{s}{c} + k^2}\right) \qquad (V.4.100)$$

となるので，式 (V.4.93) と式 (V.4.100) の関係を式 (V.4.96) に適用することで，式 (V.4.30) が得られる．

4.3.2 広義積分

　理論解は，ハンケル逆変換のような広義積分が含まれた状態であることも多い．また，特殊関数も広義積分で定義されていたり，表現可能であったりすることが多い．これを数値的に評価したい場合，有限の数値しか扱えないコンピュータでは，広義積分は定義通りには計算できない．そのため，変数変換等により，有限区間の積分になるように工夫する必要がある．これまでに様々な手法が提案されている[12]が，比較的シンプルかつ強力な手法として，

$$\int_a^\infty f(u)\,du \qquad (V.4.101)$$

において，$u = \tan x$ と変数変換し，

$$\int_{\tan^{-1}a}^{\frac{\pi}{2}} \frac{f(\tan x)}{\cos^2 x}\,dx \qquad (V.4.102)$$

と置換積分を行う手法がある．これにより，積分区間を有限区間に変換することが可能となる．その上で，式（V.4.102）に台形積分等の数値積分手法を用いることで，実用上十分な精度が得られることが多い．なお，ここでは片側が開いた区間の例を示したが，両側が開いている場合も，この手法は有効である．

4.3.3 ベッセル関数を含む方程式の解法

　円筒座標系では，理論解がフーリエ・ベッセル級数やディニ級数で表されていることも多い．この場合，ベッセル関数を含む方程式の根を計算する必要がある．例えば，

$$J_0(\beta_m) = 0 \qquad (V.4.103)$$

を満たすような β_m を用いて，

$$h(r) = \sum_{m=1}^\infty A m J_0\left(\frac{\beta_m r}{R}\right) \qquad (V.4.104)$$

を計算することが求められることがある．方程式（V.4.103）は非線形方程式であるため，ニュートン法等により解くことになるが，そのためには適切な初期値のもと計算しなくてはならない．そこで，数え漏らさず，ゼロ点を探索するためには，ゼロ点に近いところをあらかじめ推測したうえで，それを初期値として探索することが必要である．ベッセル関数の性質として，おおよそ π の周期でゼロになることを用いれば，1つの解を発見することに成功すれば，そのあとは順番に探索することが可能である．

4.3.4 特殊関数

　井戸水理を始めとした円筒座標系の問題では，解が初等関数の範囲にない場合が多く，特殊関数を計算することになる．ここでは，よく表れる特殊関数とその計算方法について，紹介する．

a. ベッセル関数

　地下水問題でよく表れる実数引数の整数次ベッセル関数や修正ベッセル関数は市販の表計算ソフト等でも実装されており，これらの数値計算は容易となってきている．また，非負実数次，複素引数のベッセル関数および修正ベッセル関数の効率的な数値計算法[13]があり，それに基づいたFortran コードが，Netlib に公開されている（https://netlib.org/amos/）．

b. 一般化指数積分

　一般化指数積分

$$E_n(x) = x^{n-1} \int_x^\infty \frac{e^{-x}}{x^n} dx \qquad \text{(V.4.105)}$$

の計算は，井戸水理の問題において，よく表れる．$x>1$ では，連分数展開

$$E_n(x) = e^{-x} \times$$
$$\left(\frac{1}{x+n-} \frac{1 \cdot n}{x+n+2-} \frac{2 \cdot (n+1)}{x+n+4-} \cdots \right) \qquad \text{(V.4.106)}$$

を計算するのが高速である[14]．また，$0<x\leq1$ では，

$$E_n(x) = \frac{(-x)^{n-1}}{(n-1)!} \times (-\ln x + \Psi(n))$$
$$- \sum_{\substack{m=0 \\ m \neq n-1}}^\infty \frac{(-x)^m}{(m-n+1)!m!} \qquad \text{(V.4.107)}$$

$$\Psi(n) = -\gamma + \sum_{m=1}^{n-1} \frac{1}{m} \qquad \text{(V.4.108)}$$

が，よく用いられている[14]．ただし，$\gamma = 0.5772156649\cdots$ は，オイラー定数である．一般化指数積分の計算アルゴリズムをコード V.4.1 に示す．

c. 一般化第2種不完全ガンマ関数

4.1.2 項における漏水性帯水層の井戸水理の理論解では，一般化第2種不完全ガンマ関数が表れる．すべての値域で高速かつ高精度な計算方法として，一般化指数積分の級数の形式が知られている[15]．

$$\Gamma(0, x; b) = \sum_{n=0}^\infty \frac{(-x/b)^n}{n!} E_{n+1}(x)$$
$$(x \geq \sqrt{b}) \qquad \text{(V.4.109)}$$

$$\Gamma(0, x; b) = 2K_0(2\sqrt{b})$$
$$- \sum_{n=0}^\infty \frac{(-x)^n}{n!} E_{n+1}\left(\frac{x}{b}\right)$$
$$(0 < x < \sqrt{b}) \qquad \text{(V.4.110)}$$

d. 合流型超幾何関数

4.1.3.項 b の解に用いられる第二種合流

コード V.4.1 一般化指数積分計算の擬似コード（文献 17）

```
Function En(n, x)
# 次数 n，実数引数 x の一般化指数積分の関数
eps = convergence criterion (small number)
nm1 = n - 1
if x > 1 # 式
    b = x + n
    c = maximum floating point number
    d = 1/b
    h = d
    i = 0
    loop
        i = i + 1
        a = -i * (nm1 + i)
        b = b + 2
        d = 1/(a * d + b)
        c = b + a/c
        del = c * d
        h = h * del
        if |del - 1| < eps
            En = h * eps(-x)
            exit loop
        endif
    end loop
else # 式
    if n - 1 = 0
        En = -log(x) - Euler_constant
    else
        En = 1.0/nm1
    endif
    fact = 1
    i = 0
    loop
        i = i + 1
        fact = -fact * x/i
        if(i /= nm1) then
            del = -fact/(i - nm1)
        else
            psi = -Euler_constant
            loop j from 1 to nm1
                psi = psi + 1.0/j
            enddo
            del = fact * (-log(x) + psi)
        endif
        En = En + del
        if (|del/En| < eps) exit loop
    end loop
return En
```

型超幾何関数の計算方法は，積分表示

$$U(a, b, x) = \frac{2x^{1-b}}{\Gamma(a)} \int_0^\infty \frac{e^{-xt} t^{a-1}}{(1+t)^{1+a-b}} dt$$

(V. 4. 111)

を台形積分で評価する手法がある[16].

4.3.5 その他の計算法等

本章で紹介し切れなかった特殊関数の計算法や特性等は，数学ハンドブック[17]等に豊富に掲載されている．無限級数の収束加速法は，藤野（1998），長田（1994），二宮ら（2006）に詳しい[12,18,19]．また，Wolfram 社の数学ソフトウェア Mathematica は，本稿で紹介した様々な特殊関数の計算を任意桁長の精度で計算可能である．また，Mathematica は任意多倍長演算機能があるため，シュテーフェストのアルゴリズムの実装にも有効である．

〔愛知正温・秋田谷健人〕

文献

1) Carslaw, H. S. and Jeager, J. C. (1959)：Conduction of heat in solids, 2nd ed. Oxford University Press, 510p.

2) Hantuh, M. S. (1956)：Analysis of data from pumping tests in leaky aquifers. Transactions, American Geophysical Union, 37(6), 702-714.

3) Groebner, W. and Hofreiter, N. (1949-1950)：Integraltafel. Springer, Vol. 1 166p, Vol. 2 204p.

4) Bear, J. (1972)：Dynamics of fluids in porous media. Dover, 764p.

5) Aichi, M. and Akitaya, K. (2018)：Analytical solution for a radial advection-dispersion quation including both mechanical dispersion and molecular diffusion for a steady-state flow field in a horizontal afruifer caused by a constant rate injection from a well. Hydrological Research Letter, 12(3), 23-27.

6) Pinder, G. F. and Celia, M. A. (2006)：Subsurface Hydrology. Wiley & Sons, 468p.

7) Chan, Y. K. et al. (1976)：Analytic solutions for drawdowns in rectangular artesian aquifers. Journal of Hydrology, 31, 151-160.

8) van Genuchten, M. Th. and Alves, W. J. (1982)：Analytical solutions of the one-dimensional convective-dispersive solute transport equation. Technical Bulletin 1661, US Department of Agriculture, 149p.

9) Zhu, G. et al. (2004)：Numerical characteristics of a simple finite element formulation for consolidation analysis, Commun. Numer. Meth. Eng., 20(10), 767-775.

10) Stehfest, H. (1970)：Numerical inversion of Laplace transforms. Commun. ACM, 13, 47-49.

11) den Iseger, P. (2006)：Numerical transform inversion using Gaussian quadrature. Probability in the Engineering and Informational Sciences, 20, 1-44.

12) 藤野清次（1998）：数値計算の基礎—数値解法を中心に—（ライブラリ新情報工学の基礎9）. サイエンス社, 197p.

13) Amos, D. E. (1986)：Algorithm 644：A portable package for Bessel functions of a complex argument and nonnegative order. ACM Transactions on Mathematical Software, 12(3), 265-273.

14) Press, W. H. et al. (1992)：Numerical recipes in Fortran 77 (2nd edition). Cambridge University Press. オンライン版：https://websites.pmc.ucsc.edu/~fnimmo/eart290c_17/NumericalRecipesinF77.pdf（2023 年 7 月 24 日閲覧）

15) Veling, E. J. M. and Maas, C. (2010)：Hantush well function revisited. Journal of Hydrology, 393, 381-388.

16) Allasia, G. and Besenghi, R. (1987)：Numerical computation of Tricomi's Psi function by the trapezoidal rule. Computing, 39, 271-279.

17) Olver, F. W. J. et al. (2010)：NIST Handbook of mathematical functions. Cambridge University Press. オンライン版：https://dlmf.nist.gov/（2023 年 7 月 24 日閲覧）

18) 長田直樹（1994）：収束の加速法（数値計算ア

ルゴリズムの現状と展望）．数理解析研究所講
究録, 880, 28-43.

19) 二宮市三ら（2006）：数値計算のわざ．共立出
版, 171p.

第5章

地下水の数値解析

　地下水の流れや物質輸送等に関する支配方程式を近似的に計算するために，空間・時間について離散化を行い，与えられた境界条件のもとで近似解を得る方法が数値解析である．地下水解析の理論に関しては『地下水中の物質輸送数値解析（神野健二編集，九州大学出版会）』，『地下水理学（佐藤邦明・岩佐義明編著，丸善）』，『地圏水循環の数理　流域水環境の解析（登坂博行著，東京大学出版会）』，『環境地下水学（藤縄克之著，共立出版）』等に代表される和文の好著がある．また，エンジニア向けにより実践的にわかりやすく解説している『実務者のための地下水環境モデリング（Karlheinz Spitz・Joanna Moreno 著/岡山地下水研究会翻訳，技報堂出版）』，『地下水シミュレーション　これだけは知っておきたい基礎理論（日本地下水学会　地下水流動解析基礎理論のとりまとめに関する研究グループ著，技報堂出版）』も大変参考になる．より詳しく学びたい場合はこれら書籍を参考にしていただきたい．

5.1　近似手法の理論

　不均質かつ異方性の高い地盤を対象として地下水の挙動を定量的に評価する場合に数値解析はきわめて有効な手法である．特に，複雑な境界条件，不均質地盤，非定常挙動を予測するための初期条件が場によって異なるような地下水問題を扱う場合には数値解析を用いないことには解が得られない．本節では，一般的な数値解析手法である差分法，有限要素法の基本的な考え方について紹介する．

5.1.1　コンピュータを利用した数値解析

　数値解析は，コンピュータを利用して数値的に支配方程式を解くものであり，数値解析により得られる解は数値解と呼ばれる．コンピュータが扱うことのできる量は離散量であり，支配方程式は連続量となるため離散的に変換する必要があるため，コンピュータで計算可能なように支配方程式を離散値の四則演算で表された代数方程式に書き換える作業を離散化と呼ぶ．離散化手法には，差分法，有限要素法，有限体積法，境界要素法等がある．支配方程式を離散化して得られる連立1次方程式を解くことで数値解が求められる．

5.1.2　浸透流方程式の離散化

a.　差分法[1]

地下水環境は場所によっても時間によっ

ても変化するため，支配方程式（ここでは浸透流方程式）を代数方程式に変換するには，空間と時間についてそれぞれ近似を行う必要がある．差分法は空間と時間の両方を近似し，代数方程式に変換する方法である．

差分法では，解析領域を小領域に分割し，小領域の境界または中心に計算点となる格子点を設ける（図 V.5.1）．そして，離散化した領域の格子点上で連続関数 $f(x)$ の差分近似式を誘導する．差分格子は，解析領域が2次元の場合は四角形，3次元では直方体形の形状であり，隣り合う格子に出入りする物質量やエネルギー量の収支を計算する．

例えば，均質・等方性媒体中の2次元定常地下水流動は次式で表すことができる．

$$\frac{\partial^2 h}{\partial x^2}+\frac{\partial^2 h}{\partial y^2}=0 \quad (V.5.1)$$

ここでは式（V.5.1）に対する差分方程式を考えてみる．

2次元領域において x 方向と y 方向をそれぞれグリッド間隔 Δx，Δy で均等に格子分割し，点 (x_i, y_j) における水頭 $h_{i,j}$ を $h_{i,j} \equiv h(i\Delta x, j\Delta y)$，$(i, j=0, 1, 2, \cdots)$ と表記する．このとき，点 (x_i, y_j) において，式（V.5.1）の第1項と第2項はそれぞれ次の通り近似できる．

$$\left.\frac{d^2 h}{dx^2}\right|_{x_i, y_j} \cong \frac{h_{i+1,j}-2h_{i,j}+h_{i-1,j}}{(\Delta x)^2} \quad (V.5.2)$$

$$\left.\frac{d^2 h}{dy^2}\right|_{x_i, y_j} \cong \frac{h_{i,j+1}-2h_{i,j}+h_{i,j-1}}{(\Delta y)^2} \quad (V.5.3)$$

これらより，式（V.5.1）の差分近似式は次式で表すことができる．

$$\frac{\partial^2 h}{\partial x^2}+\frac{\partial^2 h}{\partial y^2} \cong \frac{h_{i+1,j}-2h_{i,j}+h_{i-1,j}}{(\Delta x)^2}$$
$$+\frac{h_{i,j+1}-2h_{i,j}+h_{i,j-1}}{(\Delta y)^2}$$
$$(V.5.4)$$

なお，3次元領域が対象の場合は，2次元と同様の考え方で z 方向の差分近似を行えばよい．

b. 有限要素法[2]

有限要素法においては差分法と同様に解析領域を要素分割するが，その要素形状は，解析領域が2次元の場合は三角形または四角形（一般的に三角形要素が使用されることが多い）であり，3次元の場合は三角柱や四角形で形成される六面体の形状となる．必要に応じて要素のサイズや形状を自由に変えることができるため，曲線境界

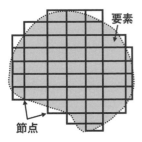

図 V.5.1　差分法による解析領域の分割イメージ（2次元）

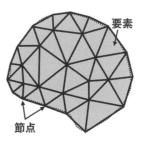

図 V.5.2　有限要素法による解析領域の分割イメージ（2次元）

への適合性にすぐれ，帯水層の不均一性や異方性にも柔軟に対応できる長所がある.

ここでは，均質・等方性媒体中の2次元非定常地下水流動について有限要素法を適用した場合の定式化について紹介する. このとき，全水頭 h に関する残差 $R_{h^*}(x, t)$ は次式の通り表すことができる. なお次式は，$\boldsymbol{x}_p = (x_p, y_p)$ の位置で Q_p の揚水がある場合を想定している.

$$R_{h^*}(x, t) = S_s \frac{\partial h^*}{\partial t} - \frac{\partial}{\partial x}\left(K\frac{\partial h^*}{\partial x}\right)$$
$$- \frac{\partial}{\partial y}\left(K\frac{\partial h^*}{\partial y}\right)$$
$$+ Q_p \delta_{xy}(x - x_p) \quad \text{(V.5.5)}$$

ここに，$\delta_{xy}(\boldsymbol{x} - \boldsymbol{x}_p) \equiv \delta_x(x - x_p) \cdot \delta_y(y - y_p)$ はディラックのデルタ関数であり，$\boldsymbol{x} = \boldsymbol{x}_p$ で1の値を取る. また，式(V.5.5)にガラーキン法を適用すると，形状関数 ϕ_i を用いて次式が得られる.

$$\iint_D \phi_i \left\{ S_s \frac{\partial h^*}{\partial t} - \frac{\partial}{\partial x}\left(K\frac{\partial h^*}{\partial x}\right) - \frac{\partial}{\partial y}\left(K\frac{\partial h^*}{\partial y}\right) \right.$$
$$\left. + Q_p \delta_{xy}(x - x_p) \right\} dx\,dy = 0,$$
$$(i = 1, 2, \cdots, n) \quad \text{(V.5.6)}$$

式(V.5.6)にグリーンの第1恒等式を適用し，また要素単位で計算すると，内部節点では次のように書くことができる.

$$\sum_{e=1}^{E} \left\{ \iint_D S_s N_i^e [N_i^e \quad N_j^e \quad N_k^e] dx\,dy \begin{pmatrix} h_i \\ h_j \\ h_k \end{pmatrix} \right.$$

$$\iint_D K \left[\frac{\partial N_i^e}{\partial x} \frac{\partial N_i^e}{\partial x} + \frac{\partial N_i^e}{\partial y} \frac{\partial N_i^e}{\partial y} \right.$$
$$\left. \frac{\partial N_i^e}{\partial x} \frac{\partial N_j^e}{\partial x} + \frac{\partial N_i^e}{\partial y} \frac{\partial N_j^e}{\partial y} \right.$$

$$\left. \frac{\partial N_i^e}{\partial x} \frac{\partial N_k^e}{\partial x} + \frac{\partial N_i^e}{\partial y} \frac{\partial N_k^e}{\partial y} \right] dx\,dy \begin{pmatrix} h_i \\ h_j \\ h_k \end{pmatrix}$$
$$+ Q_p \phi_i(x_p) = 0, \quad (i = 1, 2, \cdots, n') \quad \text{(V.5.7)}$$

境界上の節点で水頭が既知の場合，節点総数 n から既知水頭節点の数を引いた n' が未知節点の数となる. すなわち，未知水頭値を求めるために必要な連立一次方程式の個数は n' となる. このため，水頭が既知な境界では境界上の節点を除いた残りの節点に対して方程式を作ればよいことになる. そこで，以上の計算式の誘導を全未知水頭節点で行うと連立1次方程式が得られ，これを行列表示すると次式の通りとなる.

$$[A]\{h\} + [B]\{\dot{h}\} + \{C\} = 0 \quad \text{(V.5.8)}$$

5.1.3 移流分散方程式の離散化[3]

流動地下水中の物質移動や熱移動の解析には，放物型の分散項と双曲型の移流項が共存する輸送方程式が用いられる. このような移流項と分散項を併せ持つ偏微分方程式を差分法で解く場合，移流項に差分法を適用することで，解の振動や数値分散により数値解の精度が著しく低下することがある. 移流分散方程式に対する数値解の精度を上げるため多く利用されている手法が，移流項をラグランジュ的に，分散項をオイラー的に解析するオイラリアン・ラグランジアン法（Eulerian-Lagrangian method）である.

オイラー法とラグランジュ法とは流体の運動を表す方法のことである. オイラー法は各瞬間に空間の各点における流れの有様

を調べる方法で，瞬間ごとに流れの有様が一望できる．他方，ラグランジュ法は流体を粒子の集まりと見なし，各粒子が時間とともにどのように動いていくかを調べる．すなわち，初め (a, b, c) の位置にあった粒子が時間 Δt 後に (x, y, z) に移ったと考え，x, y, z を a, b, c および t の関数として表すことにより運動の経過を知るものである．したがって，x, y, z は，オイラー法では時刻 t とともに濃度や温度の態様を表現する独立変数であり，ラグランジュ法では流体粒子が時刻 $t+1$ にしめる位置を表す従属変数となる．

オイラー法とラグランジュ法のどちらを採用するかは，主として扱う問題の性質によるが，地下水流動，分散，放物型方程式で記述できる現象（熱伝導等）の解析ではオイラーの方法が適しており，双曲型方程式（波動や移流等）で記述できる現象の解析ではラグランジュ法が適している．

なお，ラグランジュ法による移流方程式の離散化に関しては，『地下水中の物質輸送数値解析（神野健二編集，九州大学出版会）』，『環境地下水学（藤縄克之著，共立出版）』，『地下水シミュレーション これだけは知っておきたい基礎理論（日本地下水学会　地下水流動解析基礎理論のとりまとめに関する研究グループ著，技報堂出版）』等に詳しいため，これらを参照されたい．

5.2　様々な地下水問題の数値解法

地下水流動は多孔質媒体である地盤の地下水の移動のみを対象とする飽和および不

飽和浸透流や地下水汚染問題のように地下水に溶け込んだ物質や地下水中の熱（エネルギー）が地盤中を移動する移流分散問題，物質濃度や熱によって地下水密度が変わることに起因する密度流問題等がある．また，地盤中に存在する水や油，空気やガスといった物理的特性が異なる複数の流体の移動を対象とする多相流問題がある．これらの地下水問題は地盤が多孔質媒体であることを前提としているが，岩盤のように地下水が主に亀裂を移動するような場の場合，地盤を亀裂性媒体（岩体）として取り扱う必要がある．また，水文学的な広域水循環を考える場合には蒸発散，水文流出（地表流），地下流体流動を一体化した数値解析手法が必要となり，統合型水循環モデルとして知られている．

一方で地下水の水質形成に関しては地球化学現象を対象とした化学種計算問題がある．また，高レベル放射性廃棄物処分に関連する人工バリア周辺のニッチな地下水問題として，熱（thermo）・浸透（移流分散）（hydro），応力（mechanical），地球化学（chemical）連成問題（THMC）がある．

次項では，各問題の代表的な支配方程式や解析手法の特徴について示す．

5.2.1　飽和・不飽和浸透流

地下水流動の基本は飽和地下水の単相浸透流（飽和浸透流）である．飽和浸透流は，被圧帯水層に代表される地盤内の間隙が水で満たされた状態であるため，透水および貯留特性の飽和度による変化はなく，材料線形問題である．

一方，不飽和浸透流では地表面から自由

水面までの土壌帯における不飽和状態の地下水流れを対象としている。本来は土の間隙に存在する水と空気を同時に取り扱う後述の多相流の一種ではあるが、空気は水の流れよりも相対的に速く、空気の圧力は瞬時に水の圧力と平衡状態になると仮定することで水のみの流れ（単相流）を対象としている。不飽和浸透流では、水の誘導力として重力に加えて毛管水圧を考慮し、飽和度（もしくは体積含水率）によって変化する透水および貯留特性を考慮する必要がある。

降雨浸透による自由水面変動を伴う地下水挙動を対象とするような場合は飽和浸透流と不飽和浸透流を併せて扱う必要がある。この飽和・不飽和浸透流の支配方程式は一般に次式で示される[4]。

$$\{\beta S_s + C_s(\theta)\}\frac{\partial \varphi}{\partial t}$$
$$= \frac{\partial}{\partial x_i}\left\{K_r(\theta)K_{ij}^s\frac{\partial \varphi}{\partial x_j} + K_r(\theta)K_3^s\right\} + q$$

(V.5.9)

ここで、φ:圧力水頭 [L], t:時間 [T], θ:体積含水率 [-], S_s:比貯留係数 [1/L], β:飽和領域 $\beta=1$, 不飽和領域 $\beta=0$, C_s:比水分容量 [1/L], K_{ij}^s:飽和透水テンソル [L/T], $K_r(\theta)$:比透水係数（飽和透水係数に対する不飽和透水係数の比）[-], q:体積内の単位体積あたりの源泉項 [L^3/T/L^3], 総和規約 $i, j = (1, 2, 3): x, y, z$ である。

不飽和透水特性を表す比透水係数は飽和度100%（体積含水率＝間隙率）で1、飽和度（体積含水率）が低下するにつれて小さくなる。不飽和透水特性の概念図を図 V.5.3 に示す。また、不飽和領域の貯留特

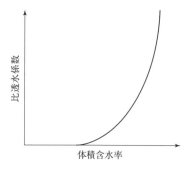

図 V.5.3　体積含水率と比透水係数の関係

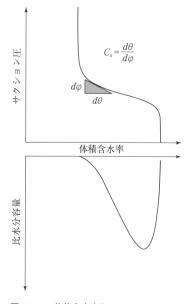

図 V.5.4　体積含水率とサクション圧および比水分容量の関係

性である比水分容量はサクション圧（負の圧力水頭）に対する体積含水率の勾配であり、水分特性曲線の概念図を図 V.5.4 に示す。

不飽和領域では透水および貯留特性が材料非線形問題となり、また、降雨浸透境界や浸出面境界といった境界条件では境界面

の圧力水頭と流量によって第一種，第二種境界が切り替わるような境界条件非線形問題となるため，繰り返しによる収束計算が必要となる．

5.2.2 地下水汚染

地下水中に溶け込んだ重金属等による地下水汚染のように水溶性の物質が地下水の流れとともに地盤中を移動しながら分散および拡散する現象では，地下水の流れ（浸透流）とともに，物質の輸送過程における移流分散現象を扱う必要がある．地盤に対する収着や減衰を考慮した飽和状態の移流分散方程式は次式で示すように，液相濃度 C および固相濃度 S は単位体積に対する質量濃度 $[\text{M}/\text{L}^3]$ で釣り合い方程式が構築できる[5]．

$$
\begin{aligned}
&\frac{\partial(nC)}{\partial t} + \frac{\partial(\rho_d s)}{\partial t} \\
&= \frac{\partial}{\partial x_i}\left(nD_{ij}\frac{\partial C}{\partial x_j}\right) - \frac{\partial}{\partial x_i}(nV_iC) \\
&\quad - nC\lambda + \rho_d S\lambda
\end{aligned} \tag{V.5.10}
$$

ここで，n：間隙率 $[-]$，R：遅延係数 $[-]$，C：液相の質量濃度 $[\text{M}/\text{L}^3]$，S：固相の質量濃度 $[\text{M}/\text{L}^3]$，ρ_d：固相の乾燥密度 $[\text{M}/\text{L}^3]$，D_{ij}：分散テンソル $[\text{L}^2/\text{T}]$，V_i：実流速 $[\text{L}/\text{T}]$，λ：減衰定数 $[1/\text{T}]$ である．

式（V.5.10）の左辺第1項と右辺第2項の偏微分を展開すると次式となる．

$$
\begin{aligned}
&C\frac{\partial(n)}{\partial t} + n\frac{\partial(C)}{\partial t} + \frac{\partial(\rho_d s)}{\partial t} \\
&= \frac{\partial}{\partial x_i}\left(nD_{ij}\frac{\partial C}{\partial x_j}\right) \\
&\quad - \left\{C\frac{\partial}{\partial x_i}(nV_i) + nV_i\frac{\partial}{\partial x_i}(C)\right\} \\
&\quad - nC\lambda - \rho_d S\lambda
\end{aligned} \tag{V.5.11}
$$

次式で示す浸透の連続式により，式（V.5.11）から左辺第1項と右辺第2項を消去すると式（V.5.13）となる．

$$
\frac{\partial(n)}{\partial t} = -\frac{\partial}{\partial x_i}(nV_i) \tag{V.5.12}
$$

$$
n\frac{\partial C}{\partial t} + \frac{\partial(\rho_d s)}{\partial t} = \frac{\partial}{\partial x_i}\left(nD_{ij}\frac{\partial C}{\partial x_j}\right) - nV_i\frac{\partial}{\partial x_i}
$$
$$
\quad - nC\lambda - \rho_d S\lambda \tag{V.5.13}
$$

収着には線形吸着式を適用すると平衡状態にある液相濃度と固相濃度の関係は次式で示される．

$$
S = K_d C \tag{V.5.14}
$$

ここで，K_d：分配係数 $[\text{L}^3/\text{M}]$ である．

式（V.5.14）を式（V.5.13）に代入すると次式となる．

$$
\left\{
\begin{aligned}
&n\frac{\partial C}{\partial t} + \rho_d K_d\frac{\partial C}{\partial t} = \frac{\partial}{\partial x_i}\left(nD_{ij}\frac{\partial C}{\partial x_j}\right) \\
&\quad - nV_i\frac{\partial C}{\partial x_i} - nC\lambda - \frac{\rho_d K_d}{n}\lambda nC \\
&\left(1 + \frac{\rho_d K_d}{n}\right)n\frac{\partial C}{\partial t} = \frac{\partial}{\partial x_i}\left(nD_{ij}\frac{\partial C}{\partial x_j}\right) \\
&\quad - nV_i\frac{\partial C}{\partial x_i} - \left(1 + \frac{\rho_d K_d}{n}\right)nC\lambda
\end{aligned}
\right.
$$
$$
\tag{V.5.15}
$$

ここで，遅延係数 R を次式で定義すると式（V.5.17）で示される線形吸着と減衰を考慮した移流分散方程式となる．

$$
R = 1 + \frac{\rho_d K_d}{n} \tag{V.5.16}
$$

$$
Rn\frac{\partial C}{\partial t} = \frac{\partial}{\partial x_i}\left(nD_{ij}\frac{\partial C}{\partial x_j}\right) - nV_i\frac{\partial C}{\partial x_i} - RnC\lambda
$$
$$
\tag{V.5.17}
$$

ここで，実流速 V は浸透流で求まったダルシー流速 u から次式で求められる．

$$
V_i = \frac{u_i}{n} \tag{V.5.18}
$$

また，分散テンソルは拡散係数を含めた流速に依存する次式[6]を示す.

$$D_{ij} = \alpha_T \|V\| \delta_{ij} + (\alpha_L - \alpha_T) \frac{V_i V_j}{\|V\|} + \alpha_m \tau \delta_{ij}$$

$$(i = 1, 2, 3) \qquad (\mathrm{V.5.19})$$

ここで，α_L：縦分散長 [L]，α_T：横分散長 [L]，：実流速のノルム，α_m：分子拡散係数 [L²/T]，τ：屈曲率 [-]，：δ_{ij}：クロネッカーのデルタ（$i = j : 1, i \neq j : 0$）である.

5.2.3 密度流

海岸付近の塩水くさびが生じるような地下水流動場では，淡水と海水の密度差による密度流を考慮する必要がある. この場合，式（V.5.9）に示した浸透方程式に地下水の塩濃度と塩濃度に依存する流体密度を付加する必要がある. また淡水と海水の混合領域では塩濃度に対する移流分散方程式を連成する必要がある. 次式に密度流を考慮した浸透方程式を示す[7].

$$\rho_f \gamma \theta \frac{\partial C}{\partial t} + \rho \{\beta S_S + C_S(\theta)\} \frac{\partial \varphi}{\partial t}$$

$$= \frac{\partial}{\partial x_i} \left\{ \rho K_r(\theta) K_{ij}^S \frac{\partial \varphi}{\partial x_j} + \rho \rho_r K_r(\theta) K_3^s \right\}$$

$$+ \rho q \qquad (\mathrm{V.5.20})$$

ここで，ρ：流体密度 [M/L³]，ρ_f：淡水密度 [M/L³]，c：比濃度 [-]（海水濃度を1として正規化した濃度：$0 \leq c \leq 1$），γ：溶質の密度比 [-]，$\rho_r (= \rho / \rho_f)$：淡水密度に対する流体密度の比 [-]，q：体積内の単位体積あたりの源泉項 [L³/T/L³] である. この淡塩密度流を考慮した浸透方程式では流体密度と比濃度に線形関係を仮定し，次式で示す関係式を使って比濃度から流体密度を計算する.

$$\begin{cases} \rho = \rho_f (1 + \gamma c) \\ \gamma = \dfrac{\rho_s \rho_f}{\rho_f} \end{cases} \qquad (\mathrm{V.5.21})$$

ここで，ρ_s：海水密度 [M/L³] である.

連成解析に用いる移流分散方程式では，式（V.5.20），式（V.5.21）の比濃度を対象とした移流分散方程式を用いる必要がある.

一般に海水の塩分濃度は海水に溶けている固形物質の質量（g）と海水の質量（kg）の比の絶対塩分（現在では実用塩分）で定義されていたことから，濃度は質量分率 [M/M] を用いる. 海水の塩分濃度は≒実用塩分値 35 psu）程度であり，その密度は 1.025 g/cm³ 程度となる[8].

このため，質量分率となる塩分濃度 [M/M]（塩分の質量/海水の質量（＝流体の密度））に流体密度 [M/L³]（流体の質量/流体の体積）を掛け合わせて質量濃度 C [M/L³]（塩分の質量/流体の体積）とし，式（V.5.20）の比濃度と連成させるため，海水の塩分濃度 C_0 [M/M] を用い，次式に示すように質量濃度を定義する.

$$C = \rho C_0 c \qquad (\mathrm{V.5.22})$$

この関係式を式（V.5.17）に代入することで密度流に対応した移流分散方程式を構築する[9].

$$Rn \frac{\partial (\rho C_0 c)}{\partial t}$$

$$= \frac{\partial}{\partial x_i} \left(nD_{ij} \frac{\partial \rho C_0 c}{\partial x_j} \right) - nV_i \frac{\partial}{\partial x_i} (\rho C_0 c)$$

$$- Rn \rho C_0 c \lambda \qquad (\mathrm{V.5.23})$$

式（V.5.23）の C_0 は定数であることから微分の外に出し，両辺で除すると次式となる.

$$Rn\frac{\partial(\rho c)}{\partial t} = \frac{\partial}{\partial x_i}\left(nD_{ij}\frac{\partial \rho c}{\partial x_j}\right) - nV_i\frac{\partial}{\partial x_i}(\rho c)$$
$$- Rn\rho c\lambda \quad (\text{V.5.24})$$

式（V.5.24）において，微小時間，微小空間内で ρ 一定とすると比濃度 c が独立変数となる．また，不飽和領域の液相部分を対象とし，間隙率 n にかえて体積含水率 θ を用いるとともに源泉項 Q_c [M/L^3/T] を導入すると密度を考慮した移流分散方程式となる．

$$R\theta\rho\frac{\partial C}{\partial t} = \frac{\partial}{\partial x_i}\left(\theta\rho D_{ij}\frac{\partial c}{\partial x_j}\right) - \theta_\rho V_i\frac{\partial c}{\partial x_i}$$
$$- R\theta\rho c\lambda + Q_c \quad (\text{V.5.25})$$

密度流解析では，式（V.5.20）で地下水流速場を求め，その流速場を実流速場に換算して式（V.5.25）に適用し比濃度を求める過程を反復し，圧力水頭と比濃度が許容値を満足するまで繰り返し計算を行うことで連成計算を行う．

2次元密度流解析例[10]を図 V.5.5 に示す．ここで $L=2$ m, $d=1$ m, $q=6.6\times 10^{-5}$ m^3/sec, $\rho_s=1.025$ g/cm^3, 透水係数 1.0×10^{-2} m/sec, 間隙率 $0.35(-)$, 分散係数 6.6×10^{-6} m^2/sec である．境界条件は上・下面：不透水境界，濃度勾配ゼロ，左側面：比濃度ゼロ（淡水），流入量一定（流速一定），右側面：比濃度1（海水），圧力水頭：海水密度での静水圧．初期条件は右側面以外で淡水静水圧場，比濃度ゼロ（淡水）条件である．

初期状態から30分，100分後の比濃度 0.5 の濃度コンターに Dtransu で得られた解析結果を追記して示す．ほぼ同様の淡塩境界分布が得られている．

5.2.4 多相流

地盤中の水，油，ガスといった互いに溶け合わない2種類以上の流体流動を対象とする場合，多相流動方程式が用いられる．この場合，すべての流体に適用可能なダルシー則として，次式が定義されている[11]．

$$u_x = -\frac{k_x}{\mu}\frac{\partial p}{\partial x} \quad (\text{V.5.26})$$

ここで，u_x：流速 [L/T], k_x：浸透率 [L^2], μ：流体の粘度（粘性係数）[M/L/T], p：流体の圧力 [M/L/T^2] である．浸透率は地盤固有の値であり，透水係数は浸透率と流体の粘度に比置き換えて用いられる．また，流体の駆動力となる浸透流の全水頭に相当

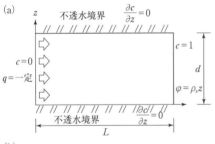

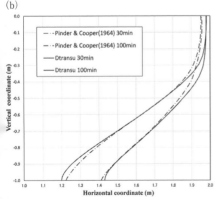

図 V.5.5 2次元密度流解析例
(a) 境界条件，(b) 比濃度 0.5 濃度コンター．

するのがポテンシャル（Φ）であり，次式となる．

$$\Phi = p + \rho g z \quad (V.5.27)$$

ここで，Φ：ポテンシャル $[M/L/T^2]$，g：重力加速度 $[L/T^2]$．式（V.5.26）に式（V.5.27）を代入し，水相（water），気相（gas）の二相の各流動方程式は次式となる[11]．

$$\frac{\partial \rho_w n S_w}{\partial x} = \frac{\partial}{\partial x_i}\left(\rho_w \frac{k_{ij} k_{rw}}{\mu_w} \frac{\partial \Phi_w}{\partial x_j}\right) + \rho_w q_w \quad (V.5.28)$$

$$\frac{\partial \rho_g n S_g}{\partial x} = \frac{\partial}{\partial x_i}\left(\rho_g \frac{k_{ij} k_{rg}}{\mu_g} \frac{\partial \Phi_g}{\partial x_j}\right) + \rho_g q_g \quad (V.5.29)$$

ここで，k_{ij}：浸透率テンソル $[L^2]$，k_{rw}，k_{rg}：水相，気相の相対浸透率 $[-]$，q_w，q_g：水相，気相の源泉項 $[L^3/T/L^3]$ である．

次に，水相と気相が間隙を飽和していると考え，水相の圧力 p_w は毛管圧力 P_c と気相の圧力 p_g から次式で表す．

$$p_w = p_g - P_c \quad (V.5.30)$$

この場合，各相のポテンシャルは次式で示される．

$$\Phi_w = p_g - P_C + \rho_w g z \quad (V.5.31)$$

$$\Phi_g = p_g + \rho_g g z \quad (V.5.32)$$

また，水飽和率（S_w）と空気飽和率（S_g）の和は 1 となる．

$$S_w + S_g = 1 \quad (V.5.33)$$

図 V.5.6 に水飽和率と水相，気相の相対浸透率の関係例を示す．この関係を導入することで，式（V.5.28）と式（V.5.29）の未知数は気相の圧力と水飽和率の2つとすることができる．

5.2.5　亀裂性岩体

花崗岩のような緻密な岩体における地下水流動は主にその岩体に分布する透水性の亀裂に支配されている．このような亀裂性岩体の水理・物質移行を評価する場合，連続体モデルを活用し，亀裂や母岩を等価な透水性分布で置き換える等価多孔質媒体モデルや亀裂を平行平板として直接モデル化する亀裂ネットワークモデル（discrete

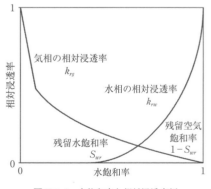

図 V.5.6　水飽和率と相対浸透率例

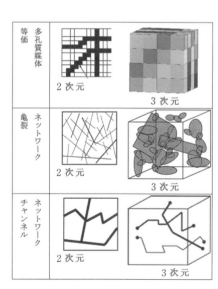

図 V.5.7　亀裂モデル概念図

fracture network model：DFN），亀裂ネットワークモデルの個々の亀裂をその経路のつながりとしてパイプのチャンネル構造に置き換えるチャンネルネットワークモデルや等価多孔質媒体モデルと亀裂ネットワークモデルを重ね合わせたハイブリッドモデル等が用いられ，石油開発や放射性廃棄物処分の性能評価等に適用されてきている．

亀裂ネットワークモデルでは，調査された亀裂情報（走行，傾斜，長さ，密度分布等）を統計学に基づき，亀裂情報の平均や分散が等しくなるような亀裂をモンテカルロ法により発生させ，リアライゼーションすることでモデルが構築される．

5.2.6 統合型水循環モデル

流域スケールの水の流れを水収支の観点から検討する場合，降水を起源として地表面からの蒸発散量，降水量から蒸発散量を差し引いた水量に基づく河川流出に代表される「地表流れ」と「地下水流れ（不飽和流，飽和流）」を取り扱う必要がある．この「地表流れ」，「地下水流れ」を結合して流域スケールの水の流れを対象とする結合型水循環モデルが構築されている．

結合手法として，流れごとに独立して計算し，地表流れから地下への浸透量，地下水流れから地表への湧水量というようにお互いの境界条件として結合する手法に対して地表流れと地下水流れを統一した方程式として扱うことですべての流れを求める手法がある．

例えば前者では，トンネル湧水を水収支的観点から検討するため，地表流れを連結タンクモデルによる平面2次元流，地下水

飽和流れを準3次元流としてモデル化して各流れを結合するモデルがある[12]．また，後者では地表流れに流速公式の拡散波近似を用い，地下水流れの二相ダルシー流速公式と同形の近似式に直すことですべての流れを求めている[11]．

5.2.7 化学種計算

地下水の水質の化学変化を対象として，複雑な地球化学平衡計算を行うために，系の質量収支に基づき，反応定数に関する熱力学データを用いた連立方程式を解くことで平衡状態における溶液中の化学状態を求める地球化学計算コードが開発されている．代表的な計算コードとして，PHREEQC や EQ3/6，Geochemist's Workbench 等がある[13]．

例えば，PHREEQC では，溶液中の化学組成，飽和指数，イオン交換反応や表面錯体反応，固溶体反応等の計算ができ，また，平衡計算に加えて反応速度式を組み込んだ計算や，1次元の移流拡散解析も可能である．

5.2.8 連成問題

地下水-応力連成問題の代表例としては圧密沈下問題があり，多くの解析手法が構築されている．また，高レベル放射性廃棄物処分ではニアフィールドの問題としてガラス固化体からの発熱現象がある．この発熱がベントナイト緩衝材や岩盤トンネル壁面周辺に与える力学的影響や地下水，物質移動および化学特性に与える影響を評価する必要がある．このため，亀裂性岩盤の連成解析手法の確証に関する国際共同

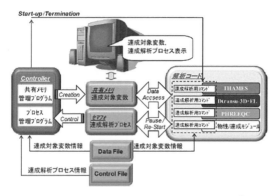

図 V.5.8 連成解析システム Couplys の体系概要[10]

プロジェクト (DECOVALEX) の THMC (Thermo-Hydro-Mechanical-Chemical) 連成問題に関するタスクに JAEA が参加し，連成解析モデル (Couplys) を開発している[14]．

また，オープンソースプロジェクトとして，OpenGeoSys[15] では THMC，PFLOTRA[16] では THC 連成が取り扱われている．

5.3 モデリング技術

5.3.1 連立方程式の解法

数値解析において最終的に解を得るには，基礎方程式から得られる節点ごとの変量に対する多元連立1次方程式の解を求める必要がある．連立1次方程式を機械的に解く方法として，行列の変形や逆行列に相当するものを計算するガウスの消去法，ガウス-ジョルダン法，LU 分解等が広く利用されてきた．これら手法は直接法と呼ばれる．直接法の特長として，安定性が高く，疎行列・密行列いずれにも適用可能である点が挙げられる．しかしながら，多くのコンピュータの記憶容量を必要とする欠点もあり，流域単位のような大規模モデルでは計算時間も膨大となりかねない．

他方，解に適当な初期値を設定し，初期値からの繰り返し計算によって真の解に収束させていく反復法は，直接法と比較してコンピュータの記憶容量も計算量も低減できる．また，並列計算にも適しているため，3次元数値モデルで地下水問題に対応する機会が多い昨今においては，多くの地下水シミュレータで反復法が採用されている．反復法には，逐次加速緩和法 (successive over relaxation method：SOR 法)，共役勾配法 (conjugate gradient method：CG 法) 等がよく知られている．さらに，連立1次方程式の係数を並べた行列 (係数行列) の逆行列に近いものをあらかじめ考慮することで，反復法の計算時間を短縮することができる．このような収束性を高めるために前処理をする前処理付き共役勾配法 (preconditioned conjugate gradient method：PCG 法）が多く利用されている．なお，連立方程式の各解法の詳細については多くの専門書があるためそちらを参照されたい．

5.3.2 境界条件の設定方法

通常の数値解析における境界条件は以下の 3 種類である．なお，第 3 種境界値問題は，熱伝導問題において地表面での境界条件等で定義されるが，浸透および移流分散問題で取り上げられることは少ない．

①第 1 種境界（ディリクレ境界）
境界において変数の値を設定する境界条件

②第 2 種境界（ノイマン境界）
境界において変数の微分値を設定する境界

③第 3 種境界
第 1 種，第 2 種の混合境界

浸透問題においては，第 1 種境界条件は「既知水頭条件」や「定水頭条件」等，第 2 種境界条件は「既知流量条件」や「定流量条件」等とそれぞれ呼ばれる．また，浸透問題に加えて移流分散問題を扱う場合は，第 1 種境界条件として「既知濃度条件（定濃度条件）」，第 2 種境界条件として「既知質量流入流条件（分散フラックス）」等と呼ばれる条件を考慮することとなる．

第 1 種境界条件では，水頭や濃度の既知条件は，連立 1 次方程式を解く際の行列中に含まれないため，境界条件として導入しなければならない．他方，第 2 種境界条件においては，流量項が支配方程式の中に存在するため，行列作成時に自ずと取り込まれる．また，行列作成の際は，基本的に節点での流量として取り扱うことになる．したがって，節点に対する注水あるいは揚水流量であれば節点に直接流量を与えればよいが，要素に対して涵養量等を考慮する場合は，分布荷重を集中荷重置き換えて，要素の構成節点に対して振り分ける必要がある[17]．

5.3.3 時間項の取り扱い

ある境界条件に対して，時間経過とともに地下水の流動が変動するような場合の解析は非定常解析が必要であり，境界条件が一定の場合は，その非定常挙動は収束する．その収束状態を定常状態といい，定常解析はこの定常状態の解を直接的に算出する方法である．

非定常解析は，時間の経過に伴う地下水流動や温度，種濃度等の変化（水頭値の変化）について，媒体の持つ貯留性を考慮しながら追いかけていくものである．ここで，厚さが均一な等方性被圧帯水層中の地下水の流れを想定すると，地下水流れは次式で表すことができる．

$$\alpha \frac{\partial h}{\partial t} = \frac{\partial^2 h}{\partial x^2} \qquad (V.5.34)$$

ここに，$\alpha = S_C/T$ は定数である．いま，$(i\Delta x, n\Delta t)$ における h の値を h_i^n と書き，時間項を前進差分で近似すると次式が得られる．

$$\alpha \frac{\partial h}{\partial t}\bigg|_{i\Delta x}^{n\Delta t} = \alpha \frac{h_i^{n+1} - h_i^n}{\Delta t} + O(\Delta t)$$

$$\cong \alpha \frac{h_i^{n+1} - h_i^n}{\Delta t} \qquad (V.5.35)$$

さらに，$0 \leq \theta \leq 1$ として

$$h_i^{n+\theta} = \theta h_i^{n+1} + (1-\theta) h_i^n \qquad (V.5.36)$$

のように表し, 式 (V.5.34) の右辺を $(i\Delta x,$ $(n+\theta)\Delta t)$ で展開して整理すると, 式 (V.5.34) は次式の通り差分近似できる.

$$\alpha \frac{h_i^{n+1} - h_i^n}{\Delta t} = \frac{h_{i+1}^{n+\theta} - 2h_i^{n+\theta} + h_{i-1}^{n+\theta}}{(\Delta x)^2}$$

(V.5.37)

式 (V.5.37) で表される差分スキームは, $\theta=0$ のとき前進差分, $\theta=1/2$ のとき中央差分 (クランク-ニコルソン法), $\theta=1$ のとき後退差分と呼ばれる. 前進差分では, 時間ステップ n の各格子点の水頭値が分かっていると, 式 (V.5.37) から時間ステップ $n+1$ の h_i^{n+1} が逐次計算できる. しかしながら, 他2つのスキームでは連立1次方程式を解く必要があるため, 前進差分による解法を陽解法と呼ぶのに対して, 中央差分と後退差分による解法は陰解法と呼ばれる[18].

非定常解析を実施する場合, ユーザーは計算の初期時間ステップおよび最終時刻を設定することになる. このとき, できるだけ細かい時間間隔での非定常解析が望ましいが, 現実的には解析に要する時間の関係によって困難である場合も多い. 非定常解析における適切な時間間隔の設定方法も技術者のノウハウであり, 定量化が難しい条件といえる[19].

5.3.4 土木構造物等のモデル化

地中への土木構造物設置や地下空間利用等に際して, 一般的に地盤掘削工事が行われる. 地下水位の高い地域における地盤掘削工事の実施は, 比較的狭い領域の地下水位低下による地下水挙動 (局所的な地下水流動) が発生する. 局所的な地下水流動に

は, ビル・マンション・官公庁舎等の建築根切り工事における地下水処理, トンネル掘削による地下水挙動, 地下空間利用のための土木掘削工事における地下水処理, ダムや河川堤防の堤体内の浸透等が挙げられる[20]. 地盤掘削工事は, 複雑な断面で行われることが多いため, 計算機や数値シミュレータの高度化が進む昨今においては3次元数値モデルを用いた地下水解析が多く実施されている. 例えば, 3次元数値モデルを用いて地下構造物等の評価を行った事例として, 山岳トンネルにおける地下水位低下を制御する工法の評価[21], 掘削により生じる地下空洞周辺損傷領域の水理学的評価[22] 等の報告事例がある. 他方, 河川分野では, 河川堤防の基礎地盤のパイピングに対する安全性照査指標:局所動水勾配 (堤防裏のり尻近傍の圧力水頭の局所的な変化率) を求めるために堤防堤体の飽和・不飽和浸透流解析を実施することが一般的である[23]. また近年は, 堤防の越水現象と堤内内の浸透現象を同時に解析する技術[24] 等も開発されており, 土木構造物の安全性向上に様々な地下水解析技術が貢献している.

なお, 地下水がトンネル施工時に与える影響について過去の事例を踏まえたうえでの対応の解説[25] や地下水位低下工法の設計に資する論説[26] 等, 実務者にとって有用な解説・論説も公開されているため, これらについても参照されたい.

5.3.5 井戸のモデル化

多くの地下水問題において井戸は非常に重要な構造物となる. 数値モデリング時に,

解析領域や構造物の大きさに比べて非常に小さな径を有する井戸をモデル化する場合は，実寸の井戸径を無視して，一連の節点群として（ポイントソースとして）表現することが多い．もちろん，取り扱う現象によっては実寸の井戸径やスクリーンを細密にモデル化する場合もあるが，要素分割に要する労力や節点数の増加に伴う計算時間負荷増大等を考慮したうえで，適切にモデル化する必要がある．

井戸をモデル化する際は，揚水や注水による水頭変化量が大きくなるため，井戸条件を設定する節点周辺は要素サイズを小さくすることが望ましい．また，実際の井戸における揚水量・注水量を，井戸およびスクリーン区間に対応する節点群に対して案分して設定することが一般的である．なお，井戸条件を設定する節点の計算水位が井戸底より深くならないように注意する必要がある[27]．

なお，揚水井内の水位と揚水流量の関係を数値解析によって厳密に議論する場合は，揚水井周囲での非ダルシー的な挙動を考慮しないと解析結果と原位置計測結果との比較において整合性がとれない可能性があることも留意されたい[28]．

5.4 地下水シミュレータの紹介

これまでに多くの地下水シミュレータが開発・公開・販売されてきた．

世界的にも豊富な利用実績を有するMODFLOW[29]は，多様なパッケージが準備されており，様々な地下水問題を取り扱うことができる．具体的なパッケージとして，塩水侵入の評価・対策等でよく使用される密度流を考慮した3次元地下水流動解析および物質輸送解析を行うためのSEAWAT，物質輸送解析コードMT3DMS，飽和多孔質媒体における3次元の多成分-反応性輸送モデルPHT3D，粒子追跡計算コードMODPATH等がある．なお，MODFLOWでは浸透流方程式の離散化に差分法を採用している．

その他，地下水流動解析に用いられるシミュレータには，3次元飽和・不飽和浸透流解析コードUNSAF[30]，農業土木分野での利用実績が多いHYDRUS[31]，流域における水循環解析（地表水と地下水の流れを統合）したMIKE SHE[32]やGSFLOW[33]が有名である．

また，地下水流動に加えて，熱や物質輸送を取り扱うシミュレータも多数開発されている．なお，地下水流動と熱・物質輸送の連成解析においては，移流項の計算時にオーバーシュート，アンダーシュートを引き起こす数値解の振動（数値振動）が発生し，また数値振動を抑える措置をすると数値分散を助長する問題がある．そこで以下で紹介するシミュレータは，解析の安定化と数値誤差の抑制をはかるための工夫をしている．

移流と分散をともにオイラー法を適用して解くものとして，FEFLOW[34]，TOUGH2[35]，COMSOL[36]，GETFLOWS[37]等のシミュレータがよく知られている．DHI-WASY社のFEFLOW[34]は，地下水流動と熱輸送の各解析にはガラーキン有限要素法を用いている．また，移流項にPGLS有限要素法（Petrov-Galerkin least square：PGLS）を適用し，数値振動の抑制を図っている．FEFLOW は地中熱に特化したオプションが準備されており，地中熱利用システムに設計にはBHE（Borehole heat exchanger）モデルが有用である．多相流連成解析コード TOUGH2[35] は，熱輸送以外にも，溶存物質や疎水性液体（non-aqueous phase liquid：NAPL）の解析が可能である．基礎方程式の離散化には有限体積法を用いている．スウェーデンの COMSOL 社が開発した COMSOL Multiphysics[36] は，流体力学や構造力学，音響等の多岐にわたる分野に適用可能な数値シミュレータであり，有限要素法を用いて解析する．

3次元統合型水循環シミュレータ GETFLOWS[11] は，地表水と地下水の流れを一体として解析することができ，近年は広域水循環解析への適用が多い[37]．物質輸送に関しては，流域内の窒素負荷の空間配置と時間的変遷，硝化・脱窒反応の速度論および反応機構の解析[38] 等を含めて多くの事例が報告されている．

数値振動と数値分散の両方を抑制する手法として，移流分散分離法がある．これは，分散にはオイラー法を適用し，また移流についてはラグランジュ法を用いて移流項の振動を抑制する手法である．移流分散分離法を採用するシミュレータには Dtransu-3D・EL[39]，sWATER[40] 等がある．特に Dtransu-3D・EL は多くの利用実績が報告されている．例えば，高レベル放射性廃棄物の深地層処分に関連して，研究坑道掘削に伴う坑道への湧水と周辺の地下水圧の変化を用いた地下水流動のモデル化[41] や，

地下水中の汚染物質の拡散予測[42] 等の多くの地下水問題に適用された実績がある．

〔冨樫　聡・菱谷智幸〕

文献

1) 藤縄克之（2010）：環境地下水学．共立出版，289-290.

2) 藤縄克之（2010）：環境地下水学．共立出版，307-308.

3) 藤縄克之（2010）：環境地下水学．共立出版，293-298.

4) 赤井浩一ら（1977）：有限要素法による飽和・不飽和浸透流の解析．土木学会論文報告集，第 264 号，87-96.

5) 株式会社ダイヤコンサルタント（2022）：Dtransu-3D・EL 非定常解析機能検証報告書．24-26.

6) Bear, J. (1972)：Dynamics of Fuides in Porous Media. Dover Publications, 136-148.

7) 西垣　誠ら（1995）：飽和・不飽和領域における物質移動を伴う密度依存地下水流の数値解析手法に関する研究．土木学会論文集，No. 511/III-30, 135-144.

8) UNESCO (1981)：Tenth report of the Joint Panel on Oceanographic Tables and Standards, Sidney, B. C., September 1980. Unesco Technical papers in marine science, 36, 25p.

9) Voss, C. I. and Provost, A. M. (2010)：SUTRA, Water-Resouces Investigations Report 02-4231, Version of September 22, 2010 (SUTRA Version 2. 2), 29-34.

10) Pinder, G. F. and Gray, W. G. (1977)：Finite element simulation in surface and subsurface hydrology. Academic Press, 174-175.

11) 登坂博行ら（1996）：地表流と地下水流を結合した3次元陸水シミュレーション手法の開発・地下水学会誌，38 巻第 4 号，253-267.

12) 大島洋志・藤原幹之（2012）：トンネルにおける渇水問題と水文調査．地質と調査．第 1 号，6-13.

13) 吉田　泰・油井三和（2003）：地球化学計算コードで利用可能な JNC 熱力学データベース．JNC TN8400 2003-005, 14p.

14) 木村　誠ら（2010）：緩衝材中の化学影響評価

に向けた熱ー水ー応力ー化学連成モデルの開発. JAEA-Resarch 2010-034, 131p.

15) Bilke, L. et al.（2022）：OpenGeosys. https://www.opengeosys.org/（2023. 3. 27 閲覧）

16) Lichtner, P. C. et al.（2020）：PFLOTRAN. https://www.pflotran.org/（2023. 3. 27 閲覧）

17) 日本地下水学会 地下水流動解析基礎理論のとりまとめに関する研究グループ（2010）：地下水シミュレーション これだけは知っておきたい基礎理論. 技報堂出版, 199-202.

18) 藤縄克之（2010）：環境地下水学. 共立出版, 288-289.

19) 日本地下水学会 地下水流動解析基礎理論のとりまとめに関する研究グループ（2010）：地下水シミュレーション これだけは知っておきたい基礎理論. 技報堂出版, 206-210.

20) 西垣 誠（1992）：最近の地下水調査方法と計測技術 2. 最近の地下水調査方法と継続技術の動向. 地下水学会誌, 第34巻4号, 287-292.

21) 中出 剛ら（2017）：山岳トンネルにおける地下水位低下制御工法とその評価に関する一考察. 土木学会論文集F1（トンネル工学）, 73巻1号, 1-13.

22) 畑 浩二ら（2021）：幌延深地層研究センターの東立坑における掘削損傷領域の評価. 土木学会論文集F1（トンネル工学）, 77巻2号, I_29-I_43.

23) 国土技術研究センター（2012）：河川堤防の構造検討の手引き 改訂版, 192p.

24) 日比義彦・冨樫 聡（2017）：複雑な形状の堤体の越流問題への大気ー表面水ー多孔質体連成数値解析手法の適用性の検討. 混相流, 31巻1号, 29-36.

25) 西垣 誠（2020）：トンネル施工における地下水環境保全. 地下水学会誌, 62巻2号, 283-301.

26) 高坂信章（2021）：原位置地下水調査法の留意点と建設現場での活用 7. 地下水位低下工法の設計. 地下水学, 63巻4号, 307-318.

27) 西垣 誠（1990）：地下水数値計算法（4）1-3. 有限要素法の局所的な地下水流動解析への応用, 地下水学, 第32巻3号, 173-182.

28) 西垣 誠（2014）：「地下水流動解析の高度化手法と検証・確認」の掲載にあたって, 地下水学, 56巻3号, 209-211.

29) Harbaugh, A. W. et al.（2000）：MODFLOW-2000, The U. S. Geological Survey Modular Groundwater Model User Guide To Modularization Concepts And The Groundwater Flow Process. U. S. Geological Survey, 1-121.

30) 大西有三・西垣 誠（1981）：有限要素法による飽和・不飽和浸透流解析ー手法とプログラム解説ー. 京都大学工学部交通土木工学教室, REPORT No. 81-2, 39-82.

31) Šimůnek, J. et al.（2018）：The HYDRUS software package for simulating two and three-dimensional movement of water, heat, and multiple solutes in variably-saturated media, technical manual, version 3. 0. PC Progress, 246p.

32) DHI（2007）：MIKE SHE, Volume 1：User Guide, 396p.

33) Markstrom, S. L. et al.（2008）：GSFLOW—Coupled ground-water and surface-water flow model based on the integration of the precipitation-runoff modeling system（PRMS）and the modular ground-water flow model（MODFLOW-2005）. U. S. Geological Survey Techniques and Methods, 6-D1, 240p.

34) Diersch, H. J. G.（2014）FEFLOW Finite Element Modeling of Flow, Mass and Heat Transport in Porous and Fractured Media. Springer, 996p.

35) Pruess, K. et al.（1999）：TOUGH2 user's guide, version 2. 0. Lawrence Berkeley National Laboratory Report, LBNL-43134, 198p.

36) Li, Q. et al.（2009）：COMSOL Multiphysics：A Novel Approach to Ground Water Modeling. Groundwater, 47（4）, 480-487.

37) 稲葉 薫（2020）：分布型モデルによる広域3次元地下水流動解析における降雨浸透パラメータの取り扱いについての考察. 地下水学会誌, 62巻3号, 415-430.

38) 森 康二ら（2016）：流域スケールにおける反応性窒素移動過程のモデル化と実流域への適用性検討. 地下水学会誌, 58巻1号, 63-86.

39) 西垣 誠ら：オイラリアン・ラグランジアン・三次元飽和・不飽和浸透流ー移流分散解析プログラム Dtransu-3D・EL, http://gw.civil.okayama-u.ac.jp/gel_home/download/index.

html 著作権登録番号 P 第 4135-1 号，P 第
7169-1 号．

40) 藤縄克之・冨樫　聡（2012）：地下熱利用技術
9. 地下熱利用のための数値解析技術．地下水
学会誌，54 巻 1 号，39-52.

41) 尾上博則ら（2016）：超深地層研究所計画の研
究坑道の掘削を伴う研究段階における地下水
流動のモデル化・解析．土木学会論文集 C（地

圏工学），72 巻 1 号，13-26.

42) 伊黒千早ら（2012）：3 次元数値シミュレーショ
ンによる修復対策後の地下水流動変化に基づ
く 1, 4-ジオキサンの拡散予測－青森・岩手県
境不法投棄事案の恒久対策を目指して－．土
木学会論文集 G（環境），68 巻 6 号，II_265-
II_272.

第6章

地下水解析に関わる手法

ここでは，これまで述べられてきた地下水解析を補助する手法について紹介する．これらの手法は，技術者が必要に応じて使用するものである．

6.1 粒子追跡法

6.1.1 概要

流動シミュレーションの結果から地下水の流動経路や地下水がある区間を流れる時間（移動時間）をコンピュータ上で可視化する手法の1つに粒子追跡法がある．

粒子追跡法では，流動シミュレーションから得られる水頭分布を用いて以下に示す平均線形速度 $\bar{v}$ を求め，モデル領域を通過する仮想粒子の動きを追跡する．

$$\bar{v} = -\frac{k}{n}(\text{grad } h) \qquad (\text{V.}6.1)$$

ここで，k は透水係数，n は有効間隙率，grad h は水頭 h の勾配である．

流動シミュレーションでは主に水頭について解き，一般的な流れの方向はそれらの勾配を用いて推定できるが，流動経路や流動時間とは異なることに注意が必要である．流動経路を可視化することで，水頭分布からは推定できない地下水流動モデルの概念的な誤りを把握できる場合がある．また，流動時間を把握しておき，実際にサンプルされた地下水の年代の近似値と比較することでモデル検証にもつながる場合がある．これらの点において，粒子追跡法を用いて流動経路もしくは流動時間を把握することは有用である．

また，粒子追跡法では溶質（汚染物質等を含む）の移動を表現でき，地下水の平均流速から計算される．溶質が非反応性の場合は，溶質の移動は平均線形流速に従う．吸着等が発生する溶質の速度は，遅延係数を用いて，平均線形流速よりも遅い速度で表現される．遅延係数の決定方法についてはいまだ様々な研究が行われている[1]．

式（V.6.1）に示す通り，粒子追跡では流動シミュレーションによって得られた水頭分布を使用する．そのため，粒子追跡の精度は水頭分布の精度に大きく依存する．つまり，格子を小さくして，精度が高い水頭分布が得られれば，高精度で流動経路及び移動時間を推定できる．特に，井戸周辺等の水頭が急激に変化する領域については格子の大きさに十分に配慮する必要がある．また，3次元モデルにおけるレイヤーの歪曲や準3次元モデルにおける粒子追跡は，速度補間が困難になり，注意が必要で

6.1.2 平均線形速度の補間

流動シミュレーションより，水頭分布・透水係数を抽出し，有効間隙率を式（V.6.1）に入力することで，格子代表点間（節点間）での平均線形速度 $\bar{v}$ を計算できる．そして，これらの平均線形速度を補間して領域全体の速度を表現する．ここで連続空間での仮想粒子の速度成分 v_x，v_y，v_z が求められ，それらの移動を表現できる．

直交格子における平均線形速度の補間では，一般的には，1次元の問題であれば線形補間，2次元の問題であれば双線形補間，3次元であれば3重線形補間が使用される．例えば x 方向のみの速度補間を考える場合，v_x の線形補間式は以下の通りとなる．

$$v_x = (1-f_x)\bar{v}_{x,i} + f_x\bar{v}_{x,i+1} \tag{V.6.2}$$

ここで，$f_x = (x_p - x_i)/\Delta x$ であり，x_p は仮想粒子の x 座標，$\bar{v}_{x,i}$ と $\bar{v}_{x,i+1}$ は x_p より最も近傍の2地点 i と $i+1$ における平均線形流速である．ただし，有限要素法等でたびたび用いられる三角形要素に対しては特別な補間処理が必要であり，注意が必要である[2]．

6.1.3 粒子追跡

平均線形速度を補間することで仮想粒子の速度線分が得られ，これらの粒子の移動を追跡することで流動経路を可視化できる．具体的には，与えられた時間間隔 Δt で，仮想粒子が各座標方向に移動する距離（Δx，Δy，Δz）を以下の式より計算することで粒子の移動を表現する．

$$\Delta x = v_x \Delta t \tag{V.6.3}$$

$$\Delta y = v_y \Delta t \tag{V.6.4}$$

$$\Delta z = v_z \Delta t \tag{V.6.5}$$

なお，Δt は小さく設定する必要がある．これについて説明する．仮想粒子が移動すると速度成分が求められる近傍の2地点（式（V.6.2）中の2地点 i と $i+1$）も変わる．Δt を大きく設定すると適切な地点とは異なる地点で補間された速度成分が使用される．このため，Δt を大きく設定すると，Δt を小さくした場合の仮想粒子の位置 x_p との誤差が大きくなる．

式（V.6.3）-（V.6.5）を解くための簡単な手法としてオイラー積分法がある．ここでは，簡単に説明するために x 方向の移動距離（つまり式（V.6.3））についてのみ考える．式（V.6.3）より，仮想粒子の位置 x_p は以下の式より表される．

$$x_p = x_0 + v_x \Delta t \tag{V.6.6}$$

ここで，x_0 は仮想粒子の初期位置である．なお，その他の手法として，テイラー級数展開法およびルンゲ・クッタ法が紹介している[1,2]．

6.1.4 粒子追跡コード

多くの粒子追跡コードは特定の流動解析コードからの結果を後処理するように設計されている．そのため，あらかじめ粒子追跡法を使用することが決まっている場合は流動解析コードの選定に注意が必要である．粒子追跡コードとしては，MODPATH[3]，PATH3D[4]，ZOOMQ3D[5,6]，FEFLOW[7] 等がある．MODPATH と PATH3D は MODFLOW より計算された水頭分布を用いて粒子の3次元の移動を計算できる粒子追跡

コードである．ZOOPT は流動解析コード ZOOMQ3D に組み込まれている．FEFLOW は有限要素法を用いた流動解析コードで，粒子追跡法は後処理として組み込まれている．

6.1.5 流線と流跡線

粒子追跡法により得られた軌跡は「流跡線」と呼ばれる．一般的に「流線」と呼ばれるものは「1本あたりの流量が等しい」ことが条件となるため，「流跡線」とは異なるものである．古くは「流線網（フローネット）」と呼ばれる図式解法により，2次元問題の流線と全水頭コンター図が求められていた．しかしながら，流線と全水頭コンターが直交する等方性媒体が前提であり，異方性媒体の場合は作図が困難であった．

3次元解析が主流となると，3次元流動場での「流線」の作図が困難であることから，より簡易な手法として粒子追跡法による「流跡線」が用いられるようになった．

6.1.6 流跡線の活用方法

流跡線の作図により，粒子の移行経路を地下水の流動として可視化することができるため，見えない地下水流動を目に見える形で表現できることの効果が大きいが，流動の可視化のみでなく粒子の移動距離（移行距離），移動時間を求めることにより，地下水の流動速度，流出点，地下水年代等の評価に利用することができる．

粒子追跡法はフォワード法（前進演算）だけでなくバックワード法（後退演算：流速を負の方向で考慮）も可能であることか

ら，地下水の年代評価に用いることができる．

低レベル放射性廃棄物の埋設設備を有する青森県六ケ所村のサイトでは，敷地内で採取された地下水中の C14 や酸素・水素の同位体から推定される地下水年代と解析結果から得られた地下水年代の比較により，地下水流動解析モデルの妥当性に関する評価が行われている[8]．

近年，地下水年代をモデル検証データとする研究は多く発表されており，今後の地下水流動評価における重要な検討項目となるであろう．

6.1.7 粒子追跡法の不安定性

粒子追跡法では，シミュレーションから求められた速度場からモデル領域を通過する仮想粒子の動きを追跡するものであるが，流速場の流速が不連続な場合や，流速が大きく変動する場合に，演算が不安定になり，適切な流跡線を得られない場合がある．これは粒子の移動時間 Δt の設定によっては，流速の速い領域で粒子の移動量が極端に大きくなることに起因する場合が多い．

解析領域内において流速が大きく変動する場合には，すべての要素の流速ベクトルを単位ベクトルに変換することにより，流速の変化が小さくなるため，安定した演算結果が得られる．ただし，移行経路の可視化，移行経路長の評価には適用できるが，移行時間に関しては，流速による補正が必要となる．

6.1.8 解析結果の流速場の不連続性

解析結果の流速場の不連続性は，変位型 FEM 解析（節点水頭を変数とする FEM 解析手法）では空間離散化に伴う誤差として要素境界で必ず発生する．これは要素内流速を節点での水頭値の算出結果に基づき動水勾配と透水係数から評価するためであり，2次元解析における三角形要素のような線形要素では要素内の流速変化がないため，隣接する要素間の流速が不連続になることは容易に想像できよう（図 V.6.1）．

流速が不連続な場合，流跡線演算の結果として不透水境界面から粒子が飛び出すような結果となる場合がある．空間離散化のサイズを小さくすることにより，誤差が小さくなるものの，根本的な解決には至らない．

流速場の連続性を満足することを重視した解析手法に混合ハイブリッド FEM[9] が

ある．図 V.6.2 に示すように要素重心点での水頭と要素境界流量を未知変数として

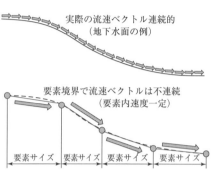

図 V.6.1 FEM 解析結果の流速の不連続性

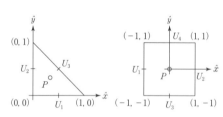

図 V.6.2 混合ハイブリッド FEM における未知辺数の定義（2次元問題）（文献9）

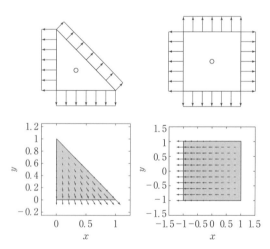

図 V.6.3 混合ハイブリッド FEM における要素内の流速分布関数（RT0）（文献9）

算出し，境界流量に対応する要素内の流速分布を関数（図 V.6.3）として定義しているため，要素内流速は連続的に変化し，上述のような要素境界での流速分布の不連続性が発生しない．要素境界流量の分布形状の違いにより複数の関数（RT0，BDM1等）が提案されている．このような高性能FEM 解析手法の提案は 1990 年代初頭から始まったものの，主流の解析手法であった変位型 FEM 解析から得られる解析結果（節点流量）を用いて要素境界流量を算出し，連続した流速場を求める手法[10]も提案された．要素ごとに得られる節点流量を算出し，境界条件や要素の透水性を考慮することにより，要素境界面での連続する流量を求める．

空間内の連続した流速場が得られると，粒子追跡法として従来手法（ルンゲ・クッタ法等）ではなく，一意に得られる手法があるため，流跡線の評価精度は向上するとともに，演算の不具合等は解消される．

FEM（差分法），FVM（有限体積法）等は，要素境界での流量の連続性が保持されているため，上記と同様の方法[11]により流跡線演算が容易となる特徴がある．空気の流れ等における CFD では差分法が主流であり，流跡線演算を高速で処理することができる要因となっている．

地下水解析結果の評価方法として，目的とする評価内容（流跡線の可視化，移行距離や移行時間評価等）を踏まえて，適切な手法を選定することが技術者として重要になる．

6.2 数値モデリング手法

6.2.1 基本的なモデリング

数値モデルを作成する際の基本的な手順・技術的ポイントについて記載する．地下水シミュレーションでは，対象領域の空間を離散化する有限要素法や有限体積法が多く使用され，シミュレーションの目的に適したモデリングを行う必要がある．

格子を作成して空間を離散化する際，観測したい領域や地下水流動の変化が激しい箇所は小さい格子とすることが望ましい．例えば，揚水試験について地下水シミュレーションを行う場合，揚水井戸周辺では小さい格子を用いる必要がある．一方で，格子の大きさを小さくすればするほど，高精度な解が得られるが，データ量は大きくなり，可視化等の際の取り扱いが不便になる．得られる解について必要とする精度をあらかじめ決定しておき，格子の大きさを検討する必要がある．

格子の大きさをシミュレーション中に自動で調節する適切格子細分化法（adaptive mesh refinement）がある．この方法は，主変数の空間的な変動度合いに応じて格子の大きさを調節する．すなわち，主変数が急激に変化する箇所は格子の大きさを小さくし，その変化が緩慢な箇所は格子を大きくする．しかし，格子に与える物性値のアップスケール・ダウンスケールが課題となるため，物性分布の不均質性が比較的小さい場合に適用可能であると考えられる．

解析領域は，その境界部では，水頭ある

いは流量が変化しないように設定することが望ましい. 例えば, 不透水層に面している箇所は, 不透水層に流れ込む流量がないため, 解析領域の境界部になりうる. また, 広域を対象とし, 地表面をモデリングする際は, 地形形状をできるだけ適切にモデル化することが望ましい. 例としては, 尾根線, 谷線については要素境界に合わせることにより, 地形の再現性が向上する. 同様に, 地形から判読できる山脈や山地の尾根, 河川等は解析領域の境界部となりうる.

6.3 高速解析手法

6.3.1 データ駆動型解析

データ駆動型解析では, 観測されたデータからなんらかの経験式もしくは統計的な関係式により, 地下水の流動プロセスや物理特性の近似モデルを作成することで, 入力値から出力値が得られる. なお, 近似モデルのパラメータは, 入力値に応答した水位や流量等の観測履歴は再現できるように調整される. このような近似モデルをあらかじめ作成しておけば, 地下水流動シミュレーションよりも早く出力値が得られる. ただし, データ駆動型解析は, 近似モデルのパラメータを十分な精度で調整するために, 大量の観測データを必要とする点は注意が必要である. ここでは, 主な手法の1つであるガウス過程回帰[12]について説明する. 既存の研究[13]では, 地下水流動の不確実性を解析するためにガウス過程が使用された事例が報告されている.

ここでは, 井戸の水位変化を予測する問題を例にガウス過程回帰を解説する. ガウス過程回帰では, 時間ごとに変化する水位 $F(t)$ 以下のようなガウス分布に従うことを前提としている.

$$F(t) \sim N(m(t), V(t)) \qquad \text{(V.6.7)}$$

ここで, $m(t)$ は時刻ごとの水位の平均関数, $V(t)$ は時刻ごとの水位の分散共分散である. この $m(t)$ と $V(t)$ を観測結果より推定し, 水位変動を予測することを考える. 観測された水位とその時間を $(\tilde{F}, \tilde{t})$ とする. 観測された時刻での水位の分散共分散 $k(t, t')$ は以下のような関数で求める.

$$k(t, t') = \theta_1 \exp\left(-\frac{|t-t'|^2}{\theta_2}\right) \qquad \text{(V.6.8)}$$

ここで, $(\theta_1, \theta_2) = \theta$ は分散共分散の特性をコントロールするパラメータである. 上式は, ガウスカーネルと呼ばれており, 他にも様々な関数の使用が考えられている. 式 (V.6.8) を使用して, 観測時刻のみで評価した行列は $k(t, t')$, 観測時刻と予測したい時刻 t_n で評価された行列を $k(t_n, t')$, 予測したい時刻 t_n のみで評価された行列を $k(t_n, t_n')$ と表記する. このとき, 予測したい時刻 t_n における平均関数と分散共分散行列は以下のようになる.

$$m(t_n) = m_0(t) + k(t_n, t')^T k(t, t')^{-1} \\ (\tilde{F} - m_0(\tilde{t})) \qquad \text{(V.6.9)}$$

$$V(t_n) = k(t_n, t_n') - k(t_n, t')^T k(t, t')^{-1} \\ k(t_n, t') \qquad \text{(V.6.10)}$$

式 (V.6.9) と式 (V.6.10) に示した平均関数と共分散行列から, 予測したい時刻の水位のガウス分布を推定する.

式 (V.6.9) と式 (V.6.10) に示した平均関数と共分散行列の精度はガウスカーネルの設定パラメータ θ に大きく依存する.

そこで、これらのパラメータを最適化し、精度の良い平均関数と共分散行列を求めることを考える。1つの方法として、観測されたデータがガウス分布に従う確率$p(\tilde{F}|\tilde{t},\theta)$を最大化し、パラメータ$\theta$を最適化する方法がある。以下に観測されたデータがガウス分布に従う確率を示す。

$$p(\tilde{F}|\tilde{t},\theta) = \frac{1}{(2\pi)^{N/2}} \frac{1}{|k(\theta)|^{1/2}}$$
$$\times \exp\left(-\frac{1}{2}\tilde{F}(\tilde{t})^T k_\theta^{-1} \tilde{F}(\tilde{t})\right)$$
(V.6.11)

ここで、Nは観測データの数、$k(\theta)$はパラメータθに依存する$k(t,t')$、である。つまり、式（ ）の関数を対数変換した尤度関数を最大化できるようにパラメータθを最適化する。

図V.6.4にガウス過程回帰の使用例を示す。ここでは、井戸の地下水位を1日ごとに20日計測し、25日までの水位を予測する場合を想定している。図中の×印は$(\tilde{F},\tilde{t})$を意味しており、実線は推定されたガウス分布の平均値で、塗りつぶされた領域は標準偏差の占める領域を示している。

る。なお、図V.6.4の例ではプログラム言語PythonのGpyモジュールを使用して作図している。

このように、データ駆動型解析では、地下水流動シミュレーションが必要ない点で予測解析を高速化できる特徴を有する。

6.3.2 並列計算

近年、地下水流動評価の対象が広域となる傾向にあり、解析モデルの大規模化が進んでいる。対象領域が広域で対象期間が長く、高い精度で地下水流動をシミュレーションする場合、必然的に計算時間が膨大となる。このような問題では、膨大な行列計算を複数の独立した処理に細分化し、複数のCPUで同時に処理を行う並列計算手法を使用することで解析を高速化できる。

数値シミュレーションを対象とした並列計算では、分割した空間領域をCPUごとに割り当てて処理する空間領域分割法が多く使用されている。図V.6.5に地下水流

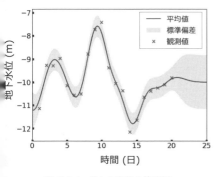

図V.6.4 ガウス過程の使用例

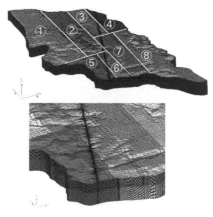

図V.6.5 地下水流動シミュレーションでの並列計算のための領域分割イメージ（文献14）

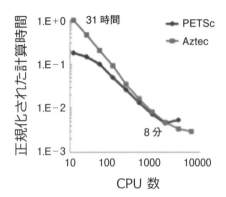

図 V.6.6 並列計算の使用による計算時間の
スケーラビリティーの例（文献 17）

動シミュレーションのための領域分割のイメージを示す[14]．

並列計算手法を取り入れた地下水流動解析コードとして，TOUGH2-MP[15]，TOUGH3[16,17] と Dtransu[14] 等がある．

並列計算による計算スピードのスケーラビリティーの一例を図 V.6.6 に示す．図の縦軸は 31 時間（10 CPU 使用時のケース）に対する計算時間の比率を表している．また，並列計算ソルバーである PETSc と Aztec の結果を各色で表している．CPU 数を増加させることで，計算時間を短縮できることがわかる．多くの CPU を使用できる環境としては，民間のクラウド計算機や大学に附置される超並列計算機（学際大規模共同利用に応募する必要がある）等がある．

なお，近年では，時間方向について並列計算を行う研究がなされている[18]．

6.4 モデル検証を目指した評価

近年，ISO9001 シリーズにおける品質保証に対して，数値シミュレーションの品質保証をサポートする V&V（verification and validation：検証と妥当性の確認）の概念が様々なシミュレーション分野で注目されている[19-22]．地下水流動に対する数値解析モデルの対象は自然地盤・岩盤であり，誰も正解がわからない不均質性・不確実性を有する典型的な媒体である．1994 年には「自然科学，地球科学の分野における解析モデルの V&V は不可能である」とする論文[23] が発表されている．また，実践的なモデリングの論理的な到達点は，現場の特性値を完全に含む「真のモデル」を見つけることではなく，利用可能な予算と時間の中で，精巧さと現実的な表現がバランスした「適正モデル」を作成することであると指摘されている[24]．つまり，数値シミュレーションには必ず不確実性が含まれるものの，技術者としてできるだけ精度良い解析モデルの構築と結果を得る努力を行うことは重要である．

ここでは数値解析の精度向上を目的としたアプローチ方法について紹介する．

6.4.1 感度解析

数値解析の特徴は，仮想空間の構築と物理法則に基づく数値演算手法により，数学的に物理現象を再現できることであり，パラメータに関する感度解析は得意とするものといえる．

流動解析の目的に応じて，物理パラメータが目的値や条件に及ぼす影響を把握するため，複数のパラメータ条件での解析を実施することを感度解析と呼んでいる．

解析に用いるパラメータ（流動解析では

主に透水係数）の不確実性が大きいと判断される場合，複数のパラメータの相関性の有無がわからない場合等，個々のパラメータの変動が解析結果へ及ぼす影響を把握することは，パラメータの重要性評価のためにも重要である．V&Vにおいても，モデルの妥当性確認のためのアプローチの1つとして，感度解析が推奨されている．

影響を把握したいパラメータを抽出し，パラメータの取りうる範囲を設定したのち，解析を行い，解析結果の変動幅を把握する．感度の高いパラメータに関しては，検討における重要性が高くなるため，慎重な取り扱いを行う必要がある．逆に，感度が低いパラメータに関しては，重要性が低くなるため，検討優先度を下げることができる．流動評価における透水係数の場合，感度の高いパラメータについては，調査や不確実性評価の優先度が高くなると考えてよい．

感度解析では変動パラメータを1つに絞り込んで検討することが重要である．複数のパラメータ間に相関性を有する場合には，相関性を考慮した感度解析条件を設定する必要がある．

6.4.2　観測値との誤差評価方法

モデルの妥当性評価は，地下水位，水質，流量等の実測データと解析結果との比較により行われるケースが多い．

地下水位の再現性を確認する目的では図V.6.7に示すような対比が良く行われる．観測値と解析結果の相関係数等が比較結果の指標として用いられている．

現状では特に決められた誤差評価の指標

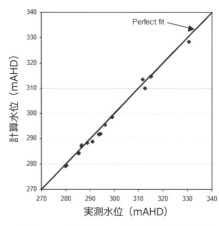

図 V.6.7　実測水位と計算水位の散布図の例
（文献 25）

はないが，海外ではモデリングのガイドライン[25]のなかで誤差指標が提案されている．これらの指標を適用することによって，モデルの妥当性（実測データの再現性）を定量的に示すことができるといえる．

6.4.3　不確実性解析

地下水流動解析の対象となる媒体は複雑な不均質性を有しており，解析における境界条件についても不確実性を含んでいるため，厳密なモデル化，条件設定は不可能であるといえる．想定されるパラメータや境界条件の不確実性を考慮した解析を実施することにより，解析結果への影響を把握し，不確実性を把握，定量化することは重要である．

不確実性の主な要因[26]を図V.6.8に示すが，地下水解析ではすべての不確実性を含んだ状態であることがわかる．

不確実性を評価したあとに，数値シミュレーションを使用して，設計や意思決定を

図 V.6.8 不確実性の主な要因（文献26）

最適化する場合がある．この場合には，考慮可能なモデルを複数作成し，最適化手法を用いて，意思決定を支援するロバスト最適化手法の適用が提案されている[27-29]．

6.5 モデル化やモデル検証をサポートする技術

6.5.1 井戸，ボーリング孔のモデル化

地下水観測に用いられる井戸やボーリング孔は，その構造によっては地下水の水みちとして作用する可能性がある．しかし，広域流動モデルに対する規模が非常に小さいため，従来はモデル化されることがなかった．しかしながら，1次元要素としてモデル化することにより，3次元モデルに組み込むことができる[30]．
1次元要素では軸方向流れのみが考慮されるため，仮想的な断面積と透水係数の設定値から得られる透水量係数と動水勾配から流動を考慮することができる．また，1次元要素の透水係数を小さくすることで，1次元要素を無視した解析も可能である．
観測値と解析結果の比較において，観測値の解釈（何を観測しているか？ 観測値に及ぼす影響の有無等）するアプローチと，解析モデルを観測方法に合わせるアプローチがある．井戸やボーリング孔のモデル化方法は後者に相当する．人工物の影響を考慮することにより，その影響を解析モデルに反映することは重要である．

6.5.2 揚水・注水井戸周辺の要素の透水係数補正方法

井戸の周辺要素を細かくしないと理論解との誤差が大きくなる（流量が多くなる，水位低下量が大きくなる）ことが知られており，出来るだけ井戸廻りのメッシュを細かくすることが望ましいが，広域流動モデルではモデル規模，解析時間の観点から困難である場合が多い．その補正方法として，井戸周辺のメッシュサイズを小さくすることなく透水係数を小さくすることにより井戸近傍の動水勾配の精度を上げる手法[31]が示されており，解析精度を向上する目的で有効と考えられる．これは流動解析モデルの空間的な離散化誤差の補正方法の1つである．

6.5.3 高透水な薄層（亀裂等）を2次元シェル要素でモデル化する方法

大規模3次元モデルに対してモデル化が難しい薄い高透水層や亀裂を3次元要素の境界面において2次元シェル要素で簡易にモデル化することにより，高透水部影響を考慮した流動解析が可能となる[32]．
2次元シェル要素では面内流れのみが考慮されるため，仮想的な厚さと透水係数の設定値から得られる透水量係数と動水勾配から流動を考慮することができる．また，2次元シェル要素の透水係数を小さくすることで，2次元シェル要素を無視した解析も可能である．低透水性層は厚さ方向に動

水勾配が発生するため，2次元シェル要素では考慮することはできない．

　流動解析で重要となる高透水層と低透水性層を的確にモデル化することにより流動評価モデルの精度向上につながる．

6.5.4　仮想ドレーンモデルによるトンネル湧水量評価方法

　大規模3次元モデルに対してトンネル等の線状排水構造物をモデル化せずに湧水効果を表現できる「仮想ドレーンモデル」と称される解析手法[33,34]が考案されており，トンネルルートの選定や設計段階での実用的な手法として有効である．

〔白石知成・宮城充宏〕

文献

1) Zhang, C. and Bennett, G. D. (2002)：Applied Contaminant Transport Modeling, second ed. John Wiley & Sons, 656p.

2) Anderson, M. P. et al.（堀野治彦ら訳）(2019)：地下水モデル-実践的シミュレーションの基礎 第2版．共立出版，497p.

3) Pollock, D. W. (2014)：User Guide for MODPATH Version 6-A Particle-Tracking Model for MODFLOW. U. S. Gedogical Survey.

4) Zheng, C. (1989)：PATH3 D, A ground-water path and travel-time simulator, version 3. 0 user's manual. S. S. Papadopulos & Associates, 61p.

5) Jackson, C. R. (2002)：Steady-state particle tracking in the object-oriented regional groundwater model ZOOMQ3D. British Geological Survey, 40p.

6) Jackson, C. R. and Spink, A. E. F. (2004)：User's manual for the groundwater flow model ZOOMQ3D. British Geological Survey, 107p.

7) Diersch, H.-J. G. (2014)：Finite Element Modeling of Flow, Mass and Heat Transport in Porous and Fractured Media. Springer, 1031p.

8) 白石知成ら (2009)：堆積岩を対象とした地下水流動解析モデルの構築および妥当性確証検討．第54回地盤工学シンポジウム，平成21年度論文集，9-16.

9) Matringe, S. F. et al. (2006)：Robust streamline tracing for the simulation of porous media flow on general triangular and quadrilateral grids. J. Comput. Phys., 219(2), 992-1012.

10) Cordes, C. and Kinzelbach, W. (1992)：Continuous groundwater velocity field and path lines in linear, bilinear, and trilinear finite elements. Water Resour. Res., 28(11), 2903-2911.

11) Pollock, D. W. (1988)：Semianalytical computation of path lines for finite difference models. Ground Water, 26, 743-750.

12) 持橋大地・大羽成征 (2014)：ガウス過程と機械学習（機械学習プロフェッショナルシリーズ）．講談社，233p.

13) Stone, N. (2011)：Gaussian Process Emulators for Uncertainty Analysis in Groundwater Flow. PhD thesis, University of Nottingham.

14) 菱谷智幸ら (2003)：浸透流解析の並列処理に関する検討．日本地下水学会2003年秋季講演会，196-199.

15) Zhang, K. et al. (2008)：User's guide for TOUGH2-MP -a massively parallel version of the TOUGH2 Code. Technical Report LBNL-315E, Lawrence Berkeley National Laboratory, 108p.

16) Jung, Y. et al. (2018)：TOUGH3 User's Guide, Version 1. 0. United States. https://doi.org/10.2172/1461175

17) Jung, Y. et al. (2017)：TOUGH3：A new efficient version of the TOUGH suite of multiphase flow and transport simulators. Computers and Geosciences, 108, 2-7. https://doi.org/10.1016/j.cageo.2016.09.009.

18) 宮城充宏ら (2021)：時間並列計算手法Parareal法による地下水流動シミュレーションの高速化．日本計算工学会論文集，2021巻，p20210013.

19) ASME (2006)：Guide for Verification and Validation of Computational Solid Mechanics. ASME V & V 10-2006, 27p.

20) ASME (2009)：Standard for Verification and

Validation of Computational Fluid Dynamics and Heat Transfer. ASME V&V 20-2009, 88p.

21) 日本計算工学会（2011）：日本計算工学会基準, 工学シミュレーションの品質マネジメント. JSCES-S-HQC001, 34p.

22) 日本計算工学会（2011）：日本計算工学会基準, 工学シミュレーションの標準手順. JSCES-S-HQC002, 20p.

23) Oreskes, N. et al.（1994）：Verification, Validation, and Confirmation of Numerical Models in the Earth Sciences. Science, New Series, 263 (5147), 641-646.

24) Haitjema, H. M.（2015）：The cost of modeling. Ground Water. 53(2), 179. doi：10.1111/gwat.12321. Epub 2015 Jan 28. PMID：25630760.

25) Middlemis, H.（2000）：Groundwater flow modeling guidline, Murray-darling basin commission. technical report prepared by Aqnaterra Consulting Pty Lte, 45-48.

26) 緒方裕光（2009）：リスク解析における不確実性. 日本リスク研究学会誌, 19(2), 3-9.

27) Yeten, B. et al.（2003）：Optimization of nonconventional well type, location and trajectory. Journal of Petroleum Science and Engineering, 8, 200-210.

28) Miyagi, A. et al.（2021）：Adaptive scenario subset selection for min-max black-box continuous optimization. Proceedings of the Genetic and Evolutionary Computation Conference, GECCO'21, 697-705.

29) Miyagi, A. et al.（2019）：Well placement optimization under geological statistical uncertainty. In Proceedings of the Genetic and Evolutionary Computation Conference (GECCO'19), 1284-1292. doi：https://doi.org/10.1145/3321707.3321736

30) 白石知成ら（2013）：原位置観測結果を用いた地下水流動挙動モデルの評価に関する数値実験による2, 3の考察. 地下水学会誌, 55(2), 111-133.

31) 山田俊子ら（2015）：有限要素法を用いた浸透流解析における注水・揚水孔の実用的な簡易モデル. 土木学会論文集C（地圏工学), 71(4), 407-417.

32) 白石知成ら（2009）：3次元地下水流動解析での2次元平面要素の適用性に関する検討. 日本地下水学会, 2009年春季講演会講演要旨, 132-137.

33) 細野賢一ら（2022）：仮想ドレーンモデルを用いたトンネル坑内湧水量予測の高度化に関する研究. 土木学会論文集F1（トンネル工学), 78(1), 1-12.

34) 細野賢一ら（2022）：仮想ドレーンモデルによる地すべり地の排水ボーリングの効果予測. 第61回日本地すべり学会研究発表会　講演集, 1-1, 27-28.

第 VI 編

地下水利用と技術

第1章　地下水の取水技術

第2章　地下水の排水技術と涵養技術

第3章　地下水の遮水技術

第4章　熱利用技術

第Ⅵ編は，地下水資源を活用するための①取水技術，建設工事を対象とした地下水位制御のための②排水・涵養技術および③遮水技術，地下水の温度特性を生かした④熱利用技術に関する4章で構成している．各章ではそれぞれの基本的な技術およびそれらの基礎的な特徴をまとめているが，実際に適用する目的に応じて施工期間・規模，周辺環境に対する影響も様々であるため，実施に際しての検討項目が異なることに留意が必要である．願わくは「水利用」,「熱利用」とその反側面である「排水」,「涵養」,「止水」の技術適用を多面的に捉え，特定の技術に拘泥せず様々な技術の理解のもと，現場での適用目的や状況に応じて技術の選択あるいは適宜技術を組み合わせることで効率の良い利用や効果，環境への配慮が得られるよう検討いただきたい．

第1章

地下水の取水技術

1.1 はじめに

　一般的に，地下水の取水は井戸によって行われる．井戸には，手掘り井戸，打込井戸，集水井戸等様々な種類があるが，本章では最も広く用いられている深井戸のさく井技術の紹介を行う．なお，浅井戸とか深井戸は相対的または感覚的な意味で使用されるのが普通で，定量的な意味を持たない．一般的には，主に不圧地下水を取水する井戸を浅井戸と呼び，主に被圧地下水を取水する井戸を深井戸と呼ぶ[1]．ここでは，深井戸の構造，掘削，仕上げや維持管理に関する項目について記載している．

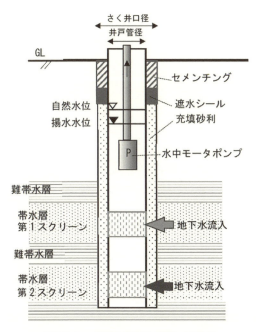

図 V.1.1　一般的な深井戸の構造（文献1）

1.2　井戸の構造と設備

図VI.1.1に，一般的な深井戸の構造図を示す．さく井口径とは，井戸を掘削したときの孔（あな）の大きさであり，井戸管径＋150 mm以上を保つことが必要である．地下水の取水は，帯水層中に設置されたスクリーンから行う．井戸管の外側は砂利が充填されており，地表からの汚染を防ぐため遮水シールやセメンチングが施工されている．井戸には水中モータポンプが据え付けられている．水中モータポンプの設置深度は，揚水水位から十分下の位置になるように設定される．水中モータポンプ近傍は，地下水の乱流が生じるため，スクリーン設置部から離されるようにすることが望ましい．

1.3　掘削工法

図VI.1.2に，さく井工事の一般的な手順を示す．ここでは最も多く用いられているロータリー式さく井工事の例を示したが，基本的にはどの掘削工法を用いても手順は同じである．

表VI.1.1に，現在多く利用されている4種類の掘削工法について，各工法の特長をまとめた．掘削工法の選定にあたっては，その地域の地質や地下水状況，施工のために必要な用地，工程や経済性等を考慮して適切な工法を選定することが望ましい．

1.3.1　パーカッション工法

パーカッション工法とは，ビットを地盤に叩きつけて地盤を粉砕し，泥水を循環させて孔壁を維持しながら掘屑を取り除き掘

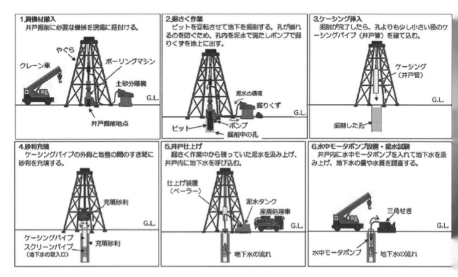

図VI.1.2　井戸の掘り方（ロータリー式さく井工法の場合）（文献2）

第1章 地下水の取水技術

表 VI.1.1 一般的な掘削工法の比較表（文献3）

	パーカッション工法	ロータリー工法	ダウンザホールハンマ工法	振動回転掘削工法
施工内容	ビットを地盤に叩きつけて地盤を粉砕し，泥水を循環させて孔壁を維持しながら掘屑を取り除きつつ掘進する．	ビットを回転させながら地盤を削り，泥水を循環させて孔壁を維持しながら掘屑を取り除きつつ掘進する．	ビットで地盤を打撃して粉砕しつつ，高圧空気を圧送して掘屑を取り除き掘進する．	ビットに微細な振動を与えて回転させ，地盤を削りながら掘進する．リングビットを用いた掘削工法なら泥水を使用せずに掘削が可能．
長所	鉛直下方への掘削精度が良い．玉石・砂礫層の掘削に適している．電気検層が実施できるため，詳細な地質の把握が可能である．	どのような地層に対しても安定して掘削が可能である．電気検層が実施できるため，詳細な地質の把握が可能である．	泥水を使用しないため，他の工法と比較すると仕上げが早く，工期を短縮できる．	施工性が良く掘進率が高い．リングビットを使用した掘削では泥水を用いないので，他工法と比較して仕上げが速く，工期を短縮できる．
短所	孔壁を維持するため泥水（生粘土）を使用することから，清水に置換する井戸仕上げに時間を要する．	孔壁を維持するため泥水（ベントナイト）を使用することから，清水に置換する井戸仕上げに時間を要する．	井戸管の外側に砂利を充填することはできない．地下水量が非常に豊富なとき，掘屑を揚げることが困難で掘削不可能となる．	電気検層が実施できないため，詳細な地質の把握はできない．リングビット掘削では井戸管径100 mmが上限である．
総合評価	掘進率・騒音・振動の問題をクリアできれば，砂利充填も含めて品質の良い井戸を施工することができる．	砂利充填も含めて品質の良い井戸を施工することができる．	施工は迅速であるが，電気検層ができない，ケーシング残置工法の場合，井戸管外側に砂利が充填できない等の問題がある．	施工は迅速であるが，電気検層ができない，仕上げ口径が小さい等の問題がある．

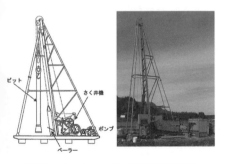

図 VI.1.3 パーカッション工法（文献3）

進する工法である（図 VI.1.3）．比較的狭小な施工範囲でも対応可能である．ビット径（≒さく井口径）は 150-800 mm 程度である．主に玉石・砂礫層に対してすぐれた鉛直性をもって施工できる．その反面，粘性土や泥岩の掘削にはやや不向きである．掘削中の孔壁を維持するため泥水（生粘土）を使用することから，清水に置換する井戸仕上げに時間を要することに注意が必要である．

1.3.2 ロータリー工法

ロータリー工法とは，ビットを回転させながら地盤を削り，泥水を循環させて孔壁

を維持しながら掘屑を取り除きつつ掘進する工法である（図VI.1.4）．さく井工事では最も一般的に用いられる工法である．どのような地層に対しても安定して掘削が可能である．ビット径（≒さく井口径）は100-600 mm程度である．ロータリー工法も，パーカッション工法と同様に，掘削中に孔壁を維持するため泥水（ベントナイト）を使用することから，清水に置換する井戸仕上げに時間を要する．十分に井戸仕上げを行うことができれば，品質の良い井戸を施工することができる．

1.3.3 ダウンザホールハンマ工法

ダウンザホールハンマ工法は，エアハンマ工法とも呼ばれ，ビットで地盤を打撃して粉砕しつつ高圧空気を圧送して掘屑を取り除き掘進する工法である（図VI.1.5）．掘削時に泥水を用いない分，井戸仕上げに要する時間が短く，迅速な施工が可能である．ビット径（≒さく井口径）は150-500 mm程度である．ダウンザホールハンマ工法は迅速な施工が可能である反面，掘削中の地質・地下水状況の把握が難しい．施工にあたって，深度ごとに掘進速度や地下水湧出量の定量的把握を行う必要がある．ケーシング残置工法では，開口率の小さいスリットスクリーンしか使用できず，井戸外側に砂利が充填できないことが短所である．

1.3.4 振動回転掘削工法

振動回転掘削工法（ソニックドリル工法等）は，ビットに微細な振動を与えて回転させ，地盤を削りながら掘進する（図VI.1.6）．リングビットを用いた掘削工法なら泥水を使用せずに掘削が可能である．

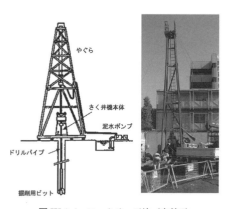

図IV.1.4　ロータリー工法（文献3）

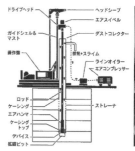 

図IV.1.5　ダウンザホールハンマ工法（文献3）

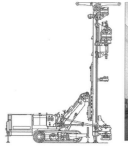 

図VI.1.6　振動回転掘削工法（文献3）

施工は迅速であるが、電気検層ができない、仕上げ口径が小さい等の問題があり、地中熱採熱井や試掘井等の施工で用いられることが多い。

1.4 ケーシングとスクリーン

掘削によって大地に開けられた孔は、岩盤等の特殊な条件を除いて地層の崩壊を起こす。このため孔を保持するために保孔管が設置される。保孔管のうち、地下水を取水する構造となっているものをスクリーン（ストレーナ）と呼び、そうでないものをケーシングと呼ぶ。

井戸は施工後定期的に井戸洗浄を行う必要性が生じる。このとき井戸管には大きな衝撃が与えられるため、十分な強度を有する材質のケーシングを選定する必要がある。ケーシングの条件としては以下の3点が重要項目として挙げられる。
- 外力に対して十分な強度を有する。
- 耐腐食性である。
- 取扱が便利で、接合が容易である。

ケーシングの種類は大きく2種類に分類される。1つは金属系ケーシング、もう1つは非金属系ケーシングである。

ケーシングにどの材質を選択するかはその地域の地質、地下水水質、井戸の用途、施工経済性等の条件により、適宜行う必要がある。

スクリーンの構造は、大きく分けて図VI.1.7の3種類がある。井戸内への地下水流入速度はスクリーンの開口率と反比例の関係がある。井戸内への地下水流入速度を緩やかにすることで、揚水に伴う地層中

① スリット型　② 丸穴巻線型　③ 巻線型
開口率5%程度　外側開口率20%程度　開口率20%程度

図 VI.1.7　スクリーンの構造（文献3）

の微細粒子の流動を抑えることができるため、極力開口率の大きなスクリーンを用いるのが望ましい。一般的に、巻線型スクリーンの開口率は20-30%であり、丸穴巻線型スクリーンもおおむね同様である。スリット型スクリーンでは5%程度と小さい。

ケーシング挿入後、井戸管の外側に砂利を充填する。井戸内への地層粒子の流入を防止するため、充填砂利の粒径は帯水層粒子の平均粒径の4-5倍程度であることが望ましい[4]。このとき充填量の把握を行い、所定量が入っているかどうか確認を行う。充填量は、想定される井戸管と掘削壁間の空隙に安全率1.2-1.5を掛けたものとすることが多い。所定量の砂利が入らない場合、砂利の棚かき等が要因で地中に空隙が生じている可能性があるので、井戸内にベーラーを降下する等して井戸に衝撃を与える等の対策が必要である。

1.5　井戸仕上げと井戸損失

井戸仕上げは、さく井工事にあたりきわめて重要な工程である。ベーラーや排水ポンプを用いて間欠的に揚水を行い、掘削時の泥水や掘屑を完全に除去し、清澄な地下水が井戸内に流入するまで継続することが必要である（図VI.1.8）。

井戸損失は、スクリーン構造、充填砂利

の性状，仕上げ工法の良否，目詰まりによる経年変化等，施工時の環境や井戸運用管理のような人為的要因により変動しうるものである．井戸損失は，段階揚水試験時に得られるデータから，図VI.1.9のように求めることができる．

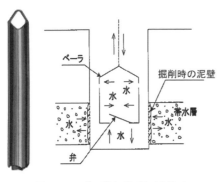

図 VI.1.8 井戸仕上げ工法（文献3）

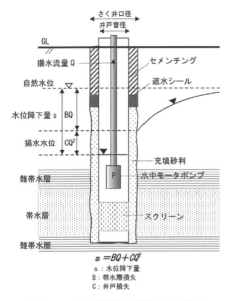

図 VI.1.9 帯水層損失と井戸損失（文献2）

1.6 井戸の維持管理と改修

井戸は造って終わりの施設ではなく，定期的に維持管理が必要な施設でもある．

井戸の限界・適正揚水量，比湧出量は，同じ井戸であれば常に一定の値を示す定数ではなく，目詰まり等の経年変化により，一般的には低下していくものである．定期的な目詰まり除去作業等の改修を行うことで，一時的に比湧出量を回復させることは可能であるが，井戸改修の効果は年々小さくなり，比湧出量低下速度が年々速まる（図 VI.1.10）．

ここでは代表的な井戸改修工法について紹介する．井戸の維持管理にあたっては，その地域の地質や地下水水質，井戸の劣化状況等を十分把握したうえで，適切な工法を選定することになる．

1.6.1 エアリフト工法

エアリフト工法は，コンプレッサーにより井戸底に空気を送り込み，井戸内に上昇流を発生させて浚渫を行い，このときの衝撃によりスクリーンの目詰まりを剥離させる工法である（図 VI.1.11）．

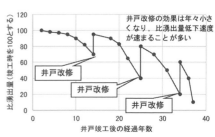

図 VI.1.10 比湧出量の経年変化例（文献3）

第1章 地下水の取水技術

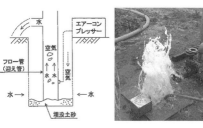

図 VI.1.11 エアリフト工法（文献5）

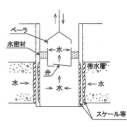

図 VI.1.12 ベーリング・スワビング工法（文献5）

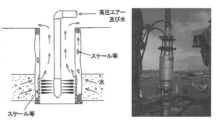

図 VI.1.13 ジェッティング工法（文献5）

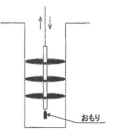

図 VI.1.14 ブラッシング工法（文献5）

1.6.2 ベーリング・スワビング工法

ベーラーの上下動による水の移動や衝撃により，目詰まり物質を浚渫し除去する工法である．ベーラーに水密材を付けることで施工効果を増すことができる（図 VI.1.12）．

1.6.3 ジェッティング工法

井戸内に高圧の洗浄水を圧送し，スクリーンの目詰まりを除去する工法である．井戸能力が著しく低下して前述の工法が適用できないときに効果を発揮することがある（図 VI.1.13）．

1.6.4 ブラッシング工法

井戸管径よりやや大きめの円形のブラシを井戸内に上下させ，井戸管に付着した物

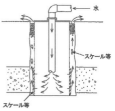

図 VI.1.15 バックウォッシング工法（文献5）

質を剥離させる工法である（図 VI.1.14）．

1.6.5 バックウォッシング工法

井戸を密閉し，高圧の空気または水を送り込んでスクリーン周辺のスケールを除去する工法である．施工にあたっては圧力の安全管理に十分注意が必要である（図 VI.1.15）．

1.6.6 薬品洗浄工法

井戸に薬品を投入し，ベーラー等で撹拌させることで，井戸内のスケール等目詰まり物質を化学的に溶解させて除去する工法である．

1.7 おわりに

日本国内では，新規さく井工事は減少傾向にあり，今後は既設井戸の維持管理と長寿命化が課題となる．井戸の長寿命化のためには，井戸の状態，とりわけ地下水位と揚水量を常時把握し，定期的に井戸能力を把握し，異常発生前に改修を行うことが求められる． 〔髙橋直人〕

文献

1) 全国さく井協会（2015）：さく井工事施工指針. 14.
2) 髙橋直人ら（2020）：原位置地下水調査法の留意点と建設現場での活用 5. 多孔式揚水試験. 地下水学会誌, 62(4), 613-641.
3) 髙橋直人（2021）：地下水を揚水するディープウェル施工時の管理ポイント. 基礎工, 26-29.
4) 日本水道協会（2014）：井戸等の管理技術マニュアル. p55.
5) 新潟県融雪技術協会（2008）：散水消雪施設設計施工・維持管理マニュアル. 231-233.

第2章

地下水の排水技術と涵養技術

2.1 地下水の排水技術

2.1.1 排水技術の分類

地下水の排水技術は，地下水位を低下させることで，地盤の安定化，作業性の改善を図るものである．排水工法としては，工事の安全性や作業性の向上を目的とした地下水位低下工法や，圧密沈下促進を目的とした圧密促進工法，雨等による浸透水を有孔管等へ集水し，斜面や盛土等の安定を図る暗渠排水工法等がある．

これらの排水工法は，一般にその排水機構の違いによって区分されており，重力排水工法と強制排水工法の2種類に分類される．表VI.2.1は，現在，主に用いられている地下水の排水工法である．

重力排水工法は，文字通り重力による排水で，井戸内の水位を下げる工法である．周辺地下水との水位差によって揚水井戸やかま場内へ自然に流下してくる地下水をポンプ等で地上へ排水し，周辺の地下水位を低下させるものである．

強制排水工法は，真空圧や荷重，電気を加えることによって，強制的に地盤内の地下水を排水する工法である．

2.1.2 排水工法の目的

地盤は土と水から構成されており，地下水の存在が地盤の特性に様々な影響を与えている．地盤工学において着目される重要な点は，地下水が地盤の強度特性，変形特性，圧密沈下特性等へ与える影響であるが，実際の土木工事の現場においては，地下水の湧出が作業性に与える影響への配慮も求められている．

このため，排水技術の適用には，地下水が地盤や工事に与える影響をよく把握することが重要であり，さらに地盤特性に施工目的，施工条件，経済性等を加味して，適正な工法を選定する必要がある．

掘削工事やトンネル工事では，湧水の処理，地盤の安定性確保，工事の作業性確保

表 VI.2.1　排水機構による工法の分類

排水機構	工法
重力排水	かま場排水工法 ディープウェル工法 ジーメンスウェル工法 暗渠排水工法
強制排水	ウェルポイント工法 バキューム・ディープウェル工法 プレローディング工法 バーチカルドレーン工法

等が課題となる場合がある．地下水の排水を行う目的の1つは，これらの工事を進めるうえでの課題を解決することにある．

もう1つは，地下水位を低下させることによって，土地の利用性・安全性を向上させることで，圧密沈下を促進させたり，液状化対策を行ったり，盛土法面等の安定性を確保すること等であり，排水自体が工事の目的となる場合である．

工法選定には，このような工法を適用する目的を明確にしておくことが重要である．排水工法を適用目的としては，一般に表 VI.2.2 に挙げるものがある．

2.1.3 工法選定

次に，目的に応じた工法を選択することとなる．表 VI.2.2 の目的に対応して適用される工法は，主に次のものが用いられている．

a. 湧水の処理（現場内排水）

地下水面下の掘削工事やトンネル工事で

は，湧水が生じ工事への影響が生じる湧水の処理には，比較的設置が容易で，安価なかま場排水工法が用いられている．

b. 工事の作業性確保

掘削工事で，ドライワークの確保を目的する場合には，ウェルポイント工法，ディープウェル工法，ジーメンスウェル工法等が用いられる．これらの工法は，掘削に先立って，事前に地下水位を下げておくので事前排水工法とも呼ばれる．

ドライワークといっても，完全に乾燥状態にすることではなく，地下水の揚圧力を下げることで地下水の浸水を防止し，重機等を使用した工事の作業性を確保し，安全かつ効率的に工事を行うことを目的としたものである．

c. 地盤の安定性確保

盤ぶくれ，パイピングを生じさせる被圧帯水層の減圧対策としては，ディープウェル工法，バキューム・ディープウェル工法等が用いられることが多い．これは，対象となる被圧帯水層が比較的深い場合が多いためである．減圧を目的とするため，このようなディープウェルを減圧井戸と呼ぶ場合もある．

盛土の安定対策には，暗渠排水工法が用いられている．浸透する雨水を排水することで，盛土の安定を図ることを目的としたものである．

d. 土地利用の向上

地下水位低下による土地利用の向上，安定対策や液状化対策としては，一般に暗渠排水工法，ウェルポイント工法，ディープウェル工法等が実績として用いられている．

表 VI.2.2　地下水を排水する目的

項目	目的
湧水の処理	・地下水面下の開削工事，トンネル工事において湧出する地下水の処理．
工事の作業性確保	・地下水面下を掘削する際の掘削底面におけるドライワークの確保．
地盤の安定性確保	・パイピング，ボイリング，盤ぶくれ等の地盤破壊への対策． ・盛土，擁壁，法面等の安定対策．
土地利用の向上	・排水ドレーンによる圧密沈下の促進． ・地下水位低下による液状化対策．

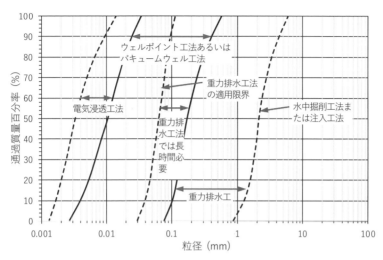

図 VI.2.1　排水工法の適用範囲（文献1）

圧密沈下対策としては，一般に荷重によって強制的に軟弱層内の地下水を排水するバーチカルドレーン工法，プレローディング工法が用いられる．

2.1.4　適用範囲

排水工法は，透水係数が大きい場合は，重力排水が可能であるが，透水係数が小さくなると強制排水が必要になってくる．

排水工法選定の目安としては，図VI.2.1は土粒子の粒径と排水工法の適用範囲との関係を示したもので，工法選択の参考となる．

2.1.5　地下水を排水する場合の留意点

ディープウェル工法やウェルポイント工法等の地下水位を低下させる工法は，施工ヤード内だけでなく，同時に周辺地盤の地下水位も低下させる．

地下水位が下がることによる影響として，付近に井戸がある場合は井戸枯れのおそれが，軟弱な粘性土層または腐植土層が堆積する場合は地盤沈下を生じさせるおそれがある．この他にも，水質の変化，陥没，杭のネガティブフリクション，湧水の枯渇等の様々な影響が生じるおそれがあり，その影響に配慮して慎重に計画することが求められる．

対応対策としては，①止水工法を併用して周辺地下水への影響を低減する方法，②工事による影響の補償を行う方法，③くみ上げた地下水をリチャージウェルにより地下へ戻す方法がある．

基本的には，止水工法等を併用し影響を低減する技術的な対策の検討がまず行われることとなるが，現実的に周辺地下水への影響を完全になくすことは難しい．このため，影響の補償やリチャージ工法等を併用した対応が取られる場合が多い．

補償としては，金銭の補償以外にも，井

戸を水源等に利用している場合には，代替水源として水道を敷設したり，代わりの井戸を掘削したりする対応が取られる場合がある．

リチャージ工法は，有効な対応方法であるが，地下水の還元は地盤条件に左右され，目詰まり等によって安定的に地下水を還元することが難しい場合が多い．一般に地下水の還元量は，揚水量の50-80%程度[2]であるといわれており，事前に注水試験を行い，適正な地下水還元量を把握したうえで，複数の井戸を使用して地下水の還元が行われる．また，還元が適切に行われているか確認するために，適宜モニタリングが必要になる．

いずれにしても，地下水位低下の影響について事前に十分な調査・検討を行うことが重要である．

2.2 重力排水工法

2.2.1 かま場排水工法

a. 機構および特徴

かま場排水工法は，掘削工事等の現場で，雨水や地下水の排水を行うもので，施工が容易で安価であるために，開削工事やトンネル工事で湧出する地下水を処理するために，古くから用いられている．

かま場排水工法は，図VI.2.2に示すように，掘削底面よりやや深い位置にかま場と呼ばれる浅い孔を作っておいて，そこに掘削部へ浸出してくる地下水や，掘削部に降った雨水を集め，ポンプによって排水する工法である．水を集めやすいように掘削底面に溝を設ける場合もある．

集水した地下水はポンプでくみ上げることになるが，土砂も集めることになるために，適宜除去しなければ維持することができない．これを怠るとポンプが埋没し，揚水ができなくなるため注意が必要である．

b. 施工上の留意点

かま場排水工法の施工上の留意点は，ボイリング，パイピング現象等である．

ボイリングは，砂質地盤を掘削する際に，十分に地下水が下がりきる前に掘削底面を下げすぎると，揚圧力によって，直下の地盤が沸騰したように土が吹き上がる状態になる現象である．このような状態になると，有効応力が低下し，支持力を失い地盤が不

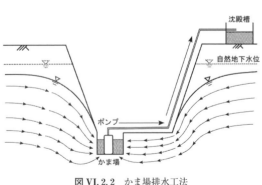

図VI.2.2 かま場排水工法

第2章　地下水の排水技術と涵養技術　　　*355*

安定化する.

　パイピングは，水圧差によって土粒子が流出し，パイプ状の水みちを形成する現象である．土粒子の流出が水みちへ集中することによって，徐々に水みちが発達し，最終的には土留めの倒壊や，周辺地盤の沈下等の地盤崩壊に至る．

　これらの現象は，かま場排水工法に限ったものではないが，掘削工事等では本来地盤に作用している地下水圧を解放することになるため，掘削面と背面地盤との水圧差が生じることが発生要因となる．場合によっては重大な事故につながるため，事前に背面地盤の地下水位を下げておく，土留めの根入れを深くして浸透路長を長くとる等の十分な対策を取る必要がある．

2.2.2　ディープウェル工法

a.　機構および特徴

　地下水位が深い場合や掘削深度が深く地下水位を大きく下げる必要がある場合には，ディープウェル工法が用いられる．ディープウェル工法は，透水性の良い砂質または砂礫質の土層が層状に堆積する被圧帯水層に用いられる．

　通常，ディープウェルは，地下水位を低下させる掘削部の外周に沿って設置される．井戸の掘削径は，一般に 20-80 cm 程度で，20-45 cm 程度のケーシングパイプを挿入した後，周囲にフィルタ材として砂利や砂礫を充填し，各井戸内に水中ポンプを設置し地下水を排水する．

　重力によって井戸内に湧出する地下水を排水することで十分に地下水位を下げるには，かなりの長期間を要する場合がある．

揚水を停止すると地下水位が戻るために，工事期間中は昼夜連続で揚水を行う必要がある．

　また，重力式排水であるために，周辺の地下水位との水位差が必要であり，通常ディープウェルは，間隔を広く取って設置される．設置間隔は，一般には 10-20 m 程度である場合が多いが，地下水位が十分に下がりきらないときには，増設する場合もある．

　また，掘削面積が広い場合や，掘削面下に被圧帯水層がある場合には，後述するウェルポイントを併用したり，バキューム・ディープウェル工法を採用したりする等，さらに地下水位を下げる対策が取られる．

　掘削工事やトンネル工事において，ドライワークで工事を進める目的で実施されることが多いが，透水性の良い被圧帯水層の減圧を行う際にも有効であり，このようなディープウェルを減圧井戸（リリーフウェル）と呼ぶこともある．このほかにも，液状化対策，汚染地下水の除去等にも用いられる場合がある．

b.　排水工法計画

　ボイリングやパイピングのおそれがないように，事前に地盤調査を実施し，必要な地下水位低下量を定め，それに応じた排水計画を立案する．具体的には，ディープウェルの配置・掘進深度，1機あたりの揚水量，ポンプの仕様・数量等を計画する．

　重力排水工法による揚水量の算定には，一般に井戸理論式が用いられる．排水計画によく使われる井戸理論式の1つとして，Thiem（1906）[3] の定常井戸理論がある．ティーム（Thiem）の式は，最初に

Dupuit（1863）[4]の誘導した式で，揚水試験結果の解析法として，いろいろな文献で紹介されているが，必要な地下水位低下量に対する揚水量を求める際にも利用されている．

計算式は，被圧帯水層の場合と不圧帯水層の場合で異なる．これは，被圧帯水層では地下水の流れが水平方向で帯水層厚 b の幅で流れていると見なせるが，不圧帯水層では地下水面 h によって流れの幅が変化するためである（図 VI.2.3，図 VI.2.4）．

①ティームの式
- 被圧帯水層を対象とした式

$$Q = \frac{2\pi k b (H - h_0)}{\ln(R/r_0)} \quad \text{(VI.2.1)}$$

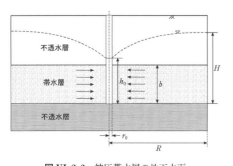

図 VI.2.3　被圧帯水層の地下水面

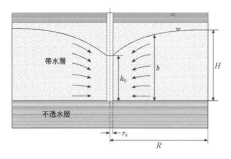

図 VI.2.4　不圧帯水層の地下水面

- 不圧帯水層を対象とした式

$$Q = \frac{\pi k (H^2 - h_0^2)}{\ln(R/r_0)} \quad \text{(VI.2.2)}$$

ここに，$Q =$ 揚水流量（m³/s），$k =$ 帯水層の透水係数（m/s），$H =$ 自然水位（m），$h_0 =$ 井戸の孔内水位（m），$b =$ 帯水層厚さ（m），$r_0 =$ 井戸の半径（m），$R =$ 影響半径（m）である．

また，ティームの式は，連続条件とダルシー則より，以下の前提条件のもとに誘導されている．

- 孔内水位 h_0 の変動がない平衡状態となっている．
- 地盤は水平成層地盤で，透水係数 k は一律とみなせ，自然地下水面も一定である．
- 揚水井戸を中心から影響半径 R 上の水位変動は 0 とみなせる．
- 帯水層への降雨による水の供給や上下層への漏水がない．
- 揚水井戸は完全貫入井戸である．
- 井戸周囲のフィルタは，地盤に対して十分に透水性が高く井戸損失がないとみなせる．

実際には，このような前提条件に完全に適合する理想的な地盤はなく，適用する際には，あくまで近似的に成立していることを念頭に置いておくことが重要である．

特に，揚水量の算定では影響半径 R の設定が難しい場合が多いが，実務的にはジハルト（Sichardt）の式やクサキン（Kusakin）の式といった簡易的な経験式が利用されている．影響半径の算出には，このほかにも様々な式が提案されている[5]．

②ジハルトの式

$$R = 3000 s \sqrt{k} \quad \text{(VI.2.3)}$$

ここに，s = 水位低下量（m），k = 帯水層の透水係数（m/s）である．

③クサキンの式

$$R = 575s\sqrt{bk} \qquad (\text{VI.2.4})$$

ここに，s = 水位低下量（m），b = 帯水層厚（m），k = 帯水層の透水係数（m/s）である．

また，実際の現場では，複数の井戸を使って揚水が行われる．この場合には群井戸の式が用いられる．

④群井戸の式

・被圧帯水層の式

$$H - h_p = \frac{1}{2\pi kb}\sum_{i=1}^{n} q_i \ln \frac{R}{r_i} \qquad (\text{VI.2.5})$$

・不圧帯水層の式

$$H^2 - h_p^2 = \frac{1}{nk}\sum_{i=1}^{n} q_i \ln \frac{R}{r_i} \qquad (\text{VI.2.6})$$

ここに，q_i = 揚水井戸 i の揚水流量（m³/s），h_p = 点 p の地下水位（m），r_i = 点 p と揚水井戸 i との距離（m）である．

いずれにしても，非定常条件や不完貫入井戸，上下層からの漏水を考慮した理論式も求められており，理論式の背景にある前提条件をよく理解したうえで適用することが重要である．

c. 削孔方法

削孔工法としては，一般的なパーカッション工法，ロータリー工法等の他，ベノト工法，リバースサーキュレーション工法といった場所打ち杭用の機械を用いた工法がある．

パーカッション工法は，古くから使われている一般的な工法で，ビットを孔底に自由落下させ打撃で地盤を粉砕し，ベーラー等で掘削土砂をすくい上げて掘進する工法

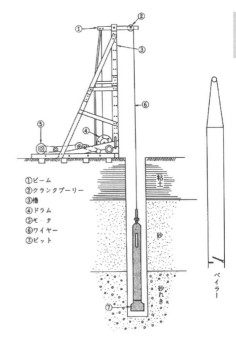

図 VI.2.5 パーカッション工法（文献6）

である（図 VI.2.5）．

掘進速度は遅いが，玉石等の硬い地盤の掘削に適している．掘進深度は数100 m程度まで可能であるが，掘削径が 60 cm程度までであり，大孔径の井戸の掘削には適さない．

また，掘削に泥水を使用するため，掘削後に入念な洗浄が必須である．施工機械は比較的小型で少人数での作業が可能であるが，振動・騒音が大きいといった欠点がある．

ロータリー工法は，先端に取り付けたビットを回転させて土砂を掘削する工法である．掘削中は孔内に泥水を循環させて，孔壁を保護しながら，掘削屑を除去し掘進

する．掘削径は，パーカッション工法と同
程度である．パーカッション工法に比べ，
比較的早く掘進可能であるが，玉石等の硬
質地盤の掘削は困難である．掘削時の騒音・
振動が少なく，都市部での掘削に適してい
る．

場所打ち杭用の機械を用いた工法は，孔
径の大きい井戸の施工に適している．掘削
径は，ベノト工法で最大1.5 m程度，リバー
スサーキュレーション工法で最大3 m程度
である．また，パーカッション工法等と比
べ，掘進速度が速いことも特徴である．た
だし，掘削機械が大型であり，機械費用が
高価であることと，作業面積が広く必要と
なるといった欠点もある．

d. 施工上の留意点

ディープウェル工法によって，地下水位
を低下させると，地盤内の水圧の低下，す
なわち有効応力を増大させることになる．
周辺の砂礫層では即時沈下が生じ，粘性土
層が介在する場合には，圧密沈下を生じさ
せる．事前に地盤沈下等への影響がないか
検討を行う．

事前排水の場合には，十分に地下水位を
下げておけば，基本的にはボイリングやパ
イピングのおそれは少ないが，ポンプの故
障等によって，揚水が停止し急速に地下水
位が上昇すると，やはり事故の原因となる
場合があるので，あらかじめ予備のポンプ
や動力源を準備しておくことが大切であ
る．

2.2.3 ジーメンスウェル工法

ジーメンスウェル工法は，径20 cm程
度のストレーナ管を掘削孔へ挿入し，周囲

にフィルタ層を作成し，吸水管（サクショ
ンパイプ）によって排水を行う工法である．
一般に透水係数が10^{-3}-10^{-4} m/s程度の透
水性の高い帯水層に適用される．ジーメン
スウェル工法は，ウェルポイント工法の前
身となった工法で，サクションパイプを，
ヘッダパイプに接続し，片側に大容量ポン
プを取り付けて，各井戸から一斉に排水を
行う．主にヨーロッパで開発・発展した工
法で，ドイツのSimense-Bau-Unionによっ
て研究され，普及したことから，現在の名
称が用いられている．

この工法は，1台のポンプで複数の井戸
から排水するものであり，各井戸にポンプ
が必要になるディープウェル工法に対し有
利である．かつては安価で良質なポンプが
なかった古い時代によく用いられていた
が，セルフプライミングポンプを使用し，
可能な地下水位低下量が深度6 mまでに
限られていることや，ヘッダパイプの継手
等からエアリークが生じやすく，パイプラ
インの維持管理が容易でない等の欠点があ
る．

ウェルポイント工法の技術的な発展と，
水中ポンプが安価になってきているため
ディープウェル工法に対する技術的・経済
的な優位性が少なくなり，国内では現在ほ
とんど使用されることはなくなっている．

2.3 強制排水工法

2.3.1 ウェルポイント工法

a. 機構および特徴

ウェルポイント工法は，揚水管内に真空

第2章 地下水の排水技術と涵養技術

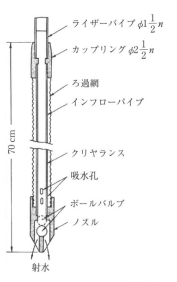

図 VI.2.6 ウェルポイント（文献6）

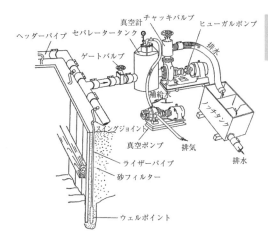

図 VI.2.7 ウェルポイント工法設置概要図（文献6）

ポンプで吸水圧力（サクション）を掛けて，強制的に地下水を吸い出し，排水することで，周辺の地下水位を低下させる工法である．

井戸の先端に取り付ける径63.5 mm（2.5インチ），長さ0.7 m程度のストレーナをウェルポイントと称する（図VI.2.6）．ウェルポイントは，先端にボールバルブを持ったノズルが取り付けられており，打ち込み時には，先端から高圧水をジェッティングしながら，所定の深度まで打設する．ウェルポイントは，径38.1 mm（1.5インチ）の揚水管（ライザーパイプ）に接続され，地盤中にカーテン状に設置する．吸水時には，ろ過網から入った地下水を吸水口から上方へ吸引し，ヘッダパイプを通じて地下水を地上へ排水する．したがって，ウェルポイントはジェットによる掘削と，サクションによる吸水機能を有するものとなっている．

ウェルポイントは，ライザーパイプ，ヘッダパイプを通じて，セパレータタンク（気水分離槽），真空ポンプ，ヒューガルポンプ（渦巻きポンプ）が接続されており，これらのポンプが吸引圧力（サクション）を生じさせており，大気圧との差が地下水をくみ上げる圧力となる（図VI.2.7）．このため，効率的に地下水をくみ上げるには，エアリークが少なくなるように可能な限り密閉し，吸引圧力を維持しながら真空に近い状態でくみ上げ続けることが重要になる．

また，ウェルポイントとヒューガルポンプの中心軸との高低差をサクションヘッドと呼び，効率的にくみ上げるには，サクションヘッドを小さくすることも大切である．

ウェルポイントは，原理的に大気圧（標準大気圧≒101.3 kPa）以上の圧力を生じ

させることができない．したがって，理論上は地下水をくみ上げることができる高さは最大約 10.3 m となる．実際は，揚水管との摩擦損失等のロスもあり，深度 5.0–6.0 m 程度までが地下水をくみ上げることができる限界である．それ以上に，地下水位を下げる必要がある場合には，セパレータタンク，ヒューガルポンプの設置位置を下げなければならないため，多段階での設置が必要になる．

ポンプの稼働中は，ポンプの保守，真空度，地下水位，揚水量のモニタリングを実施する．ディープウェル工法と同様に地下水を下げ続ける必要があるために，ポンプの故障等に対しても十分に注意が必要である．

b. 排水工法計画

ウェルポイントの全体の揚水量は，ヘッダパイプで囲まれる排水領域を仮想井戸半径で仮定して，ディープウェル工法の場合と同様に井戸理論式を用いて算出する．

仮想井戸半径は，以下の式（VI.2.7），式（VI.2.8）のうち，いずれか大きい方を採用する．ただし，掘削部の外側に井戸を設置する場合にはその位置を考慮する必要がある（図 VI.2.8）．

表 VI.2.3 透水係数とウェルポイント1本あたりの揚水能力 q'_w（文献 8）

k [m/s]	q'_w [m³/min]
1×10^{-5}	$(1 \sim 5) \times 10^{-3}$
5×10^{-5}	$(5 \sim 10) \times 10^{-3}$
1×10^{-4}	$(10 \sim 20) \times 10^{-3}$
5×10^{-4}	40×10^{-3}

表 VI.2.4 透水係数とウェルポイント1本あたりの揚水能力 q'_w（文献 8）

土質	q'_w [m³/min]
礫	$(50 \sim 70) \times 10^{-3}$
砂礫	$(30 \sim 50) \times 10^{-3}$
粗砂	$(20 \sim 25) \times 10^{-3}$
砂	15×10^{-3} 前後
細砂	$(8 \sim 10) \times 10^{-3}$

$$r_0 = \sqrt{\frac{a \times b}{\pi}} \qquad (VI.2.7)$$

$$r_0 = \frac{a+b}{\pi} \qquad (VI.2.8)$$

ウェルポイント1本あたりの揚水能力 q'_w は，地盤の透水係数や真空度によって異なるが，算定方法が確立されていないため，正確な値は現場実験で求める必要がある．経験的には，表 VI.2.3 および表 VI.2.4 に示した程度とされており，これらを目安とする．

c. 施工上の留意点

ウェルポイントの打込みには，ウェルポイントのジェットのみでは穿孔が不十分であるため，穿孔カッタを使用して一様なサンドフィルタが形成できるように注意する必要がある．サンドフィルタは削孔後，速

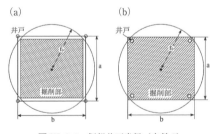

図 VI.2.8 仮想井戸半径（文献 7）
(a) 掘削部外に設置，(b) 掘削部内に設置．

やかに所定量を充填する．

フィルタ材の粒径は，周辺地盤の土粒子を通過させることなく，地下水のみをウェルポイント内へ流入するように選定する必要がある．フィルタ材の粒径としては，物理試験結果から

$$4D_{85} > D_{f15} > 4D_{15}$$

のものを選択すると良い．ここに，

D_{f15} ＝ フィルタ材の粒径加積曲線における15％に相当する粒径

D_{15}, D_{85} ＝ 周辺地盤の粒径加積曲線における15％，85％に相当する粒径

である．

ポンプの配置は，両側から等しい数のウェルポイントから揚水できるように配置すると最も効率的である．また，設置位置はヘッダパイプと同じ高さにする必要がある．

稼働中は連続して揚水を行い，地下水位，真空度，揚水量の変化をモニタリングし，エアー漏れ等が生じていないか現場状況を確認する必要がある．

2.3.2　真空併用型ディープウェル工法（改良型バキューム・ディープウェル工法）

真空併用型ディープウェル工法は，真空ポンプによって，井戸管内の圧力を低下させ真空状態にすることで，地下水の井戸内への流入を促進させたディープウェル工法である．現在は，スクリーンと内管の二重構造とした特殊スクリーンを用い，空気の吸引を防止するとともに，真空度を高く保つことができるように工夫されている改良型バキューム・ディープウェル工法が一般に使用されている．

従来は，重力排水工法であるディープ

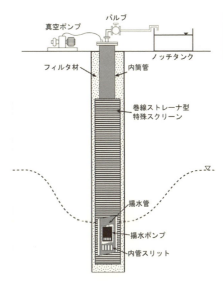

図 VI.2.9　真空併用型ディープウェル工法（文献9）

ウェル工法が使用されてきたが，改良型バキューム・ディープウェル工法では，ウェルポイント工法と同様に，揚水を行う対象層の井戸管外側にスクリーンを設置し，内管の最下部のスリットからのみ揚水を行う（図VI.2.9）．これによって，スクリーン管内に地下水が残留し，空気の侵入による井戸損失の発生を防止し，合わせて真空にすることによって，揚水効率を向上させるだけでなく，揚程を小さくすることや，揚水ポンプの負荷低減を実現している．

透水性の小さい帯水層から揚水する際に深度が深いためにウェルポイント工法の採用が難しい場合等に用いられる．

〔原　弘典〕

2.4 軟弱粘土地盤の圧密排水工法

2.4.1 概要

a. プレロード工法

プレロード工法は載荷重工法または予圧密工法等ともいわれ，図VI.2.10のように構造物の施工に先立って構造物の重量に等しいか，あるいはそれ以上の荷重をあらかじめ盛土等によって載荷し，基礎地盤の圧密沈下を促進させるとともに，強度の増加を図り，沈下量や強度が事前に期待した値に達したことを確認した後，除荷し，その後に構造物を建設する工法である。

軟弱粘土地盤の上に構造物を築造する場合は，次のような課題がある。

① 地耐力が小さく，大きな荷重は支えられない。
② 荷重の大きさが，地耐力以下であれば，一応は支えられるが，構造物完成後，大きな沈下が生ずる。
③ 沈下には非常に長い時間がかかり，何年間も続く。

このような現象が生ずる主原因は，次の2つである。その第1は，土の中の水分が非常に多いことである。含水比（水の重量/土粒子重量）が100％以上であることは珍しくない。第2は，各土粒子の大きさが非常に小さく，したがって透水性がきわめて小さいことである。透水係数は1×10^{-8} m/s前後であり，砂の場合の1/10,000程度である。

前述の問題を解決するため，土中の水を排除して含水比を小さくする。これが，軟弱粘土地盤における排水の目的である。排水の方法は，基本載荷重による強制排水である。

軟弱地盤に盛土による荷重を加えると，粘土層では透水性がきわめて小さいため，土中水の圧力（間隙水圧）はただちに増加して水頭は上昇する。一方，砂層中では水圧は増加しない。その理由は，透水係数が大きいために，たとえわずかでも水頭の上昇があれば，ただちに排水が生じて増加水圧は消散するからである。よって，粘土層中では土中水は強制的に流されて砂層のような排水層に排出する。粘土内の水が排水されると，その排水量に等しい分だけ粘土の体積は減少し，地表面の沈下という現象となって表れる。このように，粘土内の水が排出されて沈下を起こすことを粘土の圧密といい，その沈下は圧密沈下という。圧密が終了すれば，含水比は減少し問題は解決する。この原理を利用して，軟弱粘土地盤上に構造物を築造する工法がプレロード工法である。すなわち，構造物の建設工事に先立って，その設計荷重に等しいかあるいは，それ以上の荷重の載荷盛土を行い，粘土の圧密完了後盛土を撤去して，目的の構造物を築造するという工法である。適用事例としては造成地や道路盛土等の残留沈下を少なくするために用いることが多いが，埋立地盤そのものの圧密沈下促進に用

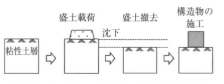

図VI.2.10 プレロード工法の概念図（文献10）

いられるケースもある.

b. バーチカルドレーン工法

バーチカルドレーン工法は，図 VI.2.11 に示すように軟弱な粘性土地盤に透水性のよい鉛直ドレーンを多数設置して，水平方向の排水距離を短縮することで圧密沈下の促進を図る工法である．圧密による地盤の強度増加も期待でき，地盤の安定化にも適用可能である．ドレーン材には自然材料（砂）や人工材（プラスチックボード等）が用いられ，施工方法や使用材料によりいくつかの工法に派生している．圧密排水に際しては載荷盛土との併用を基本とするが，プラスチックボードドレーンでは負圧（真空圧）を作用させる工法もある.

粘土の圧密に要する時間 t は，理論的には次式で表される.

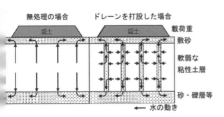

図 VI.2.11 バーチカル工法の概念図（文献 6）

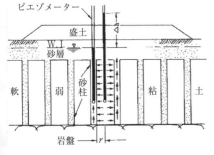

図 VI.2.12 サンドドレーン工法の排水（文献 6）

$$t = \frac{T \cdot H^2}{C_v} \qquad \text{(VI.2.9)}$$

ここで，$C_v\,[\mathrm{m^2/s}]$ は圧密係数といってその土によって定まる定数，T は時間係数といって，最終沈下量を100％とした際の，その時点での進行度合いの量を表す圧密度 $U\,[\%]$ によって定まる係数，また $H\,[\mathrm{m}]$ は粘土内の排水路の最大長，図 VI.2.12 では粘土層の厚さである．粘土の圧密は一般に長時間要するが，式（VI.2.9）にみられるように H の影響が最も大きい．したがって，プレロード工法は粘土層の厚さが薄いときはよいが，厚くなると圧密時間が非常に長くなり，10年以上となることも珍しくない．したがって，実用は不可能となる．そこで，圧密時間を短縮するために開発されたのが，サンドドレーン工法等のバーチカルドレーン工法である．これは，図 VI.2.12 に示したように，載荷盛土を行う前に軟弱地盤内に砂等のドレーン（排水路）となるものを設置する．設置後載荷盛土を行うと，粘土層内では前述したようにただちに間隙水圧が上昇するが，砂柱の中では間隙水圧は一定である．したがって，粘土層内の水は，図 VI.2.12 の矢印で示したように，まず水平方向に流れてドレーン内に入り，次に上方に流れて砂層（サンドマット）内に排出される．この場合，粘土内の排水路の最大長は，ドレーンまでの距離 r となるので，軟弱層厚 H に比較すると著しく短くなる．この結果，式（VI.2.9）の t は非常に小さくなり，プレロードのみでは10年程かかる圧密も数か月で終了することとなる.

ドレーン材は，砂の他にプラスチック

ボード等の材料が用いられることが多い．

2.4.2 バーチカルドレーン工法の設計・施工

バーチカルドレーン工法には，前述のようにドレーンの材料による違いがあるが，その設計は基本同じである．ここでは，代表的なサンドドレーンおよびプラスチックボードドレーン工法についてとりあげる．

a. 計画・設計

(1) 概要

バーチカルドレーン工法が用いられる目的として，計画構造物の荷重に対し沈下が問題である場合が多い．施工範囲は計画構造物の接地面積以上をとり，また載荷重の大きさも計画荷重以上，深さは軟弱粘土層の厚さとすることが多い．

以上が定まったならば，工法，使用機械，数量等を現場の条件やコストを考慮して定める．そして，最後に工事の進捗に応じて所定通り圧密が進行しているか否かをチェックする調査測定，いわゆる動態観測計画を定め工事費の積算を行う．しかし，これらは単なる排水工事というより，むしろ地盤改良工事の計画設計というべきものであり，地盤工学的な問題が大部分を占める．そこでここではドレーンの径と間隔の決定についてのみ述べる

(2) ドレーン径・間隔・数量の算定

サンドドレーンの径（d_w）と間隔（d）は，計画の工期より定められた圧密時間より算定する（図Ⅵ.2.13）．サンドドレーンにおける圧密時間は，次式によって計算することができる．

$$t = \frac{T_h \cdot d_e^2}{C_V} \qquad (\text{Ⅵ}.2.10)$$

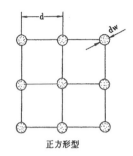

図 Ⅵ.2.13 サンドドレーンの配置（文献6）

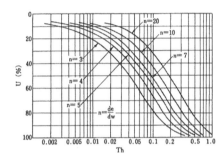

図 Ⅵ.2.14 サンドドレーンにおける時間係数（文献6）

ここに，d_e は間隔 d と配置型式によって定まる等価有効径と呼ばれる値であり，例えば正方形配置の場合は $d_e = 1.128d$ となる．時間係数 T_h は，圧密度 U のほかにサンドドレーンの径 d_w と，上述の d_e との関数であり，$n = d_e/d_w$ をパラメーターに取れば，図 Ⅵ.2.14 のように与えられる．また，圧密係数 C_V は，鉛直方向と水平方向では若干異なり，一般に水平方向の圧密係数は鉛直方向の数倍大きいといわれている．

式（Ⅵ.2.10）により，いろいろな d_w，d_e，U について t を計算すると，図 Ⅵ.2.15 のような結果が得られる．この中から，

第2章 地下水の排水技術と涵養技術

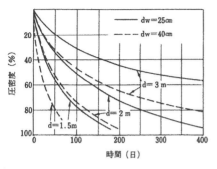

図 VI.2.15 圧密時間の計算結果（文献6）

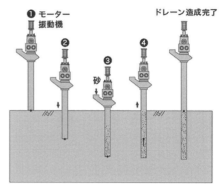

図 VI.2.16 サンドドレーン工法施工方法（文献11）

与えられた工期にしたがって d_w, d_e を適宜選べばよい．式（VI.2.10），および図 VI.2.15 からわかるように，圧密時間を早くするには，d_w を大きく d_e を小さくすればよく，しかも t は d_e^2 に比例するので，d_e を小さくすることが最も効果的である．そこで，サンドドレーン径は細くても，間隔を狭くする方が，工期も短縮され砂量も減り，原理的には有利になるが，径があまりに細いと打設中に切れたり，あるいは圧密中にドレーンの中に粘土粒子が入りこんだりして，ドレーンの透水度を悪くするおそれがある．適当なドレーン径は，工法によってそれぞれ異なるが，サンドドレーンでは 40-50 cm である．また，プラスチックボードドレーンやその他のドレーンで，断面が円でないものは等価円（換算径）を考えて d_w とする．

b. 施工

(1) サンドドレーン工法

サンドドレーン工法は，図 VI.2.16 に示す施工方法で軟弱な粘性土地盤中に透水性のよい砂の鉛直ドレーンを多数設置して，水平方向の排水距離を短縮して，圧密沈下の促進を図る工法である．陸上・海上いずれの工事にも用いられ，圧密促進工法としては最も代表的な工法であり，実績も豊富である．ドレーン打設時には，施工管理装置により，投入砂量，ケーシングパイプの打ち込み深度，およびケーシングパイプ引き抜き時のパイプ内の砂面の動きの計測等の施工管理を実施する．ただし，ドレーン打設後圧密させるため，半年～1年程度の盛土放置期間が必要である．また各種計測や土質調査により圧密の進捗状況（沈下促進と強度増加）を把握して，改良効果を確認することで，適切な盛土の載荷計画や沈下・安定管理を実施する必要がある．

ケーシングパイプの貫入に起振機（バイブロ）を用いるので，振動・騒音が発生する．またケーシングパイプ貫入に伴い，地盤の変位が生じる．施工域周辺に民家等の構造物の有無を確認する必要がある．これらの周辺環境への影響に配慮した施工方法として，図 VI.2.17 に示すオーガ式の適用がある．オーガ式サンドドレーン工法は，スパイラルを装着したケーシングパイプを電動モーターにより回転させながら貫入するこ

図 VI.2.17 オーガ式サンドドレーン施工機（文献11）

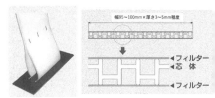

図 VI.2.18 プラスチックボードドレーン姿図（文献11）

図 VI.2.19 プラスチックボードドレーン施工機（文献11）

とで，振動・騒音の大幅な低減と排土による地盤変位の抑制が可能である．また近年は，液状化対策に用いる静的締固め砂杭工法の施工機を用いて施工されるケースも増加している．ウォータージェットの併用等により硬質層等への対応も可能である．

(2) プラスチックボードドレーン工法

軟弱な粘性土地盤に図 VI.2.18 に示す透水性のよいプラスチックボード等の鉛直ドレーンを多数設置して，水平方向の排水距離を短縮することで，圧密沈下の促進を図る工法である．ドレーン材は工業製品であるため材質が均一で，また軽量で取り扱いも容易であり，施工性もすぐれている．材料供給のための補助機械等が不要なため他工法に比べて施工は容易である．ドレーン材の打設にはフリクションローラーによる静的圧入方式を用いるので，施工は低騒音無振動で行うことが可能である．施工機を図 VI.2.19 に示す．

なお，放置期間および動態観測の必要性はサンドドレーン工法と同等である．留意点として，標準換算径が 5 cm 程度と小さいため，長尺の場合ウェルレジスタンスによる圧密遅れの懸念があり，検討時に配慮が必要である．また工業製品であるため，ドレーンが地中に半永久的に残置される

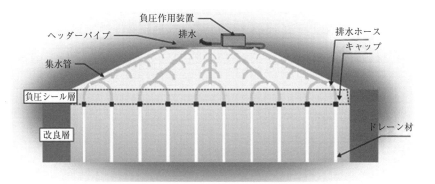

図 VI.2.20 真空圧密ドレーン工法（文献 11）

とから，近年は生分解性を有する環境配慮型のドレーン材も開発されている．

2.4.3 その他のドレーン工法

ここでは真空圧を利用して軟弱地盤中に含まれる間隙水を排出し，地盤の圧密沈下や強度増加を図る地盤改良工法である真空圧密ドレーン工法について述べる．概要を図 VI.2.20 に示す．排水ホース付き気密キャップを取り付けたプラスチックボードドレーンを軟弱地盤中に所定の間隔・深度に打設し，排水ホースと集水管を通して負圧作用装置に直結して負圧（真空圧）を作用させると，ドレーン内部は減圧されて外部よりも圧力が小さくなる．このときのドレーン内と外に生じた圧力差を利用して粘土に動水勾配を生じさせ，粘性土中の間隙水をドレーン内に誘導して上部へと排水する．その他，地表面にシートを敷設して負圧を作用させる工法もある．特徴として負圧を用いることで載荷盛土が不要となる．　〔竹内秀克〕

2.5 地下水の涵養技術

降水や湖沼水・河川水，貯水池等の地表水が地下へ浸透し地下水となることを涵養といい，地下水流動系に付加される作用を地下水涵養という．地下水涵養には，水田からの浸透，浸透ます，涵養池，リチャージウェル等の人工涵養施設からの浸透，上下水道管の漏水による浸透等も含まれる[12]．

地下水資源を保全する目的で地下水の人工涵養の試みが国内外で古くから行われてきた[6]．その一方で，我が国では高度経済成長期の地下建設工事に起因した地下水位低下や地盤沈下等の地盤環境影響リスクを低減する目的で，リチャージ工法（復水工法）が 1970 年代から現在に至るまで多く行われてきた[13,14]．地下建設工事におけるリチャージ工法の適用例を図 VI.2.21 に示す．

また，地下水の人工涵養において，リチャージウェルや浸透ます等の涵養施設の

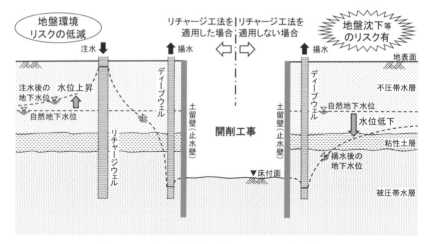

図 VI. 2.21　地下建設工事に伴うリチャージ工法の適用例

「目詰まり」は最大の技術的課題であり，避けて通ることはできない．したがって，目詰まりの原因を良く理解し，これを考慮した設計を行うこと，さらに効果的な対策を講ずること等が必要である．

本節では，地下水の涵養技術について概説するとともに適用にあたっての課題や留意点等について述べる．

2.5.1　地下水の人工涵養の目的

地下水の人工涵養の目的は，大きく2つに分類できる．ひとつは，地下水を資源として有効に利用するための涵養であり，能動的人工涵養である．もうひとつは，地下水位変動に伴う地盤環境影響リスクを低減するための涵養であり，受動的人工涵養である[15]．

能動的人工涵養は，涵養した地下水自体を生活用水や農業用水として利用するものと，揚水した地下水の熱を利用した後，再び地中に還元する熱利用（本編第4章参照）を目的としたものがある．地表にある水をわざわざ地下に涵養して利用するのは，地盤における地下水浄化機能・清澄性，地下水の恒温性，地盤の地下水貯留性能を期待するためで，地下水資源としての特徴を生かした利用を行うためである．

一方，受動的人工涵養は，地下水位が低下して発生する井戸枯れ，湧水枯れ，地盤沈下，地下水の塩水化等といった周辺地盤への環境影響リスクを低減するためのものである．地下建設工事の期間中に周辺地下水位の低下を低減するためのリチャージ工法，地下構造物の建設により発生する地下水流動阻害の影響を低減するための地下水流動保全工法がこの例である．また，雨水貯留浸透の当初の目的は洪水抑制であり，これも受動的な人工涵養といえる．

2.5.2　地下水の人工涵養の方法

人工涵養の方法には，地表あるいは地下の浅い所から不飽和帯を通して地中に浸透

第2章 地下水の排水技術と涵養技術

させる拡水法と，井戸を利用して帯水層に直接注入する井戸法とがある[12]．

a. 拡水法

拡水法による一般的な手法としては，集中豪雨による都市型水害の低減や地下水涵養を目的とした浸透ます，浸透トレンチが挙げられる．浸透ますは底面および側面を開口または有孔にした透水性のますの周辺に，砂利や砕石等の充填材を充填し，集水した雨水を浸透させる施設をいい，主に住宅や道路等に設置される．一方，浸透トレンチは掘削した溝に砂利や砕石等の充填材を敷き，この中に雨水を導き，トレンチの底面および側面から地中へ浸透させる施設をいう．面的に浸透させる施設で，大きいものは浸透池と呼ばれる[12]．拡水法による人工涵養の詳細については，文献16, 17)を参照されたい．

b. 井戸法

井戸により水を帯水層に集中的に浸透させる方法を井戸法という．井戸内に地下水面が存在しないで地下水面上の不飽和域に涵養する井戸を乾式井戸，井戸内に地下水面が存在しており飽和域に涵養する井戸を湿式井戸という．

地下水涵養を目的とした井戸をリチャージウェル（還元井，注水井戸ともいう）といい，揚水に用いられる井戸（ディープウェル）と同様な構造である場合が多い[12]．リチャージウェルの構造例を図Ⅵ.2.22に示す[18]．

リチャージ工法（復水工法）[19,20)]は，地下水の揚水に伴う地下水位低下によって生じる地盤沈下，井戸の水位低下や井戸枯れ等の被害を低減または防止することを目的

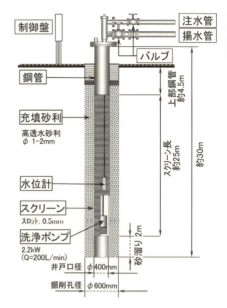

図Ⅵ.2.22 リチャージウェルの構造例（文献18)

として，地盤内に注水する工法である．またリチャージ工法を適用するにあたり，事前に注水試験を実施することが必要である．注水試験は，揚水試験とは逆にリチャージウェルに注水する試験で，理論的にも揚水の逆だと考えれば良い．現実には帯水層の性質，井戸の構造，地下水の水質等によって理論通りに注水できることは少ないため，試験井戸を設置し注水量と井戸内水位（注水圧）等の関係を事前に把握し適切な注水のための管理値を設定する必要がある[19)]．近年実施された注水試験の実施例を文献21, 22) に示す．

2.5.3 リチャージ工法における目詰まり

粘土やシルトのような細粒分，あるいは砂粒分が地層間隙中で流路を閉塞し，その

透水性を損なうことを目詰まりという．生物・化学的溶解・沈殿等もその原因となる．地下水の人工涵養施設ではしばしば注水能力の低下が問題となり，その主たる原因は目詰まりである[12]．

リチャージ工法では，注水期間中において井戸やその周辺地盤に目詰まりを生じ，注水能力が次第に低下していく問題がしばしば生じる[23]．この目詰まり問題の対策等を考慮したリチャージ工法の設計法，施工法について，これまでに様々な研究開発が行なわれてきた[24]．しかし，体系的にまとめられた成果は乏しく，標準的な設計法や検討・評価法が確立していない．そのため，設計，施工段階で個別に工夫しながら実施しているのが現状である．

a. 目詰まりの原因と対策

リチャージウェルの目詰まり原因とそれ

に対する対策例を表VI.2.5にまとめて示す[23,24]．特に長期運用するリチャージ工法では，これらの対策を総合的に講じることが求められる．

近年では，涵養する水の水質改善を目的として，主な化学的な目詰まりの原因とされる鉄およびマンガン等を除去するために砂ろ過等を実施してから注水するケースや，地盤中の酸化反応や微生物の増殖等による目詰まり物質の発生を抑制するために溶存酸素除去装置で脱酸素処理をしてから注水するケースも報告されている[18]．また，井戸の施工品質に関連して適切な井戸フィルター材を選定することも重要である[24,25]．さらに，リチャージウェル周囲の地盤の細粒分による目詰まりを軽減する目的で，リチャージを開始する前に長時間の段階揚水（事例では1段階24時間程

表VI.2.5　リチャージウェルの目詰まり原因と対策例（文献23, 24）

目詰まり原因	対　策　例
涵養する水中の細粒分 （懸濁物）	・ろ過処理による細粒分の除去 ・揚水による井戸の逆洗浄
涵養する水中の有機物， 酸素で増殖した微生物	・脱酸素装置を用いて涵養する水中の溶存酸素を除去
地盤中の化学反応 生成物	・ろ過設備による鉄・マンガンの除去 ・地下水と供給水の水質分析を実施し，生成物の推定と対策の検討を実施
涵養する水中の気泡	・注水管の先端を水面以下に設置 ・脱酸素装置を用いて涵養する水中の溶存酸素を除去
井戸の鋼製材料の 腐食生成物 （水酸化鉄等）	・井戸管にはSTK（構造用炭素鋼鋼管）を用いず，耐食性に優れたステンレス鋼管（SUS304）を採用 ・脱酸素装置を用いて涵養する水中の溶存酸素を除去
地盤中の細粒分の 再配列	・注水開始前の井戸周辺地盤の揚水洗浄 ・低流量・低動水勾配を基本とした注水方法
井戸の施工品質	・泥水を用いない削孔方法の採用（生分解性の孔壁安定剤を使用） ・開口率の高い（25%）巻線型スクリーンの採用 ・適切な井戸フィルター材の選定

度）で揚水中に含まれる細粒分をマイクロスコープで観察・評価する手法が提案[27]されており，これを適用した事例も報告[28]されている．

b. 注水効果と目詰まり回復

リチャージウェルの目詰まりの発生状況を確認するには，定流量で注水した際の井戸内水位変化量に着目する方法と，定水位（定圧）での注水量に着目する方法とがあり，どちらの方法を採用するかは井戸の運転管理方法による．いずれを採用しても注水効果（初期の水位変化量あるいは注水量に対する比率）を評価する際には，リチャージウェル仕上げ時の井戸洗浄後の初期データが重要である．通常，ディープウェルに関しては揚水能力が初期値と比較して50％まで低下した場合には，井戸洗浄等による能力回復が困難であるといわれている[6]．リチャージウェルはディープウェルより目詰まりに注意する必要があり，リチャージウェルに関してはディープウェルよりも厳しい管理基準を設定して早期に注水効率の回復を図ることが望ましい．

注水効率が低下したリチャージウェルは，井戸ポンプを用いて逆洗式洗浄により機能回復を行うことが基本である．それでも注水効率が回復しない場合には，ブラッシング工法，スワビング工法，薬品処理（本編第1章を参照）を適用するか，これらを併用して注水効果の回復を図る必要がある[29]．

c. 目詰まり物質の分析事例

約1か月間運転したリチャージウェルのスクリーンから目詰まり物質と想定される付着物質を採取し，走査型電子顕微鏡（SEM）撮影およびエネルギー分散型X線（EDX）分析を行った事例が報告されている[30]．この事例における目詰まり物質は，主に①鉄細菌のフロック（好気性微生物の塊），②炭酸カルシウム，③鉱物粒子の3種類の物質から形成していると推定されている（図VI.2.23(a)）．特に，鉄細菌についてはSEM画像より「ねじれたリボンの形状」が特徴的なGallionella ferruginea（ガリオネラ・フェルギネア）と同定している

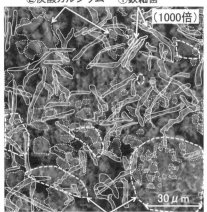

(a) 元素マッピング結果

(b) SEM画像

図VI.2.23 目詰まり物質のSEM画像の元素マッピング結果の例（文献29）

(図 VI.2.23(b)).この鉄細菌は,井戸や地盤・岩盤の湧水発生箇所に発生する菌として比較的有名である.

2.5.4 地下水流動保全工法

地下構造物,特に道路や鉄道等の線状構造物の建設や切土により,自然状態の地下水の流れが遮断・阻害されることを地下水流動阻害[12]という.この結果として地下水流動状況が変化し,井戸枯れやさらには地盤沈下等の地盤環境問題として顕在化する場合がある.地下水流動阻害を防ぎ,地下水の水量と水質を良好に維持するために行う対策工法を地下水流動保全工法といい,地下の線状構造物により遮断された地下水を上流側の帯水層で集水し,通水施設で通水させて下流側の帯水層に涵養する工法[12]である(図 VI.2.24).集水や涵養にはリチャージウェル等が用いられるが,遮水壁を除去して地下水流動を確保することもある.通水施設は通水管とよばれるパイプを用いたり,フィルター材等を用いて通

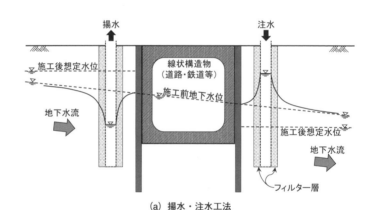

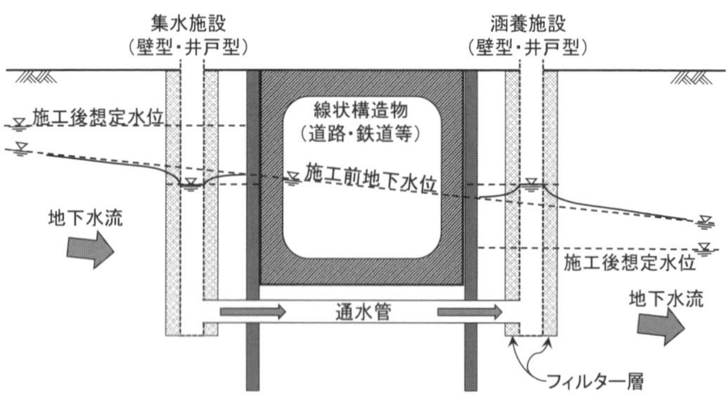

図 VI.2.24 地下水流動保全工法の例(文献 31)

水層を形成したりする．詳細は文献 26)，31) を参照されたい．

地下水流動保全工法は，図 VI.2.24 に示すように揚水・注水工法（図中 (a)）と通水工法（図中 (b)）とに大別される[32]．本工法を適用するにあたっては，人工地下水流が発生し，自然状態の動水勾配や透水係数とは異なる状況になる．揚水・注水工法で井戸を用いる場合（図 VI.2.24(a)）には，人工的に大きな動水勾配を井戸の周囲に発生させることになる．また，通水工法を用いる場合（図 VI.2.24(b)）でも，透水性の高いゾーンを設けた場所では地下水流速が上がることになる．このように人工的な地下水流が発生する場合には一般的に土粒子の移動が発生しやすくなり，地盤やフィルター層の目詰まりのリスクが高まることになる．この目詰まりの問題は，前述したリチャージ工法と同様に地下水流動保全工法の最も重要な技術的課題である．地下水流動保全対策が数年から数十年以上の長期間にわたる場合には，人工涵養施設の寿命を長くするために目詰まり原因の推定と対策が極めて重要になる．文献 33) で西垣は地下水流動保全工法を採用する際に，特に留意する点として，

①涵養する水は同質の地下水を用いる
②涵養する水は空気に触れさせないようにする
③涵養する水の細粒分は取り除く
④涵養する際に許容動水勾配以下の動水勾配で注水する

の 4 点を挙げている．ここで，人工涵養施設から涵養する際には，高動水勾配域で細粒土が移動し動水勾配が小さくなると沈殿

して目詰まりが生じることから，この目詰まりを発生する指標として「許容動水勾配」を定義している．一方で，テルツァーギ（Terzaghi）による「限界動水勾配」は浸透破壊に対する指標であることから，許容動水勾配は限界動水勾配よりさらに小さな値となる． 〔瀬尾昭治〕

文献

1) US Department of Defence (1983)：DEWATERING AND GROUNDWATER CONTROL, UNIFIED FACILITIES CRITERIA (UFC), Chapter 2, p. 13.

2) 河野伊一郎 (1986)：地下水保全とこれからの技術課題．土と基礎，34(11)，4.

3) Thiem, G. (1906)：Hydrologische Me-thoden (Hydrologic methods). J. M. Gebhardt, 56p.

4) Dupuit, J (1863)：Études théoriques et pratiques sur le mouvement des eaux dans les canaux découverts et à travers les terrains perméabls, 2nd ed. Dunod, 263p.

5) 進士喜英・西垣　誠 (2008)：水収支を考慮した揚水に伴う影響圏半径に関する一考察．地下水学会誌，50(2)，65-82.

6) 地下水ハンドブック編集委員会編 (1998)：地下水ハンドブック，建設産業調査会，pp. 414-415, 454, 460, 461, 465, 466, 468, 1235-1264.

7) 根切り工事と地下水編集委員会 (1991)：根切り工事と地下水　調査・設計から施工まで．土質工学会，p. 182.

8) 日本ウェルポイント協会 (1978)：第 2 回（昭和 53 年度）ウェルポイント施工技士検定試験テキスト，7）の p. 211.

9) 西原　聡ら (2021)：掘削工事に伴う盤ぶくれ対策への真空併用型バキュームウェル排水工法の適用事例．基礎工，49(6)，p. 58.

10) 地盤改良の調査・設計と施工編集委員会編 (2013)：地盤改良の調査・設計と施工．地盤工学会，p. 58.

11) 株式会社不動テトラ (2021)：地盤対策工法技術資料第 9 版，社内資料．pp. 4-25.

12) 日本地下水学会編 (2011)：地下水用語集．理工図書，pp. 22-23, 47-48, 66.

13) 日本地下水学会編（2001）：雨水浸透・地下水涵養. 理工図書, pp. 74-89, 106-121.

14) 地下水人工涵養に関する研究グループ（2008）：セッション6涵養 日本地下水学会秋季講演会講演要旨. No. 39-46, pp. 160-207.

15) 西垣 誠ら（2009）：地下水人工涵養技術の現状. 日本地下水学会秋季講演会講演要旨, No. 39, pp. 160-165.

16) 熊谷純一郎・原田幸雄編（1986）：雨水貯留施設の計画と設計. 鹿島出版会, 178p.

17) 雨水貯留浸透技術協会編（2019）：増補改訂・一部修正 雨水浸透施設技術指針（案）調査・計画編. 雨水貯留浸透技術協会, 146p.

18) 野中隼人ら（2021）：居住地域の低土被り山岳トンネル工事における地下水対策（その1）―合理的な地下水対策工法の検討―. 日本地下水学会秋季講演会講演要旨, No. 8, pp. 34-39.

19) 地盤工学会編（1991）：根切り工事と地下水. 地盤工学会, pp. 11, 218-228, 342, 346.

20) 西垣 誠（1991）：建設技術における復水工法. 地下水技術, Vol. 33, No. 8, pp. 27-34.

21) 瀬尾昭治（2016）：地下水位管理を目的とした注水井戸に関する注水効果の確認. 土木学会第71回年次学術講演会, III-311, pp. 621-622.

22) 篠原智志ら（2021）：居住地域の低土被り山岳トンネル工事における地下水対策（その2）―揚水・注水試験結果と注水効果の確認―. 日本地下水学会秋季講演会講演要旨, No. 8, pp. 40-45.

23) 建設省土木研究所（1993）：地下空間建設における地下水環境の保全マニュアル（案）―復水工法の設計・施工法―. 共同研究報告書, No. 81, 100p.

24) 清水孝昭ら（2009）：リチャージ工法の現状と課題. 日本地下水学会秋季講演会講演要旨, No. 43, pp. 184-189.

25) 河野伊一郎（1989）：地下水工学. 鹿島出版会, pp. 158-161.

26) 西垣 誠監修（2002）：地下構造物と地下水環境. 理工図書, pp. 1-44, 98-116.

27) 西垣 誠・科野健三（2021）：地下水排水工法の課題と対策. 基礎工, Vol. 49, No. 6, pp. 2-9.

28) 河合達司ら（2021）：居住地域の低土被り山岳トンネル工事における地下水対策（その3）―揚水中の土粒子径計測による注水井戸の目詰まり抑制対策―. 日本地下水学会秋季講演会講演要旨, No. 10, pp. 46-51.

29) 日本水道協会編（2014）：井戸等の管理技術マニュアル. pp. 57-59, 83.

30) 瀬尾昭治ら（2015）：注水井戸の逆洗浄と目詰まり物質に関する検討. 土木学会第70回年次学術講演会, III-275, pp. 549-550.

31) 地盤工学会（2004）：地下水流動保全のための環境影響評価と対策. 地盤工学会, pp. 1-26.

32) 川端淳一・瀬尾昭治（2018）：土木分野における地下水処理技術の現状. 基礎工, Vol. 46, No. 6, pp. 13-16.

33) 西垣 誠（2002）：雨水浸透と地下水涵養の技術の現状. 基礎工, Vol. 30, No. 4, pp. 10-13.

第3章

地下水の遮水技術

3.1 遮水技術の概要

　一般的に，地下水位が高い地盤における地下建設工事では，地下水位低下工法に代表される地下水の排水技術（第2章）のほか，地下水の遮水技術が適用されることが多い[1]．

　地盤中の地下水流を遮水するために，難透水性の材料を用いて構築される地下壁である遮水壁（止水壁ともいう）を設置したり，地盤改良，凍結等により地盤中に遮水ゾーンを設けたりすることで地下水の流動を遮断する工法の総称を遮水工法という（止水工法ともいう）[2,3]．

3.1.1 遮水工法の分類

　地下水の遮水工法は，大きく次の2つに大別される（図 VI.3.1）[4]．

①遮水機能を持った山留め壁型工法．遮水壁は鉛直方向に設置して，水平方向の地下水の流れを遮断することを主目的としている．

②帯水層を固結させ透水性を低くして遮水性を高める工法．基本的には，山留め壁としては機能しないが，種々の目的で利用される．例えば，掘削域の底

盤全体を薬液注入工法により遮水するような使われ方をする．この場合は，主に鉛直方向の地下水の流れを遮断することを目的としている．

　これら2つの区分における代表的な遮水工法としては，以下に示す工法が挙げられる[4,5]．

①遮水性の山留め壁型工法．止水壁鋼矢板工法，場所打ちコンクリート壁や柱列壁工法等の地中連続壁工法，圧気を補助工法としたニューマチックケーソン工法等

②帯水層固結型遮水工法．薬液注入工法や地盤凍結工法等

　なお，本章では主な地下水の遮水技術として，止水鋼矢板工法，薬液注入工法，地盤凍結工法，地中連続壁工法の4つの工法について詳述する．

3.1.2 遮水技術の用途

　遮水工法は一時的に遮水することのみを要求される場合から，遮水とともに土留めとしての役割も持たせる場合まで，その用途は広い．具体的には，市街化地域等の用地に制限がある現場や掘削深度が深い現場等における地下掘削工事に伴う地下水処理では，山留め壁型の遮水工法を主として，

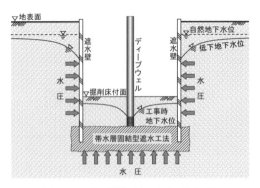

図 VI.3.1 地下掘削工事における遮水工法

地盤を固結させる遮水工法や，ディープウェル工法等の排水工法が併用される場合が多い（図 VI.3.1）．

地下水の排水工法は，いずれも地下水位低下を伴い，地質条件や周辺の地下水の利用状況によっては，地盤沈下や井戸枯れの被害を起こすことがある．また多量の排水を放流する水路や下水道がないときや，放流施設を設けたり，下水道料金に多額の経費が必要となったりする場合がある．このようなときには，排水工法の代わりに遮水工法を検討することになる[3]．

3.1.3 遮水工法適用上の留意点

a. 遮水工法の選定

遮水工法はそれぞれの工法に適した地盤条件や施工深度等に差があって，施工箇所の条件によっては採用できない工法もあるので，各工法の特徴をよく把握して，現場条件に適した工法を選定することが大切である．

b. 遮水工法の透水性

遮水工法というと，地下水の流れを完全に遮断して地下水の流入がゼロになると誤解を受ける場合もあるが，遮水壁にしても地盤を固結させた改良体にしても，それ相応の透水性を有している．したがって，地下掘削域内への湧水が全く発生しないわけではなく，掘削域周辺における地下水の水位・水圧に変動が生じる可能性があることに留意する必要がある．

c. 遮水工法の設計

遮水工法は水圧に耐えうる構造になっていなければならない．遮水性の山留め壁には静水圧に相当する地下水圧が作用することを考慮して山留め設計を行う必要がある．また，地盤固結により掘削底部に止水改良体を造成した場合には，盤ぶくれの検討と同様に，その底部に水圧がかかることを考慮した設計とすることが必要である．

遮水壁においてはその壁の透水性がどの程度で，根入れ深さをどこまで施工するかということが問題となる．遮水壁は一般的に山留め壁を兼ねるので，山留め壁が側方からの土圧や水圧に対して過大な変形や破壊をしないように設計すると同時に，根切り底面の盤ぶくれやボイリングに対しても安全であるように設計する必要がある．こ

のため，地盤条件によっては遮水壁先端部が深い位置にある不透水層に達するように根入れをすることも必要となる．なお，遮水工法の適用時における留意点の詳細については，文献 6, 7) を参照されたい．

3.1.4 遮水工法と地下水流動阻害

地下建設工事において地下水の遮水工法を適用した場合には，地中構造物によって地下水流動阻害を生じる場合がある．特に，道路や鉄道の地中構造物は線形であるため，それに直行する地下水流動を阻害する可能性が高い．そのため，地中構造物によって地下水にどの程度の流動阻害が生じるかについて，あらかじめ検討しておく必要がある．また，地下水流動阻害に対する保全対策を講じる必要がある．地下水流動阻害とそれに対する地下水流動保全工法については，文献 8, 9) を参照されたい．

〔瀬尾昭治〕

3.2 止水鋼矢板工法

土木建築工事においては遮水技術を採用することが多いが，その際，鋼矢板をこの種の目的に適用する例はしばしば見られ，仮設のみならず，図 VI.3.2 のように永久構造物として広く用いられている．

鋼矢板は 1922（大正 11）年関東大震災の災害復旧用として，輸入されたのが我が国最初の使用例と言われ，その後国内で生産されているが，バブル期をピークに 2020 年時点では年間約 50 万 t 程度の生産量となっている．この間，多種多様の鋼矢板が開発され，工事規模，対象構造物の重

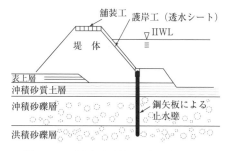

図 VI.3.2 基盤漏水対策用止水壁（文献 10）

要度，適用地盤条件あるいは使用目的に応じて使い分けが可能となっている．この鋼矢板を止水壁として用いる止水鋼矢板工法は遮水技術の中でも最も一般的に採用されている工法の 1 つで，その特徴は次のような事項が挙げられる．

①水密性が容易に得られる．特に，鋼管矢板では，継手部をモルタル等で充損処理すると高い止水性が確保できる．
②鋼矢板は厳重な品質管理のもとで生産されるので，材質のバラツキがなく信頼性が高い止水材である．
③適用地盤も補助工法を伴えば，軟弱な地盤から締まった砂礫地盤に至るまで広く適用可能である．
④施工は比較的簡単な打設装置，機械で実施可能である．
⑤鋼矢板は打設長さ，止水範囲あるいは形状に応じた対応が可能である．
⑥部材の耐久性があり，転用が可能である．
⑦仮設の場合，リース制度が整っており入手が比較的容易で経済的である．

3.2.1 止水鋼矢板工法の分類と適用性

鋼矢板は仮設構造物あるいは永久構造物

を対象に，広く用いられるが，その強度，剛性から単に，止水を目的とするだけでなく，水圧，土圧に抗する土留壁として採用されることが多い．

止水鋼矢板工法を仮設構造物と永久構造物とに分けて分類すると図VI.3.3のようになる．

また，これらの各工法を構造形式から見ると，単列式（あるいは自立式），二重矢板式およびセル式に分類される．そこで，これらの構造形式ごとに特長，適用性等をまとめると表VI.3.1に示すようになる．各工法の採用に際しては，目的，現場の環境条件，規模等を考慮して決定される．

3.2.2 止水鋼矢板工法の設計

止水鋼矢板工法の設計は構造形式および土留壁との兼用等によって異なることはいうまでもない．

一般には，図VI.3.4の設計手順にて行われることが多い．止水性に関しては目的，規模および地盤条件等を勘案し，場合によっては補助工法（薬液注入工法等）との組み合わせも考慮して検討することが肝要である．特に，矢板の根入れが難透水性層まで到達しない，あるいは難透水性層が

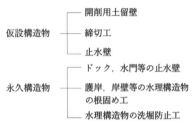

図VI.3.3 止水鋼矢板工法の分類

表VI.3.1 止水鋼矢板の分類と適用（文献11）

工法名	断面形状	特長	適用	備考
土中止水壁自立式締切り		・構造が単純である ・施工が簡単である ・経済的である ・鋼管矢板を使えば水密性も期待でき，さらに深い推進にも使用しうる	・比較的浅い水深の締切り適用 ・地盤中の止水壁	・完全な水密性は期待できない ・締切り頭部が変位しやすい
二重締切り		・矢板の打込が可能であればどのような土槽にも適用できる ・自立式（一重締切り）に比べ止水性にすぐれている ・構造的に安定している	・大規模な締切り ・締切り内に切梁等の控え工をとれないとき	・中詰完了まで，構造的に弱い ・タイロッドの切断事故に注意
セル型締切り		・各セルが独立して安定性がよい ・水密性がよい ・支持層が深い場所でも施工できる ・切梁・腹起しが不要	・締切り水深が深いとき ・岩盤線が浅く，鋼矢板の打込ができないとき ・工期が長く，大規模な締切り	・施工が難しい ・経済性が難点

存在しない場合には，矢板下端を回り込む浸透流およびボイリング現象等のチェックが必要である．ここでは，ボイリング現象と浸透流についてその計算法について記述する．

a. 浸透圧とボイリング現象

土中の水が流動状態にあるときは流れの方向に浸透圧が作用する．今，飽和した地盤中に流路長 dL，流線網に囲まれた疑似正方形の面積が dA の微小部分を考え，dA の流入面との水頭差を dh とすると浸透圧 dP/dA は，

$$\frac{dP}{dA} = \gamma_w \cdot dh \qquad \text{(VI.3.1)}$$

となる（図 VI.3.5）．この圧力 dP は単位体積あたりの力に書き換えられる．すなわち，$dP = \gamma_w \cdot dh \cdot dA$ であるから，体積を dV とすれば，単位体積あたりの力 dP/dV は，

$$\frac{dP}{dV} = \frac{dP}{dA \cdot dL} = \frac{\gamma_w \cdot dh \cdot dA}{dP/dA}$$

ここで，水の浸透速度は一般に小さく，水が流動する場合の慣性力は無視できるので，浸透力を $D = dP/(dA \cdot dL)$ とおくと浸透力は次のようになる．

$$D = \frac{\gamma_w \cdot dh}{dL} = \gamma_w \cdot i \qquad \text{(VI.3.2)}$$

この浸透力 D が土粒子に作用すると，地盤内の力の釣り合い状態は，土粒子による下向きの力を W，土の水中単位体積重量を y' とすると $W = y'$，また上向きに作用する力すなわち浸透圧を $D = \gamma_w \cdot i$ とすれば

$$W \downarrow - D \uparrow = 0$$

となる．飽和土の重量は土粒子の比重を G_s，間隙比を e，間隙率を n とすれば，

$$W = y' = (1-n)(G_s - 1)\gamma_w$$
$$= \gamma_w \frac{G_s - 1}{1 + e}$$

であるから，

$$\frac{G_s - 1}{1 + e} \cdot \gamma_w - \gamma_w \cdot i = 0$$

となり，限界動水勾配 i_c は次式となる．

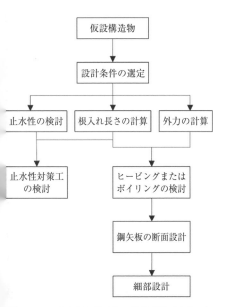

図 VI.3.4 止水鋼矢板工法の設計手順（文献12）

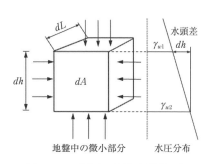

図 VI.3.5 地盤中の浸透圧（文献12）

$$i_c = \frac{G_s - 1}{1 + e} \qquad (VI.3.3)$$

よって，浸透流の動水勾配 i が i_c より大きくなるとボイリング現象が生じることとなる.

b. 計画・設計上の留意点

止水鋼矢板工法は前述の形式があるが，その計画・設計に際しては次の事項を検討するのが肝要である.

①止水目的と止水精度・程度の設定
②地盤条件と水理定数の十分な把握
③周辺構造物への影響評価
④作業性（使用機械の選定，安全性，経済性）
⑤作業方法と公害対策

また，止水鋼矢板工法では，継手の止水性は完全とはいえないので，止水目的によっては補助工法（例えば，止水材の塗布，薬液注入工法，深層混合処理工法，高圧噴射攪拌工法等）を併用するのも重要な選定となる. さらに，止水矢板の貫入した難透水層を盤ぶくれで破壊させないため，難透水層下部の水頭を排水工法（ディープウェル等）で水圧を低下させるケースがあるが，時として排水対象層下部の被圧水頭との差が大きくなり，対象排水層下の難透水層を破壊し，予期せぬ水量の供給により所定の排水ができないばかりか，保護すべき難透水層の盤ぶくれを誘発することもあることから，設計時に十分留意する必要がある.

3.2.3 止水鋼矢板工法の施工

a. 鋼矢板の打設法

施工技術は日進月歩であるか，特に鋼矢板の打設法の例を表 VI.3.2 に示す.

b. 鋼矢板の種類

止水鋼矢板に使用される鋼矢板の種類としては，製造方法による冷間加工鋼矢板（軽量鋼矢板），熱間圧延鋼矢板（一般の鋼矢板），鋼管に継手を溶接した鋼矢板（鋼管矢板）に，また形状によって U 形鋼矢板（図 VI.3.6），ハット型鋼矢板，直線形鋼矢板，組合せ形鋼矢板，鋼管形鋼矢板に分類される.

c. 鋼矢板の止水性

鋼矢板は，密実な鋼で製造されているため，それ自体は不透水性材料であるが，隣接する鋼矢板との嵌合（かんごう）性の観点から継手部にはわずかな遊び（中立状態で 1-2 mm 程度）がある（図 VI.3.7）. そのため，鋼矢板壁の前背後に水頭差があると継手部の隙間を通り水が流れる. これより鋼矢板の止水性は継手の施工状態，すなわち，矢板間の嵌合状態，矢板の傾斜，回転等によって大幅に異なる. そのため，止水精度を上げるためには施工精度を上げることはいうまでもないが，止水材を継手部にあらかじめ塗布し止水効果の向上を図る方法もある. なお，止水材が継ぎ手部を硬化させるため，引き抜きが必要な場合に苦慮することもある.

d. 事前調査での留意点

止水鋼矢板工法の施工計画に先立ち，まず，土質調査，気象，海象調査および作業環境調査等を実施する必要がある. これらの調査は，一連の施工計画の策定上重要なデータとなるものであり，実施に際しては次の点に留意する.

土質調査は対象地盤の工学的性質を十分把握することであるが，特に，当該地盤の

第3章 地下水の遮水技術

表 VI.3.2 鋼矢板の打設法 (文献13)

施工方法	概要	主な使用機械	特徴 長所	特徴 短所
打設工法	三点式杭打機に取り付けられた各種ハンマの落下衝撃により鋼矢板を貫入させる工法	三点式杭打機 各種ハンマ	・打撃力が大きい ・機動性がある ・打設速度が速い ・作業性に富む	打撃時の頭部圧潰の恐れがある 騒音,振動が発生する
バイブロハンマ工法	起振機により発生させる鉛直方向の振動を鋼矢板に伝え土中に打ち込む工法	クローラクレーン バイブロハンマ	・打撃力を利用しないため鋼矢板頭部を損傷しない ・非常に短時間に打ち込める場合がある ・打込みと引抜きが兼用できる	騒音,振動に注意が必要
オーガ併用圧入工法	三点式杭打機,アースオーガ,アタッチメントで構成され,アースオーガによる掘削と油圧押込みを連携させて施工する工法	三点式杭打機 アースオーガ アタッチメント	・低騒音,低振動 ・土質の適用範囲が広い ・ケーシングを使用するので鋼矢板のねじれが少ない	設備が比較大掛かりとなる 地盤を緩める可能性がある
油圧式圧入引抜工法	既に打ち込んだ鋼矢板を数枚つかみ,その引抜き抵抗力を反力として新しい鋼矢板を油圧で静的に押込む工法	油圧式杭圧入引抜機	・低騒音,低振動 ・コンパクトで狭隘地施工や桁下施工にも適している	鋼矢板の種類に応じた施工機械が必要

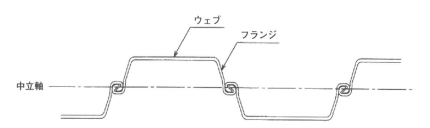

図 VI.3.6　U型鋼矢板 (文献14)

図 VI.3.7　継手の嵌合状態 (文献15)

地質学的な成層状況，止水矢板の打ち止まり対象の難透水層については，分布のみならず，層厚，層傾斜，勾配等の把握が重要である．また，河川の中，上流や崖の迫った海岸等の転石，玉石の存在が懸念されるところでは大口径ボーリング等による礫調査（礫径，量，分布等）も重要である．

地下水については，対象層の水位，流速，流向の調査に加え，対象層下部の難透水層の分布とそれによる被圧水の存在，水頭等も知ることが肝要である．

e．施工・保守管理上の留意点

施工時の管理の要点は次の通りである．
①矢板の曲り，回転を防ぎ，鉛直性を確保する．
②継手の嵌合を確保し，必要以上の引張り力が作用しないよう留意する．
③所定の難透水層への貫入深さを確保する．
④矢板に沿って浸透水の上昇に留意し，必要に応じ対策工を施す．

また，止水鋼矢板工法は仮設，永久構造物を問わず，その使命は重要である．そこで，常に保守管理に注意を払い，異常に対応できる様留意する必要がある．

①最も多い事故は，止水壁底部からの浸透水の湧出による掘削面の決壊である．そのためには，常に湧出水の量，状況等に注意を払い，以上をチェックする．
②止水壁の沈下，変形等の測定も重要であり，特に，異常潮位や地震の後等にはチェックする．
③台風等の大雨の後のチェックも肝要である．

3.2.4 特殊軽量鋼矢板止水工法

特殊軽量鋼矢板止水工法は，有効幅が1m程度と広く，厚さも2.7-4.5mmと薄い鋼板（シートウォール）を使用した止水工法である．この薄鋼板と特殊な打込用フレームとを一体にセットし，バイブロハンマもしくは圧入装置とウォータージェットを併用しながらシート周辺の土砂や礫を排除し，所定の深さまで挿入させ連続したシートの壁を造り，接続部に不透水性の物質を充填して止水壁を構築する．例えば図VI.3.8に示すような調節池や遊水池建設における周辺地盤との止水工法として適用性は高い．材料の鋼板は通常のU型鋼

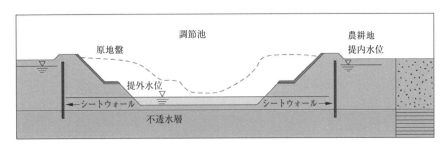

図VI.3.8 調節池建設における適用（文献16）

矢板等に比べ，幅広かつ薄型のため鋼材量が少なく，迅速な施工も可能なため経済的である．継手状況を図 VI.3.9 に，断面形状を図 VI.3.10 に示す．現場搬入時の最大長さは，通常 12 m である．所要長さが 12 m 以上の場合は現地において突合せ溶接をする．

施工は継手への土砂等の流入を防ぐためにガイドパイプを挿入し，貫入フレームにシートウォールをセットして地中に打込み，薄鋼板を残して貫入フレームのみを引き抜く．

薄鋼板の打込み施工機にはバイブロ式と民家等の構造物が近接する市街地で適用される圧入式がある．近年ではほとんどの現場で圧入式打込み機が用いられている．図 VI.3.11 に施工機を示す．また，中間層や着底層の地盤が硬質である場合は，ウォータージェット設備の増強や先行削孔を実施することで対応可能である．

特殊軽量鋼矢板止水工法は薄鋼板を使用することで材料費が経済的である．幅広仕様から継手数が少なくなることによるリスク低減，継手施工の確実性と継手グラウトの不透水性能からも，遮水性能が非常に高い．施工実績も豊富なことから，止水工法としては適用性が高い． 〔竹内秀克〕

3.3 薬液注入工法

薬液注入工法は，地盤の間隙に薬液を注入し，固結させることで，透水性を下げ遮水効果を発揮する工法である．立坑掘削や地下構造物の構築等，主に地下水位下での土木工事の際に，遮水を目的として用いられる．

3.3.1 薬液注入工法の概要

薬液注入工法は，地盤改良工法の 1 つであり，固結工法に分類される．文献 17)

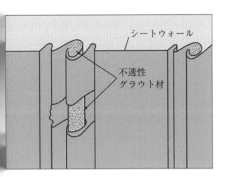

図 VI.3.9 特殊軽量鋼矢板の継手（文献 16）

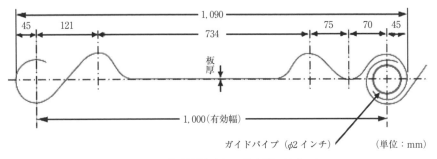

図 VI.3.10 特殊軽量鋼矢板の断面形状（文献 16）

図 VI.3.11 特殊軽量鋼矢板の施工機（文献16）
(a) バイブロ式，(b) 圧入式．

によると，「薬液注入とは，任意に硬化時間を調節できる注入材料（薬液）を地中に設置した注入管を通して地盤中に圧入し止水や地盤強化を図る地盤改良工法である．」と定義されている．薬液注入工法の一番の特徴は，高圧噴射撹拌工法や深層混合処理工法等の他の固結工法が注入材料としてセメントミルクを使用していることに対して，土質や改良目的（止水，強度増加）に合わせて，硬化時間（ゲルタイム）を調整可能な様々な薬液を使用するところにある．

3.3.2 土質と注入形態

地下水位以下の地盤は，間隙水で満たされており，薬液注入では，地盤に薬液を圧入し，地盤の土構造を壊さず，この間隙水を薬液で押し出し（置き換え），固結することで遮水性を高め，粘着力を付加し地盤の強度を高める．これを浸透注入の注入形態（図 VI.3.12）という．これは，主に砂質土地盤で起こる注入形態である．理想的な浸透注入形態による地盤改良では，土粒子の構造をほとんど乱さないため，地盤の変状や近接構造物への影響をほとんど与えないとされている．

一方粘性土地盤では，圧入された薬液は，土構造の相対的に弱い部分を脈状に割裂させ，地盤に入り込み周囲を圧密させることと，薬液の自体の固結強度で地盤の強度を増加させる注入形態を取る．これを割裂注入（図 VI.3.13）という．

ここで土質と注入形態に着目すると，礫や玉石層のように間隙の大きな地盤では，薬液はその間隙を充填する注入形態（充填注入）となり，間隙が小さくなるにつれて，浸透注入となっていく．砂礫・砂質土地盤では，浸透注入となり，粘性土を含む砂質土層や緩い砂質土層では，その粘性土や緩い砂質土の部分では，薬液は脈状に地盤を割裂し，適切な砂質土の部分に到達すると浸透注入の形態をとる割裂浸透注入（図 VI.3.14）となる．そして，粘性土層では割裂注入の注入形態をとる．

図 VI.3.15 は，土質と注入形態の関係をまとめたものである．土質が砂質土系で N

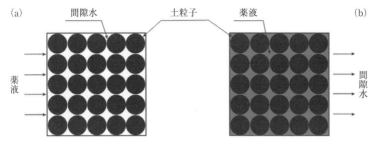

図 VI.3.12　浸透注入のメカニズム（文献18）
(a) 薬液が浸透する寸前の状況，(b) 薬液が浸透した直後の状況．

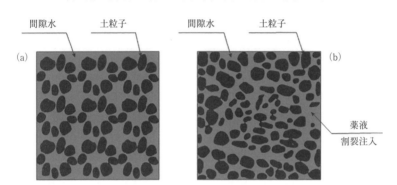

図 VI.3.13　割裂注入のメカニズム（文献18）
(a) 蜂の巣構造，(b) 蜂の巣構造の破壊，密度増加，点接触，脱水薬液による骨格の造形→粘着力の発生圧密の減少．

値>3 の領域は，注入形態が浸透注入となる箇所であり，地下水位下の工事では，止水目的の改良が必要な場合が多い．また，土質が粘性土系で N 値≦3 の領域では，注入形態が割裂注入となる箇所であり，強度増加を目的とした改良が行われることがある．改良目的にもよるが，土質と注入形態の関係に着目することは薬液を選定するうえでの重要な要素である．

3.3.3　使用薬液

薬液注入工法で使用する薬液について現在国内では，人の健康被害の発生と地下水等の防止を目的として 1974 年 7 月に旧建設省より発出された「薬液注入工法による建設工事の施工に関する暫定指針」[21]（以下，暫定指針と略す）により，安全性の観点から水ガラスを主材とした薬液のみが使用許可されている．文献22) によると，水ガラスは，土木での薬液注入の材料としての用途の他に，石鹸や洗剤の添加物，水道の浄水処理，食品に同胞される乾燥剤等の身近な生活用品にも使用されており安全性の高い化学物質である．現在使用されている主な薬液は図 VI.3.16 に示すような種類がある．

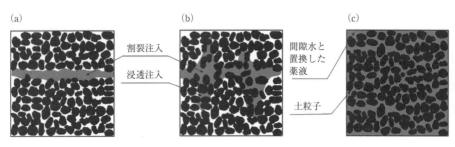

図 VI.3.14 割裂浸透注入のメカニズム（文献18）
(a) 割裂注入の発生：まず割裂注入になる，(b) 浸透注入の発生：そこから浸透注入となる，(c) 割裂浸透注入：次々と浸透注入が起こり最終的に浸透注入となる．

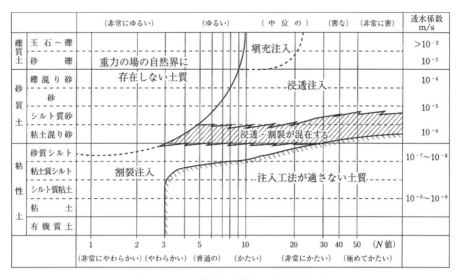

図 VI.3.15 土質と注入形態の関係（文献19）

　薬液の分類は，薬液の見た目を示す液態（透明か濁っているか），薬液の構成物（無機系の材料のみか，有機系の材料が含まれているか），固結領域のpH（アルカリ性か，中性・酸性か）の3項目について行われる．薬液は主材に硬化材（反応材）を混合したものである．主材の水ガラスは，透明で無機系の物質であり，pH＝11-12程度のアルカリ性の液体である．このため薬液の種類は，硬化材（反応材）の性質に左右される．各薬液の主な特徴について紹介する．

　懸濁型薬液は，水ガラスに粒子を持った反応材（例えばセメント懸濁液）を混ぜて固結させる薬液で，粒子を含むため砂質土層等への浸透注入は困難であるが，溶液型の薬液より固結強度が高いため，強度増加目的で粘性土層への割裂注入や，礫・玉石層の大きな間隙の充填注入に使用される．

第3章 地下水の遮水技術

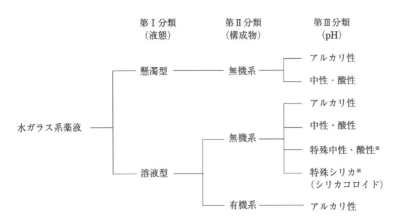

図 VI.3.16 現在使用されている主な薬液（文献20）
注）※印の薬液については，耐久グラウト注入で多く使用されている．

溶液型薬液は，水ガラスに粒子を含まない溶液の反応材を混ぜて固結させる薬液である．粒子を含まないため浸透性にすぐれており，土粒子の間隙に浸透して固結することで，遮水性を上げるとともに崩壊やゆるみを防止する効果がある．砂質土層への止水目的の注入に用いられる．

また，溶液型薬液には無機系と有機系があり，無機系アルカリ性の物は，種類が多く作液も容易であるが，アルカリの溶脱により耐久性に問題があるといわれている．無機系中性・酸性の物は，耐久性があり，中性領域付近で固結するため，特に環境に配慮が必要な場合に有効であるが，作液に2段階の操作が必要なため専用の機材を必要とする．無機系特殊中性・酸性および特殊シリカのものは，長期耐久性にすぐれており，液状化対策等本設の薬液注入に使用されている．一方有機系アルカリ性の物は，無機系アルカリ性に比べて反応率が良く，安定性にすぐれており強度も高い．しかし

ながら，暫定指針により義務付けられている水質監視項目が，水素イオン濃度の他に過マンガン酸カリウム消費量（COD）もしくは，TOCの測定も必要となる．

3.3.4 施工方法

現在使用されている薬液注入工法には，様々な個別名称の工法があるが，主に2種類の施工方法が基本となっている．二重管ストレーナ工法とダブルパッカ工法である（図 VI.3.17）．

二重管ストレーナ工法は，ダブルパッカ工法に比べ，小規模な設備で施工可能であり，図 VI.3.18 に示すように現在最も多く採用されている工法である．

特徴として，削孔から注入までの工程が一連となっており，その施工手順は，まず，ボーリングマシンを用い，先端に削孔用のビットを付けた二重管ロッド（ϕ=40.5 mm，L=3 m/本）を接続しながら，改良下端まで送水ロータリー（回転）削孔

図 VI.3.17 現在使用されている注入工法 (文献 23)

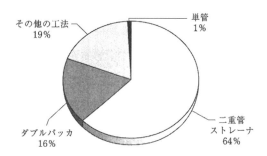

図 VI.3.18 薬液注入工法別のシェア (2018 年) (文献 24)

を行う (図 VI.3.19①). 次に, 送水ラインを薬液のラインに変更し, 改良下端から上端までロッドを引き上げながら, 注入し, 改良を行っていく. ロッドを一定間隔で引き上げることをステップと称し, 1 ステップあたりの引き上げ長さは 25-50 cm である. また, 注入では, 複相方式と称する方法で薬液を注入していく. まず一次注入として, 周囲の緩い部分や孔壁とロッドの間を充填することで, 二次注入用のシールを目的とした瞬結材 (ゲルタイムが数秒程度の薬液) を注入する (図 VI.3.19②). その後同じ位置で, 二次注入として, 地盤間隙への浸透注入を目的とした緩結材 (ゲルタイムが数分〜程度の薬液を中結材, ゲルタイムが数十分以上の薬液を長結材) を注入する (図 VI.3.19③). 1 ステップごとにこの一次注入と二次注入を繰り返しながら, 下端から上端まで改良して行く (図 VI.3.19④). また, 一次注入 (瞬結材) と二次注入 (緩結材) の比率を変更することで, 土質の変化に対応する. 文献 25) によると礫層では, 透水係数に着目し, 透水係数が 10^{-2}-10^{-4} m/s では, 1:0-1:1, 10^{-4}-10^{-6} m/s では, 1:2-1:4 とする. 砂層では, N 値に着目し, $N<20$ では 1:0-1:1, $20 \leqq N<40$ では, 1:2-1:3, $N \geqq 40$ では, 1:4-とする. 粘性土層については, 割裂注入となるため, 一次注入 (瞬結材) のみとする.

一方, ダブルパッカ工法は, 施工工程が, 削孔工程と注入工程に分かれており, 削孔工程では, ダブルパッカ工法の特徴である注入外管を計画位置に設置することを

第 3 章　地下水の遮水技術

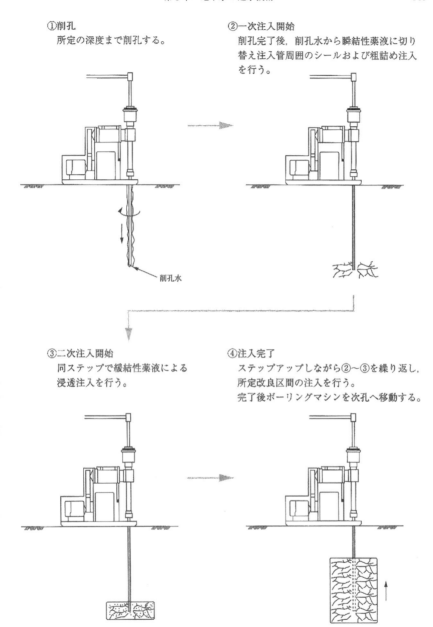

図 VI. 3. 19　二重管ストレーナ工法施工手順（文献 26）

第Ⅵ編　地下水利用と技術

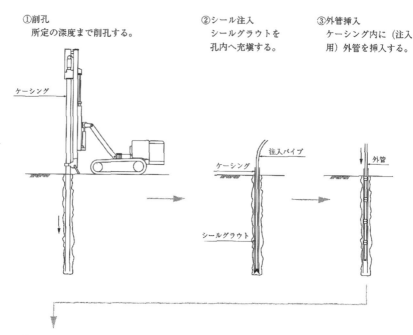

①削孔
所定の深度まで削孔する。

②シール注入
シールグラウトを孔内へ充填する。

③外管挿入
ケーシング内に（注入用）外管を挿入する。

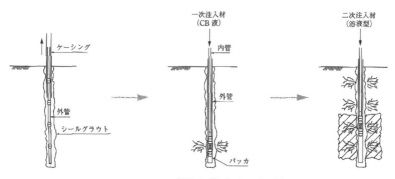

④ケーシングパイプ引抜き
外管挿入後，直ちにケーシングパイプを引抜く。

⑤一次注入
外管の中へパッカ付きの内管を挿入し，一次注入（CB液）を行い地盤の均一化を図る。

⑥二次注入
一次注入完了後，溶液型注入材にて浸透改良を行う。

※一次注入工の前に水でクラッキングを行う場合がある。

図 Ⅵ.3.20　ダブルパッカ工法施工手順（文献 27）

第3章 地下水の遮水技術

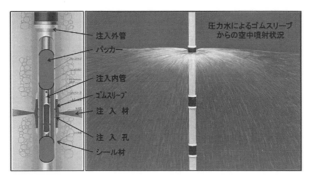

図 VI.3.21 ダブルパッカの構造（左）と注入外管（右）（文献28）

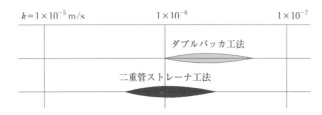

図 VI.3.22 工法と改良後の透水係数（文献29）

目的としている．注入外管は，主に樹脂製の管材（$\phi=40\,mm$ 程度）であり，一定間隔（33 cm）で薬液を注入するための逆流防止用のゴムスリーブ（図 VI.3.21）に覆われた孔を有している．これを地盤に設置することで，注入位置を限定することができ，施工状況により，弱部等が予測される場合等，改良効果を上げるために必要な箇所へ容易に繰返し注入することを可能としている．

施工手順は，まず削孔工程では，アンカー工事等で使用されるドリリングマシン（ロータリーパーカッション削孔可能）を用い，先端に削孔用ビットを付けたケーシング（$\phi=100\,mm$，$L=1.5\,m/$本）を接続しながら，計画深度まで，送水削孔を行う（図 VI.3.20①）．この際，通常はロータリー（回転）削孔を行うが，玉石砂礫層等 N 値が大きい地盤では，パーカッション（打撃）を併用する．計画深度まで削孔完了後，ケーシング内にシール材（セメントベントナイト）を充填し（図 VI.3.20②），その中に注入外管（$\phi=40\,mm$）を建込み（図 VI.3.20③），ケーシングを引き抜く（図 VI.3.20④）．このシール材により，注入外管と孔壁の間は充填され，注入工程での薬液の計画位置以外への逸走を防止する．

次に注入工程では，削孔工程により設置された注入外管の中に，ダブルパッカを先端に付けた二重管ホースを最下端まで挿入し，最下端の注入位置から順次，ホースを引上げながら最上段の注入位置まで一次注

入（セメントベントナイト）を繰返し行う（図VI.3.20⑤）．一次注入の目的は，地盤の緩い部分や空隙を充填することで，二次注入の際，薬液の計画位置外への逸走を防止し，限定的に浸透注入させることである．

一次注入完了後，同様の方法で，注入外管最下端より最上段へと仕上げの二次注入を行う（図VI.3.20⑥）．

ここで，図VI.3.21にダブルパッカの構造と注入外管について示す．ダブルパッカとは，上下に水圧により膨張収縮するゴムパッカを装備した二重管構造（水ラインと薬液のライン）の棒状の機具である．ダブルパッカには，二重管ホース（水ラインと薬液のライン）が接続されており，注入外管の注入位置の間隔と同じ間隔で目印が付けられている．地上からこの目印に合わせてホースを上下させ，注入外管の注入位置（図VI.3.21のゴムスリーブ部）をダブルパッカの上下のゴムパッカで挟み込むように設置し，ゴムパッカを水圧で膨張させることで，注入外管内に注入位置を中心とした閉塞空間を作ることができる．この状態から薬液を注入することで，設定された箇所での限定注入を可能としている．

これら2つの工法の遮水性については，図VI.3.22に示すように，二重管ストレーナ工法より，ダブルパッカ工法の方が優位とされている．また，改良目標の透水係数が設定されている場合は，設計時点では目標を満たす注入率等施工仕様を設定できないため，現地での試験施工を行い効果確認後，施工仕様を決定する必要がある．

〔鈴木喜久〕

3.4 地盤凍結工法

3.4.1 工法概要

地盤凍結工法は軟弱な地盤を固結させる地盤改良工法の1つである．他の工法とは異なり，固化材を使用せず，間隙水を凍結・融解するのみであり，地下水位よりも低い深度であれば，あらゆる土質に適用できる．また，熱は一様に伝わりやすい．図VI.3.23に示すように，凍土は地中に埋設

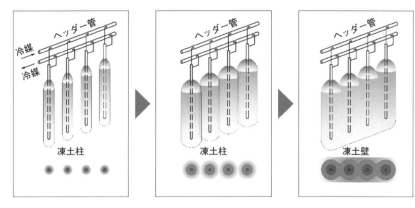

図VI.3.23　凍土造成の模式図（文献30）

された凍結管に冷媒を循環させることにより，円柱状に形成され，隣接する凍土が閉合して，やがて凍土壁が形成される．凍土は建設工事において，耐力壁や止水壁として用いられる．図 VI.3.24 に適用事例を示す．地中のトンネルを非開削で接続するケースや，シールドマシンが立坑に到達するケースでは，施工範囲にあらかじめ凍土を造成しておくことで，地山の崩壊や地下水の噴出を防ぐことができる．凍土は高被圧帯水層に対して遮水可能であり，コンクリートや鉄との密着性も高いことから，特に大深度の掘削工事で補助的に用いられることが多い．

3.4.2 凍土の性質

a. 凍土の透水性

土が凍結する際には，土粒子間の間隙水が氷となる．土粒子の表面や微細な間隙の水は液相として保持される傾向がある．図 VI.3.25 に凍土の間隙の模式図を示す．しかし，温度の低下にしたがって，凍土の透水性は低下する．図 VI.3.26 上に凍土の透水係数と温度の相関グラフを示す．温度の低下に伴い，凍土の透水係数は指数関数的に減少するため，地盤凍結工法における実用上の透水性はないと見なせる．

b. 凍土の一軸圧縮強度

凍土の一軸圧縮強度は，間隙氷の強度と

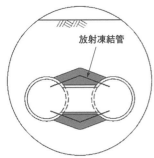
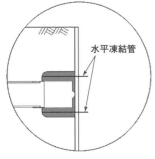

図 VI.3.24 適用事例（文献 30）

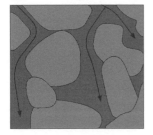
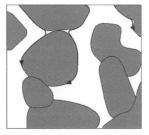

図 VI.3.25 凍土間隙の模式図（文献 31）

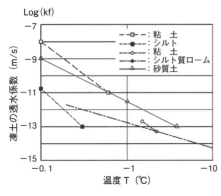

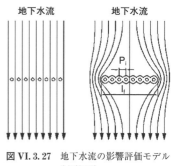

図 VI.3.27 地下水流の影響評価モデル
（文献33）

図 IV.3.26 凍土の透水性と強度（文献32）

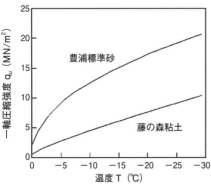

土粒子表面の不凍水量が影響している．図VI.3.26下に示すように，粘性土が砂質土と比較して，一軸圧縮強度が低いのは，粘性土の不凍水分量が多いことが起因している．温度の低下にしたがって，間隙氷の強度は増加し，不凍水分量は減少するため，凍土の一軸圧縮強度は増加する．地盤凍結工法では，実用的に凍土の平均温度を-10℃から-20℃とし，一般的に使用される-10℃における設計上の一軸圧縮強度を，砂質土で4.0-7.0 MN/m^2，粘性土で2.0-4.0 MN/m^2 と設定している．

c. 地下水流の影響

地下水流は熱を供給する媒体であるため，凍土の成長を阻害する要因となる．実際の地下水の動きは複雑であるため，凍土の成長に対する影響の正確な予測は困難であるが，様々なモデルが提案されている．図 VI.3.27 はその代表例である．凍結管列に直交する地下水流は，凍結管の周囲に造成される凍土により流路が狭くなるため，隣接する凍結管の間の流速が大きくなり，凍土が閉合できなくなる．このときの流速を限界流速と呼ぶ．限界流速は現場条件に基づいて計算によって求まるが，経験的に実流速で2 m/day 程度とされている[33]．凍土の周辺に存在する配管等の流水や貯留水も凍土の成長を阻害する要因となるため注意が必要である．

d. 凍上解凍沈下

土が凍結するともとの体積より大きくなり，地盤を隆起させる凍上が発生することがある．凍上は間隙水が凍結して膨張することや，未凍結範囲から凍土範囲へ水分が移動し，アイスレンズと呼ばれる氷の層を生成することにより発生する．図 VI.3.28 に凍上現象の模式図を示す．特に粘性土

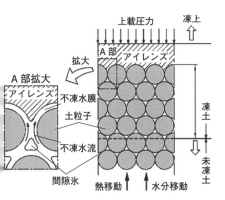

図 VI.3.28 凍上現象の模式図（文献32）

は，土粒子表面の不凍水分量が多いため，凍上が発生しやすい．砂質土は，不凍水分量が比較的少ないことに加えて，余剰な水分が排水されやすいことから凍上が発生しないことが多い．解凍時の沈下現象は，凍結時に生成したアイスレンズにより，もとの土構造が壊されることに起因する．土の凍上は，凍上試験による凍結膨張率を指標とする．凍上試験では土を1次元的に冷却し，凍結前後の高さの増分を測定する．凍結膨張率と図 VI.3.29 の計算モデルで地表面の隆起を予測することができる．地下数十mの深度では，拘束圧が大きく作用するため，地表面への影響は限定されることが多い．

3.4.3 施工方法

地盤凍結工法に用いる設備の模式図を図 VI.3.30 に示す．凍結管を循環する冷媒（二次）が地盤から熱を奪い，冷凍機内の冷媒（一次）に受け渡す．一次冷媒は圧縮・膨張を繰り返して，熱を冷却水に受け渡す．

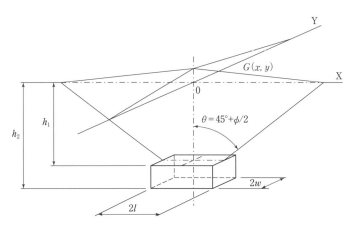

図 VI.3.29 凍上予測の模式図と式（文献34）

$G(x, y) = \dfrac{\eta}{4} \int_{h_1}^{h_2} \left\{ \mathrm{erf}\left[\dfrac{l+x}{ah}\right] + \mathrm{erf}\left[\dfrac{l-x}{ah}\right] \right\} \left\{ \mathrm{erf}\left[\dfrac{w+y}{ah}\right] + \mathrm{erf}\left[\dfrac{w-y}{ah}\right] \right\} dh$

$G(x, y)$：点 (x, y) における凍上量，η：凍上率，h_1, h_2：凍土の上・下面の深度，l：凍土の幅（x方向）の1/2，w：凍土の幅（y方向）の1/2，a：凍上の影響を表す値（45°として $a=1$ とする），$\mathrm{erf}(x)$：ガウスの誤差関数，$\mathrm{erf}(x) = 2/\sqrt{\pi} \int_0^x e^{-\lambda^2} d\lambda$.

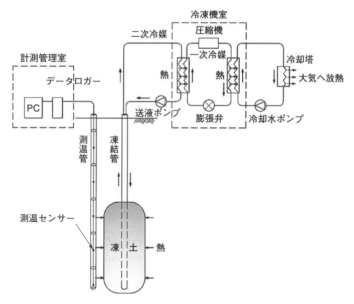

図 VI.3.30 凍結プラント設備模式図 (文献31)

図 VI.3.31 凍結工法分類 (文献34)

冷却水の熱は冷却塔から大気に放出される．凍土造成範囲の管理は，地盤に埋設された測温管の温度で行う．温度データはリアルタイムで計測管理室に表示され，凍結運転期間中，常時監視する．

凍結工法には冷凍機を使用せず，液体窒素を連続して供給する方式も存在するが，日本国内では近年あまり採用されていない（図 VI.3.31）．冷凍機を使用する循環方式では，二次冷媒としてブライン（不凍液）を使用する従来の方式に加えて，液化炭酸ガスを使用する方式も近年開発，実用化されている．施工手順（図 VI.3.32）は共通であり，まず凍結管と測温管をボーリングマシンで削孔して埋設し，続いて凍結プラント設置，配管配線を行う．凍土造成維持期間は工事の規模によるが，数か月程度である．

3.4.4 凍土遮水壁の適用事例

掘削を伴う工事における耐力壁としての適用が多い地盤凍結工法であるが，凍土を遮水壁として利用した国内最大規模の事例として，東京電力福島第一原子力発電所の凍土方式遮水壁が挙げられる（図 VI.3.33）．原子炉建屋周辺の地下水が山側から流入することによる新たな汚染水の発生を防ぐことが目的である．遮水壁の全長

第3章 地下水の遮水技術

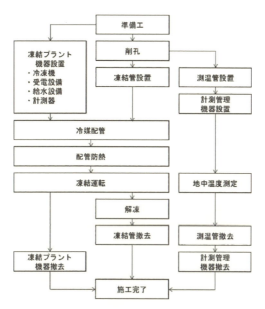

図 VI.3.32 施工フロー（文献 34）

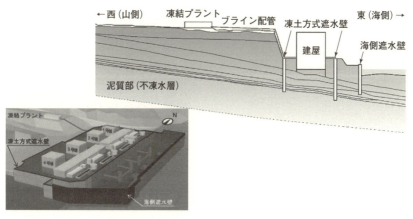

図 VI.3.33 凍土方式遮水壁の模式図（文献 35）

は約 1,500 m，凍土造成量は約 70,000 m^3 にも達する．遮水壁の下端は，不透水層が存在する地表面下約 30 m まで根入れした．採用された要因としては，地下に多数存在する埋設物を巻き込んで遮水壁を形成できること，施工に伴う掘削土を排出しないこと，実用上の透水性がゼロであること，余震でひび割れが発生しても再固結する自己修復性を有することが挙げられ，前述の凍土の特長が十分に生かされている．2014

年3月の運用開始以来，大きなトラブルが発生することなく，2023年9月現在も順調に稼働中である． 〔相馬 啓〕

3.5 地中連続壁工法

3.5.1 遮水壁の種類

図VI.3.34のように遮水壁の種類は土とセメント系懸濁液を原位置で混合撹拌するソイルセメント壁，RC連壁や全周回転掘削等で使用する掘削機を用いて掘削土を再利用するソイルセメント壁や土と特殊ベントナイトを原位置で混合撹拌し，高い遮水性能を有する粘土壁がある．

さらに，形状の継手により，嵌合時の止水性にすぐれている鋼矢板や他の遮水壁で得られない大きな曲げ剛性が得られる鋼管矢板壁に分類される．

また，用途は地下ダムの止水壁，調整池の止水壁，河川堤防の補強止水壁，環境汚染対策の遮水壁，地震時の液状化対策等多岐に用いられている．

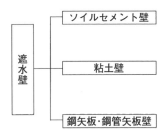

図 VI.3.34　遮水壁の種類

表 VI.3.3　遮水壁施工方法の種類

種類	造成方法	平面形状	工法名
ソイルセメント壁	原位置撹拌工法	柱列式	SMW工法 ECO-MW工法 NEO-e工法
	原位置撹拌工法	等厚式	TRD工法
	置換工法	等厚式	CRM-W工法
	置換工法	柱列式	CRM-P工法
粘土壁	原位置撹拌工法	等厚式	フレックスエコウォール工法

第 3 章　地下水の遮水技術

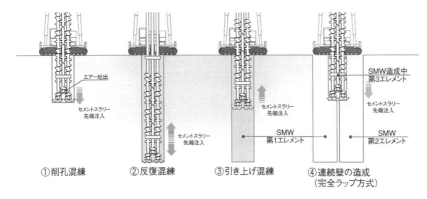

図 VI.3.35　SMW 工法　施工方法（文献 36）

3.5.2　地中連続壁工法による遮水壁の施工方法

表 VI.3.3 のように地中連続壁工法による遮水壁は，造成方法によって原位置撹拌工法と置換工法に区別される．さらに，平面形状によって等厚式と柱列式に分かれる．一般的に原位置撹拌工法をソイルセメント壁工法と呼ぶが，施工条件・環境条件によっては RC 連壁の掘削機や全周回転掘削機を用いて掘削位置に地上プラントで製造したソイルセメントを充填する置換工法がある．また，粘土壁は原位置撹拌工法の等厚式に分類される．

以下，地中連続壁工法の各工法について説明する．

3.5.3　SMW 工法

SMW 工法は Soil Mixing Wall Method の略称で土とセメント系懸濁液を原位置で混合・撹拌し，地中に柱列式のソイルセメント壁を造成する工法である[36]．

施工方法は専用に開発された多軸混練オーガ機で原地盤を削孔し，その先端よりセメント系懸濁液を吐出して，1エレメントの削孔混練を行い，ソイルセメント壁を造成する（図 VI.3.35）．次にソイルセメント連続壁とするため，エレメント端部の

図 VI.3.36　SMW 施工機械（文献 36）

図 VI.3.37 SMW 施工機械（低空頭型）（文献36）

外観	A剤	B剤
外観	液体	粉体
成分	ポリカルボン酸塩	炭酸ソーダ
比重	1.29～1.33	2.50～2.55
pH	7～9	11～12
特徴	・セメント，土粒子の分散 ・セメントの凝結遅延	・土粒子の分散補助 ・セメントの凝結促進

図 VI.3.38 アロンソイル（文献37）

図 VI.3.39 ECO-MW 工法施工状況（文献37）

削孔混練軸を互いに完全ラップさせて造成することで削孔混練が均一で遮水性にすぐれたソイルセメント壁体としている．施工機械は図 VI.3.36 のようなベースマシンに3点式杭打機を用いることが一般的である．標準機を使用した適用範囲は削孔径 ϕ 550-650 mm（標準径），ϕ 850-900 mm（大口径）に区別され，削孔深度は標準径で 40 m 程度，大口径で 50 m 程度である．

その他，狭隘地や上空制限のある現場条件に合わせて低空頭型多軸混練オーガ機（機械高 H = 3.0-8.0 m）等も使用されている（図 VI.3.37）．

3.5.4 ECO-MW 工法, NEO-e 工法

ECO-MW 工法は環境負荷低減型ソイルセメント連続壁の略称で土とセメント系懸濁液に加えて高性能流動化剤「アロンソイル」を添加して，原位置で混合・攪拌し，地中に柱列式のソイルセメント壁を造成する工法である[37]．

図 VI.3.38 の高性能流動化剤「アロンソイル」はA剤・B剤と2種類あり，それらを添加して，図 VI.3.39 のようにソイルセメントの流動性を保ち，注入量を減らすことで泥土発生量を従来工法の 50-60% に低減するだけでなく，強度・止水性の向上や周辺地盤への影響も抑制できる．

また，NEO-e 工法は ECO-MW 工法と同様に環境負荷低減型ソイルセメント連続壁工法であるが，アロンソイルB剤の代

わりとして新たな薬剤 NEO-B 剤を添加することによりソイルセメントの流動性を長時間保持することが可能となるため，大深度での施工に対して優位となる[38)]。

ECO-MW 工法，NEO-e 工法の施工方法や施工機械は前述の SMW 工法と同様の機械を用いる．また，標準機を使用した適用範囲は削孔径 ϕ550-650 mm（標準径），ϕ850-1,100 mm（大口径）に区別され，削孔深度は標準径で 45 m 程度，大口径で 55 m 程度である．

3.5.5 TRD 工法

TRD 工法は Trench Cutting Re-mixing Deep Wall method の略称で地中に建て込んだチェーンソー型のカッターポストをベースマシンと接続し，横方向に移動させて，カッターチェーンに取り付けられたカッタービットで鉛直方向に固化液と原位置土とを混合・撹拌を行い，地中に等厚式の連続したソイルセメント壁を造成する工法である．

施工方法は図 VI.3.40 のように 3 パス施工を標準的な施工方法としており，1 パス目では，所定の開放長の長さにしたがってベントナイト液等で掘削溝の崩壊を抑止して掘削，2 パス目で最初のスタート位置まで戻り掘削を行い，最後の 3 パス目で水・ベントナイト・添加剤を混練した掘削液を注入，掘削土を流動化させ，流動化した掘削土に固化液を添加して，混合撹拌する方法である．

カッターポストが地山を横行しながら造成し，連続した止水性の高いソイルセメント壁や深度方向に上下撹拌機構を備えるた

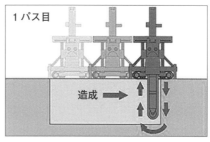
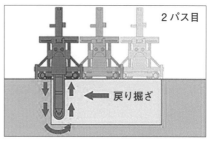
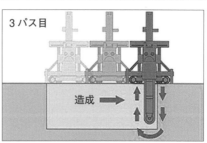

図 VI.3.40　TRD 工法施工方法（文献 39）

図 VI.3.41　TRD 施工機械（文献 39）

め，深さ方向に均質なソイルセメント壁が造成される．

施工機械は図 VI.3.41 のように SMW 標準機と比べて機械高が 10 m 程度と低い，低重心設計になっており，安全な施工が可能である．また，すぐれた撹拌性能により

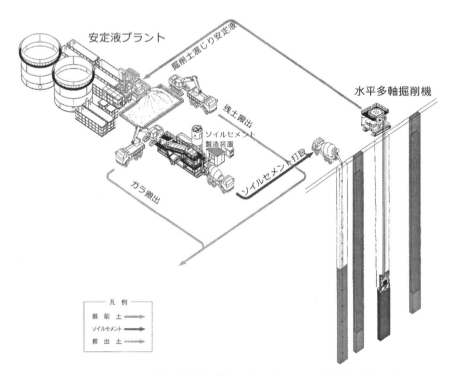

図 VI.3.42 CRM-W 工法の掘削土と再利用の流れ（CRM-W 工法の例）（文献 41）

図 VI.3.43 回転式水平多軸掘削機（左）バケット式掘削機（右）（文献 42）

図 VI.3.44 オールケーシング掘削機（文献 43）

高い掘削能力を実現できるため，3点式杭打機では先行削孔が必要とする地盤でも，TRD掘削機では，先行削孔なしで施工が可能となる場合もある．適用範囲は掘削機のタイプや施工条件にもよるが壁厚Hは450-850 mm，削孔深度は最小40 m程度で最長60 m程度である．

3.5.6 CRM工法

CRM工法はContinuous-Walls & Piles using Recycled Mudの略称で発生した掘削残土を再利用する工法である．図VI.3.42のように掘削された溝内または孔に地上プラントで掘削土とセメントミルクを混合・撹拌し，製造したソイルセメントを打設して地中連続壁を構築する．

施工方法は大深度・大壁厚での実績があるRC連続壁の掘削施工技術を利用することにより，連続性の高い等厚式のソイルセメント壁を構築するCRM-W工法（掘削土再利用連壁工法）と硬質地盤掘削に実績のあるオールケーシング工法の掘削施工技術を利用することにより，柱列式のソイルセメントを構築するCRM-P工法（掘削土再利用大口径柱列ソイル工法）に区別される．

施工機械はCRM-W工法では図VI.3.43のような回転式とバケット式の2種類の掘削機を用いる．また，CRM-P工法では図VI.3.44のようなオールケーシング掘削機を主に用いる．適用範囲はCRM-W工法では壁厚Hは500-1200 mm，削孔深度は最長70 m程度で，CRM-P工法では杭径ϕ1000-3000 mm，削孔深度は40-50 m以下である．

3.5.7 粘土壁（フレックスエコウォール工法）

フレックスエコウォール工法はセメント系懸濁液の代わりに，高濃度スラリー化し

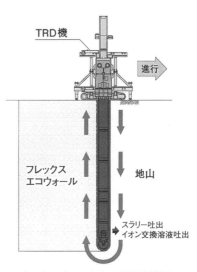

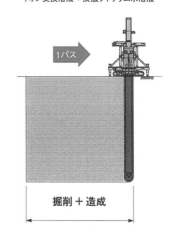

図 VI.3.45 フレックスエコウォール施工方法
（文献44）

図 VI.3.46 カッターチェーン式掘削機（文献44）

た特殊ベントナイトを注入，原位置で混合撹拌し，地中に高い遮水性能や耐震性を有す粘土壁を造成する工法です。

施工方法は図 VI.3.45 のように高濃度ベントナイトスラリーとイオン交換溶液を同時に地盤に注入し，カッターチェーンにより横行掘削と混合撹拌を同時に行いながら施工をする。

スラリー施工を行うことにより，1 パス施工が可能なため，従来の 3 パス施工と比べ，工期短縮が図れ，均質な遮水壁が造成できるので透水係数が 1×10^{-8} m/s 以下の高い遮水性能を有する。

また，地震時に壁体にクラックが生じないすぐれた変形性能を有し，長期にわたって遮水機能が維持できることも遠心模型実験によって確認されている。

施工機械は図 VI.3.46 のような機械高が低い，カッターチェーン式の掘削機を用いて施工することが一般的である。

また，適用範囲は壁厚 $H = 450-850$ mm まで可能であるが遮水壁としての機能をもたせるために最低壁厚は $H = 550$ mm 以上が多く，削孔深度は現状の施工実績から 20 m 程度である。　　　〔北崎　誠〕

文献

1) 地下水ハンドブック編集委員会編 (1998)：改定 地下水ハンドブック．建設産業調査会，pp. 477-554.
2) 日本地下水学会編 (2011)：地下水用語集．理工図書，p43.
3) 根切り工事と地下水編集委員会編 (1991)：根切り工事と地下水．土質工学会，pp. 9-12.
4) 地下水入門編集委員会編 (1983)：地下水入門．土質工学会，pp. 164-170.
5) 地下水を知る編集委員会編 (2000)：地下水を知る．地盤工学会，pp. 128-135.
6) 西垣　誠 (2001)：基礎工における地下水対策の現状と課題．基礎工，第 29 巻（第 11 号），pp. 6-10.
7) 西垣　誠 (2018)：地下水工事における地下水処理工法と対策．基礎工，第 46 巻（第 6 号），pp. 2-7.
8) 西垣　誠監修 (2002)：地下構造物と地下水環境．理工図書，pp. 1-44.
9) 地盤工学会編 (2004)：地下水流動保全のための環境影響評価と対策．地盤工学会，pp. 1-26.
10) 鋼管杭・鋼矢板技術協会 (2014)：鋼矢板　設計から施工まで．p. 24.
11) 地下水ハンドブック編集委員会編 (1998)：地下水ハンドブック．建設産業調査会，p. 544.
12) 地下水ハンドブック編集委員会編 (1998)：地下水ハンドブック．建設産業調査会，p. 545.
13) 鋼管杭・鋼矢板技術協会 (2014)：鋼矢板　設計から施工まで．p. 411.
14) 鋼管杭・鋼矢板技術協会 (2014)：鋼矢板　設計から施工まで．p. 4.
15) 鋼管杭・鋼矢板技術協会 (2014)：鋼矢板　設計から施工まで．p. 461.
16) 株式会社不動テトラ (2021)：特殊軽量矢板止水工法シートウォール工法パンフレット．pp. 1-8.
17) 日本グラウト協会 (2022)：薬液注入工設計資料（令和 4 年度版）．p. 1.
18) 日本グラウト協会 (2007)：新訂正しい薬液注入工法．pp. 232-233.
19) 日本グラウト協会 (2022)：薬液注入工設計資料（令和 4 年度版）．p. 22.
20) 日本グラウト協会 (2022)：薬液注入工設計資

第3章 地下水の遮水技術 *405*

料（令和4年度版）. p. 21.

21) 日本グラウト協会（2007）：新訂正しい薬液注入工法. pp. 355-358.

22) 日本グラウト協会（2007）：新訂正しい薬液注入工法. pp. 265-266.

23) 日本グラウト協会（2007）：新訂正しい薬液注入工法. p. 11.

24) 日本グラウト協会（2022）：薬液注入工設計資料（令和4年度版）. p. 2.

25) 日本グラウト協会（2022）：薬液注入工設計資料（令和4年度版）. p. 24.

26) 日本グラウト協会（2022）：薬液注入工設計資料（令和4年度版）. p. 3.

27) 日本グラウト協会（2022）：薬液注入工設計資料（令和4年度版）. p. 4.

28) 日本グラウト協会（2022）：薬液注入工法説明会資料. p. 35.

29) 日本グラウト協会（2022）：薬液注入工設計資料（令和4年度版）. p. 40.

30) ICECRETE協会（2020）：地球環境に優しい新地盤凍結工法 ICECRETE. pp. 2, 6,

31) 凍土分科会（2014）：凍土の知識　人工凍土壁の技術. 日本雪氷学会誌雪氷, 76(2), 179-192.

32) 土の凍結改訂編集委員会編（1994）：土の凍結　その理論と実際. 土質工学会, pp. 48, 68, 99.

33) 日本建設機械化協会（1982）：地盤凍結工法　計画・設計から施工まで. 日本建設機械化協会,

pp. 11, 15-168.

34) ICECRETE協会（2022）：ICECRETE技術資料. p. 6, 12, 27.

35) 佐々木敏幸ら（2016）：凍土方式遮水壁大規模整備実証事業の概要　凍土方式遮水壁大規模整備実証事業（その1）. 土木学会第71回年次学術講演会, pp. 611-612.

36) SMW協会（2019）：ホームページ（http://www.smw-kyokai.jp）および工法カタログ2019年版.

37) ECO-MW協会（2019）：ホームページ（http://www.eco-mw.jp/）および工法カタログ2019年版.

38) 成幸利根株式会社（2022）：NEO-e工法カタログ　2022年版.

39) TRD工法協会（2020）：ホームページ（https://www.trd.gr.jp）および工法カタログ2020年版.

40) TRD工法協会（2022）：技術・積算マニュアル鉛直壁用. 2022年7月版.

41) CRM工法研究会（2015）：掘削土再利用連壁工法　設計・施工マニュアルCRM-W, 2015年度版. p. 15.

42) 成幸利根株式会社（2015）：地中連続壁工法カタログ　2015年版.

43) CRM工法研究会（2015）：掘削土再利用大口径柱列ソイル工法　設計・施工マニュアルCRM-P, 2015年度版. p. 43.

44) 成幸利根株式会社（2019）：フレッスクエコウォール工法カタログ　2019年版.

第4章

熱利用技術

4.1 概　説

　人間活動におけるエネルギー消費の多くは冷暖房や入浴等の熱利用が占める．地下水を熱利用する代表に温泉がある．火山国である我が国には各地に温泉があり，観光資源としても貴重とされている．火山周辺以外でも深度が深くなるほど地下水温は地温勾配に沿って昇温し，温泉となる．こうした深井戸による非火山性温泉は全国各地にみられる．

　火山周辺や地下深部を除き，地下水の温度は 10-20℃ 程度に留まる．こうした低温でも地下水は温度に応じた熱エネルギー（エンタルピー）を有し，地上や屋内等の利用側との温度差に応じて熱利用することができる．例えば冬季に地下水を散水する道路の融雪や夏季に建物の配管内に地下水を循環させるフリークーリングがある．また年間を通じ温度が安定する地下水や湧水の特性を活かし，栽培やふ化等農水産業，冷却等製造業を含む様々な用途に熱利用されている．

　地盤全体に蓄えられる低温の熱エネルギーは広く地中熱と呼ばれる．太陽から供給された光エネルギーが変換され地表に吸収される．地表からの下向きの熱フラックスは季節や天候によって変動するが中緯度地域では平均数十 W/m^2，年間数百 MJ/m^2 と見積もられる[1]．この値は用途によっては年間の暖冷房を賄えるエネルギーに相当する．深部の高温岩体からも上向きのフラックスとして供給されるが火山地域等を除き 0.1 W/m^2 を下回り，有効熱伝導率が相対的に低くなる表層では地表からのフラックスに比べ無視される．このことから，地中熱の起源は主に太陽エネルギーとされ，それゆえ地球上のどこでも存在し利用することができる．さらに太陽エネルギーが冬季や夜間等必要なときに不足する需給アンバランスがあるのに対し，地中熱は地下を巨大な蓄熱槽として太陽エネルギーを蓄えた結果であるため，いつでも使うことができるメリットがある．場所や時間によらず利用可能な点こそ再生可能エネルギーの中でも地中熱の持つ優位性といえる．

　低温・低エンタルピーの地中熱を有効に活用するのが地中熱源ヒートポンプ（ground-source heat pump：GSHP）システムである．ヒートポンプにより低温から高温への熱移動が可能となり，温冷熱どちらでも必要なエネルギーを取り出すことができる．またヒートポンプの稼働に必要な

電力の数倍の熱量を得ることができるため電気ヒーター等よりはるかに省エネであり，本来燃焼あるいは発電に使うはずであった石油やガス等の化石燃料の消費を削減でき，その結果 CO_2 排出量の削減，地球環境の保全に繋げることができる．とりわけ温度が安定する地中を熱源とすることで，季節や昼夜で気温が変動する外気を熱源とする空気熱源ヒートポンプシステムよりも高い効率で稼働でき，また外気に排熱することもないため，ヒートアイランド抑制にも繋がる．なお熱源として地中熱の代わりに温泉やその排湯を用いるシステムも特に温熱利用に際し高効率で稼働できる．

地中熱源ヒートポンプシステムは諸外国では加速度的に普及が進んでおり，設備容量は 2015 年までの約 20 年間で 27 倍，5万 MWt 程度に達している[2]．日本ではいまだ 100 MWt 程度，設置数も約 3000 件に留まるが[3]，エネルギー価格の上昇と気候変動が進む中，高効率な再生可能エネルギー設備として今後普及が進むと期待される．近年では省エネビル・住宅であるネット・ゼロ・エネルギー・ビル（ZEB）/ハウス（ZEH）が注目されており，それらへの導入も増えている．

地中熱源ヒートポンプシステムは，採熱方法の違いにより大きく，クローズドループ方式とオープンループ方式に分けられる．クローズドループ方式は深度 100 m前後のボアホールに U 型の高密度ポリエチレン管（U チューブ）を封入した地中熱交換器を設置し，その中を不凍液等の熱媒を循環させ，地盤と熱媒との温度差に応じたエネルギーを得る．地中熱交換器には地表から数 m の浅い深度に面的に設置する水平型や建物の基礎に併用する基礎杭型等様々な工法がある．

地中熱交換器の採放熱量は通常，深度あたり 30-40 W/m 程度を見込まれる．ただし地下水流れが速い地盤では，地中熱交換器と地盤との熱交換に伝導だけでなく移流も加わるため値が大きくなり，80-100 W/m に拡大する[4]．移流効果が現れる目安はダルシー流速（比流束）0.1 m/d 以上であり，その効果は対数に比例して増大しつつ一定以上の流速で収束し，熱負荷や地中熱交換器の仕様（熱抵抗）にも依存する[5]．こうした地盤において熱応答試験を行うと，地盤の有効熱伝導率より高い見かけ熱伝導率が得られる．

オープンループ方式は，井戸でくみ上げた地下水を直接ヒートポンプ側の熱源とする方式である．例えば 100 L/min の地下水をくみ上げ，温度差 3℃で採放熱する場合，約 20 kW の熱量を得る計算となる．採放熱した後の水は別の井戸で地下へ還元するか表流水へ放流するが，地下水資源・環境保全の観点からは前者が推奨される．クローズドループ方式では採放熱のたびに地中熱交換器周辺の地中温度が変化するため，過度な採放熱を行うと地中熱の安定性のメリットが損なわれる可能性があるのに対し，オープンループ方式では常に一定温度の地下水を熱源として使うため，より高効率な稼働が可能である．欧州で新築建物の目標とする平均暖房効率（年間の必要熱量を消費電力で除した値）は空気熱源 3.0 に対し，クローズドループ方式では 1.3 倍高い 4.0，オープンループ方式では

1.5倍高い4.5とされる[6]. 特に熱需要が大きくなれば，季節ごとに発生する冷熱と温熱をそれぞれ別々の井戸を通じて帯水層に還元して熱を蓄え，必要なときに揚水して回収することで更に高効率化できる. これを帯水層蓄熱（aquifer thermal energy storage：ATES）システムと呼ぶ.

我が国は地下水が豊富であるため，高効率なオープンループ方式による地中熱利用の普及が今後期待される. 特に既存の井戸を熱源にも利用することができれば，初期コストを大幅に抑えることも可能である. 現在，地下水採取規制のある都市部では導入が制限されるが，脱炭素化に向けた規制緩和の動きも見られる[7]. オープンループ方式の技術的課題に井戸目詰まりが挙げられる. 目詰まりの要因は細粒な土粒子が蓄積する物理的，地下水中の溶存物質が析出する化学的，地下水中の微生物活動によるフロックが付着する生物化学的な要因に分けられる. 導入の際には当該サイトにおけるそれぞれのリスクを適正に評価し，抑止対策や維持管理の事前検討が求められる.

地中熱利用が過度に進むと地中温度が変化することで環境に影響を与える熱汚染を懸念する指摘もあり，地中の温度変化を具体的数値で規制する国もある. 現状，環境被害の報告は乏しく科学的なコンセンサスもいまだ得られてないが[8]，我が国においても地中熱利用の拡大が進めば熱汚染のリスク評価手法やその規制のあり方についての議論が必要になろう. 〔阪田義隆〕

4.2 温 泉

4.2.1 温泉の定義

温泉は，温泉法（昭和23年法律第125号）で表 VI.4.1 のように定義され，温度または物質成分のいずれか1つが，基準値を上回っていれば温泉として認められる.

4.2.2 温泉の成因

熱源で分類すると，火山のマグマを熱源とする火山性温泉と，火山とは無関係な熱源に起因する地熱により地下水が加温される非火山性温泉に分けられる.

a. 火山性温泉

火山性の熱源とは，文字通り火山の活動に起因する熱源であり，比較的浅部に存在する. 地質時代の主に第四紀に火山活動が行なわれている地域では地下数 km-十数 km の部分に，深部から上昇してきたマグマがマグマ溜まりをつくる. マグマ溜まりは高温であることから，一般に地下浅部から高温（600-1200℃）となることが多い.

火山性の温泉は，地下水がマグマの熱で温められたものを主体とし，一部マグマ起源の高温流体が混入し，断層等の地下構造や人工的なボーリング等を通路として地表に湧き出したものである. 温泉水の多くは天水起源であり，地下を循環する過程でマグマのガス成分や熱水等が混入したり，流動中に岩石の成分を溶解したりすること等により，様々な泉質が形成されると考えられている.

第4章　熱利用技術

表 VI.4.1 温泉の定義（温泉法）（文献9）

1. 温度（温泉源から採取されるときの温度）　摂氏25度以上

2. 物質（以下に掲げるもののうち，いずれか一つ）

物質名	含有量（1 kg 中）
溶存物質（ガス性のものを除く．）	総量 1,000 mg 以上
遊離炭酸（CO_2）（遊離二酸化炭素）	250 mg 以上
リチウムイオン（Li^+）	1 mg 以上
ストロンチウムイオン（Sr^{2+}）	10 mg 以上
バリウムイオン（Ba^{2+}）	5 mg 以上
フェロ又はフェリイオン（Fe^{2+}, Fe^{3+}）（総鉄イオン）	10 mg 以上
第一マンガンイオン（Mn^{2+}）（マンガン（II）イオン）	10 mg 以上
水素イオン（H^+）	1 mg 以上
臭素イオン（Br^-）（臭化物イオン）	5 mg 以上
沃素イオン（I^-）（ヨウ化物イオン）	1 mg 以上
ふっ素イオン（F^-）（フッ化物イオン）	2 mg 以上
ヒドロひ酸イオン（$HASO_4^{2-}$）（ひ酸水素イオン）	1.3 mg 以上
メタ亜ひ酸（$HASO_2$）	1 mg 以上
総硫黄（S）[$HS^- + S_2O_3^{2-} + H_2S$ に対応するもの]	1 mg 以上
メタほう酸（HBO_2）	5 mg 以上
メタけい酸（H_2SiO_3）	50 mg 以上
重炭酸そうだ（$NaHCO_3$）（炭酸水素ナトリウム）	340 mg 以上
ラドン（Rn）	20（百億分の1キュリー単位）以上
ラジウム塩（Ra として）	1億分の1 mg 以上

b.　非火山性温泉

（1）深層地下水型

降水の一部が地中にしみ込んだ地下水が，高温岩体や地温勾配による地熱を熱源として温められたものが，非火山性の深層地下水型の温泉といわれている．

地温勾配による地熱の熱源は，地下深部の放射性物質の壊変等による発熱に起因するといわれている．このため，火山活動がない地域でも，一般に100 mあたり約3℃程度の割合で地下深部に向かって地温は上昇する．これを地温勾配（地下増温率）と呼んでいる．例えば，地表付近の地温（年平均気温）を10℃として，深度1000 mの地温は40℃となる．

（2）化石海水型

古い地質時代の海水が地中に閉じこめられたものを化石海水型温泉と呼んでいる．また，海に近い地域においては，現在の海水や地下水が化石海水に混入しているケースもある．

4.2.3 温泉資源の変遷

環境省自然環境局では，毎年都道府県別の温泉利用状況を公表している．図VI.4.1に2020年3月までの源泉数の推移を示した．全国の源泉総数は社会経済情勢を反映しながら2006年頃までは，ほぼ右肩上がりで増え続け，その後は減少に転じている．

図VI.4.2には自噴量に動力揚湯量を加えた総湧出量を示した．全国の総湧出量は長期的には源泉総数と同様に右肩上がりで増えているが，やはり2005年頃をピークに，それ以降減少を続けている．これらのデータ等から我が国の温泉資源状況がマクロにみると衰退傾向にあることが指摘されるようになった．これについては掘削技術の進歩等により大深度ボーリング源泉の割合が急激に増加していることも原因の1つとして挙げられている．

4.2.4 温泉保護に関するガイドライン

各都道府県では，温泉法および長年にわたり独自に策定した要綱等に基づき温泉資源の保護対策に取り組んできた．しかし，近年，温泉の保護と利用を取り巻く状況が大きく変化する中，公益性が高まる温泉資源の保護管理をより的確に進めるといった

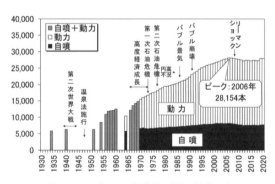

図VI.4.1 我が国の源泉数の推移（文献11）

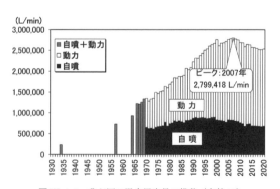

図VI.4.2 我が国の温泉湧出量の推移（文献11）

見地から，温泉法や温泉行政の対処のあり方の再検討が求められた．さらに，2003年に群馬県水上温泉での温泉掘削許可処分取消し請求訴訟があり[17]，群馬県が敗訴した．その理由は，群馬県による温泉モニタリング結果に基づく主張に科学的な根拠があるとはいえないと裁判所が判断したためであった．こういったことが契機となって，影響を判断するためには科学的データが不可欠であり，モニタリングデータを含めた科学的な知見の集積の重要性が深く認知されることとなった．

これらのことから環境省では，温泉資源の保護施策に関して「掘削許可等の基準の明確化，観測データや科学的知見の一層の充実等，さらなる進化が求められる状況にある」との認識を示し，2009年には温泉資源保護に関するガイドラインが策定された．ガイドラインでは，温泉モニタリングの必要性や手法，データの取り扱い等についても述べられている．行政や源泉所有者等が自らモニタリングを行って，その結果に基づいて源泉の維持・管理を行うことの重要性を周知し，自主的に温泉資源保護に資する採取量の調整・管理を行うことが強く望まれるとガイドラインには記述されている．なお2015年には温泉モニタリングの具体的な方法等について詳しく解説したマニュアルが作成された[16]．

4.2.5 温泉のモニタリング

a. モニタリング手法

揚湯量や水位，泉質，温度等を継続的にモニタリングすることで，泉源に発生した異常の早期発見が可能となる．また，枯渇（極端な水位低下）や泉質・泉温低下等の適切な対策の実施，揚湯設備等の健全性評価やメンテナンス計画の立案，新規温泉掘削等により所有源泉に影響が生じた際の科学的根拠となるデータの確保等に繋げることができる．

さらに，個々の温泉のモニタリング結果を総括的にとりまとめることにより，地域全体の温泉資源の状況を把握でき，保全対策を講じるための基礎資料とする等の活用も期待できる．

これらのことから，すべての源泉において水位等のモニタリング（自動または手動観測）を行うことが望ましく，新規掘削源泉においては，モニタリング自動観測装置を井戸設計に加えるべきである．モニタリング装置の概念を図 VI.4.3 に示す．

b. 温泉地におけるモニタリング例

北海道では温泉の湧出量の減少，泉温の低下，泉質の変化等の衰退現象を防止し，もって温泉の恒久的保護と適正な利用の推進を図ることを目的として1976年に16か所の温泉地を保護地域・準保護地域に指定した[12]．その後，帯広市や札幌市で急速に開発が進んで，帯広市街地区は保護地域に，帯広市街地区の周辺地域と札幌市は準保護地域に指定された．現在，北海道内で長期にわたって系統的かつ定期的に温泉モニタリングが実施されている温泉地は，保護地域・準保護地域を含めて22か所ある．

保護地域・準保護地域では北海道が1992年頃から水位，泉温等のモニタリングを開始し，現在も継続している．また，温泉資源の衰退現象が進展している温泉地では温泉組合等の温泉供給事業者が独自に

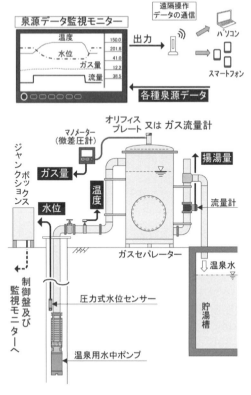

図 VI.4.3　モニタリング装置概念

モニタリングを継続的に実施し，資源管理や保護対策等に活用している．これらのモニタリングデータは，源泉管理に用いられるとともに温泉地における資源状況の把握や温泉行政の効果的推進に資するデータとしても活用されている．

また保護地域の見直しや追加指定等においてもモニタリングデータが重要な判断材料となっている．2022年には，源泉の開発が急増し温泉資源の衰退が危惧されているニセコの倶知安町ひらふ地域が，保護地域・準保護地域に追加指定された．

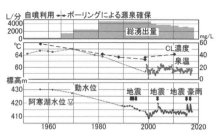

図 VI.4.4　経年モニタリング例（阿寒湖温泉）（文献11）

図 VI.4.4 は阿寒湖温泉における約70年間に及ぶ水位，泉温，湧出量のモニタリング事例である．湧出量は全源泉の総湧出量

を，水位，泉温，泉質（Cl 濃度）については代表的な源泉の変化を示した．

開発が進んで総湧出量の増加に伴い水位・泉温・Cl 濃度が徐々に下がっていることがわかる．阿寒湖温泉では，このモニタリングデータをもとに貯留層モデルを用いたシミュレーションを行い，揚湯量の変動に対する水位・泉温・泉質等の変動予測を実施した．その結果を踏まえて 2000 年から湧出量を段階的に減らす対策を取ることにより，水位・泉温等の低下が止まり，その後はほぼ安定した資源状況が続いている．これは長期にわたるモニタリングデータがあったからこそ可能になったことといえる．

4.2.6　温泉の保全と適正利用

a.　温泉の保全の手順

温泉水の多くは，天水が地下を循環する循環水起源であり，特定の源泉または地域で温泉帯水層への涵養量を上回る揚湯（過剰揚湯）を継続すると，水位は極端に低下し，近隣の源泉への影響が湯量減少等の被害として現れる．

このような障害を発生させることなく，安定的に温泉を確保するためには，「健全な水循環を維持する」ことが前提となる．そのためには，「温泉は地域の共有財産」という認識に立ち，地域全体の合意形成のもと，持続可能な温泉の適正利用のあり方を検討し，温泉の保全・利用に関する計画を策定・運用する必要がある．

この手順については，図 VI.4.5 に示すように仮説・検証型プロセスをもとに，マネジメントの品質を高める取り組み（PDCA サイクル）が重要である．

b.　安全揚湯量の決定

特定の源泉においても，地域全体の水収支バランスを保つためには，地域の管理基準に基づき，源泉の管理基準（許容水位低下量）を設定する必要がある．

適正揚湯量（限界揚湯量の 80%）は，源泉の構造（例えばスクリーン開口面積）左右される値であり，長期的に安定して採取できる量とは限らない．

このため，長期的水位低下量の予測値から，水位低下の基準を満たす安全揚湯量を決定し，源泉の採取可能量とする．

長期的水位低下の予測は，水中ポンプ等の動力装置設置に係る設計にも重要なデータとなり，さらには，温泉資源の保全計画を立案するうえで，きわめて重要な要素

図 VI.4.5　適切な温泉の保全の手順

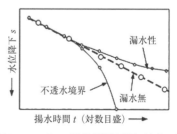

図 VI.4.6　ヤコブ直線解析概念図（文献 18）

データとなる．長期的水位低下量を予測する方法としてヤコブ（Jacob）の直線解析法によると，一定量揚湯において揚湯水位（動水位）を縦軸に，時間の対数を横軸にとれば，両者の関係は直線で近似されるとしている．

この理論を利用して揚湯試験結果から長期的な水位低下を予測した例が図VI.4.7である．また試験で得られた揚湯量（Q）と水位sの関係と1年後および10年後の予測曲線を描けば図VI.4.8のようになる．この結果から，10年後の管理基準としての水位低下量を30m以内とすると，揚湯量は概ね100 L/minとなり，これがこの源泉の安全揚湯量と判断される．

c. 保全計画の策定

温泉に関するデータ整備や利用実態の把握は十分進んでおらず，当初から精度の高い将来予測は困難である．このため，最初は過去の温泉障害の実測値や経験則に基づいた計画を策定することが重要である．加えて，泉源の揚湯試験結果から得られる長期的な水位低下予測のデータ等も踏まえて，温泉資源の適正利用に向けた保全計画を策定することが望まれる．〔石塚　学〕

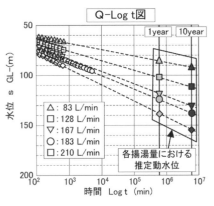

図 VI.4.7　水位低下予測図

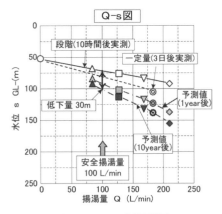

図 VI.4.8　Q-s特性解析図

4.3　冷暖房利用

この節では，地下水の熱利用技術の1つである水熱源ヒートポンプを利用した冷暖房利用について，ヒートポンプ原理，地下水利用ヒートポンプシステムの概要，1次側，2次側の一般的な仕様と設計法，実験データ，帯水層蓄熱の概要と事例等を解説する[19,20]．

4.3.1　オープンループヒートポンプシステムの概要

a. ヒートポンプの原理

ヒートポンプ装置の基本構成部品は，図VI.4.9に示すように，圧縮機，第1の熱交換器，膨張機構，第2の熱交換器であり，それらは配管でループ状に接続されており，その配管内には冷媒が適量封入されている．圧縮機の動力源は電力であり，圧縮機に電力が供給されて稼働すると，気体状

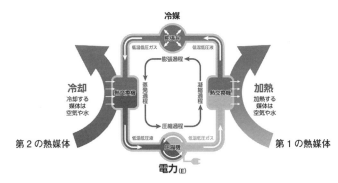

図 VI.4.9　ヒートポンプ装置の構成部品（文献21）

態の冷媒が圧縮される形で温度が上昇し第1の熱交換器（凝縮器）に流れる．第1の熱交換器では冷媒と第1の熱媒体が熱交換して，第1の熱媒体を加熱するとともに冷媒が凝縮（液化）する．液化した冷媒は膨張弁等の膨張機構で減圧膨張して温度が下がり気液混合状態となる．第2の熱交換器（蒸発器）で冷媒と第2の熱媒体が熱交換して，第2の熱媒体を冷却するとともに冷媒が完全に蒸発（気化）する．気化した冷媒は再度圧縮機で圧縮されるのでこのループを繰り返すことにより連続的に第1の熱媒体が加熱され，第2の熱媒体が冷却される．すなわち圧縮機により第2の熱媒体から第1の熱媒体に熱を移動させていることになる．水をくみ上げる装置はポンプであるのに対して，このように熱をくみ上げる装置であるので，ヒートポンプと呼ばれる[22]．また，ヒートポンプには熱をくみ上げる温度差が小さいと圧縮機の消費電力が小さくなるという特性がある．

b.　水熱源ヒートポンプと空気熱源ヒートポンプの違い

ヒートポンプを利用すると，水や空気を採放熱する熱媒体（熱源という）より，もう一方の熱媒体を利用側として冷却または加熱することが可能であり，冷暖房・給湯等の用途に利用できる．水熱源ヒートポンプは熱源に水を利用するヒートポンプであり，空気熱源ヒートポンプは熱源に空気を利用するヒートポンプである．

地下水の温度は年間を通して一定であるのに対して，外気の温度は変動するため，冷房や暖房の場合，外気よりも地下水を利用したほうがヒートポンプでくみ上げる温度差が小さいために圧縮機の消費電力が小さくなる．

c.　オープンループとクローズドループの違い（1次側の仕様）

地中熱ヒートポンプシステムには大きく分けて，熱源に水である地下水をポンプでくみ上げて水熱源ヒートポンプの熱媒体として利用するオープンループ方式（図VI.4.10）と，地中と間接的に熱交換する地中熱交換器を利用して水または不凍液を熱媒体として水熱源ヒートポンプを利用するクローズドループ方式がある[23]．地下水を利用するヒートポンプシステムは地中熱

ヒートポンプシステムの一種である．

オープンループ方式では，地下水をくみ上げて熱媒体とするが，地下水の水質による腐食やスケールによる水熱源ヒートポンプのメンテナンスや故障を低減するために間接熱交換器を利用して，地下水と熱交換した水または不凍液を水熱源ヒートポンプの熱媒体として利用することが一般的である．

d. 水熱源ヒートポンプの種類（2次側の仕様）

水熱源ヒートポンプは大きく分けてヒートポンプチラーとビル用マルチの2種類がある．

(1) ヒートポンプチラー

ヒートポンプチラー（図 VI.4.11）は，ヒートポンプから負荷側熱交換器への熱搬送媒体は水（または不凍液）であり，放熱器としては水と空気を熱交換するファンコイルや輻射熱も利用するパネルヒーターや

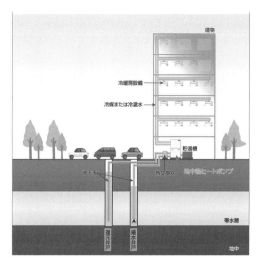

図 VI.4.10　オープンループ方式（文献 21）

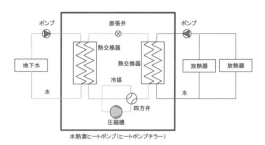

図 VI.4.11　ヒートポンプチラー（文献 24）

床暖房が利用される．

図 VI.4.12 はヒートポンプチラーの室外機である．図 VI.4.13 はファンコイルであり内部に水-空気熱交換器とファンが内蔵されている．図 VI.4.13 は天井面に埋め込むカセット型のファンコイルであり，その他にも様々なファンコイルの種類がある．また，エアハンドリングユニットという大型の室外機が用いられることもある．また，ヒートポンプチラーを用いることにより冷暖房だけでなく給湯を行うことも可能である（図 VI.4.14）．

(2) ビル用マルチ

ビル用マルチの場合は，図 VI.4.15 のように水熱源ヒートポンプ（ビル用マルチ室外機）から負荷側熱交換器への熱搬送媒体として冷媒（主にフルオロカーボン）が用いられ，負荷側の熱交換器が空調用の場合は，負荷側の熱交換器は冷媒-空気熱交換器となり一般的に室内機と呼ばれる．図 VI.4.16 は水熱源ビル用マルチの室外機である．図 VI.4.17 ビル用マルチの室内機である．図 VI.4.17 は天井埋め込み型の 4 方向カセット室内機であり，事務室等に最もよく使われている方式である．その他にも様々なタイプのビル用マルチ室内機がある．

4.3.2 設計

オープンループ方式ヒートポンプシステムの設計では以下について考慮する必要がある．まず井戸の設計では，水熱源ヒート

図 VI.4.12 水熱源ヒートポンプチラー室外機（文献 21）

図 VI.4.13 カセット型ファンコイル（2 方向）（文献 25）

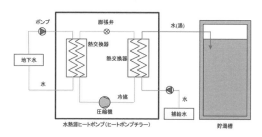

図 VI.4.14 ヒートポンプチラーによる給湯（文献 24）

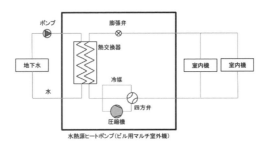

図 VI.4.15　ビル用マルチ（文献 24）

図 VI.4.16　水熱源ビル用マルチ室外機（文献 21）

図 VI.4.17　ビル用マルチ用 4 方向カセット室内機（文献 21）

ポンプで必要となる地下水量と地下水温を決定したうえで，その水量が確保できる帯水層の選定，井戸仕様の検討，掘さく方法の決定を行う[27]．

暖房期，冷房期の必要水流量 V_h, V_c [m^3/s] は下式で求める．

$$V_h = \frac{Q_h - W_h}{c\rho\Delta T_h} \quad (IV.4.1)$$

$$V_c = \frac{Q_c + W_c}{c\rho\Delta T_c} \quad (IV.4.2)$$

ここで，水熱源ヒートポンプの暖房定格能力 Q_h [kW]，暖房定格消費電力 W_h [kW]，冷房定格能力 Q_c [kW]，冷房定格消費電力 W_c [kW]，地下水比熱 c（= 4.19 kJ/kg/K），地下水密度 ρ（= 1.0×10^3 kg/m^3）であり，ΔT_h, ΔT_c は暖房期，冷房期における利用温度差である[26]．利用温度差は 3-7℃ 程度としておくことが望ましい．

地下水利用ヒートポンプシステムを利用する主たる理由は，空気熱源ヒートポンプよりも高効率（省エネルギー，省 CO_2，低ランニングコスト）であることである．式（VI.4.3）は空気熱源ヒートポンプのシステム成績係数 SCOP$_{ASHP}$，式（VI.4.4）は地下水利用ヒートポンプシステムのシステム成績係数 SCOP$_{GWHP}$，式（VI.4.5）は空気熱源ヒートポンプの季間成績係数 SPF$_{ASHP}$，式（VI.4.6）は地下水利用ヒートポンプシステムの季間成績係数 SPF$_{GSHP}$

であり，地下水利用ヒートポンプシステムの性能は空気熱源ヒートポンプに対しての比率として $\text{SCOP}_{\text{GWHP}}/\text{SCOP}_{\text{ASHP}}$ および $\text{SPF}_{\text{GWHP}}/\text{SPF}_{\text{ASHP}}$ が 1.1 以上となることが望ましい．これらの計算は 1 次エネルギー消費量算定法[27]等のシミュレーションや実績データを用いて行う．

$$\text{SCOP}_{\text{ASHP}} = \frac{Q}{W_{cp} + W_f} \quad (\text{VI.4.3})$$

$$\text{SCOP}_{\text{GWHP}} = \frac{Q}{W_{cp} + W_{p1} + W_{p2}} \quad (\text{VI.4.4})$$

ここで，水熱源ヒートポンプの冷暖房能力 Q，システム成績係数 SCOP，システム季間性能 SPF（ASHP：空気熱源ヒートポンプ，GWHP：地下水利用ヒートポンプ），消費電力 W：（cp：圧縮機，f：ファン，$p1$：井戸ポンプ，$p2$：循環ポンプ）である．

$$\text{SPF}_{\text{ASHP}} = \frac{\int Q dt}{\int (W_{cp} + W_f) dt} \quad (\text{VI.4.5})$$

$$\text{SPF}_{\text{GWHP}} = \frac{\int Q dt}{\int (W_{cp} + W_{p1} + W_{p2}) dt}$$

(VI.4.6)

式（VI.4.5），式（VI.4.6）の積分期間は 1 年間の冷房期間，暖房期間に分け，それぞれ SPF_C, SPF_h とする．

図 VI.4.18 および図 VI.4.19 は文献 22）の逆カルノーサイクルを補正した SCOP をさらに補正した地下水利用ヒートポンプシステムと空気熱源ヒートポンプのシステム成績係数のグラフである．前述のとおり，地下水温度はほぼ一定であり，外気温度に対して夏は温度が低く，冬は温度が高いため空気熱源ヒートポンプに対して地下水利

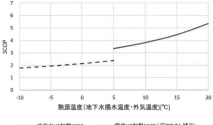

図 VI.4.18 熱源温度の違いによる暖房システム成績係数（文献 22）

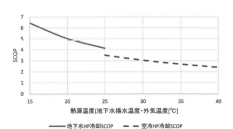

図 VI.4.19 熱源温度の違いよる冷房システム成績係数の比較（文献 22）

用ヒートポンプの方が，効率が高いという性質を表している．

ただし，実際にはヒートポンプ内部の熱交換器および外部の間接熱交換器の性能，井戸ポンプ，循環ポンプ，空冷 HP のファンの消費電力等が影響するので製品やシステムによって違いが生じる．地下水の水位が高いと井戸ポンプ動力は小さくなる．熱交換器については容量が大きく温度差が小さいものが望ましい．また，ポンプ動力についても注意が必要である．例えば，水熱源ヒートポンプがインバーター制御されているのに対して，ポンプが定速の場合は，部分負荷運転のときにポンプが無駄に大きな動力で稼働することになり SPF_{GWHP} が低下する．この問題はポンプインバーター

による変流量制御で解決できる．

間接熱交換器に地下水の成分によるスケールが付着することにより性能が低下することもある．また，揚水井戸や還元井戸も同様に地下水の成分によるスケール付着により目詰まりし，揚水量，還元量低下のリスクもある．これらの問題に対しては，酸素を遮断する等スケールが付きにくい構造にするか，定期的な洗浄を実施する必要がある．

また，都市部等には揚水規制がある地域があるため，導入をする場合は確認をする必要がある．

地下水利用ヒートポンプはボイラーと比較する場合もあり，ランニングコストや環境性が空気熱源ヒートポンプに加えてボイラーに対してもすぐれていることを設計段階で評価することがある[24]．

地下水利用ヒートポンプシステムの実績データ例を表VI.4.2に示す．リファレンスとなる従来式業務用空調（エアコン）に対して，地下水利用ヒートポンプシステム実績データの冷房期間SPF_Cは1.1-2.2倍，暖房期間のSPF_hは1.5-2.0倍となっており高効率であることを示している．

〔柴　芳郎〕

4.3.3 帯水層蓄熱（ATES）

帯水層蓄熱とは，オープンループ地中熱利用の1つであり，広く普及している空調エアコン（空気熱源ヒートポンプ）では冷暖房の排熱を大気に放出するが，帯水層蓄熱ではその排熱を帯水層に蓄え，熱エネルギーとして活用することで，省エネ，省CO_2，ヒートアイランド現象の緩和を図ることができる[22]．図VI.4.20に帯水層蓄熱の模式図を示す．

帯水層蓄熱は主に冷熱井と温熱井を季節で切り替える季節間蓄熱として利用されている．冷房運転時には冷熱井から冷たい地下水を揚水して冷房に利用し，熱利用によって温まった地下水を温熱井に注入

表VI.4.2　地下水利用ヒートポンプシステムの季間成績係数実績データ（文献28-30）

	SPF_C	SPF_h
施設A	5.2	3.4
施設B	7.2	4.3
施設C	3.7	3.9
施設D	4.3	3.9
施設E	3.9	4.0
リファレンス	3.3	2.2

※リファレンスは環境省業務用空調電気個別式従来機器（エアコン）・システムの性能値

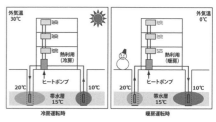

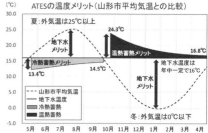

図VI.4.20　帯水層蓄熱模式図（上段は文献23より）

して蓄える．暖房運転時は温熱井から温かい地下水を揚水して暖房に利用し，熱利用によって冷めた地下水を冷熱井に注入して蓄える．この操作を季節間で繰り返すことで，夏期に排出される温熱を冬期の暖房熱源に，冬期に排出される冷熱を夏期の冷房熱源として利用することが出来るため，効率の高いエネルギー利用を行うことができる．

帯水層蓄熱は第1次石油危機直後の1970年代後半に各国で研究開発が進められた．現在，日本では帯水層蓄熱の導入例はほとんどないが，欧米各国では既に普及が進んでおり，特にオランダでは1990年代から国策として普及促進が進められ，2013年時点で約3,000件を超えるシステムが稼働している．代表的な導入例としては，スウェーデンのアーランダ国際空港，ドイツ連邦議会等が挙げられる[23]．

日本では1977年から日本地下水開発（株）と山形大学により実験が開始され，1983年には山形県山形市の事務所に，国内初の帯水層蓄熱による冷暖房システムが導入されたが，その後に続く導入事例はほとんどなく日本国内での普及には至っていない．日本で普及が進まない理由としては，地下水の揚水規制によって地下水利用が困難な地域があること，目詰まりによって全量還水が難しいこと，イニシャルコストが高いこと，システムの効率的稼働に関する検討が不十分であること，システム稼働に伴う地下環境に対する影響評価が行われていないこと等が挙げられている．2000年代後半に入ると，帯水層蓄熱はヒートアイランド現象の緩和や地球温暖化対策に資するとして再注目されるようになった．

日本地下水開発（株）らは，2011-13年に環境省の地球温暖化対策技術開発事業において，山形県山形市に実証施設を構築して技術的課題や普及の阻害要因を抽出し，2014-18年には独立行政法人新エネルギー・産業技術総合開発機構（NEDO）の再生可能エネルギー熱利用技術開発委託事業において，密閉型井戸による地下水の全量還水を実現，冷熱が卓越する寒冷地において，太陽光集熱器を活用して，冷房稼働時に温熱増強を図る等技術的課題を克服した高効率帯水層蓄熱システムを実用化した．図VI.4.21に高効率帯水層蓄熱システムの概要を示す．

関西電力株式会社らは，2015-18年に環境省のCO$_2$排出削減対策強化誘導型技術開発・実証事業において，100 m^3/hの揚水・注入試験を地下水揚水規制地域である

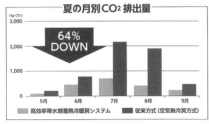

図VI.4.21 高効率帯水層蓄熱システム（文献23）

図 VI.4.22 舞洲地区ターボ冷凍機
（撮影：日本地下水開発株式会社　黒沼覚）

大阪市うめきた地区で実施し，運用に伴う地下水位低下による地盤沈下への影響を評価した結果，地盤沈下への影響は少ないことを実証し，2019-20年には環境省の同事業によって大阪市舞洲地区において複数帯水層を活用した新型熱源井システムの研究開発がなされ，従来の空調システムと比較して42%省エネを達成した[31]．図 VI.4.22 に舞洲地区の帯水層蓄熱で実稼働している700 kW級のターボ冷凍機を示す．

現在，地下水の揚水規制地域である大阪市うめきた地区においては，国家戦略特区により帯水層蓄熱に関わる地下水の揚水が規制緩和される等，普及の阻害要因が克服されつつあるほか，帯水層蓄熱のゼロ・エネルギー・ビルへの適応について研究されているところである．2050カーボンニュートラルに向けて建物すべてのゼロエネルギー化が進められることから，今後，帯水層蓄熱による冷暖房の普及拡大が期待される．

4.4 消・融雪利用

消・融雪施設は散水消雪施設と無散水融雪施設に大別される．水源および熱源別に分類すると図 VI.4.23 のように分類されている．

これまで最も多く整備されてきた施設は地下水を散水する散水消雪施設であるが，近年は地下水位の低下，枯渇，地盤沈下等が問題となっている地域があり，持続可能な地下水の保全と利用が課題となっている．無散水融雪施設については，化石エネルギーを熱源とする施設を中心に普及が図られてきたが，二酸化炭素排出量の増加や高価なランニングコストの課題から，近

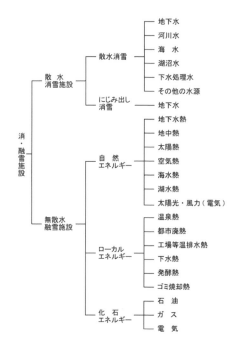

図 VI.4.23 消・融雪施設の分類（文献32）

年はその地域に賦存する自然エネルギーやローカルエネルギーを利用した施設が導入されている．ここでは，地下水を利用した散水消雪および無散水融雪の特徴について述べる．

4.4.1 散水消雪

地下水を利用した散水消雪は，地下水の持つ熱エネルギーと散水による運搬エネルギーで降雪を融かす，または流下させる方式であり，一般的に「消雪パイプ」と呼ばれている[33]．1961年に新潟県長岡市の市道で公共工事として初めて施工され，1963年の「三八豪雪」で大きな効果を発揮したことを機に，北陸地方を中心に急速に普及し，現在でも北陸地方における消雪施設の主力となっている．

このシステムは，揚水井からなる取水施設と送水配管と散水ノズルからなる散水施設で構成されている．気温と降雪の情報から，揚水井に設置した水中モータポンプを運転させ，送水配管を通じて散水ノズルから13℃前後の地下水を散水することで路面に降る雪を融かし，流下させるものである．図VI.4.24に散水消雪施設の模式図を示す．

4.4.2 無散水融雪

地下水を利用した無散水融雪施設は，地下水の持つ熱エネルギーで降雪を融かす方式であり，1981年に山形県山形市の市道で公共工事として初めて施工され，1990年代に入りスパイクタイヤの撤廃によって普及拡大し[34]，現在では無散水融雪施設の主力となっている．

このシステムは，揚水井と注入井の2本の井戸と舗装体に埋設した放熱管で構成されている．気温と降雪の情報から，揚水井に設置した水中モータポンプを運転させ，放熱管に地下水（一般的水温：12-18℃程度）を通すことで路面を暖め，路面に降る雪を融かす，あるいは路面の凍結防止を行うものである．熱のみを利用した地下水は，注入井から再び地下帯水層に還元されるため，地下水位の低下，枯渇，地盤沈下等の防止につながる．また，注入井を設けずに放熱管で放熱後の地下水を散水消雪に利用する併用方式，山間部においてトンネル湧水が豊富なところでは，湧水による無散水融雪がトンネル坑口等で施工されている．図VI.4.25に無散水融雪施設の模式図を示す．

最近では，地域の活性化や少子高齢化社会への対応を目的に，冬季バリアを解消

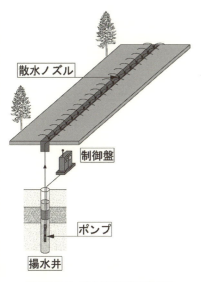

図 VI.4.24 散水消雪施設の模式図

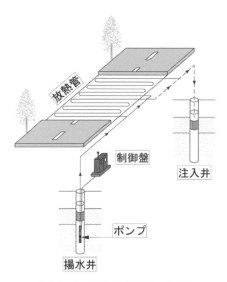

図 VI.4.25　無散水融雪施設の模式図

し，安全安心な通行を確保するため，融雪施設は線から面へと広がりを見せ，ネットワーク化が徐々に進んできている．地下水の賦存量が乏しい地域や地下水採取規制により地下水利用が困難な地域では，化石エネルギーを用いた施設と比べ，熱効率が高く，省エネタイプの地中熱を利用した融雪施設が普及してきている．既に普及している地下水を利用した融雪施設と比べ，工事費が割高となるクローズドループ方式やパイプ内に封入した冷媒の蒸発と凝縮を利用し動力を使わず熱移動させて融雪するヒートパイプ等地中熱を利用した融雪施設を今後広く普及させるためには，掘削技術の革新，ヒートポンプの高効率化，ヒートパイプ等の低価格化を着実に進めていく必要がある．

また，融雪施設の設計段階では計画地域での自然エネルギーおよびローカルエネルギーの使用可能性等を十分に調査・検討し，使用する目的や場所に合わせた消・融雪レベルを設定し，エネルギー効率が良く，省エネルギー型のシステムを提案することが，今後の脱炭素社会構築を目指す上では重要なポイントとなっている．

〔桂木聖彦〕

文献

1) Banks, D. (2012): An introduction to Thermogeology. Wiley, pp. 55-59.
2) Lund, J.W. and Boyd, T.L. (2016): Direct utilization of geothermal energy 2015 worldwide review. Geothermics, 60, 66-93.
3) 環境省（2021）：令和2年度地中熱利用状況調査の集計結果．
4) 北海道大学（2021）：地中熱ヒートポンプシステム改定2版．pp. 138-140.
5) VDI4640 Part2 (2001): Thermal use of the underground-Ground source heat pump systems, pp. 138-140.
6) European Standard (2007): EN15450-Heating systems in buildings, p. 47.
7) 大阪市（2022）：帯水層蓄熱型冷暖房事業に供する建築物用地下水の採取の許可手続等に関する要綱．大阪市HP，https://www.city.osaka.lg.jp/kankyo/page/0000521028.html.
8) Blum, P. et al. (2021): Is thermal use of groundwater a pollution? Journal of Contaminant Hydrology, 239, 1037917.
9) 改訂地下水ハンドブック編集委員会（1998）：改訂地下水ハンドブック．建設産業調査会，pp. 157-174.
10) 秋田藤夫（2002）：北海道の地熱・温泉資源の分布と特徴，北海道における自然エネルギー利用技術．日本農業気象学会北海道支部，pp. 152-163.
11) 秋田藤夫（2019）：北海道における温泉モニタリングの現状と課題．北海道温泉協会会報，34，pp. 152-163.
12) 北海道（1976）：北海道温泉保護対策要綱．p. 7.
13) 環境省（2021）：令和2年度温泉利用状況．https://www.env.go.jp/nature/onsen/data/

14) 環境省自然環境局（2009）：温泉資源の保護に関するガイドライン．p.57.

15) 環境省自然環境局（2014）：温泉資源の保護に関するガイドライン（改訂）．p.97.

16) 環境省自然環境局（2015）：温泉モニタリングマニュアル．p.43.

17) 布山祐一（2011）：温泉資源の保護に関する課題と展望．温泉科学, 61, 149-156.

18) 全国さく井協会（2022）：地下水利用設計管理技術者資格テキスト．pp.70-79, 115, 116.

19) 地下水・地下熱資源強化活用研究会（2020）：地中熱利用技術ハンドブック．pp.83-101.

20) 地中熱利用促進協会（2022）：地中熱ヒートポンプシステム施工管理マニュアル 改訂版．p.4.

21) ゼネラルヒートポンプ株式会社（2024）：ヒートポンプとは https://www.zeneral.co.jp/

22) 内田洋平・桂木聖彦（2011）：クローズド方式およびオープン方式の地下熱利用技術．日本地下水学会誌, 53(2), 207-218.

23) 環境省水・大気環境局土壌環境課地下水・地盤環境室（2020）：帯水層蓄熱の利用にあたって．https://www.env.go.jp/content/900542334.pdf

24) 柴 芳郎（2011）：地下熱利用技術 4.地下熱ヒートポンプ．地下水学会誌, 53(2), 219-227.

25) 木村工機株式会社（2023）：冷温水式ファンコイルユニットカタログ．13p.

26) 地中熱利用促進協会・全国さく井協会（2017）：地中熱ヒートポンプシステム オープンループ導入ガイドライン 第1版．p.11.

27) 国土交通省国土技術政策総合研究所・国立研究開発法人建築研究所（2021）：平成28年省エネルギー基準（非住宅建築物）オープンループ型地中熱ヒートポンプシステムの熱源水温度・熱源水ポンプ群合計消費電力計算方法．p.34.

28) 地中熱利用促進協会（2021）：地中熱利用実績．http://www.geohpaj.org/introduction/index1/achievement

29) 東邦地水株式会社（2022）：環境省令和3年度環境技術実証事業「自動逆洗技術により還元井の目詰まりを防止する地下水循環型地中熱利用冷暖房システム」実証報告書．環境省, p.25

30) 環境省（2017）：地球温暖化対策事業効果算定ガイドブック〈補助事業申請者用〉, ハード対策事業計算ファイル（G.省エネ設備用）．https://www.env.go.jp/earth/ondanka/biz_local/gbhojo_00003.html

31) 中尾正喜（2019）：蓄熱都市の創造－帯水層蓄熱システムの普及へ向けた技術開発－．空気調和・衛生工学会近畿支部, 環境工学研究会（大阪）, 環境光学工研, 340, 1-12.

32) 路面消・融雪施設設計要領編集委員会（2008）：路面消・融雪施設等設計要領．日本建設機械化協会北陸支部．p.3.

33) 改訂地下水ハンドブック編集委員会（1998）：改訂地下水ハンドブック．建設産業調査会, pp.1227-1233.

34) 藤縄克之監修（2020）：地中根地利用技術ハンドブック－地下の未利用再生可能エネルギー活用技術全集－．地下水・地下熱資源強化活用研究会, pp.222-230.

第VII編

地下水と災害

第1章　斜面崩壊と地下水

第2章　地すべり災害と地下水

第3章　地震に伴う地下水変動

第4章　地盤沈下と地下水

人々の生命や生活を脅かす災害の一部は，地下水との関りが深く，本編でまとめて取り上げる．地下水はその流動速度が地表水に比べて遅いことから安定で定常的に扱われる一方で，自然現象である降雨-浸透に伴い水圧変化が生じ非定常な振る舞いをみせることも少なくない（第III編）．また，不均一な水文地質環境下において，地下水の流れが集中するような現象（水ミチ，パイプ流）も起こりうる（第III編，第IV編）．このような現象等に伴い，土砂災害（斜面崩壊や地すべり等）が引き起こされるため，地下水の非定常かつ不均一な動態と土砂災害との関係を理解することは，災害の防止や予測に向けて重要である．

　また，地震に伴う地盤環境の変化は地下水の水圧上昇や急激な低下等を引き起こすとともに水質の変化も引き起こす．津波災害も加わるとさらに深刻な影響を受けることになる（第III編等）．一方，地下水の揚水に伴う水圧低下は地盤沈下を引き起こし，沿岸域では洪水や高潮等に対する脆弱性を増大させ，災害リスクを上昇させることになる．以上の地盤関係の災害および災害リスクの上昇は，地下水と大きく関わる問題である．

　本編では，広義の災害と捉えて，第1章では斜面崩壊について，第2章では地すべりについて，第3章では地震と地下水の関係について，第4章では地盤沈下について取り扱うことにする．

第1章

斜面崩壊と地下水

1.1 斜面崩壊

1.1.1 斜面崩壊の定義

斜面崩壊は，斜面で生じるマスムーブメント（mass movement）の1つで，急勾配をなす斜面表層の土砂や岩石が地中内に形成されたすべり面を境にして滑り落ちる現象を指すのが一般的である．また，一般には「山崩れ」，「土砂崩れ」と呼ばれることがある[1]．斜面崩壊により生じた土砂（崩壊土砂）は原形をとどめず，撹乱された状態で高速で斜面を流下する（図VII.1.1）．原形をとどめた土塊が比較的低速で移動する「地すべり」と区別される．

一方，英語のlandslideはしばしば斜面崩壊と訳されるが，前述の特徴を有する「斜面崩壊」のみならず，地すべりも含めた斜面で生じる土砂や岩石のマスムーブメント全般を指す場合がある．斜面で生じる土砂や岩石のマスムーブメントは多岐にわたるため，これまでも様々な分類が提案されてきている（例えば，Cruden and Varnes (1996)[2]）．世界で最も広く用いられている分類の1つと考えられるCruden and Varnes (1996)によれば，landslideは斜面で生じる移動物質と移動形態の視点から約20のタイプに分類されている[2]．同分類では，移動物質はrock（岩石），debris（土石），earth（地盤）の3つが示されている．また，移動形態は，fall（落下），topple（転倒・トップリング），slide（すべり），spread（拡大運動），flow（流れ）の5つに主に分類されている．すなわち，ここでは落石（rock fall）や土石流（debris flow）のような現象もlandslideの一部として整理されている．このため，「斜面崩壊」が，どのような物質のどのような移動形態の現象を指しているかについては文献等によって異なる場合があり，注意が必要である．なお，本章では，冒頭で示した定義にしたがう．

図 VII.1.1 斜面崩壊の事例（2011年紀伊半島大水害で発生した和歌山県田辺市伏菟野の斜面崩壊）

1.1.2 斜面崩壊の分類

斜面崩壊は，すべり面の位置，深さによって表層崩壊と深層崩壊に大別される（図VII.1.2）．表層崩壊は，表層土層中ないしは表層土層と岩盤との境界面にすべり面が発生する現象である．そのため，崩壊の深さは1-2m程度のことが多く，崩壊土砂量は10,000 m^{3}以下の事例が一般的である．また，表層崩壊のすべり面は表層土層中に発生するため，表層崩壊は表層土壌の強度や表層土層内の地中水が斜面崩壊発生に大きく影響を及ぼす．

一方で，深層崩壊は表層土層より下の風化岩盤中にすべり面が発生する現象で，表層土層のみならず，風化した岩盤も崩壊・流出する現象である．崩壊深，崩壊土砂量が表層崩壊より大きいのが特徴である．崩壊深は深い場合は50m以上に達し，崩壊土砂量は10万m^{3}以下の事例が多く，大きいものでは，1,000万m^{3}以上の事例もある（例えば，2011年の紀伊半島大水害時に奈良県十津川村栗平地区で発生した深層崩壊）．深層崩壊の場合は，すべり面が岩盤中に発生するため，岩盤の強度や岩盤中の地下水の挙動が崩壊発生に強く影響すると考えられる．また，規模の大きい深層崩壊により生じた土砂は河道を閉塞させ，天然ダムを形成することがある．

さらに，これら2つの自然斜面における斜面崩壊に加えて，人工斜面が崩壊する場合がある．例えば，2021年の熱海市における土石流災害では，盛土斜面が崩壊し，土石流化し大きな被害が発生した．

1.1.3 斜面崩壊と土砂災害

前項までで示したように，斜面崩壊は斜面で生じる土砂移動現象を指す用語であり，災害を指すものではない．人家等のない山奥で斜面崩壊が発生した場合，一般に人命や社会経済活動に及ぼす影響は限定的であり，通常，災害とは呼ばれない．しかし，住宅地や住宅地に近接する斜面で斜面崩壊が発生すると，人命や家屋，インフラ，農地等に重大な被害を及ぼす土砂災害を引き起こす．

日本の土砂災害対策において，土砂災害の引き起こす現象は，「土石流」，「がけ崩れ（急傾斜地崩壊）」，「地すべり」の3つに区分され，法制度，対策に関する技術基準等（例えば，河川砂防技術基準）が整備されてきた．これら3つの現象のうち，「がけ崩れ」は30度以上の斜面で発生する斜面崩壊を対象としている．また，斜面崩壊により発生した土砂が土石流となり，流出し，被害を及ぼす場合があり，このような現象は「土石流」として対策が進められている．

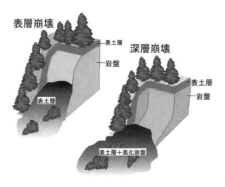

図VII.1.2 表層崩壊と深層崩壊の模式図（文献3）を一部改変）

さらに，山地流域内で1回の豪雨により多数の斜面崩壊が発生することがある．斜面崩壊によって発生した土砂が河道に流入し，降雨が継続すると下流に大量の土砂が流出する．流出した土砂は扇状地や谷底平野などで堆積氾濫し，大きな被害を引き起こすことがある．このような被害は，「土砂・洪水氾濫」と呼ばれている．

1.2 斜面崩壊の発生

1.2.1 斜面崩壊の発生要因

斜面崩壊の発生要因は，
①地下水位の上昇による斜面崩壊
②地盤の揺れによる斜面崩壊
③重力性の変形の進行による斜面崩壊
に分類される（蒲原・内田（2014）[4]等）．
①の地下水位の上昇による斜面崩壊は，崩壊前に目立った斜面の変形が生じていない斜面において，豪雨や融雪により，地下水位が急激に上昇した結果，斜面の安定性が失われて崩壊する現象である．②の地盤の揺れによる斜面崩壊は，①同様，目立った斜面の変形が生じていない斜面において，地震や火山活動により，地盤が振動することによって，斜面の安定性が低下し急激に崩壊する現象である．

さらに，斜面崩壊の中には，明らかな豪雨や融雪，地震や火山活動がなくても発生するものがある．直接的な誘因がなく発生する斜面崩壊は，③の重力性の変形の進行による斜面崩壊に分類され，長期間継続的に斜面が重力による作用を受け，変形が蓄積した結果，変形量がある臨界を超え，斜面表層の土砂や岩盤が力学的バランスを失うことにより崩壊する．典型的な例の1つとして，地すべり斜面の末端で生じる斜面崩壊がある．

1.2.2 地下水位の上昇が引き起こす斜面崩壊の発生機構

ここでは，地下水の上昇によって生じる斜面崩壊の発生機構を概説する．斜面崩壊はすべり面を境にして土砂や岩盤がすべり落ちる現象であり，すべり面上の土砂や岩盤の力学的安定性によって，斜面崩壊の発生・非発生はコントロールされている．すなわち，すべり面上の土砂や岩盤が崩れ落ちようとする力がそれを支える（または抵抗する）力を上回った際に斜面崩壊が生じる．

ここで，図 VII.1.3 に示すようなすべり面が地表面と平行で，斜面崩壊の長さが崩壊の深さに比べて十分に長い斜面の安定性について考えてみる．また，地下水面も地表面やすべり面と平行と仮定する．なお，このような仮定に基づく斜面の安定性の評価は無限長斜面の安定解析と呼ばれ，広く用いられている．

無限長斜面の仮定に基づくと，斜面の安全率（F_s）は式（VII.1.1）で算出することができる．

$$F_s(t) = \frac{c + (\gamma h \cos^2 I - u(t)) \tan \phi}{\gamma h \cos I \cdot \sin I}$$

（VII.1.1）

ここで，t は時刻，c は土層の粘着力，γ は土層の単位体積重量，h は土層厚，I は斜面勾配，u はすべり面上に生じる間隙水圧，ϕ は土層の内部摩擦角とする．

式（VII.1.1）の分母はすべり面上の土

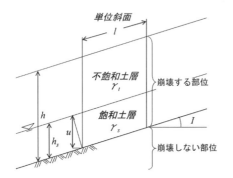

図 VII.1.3 安定性を検討する斜面の模式図（文献5）より引用）

塊がすべり落ちようとする力で，土塊に作用する重力の斜面方向成分である．一方，分子はすべり落ちようとする土塊を支えようとする力で，すべり面で働く粘着力（第1項）と摩擦力（第2項）からなる．すなわち，式（VII.1.1）から求まる斜面の安全率が1以下の場合に斜面崩壊が発生すると考えられる．この手法で求めた斜面の安全率で斜面崩壊の発生は比較的よく表現できる（例えば，内田ら（2009）[5]）．なお，無限長斜面の仮定に基づく安定解析は各種の安定解析手法の中で最もシンプルな手法であり，より詳細に斜面の安定性を解析する手法が提案，実用されてきている．

式（VII.1.1）からわかるように，すべり面上に生じる間隙水圧（u）が増加すると安定性が低下する．また，地下水面が上昇し，土層内の飽和土層厚（h_s）が増加すると土層の単位体積重量（γ）は増大する．そのため，斜面が急な場合，γの増大の影響が分子より分母で大きくなり，安定性は低下する．すなわち，急斜面においては，地下水が集中することにより，すべり面上

で発生する間隙水圧の上昇と土塊の自重の増加が引き起こされ，斜面崩壊が発生すると考えられる．

1.2.3 表層崩壊発生に及ぼす土層内の地下水の集中

a. 側方流による地下水の集中

表層土層が発達した山地斜面の土層内の水移動過程は，鉛直1次元の浸透と土層と岩盤境界面上で生じる側方流に大別される．側方流は集水面積が大きい斜面（0次谷斜面等）に集まり，地下水位を上昇させる．

また，土層と岩盤の境界面上に発生する側方流の詳細を見ると，側方流の流向は地表面の地形より，土層と岩盤の境界面（岩盤表面）の地形にコントロールされる．すなわち，岩盤表面の集水面積が大きいところに，地下水が集中する（例えば，Freer et al.（2002）[6]）．このような地形的に地下水の集中する場所で斜面崩壊が発生しやすい．

b. パイプ流の影響

土層内にはパイプまたは土壌パイプ（soil pipe）と呼ばれる直径 10^{-3}-10^{-2} m オーダーの連続した大孔隙が存在し，パイプ中の水流はパイプ流（pipeflow）と呼ばれる．表層崩壊の滑落崖にしばしばパイプが観察されることから，パイプが斜面崩壊の発生に寄与すると考えられてきた（例えば，Uchida et al.（2001）[7]）．

通常の降雨時には，パイプは斜面の排水能力を高め，地下水位の上昇を抑えていると考えらる（図 VII.1.4 の矢印①，②）．一方で，パイプの流下能力を上回る水がパイプに集中すると，パイプ内および周辺の

第1章 斜面崩壊と地下水

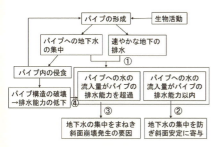

図 VII. 1. 4 パイプが斜面崩壊に及ぼす影響に関するフローチャート（文献7）をもとに作成）

間隙水圧が急激に高まることが室内実験等で確認されてきた．すなわち，豪雨時にはパイプが土層内の地下水の集中を引き起こし，斜面崩壊を引き起こす可能性がある（図VII.1.4の矢印③）．さらに，パイプの構造が出水中に破壊されること等により，パイプの排水能力が低下する可能性も指摘され，斜面崩壊発生の一因になると考えられている（図VII.1.4の矢印④）．

c. 風化岩盤から土層への地下水流

山地斜面では，風化岩盤から土層へ復帰するような水移動が発生し，土層内の飽和帯形成に寄与していることが斜面水文観測から明らかになった（例えば，Anderson et al. (1997)[8]：図VII.1.5）．さらに，崩壊発生直後の崩壊地内では岩盤の割れ目等から自噴する地下水流も観察され（例えば，Montgomery et al. (2002)[9]），土層内の水の流れのみならず，風化岩盤から土層に復帰する流れも表層崩壊の発生に寄与していると考えられる．

1.2.4 深層崩壊等の発生に及ぼす風化岩盤内の地下水の集中

a. 降雨に対する素早い地下水位上昇

山地斜面の風化岩盤中の地下水の動態についても観測が進められ，多くの知見が蓄積されつつある．1990年代後半以降，国内で豪雨により発生した深層崩壊地（鹿児島県針原川，熊本県集川，宮崎県鰐塚山など）の周辺でボーリング孔を用いた風化岩盤内の地下水位の連続観測が実施された（例えば，Jitousono et al. (2008)[10]）．その結果，深層崩壊地周辺の風化岩盤内の地下

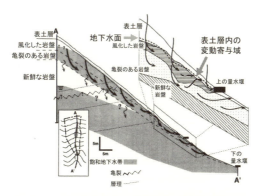

図 VII. 1. 5 風化岩盤中の地下水流動と土層内の飽和帯の形成に関する模式図（文献8）を一部改変）

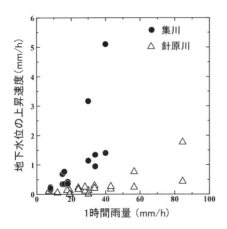

図 VII.1.6　針原川と集川における降雨強度と風化岩盤中の地下水の上昇速度の関係（文献10）を一部改変）

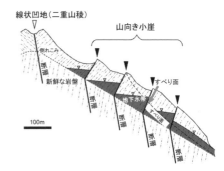

図 VII.1.7　急角度な断層を有する斜面における斜面変形（山向き小崖）と地下水の集中に関する模式図（文献12）を一部改変）

水位は豪雨時には1時間あたり5m以上に達する大きな変動を見せることが明らかにされた（図 VII.1.6）。

地下水位の上昇プロセスには，岩盤の構造の影響も受け，風化岩盤中の割れ目を伝わる流れ，圧力の伝搬等様々考えられるが，降雨期間中に風化岩盤内で生じる急激な地下水位変動が深層崩壊発生の一因と考えられる。

b.　断層や地質構造による規制

風化岩盤中の断層や層理，地質境界といった地質構造が地下水流動に大きな影響を与える。そのため，降雨に対する流出の応答は受け盤と流れ盤の斜面で異なることがある[11]。特に，深層崩壊地周辺の調査から，急角度な断層を有する斜面では，断層にしたがい斜面が変形し山向き小崖が形成されるとともに，断層により地下水が遮水され，断層より斜面上側に地下水が集中する可能性が指摘されてきている[12]（図 VII.1.7）。なお，山向き小崖は深層崩壊発生斜面でしばしば見られる特徴的な地形であり，深層崩壊発生の兆候として，注目されている。

c.　流域界を超える地下水流

さらに，風化岩盤中には表面地形や岩盤表面の地形の流域界をまたぐような流れがあることがある（例えば，Masaoka et al. (2021)[13]）。このため，地表面地形等では集水面積が小さいと思われる斜面であっても風化岩盤中の地下水が集中して斜面崩壊が発生する場合がある。顕著な例として，鹿児島県のシラス台地の崖錐で発生する斜面崩壊や土石流は，地下水の集水域の影響を受けていることが示されている[14]。

1.2.5　まとめ

前節までに例示したように，斜面崩壊発生に寄与する地下水の集中機構は様々考えられる。ただし，実際の斜面崩壊の発生は，必ずしもどれか1つの要因のみが寄与したとは限らず，複数の要因が斜面崩壊発

生に寄与していた場合が大半であると考えられる.

1.3 斜面崩壊の発生予測

1.3.1 概説

斜面崩壊の発生を予測することは，斜面崩壊による土砂災害の被害を軽減するうえで，必要不可欠である．斜面崩壊の発生の予測では，①発生時刻の予測，②発生場所の予測，③発生規模の予測が求められる．地下水位の上昇に起因する斜面崩壊の発生を予測するためには，地下水の挙動を予測する必要があるが，①の時刻の予測のためには，地下水位の時間変動を，②や③の場所や規模を予測するためには，地下水の空間分布を明らかにする必要がある．さらに，表層崩壊の発生予測には土層中の地下水位の時空間変動を，深層崩壊の発生予測では岩盤中の地下水位変動を予測することが求められる．

こうしたことから，斜面崩壊予測においては，地下水の挙動や斜面の水文過程を評価・予測するために開発された調査・解析手法が多く活用されてきている．

1.3.2 土壌雨量指数

現在，気象庁と砂防部局では，連携して土砂災害警戒情報を運用している．土砂災害警戒情報は，住民の警戒避難等に資するために，斜面崩壊や土石流による土砂災害の発生可能性が高まった際に発表される．この土砂災害警戒情報は土壌雨量指数と60分間雨量に基づき作成される[15].

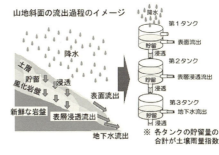

図VII.1.8 雨が土壌中に貯まっていく様子とタンクモデルとの対応（文献17）をもとに作成）

土壌雨量指数は，降った雨が土壌中に水分量としてどれだけ溜まっているかを，タンクモデルを用いて数値化したものである．土壌雨量指数に用いられているタンクモデルのもととなっているモデルは，Ishihara and Kobatake (1979)[16]により山地流域の流出現象の再現を目的に構築された直列3段のタンクモデルである（図VII.1.8）.

1.3.3 浸透流解析による表層崩壊の発生予測

また，地中流の挙動をより物理的に表現した斜面水文モデルと1.2.2項で概説した斜面の安定解析を組み合わせた数値解析モデルにより，表層崩壊の発生場所と時刻を予測する手法の開発も進められている．1980年代から，一定強度の降雨が継続した際の地下水位を集水性（集水面積）と排水性（斜面勾配）から評価し，表層崩壊の発生しやすい場所を予測する手法が提案されてきた．その中で，カリフォルニア大学バークレー校で開発されたSHALSTABと呼ばれるモデルは広く活用されてきてい

る[18])。なお、この手法は一定強度の降雨が継続した場合を想定しており、相対的に表層崩壊の発生可能性の空間分布を示すことはできるが、発生時刻を予測することは困難である。

1990年代以降、浸透流解析により地下水位の時間空間分布を表現可能なモデルを用いて、表層崩壊の発生場所のみならず、表層崩壊の発生時刻まで予測する解析モデルが開発されてきた。流域をブロック状に分割し、鉛直1次元の不飽和浸透流解析と平面2次元の飽和側方流解析を組合せた浸透流解析により土層内の地中水の挙動を表現する手法（図VII.1.9）が広く用いられてきている（例えば、平松ら（1990）[19])。また、近年では、3次元の飽和不飽和浸透流解析により、精緻に土層内の水移動を記述する手法も開発されてきた（例えば、Liang and Uchida（2022）[20])。

一方で、これらのモデルでは、1.2.3項のb.、c.で見たような表層崩壊を引き起こすと考えられる地下水の集中プロセスのすべてが表現できているわけではない。そのため、1.2.3項のa.の地下水集中プロセスの影響が大きい表層崩壊についてはある程度予測可能なものの、その他の地下水集中プロセスの影響が大きい表層崩壊の場所や時刻を正確に予測することは困難であるとの指摘もある（例えば、小杉ら（2012）[21])。

1.3.4 深層崩壊の発生予測

a. 発生場所の予測

風化岩盤中の地下水の流出プロセスについては未解明の点も多く、現時点で物理的な浸透流解析により深層崩壊発生が予測できるとは言い難い。一方、深層崩壊が発生した斜面の調査・研究から、深層崩壊発生前にすでに重力性の斜面変形が進行していることが多いことが明らかにされてきた。そこで、斜面変形の分布から深層崩壊発生可能性を評価する手法が実用されてきている[22]。

また、現地調査により地下水の集中箇所を特定し、深層崩壊の発生場所を予測する手法の開発が進められてきている。平水時に山地河川の比流量や電気伝導度の縦断方向の違いを計測すると、地下水が集中的に流出している箇所で急激な比流量や電気伝導度の変化が現れることがある（図VII.1.10）。さらに、急激な比流量や電気伝導度の変化が生じた地点と深層崩壊跡地の位置が概ね一致したことから、河川の縦断方向に比流量や電気伝導度を計測し、深

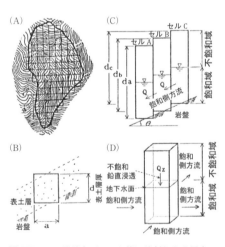

図VII.1.9 流域をブロック状に分割した土層内の地中流の解析をおこなう手法の概念図（文献19）を一部改変）

第1章 斜面崩壊と地下水

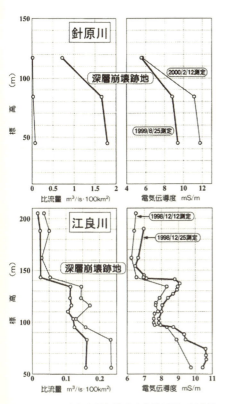

図 VII.1.10 鹿児島県矢筈岳山体針原川，江良川における河川縦断方向の流量と電気伝導度の変化と深層崩壊跡地の関係（文献23）より引用）

層崩壊の発生のおそれのある斜面を予測する手法が提案された[23]．このほか，湧水点分布に基づく地下水集中箇所の推定，ボーリング孔を用いた地下水分布の面的把握，空中電磁探査や熱赤外線計測等リモートセンシング技術を活用した地下水分布の把握等が進められてきている．

b. 発生時刻の予測

深層崩壊の発生時刻を予測するためには，風化岩盤内で生じる地下水位の時間変動を再現する必要がある．そこで，山地斜面の風化岩盤内で地下水位の観測データの時間変化を降雨量から予測する手法が検討されてきた．例えば，深層崩壊地周辺の地下水位は，直列3段のタンクモデルの最下段のタンクの水位で大まかな時間変動の傾向は表現できることが示された[24]．

さらに，地下水位の時間変動と実効雨量の関係についても検討が進められている．ここで，時刻 t の実効雨量（$X(t)$）は，1時間前の実効雨量（$X(t-1)$）から，次式で算出される．

$$X(t) = X(t-1)e^{\alpha} + R(t)e^{\alpha/2} \quad \text{(VII.1.2)}$$

$R(t)$ は時刻 $t-1 \sim t$ の間の雨量，α は減少係数で，半減期 M を用いて次式で計算される[24]．

$$\alpha = \frac{\ln(0.5)}{M} \quad \text{(VII.1.3)}$$

小杉ら（2013）は風化花崗岩山地の岩盤内の地下水位の詳細な観測データをもとに，風化岩盤の地下水位の変動と相関が高い実効雨量の半減期は，通常の斜面崩壊の予測に用いる実効雨量の半減期に比べて1-2オーダー長いことを示した[25]．

1.4 斜面崩壊の防止

1.4.1 概説

斜面崩壊による災害を防ぐために対策工事が実施される場合がある．とくに，人家やインフラ等の保全対象に隣接した急傾斜地では，急傾斜地崩壊（がけ崩れ）対策工事が実施される．急傾斜地崩壊対策工事で実施される工法は，抑制工と抑止工に大別

される．このうち，抑制工は斜面の地形，地下水や地表水等，自然条件を変化させることで斜面の安定化を図るものである．一方，抑止工は主に構造物により斜面の崩落・活動を防止するための工事である[26]．

1.4.2 排水工

前項までで見てきたように，土層内の地下水が集中すると表層崩壊が発生することがある．さらに，地表流により斜面が侵食されることで，斜面の安定性が損なわれる場合がある．そこで，排水工は安定性を損なうおそれのある斜面内の地表水や地下水を集めて，安全な場所まで排水するために設置される．さらに，地表水や地下水が斜面内に流入することにより斜面の安定性が損なわれるおそれがある場合には，斜面上部や上流域から当該斜面への水の流入を防止するために設置される．

斜面崩壊対策工事で実施される排水工は，地表水排除工と地下水排除工に大別される．地下水排除工を斜面崩壊対策に用いる場合は，地すべりによる斜面崩壊の発生が懸念される場合などに多く，暗渠工，横ボーリング工が代表的な工法である．さらに，斜面崩壊対策に地下水排除工を単独で設置することはまれで，他の施設と合わせて設置されることが多い[26]．

また，抑止工の1つとして，斜面下部に擁壁を設置し，斜面を抑えることによって斜面の安定性を確保する擁壁工が広く用いられている．擁壁工を設置することにより，地下水を遮断すると土層内に地下水の集中を招き，かえって斜面を不安定化させるおそれがある．このため，豪雨時であっても，

斜面土層内の地下水を十分に排水できるように擁壁工は設計される[26]．〔内田太郎〕

文献

1) 丸谷知己編（2019）：砂防学．朝倉書店，234p.
2) Cruden, D. M. and Varnes, D. J. (1996)：Landslide types and processes. Special Report-National Research Council, Transportation Research Board, 247, 36-75.
3) 土木研究所土砂管理研究グループ火山・土石流チーム（2009）：表層崩壊に起因する土石流の発生危険度評価マニュアル（案）．土木研究所資料，No. 4129, 34p.
4) 蒲原潤一・内田太郎（2014）：深層崩壊対策技術に関する基本的事項．国土技術政策総合研究所資料，No. 807, 40p.
5) 内田太郎ら（2009）：場の条件の設定手法が表層崩壊発生箇所の予測に及ぼす影響．砂防学会誌，62(1), 23-31.
6) Freer J. et al. (2002)：The role of bedrock topography on subsurface storm flow. Water Resources Research, 36, doi:10.1029/2001WR000872.
7) Uchida, T. et al. (2001)：Effects of pipeflow on hydrological process and its relation to landslide：a review of pipeflow studies in forested headwater catchments. Hydrological Processes, 15, 2151-2174.
8) Anderson, S. P. et al. (1997)：Subsurface flow paths in a steep unchanneled catchment. Water Resources Research, 33, 2637-2653.
9) Montgomery, D. R. et al. (2002)：Piezometric response in shallow bedrock at CB1：Implications for runoff generation and landsliding. Water Resources Research, 38, doi:10.1029/2002WR001429.
10) Jitousono, T. et al. (2008)：Debris flow induced by deep-seated landslides at Minamata City, Kumamoto Prefecture, Japan in 2003. International Journal of Erosion Control Engineering, 1, 5-10.
11) Inaoka, J. et al. (2020)：Effects of geological structures on rainfall-runoff responses in headwater catchments in a sedimentary rock mountain. Hydrological Processes, 34, 5567-

5579.

12) Yokoyama, O. (2020): Evolution of uphill-facing scarps by flexural toppling of slate with high-angle faults. Geomorphology, 352, 106977.

13) Masaoka, N. et al. (2021): Bedrock groundwater catchment area unveils rainfall-runoff processes in headwater basins. Water Resources Research, doi:10.1029/2021WR029888.

14) 地頭薗隆ら (2002): シラス地域の水文地形とシラス斜面崖錐部の崩壊. 地形, 23, 611-626.

15) Osanai, N. et al. (2010): Japanese early-warning for debris flows and slope failures using rainfall indices with Radial Basis Function Network. Landslide, 7, 325-338.

16) Ishihara, Y. and Kobatake, S. (1979): Runoff Model for Flood Forecasting. 京都大学防災研年報, 29, 27-43.

17) 気象庁ホームページ. https://www.jma.go.jp/jma/kishou/know/bosai/dojoshisu.html

18) Montgomery, D. R. and Dietrich, W. E. (1994): A physically-based model for the topographic control on shallow landsliding. Water Resources Research, 30, 1153-1171.

19) 平松晋也ら (1990): 雨水の浸透・流下過程を考慮した表層崩壊発生予測手法に関する研究. 砂防学会誌, 43(1), 5-15.

20) Liang, W.-L. and Uchida, T. (2022): Performance and topographic preferences of dynamic and steady models for shallow landslide prediction in a small catchment. Landslides, 19, 51-66.

21) 小杉賢一朗ら (2012): 地形に依存した雨水流動追跡に基づく表層崩壊発生予測の問題点. 砂防学会誌, 65(1), 27-38.

22) 田村圭司ら (2008): 深層崩壊の発生の恐れのある渓流抽出マニュアル (案). 土木研究所資料, 第4115号.

23) 地頭薗隆・下川悦郎 (2001): 深層崩壊発生場の予測の試み：鹿児島県出水市矢筈岳山体を例にして. 水利科学, 45(2), 1-16.

24) 地頭薗隆ら (2004): 鹿児島県出水市針原川流域の水文地形的特性と深層崩壊. 砂防学会誌, 56(5), 15-26.

25) 小杉賢一朗ら (2013): 山体基岩内部の地下水位変動を解析するための実効雨量に基づく関数モデル. 砂防学会誌, 66(4), 21-32.

26) 全国治水砂防協会 (2019): 新・斜面崩壊防止工事の設計と実例：急傾斜地崩壊防止工事技術指針. 全国治水砂防協会.

第2章

地すべり災害と地下水

2.1 地すべり地の地下水流動

地すべりは「岩，土あるいはその混合物の斜面下降現象」として広い意味で定義されている[1]．「斜面の移動（下降）」は規模や形態，様式は様々であるが，その移動現象が生じる場を「地すべり地」と呼ぶ．地すべりの形態には様々あるが，地すべり対策が必要な場として考えると，過去の地すべり活動等により特徴的な地形や地中に破砕や撹乱を受けた弱面がすべり面として形成されて不安定な状態の斜面ともいえる．ここで扱う地すべりは特段の指定がない限り，地すべり対策の対象となる過去に撹乱を受けて不安定な状態にある再活動型地すべりを対象とする．

地すべりは大きな降雨や降雪をきっかけとして発生することも多く，誘因となる主な気象現象は地震を除くと雨や雪である．近年の気候変動により豪雨や豪雪等の極端な降水現象が発生すると地すべりを含む土砂災害の危険性が高まる．雨量強度が大きく長時間連続する雨により，大量の水が地中に浸透して地すべりが発生する．多雪地域では大量の積雪層からの融雪水の浸透が地すべりの誘因となっており，融雪時期に地すべりが発生することが多い．降雨と比較すると融雪による地すべりでは，融雪水が一定期間連続して高い強度で浸透しその総量が多くなるという特徴がある．

地すべりの分布は地域によって偏りがあり，再活動型の地すべりが多く発生する地域では特徴的な地形や地質が見られる．例えば地すべり防止区域からみて箇所数が多く面積比率も高い地域は新第三紀・古第三紀の堆積岩類や変成岩類の分布域に重なることがわかっており，変成岩類分布域の地すべりは堆積岩類の地すべりに比べて比較的すべり面が深いという特徴がある[2]．一般に地下水の賦存状態は地形や地質に影響を受けることから，地すべりが多く分布する特徴的な地形や地質の場には，それに対

図 VII. 2.1 再活動型地すべり（山形県銅山川地すべり）の末端部（崖面中腹にすべり面が露出する）

第2章　地すべり災害と地下水　　441

応した特徴的な地下水の分布や流動状態があると考えられる.

　地すべりは斜面の一部が変位する現象であることから，地すべりの地下水流動を巨視的に見ると，中山間地の山地斜面の地表に近い部分の地下水流動系の一部と見ることができる. また地すべり斜面は変位により地盤内部が撹乱を受けていることが多いため，全体的にあるいは部分的に破砕を受けた不連続な地盤中の地下水流動という側面もある. このような特徴的な斜面系と不連続系が重なった場での地下水の解釈が必要になることが，地すべり地の地下水の理解を複雑にする理由ともなっている.

　再活動型地すべりでは過去の初生的な地すべり活動以降にその全体あるいは一部が再び変動し，変動の繰り返しにより地盤内部に変形や撹乱が蓄積していく. このため地すべりを構成する地盤はそれまでの活動履歴の違いにより亀裂や撹乱の度合いが異なる. また地すべりが発生し易い地盤は断層や破砕帯，過去の堆積物等母岩として脆弱である場合もある. このため地すべりの地盤構造は土砂化や粘土化が進んだものから固結した岩塊の中に亀裂だけが発達したもののように地盤構造の違いの幅は大きい. このような地盤構造の違いは地下水の流動・賦存状態にも影響を及ぼす.

　地すべり地でのボーリングコア観察等によると母岩の構造が残る層，破砕を受けた層，土砂化・粘土化が進んだ層等が深さごとに入り交じった柱状図となることも珍しくない. このため深度に透水性が大きく異なり深さ方向に一様な静水圧分布とならない場合も多く，すべり面深度等注目する深

さの地下水の特徴を把握することは地すべりの理解のため重要となる.

　地すべり斜面の水文地質構造は大きくは土砂と岩盤に区分でき，地下水も地層水か裂罅水（岩罅水）かに区分できる. 地層水と裂罅水の大きな違いは周辺との水の連続性であり，地層水は一部を除けば透水の異方性は小さく全方向に連続的であるのに対し，裂罅水は裂罅の方向に沿って滞水して透水の異方性が高いという違いがある.

　地層水で地表から深さ方向に向かって途中に難透水層を挟まず，大気圧からの水圧の連続性がある帯水層を不圧帯水層，その地下水を不圧地下水（自由）地下水と呼ぶ. 地表と帯水層，あるいは複数の帯水層の間に不透水層などの水の連続性を妨げる地層があり，地上の大気圧との連続性が途切れ，深さで決まる静水圧とは異なる水圧分布を持つ帯水層を被圧帯水層，その地下水を被圧地下水と呼ぶ. 同じく裂罅水についても地上からの圧力の連続性の違いから，不圧地下水に相当する裂罅水を不圧水，被圧地下水に相当する裂罅水を有圧水と呼んで区分する.

　表層土中に発生した浅いすべり面を持つ地すべりを除くと，多くの深い地すべりは地盤が全体的あるいは部分的に撹乱を受けて割目系や亀裂系が発達しており，すべり面に作用する地下水は裂罅水の有圧水としてみるケースも多いと考えられる. 但し亀裂が発達し連続性を持つ亀裂が高密度で地表付近まで広がりを持つ場合には結果として巨視的には地層水的な挙動もありえる等地すべり地の地下水は複雑である.

第Ⅶ編　地下水と災害

2.2 地すべり地の地下水質

　地すべり地の地下水の複雑性を理解するため様々な現地調査や観測が行われる．特に地すべり斜面における帯水層の状況や地下水の流動経路，起源等の理解は地下水排除の計画など効果的な地すべり対策を行うための一助となる．地すべり斜面の地下水の水質調査は，帯水層の状況や地下水の流動経路や起源を検討する手法として有効であり，水質調査は第IV編第7章で詳細が示されている．地すべり調査においては水質だけでなく水位観測や地質調査等と組み合わせて地下水の特徴を検討する．

　地すべり地において水質に基づく事例として新潟県東頸城地域の地すべりで，地下水の溶存イオンの違いから天水起源の地下水や断層を通じて深部から湧出した地下水等地下水起源の違いを調べている[3]．また福島県西会津町の大規模地すべりでは水位観測と地下水水質を組み合わせて地質区分に対応した地下水の流動特性を検討し，地下水排除手法の検討がなされた[4]．また第三紀堆積岩分布地域以外でも，例えば四国地域に分布する破砕帯地すべりにおいても地下水水質を指標として地下水の動きを検討された[5]．

　また同位体を指標とした地すべり地の地下水の滞留時間や起源の検討も行われている[6]．これまで地すべり調査では同位体による地下水調査の事例はあまり多くなかったが，分析技術の進歩により使い易くなりつつある．今後同位体を用いた地下水調査も地すべり地の適用が進むと考えられる．

2.3 地すべり対策と地下水

　地すべり対策事業は，一般に事業に指定した区域内しか調査は行われない．一方で地下水はそれよりも大きな流動系として動いている．地下水排除等の地すべり対策検討の際には，指定区域周囲から対象区域への地下水の流入・流出を考えることも必要である．

　地すべりの安定性に及ぼす地下水の影響として，斜面安定解析においては地下水をすべり面に作用する間隙水圧として考える．また斜面安定への地下水の影響として間隙水圧以外にもすべり面粘土の含水比の変化，浸透水による自重の変化，風化や浸食の促進による地盤強度の変化も考えられる．

　斜面安定解析における地すべり土塊に作用する地下水の水圧は，土塊に作用する体積力としてみると浮力や水の移動による流体力となる．地すべり安定性を評価する極限平衡法安定解析では，地すべり土塊を便宜的にスライス分割して各スライスに作用

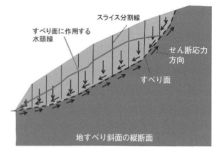

図 VII.2.2　極限平衡法地すべり安定解析のスライス分割の例

する力やモーメントを計算し土塊全体のバランスで評価するが，このとき地下水が作用する力は，スライスの境界面に作用する間隙水圧と見なして評価する．

2.3.1 地すべり安定性に及ぼす地下水の特性

斜面の移動現象である地すべりの発生に及ぼす地下水の影響は，すべり面に作用する間隙水圧の上昇の他，浅層の不飽和斜面において降雨浸透による不飽和帯が飽和したときの強度低下，長期的な地下侵食の影響，風化等による地盤強度の低下等がある．例えば火山地域では熱水や強酸性の地下水による長期的な地盤の変質により強度低下する場合もある．

海岸やダム湖等水面に接した斜面では，水面の高さが斜面内の地下水に影響するため，例えばダム湖の水位調整のため急激に水面が低下した場合に，水面の低下速度に比べ斜面内からの地下水の移動が遅れることにより，一時的に斜面内の地下水位が高い状態になることで地すべりが発生する例もある．

また大きな地震が発生するときには地震動により斜面内の地下水に過剰間隙水圧が発生して斜面が不安定化することもあり，埋没谷斜面など地下水が多く集まる斜面では地すべりの危険性が高まる例がある．中越地震に関連する地すべり調査では地下水排除工を設置した地すべりでは大規模な地震による再活動の被害は少なかったとする例もある[7]．

2.3.2 地すべり地にてよく用いられる地下水調査・解析手法

対策事業を行う再活動型地すべりではすべり面の位置が概ね推定されており，このときはすべり面に作用する間隙水圧や含水比等の高い状態を把握することが，地すべりの安定性評価のために重要となる．

地すべり対策において地下水調査の目的は，過去に地すべりが発生したときの間隙水圧の高さの予測，安定性が低下する豪雨時や融雪時の高水位時期の間隙水圧の高さやそのときの安定性評価，それが生じる降水条件を明らかにすることや，対策工施工効果として間隙水圧の変化や安定性向上の変化を評価することである．実際の地すべり地においてすべり面の間隙水圧の圧力量を直接測ることは容易ではないことから，間隙水圧の代わりにボーリング孔を用いた地下水位の観測を行うことが多い．またすべり面に働く間隙水圧の形成機構や地下水排除効果の検討の際にも，周辺地域も含めた地すべり地の地下水の流動や賦存の特徴の理解が必要である．次に地すべり地における地下水に関する主な調査手法について示す．

a. 地下水分布調査

地すべり地の地下水分布を把握するための調査の1つとして，電気探査がよく用いられ，特に比抵抗探査を用いることが多い．電気探査のみでは複雑な地すべり斜面の内部構造や地下水分布を把握することは難しいため，ボーリング調査や他の物理探査等と組み合わせて検討を行う．

また比較的浅い地層付近を流下する地下水が集中する水みちを調べる目的で，1m深地温探査を実施することもある．地すべりの安定化を目的として地下水排除を行う場合，地下の水みちの位置を把握すること

は効果的な排水をすることにつながる.

b. 地下水流動調査

　地すべり斜面は水理学的に均質な地層だけで構成される例はあまり多くなく，岩盤を含む水理特性が異なる複数の地層や亀裂や破砕された層，崩積土砂の堆積など複雑である．このため同一地点でも深さごとに地下水の水理学的な挙動が異なる場合も多く，対象地点の深さごとの水理特性を把握することが必要となる.

　ボーリング掘進作業中の孔内水位の変化はボーリング周囲への地下水の流入出の特徴の手掛かりとなることから，掘削中の孔内水位を記録する試錐日報は深さごとの地下水の流動状況を推定し地下水観測孔の設置計画上でも有益な情報となる.

　深さ方向の水理特性の違いをより詳細に調べる目的で地下水（垂直）検層を行う．地下水検層は孔内にたまった地下水に塩分を混入させる等人為的に電気伝導度を低下させた状態を初期状態として深さごとに電気伝導度の変化を調べることで時間とともに孔内に流入する周辺地下水を把握することができる．孔内へ周囲からの地下水の流入は孔内にたまる水位に影響を受けるため，孔内の地下水をあらかじめくみ上げて水位を下げた状態で測定する方法やボーリング掘進中の深さごとに測定する等いくつかの方法がある．これにより有圧地下水等の流動層の推定や，地すべり地のすべり面の判定，帯水層区分等の参考に用いることがある.

c. 孔内水位観測

　ボーリング孔内の水位変動データは地すべりの発生機構の解明や安定評価，対策工の計画や施工効果判定等に用いられており，重要な測定項目である．地すべりが地盤の変位現象であり，水位観測と合わせて降水量や地盤変位を観測し，その関係を把握することが重要である．地すべりの安定性評価では地下水をすべり面に作用する間隙水圧として評価することが重要であり，本来的には水圧を直接観測することが望ましい．実際に間隙水圧計を地すべり面深度に埋設して計測することもできる．この場合設置個所ですべり面深度を事前に正確に把握する必要があり，また地下に完全に埋設するため機器の不具合時には回収してメンテナンスすることが困難であるためあまり用いられない．実際の現地観測では水位観測用のボーリング孔を設置して孔内水位を計測してこれを間隙水圧に読み替えて検討することが多い.

　地すべり地の孔内水位観測では，観測孔の保孔管に設けるスクリーン（ストレーナ）加工の違いにより，孔内に地下水が流入出する範囲が全深度の場合と特定深度のみの場合に分けられる（図 VII.2.3）．すべり面深度の間隙水圧を測定する目的ではすべり面深度のみにスクリーンを設けて，その上下にある地下水が孔内に流入しないように加工した保孔管を用いることが望ましい．またすべり面付近の間隙水圧を形成する地下水が必ずしも流動性が高い地下水とは限らない．地下水の流入速度が遅い場合，観測孔の内径を小さくすると，地下水の流入量が少なくても速やかな水圧の変化を捉えることができることがある.

　すべり面深度のみの地下水を対象とする水位専用孔を用いた孔内水位観測が地すべ

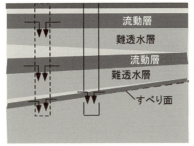

図 VII.2.3 水位観測孔の保孔管仕様の違いによる地下水流入の違い

り観測として望ましい．しかしすべり面深度の確定や深度ごとの地下水流動の特徴を十分把握したうえで観測孔の設置が必要なため，特に調査の初期段階から観測を実行する場合は水位専用孔の適用が難しく全深度にスクリーンを設けた観測孔を用いる場合も少なくない．例えば浅層の均質な砂質土層等すべり面の深さまで地下水の水圧が深さ方向に連続し層流状態である等の例を除けば，すべり面の深さまでの間に難透水層を挟んで地下水の水理特性が異なる複数の帯水層が積層する地すべり地も多い．それぞれの帯水層が裂罅水か地層水か等の水理特性の違いや，観測孔内への流入層か流出かの違いがあっても，全深度スクリーンの観測孔では深度ごとの流動特性の違いを積算して孔内水位が形成されており，それを計測することになる．この場合孔内水位が必ずしもすべり面に作用する水圧の変動を反映しているとは限らない．実際にはこのような事例も少なくないが，全深度スクリーンを持つ孔内水位を地すべり安定性評価に用いる場合には問題があり注意が必要であることを理解したうえで検討することが必要である．

地下水変動観測と合わせて，気象観測や排水工等からの排水があれば流量観測等の観測も合わせて行うことも多い．

d. 地下水解析

地すべり地の排水に対する地下水の変動や分布の予測を行うために地下水解析を行う．地すべり地の地下水解析モデルには目的により集中型モデルと分布型モデルに大きく分けられる．

集中型モデルは地すべりの降水量等を対象領域全体の平均として与えて孔内水位や間隙水圧の時系列変動予測を出力とする変換システムで表すものである．集中型モデルは1成分系と多成分系に分類でき，1成分系としては例えばψ関数法[8]，実効雨量等があり，多成分系としてはタンクモデル等がある．タンクモデルは非線形の流出解析のために開発されたものであるが，使い勝手が良いことから複数のタンクを組み合わせて地すべり地の地下水変動のモデル化に利用されることもある[9]．

分布型モデルでは対象地域のモデルを作成し，物理則に基づく基礎方程式を，パラメータや境界条件等を与えたうえで近似的に計算を行うことで対象地域の出力値の分布を求める方法である．3次元的な評価ができること等から地すべりに適用される地下水解析の手法として分布型モデルを用いる事例も増えている．

地すべり地の地下水解析として境界要素法や差分法等も用いられるが，近年は有限要素法を用いた例が少なくない．ダルシー

則を基礎方程式として各種パラメータを与えて差分法や有限要素法等の数値解析により地下水ポテンシャルやフラックス分布を求める地下水解析を地下水浸透流解析と呼ぶこともある．地下水浸透流解析では目的に応じて3次元解析，飽和-不飽和解析や時間変化を考慮した非定常解析も行われ，地すべり斜面全体の地下水の賦存状態や流動の空間分布の説明に用いられる．地下水浸透流解析ではマトリックスフローを対象とすることが多いが，現地調査で岩盤の割れ目などの分布を把握して，不均質な流れを解析した例[10]の例がある．地すべりを対象とした地下水浸透流解析により，降雨応答やフラックス等地下水流動の予測だけでなく，安定解析や土塊の変形量解析等と合わせることで，集水井や排水トンネル等の地下水排除工の施工効果の検討等に利用することも少なくない．

2.4 地すべり地における地下水に関わる対策手法

豪雨や豪雪等に伴って発生する地すべりは降水に伴う地表水や地下水が直接的な誘因となる．このことから地すべり対策では地表水や地下水の排除が重要となる．地すべりのハード対策は，地すべりの誘因を軽減する抑制工と強度を高めて発生を抑える抑止工に大きく分類できるが，地下水排除は抑制工の1つに位置付けられる．また地すべり地の地下水排除工はその機能を継続的に発揮させるために維持管理が重要となる．対策は地表水の排除と地下水の排除に分けることができる．

2.4.1 地表水排除工

地表に到達した降水を速やかに地すべり地外に排出し地下水の供給源を減らすため，地すべり対策として地表水排除工が積極的に行われる．地表水排除工として水路工や暗渠工がよく行われる．また災害時の応急対応として地表の亀裂をシートで覆う浸透防止の対策を行うことも多い．

a. 水路工

地すべり地内の凹地など地表に滞留した水を速やかに地外に排出するため水路工が設置される（図 VII.2.4）．特に地すべりの頭部陥没帯や地すべりブロック周囲の亀裂が集中する場所では亀裂を通じて地中浸透が進みやすい危険性があるため，これらも考慮して積極的に水路工を設けることがある．また地すべり地外からの地表水の流入に対しても積極的に水路工で排水する．また横ボーリング工や集水井等で排除した地下水の排水に利用されることもある．

b. 暗渠工

水路工から漏れ出た水が再浸透しないように水路工と組み合わせて暗渠工を配置する場合がある．また小規模ですべり面深度

図 VII.2.4 地上の水を速やかに排水する水路工

の浅い地すべり地では，浅層の地下水排除として暗渠工を利用する場合もある．

2.4.2 地下水排除工

地すべり土塊の不安定化に影響する地下水の要因として，すべり面を構成する土や岩等の粒子に作用する間隙水圧としての影響が大きい．斜面安定解析上で考えると，地形や物性を不変として間隙水圧を変化させたときに安全率が1となる水圧分布を計算することができる．実際に降水に連動して地下水圧が上昇したときに，安全率が1に相当する水圧分布を超えないようにすることが，地すべり防止における地下水対策の究極的な目的となる．しかし実際には地下水の水圧だけを上げない方法というのはないため，地下水の量を減らす地下水排除が実施される．

注意すべき点としては，地すべりの安定性から見るとすべり面に作用する間隙水圧が重要であるため，仮に大量の地下水を排除したとしてもすべり面の間隙水圧が低下しなければ目的を達成したとはいえない．このため地下水排除を行う場合には地下水観測も合わせて実施して，地すべりの安定性への効果を確認することが望ましい．

地すべり対策の地下水排除工の主なものとして横ボーリング工，集水井工，排水トンネル工等がある．また緊急的に実施する方法としてディープウェル工等の適用事例もある．

a. 横ボーリング工

地すべり斜面において地表から斜面に向って，水平からやや斜め上の勾配を持つボーリングを掘削し地下水を排除する工法

図 VII.2.5 地上から浅い地下水を排出する横ボーリング工

である（図 VII.2.5）．

孔口はコンクリート壁や蛇かご等で保護し，排水した地下水は水路等を使って速やかに地すべり地外に排出する．掘削孔内にスクリーン（ストレーナ）を設けた保孔管を設置し，地下水排水を行えるようにしている．保孔管として耐腐食性のVP管を用いる事が多く，地下水の集水範囲を広げ排水効率を高めるため，複数の保孔管を放射状あるいは平行に配置することが多い．横ボーリング工では設置後時間の経過とともに，破損や目詰まり等で排水機能が低下することがある．その場合は補修や洗浄等の保守管理で機能を回復させる．

b. 集水井工

横ボーリング孔は地上からの排水であるため，深い位置にあるすべり面付近の地下水排除には掘削長が長大となり適用が難しい．このため深い位置のすべり面付近の地下水排除として集水井工を用いる場合が多い（図 VII.2.6）．集水井の基本構造は井戸壁面を大口径のコンクリート管やコルゲート管で保護した縦井戸を構築し，井戸内から1段から数段の集水ボーリングを設

図 VII.2.6 深い位置のすべり面付近の地下水を排除する集水井工

置して，集めた地下水を井戸底に設置した排水ボーリングにより，地すべり地外に速やかに排出する構造を持つ．

集水井はすべり面深度に対する深さから，すべり面深度より井戸底が浅い不完全井とすべり面深度より深い完全井に区分される．不完全井はすべり面よりも高い位置にあるため，集水ボーリングを直接すべり面に到達させることは難しいが，すべり面より上にある地下水を排除することですべり面に作用する間隙水圧を低下させる．また地すべり変位があった場合でも井戸の破壊を受けにくいという利点がある．これに対して完全井はすべり面を横断するため，地すべりの活動で破壊される危険性はあるが，すべり面周辺の地下水を直接排除できる利点がある．これらは目的により使い分けが行われている．

集水井で特に重要な機能は排水ボーリングである．不完全井では地すべりブロック内に，また完全井では地すべりブロック外に排水ボーリングを設置することになるが，排水ボーリングが破壊や目詰まりして排水ができなくなると，集水井内に地下水が滞留しすべり面への地下水を供給することになるので注意が必要である．そのためは排水ボーリングがすべり面を横切らないよう配置計画を立てることが必要である．集水井の排水ボーリングを後述の排水トンネルに接続して排水する場合もある．

集水井に設ける集水ボーリングは，放射状に配置し集水効率を高める．集水ボーリングも経年的に目詰まりをすることがあるので機能維持には定期的なメンテナンスが必要である．

c. 排水トンネル工

集水井工や横ボーリング工ではカバーできないような大規模な地すべり地での地下水対策として，排水トンネル工を実施することがある（図 VII.2.7）．排水トンネル工は地すべりブロックより深部の安定した地盤内にトンネルを設け，トンネル内から上方のすべり面に向かって集水ボーリングを多数設置し，すべり面周辺の地下水をトンネル内に集めて排水する．集水ボーリングは一般にすべり面を横切ってすべり面より上部の地下水も排除するため，ボーリングの打設角度は高角度に設置しすべり面との交差部分を短くする．

従来，トンネルのサイズと集水ボーリング掘削機器のサイズ兼ね合いから，トンネル内部に拡幅したボーリング室を設けてそこから集水ボーリングを集中して設置していたが，近年は作業効率の面から大型の重機を用いることによりトンネルサイズが大型化したことと，集水ボーリングマシンの小型化等により，トンネル内に集水ボーリングを連続的に配置できるようになった．

図 VII.2.7 すべり面より深部の安定した地盤に設置した地下水を排出する排水トンネル

　排水トンネルの計画時に問題となるのはトンネル孔口位置とトンネルからすべり面までの離隔距離である．トンネル孔口は河川等までの排水路の確保や掘削時の作業スペース，斜面崩落の危険性の回避等注意点はあるが，トンネルと地すべりのすべり面ができるだけ交差しないように配置することが望ましい．またトンネルから立ち上げる集水ボーリングの都合やトンネル自体の安全性の確保のため，トンネルの位置がすべり面から離れすぎていても，近すぎても都合が悪く適切な距離を保つことが必要である．

　トンネルの縦断勾配は掘削作業の都合上，緩やかな勾配を保つ必要があるから，すべり面からトンネルの離隔距離はトンネルの孔口の位置によって概ね決まる．このため場合によっては孔口付近のみ地すべりブロックの範囲内に配置せざるを得ないケースもある．

　このようにトンネルの配置計画を立てる必要のある大規模な地すべりでは，地すべりブロックの地質構造を含めすべり面の三次元構造をできるだけ精度良く把握できるかが排水トンネルの計画立案にも影響する．排水トンネルにおいても集水ボーリングを含め，長期的に利用するためにはメンテナンスが重要となる．設置位置の地質によっては有害ガスの発生が懸念される場合もあることから，そのような場合はトンネルの最深部付近に換気用の縦穴を設ける等，空気を滞留させない工夫が必要となる．

d．ディープウェル工

　大規模な地すべりで特にすべり面深度が深く，地すべり頭部付近の集水井では対応できない区域で地下水排除を行う場合，排水トンネルを計画する．しかし排水トンネルが完成し地下水排水が開始できるまでには長い日数がかかることから，緊急的な地すべり対策として大口径の深井戸を多数設置してそこからくみ上げ式ポンプを使って地下水位を下げる対策を実施することがある．これをディープウェル工と呼ぶ．特に大規模地すべりの頭部陥没帯等のように地盤が大きく破砕され多くの地下水が滞留している区域の地下水を緊急的に排除するには効果的である．しかしポンプの維持に多くの費用が掛かることから，排水トンネル工が完成された後には，トンネルに接続して落とし込みボーリングとして用いることが多い．地下水浸透流解析を用いてトンネルに接続するディープウェルによる地下水位低下の効果を比較検討した例もある[11]．

〔浅野志穂〕

文献

1) 大八木規夫（2004）：分類/地すべり現象の定義と分類，地すべり－地形地質的認識と用

語一. 日本地すべり学会, 3-15.

2) 新井場公徳ら (2008)：日本の地すべり指定地分布と地質的特徴について. 日本地すべり学会誌, 44(5), 318-323.

3) 古谷 元ら (2005)：新潟県東頸城地域の地すべり土塊内における高濃度 Na-Cl 型地下水の分布とその起源. 応用地質, 45(6), 281-290.

4) 相楽 渉ら (2005)：大規模地すべり地の地下水流動特性に関する考察—東北地方の第三紀層地すべりを例として. 日本地すべり学会誌, 42(1), 51-62.

5) 日浦啓全ら (2018)：四国の結晶片岩地すべりにおける地下水の水文地質学. 日本地すべり学会誌, 55(4), 153-162.

6) 土原健雄ら (2014)：六フッ化硫黄を指標とした山形県七五三掛地すべり地における地下水の年代推定. 農業農村工学会論文集, 82(6), 65-74.

7) 池田伸俊ら (2006)：新潟県中越地震による地すべり防止施設の被災状況. 日本地すべり学会誌, 43(4), 200-208.

8) 榎田充哉 (1992)：地すべり地における水位変動のモデル解析. 地すべり, 29(2), 28-38.

9) 寺川俊浩・窪田公一・中谷 仁 (1996)：岩盤地すべり地における地下水の挙動—とくに秋田県谷地地すべりを例として. 地下水学会誌, 38(4), 295-313.

10) 山田正雄ら (2008)：亀裂等水文地質構造を反映した3次元 FEM 浸透流解析による地下水排除工の効果判定—大平地すべり地区を例として—. 日本地すべり学会誌, 45(1), 45-56.

11) 浅野志穂ら (2005)：大規模地すべりの三次元地質構造モデルを用いた地下水流動解析. 応用地質, 45(6), 304-315.

第3章

地震に伴う地下水変動

3.1 地震による地下水システムの変化

 地震に伴う地下水や湧水への影響は，例えば突然の泉の出現や水枯れ等，奇妙な現象として古くはローマ時代まで遡り記録が残されている．20世紀に入り地震計や水位計等の観測網が発達すると，大きな地震発生イベントごとに現象理解が深まり，今日までに水位・水量変動メカニズムや水質変化について多くの科学的知見が蓄積されている．専門書は限られるが，Wang and Manga (2021)[1] に代表される良著によっ

て一連の現象に関する最新情報が取りまとめられている．地震破壊は目に見える地表での現象が注目されがちである．一方，地下環境における破壊現象ならびに地震が帯水層に与える影響を理解することも，特にインフラが発達する大都市域や地下水資源に頼る地域では，地域の存続にとって重要な課題となる．直下型地震が帯水層環境に及ぼす影響をまとめたスケッチを図 VII.3.1 に示す．

 本章では，これまで既往の研究により明らかにされてきた成果を整理し，地震による地下水システムの変化についていくつか

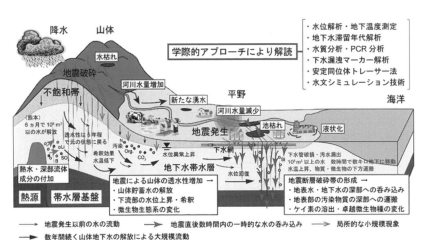

図 VII.3.1 直下型地震が帯水層環境に及ぼす要因をまとめた概念図

の代表的な要因に分けて記述する．

3.2 弾性変形と水位変化

帯水層にかかる圧力は地殻変動や地震発生に伴う弾性変形に応じて変化することがある．この場合，帯水層の間隙水圧は圧縮応力場では上昇し，逆に伸長応力場では減少する．すなわち，前者の場合は水位が上昇し，逆に後者の場合は水位が低下することになる．地殻の体積歪量に応じた水位変化は半世紀程前から確認されており，メカニズムの理解には日本人の研究者も重要な功績を果たしている．

一般に，プレート運動による応力変化の応答は，水位変化量にして数 cm から数十 cm 程度であることが多く，感度の良い井戸では震央から数百 km 離れた場所でも捉えることができる．

この場合，水圧変化で地下水位は変化するが，地下水そのものが大きく移動することはないため，水質が変化する直接的な要因とはなりにくいと考えられる．

3.3 山体地下水の解放

地震発生による地震動や断層破砕は，水理地質構造に物理的な変化を及ぼし，しばしば帯水層の透水性を増加させることが知られている．このような透水性の増加は流出量や地下水位の観察を通して確認できる．すなわち，相対的に標高の高い場所では池や湧水の水枯れとして，一方，標高の低い山麓等では新たな湧水の出現や流量の増加，または水位上昇として観察され

る（図 VII.3.1）．こうした現象は，地理的に山体周辺で確認されることが多く，山体地下水の解放と呼ばれる．同現象は，例えば1995年阪神淡路大震災や1999年台湾大地震時に確認されている．2016年熊本地震や2016年イタリア中部地震時に行われたシミュレーション結果や水収支計算によると，山体から解放される地下水の量は $10^8 \, m^3$ 以上であることが明らかにされている[2]．また，こうしたコサイスミックな水文応答は，震源から4,000 km離れた地球上の遠い場所まで到達することが指摘されている．

山体地下水の解放現象は，標高の低い場所で新たに出現した湧水や，その影響を受け水位が上昇した流下部分の地下水の酸

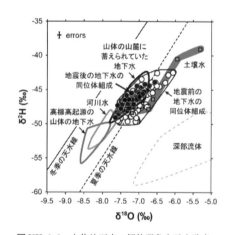

図 VII.3.2 山体地下水の解放現象を示す酸素・水素安定同位体組成変化．2016熊本地震発生後，熊本平野部の地下水の同位体組成（黒丸のプロット）が，阿蘇西麓外輪山山麓に蓄えられていた山体の地下水に特徴的な組成へと変化したことが読み取れる（文献2）を改変）

素・水素安定同位体比を計測し，高標高起源の山体の水の寄与を捉えることで検証することができる（図VII.3.2）．また，山体の地下水は山麓から平野部の地下水と比べ溶存成分に乏しいことが多いため，しばしばこうした水による希釈効果を確認することで本現象の存在を確認することができる（VII.3.1）．

3.4 不飽和帯中の水の落下

地震動により不飽和帯土壌の保水力が一時低下する．この揺さ振り効果により，地震発生時に土壌水が帯水層へと落下し，下位に位置する帯水層の地下水位が上昇する現象が知られている．この現象はコサイスミックな化学組成の変化を追跡することで立証されている．すなわち，地下水中の窒素（図VII.3.3），有機物，二酸化炭素等の濃度の上昇を確認することで[3]，こうした成分に富む土壌水の寄与について検証することができる（図VII.3.1）．同様に，地下水中にて土壌表層に卓越する微生物群集を検知することでも検証できる．コサイスミックな土壌水の落下が地下水位の上昇に与える量的な影響について一般的なことはわかっていないが，2016年熊本地震時の解析によるとその影響は山体地下水の解放による影響と比べ相対的に小さいことが指摘されている．

3.5 深部流体の寄与

地震をきっかけに深部に存在する流体が地殻深部の構造的な破壊面を通じて浅所まで湧昇する現象が確認されている（図VII.3.1）．この現象は，ある定点での地下水の水温，水質ならびに各種安定同位体比等を継続的に観測することで検出でき，しばしば地震発生の兆候と関連付けて報告されてきた（図VII.3.4）．同現象は，我が国のみならずイタリア中部やアイスランド北部等をはじめ世界中で報告されている．

高温高圧条件におかれている深部流体が，新たな流路の発生に伴い低温低圧の地表に湧昇することは，普遍的な現象とみなすことができる．深部流体のトレーサー成

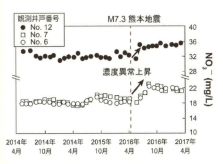

図VII.3.3 深層地下水中に確認された2016熊本地震発生後の硝酸イオン濃度の上昇傾向（文献4）を改変）

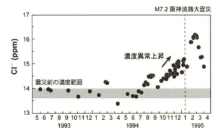

図VII.3.4 1995年阪神淡路大震災時に地下水の塩素濃度から捉えられた地震前から地震直後にかけての深部からの水の供給（文献5）を改変）

分として，ホウ素，リチウム，バナジウム，ヒ素等の微量金属や二酸化炭素等のガス成分，ならびに炭素，リチウム，ホウ素安定同位体比が良く用いられる．深部由来の流体の湧昇が地下水位変動に与える影響については地域により異なると考えられ，例えば，2016年熊本地震時の解析によるとその影響は山体地下水の解放による影響と比べ相対的にきわめて小さいと指摘されている．

3.6 地下深部への水の呑み込み現象

地震によって出現した伸長裂罅系に沿って，地表水と地下水を含むすべての水が帯水層以深の地殻深部にまできわめて短時間で呑み込まれるというメカニズムが，2016年熊本地震に伴う水位変動解析によって世界で初めて明らかにされた（図Ⅶ.3.1）．すなわち，水の呑み込みは，深部裂罅系に沿って真空に近い低圧の空隙が形成されることで，水がより低圧環境の深部へと下方に移動するためだと解釈される．

熊本市内の水前寺成趣園の湧水池が本震直後に突然枯れたことは注目を集めたが，後にこのことは先述のメカニズムによって説明できることが明らかにされた．地震直後に最大5m程度の地下水位低下が認められ（図Ⅶ.3.5），水の呑み込みは本震発生から10分後に概ね完了したと推察されている．また，地下水流動シミュレーションによる計算の結果，関与した裂罅系は最大で5km程の深さに到達し，大よそ10^6 m^{3}の水が呑み込まれた可能性が示唆された．

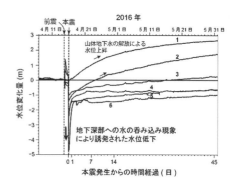

図Ⅶ.3.5 6つの代表的な観測井戸における2016熊本地震発生後の地下水位変化（文献6）を改変）

水の呑み込み現象を観察した破砕帯周辺では，コサイスミックなケイ素濃度の上昇が確認された（図Ⅶ.3.1）．また，この水の呑み込み現象は，地表環境に特徴的に濃集・卓越する水質成分や微生物群集が，地下深部にまで運搬される駆動力となった．水が失われた原因を特定することは直接的な証拠がないため多くの場合困難であり，こうした現象は今日まであまり発見されることがなかった．しかしながら，伸長場における断層地震が世界中に分布することに鑑みると，同現象は世界の他地域でも起きうる可能性が指摘できる．

3.7 その他の現象

一般に，帯水層地質中に粘土層等の難透水層が挟在される場合，その上部と下部の帯水層ではそれぞれ異なる水圧下におかれる場合がある．地震によってこの難透水層に物理的な破壊が起こりその遮蔽効果が失われると，水はもとあった難透水層境界を

越えて水圧が高い帯水層から低い帯水層（もしくは地表）へと移動することになり，結果それぞれの帯水層の水位が変化する要因となる．

その他，激しい地震動はしばしば帯水層中の粒子の再配置を促進させ，その結果間隙水圧が上昇し，液状化が発生することが確認されている．この間隙水圧の上昇は一時的な水位上昇をもたらす．例えば2016熊本地震発生時において，海岸に近い平野部では最大1.5m程度の水位上昇が認められ，その後数日かけてもとの水位に回復する傾向が確認された．

これまで述べてきた通り，地震による地下水流動の変化の要因は様々で，1つの地域でも各要因が複合的に作用し全体に影響を及ぼしていることがわかっている．こうした複雑な地下水流動の変化を読み解くためには，水位や水量の他，水温や水質等多角面から総合的な観点でアプローチすることが重要となる．

最近では，大地震は石灰岩帯水層に生息する微小動物の多様性や，その他帯水層地下水中の微生物菌叢特徴等，地下の生態系に大きな変化を及ぼす事実が解明されてきている．また，下水管等の地下インフラの破壊による汚染リスクについても報告されている．地下水や地下空間の利用が進む私たちの生活において，災害時に想定される地下環境の変化を把握しておくことは重要といえる．　　　　　　　〔細野高啓〕

文献

1) Wang, C.-Y. and Manga, M. (2021)：Water and Earthquakes. Springer International Publishing, 387p.

2) Hosono, T. et al. (2020)：Stable isotopes show that earthquakes enhance permeability and release water from mountains. Nature Communications, 11, 2776.

3) Hosono, T. and Masaki, Y. (2020)：Postseismic hydrochemical changes in regional groundwater flow systems in response to the 2016 Mw 7.0 Kumamoto earthquake. Journal of Hydrology, 580, 124340.

4) 川越保徳ら (2018)：平成28年熊本地震による地下水水質への影響. 陸水学雑誌, 79, 147-158.

5) Tsunogai, U. and Wakita, H. (1995)：Precursory chemical changes in ground water：Kobe earthquake, Japan. Science, 269, 61-63.

6) Hosono, T. et al. (2019)：Coseismic groundwater drawdown along crustal ruptures during the 2016 Mw 7.0 Kumamoto earthquake. Water Resources Research, 55, 5891-5903.

第4章

地盤沈下と地下水

4.1 広域地盤沈下と地下水

　地下水は生活用水源として古くから利用，開発されてきたが，その利用形態は地下水利用技術（さく井技術等）の進歩と経済の発達に伴う水需要の増大を背景として，様々な変遷を経て現在に至っている．揚水技術が近代化する以前の地下水使用量は量的には少なく，自然の涵養量に見合う程度のものであった．しかし，大正の初期から近代的なさく井技術によって深井戸が設置され，自然の涵養量を上回る大量の地下水採取が行われるにしたがって，地盤沈下の現象が見られるようになった[1]．

　東京都江東地区では大正の初期，大阪市西部では昭和の初期から地盤沈下現象が注目された．その後，急速に沈下が進むにつれて，不等沈下，抜け上がり等による建造物の損壊あるいは高潮等による被害が生じ，地盤沈下は大きな社会問題となった．これらの地域では，戦災を受けた1945（昭

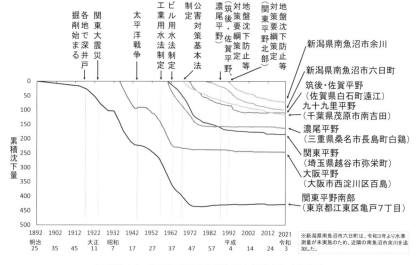

図 VII.4.1　代表的地域の地盤沈下の経年変化（文献1）

第4章 地盤沈下と地下水

和20)年前後には,地下水の採取量が減少したこともあって一時的に沈下が停止したが,1950(昭和25)年頃から経済の復興とともに地下水使用量が急増するにつれて再び沈下は激しくなり,沈下地域も拡大してきた.1955(昭和30)年以降には,地盤沈下は大都市ばかりでなく,濃尾平野,筑後・佐賀平野をはじめとして全国各地において認められるようになった(図VII.4.1).1965-75年頃(昭和40年代)には,各地で年間20cmを超える沈下が認められ,著しい被害が発生するに至った.

このような状況から,地盤沈下防止のためには地下水採取規制措置を講ずる必要が

あることが広く一般に認識され,地下水の採取を規制することによる地盤沈下の防止を目的とした法制として,工業用地下水を対象とした「工業用水法」が1956(昭和31)年に,冷暖房用等の建築物用地下水を対象とした「建築物用地下水の採取の規制に関する法律」が1962(昭和37)年に制定された.また,地方公共団体においても条例等により地下水採取制限が行われ,長期的には地盤沈下は沈静化の傾向をたどっている.

近年,なお地盤沈下の生じている地域(図VII.4.2参照)における主な地下水利用状況等を見ると,

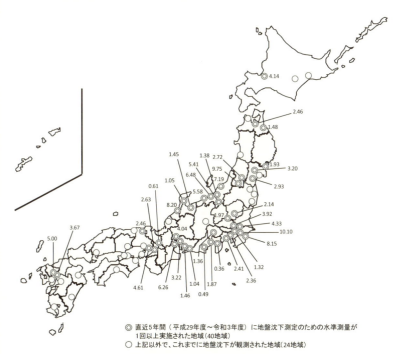

◎ 直近5年間(平成29年度～令和3年度)に地盤沈下測定のための水準測量が1回以上実施された地域(40地域)
○ 上記以外で,これまでに地盤沈下が観測された地域(24地域)

※ 直近5年間の累積沈下量は,直近の測量が平成29年度から令和3年度の間に実施されている地域の,当該直近測量年度から遡る過去5年間の最大累積沈下量としている.

図VII.4.2 直近5年間の累積沈下量 (cm)(文献1)

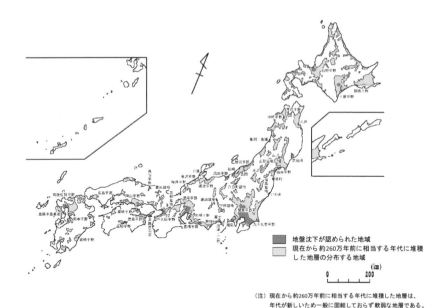

図 VII.4.3 全国の地盤沈下地域（文献1）

① 千葉県九十九里平野，新潟県新潟平野のように水溶性天然ガス溶存地下水の揚水が多い地域
② 新潟県南魚沼，新潟県高田平野のように冬期の消融雪用としての利用が多い地域
③ 埼玉県関東平野，愛知県濃尾平野のように都市用水としての利用が多い地域
④ 佐賀県筑後・佐賀平野のように灌漑期において農業用水としての利用が多い地域

等であり，地下水採取規制とともに，代替水源の確保等の措置が講じられている．

このうち，広域に総合的対策を講ずべき，濃尾平野，筑後・佐賀平野および関東平野北部地域については，1981（昭和56）年11月に地盤沈下防止等対策関係閣僚会議が設置され，それぞれ地盤沈下防止等対策要綱が定められている．

なお，過去に地盤沈下が発生した地域は，図 VII.4.3 に示すように，現在から約260万年前に相当する年代に堆積した地盤が分布している地域が多い．

4.2　地盤沈下対策と地下水位上昇問題

第二次世界大戦後の高度経済成長期に大量に地下水がくみ上げられた結果生じた広域地盤沈下の対策として，各地で揚水規制が行われた結果，被圧地下水頭が上昇し，地盤沈下が沈静化してきた．名古屋市における揚水量，地下水頭，地盤沈下の経時的関係を図 VII.4.4）に示す．

地下水頭の上昇に伴って，地盤沈下は沈

第4章　地盤沈下と地下水

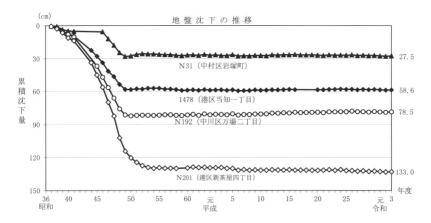

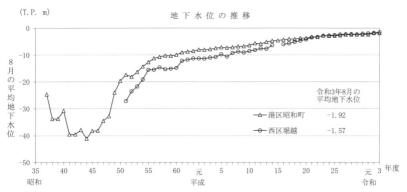

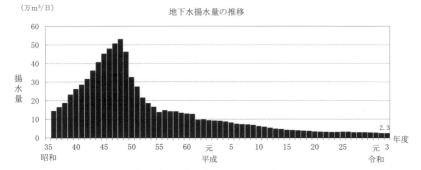

- 上段グラフ：主な水準点での観測開始年度からの累積地盤沈下状況
- 中段グラフ：民間委託観測所における地下水位の状況。
- 下段グラフ：揚水設備による地下水揚水量の推移。
　　　　　　昭和48年度までは地下水揚水量実態調査結果を集計し、それ以後は条例に基づく地下水揚水量報告を集計。令和3年度の地下水揚水量は約2.3万m³/日。

図 VII.4.4　名古屋市域の揚水量・地下水位・地盤沈下の関係（文献2）

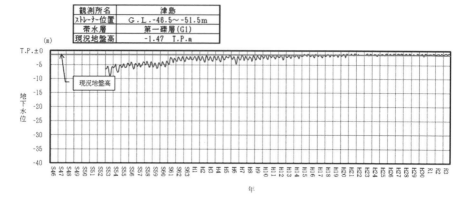
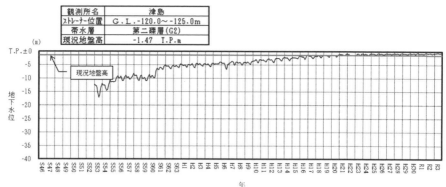
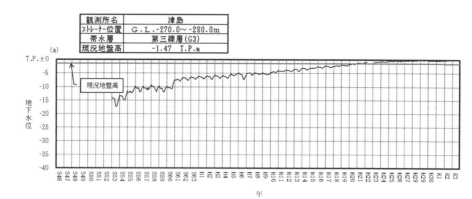

図 VII.4.5　津島の地下水位変動（文献3）

静化したが，くみ上げた地下水の効率的な利用や，地下水の代替水源の確保によって，地盤沈下を停止させるのに必要な揚水量の削減量よりも多くの地下水くみ上げ量が削減されたため，地下水頭は上昇し続け，濃尾平野の西部地域では，地下水頭が地表面標高よりも高くなり，地盤沈下観測所の地下水位観測井で自噴する状況も生じている．図 VII.4.5 に津島の地下水位変動を示す．このような状況が生じると，不圧帯水層の地下水位の上昇にも繋がり，地表面が湿潤化すると同時に，地震時に地盤の液状化の危険度を高めることになる．

また，地下水頭が低下していた時期に建設された地下の鉄道や道路，地下街，ビルの地下室等では，地下水頭の上昇に伴い地下構造物に揚圧力が生じたり，地下構造物への漏水が生じたりすることが問題となっている．例えば，東京駅や上野駅では，地下水頭の上昇に伴う揚圧力に抵抗するために，アンカーを打設したり，カウンターウェイトを載荷したりすることで対応している（図 VII.4.6）．

このように，地盤沈下対策として行ってきた揚水規制が，地下水頭の上昇を生じさせ，地盤を不安定にしている．

地下構造物への漏水は，ポンプアップして，下水道や地上の池や河川に放流しているが，そのコストは膨大である．

図 VII.4.6　上野駅と東京駅の地下水対策（文献 4）

地盤環境の健全性を改善し，維持するためには，それぞれの地域の水循環に関する情報を収集整理し，地下水涵養量に見合った地下水揚水量を設定し，地下水の規制と利用を管理することが重要である．

4.3　揚水規制から地下水盆管理へ

我が国の高度経済成長期に，各地で発生した典型 7 公害の 1 つである広域地盤沈下を停止させるために，地下水のくみ上げを規制する条例が作られ，1975（昭和 50）年頃から施行された．その結果，地表面下数十 m 程度まで低下していた地下水頭は上昇に転じ，それに伴って地盤沈下も沈静化してきた．

濃尾平野においては，近年，年間 1 cm 以上沈下する水準点はごくわずかであり，しかも濃尾平野西部の被圧地下水頭は，地表面標高よりも高くなっている．高度経済成長期以前の昭和初期の被圧地下水位の等水頭線と 1955-65 年（昭和 30 年代）に存在していた地下水の自噴地帯を図 VII.4.7 に示す．

自噴地帯は，高度経済成長期に消滅したが，最近になって，再び自噴地帯が出現してきた．かつて濃尾平野では，地形・地質，木曽三川による地下水涵養メカニズム，水田耕作等の土地利用によって，大量の地下水が涵養されてきたが，高度経済成長期の膨大な地下水利用によって，水収支のバランスが崩れ，被圧地下水頭が大きく低下してしまい，その結果，沖積層と洪積層の粘土層に正規圧密沈下を発生させ，150 cm にも及ぶ累積地盤沈下を発生させてしまっ

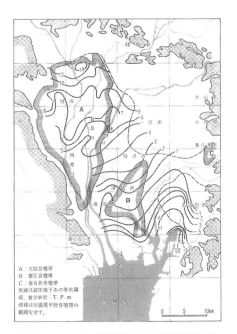

図 VII.4.7 1963(昭和38)年の自噴地帯分布図
(文献5)

た．これ以上の地盤沈下を発生させないために，地下水の揚水規制が行われ，濃尾平野では地下水揚水量の削減によって地下水頭を上昇させたが，関東平野や大阪平野では，地下水の揚水を禁止して地下水頭を上昇させた．これらの揚水規制によって，水収支における人為的要因が大きく減少したことで，自然な水収支の状況に近づいてきている．ここでいう自然な水収支の状況とは，高度経済成長期以前の水収支の状況のことを指し，濃尾平野西部では，自噴地帯が復活し，津島付近では，水郷地帯が再現されることになる．海抜0m地域の地表が湿地化し，高度経済成長期以降に築き上げた社会経済活動に支障が出る可能性がある．

現在を生きる我々は，湿潤な土地で生活できないので，これまで通りの生活を営むためには，地表面を乾いた状態に維持しておく必要がある．そのためには，水収支の要因の中に地下水くみ上げという人為的な要因を組み込んで，被圧地下水頭を地表面下に維持することが重要である．どのくらいの地下水をくみ上げれば，被圧地下水頭を地表面下に維持できるのか，またそのときに地盤沈下はどの程度生じるのかを，数値解析を駆使して，あらかじめ推定しておくことが必要である．

一方で，地盤沈下の発生を抑制してきた揚水規制はいまだに残っており，規制を緩和することは容易ではない．ただ，災害時の地下水利用という名目で，地下水の有効利用が検討され始めている．以下にその検討状況を紹介する．

内閣府の第2期戦略的イノベーション創造プログラム(SIP)(平成30年〜令和4年)「国家レジリエンス(防災・減災)の強化」の大規模災害対応の「水資源の効率的確保」に関する研究テーマⅣ「災害時地下水利用システム開発」[6,7]において，濃尾平野と関東平野をケーススタディとして，河川域，地下水域，生活域を連成する3次元水循環モデルを構築し，環境に負荷を与えない，災害時の地下水利用の再現を試みた．ここで，災害時の水資源の効率的確保およびそれに伴う地盤沈下の発生状況を予測できるアプリケーションプログラムを作成し，市町村で活用してもらうことを目指した．

地下水盆の管理は，災害時の地下水利用だけに特化した人為的要因で水収支を考えるだけでは不十分である．常時の地下水利

用を人為的要因とした水収支をもとにして，管理体制を構築する必要がある．このような管理体制に関する研究事例は少ないが，研究を継続していく必要がある．

4.4 近年の地盤沈下問題

1965-75年（昭和40年代）に我が国の各地で発生した広域地盤沈下は，各地の自治体で制定された条例に基づく揚水規制によって，沈静化してきた．しかし，異常気象による少雨で発生した渇水で，地下水利用が増加すると一時的に地盤沈下が発生している（図 VII.4.8）．また，水溶性天然ガスの採取のための地下水揚水によって，千葉県や新潟県では地盤沈下が継続している．さらに，北陸地方や新潟県では，冬季に消雪用に地下水がくみ上げられ，地盤沈下が発生している．最近では，CO_2 削減のために地下水を利用した地中熱利用の推進が図られている．このときにも，地盤沈下の予測と評価が行われている．

一方，海外では，地下水の過剰くみ上げによる広域地盤沈下が進行している地域や，地下鉱物採取や地下建設工事によって地盤沈下が発生している地域があり，国連の UNESCO では，LaSII という組織が，地盤沈下に関する国際シンポジウムを通して，国際的な情報交換と研究交流を行っている．ここでは，2023年4月にオランダで開催された「第10回地盤沈下に関する国際シンポジウム（TISOLS）」について紹介する．

「第10回地盤沈下国際シンポジウム（TISOLS）」は，2015年に日本の名古屋で開催された「第9回地盤沈下に関する国際シンポジウム（NISOLS）」に引き続いて，当初2020年4月に開催される予定だったが，新型コロナウイルスの世界的感染拡大のために3年延期され，2023年4月17日から21日までオランダの Delft（デルフト）と Gouda（ゴーダ）で開催された[9,10]．

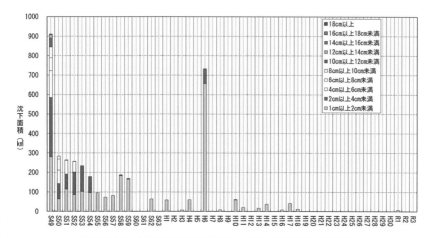

図 VII.4.8 濃尾平野における年間1cm以上の沈下面積（文献8）

今回のシンポジウムのテーマは「Living with Subsidence（沈下と共に生きる）」である．

このシンポジウムは，UNESCO IHP「地盤沈下国際イニシアチブ（LaSII）」の後援のもとで開催された．このグループは，1970年代から，地盤沈下に関する国際シンポジウム，共同プロジェクト，出版物を通じて，地盤沈下に関する知識の向上と普及に努めてきた．

地盤沈下は，世界中の何百万人もの人々，とくに高度に都市化された沿岸地域等の生存可能性と持続可能な経済発展を脅かす大きな問題である．それは，しばしば地下水資源の過剰開発の結果である．世界の総コストは年間数十億ドルに上る．地盤沈下を減らす，または停止させるには，新しい革新的な技術とアプローチが必要である．

TISOLSでは，国際的な専門家が集まって，自然および人為的な地盤沈下に関する最新の研究と考察を共有した．

TISOLSでは，地盤沈下，信頼できるデータ，革新的な技術に関する理解を共有するためのプラットフォームを提供している．

最終的には，地盤沈下問題の認知度を高め，沈下地域における長期的で持続可能な生活条件のための的を絞った戦略と解決策を考案することを目指している．これは，TISOLSで，水文学，地盤工学，地質学の知識を政策や社会的に受け入れられる解決策に結び付けることにある課題に取り組むことを意味している．

これからの地盤沈下対策では，科学的知見を政策や行政の施策に適切に反映させなければならない．我が国の地盤沈下対策は，短期間で地盤沈下を停止させた世界でもすぐれた事例であることを認識して，いまだに地盤沈下問題に直面している国々に適切な助言を行うことが望まれる．

〔大東憲二〕

文献

1) 環境省（2022）：令和3年度全国の地盤沈下の概況，p.10, 17, 19.
2) 名古屋市（2022）：令和3年度における名古屋市の地盤沈下の状況，p.14.
3) 東海三県地盤沈下調査会（2022）：令和3年における濃尾平野の地盤沈下の状況（令和4年8月），p.53.
4) 市民防災まちづくり塾・関東地域づくり協会（2013）：上野駅・東京駅地下水対策と復元駅舎見学会チラシ．
5) 東海三県地盤沈下調査会（1985）：濃尾平野の地盤沈下と地下水，p.93.
6) 内閣府（2023）：災害時や危機的渇水時における非常時地下水利用システムの開発，SIP「国家レジリエンス（防災・減災）の強化」成果発表シンポジウム関連資料，2023.3.27. https://www.nied-sip2.bosai.go.jp/news/2023/attach/Presentation_04.pdf
7) 内閣府（2023）：災害時や危機的渇水時における非常時地下水利用システムの開発，SIP「国家レジリエンス（防災・減災）の強化」成果発表シンポジウム関連動画，2023.3.27. https://www.nied-sip2.bosai.go.jp/news/2023/images/004.mp4
8) 東海三県地盤沈下調査会（2022）：令和3年における濃尾平野の地盤沈下の状況（令和4年8月），p.9.
9) Unesco IHP Land Subsidence International Initiative（LASII）（2023）：TISOLS 2023 General Program. https://www.tisols.org/programme
10) Unesco IHP Land Subsidence International Initiative（LASII）（2023）：TISOLS 2023 Conference Program. https://www.tisols.org/conference.

第VIII編

建設工事と地下水

第1章　建設工事における地下水問題と対策の概要

第2章　地下掘削工事

第3章　山岳トンネル

第4章　ダ　　ム

第5章　土　工　事

第6章　その他の建設工事，地下構造物

第7章　構造物建設後の地下水との関わり

第 VIII 編は，建設工事が地下水に及ぼす影響と地下水から建設工事が
受ける影響について，建設工事の種類ごとに事例を紹介しながらまとめ
ている．第1章では，概論として建設工事と地下水の関わりや地盤調査
のあり方，地下水対策について述べている．第2章では地下掘削工事を
取り上げ，調査，対策，事例を紹介している．第3章では山岳トンネル
を取り上げ，地下水調査のあり方，地下水対策，地下水情報化施工の動
向等について紹介している．第4章ではダムを取り上げ，水理地質構
造調査，止水処理の計画と工法，基礎浸透流に関する安全性評価等につ
いて紹介している．第5章では土工事を取り上げ，盛土と切土の留意点，
調査，対策，災害事例等を紹介している．第6章では，その他の建設工事，
地下構造物として，基礎工事，シールド工法，ケーソン工法，廃棄物処
分場，河川，大規模地下施設，地下ダムを取り上げて事例を紹介してい
る．第7章では，構造物建設後に地下水から受ける影響と地下水に与
える影響をまとめている．

第1章

建設工事における地下水問題と対策の概要

1.1 建設工事と地下水の関わり

　建設技術の発達につれて，地下水との関わりがある建設工事も拡大してきた．大規模な盛土や切土を行う丘陵地の造成工事や，山岳トンネルや大都市における大深度地下構造物を建設するための地下掘削工事では，地下水が建設工事に及ぼす影響が大きい．特に地下水面以下の建設工事が安全に，かつ経済的に遂行できるかどうかは，地下水位低下工法と排水処理が適切に実行されるかどうかにかかっている．また，この問題は周辺地域における地下水障害と深く関わり合うようになっている．すなわち

建設工事が大型化，大深度化するに伴って増大する湧水を排水するための揚水量が増大し，それに伴って周辺の地下水への影響が顕著になってきたからである．

　建設工事においては，表 VIII.1.1 に示すように2つの立場から地下水を取り扱う必要がある[1]．

　1つは地下水が存在するために地盤や構造物が不安定になったり，工事が難しくなったりするので，地下水を遮断したり，地下水圧を低減させたいとする立場である．これは，「地下水から受ける影響」に関わる問題を対象としており，掘削時における湧水対策，浸出水のある斜面の安定，クイックサンド，パイピング等の防止はそ

表 VIII.1.1　建設工事が地下水から受ける影響と地下水に与える影響

	相互関係	建設工事が地下水から受ける影響	建設工事が地下水に与える影響
事象	発生事象	地下水が存在するために地盤や構造物が不安定になる	建設工事に伴う揚水・地下水位低下によって地下水状態が変化して，自然・生活環境に悪影響や障害をもたらす
		⇩	⇩
対策	基本的考え方	工事が難しくなるため地下水を遮断したり地下水圧を低減させる	自然・生活環境への悪影響や障害を防止または軽減させる
	具体例	・掘削時の湧水対策 ・浸出水のある斜面の安定 ・クイックサンド，パイピング等の防止	・井戸の枯渇防止 ・地盤沈下の防止 ・沿岸地域における地下水の塩水化の防止 ・植生への悪影響の防止または軽減

の典型である.

他の1つは建設工事に伴う排水によって地下水状態が変化して，自然・生活環境に悪影響や障害をもたらすことがあるので，それらを防止または軽減させたいとする立場である．これは，「地下水に与える影響」の問題を対象としており，井戸水の枯渇，地盤沈下，沿岸地域における地下水の塩水化，植生への悪影響等を防止することである．

前者の「地下水から受ける影響」については，多くの技術者・研究者が長年研究の対象としてきたが，後者の「地下水に与える影響」については，最近，工事の規模が大きくなって技術者が注意するようになってきたものの，いまだに十分な研究が行われていないために，建設工事の周辺地域住民とのトラブルを惹起している例が見られる．

地下水面以下の掘削工事，トンネル工事などにおいて，地下水に関わる事故やトラブルが多発し，その対策や解決が難しいのは，地下水は工事対象領域内のみで影響を受けるのではなく，広く周辺に影響し，また逆に周辺の影響も受けるということが十分に理解されていないためである．地下水調査の対象領域は工事敷地内に限定することはできないし，調査期間も短期間に限定することができない．これらは，工事の規模，期間，そして地下水の分布状態，帯水層の性質と広がり等によって総合的に決められるべきものである．また，地下水の時間的変動を求める非定常解は，地下水問題に対する信頼度の高い解決策を得るために必要であるが，定常解に比べてはるかに厄介であるために，定常解をもとにして地下水問題の解決策を検討する場合が多い．建設工事や地下水揚水等の開発行為に伴う最終的な地下水状態への影響は，この定常解をもとにして判断することも有効である．

地下水は広い範囲にわたって分布し，影響し合う．それをガラス越しに観測することは不可能であるし，予測はさらに難しい．したがって，建設工事が地下水に影響を与えると予想されるときには，事前から事後にわたって地下水状態の観測と予測・評価が必ず実施されるべきであり，その予測・評価結果に基づいて対応策が講じられなければならない．

このように地下水は場所的にも時間的にも広く大きく変動するために，事前に完璧な地下水状態変化の予測をすることは困難であり，施工中の追加調査・計測をもとにして地下水状態変化の予測を修正せざるを得ないことが多い．すなわち，地下水状態変化の予測・評価では，観測修正法 (observational method) の必要性が高いといえる（図VIII.1.1）．

また，近年の数値解析法の発展によって，飽和領域だけでなく不飽和領域の地下水状態も解析できるようになり，さらに，地盤

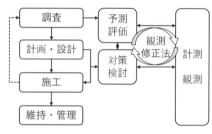

図VIII.1.1 建設工事における地下水対策の進め方

第1章　建設工事における地下水問題と対策の概要　　*469*

の変形問題や地下水中の物質の移流・拡散・吸着問題とカップリングさせて解析できるようになりつつあるが，解析法が複雑になると同時に解析に必要なパラメータも増えてくる．このような状況の中で地下水状態変化の予測を行う場合には，調査によって得られる地下水に関する情報量に相応し，かつ，適当な精度の解が得られる解析方法を用いることが望ましい．

1.2　地盤調査のあり方

　地下水は，地盤を構成する土の間隙中や岩盤の亀裂中に存在し，一般に広い範囲にわたって連続しており，非常に小さい速度で移動している．地下水系全体から眺めると，降雨や地表水の浸透によって地下水が「涵養」され，それが「流動」し，最終的に海岸や地表部へと「流出」する．

　地下水は，特殊な場合を除いて，水文的循環（hydrological cycle）の一部として存在するものであるので，広域地下水，局所地下水の区別は，対象としている問題の性格によって決まるものである．例えば大量の地下水揚水や大規模な止水工事のように地下水系に対する大きなインパクトが長期にわたると地下水の循環に影響を及ぼす可能性が高く，他方，小さく短期間のインパクトであれば地下水系の包容力がこれを吸収し得る．したがって，局所地下水の問題か広域地下水の問題かで地下水状態を把握するための調査方法も異なってくる．

　局所地下水の問題であれば，比較的狭い範囲の「地点調査」で，かつ短時間の調査でよい場合が多いが，広域地下水の問題と

なると一般に広範囲の地下水観測と多様な解析と判断が要求される「地域調査」となる．特に地下水位は季節的な変化や1日のうちの時間的な変動に注意を払うことが大切である．地下水調査に関して，調査の範囲と観測の期間，およびその方法を決めるのが技術者の重要課題である．

　地下水調査によって把握された地下水状態が，果たしてその地域にとって望ましい地下水状態であるかどうかを評価することが次の課題である．この評価の基準は，自然の地下水状態，すなわち〈建設工事・開発行為によるインパクトを受けていない状態〉が最も理想的な地下水状態であるとするのではなく，その地域で生活する人間にとって豊かな生活環境が得られる地下水状態を望ましい状態とし，そのような地下水状態にするための開発行為による地下水状態へのインパクトは容認できると考える．例えば，沖縄県宮古島等で建設されている地下ダムは，地形地質的に地表面でダムを造って水を蓄えることができない場所で水資源を確保するために，その地域の地盤構造や地下水流動状況を把握して，地下水の流れを堰き止めて地下水を蓄え，この地下水を農業用や生活用の水資源として活用している．自然の地下水流動を人為的に操作して，その地域で生活する人々の暮らしを豊かにする事例の1つである．

1.3　地下水対策

　それでは人間にとって豊かな生活環境が得られる地下水状態とはどのような地下水状態を指すのであろうか．臨海沖積平野の

第VIII編

建設工事と地下水

地下に存在する広域地下水を例にとると，広域地盤沈下公害が生じない程度に地下水頭が高くなければならないと同時に，ビルの地下室や地下鉄等の地下利用の障害にならない程度に地下水頭が低くなければならない．しかも，地形や帯水層の構造から見て，著しく不自然でない地下水頭分布でなければならない．地下水揚水がすでに長期間にわたって行われ，これまでの地下水の涵養量と揚水量による新しい地下水の平衡状態に近づいている現状を考慮し，この地下水の平衡状態が望ましい地下水状態であるかどうかを評価しなければならない．例えば，地下水涵養量を十分に考慮しない過度な揚水規制によって地下水頭が上昇し過ぎると，地下水頭が地表面標高よりも高くなって地下水が自噴し，日常生活に支障が出る場合がある．また，浅層の不圧地下水位が高くなると，地震時の地盤の液状化の危険度が高くなる．もし，このように地下水の平衡状態が望ましくない状態に向かっているならば，開発行為による地下水状態へのインパクトである地下水揚水をコントロールし，望ましい状態になるように地下水の平衡状態を修正する必要がある．

また，小さな井戸や湧水の利用等のように自然の地下水状態にあまり大きなインパクトを与えずに地下水と共存している地域において，地下構造物が建設されたり土地造成が行われたりして，これらの建設工事によってその地域の地下水状態が変化し，周辺の井戸や湧水の水量が減少または枯渇するような地下水状態になったとすれば，人間生活に支障をもたらすだけでなく，周辺の動植物の生活も脅かすことになり，望ましい地下水状態から望ましくない地下水状態に変わったことになる．そこで，これらの建設工事後にも望ましい地下水状態が維持できるようにするための対策を考える必要がある．

まず，計画されている地下構造物の建設や土地造成等による地下水状態への影響を予測し，望ましくない地下水状態となるかどうかを評価する．地下水状態が望ましくない状態になると予測された場合，計画変更が可能かどうかを検討する．もし計画変更が困難であるならば，地下水状態を保全するための対策工を施工することによって地下水状態への悪影響を軽減することを検討する．このような地下水状態保全対策工の施工も困難であるならば，地下水状態を望ましい状態にすることは諦め，地下水障害に対する補償を検討しなければならない．

これらの検討の中で重要となるのが望ましい地下水状態の定義である．この定義が曖昧であると，地下水状態保全対策工の選択や地下水障害に対する補償が困難になる．このような局所地下水の問題における望ましい地下水状態とは，地下水涵養量と地下水利用量によって形成されていたそれまでの地下水の平衡状態が基本であり，建設工事後の新たな地下水の平衡状態となっても，それまでの地下水利用に大幅な影響を生じさせないような地下水状態である．また，地下水状態が変化しても，斜面崩壊や地盤変形が生じない限り，そのような地下水状態は許容し得る地下水状態といえる．

また，地下構造物の建設や土地造成にお

いては，地下水状態を十分把握して適切な工法や対策を取っておかないと事故に繋がる．さらに，構造物の供用後も地下水の影響を受け続ける．

第 VIII 編「建設工事と地下水」では，様々な建設工事と地下水の関係を示し，建設工事を安全に施工すると同時に，建設工事が周辺の地下水環境に悪影響を及ぼさないようにするにはどうすれば良いかを事例とともに紹介する． 〔**大東憲二**〕

文献

1) 土質工学会（1980）：建設工事と地下水．土質基礎工学リブラリー 19.

第2章

地下掘削工事

2.1 はじめに

　地下掘削工事における地下水処理は，地下水位よりも深い構造物を建設する際に必要となり，工事の安全性と周辺環境への配慮，および経済性が求められる．

　工事の安全性は，掘削部のドライワークや掘削底面の安定を確保することであり，周辺環境への配慮は，周辺地下水位の低下に起因した近隣の井戸枯れや地盤沈下を起こさないことである（図VIII.2.1）．これには，敷地内の地下水位を排水によって低下させることと，周辺の地下水を遮水壁等によって低下させすぎないことの両立が必要であり，工事ごとの条件に応じた適切な計画を立案し，施工期間中の状況を確認しながら工事が行われる（図VIII.2.2）．

　地下水処理の方法，および地下水処理設備の例を図VIII.2.3に示す．いずれの方法を採用するかは，地盤条件，掘削規模，施工条件さらに周辺環境条件等を総合的に考慮して決定する．礫質土・砂質土等比較的透水性の高い地盤では，重力排水が用いられる．砂質土でも粘性土分が多く比較的透水性の低い地盤では，重力排水では地下水位低下が困難になるため，強制排水が用いられる．また，掘削規模，特に掘削深さが大きくなると，必要な水位低下量や排水流量が大きくなる．よって，掘削規模が小

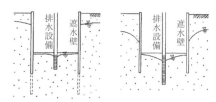

①遮水壁の根入れを延長
　（動水勾配を減らす）　　②地下水位を低下

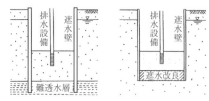

③遮水壁を難透水層へ貫入　④底盤を遮水改良
　（地下水の遮断）　　　　　（地下水の遮断）

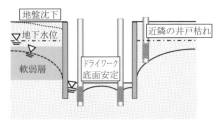

図VIII.2.1　地下水処理の周辺への影響例　　　　**図VIII.2.2　地下水処理の計画の例**

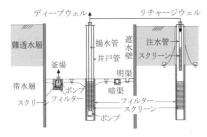

図VIII.2.3 地下水処理の方法と設備の例

さい場合は釜場，掘削規模が大きくなるにしたがいウェルポイントやディープウェル等大規模な地下水処理設備が採用されることが多い．

2.2 調査

地下掘削工事の計画・設計・施工に必要な情報を得ることを目的として，敷地条件の調査，地盤および地下水調査，環境保全のための調査が実施される．

2.2.1 敷地条件の調査

敷地条件を把握するために，敷地内および敷地周辺の調査が実施される．敷地内の調査では，地歴，敷地形状，敷地境界，既存構造物・埋設物等について，また，敷地周辺の調査では，周辺構造物，道路・河川，埋設物，地下工事実績等を把握する．市街地等，周辺構造物や埋設物が近接した条件下の工事も多く，支障なく工事を進めるうえで，敷地条件に関する調査はきわめて重要である．

2.2.2 地盤および地下水の調査

地下掘削の計画・設計・施工に必要な地層構成とその性状および地下水状況等の調査は，事前調査と本調査とに分けて実施される．事前調査は，本調査の計画を立てるために行われ，既往の文献・地盤調査資料・地盤概況判断等から敷地内の地層構成・各層の土質性状・地下水等の概要を把握する．本調査は，敷地内の地層構成と地盤および地下水の状態等を詳細に知るために実施される．調査の位置・範囲・内容および方法は，事前調査の結果を踏まえて，工事の規模や難易度に応じて設定する．

a．事前調査

事前調査には，既往の文献等による資料調査と実際に技術者が現地を踏査する現地調査がある．資料調査のうち有用な資料としては，敷地周辺における地盤および地下水に関する既往の調査報告書や工事記録がある．その結果を参考に大まかな地層構成を想定し，本調査で調査するべき深度等を設定する．特に周辺での工事記録は，地盤や地下水の概況を把握するだけでなく，掘削・山留め工法を選定するうえでもきわめて重要な資料となる．その他にも，既刊の都市地盤図[1)]・地形図・土地条件図・地質図・災害記録・ハザードマップ・古文書が参考になる．加えて，公共工事のボーリング柱状図や地下水位等の情報の電子化と公開が進みつつあり，有効に活用されている．

現地調査では，敷地条件の調査も兼ねて，実際に現地で地形や地表面の状況を観察する．場合によっては，敷地内において試験掘削を行い，表層部の土質性状や湧水量等

の調査や簡便な機器を用いた調査が行われることもある．

b. 本調査

本調査は，事前調査により把握した敷地内における地盤の概況に基づき，地下掘削の方法，および山留め壁の種類の選定等，詳細な検討を行うために実施される．基本的には，現地でのボーリング調査・採取した試料の土質試験・地下水調査が主となる．ボーリング調査や土質試験では，地層構成ならびに地盤の物理的性質・力学的性質を調査し，帯水層・遮水層・軟弱層の深度・厚さ・連続性等を把握する．地下水調査では，掘削時の排水流量や周辺地下水位の低下等を検討するために，帯水層の地下水位や透水性等を調査する．

2.2.3 環境保全のための調査

地下掘削工事が近隣の井戸や湧水の枯渇，樹木の立ち枯れ，地盤沈下を起こさないよう近隣井戸の分布や取水対象の帯水層，湧水の有無，周辺の地盤条件等を調査する．地域によっては，広域の地下水位変動や圧密沈下の影響で工事とは無関係に周辺の水位低下や地盤沈下が発生することがある．国土地理院や自治体が公開しているデータ等を参考にして工事との関係を明確にする場合もある．

2.3 対 策

地下水処理の計画は，工事を遅延させることなく所定の地下水位に低下できる排水設備や遮水工を選定し，配管や稼働計画を立案することである．地下水処理計画の流

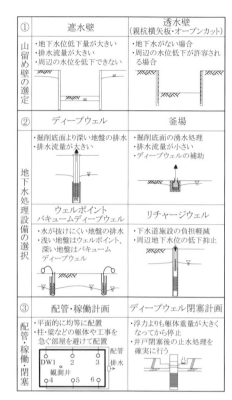

図 VIII.2.4 地下水処理計画の流れ

れを図 VIII.2.4 に示す．

2.3.1 山留め壁の選定

地下水位・地盤条件・周辺環境への影響（近接構造物の有無・周辺地下水位の低下・地盤沈下・下水道に放流できる量）・工事内敷地の余裕・コスト等を総合的に判断して山留め壁の種類と深度を決定する．遮水壁は，性能と経済性を考慮してソイルセメント壁や鋼矢板の採用が多い．遮水壁を根入れする明確な難透水層がない地域での工事も多く，1mごとの粒度試験・電気検層・深度を変えた井戸を用いた揚水試験等で透

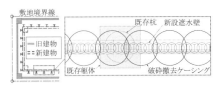

図 VIII.2.5 既存躯体がある条件での遮水壁施工例

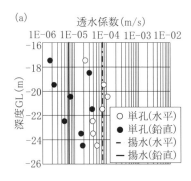

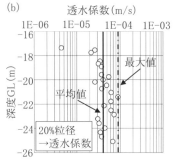

図 VIII.2.6 透水係数の評価例
(a) 単孔式試験・揚水試験, (b) 粒度試験.

水性の低い層（難透水層）を探し，遮水壁の根入れ長さを決める例がある[2]．

既存建物がある土地での建替工事では，図 VIII.2.5 に示すように，遮水壁を構築するために既存躯体を先行して撤去する必要がある．この解体コストを低減するために，既存解体が少なくなるような薬液注入や高圧噴射撹拌による遮水壁を採用する例がある．この場合，近接構造物がある条件での施工となる場合が多く，周辺地盤や構造物を変位させないよう，周辺変位を計測しながら施工する必要がある[3]．

2.3.2 地下水処理設備の選択

排水設備の選択では，所定の地下水位低下に必要な排水流量と排水設備について計画される．排水流量は，地盤の透水係数と地下水位の低下量によって決まるものの，透水係数のばらつきが大きいことから設計値と実際が異なることがある（図 VIII.2.6）[4]．よって，排水設備の能力に余裕を見込んだ計画とし，排水設備，遮水工の設置後に確認排水を実施して[5]，計画を見直す時間を工程に見込むことが望ましい（図 VIII.2.7）．排水設備は，図 VIII.2.3 に例を示すように，地下工事の平面規模や深さに応じて選定される．重力排水であるディープウェル（DW）や釜場が採用され

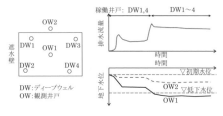

図 VIII.2.7 確認排水の例

ることが多く，条件によって，強制排水であるウェルポイントやバキュームディープウェルが採用される．

DW は，昔ながらの排水設備であるが，電動弁やインバーターポンプを用いて必要最小限を排水する制御システムが採用されている例がある[5]．井戸のスクリーンも開口率

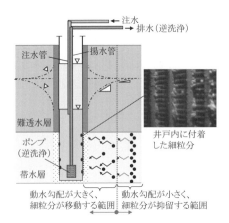

図 VIII.2.8 目詰まりのメカニズム

が40％程度と大きいものもあり，井戸損失を小さくすることができる．

リチャージについては，注水した地下水が掘削領域へ戻らないように井戸の離隔を取ることが望ましいが，敷地条件から離隔を取れない場合は，遮水壁の背面側にリチャージウェル（RW）を設置する例もある．また，敷地に余裕がなく，井戸の設置本数が限られる場合は，1本でより多くの地下水を還すことや排水流量を最小限にする工夫がなされている[5]．図 VIII.2.8 に示すような目詰まりの対策として，大流量に対応した高速ろ過装置や井戸の自動逆洗浄システムが採用される例もある[5]．いずれも，狭い敷地に設置できるよう小型の装置を用いる場合が多い．また，土粒子の再配列による目詰まりを抑止するために，井戸設置後に段階注水試験を実施して性能を確認し稼働計画に反映する．

2.3.3 配管・稼働計画

配管・稼働計画として，排水設備から放流先までの配管，掘削の進捗に応じた排水設備の稼働計画，躯体の構築に応じた閉塞等について計画する．

排水設備の配置は，所定の数量を平面的にバランスよく配置することで概ね問題は生じない．ただし，排水設備を閉塞する前に地下構造物の構築が進んでいくため，柱，梁等の躯体に干渉しない位置，および，工事を急ぐ部屋（特高電気室等）を避けて配置すること等考慮する．

2.3.4 工事期間中の計測計画

地下工事の期間中は，工事の安全と周辺の環境を保全するために，工事エリアとその周辺の監視・観察，および計測が行われる．綿密な事前調査，それに基づく設計・施工計画ならびに適切な施工とともに，これらと一体となった管理が必要になる．地下掘削に関しては従来から多くの経験と研究が蓄積されているが，地盤条件のばらつきや予測解析等のモデル化の限界もあり，施工時の挙動を的確に予測することが困難な場合がある．これらを補うために施工時に計測管理を行い，その結果をフィードバックしながら工事を進めることが重要となる．

2.4 事　例

2.4.1 層別排水の事例[6]

大規模な掘削工事に伴い，事前の揚水試験から3次元的な地盤の水理状況を把握し，地下水処理の合理化を行った排水工法の事例である．

第2章 地下掘削工事

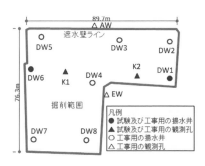

図 VIII.2.9 掘削範囲とDW配置図（文献6）に加筆）

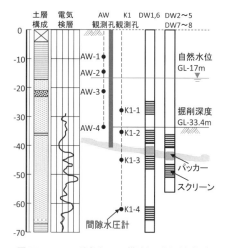

図 VIII.2.10 地盤とDW構造概要図（文献6）に加筆）

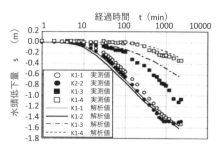

図 VIII.2.11 層別揚水試験結果例（文献6）

a. 掘削工事および地盤の概要

掘削範囲の平面形状は図VIII.2.9のようにL字型で，掘削深度はGL-33.4mである．計画地の地盤概要を図VIII.2.10に示す．GL-4m程度まで埋め土，GL-18m程度まで粘性土層，GL-70m程度まで厚い砂質の帯水層が堆積している．所々に薄いシルト層を介在しているがその連続性は明確でない．帯水層の被圧水頭はGL-17mである．また，遮水壁長さが40m以上となる場合，施工性の低下，遮水性の不備等が想定されるため，遮水壁長さを40mとして地下水処理計画を進めた．

b. 揚水試験と地盤の透水性評価

当計画では遮水壁の長さや揚水井の揚水深度を工夫して地盤内に鉛直方向の地下水流を発生させれば必要な排水流量を減じることが可能になることに着目し，地盤の3次元的な透水性を評価するため，揚水試験を実施した．試験に用いるDWは図VIII.2.10のようにスクリーンを多段に設け，各スクリーン間にパッカーを設置することで深度別の排水が可能な井戸とし，排水深度を変化させた層別揚水試験とした．また，観測孔K1に間隙水圧計K1-1，K1-2，K1-3，K1-4を設置し，深度ごとの水頭を計測した．層別揚水試験の結果例を図VIII.2.11に示す．帯水層の上下で水頭低下度合いが異なることから，柱状図に表れない低透水層が存在することを意味している．得られた結果から，軸対称浸透流解析に基づく同定解析を実施して地盤の透水性を評価した．その結果，帯水層は図VIII.2.12のような透水性の低い層を介在する5層のモデルで評価可能なことがわ

かった．

c.　地下水処理の設計

作成した地盤モデルを対象に排水設計のシミュレーションを行い，遮水壁長の妥当性を検証するとともに，地下水処理設備の設計を行った．排水流量の算定にあたっては，遮水壁が上部帯水層を完全に遮断していないモデル I と，完全に遮断したモデル II について検討した．結果を図 VIII. 2. 13 に示す．結果から各層の水頭低下量を各々設定し下層の排水流量を減じる工夫をした層別排水を採用し，図 VIII. 2. 9，VIII. 2. 10 に示す DW2–5, 7–8 を追加し計 8 本の DW を配置した．

d.　確認排水

遮水壁および DW の設置が完了した段階で確認排水を実施した．この試験は地下水処理設備の充足度を確認するとともに，施工期間中の DW 運転設定を行うためのものである．確認排水は排水する DW の本数や排水深度を順次変化させることにより行った．試験結果を図 VIII. 2. 14 に示す．結果，観測値と解析値によい一致が認められ，設定した地盤モデルの妥当性が検証された．

e.　掘削時の地下水処理

掘削期間中は確認排水の結果より設定した DW 運転を基本とした．現場に設置し

透水係数 m/min		比貯留係数 1/m
水平方向	鉛直方向	
4.8×10^{-3}	2.4×10^{-3}	5.6×10^{-4}
2.8×10^{-5}	2.8×10^{-5}	2.9×10^{-4}
2.8×10^{-3}	2.8×10^{-3}	2.2×10^{-5}
1.0×10^{-5}	1.0×10^{-5}	1.7×10^{-5}
4.4×10^{-3}	2.5×10^{-3}	1.2×10^{-5}

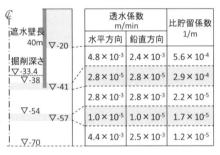

図 VIII. 2. 12　地盤モデルと同定結果（文献 6）に加筆）

	検討ケース		必要排水量(m^3/分)	
	モデル形状	地下水処理方法	上部帯水層	下部帯水層
I 上部不完全遮水		従来工法	4.78	
		層別排水工法	3.59	
			3.17	0.42
II 上部完全遮水		従来工法	3.16	
		層別排水工法	2.11	
			0.32	1.79

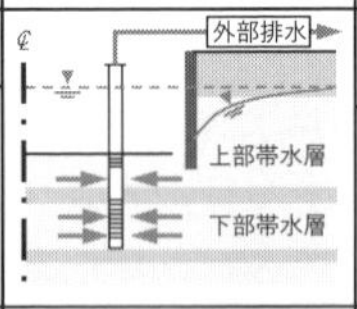

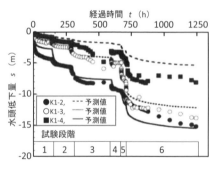

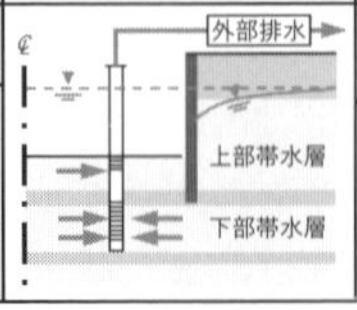

図 VIII. 2. 13　排水流量の算定結果（文献 6）に加筆）

図 VIII. 2. 14　確認排水の結果（文献 6）に加筆）

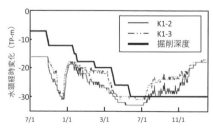

図 VIII. 2. 15　施工時の水頭挙動（文献 6）に加筆）

た観測孔 K1 により深度ごとの水頭低下状況を計測管理し，状況に応じ DW の運転を変更しながら施工を進めた．施工期間中の水頭経時変化を図 VIII.2.15 に示す．最終掘削段階で，最大排水流量 $3.0\,\mathrm{m^3/min}$ とほぼ予定通りの排水流量で，必要な水頭低下を得ることができた．

2.4.2　リチャージを併用した事例[7]

計画地周辺に井戸を利用する施設が多数あることから，周辺地下水環境保全のために排水とリチャージを併用した事例である．

a. 掘削工事および地盤の概要

工事は図 VIII.2.16 に示す 79 m×46 m 程度の平面範囲を GL-9.1 m まで掘削し，直接基礎の新築躯体を構築する計画である．地盤は図 VIII.2.17 に示すように自然水位が GL-5.0 m で，表層の埋土の下部に砂礫層が GL-30.0 m まで厚く堆積しており，明確な難透水層は確認されていない．砂礫層の透水係数は単孔式透水試験（定常法）の結果，$1.75\times10^{-3}\,\mathrm{m/s}$ であり，非常に高い透水性を有している．地下工事における山留め架構は遮水性のあるソイルセメント柱列壁と地盤アンカーで計画した．

b. 地下水処理の概要

遮水壁の下端深度は，当計画地の地盤に明確な難透水層がないことから，FEM 浸透流解析により求めた遮水壁長さと排水流量，周辺水位変動量の関係に基づき，排水流量や周辺水位低下量を効果的に抑制できる GL-10.2 m 以深の細砂層へ 0.5 m 根入れする計画とした．排水設備として 6 か所の DW を計画した．

図 VIII.2.16　計画平面図（文献 7）に加筆）

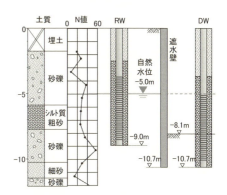

図 VIII.2.17　柱状図および計画断面図（文献 7）に加筆）

排水対象の地盤の透水係数が高く，遠方まで水位低下の影響が及ぶ可能性がある一方，計画地から南側に約 90 m 離れたところに井戸を利用する民家，豆腐屋，宿泊施設等が多数存在した．そのため，南側の遮水壁背面にリチャージウェルを 4 か所設置し，DW より排水した地下水を RW へ注水し，RW 内を自然水位以上に保つことで掘削工事による水位低下と近隣施設の井戸枯れを防止する計画とした．

DW から RW への注水は目詰まりの一

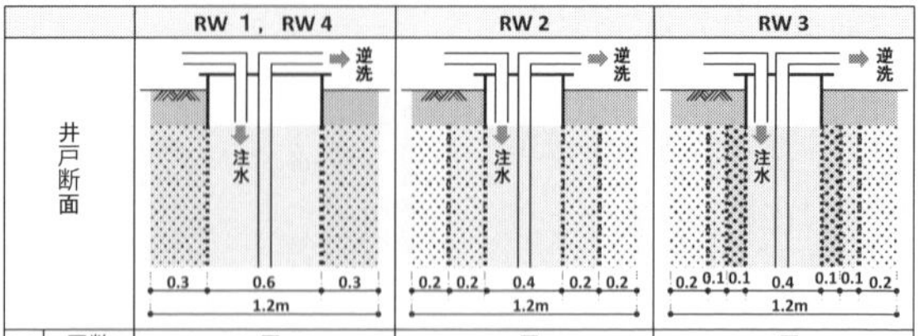

図 VIII. 2. 18　RW の仕様（文献 7 に加筆）

		RW 1，RW 4	RW 2	RW 3
井戸断面		逆洗／注水　0.3 0.6 0.3　1.2m	逆洗／注水　0.2 0.2 0.4 0.2 0.2　1.2m	逆洗／注水　0.2 0.10.1 0.4 0.10.1 0.2　1.2m
フィルター	層数	1層	2層	3層
	粒径	5〜13 mm	内 6〜9 mm 外 3〜6 mm	内 9〜13 mm 中 6〜9 mm 外 3〜6 mm
スクリーン	開口率	40 %	内 40 % 外 33 %	内 40 % 中 40 % 外 33 %
	開口幅	2 mm	内 2.0 mm 外 1.5 mm	内 2.0 mm 中 2.0 mm 外 1.5 mm

表 VIII. 2. 1　水質分析結果（文献 7）

項目	分析結果	評価基準値
pH	6.5-7.4	5.8-8.6
濁度（度）	1 以下	2 以下
硬度（mg/L）	55.9-77.7	300 以下
鉄（mg/L）	0.01-0.9	10 以下
塩化物イオン（mg/L）	11.5-16.9	200 以下
全有機炭素（mg/L）	0.7 以下	5 以下

要因である注水中の細粒分の除去を目的として，沈砂槽（ノッチタンク）を介して行った．また，リチャージの実施に先立ち，計画地の地下水の水質分析を行った．その結果を表 VIII. 2. 1 に示す．水質汚濁防止法の基準値以内であるため注水水質は問題ないと判断した．

c.　RW の構造概要と段階注水試験

目詰まりによる注水性能の低下を防止するため，RW2 と RW3 は目詰まりの原因となる細粒分を RW からの排水による逆洗浄時に除去しやすいフィルター部で捉え，地盤内への流入を防止する多層フィルター構造とした．図 VIII. 2. 18 に各井戸の仕様を示す．

RW の性能把握のため事前に段階注水試験を行った．その結果を図 VIII. 2. 19 に示す．得られた注水流量と井戸内の水位上昇量の関係から，屈曲点となる限界注水流量は約 0.5 m³/min であり，その際の水位上昇量は約 1 m で，各 RW に大きな差はなかった．

d.　期中管理

事前の段階注水試験結果から，管理上限注水量は 0.5 m³/min とし，管理水位は上限注水流量時の水位上昇量の 2 倍の 2 m を見込んだ GL-3 m とした．加えて，水位が GL-3 m まで上昇した場合，または 1 日 1 回定刻に自動的に排水洗浄を行う自動逆洗浄システムを用い目詰まり防止対策とした．

図 VIII. 2. 20，VIII. 2. 21 に注水期間中における水位と注水流量のモニタリング結果を示す．

期中の最大排水流量は 1.2 m³/min であり，排水した全量を 4 本の RW でリチャージした．総排水流量は FEM 浸透流解析に

第2章 地下掘削工事

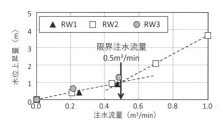

図 VIII.2.19 段階注水試験結果（文献7）

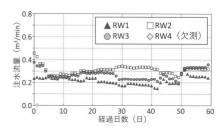

図 VIII.2.21 各 RW の注水流量の経時変化（文献7）

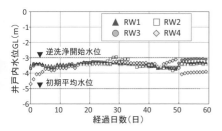

図 VIII.2.20 各 RW の水位の経時変化（文献7）

よる算定結果の $2\,\mathrm{m}^3/\mathrm{min}$ に対し，実測値は最大 $1.2\,\mathrm{m}^3/\mathrm{min}$ であった．この差異は地盤の異方性による影響が想定される．加えて RW 内上昇水位が GL－3m 以下で推移しており，自動逆洗浄が1日に頻発することもなく掘削工事を完了した．RW2 および RW3 においてフィルターを多層構造にした効果に関しては，従来型である RW1 と比較した結果，多層構造の方が従来型より性能を維持していた．懸念された近隣の井戸へも，掘削期間中に水質，水位ともに影響はなかった．

〔清水孝昭・中島朋宏〕

文献

1) 地盤工学会（2013）：地盤調査の方法と解説．二分冊の2付録，pp. 1237-1243.
2) 日本建築学会（2017）：山留め設計指針．pp. 16-19.
3) 日本建築学会（2017）：山留め設計指針．pp. 72-81.
4) 清水孝昭ら（2007）：地盤の巨視的な透水異方性の評価法と地下水位低下工法への適用．日本建築学会構造系論文集，No. 620, pp. 67-74.
5) 日本建築学会（2017）：山留め設計指針．pp. 295-305.
6) 石川 明ら（1996）：大規模根切り現場における層別揚水工法の適用例．清水建設研究報告第63号，pp. 43-52. https://www.shimztechnonews.com/tw/sit/report/vol63/63_005.html
7) 中島朋宏ら（2015）：京都市内の建築地下工事におけるリチャージ事例．基礎工，Vol. 43, No. 12, 87-89.

第3章

山岳トンネル

3.1 山岳トンネルと地下水

日本列島の地形は起伏に富み，火山地や丘陵を含む山地の面積は国土の約75％を占める．このような日本特有の土地事情もあって，鉄道，道路，水路等のインフラ整備において，地形的障害を克服する手段として山岳トンネルの技術は大きく発展してきた．

一方，山岳トンネルは①地質の予測が困難であるため工期・工費の予測に不確定要素が多く，②土被りの浅い部分における地盤・構造物の変状や③坑内湧水に起因した坑内作業効率の低下と水利用者への影響といった問題点があり，その程度によって決して有利性を主張できない構造物でもある．なかでも水問題はトンネルが地下水面下に施工されるかぎり避けられない問題であり，トンネル工事の使命を制する重要な要素ともいえる．

施工中のトンネル坑内への湧水は，地山の性状を劣悪にし，切羽での作業効率や坑内重機作業の効率を著しく低下させ，湧水が多い場合にはトンネルの変状を招く場合もある等，設計・施工に大きな関わりを持っている．一方で，地表で渇水現象や水質汚濁現象が生じると，その被害状況によっては住民の死活問題にまで発展する可能性があるため，施工の一時中止や工事そのものができないような事態に追い込まれることもある．

このような湧水を伴う山岳トンネル工事では，排水を目的とした地下水位低下，止水を目的とした地盤改良等の補助工法の助けを借りて難工事を突破している．したがって，湧水や渇水の規模や地下水問題の性質を事前にできるだけ把握し，それに基づき適切な諸対策をいかに合理的に施工に反映するかが大切である．

本章では，まず①トンネル工事において，トンネル構造物が地下水から受ける影響と，逆にトンネル工事が地下水に与える影響を整理し，次いで②山岳トンネル工事における地下水調査のあり方について述べ，その後に③湧水・渇水対策のあり方について述べる．

最後に，近年ICT（information and communication technology）やIoT（internet of things）技術の目覚ましい発展もあり，様々なデータを収集，可視化，分析しやすい環境が整備されてきている．そこで，山岳トンネル工事における地下水に関する情報化施工の最新技術の一端を紹

介する.

3.2 地下水から受ける影響，地下水へ与える影響

3.2.1 トンネル工事，トンネル構造物が地下水から受ける影響

トンネル工事を困難にさせる要因として「地質」，「地圧」と並んで「湧水」が挙げられるように，地下水がトンネルの坑内に多量に流出すると，トンネル工事に様々な問題を生じさせる．

例えば，多量で高圧の湧水は，切羽の崩壊を引き起こす．他にも，排水溝設計の見直し，汚濁水処理施設の増設，切羽付近の作業効率の低下等，多岐にわたって問題を生じさせるため，工期や工費に及ぼす影響は非常に大きいものとなる．特に，トンネル坑外へ自然排水できないような下り勾配でトンネル掘削をする場合には，排水のための坑内ポンプ設備の増設が必要となり，トンネル施工をより困難なものにする．

一方，少量の湧水であっても地質が脆弱な場合には路盤が泥濘化しやすくなるため，掘削効率を低下させるだけでなく，トンネル支保構造にも悪影響を与える．このような地山では，竣工後もトンネルの維持管理に苦労を伴う場合が多い．

高い地熱，温泉等がある湧水は，作業環境への影響はもちろんのこと，将来の覆工構造を経年劣化させる懸念もあることから，別途対策検討も必要となる．つまり，地下水の存在は，施工中に問題となることが多いが，竣工後にも無視できない問題となる可能性があることを念頭におく必要がある．

3.2.2 掘削が地下水に与える諸影響

施工性やトンネル構造物に作用する水圧軽減のため，通常排水を前提とした設計・施工を行う．そのため水循環系への影響や地表面沈下等の周辺環境に与える影響について十分な検討が必要である．

地下水は水循環系を構成する一要素であり，トンネル湧水は図VIII.3.1のような関係になる．したがって，掘削による影響はまず地下水に表れ，次いで湧水や表流水へと表れる．以下，水利用等への影響について整理する．

a. 地下水位の低下

地山中の掘削によってトンネル坑内へ向かう地下水流動が形成されると，トンネル周辺の地下水位は徐々に低下する．

地下水位低下に伴う水利用者への直接的な影響は，浅井戸，深井戸等の地下水利用設備が機能しなくなることである．また，間接的には地表から地下へ浸透量が増加することによる地表への影響がある．地下水位の低下が軽微であれば，井戸の掘り下げや水中ポンプ位置を下げることで対処でき

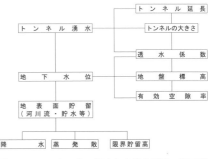

図VIII.3.1 トンネル湧水と水収支要素の相互関係（文献1）

る場合もある.

b. 表流水や湧泉の水量の減少・枯渇

地下水位の低下は，水循環系に直接関係する湧泉や表流水に影響を及ぼし，流量の減少，極端な場合には枯渇に至る．これは地下水が地表部へ直接流出している湧泉において地下水位の低下により湧出量が減少・枯渇する，あるいは地下水と直接接する表流水や貯水池の水が地下へ過大に浸透することによるものである.

c. 地下水流動阻害

地山中にトンネルを構築したことにより，地下水の流れに変化が生じる．トンネルは延長の長い構造物であるため，地下ダム的な役割を果たし，地下水の流動を遮断することとなる．この場合，構造物の上流側では水位の上昇が発生し，下流側では水位の低下が発生する.

d. 植生への影響

一般に，経年百年以上の古いトンネルを数多く持つ JR のトンネルの直上付近において，植生が失われた，あるいは植生の活力が落ちているというような事例は見当たらない．この理由は，植生が土壌の水分から給水していることに他ならない．土壌水は降雨によってもたらされるもので，地下水を起源とするものではない．降雨がある限り，トンネル直上付近の植生に影響は与えないと考えてよい.

e. 水質変化，地質汚染

トンネル掘削中，および掘削完成後にトンネル坑内に流出してくる湧水の水質が問題となる場合がある．代表的な例として，pH の異常な湧水，極端に温度の低い，あるいは高い湧水，有害物質を含有した湧水

等である.

トンネル掘削後の土砂についても同様に有害物質が含有している場合もあり，土捨て場に仮置きした土砂に降雨が浸透することで溶出し，場外へ流出することもあるため留意する必要がある.

3.3 地下水調査のあり方

3.3.1 一般

地下水調査は，地質構造の複雑さからくる難しさを持っており，かつトンネルが線状構造物であるため調査対象範囲が広くなる．したがって，事前に精度の高い調査が実施しにくく，十分に満足のいく調査がなされる例は少ない.

このように地下水調査には限界があるが，次に述べる調査技術を駆使しながら，各段階（①路線選定時，②設計・施工計画時，③施工時，④維持管理段階）に必要な基礎資料を得るよう万全を期すとともに，これらの調査を通じて調査法の技術開発や精度の向上に資するべきである.

図 VIII.3.2 に地下水調査の流れを示す．地下水調査を①水文地質調査，②水収支調査，③水文環境調査，④事例調査に分け，それらを総合して各種の評価を行うものとする.

3.3.2 調査の要領

調査にあたっては，その目的およびトンネルの規模等を十分に考慮して，調査の段階ごとに要求される内容，事項，精度等を検討のうえ，調査の方法，順序，期間，範

第3章 山岳トンネル

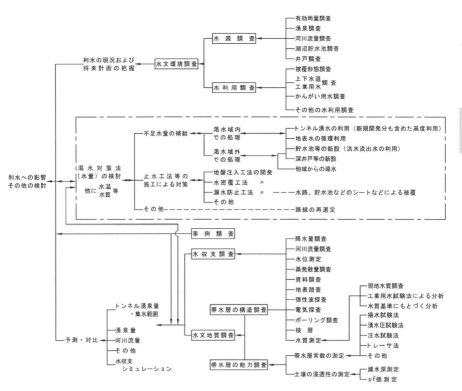

図 VIII.3.2　地下水調査の流れ（文献2）

囲について細部を決定しなければならない．表 VIII.3.1 は水文調査における各種調査法の各調査段階における一般的重要性を示したものである．

調査では「時間」と「範囲・位置」に特に注意を払う必要がある．降水量，河川流量，地下水位，揚水量等は絶えず変動しているので，その傾向を知るには長期の観測が必要とされる．調査範囲は市町村界のような人為的な境界でなく，地形・地質的単元をもとに決めるべきである．調査内容によってはボーリングのような点的なもの，弾性波探査のような線的なものもあるが，

その情報は点，線に止めることなく，3次元的な広がりのなかで評価・解釈することが重要である．

水文調査に加え，施工中の地質調査も重要である．地質調査は，坑外および坑内からの調査に大別される．坑外からの調査では，地表踏査，ボーリング調査がある．坑内からの調査では，切羽観察，先進ボーリング，削孔探査，物理探査がある．極端に地質が不良な場合には調査坑を掘削して地質調査を行い，水抜きや地山補強に利用する場合がある．

表 VIII. 3. 1　水文調査の項目と目的（文献 3）

項目		調査目的	調査内容	適用段階			
				路線選定段階	設計施工計画段階	施工段階	維持管理段階
水文調査の細分	資料	地形，地質，水文，地下水利用に関する資料を収集し，調査地域の水理地質構造，地下水の概要，問題点を把握し調査計画を立案する．	地形地質：水理地質構造 水文気象：降水量，気温等 地下水利用：井戸，用水等	◎	◎	△	△
	事例	地山条件の類似した地域，近接地域の既往工事を参考に，対象トンネルにおける湧水，渇水の規模の評価，調査方法の適用性を検討する．	既往工事の資料：地質，湧水量，施工状況，渇水影響範囲，対策工事	◎	◎	△	△
	水文地質	《帯水層の構造》地下水の容器としての水理地質構造（帯水層の分布，規模），地下水の性状（地層水，裂か水）等を水理地質図にとりまとめ，湧水地点，集水範囲を予測する．また，有効な水文地質調査計画を立案する．	地表地質踏査	◎	◎	○	○
			物理探査（電気探査等）	○	◎	△	△
			ボーリング調査	○	◎	○	○
			孔内検層	△	◎	○	○
			水質調査（現地，室内）	△	◎	○	○
		《帯水層の特性》帯水層の透水係数，貯留係数等の水理定数を評価し，水理学的手法により湧水量と集水範囲を予測する．	単孔式透水試験（ピエゾメーター法等）	△	◎	○	○
			湧水圧試験，注水試験	△	◎	△	△
			揚水試験，孔間透水試験	△	◎	△	△
			トレーサー試験，流向流速試験	△	△	△	△
			減水深調査	△	△	△	△
	水収支	調査地周辺の水循環系を把握するため水文気象，表流水量，地下水位調査等を実施し，水収支の検討を行い，施工による地下水動態を予測する．	水文気象：降水量，気温	◎	◎	○	◎
			表流水量：河川流量，湖沼貯水池，用水量，湧泉量	◎	◎	○	◎
			地下水位：観測井，既設井	◎	◎	○	◎
			蒸発散量	○	○	△	○
			トンネル湧水量，渇水影響	△	△	○	◎
	水文環境	上記調査から考えられる集水範囲および近接地域における水源と水利用の実態を把握し，施工による影響を予測する．	水源：湧泉，河川，湖沼，貯水池，井戸，有効雨量	◎	◎	○	◎
			水利用：上下水道，工業農業用水	○	○	△	○
予測手法		坑内湧水発生の有無，湧水量，湧水位置およびその集水範囲を予測する．予測手法の適用は，各調査，検討段階における情報の質や量，必要とする予測精度，内容に即して実施する．	施工事例による方法	◎	◎	△	△
			地形，水文地質条件による方法	◎	◎	△	△
			水理公式による方法	○	◎	△	△
			数値解析による方法	△	△	△	△

◎：実施すべき調査，○：実施した方がよい調査，△：必要に応じて実施する調査．

3.4 地下水対策

3.4.1 一般

　地下水問題が工期や工費に大きな影響を与えることは明らかである．したがって，計画段階から地形，施工条件等に配慮することが地下水対策の第一歩といえる．以下に配慮すべき点を示す．

a. 沢部の横断

　防災的観点からは，沢部はできればトンネルで，しかも適当な土被りをもって通過するのが理想である．しかし，水利用への影響が考えられる沢部は，できればトンネルでなく「明かり」で通過できるよう，大きな縦断勾配の採用を考えるのが得策のこともある．

b. 並行河川・盆地下

　トンネルが沢，あるいは鞍部と並行したり盆地直下に位置することがある．集水地形下のトンネル湧水量はそれ以外のものと比較して際立って多い．一般論としては「盆地地形や沢地形の直下付近のトンネル路線はできるなら避けよ」ということになる．

c. 近接トンネル

　旧トンネルに近接したトンネルを設ける時は，やや高い位置を「付かず離れず」地下水流動の下流側に選定すると，掘削は容易で新たな減水・渇水問題も起きにくい．

d. 水頭との位置関係

　縦断・平面形で施工基面が極力地下水位より上位にくるように努めることで，施工中，竣工後の地下水問題を相当な程度に小さくすることができる．

e. 地下河川

　石灰岩空洞や溶岩洞あるいは埋没谷等に起因した地下河川にトンネルが遭遇すると大量の湧水で掘削が難航することになる．この種の特殊な水文地質構造が考えられる地域では十分な調査のもとにこれを完全に避けた路線を選定する必要がある．

f. クレスト（坑内最高点）の位置

　トンネルの縦断形は坑内への漏水が坑外へ自然に排水できることを原則として考えるのが一般である．また，クレストの位置は可能な限り行政界に設定するように考える．地元の地下水がトンネルを介して他地区へ奪われることは地元の理解を得にくいとか，減水・渇水地区へトンネル排水を比較的容易に送れる等がその理由である．

　計画段階で上記のような点に配慮しても一般的には地下水面下をトンネルが通過するため地下水問題を避けては通れない．したがって，多量の湧水が想定される場合には，トンネル掘削において地下水対策を事前に検討しておく必要がある．

　トンネルの掘削にあたって，地下水の湧出が多い場合には切羽の安定性が低下し，掘削が困難となること，地下水による吹付けコンクリートの付着不良やロックボルトの定着不良といった支保工の品質低下，トンネル坑内での作業性の低下等の問題が生じる．地下水対策には「排水工法」と「止水工法」がある．

　以下，「排水工法」と「止水工法」について，概要を説明する．

3.4.2 排水工法

　排水工法には，水抜きボーリング，水抜

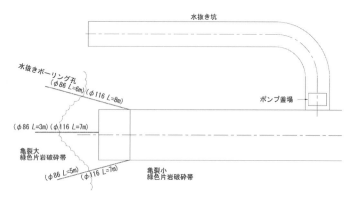

図 VIII.3.3　水抜きボーリングと水抜き坑を併用した例（文献4）

き坑，ウェルポイント，ディープウェル等がある．

トンネルの湧水量が比較的少なく，周辺環境の制約条件が許容される場合には，トンネル掘削に先行して，もしくは掘削と並行して施工できて経済的であるウェルポイントやディープウェルが有利である．一方，トンネルの湧水量が多い場合には，坑内からの水抜きボーリング，水抜き坑が比較的確実性の高い工法である．ただし，切羽前方の地質状況によっては，かえって切羽の不安定化を起こす場合もあるため，切羽の状況をよく観察して選定する必要がある．

a.　水抜きボーリング

切羽付近から前方に十-数百 m のボーリングを行い，前方の地下水を事前に抜こうとするもので，切羽前方地質の予測もできるため，よく用いられる方法である．しかし，高水圧の破砕帯等ではジャミングにより掘進不能となったり，孔壁崩壊等により水抜効果が低下することがある．また，大量の地下水がある場合，水抜きボーリングだけでは目的を果たせないことも多い．

b.　水抜き坑

断層破砕帯等の大量湧水帯で，切羽の進行が低下した場合，図 VIII.3.3のように水抜き坑と呼ばれる小断面（一般的に掘削断面は 10-20 m^2）のトンネルを隣接して設けることで大きな水抜き効果が期待できるため，大量湧水帯を突破する方法としてよく用いられる．

水抜き坑は，本坑掘削が湧水によって不可能となった場合，本坑の両側で本坑掘削に影響を与えない離れをとり，かつ本坑よりも低い位置に 1-数本掘削する．切羽前方の帯水層に到達させ，地下水位を本坑到達前にできるだけ低下させておくことによって本坑の掘削を容易にするものである．

c.　ウェルポイント・ディープウェル

土被りが比較的小さい未固結地盤や風化岩中の地下水面下にトンネルを施工する場合，流砂現象等によって切羽の自立性が損なわれることがある．このような場合，ウェルポイントやディープウェルといった地下水位低下工法が採用されることがある．ウェルポイントは，一般に坑内から施工さ

第3章　山岳トンネル

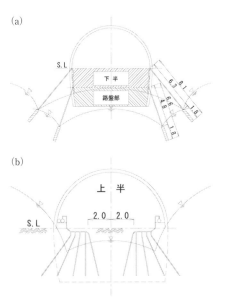

図 VIII.3.4 坑内からウェルポイントを施工した例（文献5）
(a) 下半・路盤部ウェルポイント工，(b) 上半ウェルポイント工．

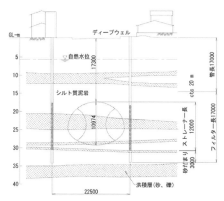

図 VIII.3.5 ディープウェル施工例（文献5）

3.4.3 止水工法

　排水工法を実施しても湧水量の低減が図れない場合，あるいは排水工法による地下水位の低下や枯渇等に対して制約を受ける場合，地下水の排出による地表面沈下を許容できない場合等には，止水工法が適用される．止水工法には，止水注入工法，遮水壁工法等がある．

a. 止水注入工法

　止水注入工法は，一般に坑内から施工され，切羽前方や周辺の地山中にセメントミルク等の非薬液系材料や水ガラス系の薬液等を地山に注入し，亀裂や空隙等の水みちを閉塞することにより地山の透水性を低下させ，止水を図るものである．したがって，湧水量の低減と地盤改良効果により切羽安定対策としても確実性の高い工法である．

　止水注入工法を用いる場合は，注入を必要とする範囲，対象とする地山の性質，湧水圧，湧水量の状況等の施工条件に合った材料，施工法を採用する必要がある．また，事前に試験施工による効果の確認を行う必

れ，地下水位低下は5-8 mが限度といわれている．坑内から施工する場合は，上半部分を先進させて行うが，土被りが小さく地表の土地利用がない場合は地上から施工することもある．一方，ディープウェルは，一般的に地上から施工される．そのため相互の間隔や地表の建物等の支障物には配慮が必要となる．

　これら工法は，地山の透水係数が 10^{-5}-10^{-4} m/sで効果が期待できるが，10^{-7} m/s以下になるとあまり効果が期待できないとされている．ウェルポイントの施工例を図 VIII.3.4，ディープウェルの施工例を図 VIII.3.5 に示す．

要がある．

b. 遮水壁工法

遮水壁工法は，一般に地上から施工され，トンネルより離れた両側に地中連続壁や鋼製矢板等の遮水壁を設け，周辺地山からトンネルへの地下水の供給を遮断するものである．地山の透水性が高く，帯水量が豊富な地山に対して比較的有効な工法である．

遮水壁工法を用いる場合は，対象とする地山の性質，周辺環境，用地取得範囲，掘削深度等を考慮した施工法を選定する必要がある．施工に際しては，ロックボルトの打設範囲に遮水壁等が干渉することのないようある程度離隔を確保する等の注意が必要である．

3.5 地下水情報化施工の動向

近年，IoTやICT技術の目覚ましい発展に伴い，トンネル施工中の様々なデータが容易に取得できるようになった．一方で将来的な専門技術者の減少への対応，働き方改革といった社会的要請に応えていかなければならないならない．このような背景から，デジタルツイン（現実世界から収集したデータをコンピュータ上に再現すること）を活用した次世代の情報化施工が注目されている．

地下水情報化施工の一例として，「地山予報システム」（図VIII.3.6）がある．この技術は切羽湧水量（実測値）からAIが地山の透水係数を推定し，この与条件から3次元浸透流解析を実施して切羽が進行した際の予想湧水量を算定，現場職員に周知することができる仕組みである．この一連の作業は日々自動的に実行されるため，専門技術者の負担は大きく軽減される．

今後，このような技術が様々な工種で開

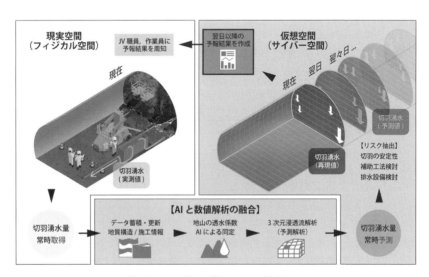

図VIII.3.6　地山予報システム（文献6, 7)

発，発展することで，上記のような社会的
課題が解決されることを期待する.

〔福田　毅〕

文献

1) 大島洋志 (1983)：トンネル掘削に伴う湧水と
それに伴う水収支変化に伴う水文地質学的研
究. 鉄道技術研究報告，No. 1228.

2) 大島洋志 (1979)：トンネル工事を対象とし
た水文調査法の研究. 鉄道技術研究報告，
No. 1108.

3) 土木学会 (2016)：トンネル標準示方書［山岳

工法編］・同解説. p. 35.

4) 土木学会 (2016)：トンネル標準示方書［山岳
工法編］・同解説. p. 294.

5) 土木学会 (2016)：トンネル標準示方書［山岳
工法編］・同解説. p. 295.

6) 清水建設 (2021)：切羽前方の湧水リスクを
事前予報する「地山予報システム」を開発.
https://www.shimz.co.jp/company/about/
news-release/2021/2021038.html

7) 福田　毅 (2021)：地下水環境に着目した地山
予報システムの開発　トンネル工学研究会発
表. トンネル工学報告集，第 31 巻，I-25.

第4章

ダ　ム

4.1　ダムの基礎地盤と地下水

　大規模構造物基礎の建設，トンネルの新設，軟弱地盤の改良などのダム以外のほとんどすべての建設工事では，地下水位が高い場合にはその水圧を低下，あるいは圧密を促進する目的で地下水位を低下するための処置を施す[1]．

　一方，新たに人工的な貯水池を形成するダムにおいては，基礎地盤に作用する水圧は建設されるダムの規模にもよるが一般的にかなり大きくなるうえ，貯水池を形成するために想定される貯水位まで地下水位をせき上げる必要がある[1]（図VIII.4.1）．基礎地盤の透水性が高く貯水池に接する地下水面をせき上げることができなければ，基礎地盤に過大な浸透流が生じて大量漏水が発生したり，基礎地盤やダム堤体の安全性

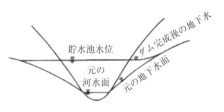

図VIII.4.1　ダムによる地下水位のせき上げ
（文献1）

が損なわれたりする恐れがある．

　そのため，ダム計画の初期段階から，ダムサイトおよび貯水池周辺地盤の水理地質構造に着目した基礎地盤の設計，特に止水設計は重要項目として位置付けられる[2]．なお，水理地質構造とは，水理学的見地から捉えた地質構造で，透水性，地下水位の状態，浸透破壊抵抗性等の水理地質特性に着目した地質構造のことである[3]．

4.2　ダムの型式と基礎地盤に対する要求条件

4.2.1　ダムの構造基準[4]

　ダムと地下水に関して論じる前に，地下水が関連する基礎地盤のみならず堤体も含めたダムの設計に適用される構造基準の構成について簡単に説明する．

　ダムの構造基準は，河川法第13条に基づく河川管理施設等構造令（以下，構造令と呼ぶ）および施行規則[5]，河川砂防技術基準設計編[6]をはじめとする各種の基準・要領・指針・参考図書により構成されている．

　構造令は，河川管理施設及び河川法第26条の許可を受けて設置される工作物について，河川管理上必要とされる一般的技

術的基準を定めたもので，河川という公物の安全性確保のため，一般的に最小限確保されなければならない基準を定めている．

一方，河川砂防技術基準設計編は，国土の重要な構成要素である土地・水を流域の視点を含めて適正に管理するため，河川，砂防，地すべり，急傾斜地，雪崩および海岸に関する調査，計画，設計および維持管理を実施するために必要な技術的事項について定めている．

4.2.2 本章で取り扱うダム

本章で取り扱うダムは，前述の構造令（第3条）を適用するダムとして，「河川を横断して流水を貯留するために設けるダムで，基礎地盤から堤頂までの高さが15 m以上のダム」である[5,6]．

よって，土砂の流出を防止し，および調節するために設けるダム（砂防堰堤等）は，本章の対象外である．

4.2.3 ダム型式

ダム型式は，堤体材料から主にコンクリートダムとフィルダムに分類される[6]．

コンクリートダムは，力学的な特性により主に重力式コンクリートダムとアーチ式コンクリートダムに，フィルダムは，堤体材料によってアースダムとロックフィルダムに分類され，また遮水機能を果たす部分の構造により均一型ダム，ゾーン型ダム，表面遮水壁型ダムに分類される[6]．図VIII.4.2に代表的な型式のダムの標準断面図を示す[6]．

また，上記型式以外のダムとして，我が国において開発された台形CSGダム[7,8]がある．台形CSGダムは，建設サイト周辺で手近に得られる岩石質材料（母材）をもとに，基本的にコンクリート骨材のような分級・粒度調整・洗浄等を行うことなく必要に応じオーバーサイズ材料の除去・破砕等を行って得られる材料（CSG材）をセ

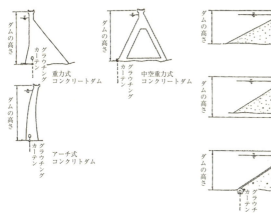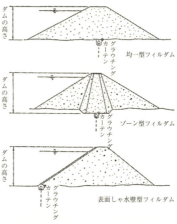

図 VIII.4.2 代表的なダム型式の標準断面（堤高の定義を含む）（文献6）

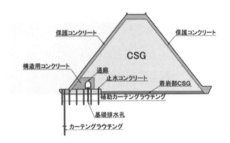

図 III.4.3　台形CSGダムの標準断面（文献8）

メントおよび水と混合して得られるCSG（cemented sand and gravel）を主要な堤体材料とし，ブルドーザ敷均しと振動ローラ転圧により堤体を築造するCSG工法によって施工される台形の横断面形状を持つ新型式のダムで，材料，設計および施工の合理化による経済性や環境面での利点が大きい．台形CSGダムの標準断面を図VIII.4.3に示す．

4.2.4　ダム基礎地盤の設計に関する要件

ダムは洪水調節（治水）や各種の水の利用（利水）を目的に建設される構造物であるため，長期的にこれらの機能を確実に発揮できるよう設計する必要がある[5,6]．また，ダムは堤体および基礎地盤が一体となって流水を止める働きをする構造物であるため，ダムの堤体および基礎地盤は所要の水密性および予想される荷重に対する安全性（力学的および水理学的）を有するとともに一定期間内確実に効用を発揮するのに必要な耐久性を有する構造としなければならない[5,6]．

4.3　水理地質構造調査

4.3.1　概説

4.2.4項でも述べたとおり，ダム基礎地盤および貯水池周辺地山はダム機能維持に必要な遮水性や基礎地盤・地山内の浸透流に対する浸透破壊抵抗性を有するものでなければならず，必要に応じた対策（基礎処理）の設計および施工がなされる．そのため，基礎地盤および地山内の水理地質構造の調査が必要不可欠であり，その際の留意項目は以下の通りである[9]．

①透水要因とそれが構成する浸透経路
②グラウチングの難易（グラウタビリティー）に関する特性
③浸透破壊とこれに対する安全性に関わる構造

4.3.2　水理地質構造の調査・試験方法[9]

ダム基礎地盤の水理地質構造の調査・試験方法について，以下にその概要を紹介する．なお，詳細については，文献2, 9-11）等を適宜参照されたい．

a.　地表地質踏査

水理地質構造ならびに基礎処理設計上の課題の概略を把握する目的で行うものであり，一般的な地質構造把握に加え，透水要因の有無，割れ目の頻度・充填状況や透水要因の異方性等の性状に着目した検討が重要である．また，踏査ルートでの湧水や表流水の水量変化，水温や伏流にも着目する必要がある．

b. ボーリング調査（ルジオンテスト・透水試験，地下水位）

地質調査のためにグリッド（立体格子状の調査網）上に実施されるボーリング孔ではルジオンテストまたは透水試験，地下水位観測等が行われる．また，削孔中の湧水や逸水は水理地質構造を検討する有力な資料となる．

ルジオンテストは，ボーリング孔を利用した定圧注水透水試験法の一種で，透水性の指標であるルジオン値は，水頭100 mに相当する圧力0.98 MPaでボーリング孔内に水を注入したとき孔長1 mあたりに1分間に注入される水のリットル数（L/m/min/0.98 MPa）として定義される[13]．なお，ルジオンテストの試験方法には，試験圧力を口元で測定する方法（口元圧力方式）と，試験区間の圧力を直接測定する方法（孔内圧力センサー方式）がある（図VIII.4.4）[12,13]．

ルジオン値算出時の留意点については，複数の一定注入圧力 P（MPa：縦軸）と注入量 Q（L/min/m：横軸）の計測値の関係を図化した P-Q 曲線の形状に基づき，文献[12-14]にまとめられている．

ルジオンテストは硬岩の透水特性を評価するための試験であるため，軟岩や未固結堆積物に対しては低圧力かつ脈動の小さい注水圧力で試験実施する等の対応を行うほか，ピットや井戸を用いた注水試験や揚水試験によりダルシーフローを仮定して透水係数を求める各種の透水試験方法[14-16]が有用となる．

通常の地下水圧測定は水位観測により行われる．この水位観測はダムサイトのできるだけ多くのボーリング孔で，少なくとも1年以上継続して実施し，地下水位を3次元的に把握するとともに，季節変動特性を明らかにする必要がある．また，宙水構造が存在する場合には同一ボーリング孔の複数箇所に水圧計を設置する等して，観測を行う必要がある．

ボーリング削孔時に湧水や逸水が生じた場合には量・圧力や深度を詳細に記録しな

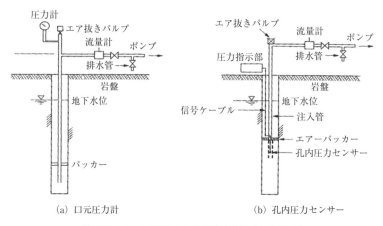

図 VIII.4.4　ルジオンテストの試験方法（文献 12, 13）

ければならない．

ボーリングコアのみから地山内の透水要因の有無やその性状を判断することには困難を伴うことが多い．この場合，ボアホールテレビカメラを活用し，地山内の状況を把握することも必要である．

c. 地下水流動調査

地下水の流動状況を知るための調査手法としてトレーサー調査，地下水水質調査等がある．トレーサー調査は食塩や着色料をボーリング孔や沢等に投入し，地表，調査坑や他のボーリング孔への到達を観測し，地下水流動経路や透水特性を把握する調査である．

地下水の水質を分析し，表流水と比較したり，地下水の重水素分析を行うことで地下水脈と表流水の起源の差異を推定したり，地下水の地山への浸透年代を特定したりすることができる．

d. 浸透破壊抵抗性試験

軟岩や未固結層，断層破砕帯等では浸透流に対する抵抗性が低く，過大な動水勾配や流速が作用すると浸透破壊が発生するおそれがある．地表地質踏査やボーリング調査等により浸透破壊を誘発するおそれのある地質が分布することが判明した場合には，原位置あるいは不撹乱試料の室内での浸透破壊抵抗性試験を実施し，基礎処理の設計に反映することも検討する必要がある．図VIII.4.5に不撹乱試料の浸透破壊抵抗性を評価する室内試験の試験装置例を示す[9,17]．

また，基礎地盤の浸透破壊抵抗性を評価したうえで設計するための方法としては，限界流速による方法，限界動水勾配による

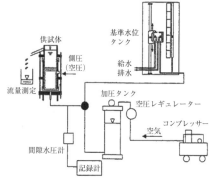

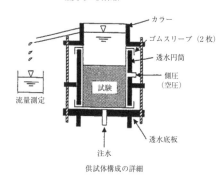

図 VIII.4.5 室内パイピング試験の概要（文献9, 17）

方法，クリープ比による方法等があるが，詳細は文献6, 18-23）を参照されたい．

e. グラウチングテスト

硬岩により構成されるダム基礎の場合，一般的に遮水性の改良にはグラウチングが最も経済的な基礎処理工法であり，その仕様を決定するためにグラウチングテストが設計調査や建設段階に行われる場合がある．これに対し，一部の軟岩や未固結層ではグラウチングによる遮水性の改良が困難であったり，グラウチングが最も経済的な基礎処理工法でない場合がある．したがっ

て，これらの地質によりダム基礎地盤が構成されている場合にはできるだけ早い段階でグラウチングテストを実施し，基礎処理としてのグラウチング採用の適否を見極める必要がある．

4.4 止水処理の計画と工法

4.4.1 概説[6,13]

ダム基礎地盤の遮水性改良を目的とした基礎処理方法については，グラウチングは他の工法と比較して，①施工事例が多く技術が一般化し定着している，②一般に亀裂性の岩盤の遮水性の改良に適している，③広範囲の施工が比較的容易にできる，④施工の進捗と並行して，その効果が比較的容易に検証できる，等の利点があるため，優先して検討する．

通常のグラウチングでは改良されにくい場合，あるいは施工が困難である場合はダムの型式，基礎の地質特性に応じた適切な他の工法を単独，あるいは併用して行う．

4.4.2 基礎グラウチング[6,11,13]

基礎グラウチングを目的および実施箇所で分類すると，図VIII.4.6のように，以下の4種類に分類できる．

a. コンソリデーショングラウチング

(1) 遮水性の改良目的のコンソリデーショングラウチング

図VIII.4.6のように，コンクリートダムの着岩部付近において，浸透路長が短い部分を対象に，後述のカーテングラウチングと相まって遮水性を改良することを目的

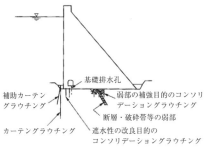
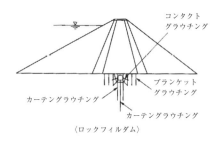

図 VIII.4.6 ダム基礎グラウチングの種類（文献11, 13）

として実施する孔長の比較的短いグラウチングを遮水性の改良目的のコンソリデーショングラウチングという．

重力式コンクリートダムでは，堤体の上流端から基礎排水孔までの間の浸透路長が短い部分（ただし，基礎排水孔の下流側にも注入孔を配置する[23]），および堤体厚の薄い部分を対象に施工する．また，アーチ式コンクリートダムでは，着岩部付近全域に対して施工する．

(2) 弱部の補強目的のコンソリデーショングラウチング

図VIII.4.6のように，コンクリートダムの着岩部付近において，不均一な変形を生じるおそれのある断層・破砕帯，強風化岩，変質帯等の弱部を補強することを目的

として実施するグラウチングを弱部の補強目的のコンソリデーショングラウチングという.

b. ブランケットグラウチング

図 VIII.4.6 のように,ロックフィルダムの堤体および基礎地盤の安全性を確保し,あわせて所要の貯水機能を確保するために,コア着岩部付近を対象に,後述のカーテングラウチングと相まって遮水性を改良することを目的に実施する孔長の比較的短いグラウチングをブランケットグラウチングという.

c. カーテングラウチング

図 VIII.4.6 のように,ダムの堤体および基礎地盤の安全性を確保し,あわせて所要の貯水機能を確保するために,ダムの基礎地盤と左右岸のダムの袖部（リム部）の地盤の遮水性を改良することを目的として実施する孔長の比較的長いグラウチングをカーテングラウチングという.

d. その他のグラウチング

（1）コンタクトグラウチング

重力式コンクリートダムのアバットメント部で急勾配の法面が長く連続する場合,コンクリートの硬化収縮等によって,堤体と基礎地盤の境界部付近に間隙が生じることがある.このような部分に,堤体内コンクリートの水和熱がある程度収まった段階で通廊等から実施するグラウチングをコンタクトグラウチングという.

また,ロックフィルダムの監査廊周りにおいて同様な目的で実施するグラウチングもコンタクトグラウチングという.

（2）補助カーテングラウチング

セメントミルクのリークが生じやすい基礎地盤において,カーテングラウチング施工時のセメントミルクのリークを防止するために,カーテングラウチング孔の片側または両側において,カーテングラウチングに先行して高濃度のセメントミルクを低圧で注入するグラウチングを補助カーテングラウチングという.

4.4.3 二重管ダブルパッカー式グラウチング[13]

基礎地盤の限界圧力が小さく,ボーリング孔壁の自立が困難な場合やパッカーを十分に効かせることができない場合には,通常のグラウチングによる遮水性の改良は困難である.

このような基礎地盤に対して,二重管ダブルパッカー式グラウチングが採用されることがある.この方法は,図 VIII.4.7 に示すように,以下の順序で施工される.

①孔の掘削およびケーシング挿入

②シール用グラウトの充填および注入用外管の挿入ならびにケーシングの抜き取り

③,④シールグラウトの固結を待って注入用内管の挿入・水押しによるシールグラウトのクラッキング

⑤任意の注入箇所の上下にパッカーをセットしてセメントミルクを注入

4.4.4 連続地中壁工法[13]

未固結層のようにグラウチング効果の期待しにくい基礎に対して,確実な止水工法として地中連続コンクリート止水壁工法が採用される場合がある.

施工法には水平方向の施工を繰り返すトンネル置換工法と鉛直方向の施工を繰り返

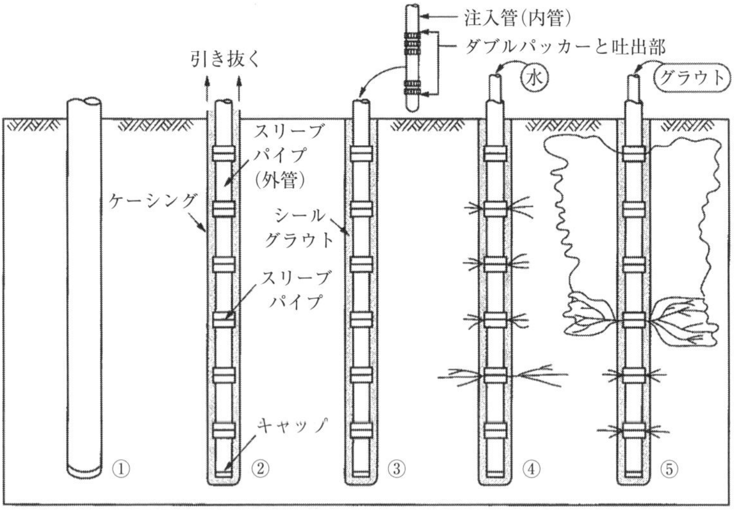

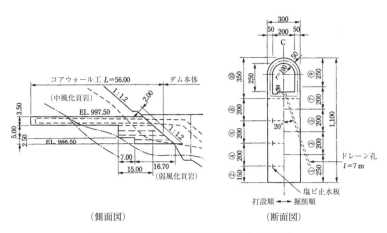

図 VIII.4.7 二重管ダブルパッカー式グラウチングの施工手順 (文献 13)

図 VIII.4.8 トンネル置換工法の事例 (文献 13)

すウォール工法あるいはコラム工法がある.

トンネル置換工法の事例を図 VIII.4.8 に示す.

地下連続壁工法を採用する場合には，連続壁がほぼ完全な止水体を形成するためそ の外周の基礎地盤に大きな動水勾配が作用することに注意してグラウチング計画を行う必要がある.

4.4.5 ブランケット工法[6,18,25]

ブランケット工法は，図 VIII.4.9 に示

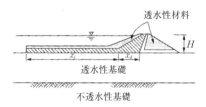

図 VIII.4.9 フィルダムに適用したブランケット工法（文献18）

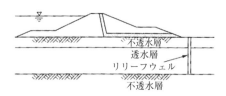

図 VIII.4.10 フィルダムに適用したリリーフウェル（文献18）

すように，浸透路長を長くすることにより基礎浸透の動水勾配を減じ，浸透流量を減じる工法である．よって，浸透流がダルシー則にしたがうとみなせる砂礫基礎や亀裂の発達していない軟岩基礎等の場合には有効な浸透流対策工となる．ブランケット材料としては，土質材料，コンクリート，アスファルトコンクリート等がある．土質材料は，施工性と経済性にすぐれ，変形に対しても順応性があるうえ，フィルダム堤体の主材料でもあるため，フィルダムにおいては最も一般的なブランケット材料といえる．

ブランケット工法は，地表での工事であるため，グラウチング等の地中の工事と比較して仕上りの確実度が高いという大きな利点がある．

4.4.6 排水工とフィルタ[6,18]

排水工は，地山の浸透水の圧力を減ずる目的で施工される．コンクリートダムにおける基礎排水孔（ドレーン孔）は，排水工の典型であるが，この他にも，積極的に水を抜くために地山にドレーンギャラリー（排水用トンネル）を設ける事例もある．一方，排水工を設けることで，その周辺での動水勾配を大きくすることになる

ため，基礎地盤の浸透に対する安全性を確保する設計が求められる．

リリーフウェルは，図 VIII.4.10 に示すように，不透水層が地表近くに存在し，その下部に透水層が存在する場合に，堤体の下流部において不透水層の底面に大きな揚圧力が作用しないようために設置される．

フィルタは，浸透流の浸出地点において，水だけを排出し，土粒子の浸出を阻止するために設置される．

4.5 基礎浸透流に関する安全性評価

4.5.1 試験湛水[26-28]

ダムは治水や利水を目的として大量の水を貯留する施設であるため，ダムが決壊した場合，その被害の大きさには計り知れないものがある．また，貯水池周辺の斜面についても，ダムの湛水に伴ってこれまでにない地下水の影響を受け地すべりや崩壊が発生することがある．

また，我が国では，近代的技術で設計されたダムにおいて重大な事故は経験していないが，諸外国で発生した大きな事故例をみると，そのうちの多くが完成してまもない時期に発生している．

表 VIII. 4. 1 ダムの安全管理の基本となる計測項目（構造令第 13 条）
（文献 5）

ダムの種類	計測事項
重力式コングリートダム　50 m 未満	漏水量, 揚圧力
重力式コンクリートダム　50 m 以上	漏水量, 変形, 揚圧力
アーチ式コンクリートダム　30 m 未満	漏水量, 変形
アーチ式コンクリートダム　30 m 以上	漏水量, 変形, 揚圧力
フィルダム　均一型	漏水量, 変形, 湿潤線
フィルダム　均一型以外	漏水量, 変形

　したがって，ダムの初期湛水時にあたっては，貯水池の水位を上昇および下降させてその挙動を計測，監視し，ダム堤体と基礎地盤および貯水池周辺斜面の安全性を再確認しておくことが必要となる．この行為を「試験湛水」と呼んでいる．

4.5.2 ダムの安全管理のための計測・巡視等[28]

　巡視・日常点検は，ダムの安全性および機能を長期にわたり保持するうえでの課題把握を目的として，計画的に行う必要がある．

　ダム施設の安全性を確認し，異常発生の兆候を察知するには，巡視，目視・計測等による日常点検から得られる情報が不可欠である．

　構造令第 13 条に基づいて設置される計測装置による計測項目（表 VIII. 4.1）[5] は，ダムの安全性を継続的に監視するために不可欠なものであることから，継続的な計測により，試験湛水開始時点からの経時的な変化や，過去の強い地震の発生時における計測データとの比較が可能となるようにする必要がある[28]．なお，構造令に規定されている計測項目はダムの安全管理にとって必要最小限の計測項目であるため，個々の

ダムにあっては，構造令に規定する計測項目以外の計測項目についても，その必要性に応じて，適宜，採用する必要がある．

〔山口嘉一〕

文献

1) 改訂地下水ハンドブック編集委員会（1998）：地下水ハンドブック．第 10 章　ダムと地下水，p. 995，建設産業調査会．
2) 国土交通省水管理・国土保全局（2014）：国土交通省　河川砂防技術基準　調査編．第 15 章 土質地質調査，第 4 節　ダムの地質調査．https://www.mlit.go.jp/river/shishin_guideline/gijutsu/gijutsukijunn/chousa/pdf/chousa_all_220721.pdf
3) 国土技術研究センター（2003）：グラウチング技術指針・同解説．大成出版会，pp. 8-20.
4) ダム技術センター（2013）：多目的ダムの建設（平成 17 年版），第 4 巻（設計 I 編）　第 2 刷．第 18 章　ダムの構造基準，pp. 1-2.
5) 国土開発技術研究センター編（2000）：改定解説・河川管理施設等構造令，改定第 1 刷．日本河川協会発行，山海堂．
6) 国土交通省水管理・国土保全局（2021）：国土交通省　河川砂防技術基準　設計編　技術資料．第 2 章　ダムの設計．
7) ダム技術センター（2012）：台形 CSG ダム設計・施工・品質管理技術資料．
8) 台形 CSG ダム設計・構造整理検討会（2019）：台形 CSG ダム設計・構造の整理（その 1）―台形 CSG ダムの基本―．ダム技術，No. 399, 44-87.

9) ダム技術センター（2013）：多目的ダムの建設（平成17年版），第3巻（調査II編） 第2刷．第15章 ダムの地質調査，pp. 1-123.

10) 土木学会（2001）：ダム建設における水理地質構造の調査と止水設計．104p.

11) 国土技術研究センター編（2003）：グラウチング技術指針・同解説．87p.

12) 建設省河川局開発課監修（1984）：ルジオンテスト技術指針 同解説．56p.

13) ダム技術センター（2013）：多目的ダムの建設（平成17年版），第4巻（設計I編） 第2刷．第21章 ダム基礎の設計，pp. 117-165.

14) 山口嘉一（1993）：ダム基礎の浸透機構の解明に関する研究．大阪大学学位請求論文．

15) 松本徳久・山口嘉一（1985）：軟岩基礎の原位置透水試験方法に関する研究．第17回岩盤力学に関するシンポジウム講演論文集，pp. 201-205.

16) 松本徳久・山口嘉一（1985）：軟岩基礎の原位置透水試験方法に関する考察．土木技術資料，Vol. 27，No. 10，pp. 3-8.

17) 山口嘉一・山本重樹（2000）：乱さない試料と再構成試料を用いた礫質土のパイピング抵抗性評価．大ダム，No. 172，11-19.

18) ダム技術センター（2013）：多目的ダムの建設（平成17年版），第4巻（設計I編） 第2刷．第20章 フィルダムの設計，pp. 79-115.

19) Justin J. D.（1923）：The Design of Earth Dams. Trans. ASCE, No. 1531.

20) 山口嘉一ら（2000）：フィルダムの基礎となる砂礫層のパイピング抵抗性評価．設計土木研究所資料，No. 3741.

21) 山口嘉一（2001）：ダム基礎地盤の浸透破壊抵抗性調査マニュアル（案）．土木研究所資料，No. 3839.

22) Terzaghi, K.（1929）：Effect of Minor Geologic Details on the Safety of Dams. Amer. Inst. Min. and Met. Engr. Tech. Publ. 215, 31-44.

23) Terzaghi, K. & Peck, R.（星埜 和ら共訳）（1978）：テルツァギ・ペック土質力学基礎編，応用編．丸善．

24) 土木研究所水工研究グループダム構造物チーム（2008）：重力式コンクリートダムの遮水改良目的のコンソリデーショングラウチングの施工範囲と基礎排水孔の位置関係．ダム技術，No. 263，pp. 113-115.

25) 建設省土木研究所フィルダム研究室（2000）：フィルダムにおける土質ブランケットの設計について．ダム技術，No. 162，pp. 78-80.

26) ダム技術センター（2005）：多目的ダムの建設（平成17年版），第7巻（管理編） 第2刷．第35章 試験湛水，pp. 1-19.

27) 建設省河川局開発課通達（1999）：試験湛水実施要領（案）の策定について．建河開発第98号．

28) 国土交通省水管理・国土保全局長通達（2016）：国土交通省 河川砂防技術基準 維持管理編（ダム編）．
https://www.mlit.go.jp/river/shishin_guideline/gijutsu/gijutsukijunn/ijikanri_dam/pdf/ijikanri_dam.pdf

第5章

土 工 事

5.1 はじめに

土工事では，雨水や地下水等水処理の良否によって，盛土・切土の品質や耐久性に大きな影響を及ぼすことになる．本章では雨水や地下水処理により品質や耐久性を損なわないよう，土工事（切土，盛土）での留意点として，調査，対策，災害事例についてそれぞれ紹介する．

5.1.1 盛土の留意点

a. 材料

図VIII.5.1は高速道路の盛土崩壊に関して，盛土材料ごとの土砂災害傾向を整理したものである．砂質系のまさ，山砂，しらす等の材料は被災件数が多い．これらの砂質系材料は固結度が高くないので，雨水や浸透水の影響を受けやすいので注意が必要である．

b. 盛土構造

図VIII.5.2の傾斜地盤上の盛土や図VIII.5.3のような切盛構造の場合，建設時に地盤を段切りにして盛土との密着性を図っているが，現地形の切盛境部において湧水や浸透水の影響が生じやすい．

c. 盛土内浸透水

図VIII.5.4のような谷部の山側にレベルバンク形状に盛土（道路本線と同程度の高さに施工した本線外盛土）を構築する場合，降雨が浸透する面積が大きく，浸透水が多量に作用すると安定性が損なわれるこ

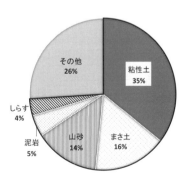

図VIII.5.1 盛土材料ごとの被災件数
（文献1）に一部加筆）

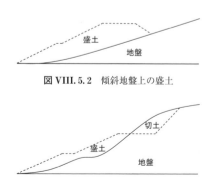

図VIII.5.2 傾斜地盤上の盛土

図VIII.5.3 切盛構造

図VIII.5.4 レベルバンク構造

表VIII.5.1 崩壊性要因を有する地質（文献2）

崩壊性要因を持つ地質	代表地質等
浸食に弱い土質	しらす，山砂，まさ土
固結度の低い土砂や強風化岩	崖錐，火山灰土，火山砕屑物（第四紀），崩積土や強風化花崗岩等
風化が速い岩	泥岩，凝灰岩，頁岩，粘板岩，蛇紋岩，片岩類等
割れ目の多い岩	片岩類，頁岩，蛇紋岩，花崗岩，安山岩，チャート等

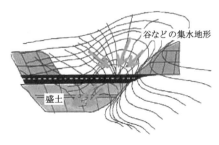

図VIII.5.5 集水地形上の盛土

とがある．また，図VIII.5.5のように水が集まりやすい地形の上に構築された盛土は，過剰な伏流水や浸透水が生じやすい．常時は水が流れていない小渓流や沢部等の盛土であっても地下水の浸透を含め注意が必要である．

5.1.2 切土の留意点

a. 物性（土質・岩質）

物性は，地山の硬軟，風化に対する耐久性，亀裂の多少，浸食に対する抵抗力等をいうが，一般的な崩壊性要因を持つ地質として表VIII.5.1に示すように「浸食に弱い土質」，「固結度の低い土砂や強風化岩」，「割れ目の多い岩」等が挙げられる．

b. 地質構造

構造的弱線としては，「断層破砕帯」，「旧地すべり地」，「崩壊跡地」等があり，地形に現れることが多い．図VIII.5.6は過去の被災例から高速道路の切土のり面について崩壊のり面と健全のり面を地形分類ごと

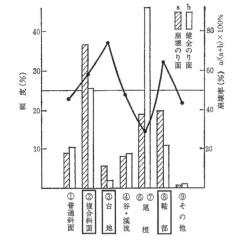

図VIII.5.6 地形形態分類別崩壊発生率（文献3）

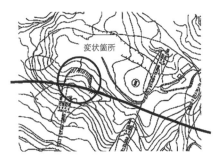

図VIII.5.7 等高線の乱れた箇所の切土が崩壊した事例（複合斜面）（文献4）

第5章 土　工　事

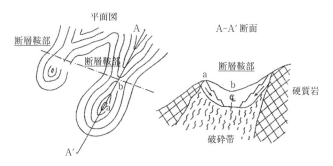

図 VIII.5.8　鞍部の地形（文献5）

に分類し崩壊率を求めたもので、「複合斜面」、「台地」、「鞍部」等で崩壊が多く発生している。図 VIII.5.7 は「複合斜面」を実際に切土したところ、のり面崩壊が生じた地区の例である。「複合斜面」とは、小刻みな等高線の出入りが激しい地形を意味しており、何らかの地質の乱れを示すものと考えられる。また、図 VIII.5.8 に示すような「鞍部」を示す地形が連続しているところでは、断層破砕帯が存在している場合が多く、このような地形の切土部は、不安定な状態になりやすいので注意が必要である。

c.　水

地下水に関しては、地下水位が高い、浸透しやすい、難透水層がある等の場合は崩壊の素因となるため、季節、経年あるいは気象条件等による地下水位の変化を事前に把握することが重要である。一般に自然地山には浸透水の水みちがあり、湧水箇所はその水みちの流末箇所にあたる。図 VIII.5.9 に示すような沢頭の切土は、地下水位が高いか水が浸透しやすいので降雨時に不安定になりやすい。また、切土部より高い後背地が開発された場合、降雨時にお

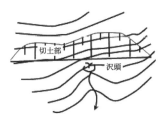

図 VIII.5.9　沢頭の切土

ける流下状況が変わることが多く、のり面排水溝への流入量が増加したり、浸透状況が変化したりする等、切土部が不安定化する場合があるので注意が必要である。

5.2　調　査

土工事での地下水調査では、道路自体等の完成物と周辺地下水環境の両面に対する問題点を明確にする必要がある。代表的な問題点として次のようなものが挙げられる。

① 切土のり面から地下水が湧出すると、切土施工時には掘削面が泥ねい化して掘削重機や運搬車両のトラフィカビリティーが悪化し、作業能率が低下する。また、湧水点周辺の地山は緩んだ

り，洗掘されて斜面の安定を損ないやすい．
② 地下水位や地下水脈より深い切土の施工は地下水位を低下させたり，地下水脈を遮断することがある．その結果，計画道路の周辺では井戸や湧水泉などで水位が低下したり枯渇するほか，水質が変化することで生活に大きな影響が生じる場合がある．
③ 軟弱地盤の沢地部を盛土で横過することによって，下流部への地下水脈を遮断したりすることが考えられる．これによって下流側の井戸や湧水泉等で水位が低下したり枯渇したりする場合もある．

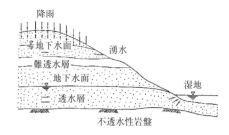

図VIII.5.10 地下水の帯水状況（文献2）

5.2.1 調査項目

a. 地質構成と帯水機構

図VIII.5.10に示すように，地下水は難透水層の上に分布する透水層のように，相対的に透水しにくい地層に遮られて，透水しやすい地層に分布する特徴がある．このように，地下水の帯水機構は地質構成と密接な関係があり，地質構成や構造が異なると図VIII.5.11のように多様な地下水形態をもたらす．

b. 透水層の帯水能力

透水層の帯水能力は地下水の賦存量や透水係数等から評価し，切土のり面からの湧水量や渇水影響範囲を推定するのに重要である．

c. 周辺部の利水状況

利水状況の調査として，渇水を起こすおそれのある切土の周辺ですでに利用されている井戸，湧水泉や簡易水道の水源となっ

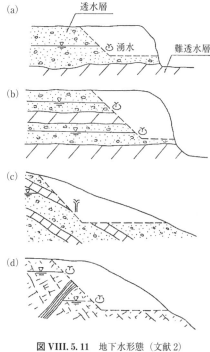

図VIII.5.11 地下水形態（文献2）
(a) 単純な地下水，(b) 難透水層による宙水，(c) 被圧地下水，(d) 難透水層による遮断．

ている渓流・河川等の利用状況および流量を把握する．その結果と帯水機構等をもとに問題発生の程度を予測する．特に，利水状況のデータは施工前，施工中，施工後の各段階のものを収集・整理しておくと，水

位低下，渇水および補償が生じた場合の判断材料として有用である．

d. 降水量等の気象記録

降水量記録を長期間収集しておくと，降水量と地下水位や湧水量との相関性が評価でき，施工当年の降水状況から施工時の湧水量を予想したり，渇水が生じた場合の判断材料として有用である．

5.2.2 調査方法

a. 調査ボーリング

調査ボーリングは，地山の地質構成，地下水位，帯水層を知るために非常に重要なものである．調査ボーリングの間隔は，現地に応じた適切な配置計画とし，特に軟弱地盤，地すべり地帯，崩壊地，崖錐地域では，その全体像が把握できるような地点を計画し，地形が変化し基盤の傾きが予測される場合等は，必要に応じて横断方向の調査も検討する必要がある．調査深度は切土の場合，透水層と難透水層を確認できる深さを必要とし，特に切土の上方斜面で行う場合は地層の連続性を考慮して決める必要がある．

b. 電気探査

電気探査は地形変化の大きい山岳地では調査精度に問題があるが，洪積層や新第三紀層等成層した地質構造や火山山麓で断面的に地質構造や帯水状況を把握するのには有効である．測線は縦断，横断方向に格子状に設定すると，地下構造を立体的に推定することができる．

c. 原位置透水試験

原位置透水試験は，透水層の透水係数を知るために実施するもので，試験方法とし

ては，回復法（孔内水をくみ上げてその回復を測定），注入法（ボーリング孔に注水してその後の水位低下を測定），湧水圧試験（地下水位以下のボーリング孔内にパッカーを設置し，水位の上昇速度および最終水位を測定する）等がある．

d. 水質調査

水質調査は一般的には水源の枯渇や水質の変化における基礎データとして用いる．特に，飲料水として利用されている井戸，簡易水道水源については，水道法の水質基準の項目（臭気・味・細菌等），および自治体の条例等で規定している項目について分析を行っておくのが望ましい．なお，水質調査の結果，酸性水が確認された場合には，切土のり面の植生やコンクリート構造物に有害なことがある．

5.3 対 策

5.3.1 盛 土

盛土崩壊の要因には，地下水，降雨，融雪水等の浸透による盛土内水位上昇等があり，盛土の安定には盛土内に水位面を生じさせないことが不可欠であり，これを満足させる排水施設を設置することが基本となる．特に，沢部，傾斜地盤，原地盤等においては十分な排水処理が重要である．

a. 片切片盛および斜面上の盛土

切盛境および斜面上の盛土では，地山からの浸透水の影響を受けやすいので，図 VIII.5.12 のような地山と盛土の境界に地下排水工を設ける．また，施工中においても排水施設の果たす役割が重要で，図

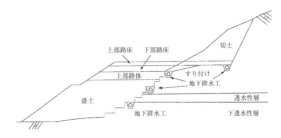

図 VIII.5.12 片切片盛部の地下排水工の例（文献6）

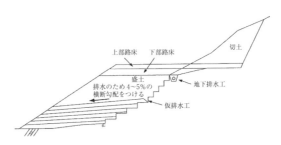

図 VIII.5.13 施工中の排水対策例（文献6）

VIII.5.13に示すように，切盛境に仮排水路を設置し，盛土施工中は順次上方に移動しながら盛土完成時には地下排水工を設置し，切盛境の排水を行う．

b. 既設盛土の補強

供用している高速道路では，地形条件として傾斜地盤や集水地形，材料として泥岩等の脆弱岩，形状として3段以上の盛土で変状や湧水が点検等で確認されている場合，盛土内浸透水排除工の1つとして図VIII.5.14，図VIII.5.15に示す砕石竪排水工による補強が行われている．これにより盛土内の水位や含水比の低下効果のほか，盛土のり尻に設置した場合に，すべりに対する安定化効果が確認されている．また，地震時における過剰間隙水圧上昇抑制および安定性向上等の効果が，既往の研究[7]で確認されている．

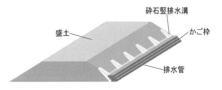

図 VIII.5.14 砕石竪排水工の模式図（文献6）

図 VIII.5.15 砕石竪排水工の施工例

5.3.2 切土

切土のり面の湧水は，のり面崩壊の大き

第5章 土 工 事

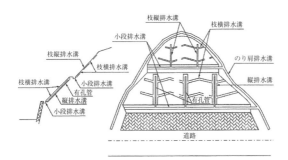

図 VIII.5.16 地下排水溝を用いた湧水処理工の例（文献6）

な誘因となる．そのため，湧水によりのり面の洗掘や崩壊のおそれがある地質では，適切な湧水処理工を施すことが重要になる．また，地すべり対策の1つとして地下水排除工は非常に有効である．

a. 切土のり面湧水処理工

のり面の湧水を事前に把握することは困難であるが，施工中は常に湧水の状況（位置，水量等）を観察し，恒常的な湧水箇所には速やかに湧水処理工を施工することが重要である．湧水処理の方法は，図VIII.5.16に示すようにのり面に浸出してきたものをのり面表面で処理する場合と，図VIII.5.17のようにのり面深部の浸透水を水抜ボーリング等によりのり面外に排水する場合がある．

b. 地すべり等での地下水排除工

地すべりは，降雨や融雪に起因して発生したり，再発したりする場合が多い．

地下水排除工は，浅層地下水と深層地下水を対象にしたものに大別され，浅層地下水排除工は，降雨等により直接影響を受ける比較的浅い帯水層の地下水（浅層地下水）を対象に，地表面からの掘削により設置する暗渠工が有効である．それに対し，深層

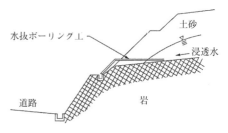

図 VIII.5.17 水抜きボーリングの例（文献6）

地下水排除工は，長雨や融雪水等に関係した比較的深い帯水層を流れる地下水（深層地下水）を対象に適用される工法である．以下に深層地下水排除工の集水井工と排水トンネルについて紹介する．

（1）集水井工（図 VIII.5.18，19）

集水井工は，深層地下水を効率的に排除するために，水抜ボーリング工では延長が長くなる場合や地下水を基盤上面付近で集中的に集水する場合に適用されることが多い．集水井工の実施による地下水位低下は，地下水位観測等を実施して決定されるが，一般的に3-5m程度の低下が期待できる．

（2）排水トンネル工（図 VIII.5.20，21）

排水トンネル工は，地すべりが大きく，多量の深層地下水が分布し，水抜きボーリングや集水井工では効率的な排水が期待で

きない場合で，すべり面に影響を及ぼす地下水を効果的に排水するために用いられることが多い．トンネル断面積は維持管理を考慮した大きさになっており約 25 m² ほど

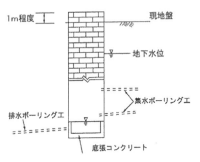

図 VIII.5.18 集水井工の例（文献 6）

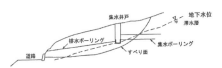

図 VIII.5.19 集水井工による地すべり対策の例（文献 6）

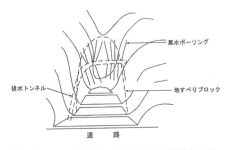

図 VIII.5.20 排水トンネル工（平面図）（文献 6）

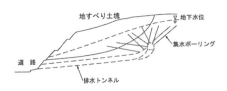

図 VIII.5.21 排水トンネルによる地すべり対策の例（文献 4）

である．排水トンネルは，すべり面の下にある安定した基盤内に設け，トンネル坑壁から透水層に向かって水抜きボーリングを行い集水する．排水トンネル工の実施による地下水位低下は，地下水位観測等を実施して決定されるが，一般的に 5-8 m 程度の低下が期待できる．

5.4 災害事例

5.4.1 盛土

図 VIII.5.22 は段丘斜面上に施工された片切片盛での崩壊事例である．崩壊は，供用後 6 年後に発生し，崩壊は長さ 70 m，幅 70 m，深さ 15 m の規模で崩壊土量は約 3 万 m³ に及び，のり尻に隣接する田畑や県道まで土砂が流出した．近傍のアメダス観測地点では，連続雨量 396 mm，時間最大雨量 41 mm を記録しており，気象庁がアメダスを設置した 1976 年以降，最大の連続雨量であった．なお，災害の発生は，雨が止んでから約 7 時間経過後であった．崩壊箇所の後背地は明瞭な集水地形で

図 VIII.5.22 盛土崩壊状況（文献 8）

はないものの一部に谷地形が存在する（図 VIII.5.23）.

図 VIII.5.24 は当箇所での崩壊機構を示したもので，崩壊素因として，地形，地質的に集水性のある段丘崖部の盛土であること，山側に水を集める谷部があり，盛土のり尻部は軟弱な沖積低地である．そうした素因に供用開始後最大規模の降雨に見舞われ，表面水，地下水が盛土内に浸透し，盛土が不安定化し，崩壊に至ったものである．

5.4.2 切土

図 VIII.5.25 は，砂地盤の切土のり面での崩壊事例である．当該地区の土質は単粒度に近い砂地盤であり，雨水は浸透しやすく豪雨に対して抵抗力が小さいという素因がある．そうした土質特性を踏まえ，建設当時の切土勾配は 1:1.8 とし，表面は植生により覆うことを基本にしていた．また，当該地区は雨水の流末を近くに求めることが地形的に難しく，浸透水の U 字溝を切土肩部の側道に使用し，切土小段でも一部砕石で地山を保護しながら雨水を浸透させる構造にしていた．

図 VIII.5.26 に示す通り，供用当初は高速道路切土のり面上部には豚舎施設が 1 つしかなかったのに対して災害発生時には，施設が 2 棟増設され，その下方にある切土のり面が崩壊した．

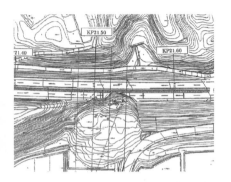

図 VIII.5.23 盛土崩壊箇所の地形図（崩落後）

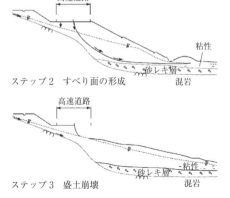

図 VIII.5.24 盛土の崩壊機構図（文献 8）

図 VIII.5.25 切土崩壊状況（文献 8）

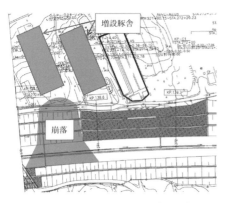

図 VIII.5.26 切土崩壊状況（文献8）

崩壊要因としては，排水溝が浸透式等の常時の少雨に対しては耐えられる道路構造であったものの，そこに集中的に経験を超える降雨があったこと，加えて建設時は豚舎周辺は林野で設計時の流出係数は小さく，比較的均一に地盤に浸透していたものが，供用後の開発行為により土地利用が変更され，舗装された豚舎が増設されたことで流出係数が大きく変わり水処理の限界をはるかに超える流入水が当該の被害を引き起こした．建設時は舗装された豚舎1棟が近接していたことから，その直近切土のり面はプレキャストコンクリートのり枠工で保護してあった．そのため，当初から存在した施設箇所の切土は，今回の豪雨被害は防ぐことができている．

特に，雨水の浸透しやすいこのような地盤の場合は地下水位の上昇を早め，通常なら表層の土砂崩落で済むかもしれなかった崩落を奥の方からの深い崩壊といった大規模なものにしてしまったと推察される．

〔佐藤亜樹男〕

文献

1) 東日本高速道路株式会社ら（2014）：高速道路資産の長期保全及び更新のあり方に関する技術検討委員会報告書（平成26年1月22日）．p.49.
2) 東日本高速道路株式会社ら（2020）：調査要領（令和2年7月）．pp.1-56, 1-70, 71.
3) 奥園誠之（1983）：切取斜面の設計から維持管理まで．鹿島出版会，p.6.
4) 日本道路公団（1986）：技術手帳 のり面設計，施工50のポイント（NEXCOにあぶ試料）．p.7.
5) 日本道路公団（1983）：技術手帳のり面点検，50のポイント（NEXCOにあぶ試料）．p.11.
6) 東日本高速道路株式会社ら（2020）：設計要領第一集（令和2年7月）．pp.3-27, 28.
7) 安部哲生ら（2013）：盛土内侵入水排除工－砕石竪排水工－．地盤工学会誌，9月号，pp.30-31.
8) 高速道路調査会（2015）：道路斜面防災に関する調査研究報告書．pp.201-206, 252-256.

第6章

その他の建設工事，地下構造物

6.1 基礎工事

基礎工事は目で確認することができない地盤中に杭を打ったり，軟弱地盤を改良したり，地中連続壁を築造したりする工事である．そのため，工事にあたっては地盤調査により地盤情報を得て施工計画を立て，トラブルを回避しながら施工を進める必要がある．その中でも地盤調査によって得られる地下水の情報は，施工中のトラブル回避にはとても重要である．掘削孔の崩壊やボイリングの発生に関係する地下水位や被圧地下水の有無を調査する必要がある．また，伏流水や逸水する層がある場合は，流速や逸水の度合い等を調査し対策を検討する必要がある．

6.1.1 杭

杭工法には代表的なものとして既製杭工法と場所打ち杭工法がある（図 VIII.6.1）．
既製杭工法のうち埋込み杭工法では，杭下端の根固め部をセメントミルクにより固結させて所定の支持力を確保するが，伏流水により所定の強度が確保されない場合がある．伏流水の流速が 0.8 m/min 以上でセメントミルクが流出した事例[2]もあるの

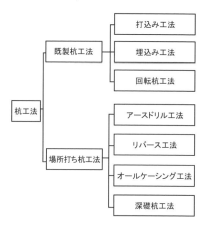

図 VIII.6.1 杭工法分類（文献1）を一部編集）

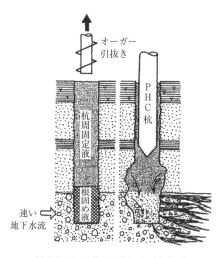

図 VIII.6.2 根固め液流出（文献2）

で注意が必要である（図VIII.6.2）．埋込み杭工法のうち中掘り工法では，杭内部をオーガ等で掘削しながら杭体を所定深度まで圧入または打撃により貫入させるが，施工途中で杭体を継ぐとき等杭体の下端を被圧水層に設置したままにするとボイリングが発生し，沈設不能となることもあるので中間層での被圧地下水にも注意が必要である．

場所打ち杭工法においては掘削孔内の水位と地下水位の差に対して十分な配慮が必要となる．アースドリル工法では孔内水として安定液を用いて地下水位より+1m以上，リバース工法では自然泥水を用いて地下水位より+2m以上に孔内水位を保つことで孔壁の安定性を確保する．オールケーシング工法では，掘削孔の全長にわたってケーシングで保護されているため孔壁の安定性は確保されている．しかし，孔内水位が地下水位よりも低いと，掘削面が砂層の場合には上向きの浸透水圧によりボイリングが発生したり[3]，難透水層下部の被圧地下水圧により盤ぶくれ的な現象が発生する（図VIII.6.3）．このような場合，周辺地盤の地下水位を下げることも考えられるが，孔内水位を周辺地下水位よりも高く維持したり，難透水層までケーシングを先行させたりしながら施工することが一般的である．

また，杭の施工範囲を囲むように遮水性の山留め壁を先に施工する場合は，杭施工時に掘削水が地盤に浸透することによって山留め壁内部の地下水位が上昇し，孔内水位との差を確保できなくなり孔壁が崩壊する可能性がある．そのような場合，山留め壁で囲まれた範囲内に水位観測孔を設置し，水位上昇による孔壁の崩壊が懸念される場合には，地下水位を低下させる必要がある．複数の帯水層がある場合は帯水層ごとの管理が必要で，特に被圧帯水層においては急激に水頭が上昇する可能性があるので注意が必要である．

6.1.2 地盤改良

地盤改良においても杭と同様に被圧地下水や地下水流速に対し十分に留意する必要がある．

地盤改良工法のうち機械撹拌工法と高圧噴射撹拌工法では，ロッド先端部から地盤中にセメントミルク等の硬化材を混合・撹拌する．被圧地下水層がある場合，ロッドに沿って上向きの流れが生じて硬化材が希釈されたり逸失したりして硬化不足（不良）となることがある．地下水流がある場合も希釈や逸失によって硬化不足となることもあるので注意が必要である．

薬液注入工法においても地下水流の影響

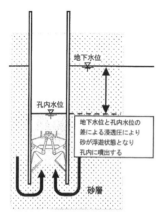

図VIII.6.3　ボイリング（文献3）

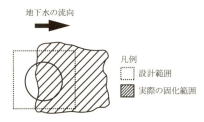

図 VIII.6.4 水流の影響を受けた注入例
（文献4）

を無視できない場合がある．井戸や河川が近くにある場合や傾斜地のように地下水の流れが速い場合で礫質土のように透水係数の大きい地盤では，図 VIII.6.4 のように薬液が流されて実際の固化範囲が設計改良範囲から地下水の下流側にずれるといった事例[4]もある．このように薬液が逸走するだけではなく，希釈されて不均質になったり強度不足になったりする場合もある．土砂地盤において流速が 1 cm/sec 以上となる場合は注入効果に問題が生じると考えられ，注意が必要である．

6.1.3 地中連続壁

地中連続壁は場所打ち杭と同様に溝壁の崩壊を防止することが重要である．場所打ち杭の掘削孔は円形で比較的小さくアーチ効果も期待できるので，ある程度崩壊しにくいが，地中連続壁は溝状で大断面となるため場所打ち杭以上に対策する必要がある．溝壁の安定性を確保するために安定液を用い，溝壁に泥水膜を形成し溝内の安定液圧を壁面に作用させ土圧や水圧に抵抗させる．そのため，安定液の確実な品質管理とともに，安定液位を地下水位よりも＋2 m 以上高く保ちながら施工をする必要がある．特に，狭い立坑や地中連続壁基礎のように平面的に閉合された壁の場合，最終の閉合箇所を施工するときには閉合内部の地盤に浸透した安定液や雨水の逃げ場がなくなり地下水位の上昇を招く（図 VIII.6.5）．このとき，安定液と地下水の水頭差が小さくなり，その結果，溝壁の崩壊に抵抗する力が小さくなり溝壁が崩壊し

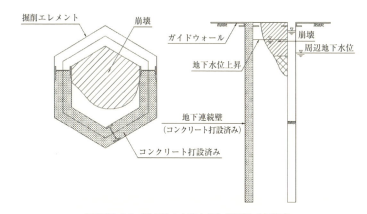

図 VIII.6.5 閉合時の水位上昇と崩壊例（文献5）

やすくなるため留意が必要である[5]．杭の場合と同様に複数の帯水層がある場合には帯水層ごとの管理が必要である．

〔長澤正明〕

6.2 シールド工法

6.2.1 シールド工法の概要

シールド工法とは，泥土あるいは泥水で切羽の土圧と水圧に対抗して切羽の安定を図りながら，シールドを掘進させ，覆工を組み立てて地山を保持し，トンネルを構築する工法（図VIII.6.6）である[6]．シールドとは，シールド工法によりトンネルを構築する際に使用する機械で，カッターヘッド，フード部，ガーダー部，テール部からなっており，シールド機とも呼ばれる．シールドは切羽安定機構により密閉型および開放型に大別される．開放型シールドは，隔壁を設けずに人力または掘削機械を使用して地山を掘削するものであるが，現在ではほとんど施工例がなくなった[6]．

シールドの歴史は，1825年，フランス人技師M.I. Brunelによるテムズ川横断トンネルに始まる．地山に対する盾となる鉄製の函の中で掘削と覆工構築が行われた．日本では，1920年に奥羽本線折渡トンネルにおいて膨圧対策の目的で用いられ，1936年の山陽本線関門トンネルで本格的に採用された．戦後，都市部の軟弱地山におけるトンネル工法として普及し，密閉型シールド工法（泥水式，土圧式）の開発等によって掘削時の切羽の安定性が向上し，地山の緩みを抑え，地表面変位を小さくできるようになった[8]．

6.2.2 シールド工法の適用と種類・特徴

シールドトンネルの断面形状は安定的な形状である円形が基本である．近年の都市鉄道を例に挙げると，駅部は複雑な形状を有するため開削工法とし，駅間のトンネルをシールド工法で構築することが一般的である．シールドトンネルは地下鉄，道路，上下水道，通信用の洞道および電力洞道等，官民が管理する各種用途のトンネルに幅広く採用されている．

シールド工法は，一般には非常に軟弱な沖積層から洪積層や新第三紀の軟岩までの地盤に適用される．地質の変化への対応は比較的容易であり，硬岩に適用された事例もある．主に都市内の下水道，道路，地下鉄等の工事に多く採用され，近年は，大土被り大断面（最大直径17 m程度）の施工事例も多く見られる．

通常，シールドトンネルの最小土被りはトンネル外径以上となるように計画することが多く，これよりも小さな土被りで計画する場合には，設計・施工について十分な検討を行い，適切な対策を実施する必要がある．とくに緩い飽和砂地盤で，土被りが

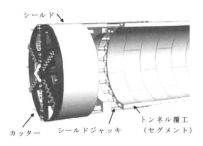

図VIII.6.6 シールド工法の概要（文献7）

小さい条件では，液状化により地盤の剛性の低下，浮上がり等の発生が考えられるため，シールドトンネルを液状化が生じる可能性のある地盤中には計画しないことが望ましい．

シールドトンネルは構造的に安定している円形であること，また，多くの継手を有し地盤の変位に追従しやすい構造であることから，土被りが大きく良好な地盤中のトンネルでは，耐震設計で構造が決まることが少ない．しかし，上述の通り液状化が生じる可能性のある地盤では，地震時に周辺地盤全体が液状化した場合，トンネルの浮上がり等が懸念されることからその影響を無視することができない．

6.2.3 掘進機構と地下水

シールドは，密閉型および開放型に大別され，前者は土圧式シールドと泥水式シールドに分けられる（図 VIII.6.7）．シールド形式の選定にあたって最も留意すべき点は，土質条件を踏まえて切羽の安定が十分に図れる形式を選定することである．また，安全性や経済性，搬出する泥土や泥水の処理条件，用地，立坑の周辺環境・施工法等についても十分検討しなければならない．シールド形式の選定を誤ると掘進不能等のトラブルや工程の遅延が発生することがある．

土圧式シールド（図 VIII.6.8）は，掘削土砂を泥土化し，それに所定の圧力を与え切羽の安定を図るもので，掘削土砂を泥土化させるのに必要な添加材の注入装置の有無により，土圧シールドと泥土圧シールドに分けられる．これら土圧式シールドは，

図 VIII.6.7 シールド形式の分類（文献6）

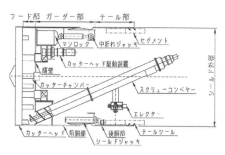

図 VIII.6.8 土圧式シールドの構成例（文献6）

土圧を保持した状態で掘進速度と排土量を制御できる機構を有しているため，切羽の安定を図り，周辺地盤への影響を小さくすることが可能である．原則的に切羽安定のための補助工法は必要としない．

また，近年は泥土圧シールドを採用することが多い．切羽の土砂そのものでは流動化しない土質の場合，水や泥水，添加材を加えて掘削土砂の塑性流動化を図り，泥土圧を発生させ切羽を保持するとともに，円滑な排土が可能になる．

泥水式シールド（図 VIII.6.9）は，チャンバー内に泥水を送り，切羽に作用する土水圧よりやや高めの泥水圧をかけて切羽の安定を図るもので，泥水の浸透による安定効果があり，水圧の高いところでの使用に適している．排泥は配管による流体輸送であり，切羽から地上まで配管で完全に密閉されているため，安全性が高く，坑内環境もよい．また，流体輸送設備は掘進状況に

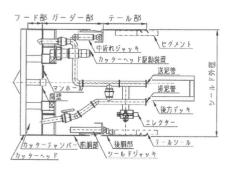

図 VIII.6.9　泥水式シールドの構成例（文献6）

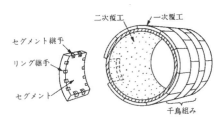

図 VIII.6.10　シールドトンネルの覆工構造
（文献9）

応じて切羽水圧を制御できる機能を有しているため，切羽の安定を図り，周辺地盤への影響を小さくすることが可能である．

6.2.4　セグメント設計と地下水圧の関係

シールドトンネル周辺地山の土圧と水圧を受け，トンネル内空を確保するための構造体を覆工という．図 VIII.6.10 にシールドトンネルの覆工構造を示す．シールドトンネルの覆工には，一次覆工と二次覆工とがある．

一般に，一次覆工はセグメントと呼ばれる円弧形状のプレキャスト製品を，円周方向およびトンネル軸方向に組み立てた構造体である．近年はセグメントに代えてコンクリートを直接打設し，覆工とする場合もある．セグメントの材料は鉄筋コンクリート製が多いが，地山条件や施工条件によっては鋼製や合成構造も用いられる．セグメントはシールドが推進する際の反力部材の役割も有する．セグメントと地山との隙間には，地山の緩みを防ぐため，水ガラス等による裏込め材が充填される．

二次覆工は現場打ちコンクリート等を巻き立てる場合が一般的であるが，工事費の縮減や工期の短縮等を図るため二次覆工の厚さを薄くすることのできる内挿管形式やシートやパネル形式等の二次覆工も増えてきている．二次覆工は防食，内面平滑性の確保等，一次覆工とは異なる役割をもたせて設計し，構造部材としては評価しないのが一般的である．なお，二次覆工は省略される場合がある．

シールドトンネルは地下水を引き込まない非排水構造であるため，一次覆工には水密性が求められる．一次覆工の設計において，鉛直土圧および水平土圧，水圧，覆工の自重，上載荷重の影響，地盤反力，ジャッキ推力や裏込め注入圧等の施工時荷重および環境の影響は，常に考慮しなければならない基本的な作用であるが，地震時荷重は施工条件および立地条件に応じて配慮すべき作用と位置付けられている．

継手はセグメント同士を連結するものであり，円周方向の継手はセグメント継手，軸方向の継手はリング継手と呼ばれる．どちらの継手もセグメント本体と比べて剛性が低く，地震時に地山が変形した際，継手が変形することで多少は追従することができる．断面が円形で隅角部がないことも相まって，シールドトンネルは地震に強い構

第6章　その他の建設工事，地下構造物

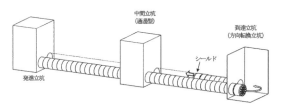

図VIII.6.11　立坑の種類（文献6）

造と考えられる．また，継手面には地下水の浸入を防ぐためのシール材等による止水工が施される．地震時には継手の変形による目開きの発生が想定されるため，耐震検討を行う際には，想定される目開き量に対して止水性が確保できることの確認が必要となる．

セグメント継手の配置は，継手面をトンネル軸方向に連続させない千鳥組が基本である．千鳥組では，セグメント継手の強度や剛性の小ささを両隣のセグメントによって補う添接効果が期待される．

6.2.5　シールド発進・到達時の対応

立坑とは，シールドトンネルを施工するためのシールドの投入と組立て，方向転換，解体と搬出，掘進中の土砂の搬出，資器材の搬入と搬出等を行うシールド工事用立坑のことをいう．立坑にはその機能，目的によって発進立坑，中間立坑，方向転換立坑，および到達立坑がある（図VIII.6.11）．

シールドトンネルと立坑は，坑口において異なる構造が地中で接合することから，接合部における止水性の確保と，地震時には相互に影響を及ぼすことから必要に応じて耐震性の検討が求められる．

シールドの発進・到達部では，出水や水没に対する安全性の確保，周辺への影響低減や工程遅延を防止するためにも，適切な施工法を選定しなければならない．特に近年は，シールドトンネルの大土被り化に伴い，高水圧下での出水リスクが高まっているため留意が必要である．シールド発進部や到達部で地山を開放するには，薬液注入工法，高圧噴射撹拌工法，凍結工法等の補助工法が一般的に必要となる．一方，地山を開放しないで土留壁等をシールドで直接切削する場合も，切削時の地山の緩み防止等の目的で土留壁背面等の限定的な範囲に補助工法を用いることが多い．

6.2.6　シールド切拡げ，地中接合・分岐

シールドトンネルからの切拡げとは，既設シールドトンネルの覆工を開口する切開きを行ったあとに，外側に新たな構築物を追加して内部空間を拡幅することをいう[8]．この工法は，1970年代から地下鉄の分野で2本のシールドトンネルの間を切り拡げて駅にする工事で数多く採用されてきた．近年では，高速道路でシールドトンネルを切り拡げて出入口部やジャンクション部を施工するようになり，複雑な3次元形状の切拡げ実績（図VIII.6.12）が積まれている[10]．

また，地表面から掘削して既設シールドトンネルを露出して切り拡げる開削切拡げ

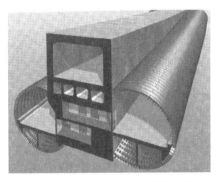

図 VIII.6.12　切拡げの事例（高速道路）（文献10）

工法が主流であるが，近年は地上部の制約等により地表面から掘削することなく，既設シールドトンネル内部から切り拡げる方法が開発され実用化されている．水密性の高いシールドトンネルの一部を切り開き，構造および形状が変化するため，施工時および完成形における地下水に対する対策は重要である．地中接合部および地中切拡げ部等の地山を開放する場合には，周辺を薬液注入工法や凍結工法等により地盤改良することが一般的である．

6.2.7　施工時トラブルと地下水

シールド工法は，多数の施工実績があり，地盤に応じて適切な形式で適切な施工を行えば安全に工事を遂行できる工法である．しかし，2012（平成24）年2月に岡山県倉敷市で施工中の海底トンネル工事（泥土圧シールド，トンネル外径4,820 mm）において，作業員5人が死亡するという重大な崩壊水没事故が発生した．土被りの小さい海底下での施工において，蛇行と出水が継続した後にセグメントの崩壊を引き起こしたものである．複合的な要因が指摘されているなかに，土被りの小さい海底下のトンネル工事において，テールシール（裏込め注入材や土砂を伴う地下水のシールド内への流入防止を目的としてテール部の後端内面に装備するブラシ状の装置であり，装備段数は地下水位や施工延長等を踏まえ決定[6]）が2段であったことが，止水性を低下させる一因であったと考えられている[11]．

また，2020（令和2）年には鉄道事業および道路事業において，シールドトンネルの施工中に地表面に影響を与える事故が発生した．そのうち鉄道事業の事例（泥水式シールド，トンネル外径9,500 mm）では，排泥管閉塞後の掘進・停止の繰り返しや閉塞物除去作業時に，シールド上部の砂質土層が，泥水に長時間さらされたことや閉塞に伴う圧力変動により不安定化し，天端部より砂質土層が流動的に切羽内に流入し，シールド直上の道路が陥没したと想定されている．当該地盤は N 値50以上の安定した層であるが，砂質土層の拘束圧が解放されて地下水の浸透力を受けると流動性が高くなる地盤であり，これに対して掘削土の状態に応じた泥水密度の管理が不十分であった事が一因とされている[12]．

〔内海和仁〕

6.3　ケーソン工法

6.3.1　概要

ケーソン工法は，ケーソン本体を構成する箱枠の内部底面の地盤を掘削することにより，主として自重によって地中に沈

設させ，所定の位置に地下構造物を形成する方法である．ここでケーソン（caisson）という単語は，箱（box）あるいは外枠（casing）の意味を持つフランス語のケース（caisson）の文字に由来するものである．ケーソン工法は，一般にニューマチックケーソン工法とオープンケーソンの2工法に大別できる[13]．ここでは，ケーソン下部に設置されている作業室内に圧縮空気を送り込むことで地下水をコントロールするニューマチックケーソン工法を中心に紹介する．

ニューマチックケーソン工法の歴史は，1841年頃フランスで開発され，当時の大型構造物・橋梁の基礎工事として採用されている．パリのエッフェル塔の基礎，ニューヨークのブルックリン橋の基礎等がその代表例である．日本では，1923年関東大震災復興事業で整備された永代橋で初めて適用された[14]．ケーソン下端にある作業室内の高気圧下で人力による掘削作業を行うため，減圧症等の高気圧障害が作業安全上の課題となり，欧米諸国では本工法が採用されなくなった．一方，我が国では安全管理規則の整備や機械化・無人化技術の開発等を通じて，高気圧障害発症率を低減させたことにより，現在でも本工法が活用されている．本工法のメリットとして，掘削時に地下水の移動が生じないため掘削底面地盤が安定していること，ケーソン躯体の重量や高い剛性により周辺地盤の変状が小さいこと，作業室が気中状態になるため掘削地盤の目視観察や調査および載荷試験が容易であることが挙げられる[15]．また，作業室内での掘削は天井走行型のケーソンショ

ベルを用いて行っており，掘削時に必要なショベルの反力をケーソン躯体から取れることから，軟弱地盤から硬質地盤まで掘削できる利点がある．本工法は，もともと高い剛性を持つ基礎を築造するために橋梁基礎工事として導入されたが，近年では，工法の利点を活用して，立坑，地下洞道，上下水貯留施設等，多くの地下構造物の築造に利用されている．またそれらの用途に応じ，大断面化・大深度化が進められている．一方で，マテリアルロックとマンロックを一体化して平面寸法を縮小した設備の開発により，都市部の狭隘な条件での施工も可能となっている．また，作業室内での高気圧作業の削減，掘削作業の効率化を図るために，ケーソンショベルの地上遠隔操作技術が導入されており，作業員の高気圧障害の防止に大きく寄与している．

6.3.2　ニューマチックケーソン工法

a.　工法概要

ニューマチックケーソン工法は，図VIII.6.13に示すように掘削部に作業室を設け，地下水位に対応して作用する掘削底面の間隙水圧に相当する圧縮空気を作業室内に送り，この空間をドライに近い状態で掘削するところに特徴がある．

b.　設備および機械

ニューマチックケーソン工法の仮設備及び機械配置図を図VIII.6.14に示す．ニューマチックケーソン工法の発展は，掘削設備の開発によるところが大きく，現在，掘削機械は天井走行式ケーソンショベルが標準的に採用されている．掘削時の反力を天井スラブからとるため，掘削能力が大きく，

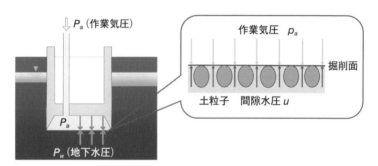

図 VIII.6.13 ニューマチックケーソン工法の原理

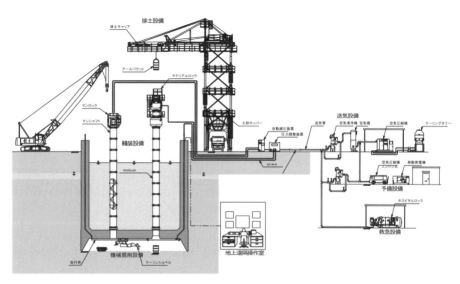

図 VIII.6.14 ニューマチックケーソン工法仮設備および機械配置図（文献18）

また天井走行式のため掘削地盤の影響を受けない．また，作業気圧が高くなると高気圧下での作業となるため，有人による作業室内の作業は時間制約を受ける．これらを解消するため，ショベルを地上から遠隔操作する無人化施工が主流となっている．排土設備は，アースバケットを用い，掘削土砂をクレーンやスケータ式のキャリアにより作業室から地上に搬出する．艤装設備は，高圧下である作業室内と大気圧へ掘削時の土砂や資材および人員の出入りのため，ロック・シャフトを用いる．一般的なケーソンの場合，土砂および資材搬出用のマテリアルロックと作業員の入退函用のマンロックが設置される．送気設備は，ニューマチックケーソンの生命線となる圧縮空気を作り出す設備でスクリューコンプレッサーを使用する．市街地では，騒音対策の

第6章　その他の建設工事，地下構造物　　　523

ためにコンプレッサーは防音ハウス内に設置する.

c. 調査

ケーソンの施工のために必要な調査項目には地盤調査，気象，水象，利水状況調査，現場の周辺環境調査等がある.

(1) 地盤調査

ケーソン施工では，ケーソンが沈下する途中に通過する地盤の中間層の状況も無視できない．中間層内でケーソン周面に作用する摩擦抵抗力，中間層内の地下水圧等はケーソン施工のメリットである確実な工程確保に影響する要素であるため綿密な調査と評価を行う必要がある．まれにではあるが，地層には有害ガスや酸素欠乏の可能性を含んだものもある．ニューマチックケーソン工法で有害ガスや酸素欠乏空気が作業室内に流入することは，作業員の生命にも関わる重大事であるので，それらによる危険性の有無を調べ，発生の危険性がある場合には危険排除のために有効な対策を講じる必要がある.

(2) 気象，水象および利水状況の調査

ケーソンの函内作業は，天候に左右される要素は少ないが，外気の気温および湿度は函内の作業環境に影響がある．作業室内は，通常地下水にさらされた環境にあり，高湿度になりやすい状況にある．高温，多湿の梅雨期や夏季には，送気温度および湿度が高くなるので，作用室内は一層高湿度になる．気温，湿度等の統計データを調査し，函内作業予定時期の対策を講じておくことが望ましい．水上または水際のケーソンでは，河川，海，湖沼等の水象の影響を受ける．水象調査は，水位，河川の流速，干満，波高，波長等多くの項目について調査する必要がある．利水状況には農業灌漑その他の目的の水利権，漁業権，舟航に関する事項等の項目が含まれるが，それらについても調査する必要がある.

(3) 周辺環境調査

ケーソン工事で騒音，振動規制が必要な場合は，防音・防振の措置を講じる必要がある．また，エアブローと呼ばれるケーソン作業室内からの圧縮空気の拡散に注意する必要がある．ケーソン工事で圧縮空気を使用する地点から半径1kmの範囲にわたって，井戸・管渠・マンホール・地下室等へ圧縮空気が流出するおそれがある箇所について調査することが義務付けられている.

d. 設計

ケーソン設計においてはまず第1に沈下関係を検討する必要がある．ケーソンの沈下は以下の条件式で示される.

$$W_c + W_w > U + F + Q$$

ここに，W_c：ケーソン本体の重量（kN），W_w：ケーソンに載荷する荷重（kN），ケーソン躯体内に入れる水や土砂等の荷重，U：作業気圧による揚圧力（kN），F：ケーソン周面壁と地盤との周面摩擦力（kN），Q：ケーソン刃口部に作用する地盤反力（kN）である.

この関係を沈設の各施工段階に応じて図化し，ケーソンの沈下の状況を把握する．右辺の全沈下抵抗力が左辺の全沈下力より大きい場合は，部材を厚くして沈下荷重を大きくする．一方，地下空間建設に利用するケーソンの場合，ケーソンの沈設完了後に永久構造物として地下水の浮力により

第Ⅷ編　建設工事と地下水

浮き上がるかどうかの検討も重要である．ケーソン各部材の設計の詳細については，文献 16, 17) を参照されたい．

e. 施工

(1) 掘削

ケーソン工法では，掘削土の土質に応じた掘削が必要である．シルト層および粘性土層等の地盤では，作業室中央部から刃口に向かって段階的に掘削する段掘削を行う．中央部から掘り込むことで刃口部分の支持力が減少し，沈下することが多い．さらに，刃口抵抗が不均一にならないように，できるだけ水平に掘り拡げる．一方，砂礫層では，まず刃口部を掘削し，ケーソンを沈下させておいてから，中央部の掘削を行う．砂礫層は透気性および透水性が高いため，作業室内の気圧を大きくすると作業室を囲んだ壁面下端（刃先）から圧縮空気が逃げ出すエアブローが発生し，逆に小さくし過ぎると湧水する．これらを防止するためには，刃口を地盤に食い込ませた状態で，多少低めの作業気圧で掘削するのが良い．とくに酸素欠乏地層では不可欠の方法である．

(2) 圧気圧

作業室内の気圧は，地下水の浸入を防ぐだけでなく，ボイリングやヒービングの発生も防止しているので，湧水がないからといって，作業室の気圧を低くし過ぎてはならない．一方，過度の加圧は刃口からの大量漏気を招き，周辺地盤を乱し，地盤沈下の原因となる．

前述したようにケーソンの沈下掘削は，天井走行式ケーソンショベルにより掘削効率が格段に向上し，遠隔操作による無人化施工により圧気作業の課題であった掘削作業時間の制約を克服している．また，沈設後に内空容器として使用する地下構造物では，建築限界確保の観点から沈設精度確保は非常に重要となる．計測による情報化施工の導入によりリアルタイムで姿勢制御が可能となり，高精度な沈設精度を確保している．近年市街地に建設される基礎や地下構造物は大深度化している．こうした状況下において，掘削機の遠隔操作による無人化は確立されているが，機械のメンテナンス等で高圧下での有人作業が必要なこともある．高気圧作業において発生することもある減圧症は，退函の際に，マンロック中で急速に減圧すると，血液等の体液の中に溶解していた高圧の空気が，肺呼吸等を通じて徐々に体外に排出される前に，窒素を主成分とする気泡となって体内に残留することによって生じる．この微細気泡が毛細血管を閉塞させたり，体内組織を圧迫することにより起きるのが減圧症である．このような体内残留気泡による弊害を取り除くために，深海潜水作業で採用された方法を応用して窒素を多く含む天然の空気を呼吸せず，窒素・酸素およびヘリウムを適当な割合で混合したガスであるヘリウム混合ガスを用いることにより，作業気圧 0.69 MPa（水深 70 m 相当）まで高気圧障害を発症することなく安全作業を可能とした技術が確立され，現場適用されている[18]．また，さらなる無人化への取り組みとして，掘削機械のメンテナンスを地上遠隔で行う自動メンテナンス技術，ロボットによる掘削設備の組立解体技術や無人平板載荷試験システム等が開発されている．

f. ケーソンの適用例

近年，ニューマチックケーソン工法は，橋梁基礎だけでなく「地下構造物の大型化・大深度化への対応」，「近接施工・狭隘地施工への対応」，「地下水流動保全への対応」，「コスト・工期の優位性」から市街地における地下構造物（ポンプ場，地下調整池，道路・鉄道トンネル，換気所，地下駐車場，建築地下室等）の築造工法として採用される機会が増加している[19]．

ここでは，地下水に着目し，地下水流動保全への対応について紹介する．図 VIII.6.15 に示すように地下道路トンネルを構築する場合，開削工法が採用されるこ

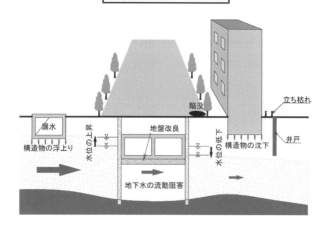

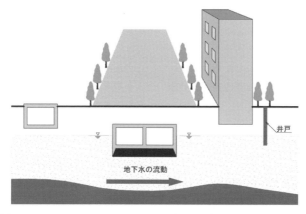

図 VIII.6.15　ニューマチックケーソン工法の地下水流動保全適用（文献 20）

とが多い．地下水位面が高く，難透水層の存在が浅い場合，土留め壁を難透水層まで根入れし，必要に応じて地下水を排水する必要がある．帯水層の地下水の流動は，土留め壁により遮断され，その結果，土留め壁の両側でダムアップ，ダムダウンによる地下水位変動が生じる可能性がある．連続するトンネルの一部区間でニューマチックケーソン工法を採用し，地下水の流動を確保するための対策がとられている[21]．

〔倉知禎直〕

図VIII.6.16　管理型最終処分場の概念図

6.4　廃棄物最終処分場

6.4.1　廃棄物最終処分場の概要

廃棄物最終処分場は，受け入れ廃棄物の種類により産業廃棄物最終処分場，一般廃棄物最終処分場に分かれ，さらに処分可能な廃棄物の種類とその構造基準，維持基準により安定型，遮断型，管理型の3つに分類される．

安定型最終処分場は，安定5品目と呼ばれる産業廃棄物のうちコンクリートおよびアスファルトがら，ガラスおよび陶磁器くず等雨水を受けても水質を汚染することがなく，ガスの発生もないことから遮水工等はなく，地下水への問題は少ない最終処分場である．

遮断型最終処分場は，産業廃棄物のうち有害な重金属等を受け入れるものであるが，そのために埋立地の構造も厚さ15 cm以上のコンクリート版が規定され，投入部も地表水の浸入を防げるような覆いがある等水密性の高い構造となっている．設置数

図VIII.6.17　管理型最終処分場の事例
（福井・北陸環境サービス）

も少ない．

管理型最終処分場は，「安定型」および「遮断型」以外の産業廃棄物と一般廃棄物を受け入れる最終処分場で設置数も多い（図VIII.6.16，VIII.6.17）．受け入れ廃棄物が雨水に触れると浸出水と呼ばれる有機物等を含んだ汚水となり，地下水に混入しないよう遮水工により分離され，速やかに浸出水集排水管により浸出水処理施設に送水され，要求される放流水質まで処理される．この浸出水が地下水汚染を引き起こさないような遮水工等の構造，維持管理手法（廃棄物の埋立〜跡地利用，地震時も含む）が必要となる．

なお，最終処分場は，立地条件から陸上

埋立と水面埋立とに分類されるが本節では，陸上埋立についての地下水対応として記述する．

6.4.2 造成計画での地下水対策

陸上での最終処分場の計画地は，丘陵地や平地等での計画が多く，造成（切土，盛土）時の地山の安定等で地下水対策が必要となる．また，沢地形にも多く計画され沢水が集まりやすい地形となっているためその排水計画が重要となる．

切土部では，とくに湧水処理が重要となる．調査・設計時点で検出できない箇所に湧水がある場合等は，施工段階において適切な対策を判断し湧水を問題ないように下流側に自然排水できるようにすべきである．

岩基盤においても湧水処理は必要であり，亀裂から湧水が確認された場合は，排水材を適宜設置する．図VIII.6.18は埋立地の上部の造成部から湧水があったため，排水材を設置し自然流下させた事例である．この排水材は，その後上面がモルタル吹付処理により見えなくなるので確実な処理が重要である．

盛土においては，その盛土の安定のためにその基礎部に集排水管を枝管，本管といった組み合わせで配置する．砕石や製品化された排水材等を水平方向に敷き均し，面的に排水することも検討する．多段の盛土を行う場合には，その小段に雨水排水側溝を設置し，盛土法面の安定や下側法面への影響を小さくするようにする．

沢地形では，流れの方向にある幅をもった地形となるため，流れの方向にあわせて

図VIII.6.18 岩基盤における湧水処理
（湧水を排水材で集水し下流へ排水）

図VIII.6.19 沢部での排水管設置事例

河床に排水幹線を設置する．有孔管で集排水する部分と逆に集水することで洗掘等の問題が起きうる部分には無孔管を通す等現地条件に適合した配置計画が重要である（図VIII.6.19）．

最終処分場では，面的に広い造成となるため調整池を設置して雨水を集め，下流域の洪水対策を行うことが多い．

6.4.3 廃棄物最終処分場と地下水

最終処分場では，廃棄物からの汚水の漏水による地下水汚染を防ぐため底面や法面に遮水工を設置することが廃棄物処理法で規定されている．この遮水工は表面遮水工と呼ばれ，遮水シートを1つ目の遮水工と

して2つ目の遮水工（遮水シート，土質系遮水層，アスファルトコンクリート）との組み合わせで二重の遮水構造（ダブルライナー）とする（図VIII.6.20）．底面の遮水工は，基本的には地下水面より上側に計画される．これは地下水による揚圧力で遮水シートが持ち上げられることによる遮水シート損傷のリスクを避けるためである．また，図VIII.6.21の廃棄物埋立地の排水構造に示すようにこの遮水工の上下で汚水と地下水を確実に分断することが重要である．底面部地下水排水施設の構造例を図VIII.6.22に示す．

廃棄物埋立地周辺には地下水観測井戸が設置される（図VIII.6.23）．地下水流向等を考慮して設置されるが，地下水汚染の影響がない埋立地の上流側に1本，地下水汚染が生じた場合に確認できる位置や深さを考慮して下流側に1本以上を計画する．この上流側と下流側の水質を定期的に確認することで埋立地の遮水工の健全性を判断する．

図VIII.6.20　地下水集排水管設置事例

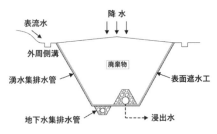

図VIII.6.21　廃棄物埋立地の排水構造

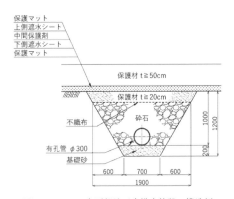

図VIII.6.22　底面部地下水排水施設の構造例（文献22）

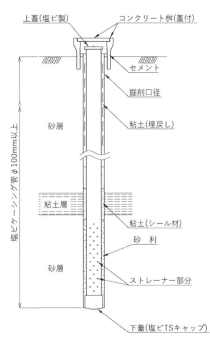

図VIII.6.23　地下水観測井戸事例（文献22）

第6章　その他の建設工事，地下構造物　　529

表 VIII.6.1　地下水の水質検査項目の一例

検査項目		基準	検査方法	検査頻度 最終処分場 (維持管理中，終了届出中)
地下水等検査項目	(1) カドミウム	0.003 mg/L　以下	一般廃棄物の最終処分場及び産業廃棄物の最終処分場に係る技術上の基準を定める省令第3条の規定に基づき環境大臣が定める方法（平成10年6月環境庁・厚生省告示第1号）	ア　埋立開始前 イ　1年に1回以上※ ウ　電気伝導率又は塩化物イオンに異状が認められた場合（管理型処分場のみ）
	(2) 全シアン	検出されないこと		
	(3) 鉛	0.01 mg/L　以下		
	(4) 六価クロム	0.05 mg/L　以下		
	(5) 砒素	0.01 mg/L　以下		
	(6) 総水銀	0.0005 mg/L　以下		
	(7) アルキル水銀	検出されないこと		
	(8) ポリ塩化ビフェニル	検出されないこと		
	(9) トリクロロエチレン	0.01 mg/L　以下		
	(10) テトラクロロエチレン	0.01 mg/L　以下		
	(11) ジクロロメタン	0.02 mg/L　以下		
	(12) 四塩化炭素	0.002 mg/L　以下		
	(13) 1,2-ジクロロエタン	0.004 mg/L　以下		
	(14) 1,1-ジクロロエチレン	0.1 mg/L　以下		
	(15) 1,2-ジクロロエチレン	0.04 mg/L　以下		
	(16) 1,1,1-トリクロロエタン	1 mg/L　以下		
	(17) 1,1,2-トリクロロエタン	0.006 mg/L　以下		
	(18) 1,3-ジクロロプロペン	0.002 mg/L　以下		
	(19) チウラム	0.006 mg/L　以下		
	(20) シマジン	0.003 mg/L　以下		
	(21) チオベンカルブ	0.02 mg/L　以下		
	(22) ベンゼン	0.01 mg/L　以下		
	(23) セレン	0.01 mg/L　以下		
	(24) 1,4-ジオキサン	0.05 mg/L　以下		
	(25) クロロエチレン（別名塩化ビニル又は塩化ビニルモノマー）	0.002 mg/L　以下		
その他	電気伝導率及び塩化物イオン（管理型処分場のみ）			ア　埋立開始前 イ　1ヶ月に1回以上
	ダイオキシン類（管理型処分場のみ）	1 pg-TEQ/L　以下	ダイオキシン類対策特別措置法に基づく廃棄物の最終処分場の維持管理を定める省令第2条の規定に基づき環境大臣が定める方法（平成12年1月環境庁，厚生省告示1号）	ア　埋立開始前 イ　1年に1回以上 ウ　電気伝導率又は塩化物イオンに異状が認められた場合

※　埋め立てる廃棄物の種類及び保有水等（管理型埋立処分場），浸透水（安定型立処分場）の水質に照らして，地下水等の汚れがないことが明らかな項目については，この限りではない．

下流側に地下水汚染が確認された場合には，遮水工から汚水の漏水が生じた可能性を検討して対策を行う．遮水工の漏水部を検知するシステムが採用されていれば，その漏水検知システムにより，漏水箇所が計測で確認されれば対策が実施できる．

6.4.4 維持管理における地下水管理と対策

最終処分場は施設が完成した後，廃棄物の埋立作業が行われる．多くは15年間の埋立とその後の廃棄物の安定化（廃棄物が浄化されていく過程）に10年程度あるいはそれ以上の時間が必要となる．この期間，埋立の安全な維持管理として，廃棄物，浸出水，地下水，浸出水を処理した放流水，埋立地から発生する埋立ガス，悪臭等についてのモニタリングが行われる．

特に環境保全上重要な放流水および最終処分場の地下水については，廃棄物処理法により定期的な水質検査が義務付けられている（表 VIII.6.1）．地下水モニタリングには，常時監視すべき項目と定期的に監視する項目がある．常時監視項目は機器による連続測定が可能なもので，通常は，地下水位，水温，pHおよび電気伝導度等である．定期監視項目は，最終処分場周辺の地下水利用状況等を調査したうえで決定すべきであるが，少なくとも放流水に対して行う有害物質や生活環境項目については，経年での比較のために検査する必要がある．また，当初との比較のために埋立開始前に同様の水質検査を実施しておく必要がある．

〔大野文良・古田秀雄〕

6.5 河 川

6.5.1 河川周辺の地下水環境と透水性の把握

河川は地表面に降下した雨や雪等の天水が集まって海や湖にそそぐ流れである．その成り立ちから，氾濫した河川から流れ出た粗粒分が堆積した自然堤防と呼ばれる微高地と細粒分が堆積した後背湿地が形成される．また，氾濫水の蛇行や人工的な河川の付け替え等，旧河道を跨ぐ地形もある．いずれにおいても，河川周辺での地下水位は高い傾向にある．

河川周辺で地下水が問題となるのは，高水時や地震時の堤体の安定性の照査，橋脚やその他の河川工作物（樋門，樋管等）の設計や改修時等である．河川水位は多くの地点で計測されるようになったが，堤体を含めた地盤内の水位計測は依然少ない．地下水位計測にはボーリングが必要となることから，容易な地下水位計測技術が期待される点でもある．

また，河川堤防は遮水構造物としての役割を持ちながら，土堤原則といった土からなる構造物のために透水性の評価が重要である．これまでの透水試験は，揚水試験をはじめとする飽和状態にある地盤のマクロな透水係数を計測する手法であった．しかし，堤防のような平常時には地下水面より上の不飽和状態にある地盤が飽和したときの透水係数を評価する方法が必要となる．これまで長年，粒度分布や土質分類，室内試験によって透水性を評価してきたが，地盤工学会では「締め固めた地盤の透水

試験法」(JGS1316)[23)]に加えて「地下水面より上の地盤を対象とした透水試験方法」(JGS1319)[24)]を基準化している.

6.5.2 堤防の地下水対策工法[25)]

河川周辺の建設工事における一般的な地下水対策工は，通常の地下水位の高い地盤におけるものと同じであることから，ここでは浸透対策としての河川堤防（堤体）の強化工法と基礎地盤の強化工法を採り上げることとする．堤体を対象とした強化対策は，堤体内に浸透しにくく，また浸透した水は排水しやすいことを目的に，基礎地盤を対象とした強化対策は堤体基礎地盤に存在する透水層への浸透量を減らし，動水勾配を低減せるために流路長を長くすることを目的に考案されている．代表的な従来工法について示す．

a. 堤体を対象とした堤防強化対策
(1) 断面拡大工法

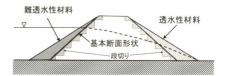

図VIII.6.24　断面拡大工法

図VIII.6.24のように浸透路長の延長を図り，平均動水勾配を減じる方法である．堤体内に浸透しにくく，浸透した水は排水しやすいことを原則に表のり側と裏のり側の材料を選定する必要がある．施工には既設堤防とのなじみをよくするため段切りを行う．また，川表側および川裏側の用地を必要とすることや軟弱地盤においては堤体の沈下に留意しなければならない．

(2) ドレーン工法

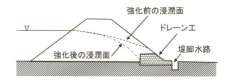

図VIII.6.25　ドレーン工法

堤体内の浸潤面の上昇を抑えるために，裏のり尻部を透水性の高い材料で置き換える工法である（図VIII.6.25）．堤体の透水性が10^{-5}-10^{-6} m/secのオーダーの場合に，特に有効である．また，堤脚水路のた

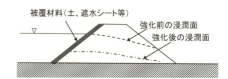

図VIII.6.26　表のり面被覆工法

めの用地が必要となる．

(3) 表のり面被覆工法

図VIII.6.26のように表のり面を難透水性の土質材料や遮水シート等の人工材料で被覆し，堤体内への浸透を防ぐ．透水性の高い礫質土や砂質土の堤防に効果が高い．土による被覆には既設堤体とのなじみをよくするために段切りを行い，シートの場合には残留水圧による浮き上がりと劣化の防止のために覆土やコンクリートブロック等を使用する．

b. 基礎地盤を対象とした堤防強化対策
(1) 川表遮水工法

川表側のり尻に止水矢板等の遮水壁を設置することにより，基礎地盤への浸透水量を低減する（図VIII.6.27）．浸透水量を半減させるためには，止水壁を透水層厚の

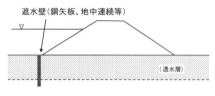

図 VIII.6.27　川表遮水工法

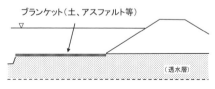

図 VIII.6.28　ブランケット工法

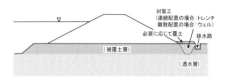

図 VIII.6.29　堤内基盤排水工法

80-90％まで貫入させる必要がある．地下水流を遮断するため周辺への影響を検討することも大切である．

(2) ブランケット工法

図 VIII.6.28 のように高水敷を難透水性材料で被覆することにより浸透路長を延伸させ，裏のり尻近傍の浸透圧を低減させる．土質材料を用いる場合には洗堀防止のために張芝等で被覆する必要がある．

(3) 堤内基盤排水工法[26]

堤内地側の法尻付近において基礎地盤の透水層の水圧上昇で被覆土層に揚圧力が作用し，地盤が膨れ上がる盤ぶくれ（ヒービング）や噴砂を伴ったパイピングの防止対策として用いられる図 VIII.6.29 に示す最も新しい工法である．連続配置であるトレンチタイプや離散配置のウェルタイプがある．透水層の土砂の混入を防止するフィルターおよびドレーンと排水路からなる．

6.5.3　堤内基盤排水工法の事例

愛媛県の重信川で施工された堤内基盤排水工法の効果モニタリング事例を示す．図 VIII.6.30，図 VIII.6.31 に示す無対策断面

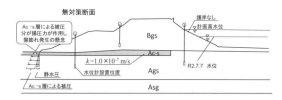

図 VIII.6.30　無対策断面[27]

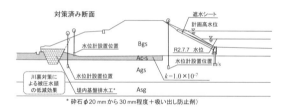

図 VIII.6.31　対策済み断面[27]

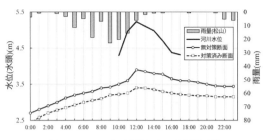

図 VIII.6.32 施工事例による水位低下[27]

と対策済み断面は地層モデル図を重ねるとよく似た地質分布であることがわかっており，両断面における対策工の効果検証が行われた．なお，対策済み断面の川表側は遮水シートが張られ，無対策断面では護岸もないためその影響が懸念されたが，表のり側，裏のり側にそれぞれ水位計を設置して堤体内水位を計測しており，表のり側および裏のり側 Bgs の水位は両断面とも近い値となっていたため，遮水シートの有無による顕著な影響はないことを確認している．

図 VIII.6.32 は両断面の裏のり尻部の覆土下の Ags 層の水位（水頭）を示している．対策済みの断面での Ags 層水頭値は無対策断面の水頭値に比べて 0.5 m ほど低い値となっており，堤内基盤排水工の効果が確認されている．

〔杉井俊夫〕

6.6 大規模地下施設

地下深部の岩盤は地下水の動きが緩慢である．地表に比べると地震の揺れが小さい，台風や津波といった自然現象の影響が小さい，といった特徴を有している．このような地下深部特有の環境を利用した大規模地下施設の開発が進められている．エネルギー分野では地下水位以下の岩盤中に掘削した空洞に石油や LPG（液化石油ガス）を貯蔵し，空洞周辺の地下水圧によって石油やガスの漏気・漏油を防止する国家地下備蓄基地が稼働している．高レベル放射性廃棄物の地層処分では，深度 300 m より深い場所に処分坑道が建設されることとなっており，地下研究施設での地下深部の岩盤を対象とした調査・評価技術の開発が進められている．

6.6.1 石油・LPG 地下備蓄

石油・LPG の地下備蓄では，地下水面下の岩盤内に空洞を掘削し，ライニングを行うことなく自然または人工の地下水圧を利用して漏油・漏気を防止する水封システムが採用されている（図 VIII.6.33）．

地下水位以下の岩盤では，岩盤中の割れ目等の間隙は地下水で満たされている．このような岩盤中に空洞を掘削し放置すれば，岩盤から空洞に向かう地下水の流れが生じ，空洞は地下水で満たされることになる．この空洞の底部に水床を設け，そこに石油を貯蔵すると石油は水床上に浮き，さらに空洞周辺から流入する地下水によっ

て，漏油することなく安全に貯蔵できる．また，LPGでは地下水圧によりガスが液化した状態を保ちつつ，地下水圧によって漏洩することなく貯蔵することができる．

石油・ガスの地下貯蔵施設では，地下空洞を安全に掘削することに加え，石油・ガスの漏洩が生じないよう貯蔵空洞周辺の地下水位を安定的に保つことが必要となる．そのためには広範囲にわたるグラウチングが重要となる．このため，久慈国家石油備蓄基地では，粘土グラウトが実施された（図VIII.6.34）．粘土グラウトは，空洞の掘削によって生じる空洞に向かう地下水の流れの上流側からスラリー状の微細な粘土粒子を流し込むことで，実際の地下水の経路となる岩盤中の割れ目や空隙を広範囲に目詰まりさせ，空洞への湧水量の低減，地下水位の低下防止を図るものである[28]．

6.6.2 高レベル放射性廃棄物の地層処分

高レベル放射性廃棄物の地層処分における地下水シナリオでは，地下深くに埋設された放射性廃棄物から漏洩した放射性核種が地下水を介して我々の生活環境へと運ばれる可能性が想定されており，放射性核種の溶解等を支配する化学的な反応や地下水の動きとそれに伴う核種の移行が，評価における重要なプロセスとされている（図VIII.6.35）．

日本原子力研究開発機構では，高レベル放射性廃棄物の地層処分における技術基盤の整備を目的の1つとして，地下研究施設を活用した深地層の科学的研究が実施されている．花崗岩を研究対象とする瑞浪超深地層研究所では，施設建設前から建設中，建設後を通じて，地下深部の岩盤の環境を調査・評価する技術の開発や坑道掘削に必要な工学技術の開発等が行われた．

高レベル廃棄物の地層処分では，人工バリアの設置環境の確保や排水処理コスト低減の観点から，ウォータータイト構造のような湧水を極力抑制する技術が要求される．瑞浪超深地層研究所では，深度500mの高水圧条件下（約4MPa）で，プレグ

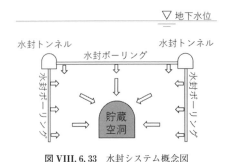

図VIII.6.33 水封システム概念図

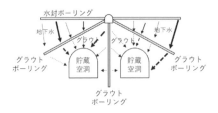

図VIII.6.34 粘土グラウトの概念図

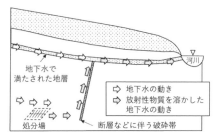

図VIII.6.35 地下水シナリオ概念図

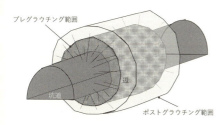

図 VIII.6.36 坑道周辺のグラウチング概念図

ラウチングとポストグラウチングの併用によりウォータータイト構造に匹敵するレベルで湧水を極少化する技術の実証試験が行われた．図 VIII.6.36 に坑道周辺のグラウチング概念図を示す．

超微粒子セメントを基本としたプレグラウチングにより完成した研究アクセス坑道内への湧水流量は，グラウチング未実施の場合の予測値の4%にまで低減されたことが確認された．さらに，このプレグラウチング領域の一部においてより微細な割れ目への浸透が期待できる溶液型材料を用いたポストグラウチングを実施することで，プレグラウチング領域の区間湧水流量（50 m^3/日）をさらに70%低減（ポストグラウチング併用後の湧水流量 15 m^3/日）することに成功し，結果としてプレグラウチングとポストグラウチングの併用により未実施の場合の予測値（1380 m^3/日）と比較し99%の湧水抑制効果を発揮することが確認された[29]． 〔竹内竜史〕

6.7 地下ダム

6.7.1 地下ダムについて

人工的に設けた止水性の壁によって地下水をせき止めて利用する考え方は古くからあり，地上に設けた堰堤によって河道をせき止め，堆積した砂や礫の間隙に含まれる地下水を利用する堆砂ダム（sand storage dam）と，地下に設けた壁（止水壁）によって地下水の流れをせき止め，地下水利用量を増加させる地下ダム（subsurface dam）に大別される[30]．このうち堆砂ダムは世界的には数が多いものの，我が国では数が少なく近年の施工例も見られないことから，本項の記載は地下ダムを対象とする．

我が国の地下ダムは1980年代までは貯水容量が10万m^3に満たないものがほとんどであった．その後技術の発達により深度50m以上の止水壁の施工が可能となり，貯水量100-1000万m^3クラスの灌漑用地下ダムが鹿児島県，沖縄県の島嶼地域で建設されるようになった．これらの島嶼地域では大陸棚由来の難透水性堆積物の上位にサンゴ等を起源とする高透水性の第三紀石灰岩が帯水層として分布しており，世界的にも希有な，地下ダム建設に適した地質条件となっている．

ここで建設される地下ダムは目的によって，地下水の上昇によって利用量を増大させる貯留型と，沿岸からの塩水の浸入を防

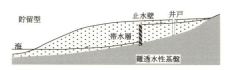

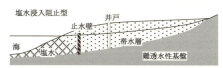

図 VIII.6.37 地下ダム模式図（文献31）を改変）

止して水質を改善する塩水浸入阻止型に大別される（図VIII.6.37)[31]．いずれについても，大規模な止水壁を築造することにより，それまでの地下水流動環境を大きく変えることから，流域への影響を十分に考慮して建設を進める必要がある．

6.7.2 サイトの選定および設計

地下ダムのサイト選定および設計における留意事項は文献32)に詳述されている．

サイト選定にあたって考慮される自然条件としては，地上ダムと同様に帯水層の一部を締め切ることによって高い地下水貯留効果が得られること，社会条件としては現況の地下水利用が少なく，地下水位上昇の影響を受けにくく，地元の合意が得られていることなどが挙げられる．

設計にあたっては，渇水時にも必要な地下水量が得られ，かつ豪雨時に洪水が発生しないように止水壁や取水施設の諸元が決定される．これらは解析モデルによって確認されることが一般的で，解析に必要な基盤上面の3次元形状，帯水層の透水性や有効間隙率の分布，地下水位や水質の現況等を調査する．

6.7.3 施工

止水壁は深度60m以上，延長2km以上に及ぶ場合があり[31]，広範囲を確実に止水する必要がある．このため地下連続壁工法をベースにした施工システムが構築されている（図VIII.6.38)．

施工にあたってはオーガーに設置したセンサーにより各孔の位置を3次元的に把握して連続性を確認し，不連続の部分は再施

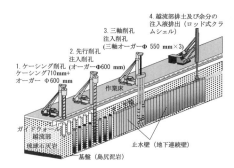

図VIII.6.38　地下ダム施工模式図（文献31)を改変)

工する．止水壁の強度は地震時の挙動を地盤に追従させるため地盤と同程度とするが，空洞が存在し強度が不足する場合は補強するか空洞を充填する等の対策がとられる[33]．

地下ダムからの取水は井戸または集水井が用いられるが，貯留域内の帯水層は不均質な場合もあり，ボーリング調査や小規模な揚水試験等を参考に取水地点を選定する．最終的には有限要素法による取水解析等により，計画用水量が確保できることを確認する．

洪水については取水解析と同様に，有限要素法等により地下ダム完成後の地下水位分布を予測し，必要に応じて排水施設を設置する．また連続した空洞が水みちとして存在し洪水が懸念される場合，速やかに下流に排水させるよう措置する[34]．

6.7.4 管理とモニタリング

地下ダム完成後の管理は，施設管理と貯留水管理（流域管理）に分けられる[35]．

施設管理の対象には取水ポンプ，パイプライン等も含まれるが，地下ダム特有のも

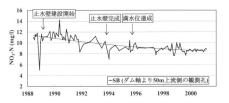

図 VIII.6.39　砂川地下ダムの水質監視例（文献31）を改変）

図 VIII.6.40　福里地下ダム水位水質監視施設

のとしては止水壁の機能確認がある．これは止水壁上下流に，止水壁に沿って一定間隔で設けられた地下水観測孔で地下水位を測定するもので，水位分布によって漏水の有無を判断する．

貯留水管理としては取水に伴う貯水位変化の把握や水質の監視等が実施される．図VIII.6.39 は水質監視の一例で，沖縄県宮古島砂川地下ダム貯留水の硝酸態窒素濃度は，止水壁建設期間中も完成後も大きな変化を示さなかった．大規模な地下ダムには図VIII.6.40のような水質監視施設や，多くの地下水観測孔も流域内に設置されている場合が多く，継続的な水位・水質の監視が可能となっている．　〔石田　聡〕

文献

1) 日本道路協会（2015）：杭基礎施工便覧．p.2.
2) 地盤工学会（1992）：杭基礎のトラブルとその対策．トラブルと対策シリーズ②，p.86.
3) 日本基礎建設協会（2019）：場所打ちコンクリート杭の施工．p.259.
4) 地盤工学会関東支部（2012）：薬液注入工法を用いた地盤改良技術の今後の展開に関する調査検討会活動報告書．p.48.
5) 地中連続壁協会（2015）：地中連続壁工法Q&A集．p.77.
6) 土木学会（2016）：2016年制定 トンネル標準示方書〔共通編〕・同解説／〔シールド工法編〕・同解説，p.365.
7) 地盤工学会（2012）：シールド工法．地盤工学・実務シリーズ29，p1.
8) 土木学会（2023）：トンネルの地震被害と耐震設計―山岳・シールド・開削トンネル―．トンネル・ライブラリー第33号，p.5.
9) 川島一彦（1994）：地下構造物の耐震設計．鹿島出版会，p90.
10) 土木学会（2015）：シールドトンネルにおける切拡げ技術．トンネル・ライブラリー第28号，p1.
11) 厚生労働省労働基準局安全衛生部（2016）：シールドトンネルの施工に係る安全対策検討会報告書．https://www.mhlw.go.jp/stf/shingi2/0000128231.html
12) シールドトンネル施工技術検討会（2021）：シールドトンネル工事の安全・安心に関するガイドライン．https://www.mlit.go.jp/tec/tec_fr_000096.html
13) 七澤利明（2022）：ケーソン工法の設計施工技術の変遷と今後の技術開発の方向性．基礎工，Vol.50，No.11，2-5.
14) 遊津一八ら（2021）：一世紀を迎えるニューマチックケーソン工法．土木施工，Vol.62，No.8，75-78.
15) 小宅知行ら（2020）：ニューマチックケーソン基礎の変遷と維持管理に関する一考察．地盤工学会誌，Vol.68，No.10，21-24.
16) 日本道路協会（2017）：道路橋示方書・同解説 IV 下部構造編．pp.351-369.
17) 日本圧気技術協会（2022）：大型・大深度地下構造物ケーソン設計・施工マニュアル．pp.28-48.
18) 鈴木正道（2013）：ニューマチックケーソン工法における最近の施工技術と地下施設構造物

への適用．基礎工，Vol. 41, No. 3, 30-34.

19) 長尾和明（2022）：東京都におけるニューマチックケーソン工法を活用した下水道施設．基礎工，Vol. 50, No. 11, 6-9.

20) 亀尾啓男ら（2005）：地下水流動保全工法としてのニューマチックケーソン工法．土木学会土木建設技術シンポジウム論文集，pp. 21-26.

21) 桑原　清ら（2013）：鉄道高架橋近接でのニューマチックケーソンによる高速道路トンネルの建設．基礎工，Vol. 41, No. 3, 50-54.

22) 全国都市清掃会議（2010）：廃棄物最終処分場整備の計画・設計・管理要領 2010 改訂版．226p, 442p.

23) 地盤工学会（2013）：地盤調査法と解説．地盤工学会，pp. 552-558.

24) 地盤工学会（2017）：地盤工学会基準・同解説．地下水面より上の地盤を対象とした透水試験方法（JGS1219-2017）.

25) 国土技術研究センター（2012）：河川堤防の構造検討の手引き（改訂版）．pp. 71-72.

26) 土木研究所地質・地盤研究グループ土質・振動チーム（2021）：円柱縦型ドレーンを使用した堤内基盤排水対策に関する研究．土木研究所資料．108p.

27) 国土交通省四国地方整備局松山河川国道事務所（2021）：堤防評価・対策フォローアップ WG【重信川】資料．pp. 14-15.

28) 宮永佳晴ら（1994）：粘土グラウトによる地下水の制御ーその理論と石油地下備蓄・久慈基地の施工実績ー．応用地質，35 巻，4 号，23-35.

29) 見掛信一郎ら（2018）：高圧湧水下におけるプレグラウチングとポストグラウチングを併用した湧水抑制効果の評価．土木学会論文集 C（地圏工学），Vol. 74, No. 1, 76-9.

30) Hanson, G. and Nilsson, A. (1986)：Groundwater dams for rural-water supplies in developing countries. Groundwater, 24(4), 497-506.

31) Ishida, S. et al. (2011)：Sustainable use of groundwater with underground dams. JARQ, 45(1), 51-61.

32) 農林水産省構造改善局計画部資源課（1993）：地下ダム計画・設計技術指針（第 3 次案）．6p.

33) 松浦　宏・福嶋　博（2015）：沖永良部地下ダム止水壁の施工における空洞対策．農業農村工学会誌，83(7), 56-57.

34) 名和規夫ら（2006）：沖縄本島南部地区における地下ダムの役割と効果．農業土木学会誌，74(12), 33-36.

35) 緑資源機構（2004）：地下水有効開発技術マニュアル．273p.

第7章

構造物建設後の地下水との関わり

7.1 建設工事と地下水との関わり

　地下水に関わる建設技術者は，主に施工時における作業性・安全性および周辺環境への影響に主眼をおいた検討を行ってきた．この視点については第1章で「地下水から受ける影響」と「地下水に与える影響」として解説されている．しかし，建設工事と地下水の関わりを考えるとき，施工中の視点のみならず施工後，構造物が残存することに視点をおいた検討も必要となる事例が増加している．つまり施工後に「地下構造物が地下水から受ける影響」例えば地下構造物内への漏水や地下構造物が受ける浮力，「地下構造物が地下水に与える影響」

表 VIII.7.1 建設工事と地下水の関わり：4つの視点

	地下水から 受ける影響	地下水に 与える影響
施工中	●工事の安全性・作業性低下 ・現場内への湧水，出水 ・ボイリング，盤ぶくれ	●周辺地下水・地盤環境への影響 ・地盤沈下 ・井戸枯れ
施工後	●地下構造物への影響 ・浮上り ・構造物内漏水	●地下水流動阻害 ・上流側水位上昇 ・下流側水位低下

主には地下水流動阻害による地下水位の変動等も考慮して調査・計画・設計・施工そして維持管理を行う必要がある．ここではこれを建設工事と地下水の関わり：4つの視点として表 VIII.7.1 にまとめた．本章では建設後における建設工事と地下水の関わりについて解説する．

7.2 構造物建設後に地下水から受ける影響

7.2.1 背景

　我が国の都市部においては 1950-60 年の戦後復興期に地下水が工業用水やビル用水として多量に使用された．その結果として地下水位が大きく低下し，地盤沈下等の大きな社会問題を誘起した．これを受け，工業用水法やビル用水法をはじめとする地下水揚水規制に関わる法や条例が施行され 1970 年以降，地下水位は上昇傾向にある（図 VIII.7.1）．

　一方，この間地下水位が低下している時期に多くの地下構造物が建設された．施工中に「地下水から受ける影響」という観点からは工事のやりやすい時期であった．例えば，東京駅周辺で建設された総武快速線のシールドトンネルや東京地下駅はこの時

期に建設され，1972年に開業したが，建設当時は地下水位が低下した時期に相当し，大掛かりな地下水対策を必要とすることなく施工できた．

その後，前述のように地下水位の上昇により地下構造物は大きな地下水圧を受けることとなり「施工後に地下水から受ける影響」が顕在化してきた．設計時には考慮していない地下水圧が構造物に作用し，地下構造物内への漏水や地下構造物の浮上りが問題となっている．

地下水位以深に存在する地下構造物は程度の差はあるがこのような地下水の影響を受けている．

7.2.2 漏水

施工後に「地下構造物が地下水から受ける影響」の1つが地下構造物内への漏水である．地下構造物内への漏水は，構造物や構造物内設備の劣化・腐食を招く．また地下水とともに土砂も流入すると地盤変状が誘発される．身近な例では老朽化した下水道管内への土砂流入による地表陥没等である．さらに，構造物内へ流入した地下水は外部へ排出しなければならず，このための費用が必要となる．具体的にはポンプ運転のための電気料金・メンテナンス費用，下水道へ排出する場合の下水道使用料金等である．

地下構造物内への漏水対策として漏水を止めるべく止水対策を行うことが考えられるが現実的には難しい．構造物内部からの対策では完全な止水は困難であり，漏水箇所の止水ができたとしても他の箇所から漏水が発生するいわゆる「いたちごっこ」になりがちである．また，漏水を止めた場合，

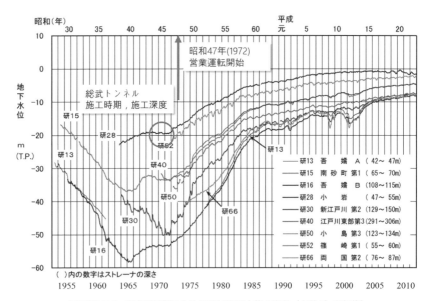

図 VIII.7.1　東京都区部における深層地下水位の変化（文献1）に加筆）

第7章　構造物建設後の地下水との関わり　　541

構造物には周辺の地下水頭相当の水圧が作用する．地下水位が低い時期に設計された地下構造物はこのような地下水圧が作用することを想定していない場合が多く，構造設計的に地下水圧を負担することができない．

このような背景から構造物内への漏水を許容しつつ影響を抑制する対策がとられる．この対策のポイントは，漏水は止めず土砂の流入と設備の腐食を防止することにある．代表的な事例はJR東日本総武快速線総武トンネル[2]である．1965-72年の建設当時はトンネルより下方に地下水位が位置していたため，二次覆工コンクリートを省略して1972年に供用を開始した．供用開始後地下水位が上昇し，1970年代後半からトンネル内への漏水，レール腐食，鉄筋腐食等が発生し始めた．この対策として防水シート，二次覆工を設置して漏水を許容しながら土砂流入・施設の腐食を防止する対策がとられた．

総武トンネルにおいては構造物内への漏水が日量4,000-5,000 m³に達し，これを下水道に放流するために膨大な費用を要していた．この解決策としてトンネル内に延長12.3 kmの送水管を設置し，トンネル内漏水を品川区の立会川に放流することとした．立会川は水質の悪化が問題となっており，東京都とJR東日本の協議の結果，この対応が可能となった．立会川の水質が改善され，ボラの大量発生がマスコミ等で取り上げられた．

7.2.3　浮上り

1991年10月11日，武蔵野台地に掘割

構造で構築されていた武蔵野線新小平駅のU型擁壁が地下水の揚圧力により延長120 mにわたり最大1.3 m隆起した．擁壁背面の土砂，地下水が流入し，2か月にわたる復旧工事期間武蔵野線（西国分寺〜新秋津）は不通となった．台風等による記録的な大雨により地下水位が上昇し構造物が浮き上がった事象である[2]．

この災害を契機としてJR東日本では都市部に建設された地下構造物の浮上りに対する確認を行った．この結果，東北新幹線上野地下駅，総武快速線東京地下駅等で地下水位の上昇による浮上りの可能性が懸念され対策をとることとなった．

浮上りの対策としては，①構造物自体の重量を増す方法，②覆土等により重量を付加する方法，③永久アンカーにより構造物を地盤に繋ぎ止める方法，④周辺地下水位を低下させる方法等が考えられる．

上野地下駅周辺の地下水位は建設開始当初GL−38 mであったが，周辺の被圧地下水位上昇に伴い開業時にはGL−18 mまで上昇した．地下水位がGL−13 mまで上昇すると揚圧力により下床版が損傷を受け，GL−11.5 mまで上昇すると浮上りの可能性があることが判明した．この対策として鉄塊（インゴッド）等をカウンターウェイトとしてホーム下の空間に設置する第1次対策を実施した．この対策後も地下水位の上昇がみられたため，永久グラウンドアンカーによる第2次対策を実施した．また，さらなる地下水位上昇に対する緊急対策として揚水井戸を設置し，地下水位低下が可能な体制としている．

総武快速線東京地下駅においても地下水

位の上昇がみられ，設計時（1965年）はGL-35mであった地下水位が1998年にGL-15mまで上昇した．構造物安定に対する平衡水位はGL-14.3mという検討結果となり浮上り対策をただちに実施した．対策としては永久グラウンドアンカーを採用しGL-12.8mまでの水位上昇に対応した．地下水位の変動を監視し，水位上昇に対応した2次対策工を予定している．

7.3 構造物建設後に地下水に与える影響

7.3.1 背景

地下高速道路，地下鉄道等延長の長い地下構造物が地下水の流れのある場所に建設されると，施工時に設置される土留め壁や構造物本体により地下水の流れが遮断され地下水位が変動し，地下水位の変動が様々な地下水・地盤環境への影響を誘起する可能性がある．この影響は地下構造物の建設時のみならず，構造物完成後も半永久的に継続するもので，「構造物建設後に地下水に与える影響」として設計・施工時に留意すべき事象である．

7.3.2 事象

地下構造物建設による地下水位の変動とこれに伴う種々の環境影響発生のイメージを図VIII.7.2に示す．地下水の流れがある場所に地下水の流れを遮断する形で地下構造物が建設されると，地下構造物が地下ダムのような機能を果たし，上流側で地下水位が上昇，下流側で地下水位が低下する．この現象を地下水流動阻害と呼ぶ．

上流側での地下水位上昇による懸念事象として，液状化危険度の増大，地盤湿潤化による環境悪化，前節で述べた漏水量の増加や浮上り危険度の増大等といった地盤・構造物への影響が想定される．自然環境への影響として樹木の根腐れの事例等が報告されている．

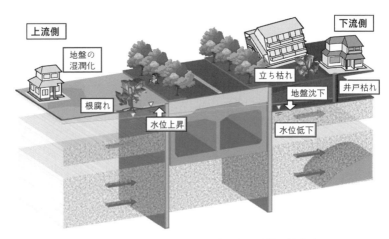

図VIII.7.2 構造物建設後に地下水に与える影響（文献3）

下流側での地下水位低下による影響としては，井戸枯れ，水田における減水深の増大，沿岸部における塩水化等水資源としての地下水への影響が想定される．地盤環境への影響としては圧密による地盤沈下等が顕在化する．自然環境・動植物への影響として樹木の枯死，湧水の枯渇等が顕在化することが多い．

地下構造物建設時にどの程度の地下水位変動が発生するかを予測することは環境影響の有無を判断するうえで不可欠である．精度の高い検討は有限要素法等による浸透流解析を実施して評価すべきであるが，概略検討の段階では下記の簡易式により水位変動量が計算できる（図VIII.7.3）．

$$s_c = I \frac{L}{2} \sin\theta$$

ここに，s_c：構造物建設時の地下水位変動量（上流側水位上昇量＝下流側水位低下量），I：自然状態での地下水動水勾配，L：地下水流を遮断する地下構造物の長さ，θ：地下水流動方向と構造物縦断方向のなす角である．上式から明らかなように地下水動水勾配が大きいほど，構造物延長が長いほど，また流動方向と構造物の方向が直交に近いほど大きな水位変動が発生する．

7.3.3 対策

地下構造物の建設により環境影響を誘発する地下水位変動の発生が想定された場合，以下のような対応が考えられる．

①路線変更や構造物の地上化等の大幅な計画の見直しを行う
②地下構造物に地下水流動を維持できる仕組みを装備する
③地下水位の発生を許容し発生する環境影響を補償する

ここでは②の対策について概説する．この対策を地下水流動保全対策と呼ぶ．地下水流動保全対策の概要を図VIII.7.4に示す．構造物の上流側に地下水を集める集水設備，下流側に地下水を地盤に戻す還元設備を設置する．集水設備と還元設備の間の構造物部にはパイプ等の通水設備を設置し，両者を連結することにより地下水の流れを確保する．

地下水流動保全対策の機能を確実に発揮するためには，集水設備・還元設備の水頭損失を小さくする必要がある．このために集水設備・還元設備が地盤と接する面積を

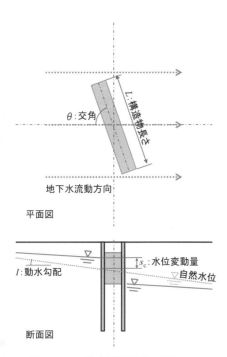

図 VIII.7.3 地下水位変動量の計算モデル

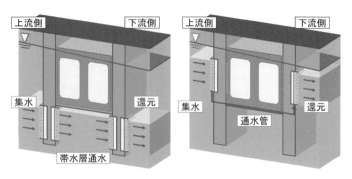

図 VIII.7.4　地下水流動保全対策の概要

表 VIII.7.2　地下水流動保全対策の適用事例

No.	工事名	集水・還元方式	通水方式	発表年	参考文献
1	環8井荻・開削トンネル工事	水平パイプ	通水管	1995	5)
2	阪和自動車道堺地区	井戸	通水管	1995	6)
3	JR仙石線地下化工事	土留め壁撤去	躯体上部通水層＋通水管	1995	7)
4	京都市地下鉄烏丸線	集水・還元機能付き土留め壁	通水管	1996	8)
5	神戸市営地下鉄山手線三宮駅	土留め壁削孔	通水管	1999	9)
6	外環自動車道練馬地区	土留め壁撤去	埋戻し通水層	1999	10)
7	福岡市高速鉄道3号線	土留め壁削孔	通水管	2001	11)
8	名古屋高速道路1号線	土留め壁撤去	通水暗渠	2001	12)
9	首都高速大宮線	土留め壁撤去	躯体上部通水層	2002	13)
10	小田急世田谷代田地下化工事	土留め壁撤去	通水管	2011	3)
11	外環自動車道千葉県区間（As層）	井戸	通水管	2021	4)
12	外環自動車道千葉県区間（Ds層）	土留め壁撤去	原地盤	2021	4)

可能な限り大きくとること，地盤との接触面を確実に洗浄すること等が望まれる．通水部は元来の帯水層に代わり上流側から下流側へ地下水を通過させる部分である．十分な通水性能を有し，水頭損失が小さいことが望ましい．また，本設構造物であることを念頭に長期的な目詰まりによる性能低下に対応できるようメンテナンス方法についても配慮が必要である．

7.3.4　事例

近年，大都市部においては環状道路をはじめとする種々の長大地下トンネルの建設が進められている．これらの多くは地下水の流れを遮断する方向に建設されることが多いため地下水流動阻害の影響が発生しやすい．首都圏においては外環自動車道千葉県区間[4]，首都圏中央連絡道埼玉区間等において地下水流動保全対策が計画・施工された．地下水流動保全対策の適用事例を表 VIII.7.2に一覧として示す．〔高坂信章〕

文献

1) 大石雅登ら（2022）：令和3年の地盤沈下．令和4年度東京都土木支援・人材育成センター年報，43-61．
2) 清水　満（2014）：トンネルにおける地下水対

策（6）地下構造物が地下水から受ける影響. トンネルと地下, Vol. 45, No. 1, 61-70.

3) 高坂信章ら（2011）：地下水流動保全対策技術. 土木建設技術発表会 2011 概要集, 土木学会, 60-67.

4) 星野裕二（2021）：掘割道路における地下水保全対策と対策効果. 基礎工, Vol. 49, No. 6, 38-41.

5) 杉本隆男（1995）：環 8・井荻トンネル工事での地下水対策工. 平成 7 年度東京都土木技術研究所年報, 211-218.

6) 永井 宏ら（1995）：道路建設の切土区間における地下水環境保全のための復水工法の検討. 土木学会論文集, No. 516, VI-27, 15-25.

7) 生田雄康ら（1995）：仙石線地下化工事における地下水保全対策. 土と基礎, Vol. 43, No. 4, 41-42.

8) 出口博一ら（1996）：京都市地下鉄烏丸線における通水工法を用いた地下水位変動低減対策. 地下水地盤環境に関するシンポジウム '96 表

論文集, 123-134.

9) 杉村孝雄ら（1999）：神戸市営地下鉄山手線の三宮駅増設に伴う地下水流動保全対策. 地下水地盤環境に関するシンポジウム '99 発表論文集, 135-154.

10) 上田敏雄（1999）：地下構造物の地下水復水対策工とその効果（外環練馬の例）. 構造物と地下水に関する事例講習会, 地盤工学会, 41-52.

11) 緒方隆哉ら（2001）：福岡市地下鉄 3 号線開削区間における地下水保全対策工. 地下水地盤環境に関するシンポジウム 2001 発表論文集, 133-138.

12) 大東憲二・鈴木教義（2001）：名古屋市における掘割・半地下構造高速道路の地下水障害対策. 土と基礎, Vol. 49, No. 10, 25-27.

13) 山本泰幹・音 勇一（2002）：高速大宮線開削トンネル工事における地下水流動保全対策. 土木学会第 57 回年次学術講演会, III-747, 1493-1494.

第IX編

地下水汚染対策

第1章　地下水汚染の概要

第2章　地下水汚染に関わる法律・基準

第3章　地下水汚染調査・評価技術

第4章　地下水汚染対策技術

化学物質等による地下水汚染は，人の健康や生活環境に悪影響を及ぼ
し，世界各地で社会問題となってきた．地下水汚染は代表的な地下水障
害の１つに挙げられており，健全な水循環の維持および再生を図るう
えでも防止していくことが必要な重要課題である．

　本編では，第１章で地下水汚染の原因，特徴および影響について，第
２章で地下水汚染に関わる法律で定められている地下水汚染の未然防
止，状況把握，影響評価，対策に関わる規定や基準についてそれぞれ概
要を示し，地下水汚染が発覚した場合の具体的な対応として，第３章
では地下水汚染調査の方法・技術および結果の評価方法について，第４
章では地下水汚染対策の考え方と方法・技術および効果の確認方法につ
いて取りまとめている．

第1章

地下水汚染の概要

化学物質等による地下水汚染は，様々な原因によりこれまで世界各地で起きており，人の健康や生活環境に悪影響を及ぼし社会問題となってきた．地下水汚染は，地盤沈下や塩水化とともに代表的な地下水障害の1つに挙げられており，健全な水循環の維持および再生を図るうえでも防止していくことが必要な重要課題の1つである．

本章では，地下水汚染の主な原因と汚染物質の種類ごとの地下水汚染の特徴，および地下水汚染による影響について概説する．

1.1 地下水汚染の原因

地下水汚染の多くは，人間活動により引き起こされている．また，鉱物由来や海水由来で地層中に含まれている物質が原因となり起きているものもある．

1.1.1 事業活動由来の汚染

人為的な要因による地下水汚染の代表的なものとして，化学物質を取り扱う工場や事業場において，施設の不適切な構造や破損，化学物質の不適切な取り扱いにより地上や地下で化学物質や化学物質を含む液体が漏洩して地下に浸透し直接帯水層まで到達したことに起因するものや，地下に浸透した液体状の化学物質の原液または溶液が土壌に吸着して土壌汚染を引き起こし，その汚染土壌から降雨による浸透水等に溶出して帯水層まで到達したことに起因するものがある．

事業活動由来の地下水汚染が世界的に大きく取り上げられるようになったきっかけは，1981年にアメリカのサンノゼ市サンタクララバレー（通称シリコンバレー）における半導体工場の廃液タンクからの有機塩素系溶剤の漏出を原因とする地下水汚染が判明したことであり，我が国でもこれを受けて行われた全国15都市における地下水汚染調査で有機塩素化合物による地下水汚染の顕在化が進んでいることが確認された．我が国で2020年度までに汚染原因が特定または推定された地下水汚染事例4,887件のうち，1,538件（31％）が工場・事業場を原因とするものとなっている[1]．

また，工場や事業場等の操業に伴うものではなく，土木工事で盛土や埋土に用いた岩石や土壌に起因して発生する地下水汚染も事業活動由来の汚染であるといえる．このような地下水汚染では，もともとは自然由来で重金属等を含んでいた岩石や土壌が地下水汚染の原因となることもある．

1.1.2 生活由来の汚染

人の生活に由来する地下水汚染の代表的なものとして，生活排水や人のし尿の地下浸透や排水系統の破損等による漏洩に起因する地下水汚染が挙げられる．

生活排水を原因とする地下水汚染として硝酸性窒素や亜硝酸性窒素による地下水汚染が代表的であり，他にも合成洗剤（界面活性剤）による地下水汚染がある．

人のし尿を原因とする地下水汚染として，硝酸性窒素や亜硝酸性窒素による地下水汚染，病原性微生物類（微生物（細菌），原虫，ウイルス）による地下水汚染がある．病原性微生物類は，上水道が普及するまで我が国の地下水汚染の主な原因であり，1970年頃までは赤痢，腸チフス，コレラ，A型肝炎等の水系疾患の事例が報告されていた[2,3]．それ以降も，下水や汚水に混ざって井戸水に混入した病原性大腸菌，ノロウイルス，クリプトスポリジウム等による健康被害が後を絶っていないのが現状である[4,5]．

1.1.3 農畜産業由来の汚染

農用地における農業生産では肥料や農薬が使用される．これらが適正な量を超えて過剰に供給された場合には，消費されずに残った分が帯水層まで浸透し，地下水汚染を引き起こす．

肥料や農薬は，個々の水田や畑で使用される量はわずかであるが，使用される面積が大きいために使用総量としては多く，汚染源が面的な広がりを持つため，広域的な地下水汚染を招いていることが多い．肥料由来の地下水汚染として最も多いのは硝酸性窒素や亜硝酸性窒素によるものであり，日本各地で硝酸性窒素および亜硝酸性窒素による地下水汚染が確認されている．農薬由来では，有機リン系殺虫剤であるパラチオンや土壌燻蒸剤であるクロロピクリン等による地下水汚染が1950年代から1980年代にかけて我が国で報告されている[3]．

畜産業では，家畜排せつ物の不適正処理による硝酸性窒素や亜硝酸性窒素，病原性微生物類による地下水汚染が考えられる．

また，家畜伝染病に罹患した家畜の埋却を不適切に行った場合には，家畜伝染病の原因である微生物類による地下水汚染の発生が考えられる．

1.1.4 廃棄物由来の汚染

廃棄物に由来する地下水汚染は，有害な化学物質を含む廃棄物の不法投棄や，不適切な保管，運搬，処理または処分により発生する[6]．廃棄物由来の地下水汚染では，廃棄物から浸出した化学物質や化学物質含む水が周囲の土壌や岩盤へ浸透し，土壌や地下水を汚染する．

廃棄物由来の地下水・土壌汚染の特徴として，廃棄物に含まれている様々な化学物質による複合汚染となっている場合が多いこと，廃棄物の最終処分場は山間部や複雑な地形の上に建設されていることや廃棄物の不法投棄等は人口の少ない山間部等で多く見られるために汚染サイトの地形が複雑である場合が多いこと，汚染原因等に関わる情報が少ないこと，汚染原因者の特定も難しい場合が多いことが挙げられている[2]．

廃棄物の不法投棄による地下水汚染事例には，香川県豊島，青森岩手県境，三重県桑名市五反田等の事例がある．また，健康被害が生じた茨城県神栖市の有機砒素化合物（ジフェニルアルシン酸）による地下水汚染も不法投棄された高濃度のジフェニルアルシン酸を含むコンクリート様の塊が原因である可能性が高いとされている．

廃棄物の不適切な処分による地下水汚染の事例として，世界的に有名な米国のナイアガラフォールズ市ラブカナル地区の化学系産業廃棄物処分場跡地周辺における地下水汚染があり，国内でも滋賀県栗東市の安定型産業廃棄物最終処分場周辺での地下水汚染等がある．

1.1.5 自然由来の汚染

岩石や土壌にはもともと重金属等が微量元素（固体1 kg あたり100 mg 以下の状態で微量に存在する元素）として含まれている．これらは岩石母材から供給されたものや，海水，化石燃料の燃焼物，火山噴出物等から供給されたものである．

自然由来の地下水汚染は，不飽和帯の岩石や土壌にもともと含まれていた重金属等が降雨による浸透水に溶出して帯水層まで浸透したり，帯水層中で地下水に溶出したりすることにより発生する．

1.2 地下水汚染の特徴

土壌・地下水中での汚染物質の挙動は，汚染物質の物理的，化学的および生物的特性により様々である．ここでは，主な汚染物質として，揮発性有機化合物，鉱油類，

重金属等，硝酸性窒素・農薬を取り上げ，それらによる地下水汚染の特徴を示す．また，その他の汚染物質として，近年，世界的に大きな問題となっており，我が国においても対応が迫られているペル／ポリフルオロアルキル化合物（PFAS）による地下水汚染の特徴にも簡単に触れる．

1.2.1 揮発性有機化合物による汚染

地下水汚染を引き起こす揮発性有機化合物には，揮発性有機塩素化合物（トリクロロエチレン（TCE），テトラクロロエチレン（PCE），1,1,1-トリクロロエタン（MC）等），石油系炭化水素（ベンゼン，トルエン，エチルベンゼン，キシレン等），1,4-ジオキサン等がある．

揮発性有機塩素化合物は，高揮発性の水よりも密度の高い難水溶性の液体であり，水中では原液の相をなすことから，重非水溶相液（dence nonaqueous phase liquid：DNAPL）に分類される．また，粘性と表面張力が小さく，土壌への吸着や分解を起こしにくく，不燃性であり，油への溶解度が高いという物理化学的性質を持つ．

土壌中に侵入した揮発性有機塩素化合物は，図IX.1.1に示すように，原液のまま土壌の間隙に存在するか，固相（土粒子），液相（間隙水）および気相（間隙空気）の三相に分配されて存在する．汚染源から地下に浸透した揮発性有機塩素化合物は，図IX.1.2に示すように，不飽和帯や帯水層の中を下方に降下しながら一部が土壌の間隙中に残留し，地下水面付近や粘土・シルト等の透水性の低い部分の上に滞留して原液プール（DNAPL プール）を形成すると

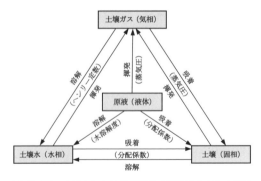

図 IX.1.1 土壌中における揮発性有機塩素化合物の分配
（文献7）を一部修正）

ともに，地下水に少しずつ溶出した成分が地下水汚染を引き起こして地下水流動の下流側に広がるとともに，土壌ガス中に揮発した成分が地表に向かって移動する．

揮発性有機塩素化合物は，難分解性物質に分類されるが，土壌・地下水中で生物的または化学的に分解される．嫌気性微生物による分解は還元脱塩素反応であり，例えば，PCE は，TCE を経て cis-1,2-ジクロロエチレン（DCE），trans-1,2-DCE および 1,1-DCE に分解され，さらにクロロエチレン（CE）を経てエチレンまで分解される．

1,4-ジオキサンは，水よりわずかに密度が高い液体であり，沸点が水とほぼ等しく，水や油と完全に混和する揮発性有機化合物である．また，土壌中では有機物に吸着しにくく，水に混和した状態で地下水中を移流・分散しやすい物質で，加水分解や微生物分解もされにくく安定している[8]．そのため，地下水汚染が広がりやすく，難透水層を通過して下位の帯水層まで地下水汚染が広がっている事例もみられる．1,4-ジオ

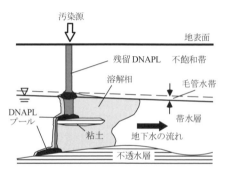

図 IX.1.2 土壌・地下水中での揮発性有機塩素化合物の挙動

キサンの揮発性は PCE，TCE やベンゼン等よりも低く，不飽和帯で土壌間隙ガスへ揮発した 1,4-ジオキサンは，土壌ガスとして土壌中を移動する過程で土壌間隙水に溶解し残留する可能性が高く，表層付近まで土壌ガスとして移動してくる可能性は低い[9]．

1.2.2 鉱油類による汚染

鉱油類は，原油の蒸留による分留物を分別・加工・精製した生成物であり，製品の種類によってガソリン，ナフサ，軽質油（灯

第1章 地下水汚染の概要

油,軽油,ジェット燃料,軽質潤滑油等),重質油(重油,重質潤滑油等)等に分類される.これらの鉱油類には,BTEX(ベンゼン,トルエン,エチルベンゼン,キシレン)等の単環芳香族炭化水素やアントラセン,ベンゾピレン,ナフタレン等の多環芳香族炭化水素分類(PAHs)も含まれている.

鉱油類は,水よりも密度の低い難水溶性の液体であり,揮発性の高い成分を多く含むことから,軽非水溶相液(light nonaqueous phase liquid:LNAPL)に分類される.ガソリン,灯油および軽油等は,比較的粘性が低いという特徴も持っている.

土壌中に侵入した鉱油類は,揮発性有機塩素化合物と同様に,原液のまま土壌の間隙に存在するか,固相(土粒子),液相(間隙水)および気相(間隙空気)の三相に分配されて存在する(図IX.1.1).汚染源から地下に浸透した鉱油類は,図IX.1.3に示すように,不飽和帯を下方に降下しながら一部が土壌の間隙中に残留する.帯水層付近まで降下した鉱油類は,水よりも密度が低いため,地下水面よりも下には移動せず,毛管水帯の上部(毛管水縁)付近を中心に原液プール(LNAPLプール)を形成して滞留する.そして,地下水の流れに乗って原液の状態で下流側へ移動し,BTEX等の溶解性の比較的高い成分の一部が地下水に溶解して帯水層上部を中心に地下水汚染が広がるとともに,土壌ガス中に揮発した成分が地表に向かって移動する.

鉱油類は,揮発して油臭を生じさせる,乳化する,水の表面に薄膜(油膜)を生じさせるという性質を持ち,土壌・地下水中において,酸化されたり好気性微生物により分解されたりする. 〔中島 誠〕

1.2.3 重金属等による汚染

a. 重金属等による地下水汚染の現状

我が国の地下水汚染物質で重金属等に分類されるものは,地下水環境基準に挙げられるものの内,カドミウム,全シアン,鉛,六価クロム,砒素,総水銀,アルキル水銀,セレン,ふっ素,ほう素の10物質である.

重金属等による地下水汚染の現状把握は,毎年,水質汚濁防止法に基づく地下水質の概況調査が実施されており,環境省水・大気環境局から地下水質測定結果としてとりまとめられている[10].無作為に選定された井戸の概況調査結果によれば,調査総数約3,000本の井戸に対して約5%の井戸において汚染が認められ,重金属等では砒素が約2.5%と最も多く,次いで,ふっ素,鉛,総水銀の順となっている.また,今まで重金属等による地下水汚染が判明した事例の内,汚染原因が自然由来と判断された事例数は約85%を占めている.

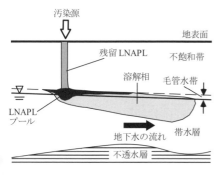

図 IX.1.3 土壌・地下水中での鉱油類の挙動

自然由来の地下水汚染が生じる背景には，日本の地質の特性がある[11]．日本の地質では，特に砒素の上部地殻の組成（6.5-7.1 ppm）は地球の上部地殻の組成（1.8 ppm）に比較して高濃度であることが知られている．この要因としては，火山活動よりも海水の影響が強い海底の細粒堆積物に硫黄とともに付加されたと考えられている．

b. 地下水中の重金属等の存在形態

地下水汚染の対策を実施していくにあたって，重金属等については，地下水中で元素単体のイオンとして溶存していない場合があることから，その溶存形態を把握することが重要である．特に砒素やセレンは，オキソアニオン（オキシアニオン）の形態で溶存しており，陰イオンの挙動を示す．

また，地下水中における重金属等の存在形態は，濃度，温度環境における酸化還元電位（Eh）と水素イオン濃度指数（pH）条件によって決まる．

pH-Eh 条件下における物質ごとの存在形態は，ダイアグラム（プールベダイアグラム：Pourbaix diagram とも呼ばれる）で表される．

例えば砒素（As）の存在形態は，図 IX.1.4 のように示される[12]．

縦軸は Eh，横軸は pH となっている．破線 a, b に挟まれた範囲は水が存在し得る範囲を示している．

水中の砒素は，pH-Eh 条件により，主にヒ酸（H_3AsO_4 または $AsO(OH)_3$），亜ヒ酸（H_3AsO_3 または $As(OH)_3$）として存在し，また，イオンの電荷も数も異なっている．なお，ヒ酸（5価の As）と亜ヒ酸（3価の As）では，亜ヒ酸の毒性が高く，吸

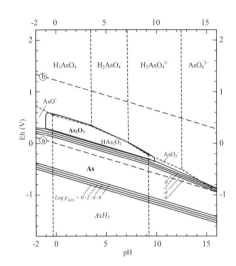

図 IX.1.4 砒素（As）の Eh-pH ダイヤグラム（25℃）の例（文献 12）を一部修正

着特性も異なることが知られている．

このような Eh-pH ダイアグラムは，熱力学データベースを用いて描くことが可能であり，いくつかのソフトウェアが公開されているのでそれを用いるとよい（例えば，竹野（2005）[13]を参考にすることもできる）．また，濃度，温度条件以外に共存物質を含めた系でのダイアグラムを描くことも可能であり，より現実的な解析が可能となっている．

なお，重金属等については，溶存形態に加えて pH 条件下での溶解度も重要な検討事項となる．

カドミウム（Cd）は，pH が上昇するにつれて溶解度は低下するが，例えば，鉛（Pb）の溶解度は，図 IX.1.5 のように示される．この図では，縦軸は溶解度，横軸は pH となっている．図中の①は，最も溶解度が小さくなる位置で pH 9.34 となる．

第1章 地下水汚染の概要

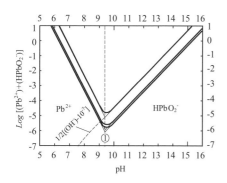

図 IX.1.5 鉛 (Pb) の pH 変化と溶解度の関係図 (25℃) の例 (文献 12) を一部修正)

このような両生金属も存在する．

一般的な重金属等による地下水汚染の対策では，上記の特性を考慮して揚水した汚染水のpHを調整して対象となる重金属等の溶解度を小さくした後，凝集沈殿させて除去する方法や吸着剤に吸着させて除去する方法等が行われている．　〔鈴木弘明〕

1.2.4 硝酸性窒素・農薬による汚染

地下水中の硝酸イオン（イオンを構成する窒素原子を指して，硝酸性窒素または硝酸態窒素とも呼ばれる）の濃度上昇は，地下水の水質への人為的な影響として最もよく観察される事象の1つであり，過度な濃度上昇はしばしば汚染とみなされる．

地下水中の硝酸イオンの人為的な起源として，降水に含まれる窒素酸化物と地上で発生する窒素負荷に大別される．地下水汚染につながる濃度上昇を招くのは後者であり，典型的な負荷源として，農地での施肥や家畜排せつ物・生活排水の影響が挙げられる．

農地で使用される化学肥料や堆肥に含まれる窒素化合物は，主にアンモニウムイオンや硝酸イオン，または尿素をはじめとする有機化合物である．化学肥料に含まれる窒素の多くはアンモニウムイオンの形態で存在するが，正の電荷を持つアンモニウムイオンは一般に負に帯電する土壌粒子に吸着しやすいため，土壌中での移動性は低い．しかし，畑地のような酸素を多く含む土壌では好気性微生物によってアンモニウムイオンが亜硝酸イオンを経由して硝酸イオンへと変化（硝化）し，負の電荷を持つ硝酸イオンとなることで土壌水の浸透に伴って移動しやすくなる[14]．このように硝酸イオンが下方に移動して地下水面に到達することを窒素の溶脱と呼ぶ．一方，貧酸素の水では嫌気性微生物によって硝酸イオンが亜酸化窒素や窒素分子に変化（脱窒）して水から放出される．有機性の窒素については，土壌中で微生物によってアンモニウムイオンなどに分解され，以降は上記と同様の経過を辿る．これらの窒素の循環過程は図IX.1.6のように概略される．

農地での施肥による窒素負荷による影響は，面的であり，しばしばノンポイントソース（非点源）による汚染と呼ばれる．農地のうち，好気的環境であり窒素要求量の大きな作様が多い畑地や果樹園・茶畑を涵養源とする地下水で硝酸イオンの濃度上昇が顕在化しやすい[15-17]．一方，水田は湛水時に嫌気的環境となるため脱窒による窒素除去能を有するとされているが[18,19]，水田への施肥による地下水への影響が示唆される事例もある[20]．日本の農村地域では，農地への施肥に加えて畜産排せつ物や生活排水を含む複数の負荷源による複合的な影響が

第 IX 編　地下水汚染対策

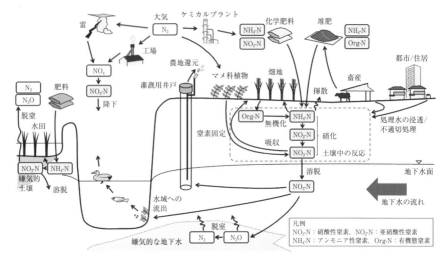

図 IX.1.6　人的活動の影響下での窒素循環

示唆される事例もある[21,22]．

　地下水中の硝酸イオンの起源を推定する方法として，数値シミュレーションや水の酸素水素安定同位体比等を利用した地下水そのものの起源を追跡する方法に加えて，硝酸イオンを構成する窒素原子と酸素原子の安定同位体比を分析する方法がある．硝酸イオンの窒素・酸素の安定同位体比から，化学肥料由来と家畜排せつ物・生活排水由来のおおよその寄与割合を推定できるとともに，脱窒による硝酸イオン低減の影響を推定することができる[23,24]．また，これらの安定同位体の分析に加えて，負荷源によって窒素とともに付加され，窒素とともに変化する物質（炭素や硫黄）の同位体分析によって，脱窒の影響をより詳細に把握できる[25]．畜産排せつ物の影響の追跡には，難分解性のバイオマーカーも利用可能である[26]．

　農薬について，我が国での汚染事例の報告は限られている[27-30]．一方，ヨーロッパや米国では 1980 年代から事例報告があり[31,32]，近年では他の国々の報告事例もある[33,34]．農薬の地下水への移行のしやすさは，農薬の種類や土壌水分等の環境条件に依存する[35]．

　化学肥料や農薬の使用量の削減は，地下水の水質保全だけでなく，生産コストの低減や化学肥料の合成に必要な化石燃料の使用量削減という観点からも重要視されている[36]．また，効率的な水質保全対策の観点からは，単純に規制をかけるのではなく保全活動へのインセンティブ設定や情報提供と組み合わせることが望ましい[37]．農林水産省は，2021 年に「みどりの食料システム戦略」を策定し，2050 年までに輸入原料や化石燃料を原料とした化学肥料の使用量を 30％低減し，また化学農薬の使用量（リスク換算）を 50％低減することを目標としている．このような高い目標の達成に

は，今後，農業生産における技術革新が不可欠である．　　　　　　〔吉本周平〕

1.2.5　その他の物質による汚染

その他の物質による地下水汚染として，規制のあり方も含めて世界的に注目を浴びているペル／ポリフルオロアルキル化合物（PFAS）による地下水汚染を取り上げる．PFAS は炭素（C）とふっ素（F）が結合した部分（C-F 結合）を持つ有機フッ素化合物である．代表的な PFAS であるペルフルオロオクタンスルホン酸（PFOS）やペルフルオロオクタン酸（PFOA）は，疎水性と疎油性の両方の性質を持つ熱的，化学的および生物学的に安定な難分解性の物質である．

PFAS の中でも PFOS および PFOA は幅広い用途で使用されてきており，PFOS は半導体用反社防止剤・レジスト，金属メッキ処理剤，泡消火薬剤等に，PFOA はふっ素ポリマー加工助剤，界面活性剤等に主に使用されてきた[38]．

PFAS の土壌・地下水への供給源としては，これらの PFAS の製造・加工・使用施設，泡消火薬剤が貯蔵・使用・放出される区域，廃棄物処理施設，PFAS を含有する廃水処理残渣やバイオソリッドの生産・施用地域等が考えられる[39]．

PFAS が地下へ浸透した場合には土壌中に残留しやすく，地下水へ溶出して地下水汚染を引き起こす．PFOA や PFOS 等，人への毒性が非常に高く，非常に地下水中の濃度が非常に低濃度であっても地下水汚染と判断される物質が多いのが PFAS の特徴である．PFAS は官能基の違いや炭素鎖の長さによって物性が大きく異なり，土壌への吸着や地下水への溶出のしやすさ等もそれぞれ異なっていると考えられる[39, 40]．PFAS による地下水汚染については，汚染物質として問題となる PFAS の土壌・地下水中での前駆物質からの生成[39]の可能性を含めて，汚染実態の把握や汚染機構に関する知見の蓄積や浄化技術の開発の進展が期待される．　　　　〔中島　誠〕

1.3　地下水汚染による影響

1.3.1　人の健康への影響

地下水汚染のよる影響として最も重視されるのは，人の健康への影響，すなわち健康被害である．

地下水汚染による人の健康被害は，地下水汚染に起因して人が汚染物質を摂取し，その摂取量が慢性または急性の毒性の発現に十分な量となった場合に発生する．健康被害の原因が地下水汚染であると特定されたまたは疑われた事例の多くは，水道水として使用されていた場合も含めて，汚染された地下水を井戸水や湧水として長期的に人が飲用したために生じている．

図 IX.1.7 に，地下水汚染に起因して人が汚染物質を摂取する可能性がある経路を示す．地下水が井戸水や湧水として飲用（経口摂取）される経路以外にも，数多くの汚染物質の摂取経路が考えられる．これらの経路を通じて地下水汚染由来の汚染物質を摂取した場合でも，摂取量次第で摂取した人に健康被害が生じる可能性がある．

これらの摂取経路のうち，地下水利用の

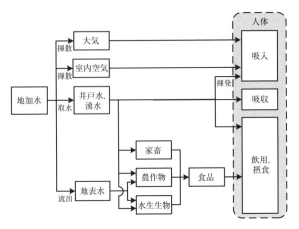

図 IX.1.7 地下水汚染による人の汚染物質の摂取経路（曝露経路）

有無と関係のないものとして，帯水層中で汚染地下水から揮発した高揮発性の汚染物質が土壌ガスとして地上まで移動・拡散し，屋外空気または屋内空気に含まれて人に吸入（経気道摂取）される経路がある．また，飲用以外の地下水利用では，井戸水や湧水が浴用水（浴槽水やシャワー水）に使用されている場合に，浴用水との接触により汚染物質が皮膚吸収（経皮摂取）される，蒸気や揮発成分として揮発性の汚染物質が吸入（経気道摂取）されるという経路もある．これら以外にも，井戸水や湧水として汚染地下水が，あるいは汚染地下水により汚染された地表水（河川水，湖沼水）が農業，畜産業または内水面養殖業に使用されている場合には，それらの水に含まれる汚染物質を吸収または摂取した農畜水産物が食品として人に摂食（経口摂取）される経路も考えられる．

地下水汚染に起因してこれらの汚染物質の摂取経路が存在しているあるいは過去に存在していた場合，毒性の発現に十分な量の汚染物質が長期的または短期的に人に摂取された場合，慢性毒性または急性毒性による症状が摂取した人に発現する可能性がある．

1.3.2 人の生活環境への影響

地下水汚染による影響として，人の生活環境への影響も挙げられる．

人の生活環境の範囲について，明確な定義はないが，環境基本法にしたがって解釈すれば，社会通念にしたがって一般的に理解される生活環境に加え，人の生活に密接な関係のある財産ならびに人の生活に密接な関係のある動植物もしくはその生育環境も含むものとなる[41]．

地下水汚染による人の生活環境への影響として，地下水汚染に起因して湧水や地表水に外観上の変化（着色，油膜発生等）や臭い（油臭等）が発生し，それらの周辺で生活している人の安全で快適な日常生活に

支障が出ることがある. また, 地下水は生活用水, 工業用水, 農業用水, 消雪揚水, 養魚揚水等に幅広く利用されているが, それらの利用目的での利用に支障が生じ, 利用目的が制限されることや, 地下水を利用する際に浄化費用等が発生することもある.

1.3.3 生態系に与える影響

地下水汚染に起因して湧水や地表水が高濃度に汚染された場合, それらを利用する動物や水生生物の成長や生育に影響が及ぶ可能性も懸念される. 生態系への影響については, 未解明なことも多く, 技術的な知見の集積が課題となっている.

1.3.4 土壌・地下水汚染の発生・拡大

汚染された地下水を揚水して洗車や庭への水撒き, 消雪用水に使用した場合, 使用後の水の地下浸透により土壌汚染や地下水汚染が発生または拡大することが考えられる. また, 帯水層蓄熱利用において, 揚水した地下水の汚染状態を確認せずに不用意に帯水層へ還元することにより地下水汚染の拡大を招いてしまうことも考えられる.

これらは, いずれも地下水汚染に注意を払わずに地下水利用したときに起こりうる事象である. 〔中島 誠〕

文献

1) 環境省 (2022):令和2年度地下水質測定結果. 97p.
2) 日本地下水学会編 (2006):地下水・土壌汚染の基礎から応用—汚染物質の動態と調査・対策技術. 理工図書, 313p.
3) 田瀬則雄 (1988):地下水汚染 (2) 日本にお

ける地下水汚染の事例と発生の背景. 地下水学会誌, 30(2), 103-108.
4) 山田俊郎ら (2007):最近10年間の水を介した健康被害事例. 保健医療科学, 56(1), 16-23.
5) 三浦尚之 (2021):地下水の微生物汚染とリスク管理. 公衆衛生, 85(2), 77-82.
6) 古市 徹監修・CDM研究会編著 (2002):有害廃棄物による土壌・地下水汚染の診断. 環境産業新聞社, 109p.
7) U.S.EPA (2000):Engineered Approaches to In Situ Bioremediation of Chlorinated Solvents:Fundamentals and Field Applications. EPA 542-R-00-008.
8) 中西準子ら (2005):1,4-ジオキサン. 詳細リスク評価書シリーズ2, 丸善, 184p.
9) 中島 誠ら (2018):地盤環境中における1,4-ジオキサンの挙動特性に関する実験的考察. 地盤工学ジャーナル, 13(4), 283-295.
10) 環境省 (2023):令和3年度 地下水質測定結果.
11) 富樫茂子ら (2001):日本列島の"クラーク数" 若い島弧の上部地殻の元素存在度. 地質ニュース, 558, 25-33.
12) Pourbaix, M. (1974):Atlas of Electrochemical Equilibria in Aqueous Solutions, Second English Edition. National Association of Corrosion Engineers. 644p.
13) 竹野直人 (2005):Eh-pH図アトラス—熱力学データベースの相互比較—. 地質調査総合センター研究資料集, 419, 287p.
14) 前田守弘 (2003):地下水・土壌汚染. 8. 硝酸性窒素の動態. 地下水学会誌, 45, 189-199.
15) 山中 勝ら (2016):群馬県大間々扇状地における地下水の水質形成機構. 地下水学会誌, 58, 165-181.
16) 中村高志ら (2008):水素・酸素および窒素安定同位体組成からみた甲府盆地東部地下水の涵養源と硝酸イオン濃度分布特性. 水環境学会誌, 31, 87-92.
17) 廣野祐平 (2021):茶園への窒素施肥量の削減が周辺水系の水質に及ぼす長期的な影響の評価—静岡県牧之原台地周辺地域における1995年〜2018年の水質調査を事例として—. 地下水学会誌, 63, 213-225.
18) 小川吉雄ら (1985):水田における窒素浄化機

能の解明. 日本土壌肥料学雑誌, 56, 1-9.

19) 江口定夫 (2012)：水田および浅層地下水中の脱窒による環境浄化. 土壌の物理性, 120, 29-38.

20) 大橋真人ら (1994)：那須野原における地下水中の硝酸イオン濃度の時空間変動について. ハイドロロジー, 24, 221-232.

21) 松永 緑ら (2015)：宮崎県都城盆地における地下水中の硝酸イオンの分布特性とその自然浄化に関する考察. 地下水学会誌, 57, 277-293.

22) Nakagawa, K. et al. (2021)：Spatial characteristics of groundwater chemistry in Unzen, Nagasaki, Japan. Water, 13, 426.

23) Kendall, C. (1998)：Chapter 16-Tracing nitrogen sources and cycling in catchments. Kendall, C. et al. (eds) Isotope Tracers in Cattchment Hydrology, Elsevier, pp. 519-576.

24) 中西康博ら (1995)：$\delta^{15}N$ 値利用による地下水硝酸起源推定法の考案と検証. 日本土壌肥料学雑誌, 66, 544-551.

25) 細野高啓ら (2015)：地下水硝酸汚染研究における最新のトレンドと今後の方向性：熊本地域の事例を通して. 地下水学会誌, 57, 439-465.

26) Nakagawa, K. et al. (2017)：On the use of coprostanol to identify source of nitrate pollution in groundwater. Journal of Hydrology, 550, 663-668.

27) 田瀬則雄ら (1989)：浅間山北麓における殺菌剤 PCNB による地下水汚染. 地下水学会誌, 31, 31-37.

28) 藤縄克之ら (1990)：潜在的地下水汚染源としての農薬. 地下水学会誌, 32, 139-146.

29) 田代 豊ら (1996)：集約的農業地域・奄美群島沖永良部島における地下水への農薬混入. 日本作物学会紀事, 65, 77-86.

30) 寺尾 宏ら (1985)：畑作地帯の地下水に対する農薬, 肥料の影響. 地球化学, 19, 31-38.

31) Leistra, M. et al. (1989)：Pesticide contamination of groundwater in western Europe. Agriculture, Ecosystems & Environment, 26, 369-389.

32) Hallberg, G. R. (1989)：Pesticides pollution of groundwater in the humid United States. Agriculture, Ecosystems & Environment, 26, 299-367,

33) Chaza, C. et al. (2017)：Assessment of pesticide contamination in Akkar groundwater, northern Lebanon. Environmental Science and Pollution Research, 25, 14302-14312,

34) Malyan, S. K. et al. (2019)：An overview of carcinogenic pollutants in groundwater of India. Biocatalysis and Agricultural Biotechnology, 21, 101288.

35) Arias-Estévez, M. et al. (2008)：The mobility and degradation of pesticides in soils and the pollution of groundwater resources. Agriculture, Ecosystems & Environment, 123, 247-260.

36) 中島一雄ら (2022)：肥料価格の国際動向, 肥料有効活用のイノベーション. https://www.jircas.go.jp/ja/program/proc/blog/20220817 (2023. 3. 31 閲覧)

37) Mateo-Sagasta, J. et al. (2017)：Water pollution from agriculture：a global review. Executive summary, FAO and IWMI, 29. http://www.fao.org/3/ca0146 en/CA0146EN.pdf (2023. 3. 31 閲覧)

38) 環境省ら (2023)：PFOA, PFOS に関する Q & A 集 2023 年 7 月時点, 1-3.

39) ITRC (2022)：PFAS technical and regulatory guidance document and fact sheets PFAS-1, ITRC, PFAS Team, 542. https://pfas-1.itrcweb.org/ (2023. 9. 30 閲覧)

40) Wang, Y. et al. (2023)：Occurrence of per- and polyfluoroalkyl substances (PFAS) in soil：Sources, fate and remediation. Soil & Environmental Health, 1, 100004.

41) 日本水環境学会編 (2009)：日本の水環境行政. ぎょうせい, 288p.

第2章

地下水汚染に関わる法律・基準

　地下水汚染に対して，汚染状況の判断や未然防止，状況把握，影響評価，対策の観点からいくつもの法律で規定や基準が定められている.

　以下では，水道法，環境基本法，水質汚濁防止法，土壌汚染対策法，廃棄物の処理及び清掃に関する法律を取り上げ，地下水汚染の未然防止，状況把握，影響評価，対策の観点から概説する.

　なお，本章の内容は2024年3月末現在の法律や基準等の内容に基づき記載している．法律や基準は随時改正されていくことから，利用にあたってはその時点での最新の法律や基準の内容を確認するよう注意が必要である.

2.1　水道法

　水道水については，水道法に基づき水質基準（以下「水道水質基準」）が定められており，地下水を水道水として飲用に供する場合には水道水質基準に適合していることが求められている．水質基準項目は，一般細菌，大腸菌，カドミウム，水銀，鉛，トリハロメタン等の人の健康を保護するための「健康に関する項目」と，鉄，ナトリウム，マンガン，カルシウム，pH値，味，臭気，色度，濁度等の生活利用上の障害がないよう設定された「性状に関する項目」からなり，それぞれ基準値が定められている．このほか，水道水中での検出の可能性がある等，水質管理上留意すべき項目が水質管理目標設定項目として定められ，目標値が設定されている．現在，水質基準項目は51項目（健康に関する項目31項目，性状に関する項目20項目），水質管理目標設定項目は27項目となっている.

　なお，井戸水や湧水を直接飲用水として用いる場合については，水道法の対象とはなっておらず，厚生労働省から地方自治体に対して「飲用井戸等衛生対策要領」が通知されており，飲用井戸等の設置者や管理者に対して，飲用井戸等を新たに設置したときの水質検査の実施による安全性の確認や定期的な水質検査による安全性確保の確認が求められている.

2.2　環境基本法

　環境基本法は，環境保全に関わる国の政策の基本方針や基本的な施策の方向性を定める法律であり，下位に水質汚濁防止法，土壌汚染対策法，農用地の土壌の汚染防止等に関する法律，廃棄物の処理及び清掃に

関する法律をはじめ，環境に関わる個別法が数多く定められている．

地下水については，「地下水の水質汚濁に係る環境基準」（以下「地下水環境基準」）が政策目標として設定されている．地下水環境基準の値は，全シアンが最高値，他の項目が年間平均値で定義されている．汚染原因が専ら自然的原因である場合を除き，地下水環境基準の達成および維持に努めることが求められている．

地下水汚染に関係するものでは，ほかに，「土壌の汚染に係る環境基準」（以下「土壌環境基準」）の「溶出基準」が設定されている．カドミウム，六価クロム，砒素，総水銀，セレン，ふっ素，ほう素の7項目については，汚染土壌が地下水面より離れている場合に3倍値基準（溶出基準の3倍の値）が適用される．土壌環境基準は，汚染が専ら自然的原因によることが明らかである場所，原材料の堆積場所，廃棄物埋立地，基準項目に係る物質の利用・処分を目的としてこれらを集積している施設に係る土壌は適用されない．土壌環境基準の達成について，汚染の程度や広がり，影響の態様等に応じて可及的速やかにその維持達成に努めること，早期に基準達成が見込まれない場合は環境影響防止のために必要な措置を講ずることが求められている．

現在，地下水環境基準は28項目，土壌環境基準項目（溶出基準）は28項目となっており，硝酸性窒素及び亜硝酸性窒素は地下水についてのみ，有機燐は土壌についてのみ対象となっている．

2.3　水質汚濁防止法

水質汚濁防止法（以下「水濁法」）は，工場・事業場からの公共用水域への水の排出や地下への浸透水を規制するとともに，生活排水対策の実施を推進すること等により，公共用水域および地下水の水質の汚濁の防止を図り，人の健康を保護し，生活環境を保全することを目的としている．水濁法では，地下水保全対策のためのしくみとして，地下水質の常時監視，有害物質の地下浸透禁止，汚染された地下水の浄化が規定されている．

2.3.1　地下水質の常時監視

地下水質の常時監視は，地下水質の状況を把握し，地下水の保全に関する施策を適切に実施するために行われるもので，都道府県知事が毎年作成する測定計画にしたがって国または地方公共団体が地下水質の測定を実施し，その結果を都道府県知事（放射性物質については環境大臣）が公表する．地下水質の常時監視では，概況調査，汚染井戸周辺地区調査および継続監視調査が行われている．

概況調査は，地域の全体的な地下水質の状況を把握するための調査であり，地下水環境基準全項目を対象に，年1回以上行うことを基本に，定点方式とローリング方式で行われる．定点方式の調査は，地下水の汚染による利水影響が大きいと考えられる地域や，汚染の可能性が高いまたは汚染予防の必要性が高い地域等を対象に実施される．ローリング方式の調査は，市街地では

第2章 地下水汚染に関わる法律・基準 563

1-2 km，周辺地域では 4-5 km を目安に地域をメッシュ等に分割し，測定地点が偏在しないように選定した調査区域で順次実施される．

汚染井戸周辺地区調査は，概況調査により新たに発見された，または事業者からの報告書により新たに明らかとなった地下水汚染について，地下水汚染範囲を確認し，汚染原因の究明に資するために実施されるもので，必要に応じて土壌汚染が判明した場合にも実施される．調査地点の設定範囲は地下水汚染範囲全体が含まれるように設定することとなっており，汚染が発見された井戸から半径 500 m 程度の範囲を調査して段階的に範囲を拡大していく方法も示されている．測定項目は，周辺で汚染が判明している項目，汚染の可能性の高い項目およびそれらの分解生成物に限定することが可能であり，自然的原因による汚染に対して飲用指導等が確実に実施されている場合は除外することが可能である．汚染井戸周辺地区調査は，地下水汚染発見後できるだけ早急に実施する必要があり，地下水流動状況に変化があったと想定される場合は再度実施することが望ましいとされている．

継続監視調査は，汚染地域について継続的に監視を行うための調査であり，対策による改善効果の確認や汚染物質濃度の推移の把握が行われる．調査地点は，汚染井戸周辺調査を行った井戸の中で汚染源の影響を最も受けやすい地点およびその下流側を含めて設定され，より効果的な監視を行うために観測井が設置されることもある．測定項目は汚染井戸周辺地区調査と同様であ

る．測定頻度は年1回以上とされており，自然的原因による地下水汚染で飲用指導等が確実に実施されている場合は複数年に1回の測定とするまたは継続監視調査を終了することが可能である．また，汚染源での浄化対策の実施等により継続監視調査を終了する場合は，測定地点で一定期間連続して地下水環境基準を満たし，そのうえで，汚染範囲内で再度汚染井戸周辺地区調査を行ってすべての地点が地下水環境基準に適合していることを確認したうえで，各地域の実情を勘案し，総合的に判断することとされている．

2.3.2 有害物質の地下浸透防止

地下水汚染や土壌汚染の原因となる有害物質や有害物質を含む水の地下浸透について，有害物質使用特定事業場からの特定地下浸透水の浸透を制限し，有害物質使用特定施設および有害物質貯蔵特定施設における「有害物質を含む水の地下への浸透の防止のための構造，設備及び使用の方法に関する基準」の遵守が義務付けられている．この基準の遵守では，これらの施設が構造基準に適合すること，使用方法が基準に適合すること，定期点検を行って結果を記録・保存することの3つが求められている[1]．

2.3.3 汚染された地下水の浄化

特定事業場または有害物質貯蔵指定事業場において有害物質を含む水の地下浸透があったことにより，現に人の健康に係る被害が生じ，または生ずるおそれがあると認めるときは，都道府県知事がその被害を防止するために必要な限度において地下水の

水質の浄化のための措置の実施を命ずることができる．浄化措置命令を受けた土地では，過去または現在の特定事業場または有害物質貯蔵指定事業場の設置者が必要な調査を行ったうえで地下水の水質を浄化するための措置を行い，飲用井戸等（測定点）で浄化基準以下にすること，または削減目標を達成することが求められる．

2.4　土壌汚染対策法

土壌汚染対策法（以下「土対法」）では，土壌汚染対策の実施を図り，もって国民の健康を保護することを目的として，一定の契機を捉えた土壌汚染状況調査による土壌の汚染状況の把握，土壌汚染が把握された土地の区域指定および公示，土壌汚染による人の健康被害のおそれをなくすための汚染の除去等の措置の実施，区域指定された土地の形質の変更に伴う汚染拡大の防止，汚染土壌の搬出等に関する規制が行われる．

土対法で規制対象となっている土壌汚染による人の健康被害のおそれは，特定有害物質を含む土壌の直接摂取によるもの（直接摂取リスク）と土壌中から溶出した特定有害物質を含む地下水の摂取等によるもの（地下水の摂取等によるリスク）の2つである．前者に対しては土壌含有量基準が，後者に対しては土壌溶出量基準が，汚染状態に関する基準として定められている．

土対法による特定有害物質には，土壌に含まれることに起因して人の健康に係る被害を生ずるおそれがあるもの（放射性物質を除く）として，第一種特定有害物質（揮発性有機化合物）12物質，第二種特定有害物質（重金属等）9物質，第三種特定有害物質（農薬等）5物質の計26物質が定められている．土壌溶出量基準はすべての特定有害物質について，土壌含有量基準は第二種特定有害物質について定められている．

土壌汚染状況調査は，有害物質使用特定施設の使用を廃止するときの調査義務，土壌汚染のおそれがある土地で一定規模以上の面積の土地の形質の変更が行われるときの調査命令，土壌汚染による健康被害が生ずるおそれがある土地に対する調査命令のいずれかを契機として実施される．地下水経由の観点から土壌汚染による健康被害が生ずるおそれがある土地に対する調査命令の発出は，その土地で明らかとなっている土壌汚染に起因して現に地下水汚染が生じ，または生ずることが確実であり，かつ，その土地の周辺で地下水の飲用利用等がある場合，または土壌汚染のおそれがある土地においてその土壌汚染に起因して現に地下水汚染が生じ，かつ，その土地の周辺で地下水の飲用利用等がある場合が対象になる．

土壌汚染状況調査では，地歴調査により土壌汚染のおそれがあることが確認された特定有害物質を試料採取等物質に選定し，それらの汚染の由来が人為等由来（人為または不明），自然由来，水面埋立土砂由来のいずれであるかを区分して，それぞれの汚染のおそれの由来に応じた方法で調査が行われる．

土壌汚染状況調査で汚染状態に関する基準に適合しないとみなされた土地は，人の

第2章 地下水汚染に関わる法律・基準

健康被害のおそれがある場合は要措置区域に指定されて汚染の除去等の措置の実施が求められ，ない場合は形質変更時要届出区域に指定される．地下水の摂取等によるリスクに対する汚染の除去等の措置では，地下水の水質の測定，原位置封じ込め，遮水工封じ込め，遮断工封じ込め，地下水汚染の拡大の防止（揚水施設による，透過性地下水浄化壁），土壌汚染の除去（掘削除去，土壌浄化）および不溶化が方法として認められている．

2.5 廃棄物の処理及び清掃に関する法律

廃棄物の処理及び清掃に関する法律（以下「廃棄物処理法」）は，廃棄物の排出を抑制し，および廃棄物の適正な分別，保管，運搬，再生，処分等の処理をし，ならびに生活環境を清潔にすることにより，生活環境の保全および公衆衛生の向上を図ることを目的としている．

廃棄物処理法では，一般廃棄物および産業廃棄物の最終処分場における埋立地からの浸出水による公共用水域や地下水の汚染の防止を図るため，1977年に一般廃棄物の最終処分場および産業廃棄物の最終処分場に係る技術上の基準が定められており，一般廃棄物最終処分場ならびに安定型，管理型および遮断型の3種類の産業廃棄物最終処分場の構造基準および維持管理基準が定められている．これらの基準に適合せず，生活環境保全上の支障が生じるおそれのある場合には，都道府県知事または市町村長がその支障の除去または発生の防止のために必要な措置（支障の除去等の措置）の命令を発出することができる．

廃棄物処理法では，廃棄物の埋め立てが終了した廃棄物最終処分場の閉鎖および廃止についても規定されており，最終処分場の廃止基準が定められている．廃止基準では，地下水等の水質検査の結果が基準に適合していて基準に適合しなくなるおそれがないこと，保有水等集排水処理設備により集められた保有水等の水質が排水基準等に適合していること，現に生活環境保全上の支障が生じていないことなどが求められている．　　　　　　　　〔中島　誠〕

文献

1) 環境省（2008）：地下水質モニタリングの手引き．55p.

第3章

地下水汚染調査・評価技術

地下水汚染の調査は，既存井戸の地下水や湧水で汚染が発覚した場合や，工場・事業場の敷地内で土壌汚染や地下水汚染が確認された場合等に行われる．

本章では，既存井戸や湧水で地下水汚染が発覚した場合の地下水汚染調査について，全体の流れを示したうえで調査方法や調査技術を示し，調査結果に基づく地下水汚染の機構および影響の評価，将来予測について概説する．

3.1 地下水汚染調査の流れ

既存井戸や湧水で地下水汚染が発覚した場合，まず，広域的な調査により地下水汚染の状況を把握するとともに地下水汚染機構を解明して地下水汚染源である土地の位置を絞り込む（図IX.3.1）．そして，絞り込まれた地下水汚染源らしき土地を対象に詳細な汚染源調査を行って汚染原因および汚染源を究明し，汚染原因物質の地下への新たな供給の停止，汚染源付近の地下水や土壌の汚染状況の把握を行う．

これらの調査においては，既存資料等から得られた情報や広域的な調査の初期段階までで得られた情報に基づき，汚染源や汚染原因，汚染物質の地下での移動経路や挙動等の地下水汚染機構や，地下水汚染による影響について仮説をまず組み立てる．そして，現地調査で新たな情報の取得を進めながら段階的にその仮説の妥当性を検証して精度を上げていく，仮説検証型のかたちで進めるのが効率的である．

汚染源調査では，地下水汚染対策を計画・設計するための情報を取得するための調査も行われる．

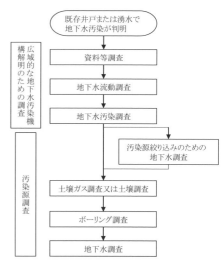

図 IX.3.1 地下水汚染が発覚した場合の地下水汚染調査の流れ

3.2 広域的な地下水汚染機構解明のための調査

地下水汚染が発覚した場合，地下水汚染が発覚した井戸や湧水を中心とする広い範囲について，水文地質構造，潜在的な汚染源の位置，地下水流動状況，地下水汚染の範囲と濃度分布等を把握するために，資料等調査や，既存井戸を対象とした井戸諸元調査，地下水位一斉測定および地下水質調査を行う．また，汚染物質が揮発性物質であれば，土壌ガス調査を行うことも有効である．

広域的な調査の開始時に設定する調査範囲は，地下水汚染が確認された汚染物質から想定される汚染原因物質の種類，その段階で把握されている水文地質状況や地下水流動状況等を考慮して設定するとよい．揮発性有機塩素化合物による地下水汚染の場合の調査範囲について，浅層地下水では汚染発見地点を中心に半径 500 m の範囲とすること，深層地下水では地下水流動に沿って長さ 2 km 程度，幅 1 km 程度とすることが提案されている[1]．広域的な調査の調査範囲は，調査の途中で判明した事実に基づいて，初期に設定した範囲から適宜，拡大，縮小または変更する必要がある．

以下では，資料等調査，地下水流動調査，地下水汚染調査，土壌ガス調査およびそれらの結果による地下水汚染機構の評価について述べる．

3.2.1 資料等調査

資料等調査では，地下水汚染が発覚した井戸や湧水を中心とする調査範囲について，既存資料の収集・整理や事業者や井戸保有者へのアンケートや聴き取り，現地調査を行い，地形，地質，水文地質，既存井戸の存在状況や井戸諸元，汚染原因物質の取り扱い状況，土地利用状況，地下水利用状況等を把握する（表 IX.3.1）．これらのうち，汚染原因物質の取り扱い状況と土地利用状況については，潜在的な汚染源を把握するために，過去についてもできる限り情報を収集する．なお，汚染原因物質については，汚染物質だけでなく，汚染物質に分解生成する親物質である場合もあることに注意する必要がある．

表 IX.3.1　資料等調査の項目と内容

項　目	調査内容
地形・地質・水文地質	帯水層の構造・分布，地下水の流動域・流動方向・流速等
既存井戸調査	井戸位置，井戸緒元（種類，口径，材質，深さ，スクリーン位置，揚水施設設置状況等）
地下水利用状況	地下水の用途，使用頻度，将来の地下水利用計画等
汚染原因物質取り扱い状況	汚染物質および親物質の使用，保管・運搬，排水・廃棄物の発生・処理の状況（場所，方法，期間，量），取り扱い施設の事故・破損・漏洩の履歴等
土地の利用状況	湧水・親水施設の位置，将来の土地利用計画等

3.2.2 地下水流動調査

現地調査では，まず，調査範囲内の地下水流動状況を把握するため，資料等調査で把握された既存井戸を対象に，地下水位一斉測定を行う．

地下水位一斉測定では，各井戸の管頭から孔内水位（揚水の影響のない静水位）までの長さ（深さ）をロープ式水位計で測定し，水準測量で測定された管頭標高を用いて地下水位標高に換算する．そして，各井戸の地下水位標高をもとに帯水層ごとの地下水位等高線図を作成し，広域的な地下水流動状況を把握する．

なお，既存井戸のスクリーン区間の深度について情報が得られなかった場合，井戸管が硬質ポリ塩化ビニル管（VP管，PVC管）等の絶縁体であれば，電気検層の原理を用いたスクリーン検層によりスクリーン区間の深度を把握することも可能である．

3.2.3 地下水汚染調査

地下水汚染調査では，調査範囲内に分布する既存井戸を対象に，地下水を採水し，地下水汚染物質とその親物質，ならびに親物質の分解生成物の濃度を測定する．

地下水は，既設の揚水ポンプで揚水されたものを蛇口から採水するか，採水器を用いて井戸内から採水する．このとき，日常的に揚水を行っている井戸である場合を除き，パージ作業を行い，井戸内およびスクリーン周囲に滞留していた地下水を十分にくみ出したうえで，新鮮な地下水を採水することが重要である．採水器には，一般に，ベーラーか小型水中ポンプが使用される．

地下水質の測定では，汚染物質の濃度だけでなく，pH，電気伝導率，水温等の一般水質項目や主要イオンも測定しておくと，帯水層区分や地下水流動の理解に役立つ．

地下水汚染調査の結果は，帯水層ごとの地下水汚染濃度分布図に整理し，それをもとに広域的な地下水汚染の範囲や濃度分布を把握する．地下水位等高線図と地下水汚染濃度分布図を重ね合わせることにより，地下水中の汚染物質の挙動を推定し，汚染源の位置を絞り込むことができる．図IX.3.2は，第一帯水層を対象とした既存井戸の地下水位等高線図にPCEによる地下水汚染濃度分布を重ねた図の例である[2]．

地下水中の汚染物質の挙動については，地下水中での移動に伴う成分構成の変化をもとに推定できる場合がある．汚染物質の成分構成の変化の例としては，親物質と分解生成物の構成比の変化，低沸点成分の減少状況，分解のしやすさの違いによる安定同位体比の変化（δ^2H，$\delta^{18}C$）や濃度構成比の変化（例：鉱油類における$n\text{-}C_{17}$/プリスタン，$n\text{-}C_{18}$/フィタン）等が報告されている[3-5]．また，汚染源として絞り込ま

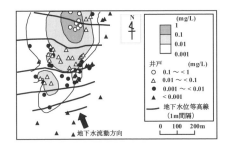

図IX.3.2 地下水汚染調査結果の例（PCE）（文献2）をもとに作成）

れた範囲に複数の潜在的な地下水汚染源が存在する場合には，それらの潜在的な地下水汚染源で使用されている汚染物質と地下水中の汚染物質の安定同位体比の違いや，汚染物質である鉱油類に含まれている着色剤の違い等から地下水汚染源を特定できることもある[6-8]．

なお，既存井戸の中には，地下水を多く取水するために複数の帯水層にスクリーンが設けられているものや，井戸周囲の全長に硅砂等が充填されて難透水層部分の遮水が不十分なものもある．このような井戸では，井戸内や周囲の硅砂等の充填部分が汚染物質や汚染水の移動経路となっていることがある．また，このような井戸で測定された水位や水質は複数の帯水層の複合水位や混合水の水質となっていることもあるため，地下水流動や汚染物質の挙動を評価する際に注意が必要である．

鉱油類による地下水汚染の場合，井戸内で地下水の上に存在する LNAPL の厚さが油/水インターフェイスメーターで測定される場合もある．井戸内の LNAPL の厚さから周辺地層中の LNAPL 存在量を推定する際には，井戸内に侵入した LNAPL の厚さ（見かけの厚さ）は周辺地層中の LNAPL 分布域の厚さ（実際の厚さ）より2-4倍程度厚くなると考えられており，周辺地層中の LNAPL 分布域の NAPL（非水溶相液，nonaqueous phase liquid）飽和度はあまり高くないことを踏まえ，地層中の LNAPL 存在量を過大評価しないよう注意が必要である[3]．

地下水汚染状況の評価では，汚染物質が揮発性有機塩素化合物である場合，井戸で飽和溶解度の1%以上の濃度が検出されたときは DNAPL プルームがその井戸付近に存在すると推定されるという経験則が1990年代半ばに提案されている[9]．

3.2.4　土壌ガス調査

既存井戸が少なく，既存井戸の地下水汚染調査では地下水汚染源の位置を絞り込むことが難しい場合，汚染原因物質が揮発性物質であれば，表層付近の土壌ガス調査を広域的に行い，土壌ガス濃度の分布から地下水汚染の状況や移動経路を推定し，汚染源の位置を絞り込むこともある．広域的な土壌ガス調査では，低濃度の測定も可能な高感度の測定方法が一般に用いられる．調査地点はメッシュ状に設定されることが多いが，地下水の流れを横切る方向に複数のライン（測線）を設定し，各ライン上における詳細な土壌ガス濃度分布をもとに汚染源の位置を絞り込む方法も有効である[10,11]．

高感度土壌ガス調査では，受動的サンプリング，能動的サンプリングのいずれかの方法で試料を採取する[7,11,12]．揮発性有機化合物や揮発成分を含む鉱油類に対する広域的な土壌ガス調査では，受動的サンプリングによる方法では活性炭/電磁加熱脱着/質量分析法や多孔質 PTFE 膜サンプラー法が，能動的サンプリングによる方法では吸着/熱脱離/GC 法が，それぞれこれまでに用いられている．また，水銀に対する広域的な土壌ガス調査では，受動的サンプリングによる方法である金アマルガム法がこれまでに用いられている[11,12]．

図 IX.3.3 に，吸着/熱脱離/GC 法によ

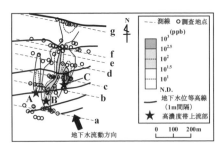

図 IX.3.3 ライン状土壌ガス調査で得られた土壌ガスのPCE濃度分布の例（文献2）をもとに作成）

るライン状土壌ガス調査の結果の例（PCEの土壌ガス濃度分布）を示す．この土壌ガス調査は図IX.3.2の地下水流動および地下水汚染の状況が把握された後に行われたものである．各側線上の土壌ガス濃度分布からPCE高濃度帯の分布を求め，その最上流部とさらに1本上流側の側線との間（図中のA～Cの★印）に地下水汚染源が存在している可能性が高いと推定される[2]．

3.3 汚染源調査

広域的な調査により，汚染源らしき土地が絞り込まれたら，その土地の中の土壌や地下水の汚染状態を把握し，汚染源の位置を絞り込む．

汚染源調査は，一般に，絞り込まれた汚染源らしき土地について土壌ガス調査や表層部の土壌調査を行い平面的な土壌ガス検出範囲または土壌汚染範囲を把握し，ボーリング調査を行って3次元的な土壌汚染範囲を把握する方法と，絞り込まれた汚染源らしき土地付近で観測井を新設して，またはボーリング孔を用いて地下水調査を行い地下水汚染源の位置をさらに絞り込み，地下水汚染源付近で土壌ガス調査や表層部の土壌調査を行って土壌汚染状況を把握する方法のいずれかで行われる．

3.3.1 土壌ガス調査

揮発性有機化合物や揮発成分を含む鉱油類性に対しては，土壌ガス調査により表層付近の土壌ガスの平面的な分布を把握し，土壌汚染が存在している可能性のある範囲および土壌汚染源である可能性の高い高濃度地点を特定する．汚染源調査における土壌ガス調査では，調査地点をメッシュ状に細かく設定し，捕集バッグや捕集濃縮管を用いた能動的サンプリングにより採取して中感度の分析器（ポータブルガスクロマトグラフィー（GC）等）で測定する方法や，低感度の測定器（ガス検知管，ガスモニター）または中感度の分析器（ポータブルGC等）へ直接導入し測定する方法により，詳細な土壌ガス濃度分布を把握する[7,11,12]．ガス検知管やガスモニターについては，複数の汚染物質がある場合に測定値が複合した濃度となることに注意が必要である．

土壌ガス調査により汚染原因物質が検出された場合，平面的な土壌ガス濃度分布における相対的な濃度の高まりを汚染源と推定する．土壌ガスの測定値を評価するに当たっては，調査孔の深さや窄孔後の密封時間，ガス吸引速度，気象条件（気圧，気温，湿度等），土壌の水分状態等によって土壌ガスの発生状況が変化するため，測定値が1オーダー以上変動する場合もあることに注意が必要である．

第3章　地下水汚染調査・評価技術　　*571*

3.3.2　表層部の土壌調査

　重金属等や農薬等に対しては，汚染物質が土壌に侵入した可能性のある地表付近や地下施設直下の土壌を採取して分析することにより，土壌の汚染状態を把握する．土壌の汚染状態について，世界的には，土壌に含まれる汚染物質の全量が測定されるのが一般的である．これに対して，我が国では，土壌に 10 倍量の水を加えた場合に溶出してくる汚染物質の量（土壌溶出量）と，土壌に酸やアルカリを加えて抽出される汚染物質の量（土壌含有量）の両方を測定し，土壌溶出量の値から潜在的な地下水汚染のおそれが評価される．土壌含有量については，土壌に含まれる汚染物質の化学形態と人の体内での吸収のしやすさの両方を考慮して分析方法が定められている．

　鉱油類については，土壌からの油臭の強さや水に浸けたときの油膜の発生状況，土壌中に含まれる石油系炭化水素の全量（全石油系炭化水素，TPH）により土壌の汚染状態が評価される．

　土壌試料の採取において，我が国では，地表に露出しているまたは将来的に露出する可能性のある土壌（舗装下の土壌等）について，表層（表面から深さ5 cm まで）の土壌と，その下位の 45 cm 分の土壌をそれぞれ採取し，等量混合して1つの土壌試料とする方法が用いられている．ここで，表層土壌の汚染状態が重視されているのは，地下水汚染の観点からではなく，汚染土壌から人が汚染物質を直接摂取することを重視して評価しているためである．

　なお，地下水汚染の原因が盛土や埋土，自然地層であると推定される場合には，それらに含まれている汚染物質の存在を見逃すことがないよう土壌試料を採取する深さを設定すべきである．

3.3.3　ボーリング調査

　土壌ガス調査（3.3.1 項）で汚染原因物質が検出された場合は，土壌ガス濃度分布から推定される汚染源の位置でボーリング調査を行い，土壌汚染の有無を評価する．また，上記ボーリング調査または表層部の土壌調査（3.3.2 項）で土壌汚染の存在が確認された場合，土壌ガスの検出範囲や表層部の土壌の平面的な汚染範囲でボーリング調査を行い，土壌汚染の存在範囲や濃度分布を3次元的に把握する．

　地下水・土壌汚染調査のためのボーリングは，環境ボーリングとも呼ばれ，地下水分析や土壌分析のための地下水試料や地質コア試料を効率的に採取するための様々な方法（打撃貫入式ボーリング，振動回転式ボーリング等）が提案されている[7, 11, 12]．環境ボーリングでは，土壌や地下水の汚染状態を正確に把握することおよびボーリング調査の実施にともなう二次汚染の発生の防止が最重要視される．地下水・土壌汚染調査で用いられている環境ボーリングの方法は，適用条件（対象土質，調査スペース等），掘削用水の有無や種類，掘削可能深さ，採取された地質コア試料の状態，掘進効率，掘削時の騒音・振動等がそれぞれ異なるため，調査対象地の地盤条件，掘削目的，調査対象物質，制約条件等を考慮して適切な方法を選定する必要がある．

　汚染源調査におけるボーリング調査で

は，上部の帯水層の基底までを基本とし，それより深部へ汚染物質が浸透している可能性がある場合はさらに深部まで対象とする．土壌試料の採取深さは，表層（地表（土壌表面）から深さ5cm，深さ5-50cm（揮発性物質の場合は深さ50cm），および深さ1mから1mごとの深さ，帯水層の基底に設定するのを基本に，これらの深さの間にある地層境界や土質の異なる層にも設定することが望ましい．

3.3.4 物理探査・直接探査

地下水・土壌汚染調査では，水文地質構造や地中埋設物の位置を2次元的または3次元的に詳細に把握するために，電気探査，電磁法探査，浅層反射法，磁気探査，地下レーダーを用いた物理探査が行われることがある．このほか，高濃度の汚染物質の存在を電気探査，電磁法探査，地下レーダー等で探査している事例等も欧米を中心に報告されている[11]．

また，地下水．土壌中の汚染物質の深さ方向の分布状況を詳細に把握するために，化学センサーを用いた直接探査（ダイレクトセンシング）が行われることがある．蛍光センサー，レーザー誘導崩壊分光（LIBS）センサー，蛍光X線（XRF）センサー，ビデオコーン，膜界面サンプリング・測定システム等を用いた直接探査により連続的な汚染物質の濃度分布を把握することで，図IX.3.4に示すように，ボーリング調査による深さ1mごとの土壌試料採取・分析では把握できない詳細な汚染状況の変化や局所的な高濃度汚染の存在の把握が可能である[11,13,14]．他には，NAPLの分布を把

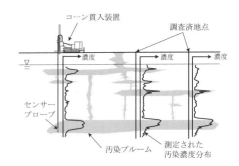

図IX.3.4 化学センサーを用いた直接探査の概念図

握する方法として，リボンNAPLサンプラーも海外で開発されている[11,13]．

3.3.5 地下水調査

汚染源調査における地下水調査では，広域的な調査により絞り込まれた汚染源らしき土地の中でさらに地下水汚染源の位置を絞り込むために行われるものと，汚染源調査により土壌ガス調査，表層部の土壌調査で把握された土壌汚染に起因する地下水汚染の状況を把握するために行われるものがある．

前者においては，地下水流動と地下水汚染濃度の両方の把握が必要である．適切な配置で設置した観測井および既存井戸を用いて地下水位一斉測定を行い詳細な地下水流動を把握するとともに，地下水質調査を行い地下水中の汚染物質の濃度の分布を把握し，地下水汚染源の詳細な位置を絞り込む．

後者においては，土壌ガス調査，表層部の土壌調査およびボーリング調査により把握された高濃度土壌汚染地点の直下等でボーリングによる地下水の採水や観測井を

第3章　地下水汚染調査・評価技術　　　*573*

設置しての地下水の採水を行い，地下水汚染の状況を把握する．

　観測井は，汚染物質の種類や濃度を考慮し，汚染物質と化学反応する材質としないことが必要である[11]．地下水の採水では，観測井およびその周囲に滞留していた水をパージ作業で取り除いたうえで，新鮮な地下水を採水する必要がある．パージおよび採水の方法には，井戸および周囲の地下水を入れ替える方法のほか，地下水位を低下させず帯水層中の地下水をあまり乱さずに低流量で新鮮な地下水と入れ替えるマイクロパージを行い，低流量で採水する方法もある[15]．

　地下水の採水は，ベーラーや水中ポンプを用いて動的な方法により行われることが多いが，欧米では，採水に伴う揮発性物質の損失や土粒子等の試料への混入等を最小限にするために適した構造の水中ポンプ（ブラダーポンプ等）の使用や[15]，サンプラーを井戸内に一定期間静置して静的に地下水を採水する方法が実用化され，活用されている[16,17]．

　汚染源調査における地下水調査では，帯水層の土壌が汚染されていることを想定し，汚染された土粒子が地下水試料に濁質として含まれることによる地下水汚染濃度の過大評価を避けるため，汚染物質が重金属等である場合は，0.45 μmのメンブレンフィルターでろ過した後の地下水への溶解成分のみの濃度を求めることが有効である[11]．

　　　　　　　　　　〔中島　誠・深田園子〕

3.4　地下水汚染調査結果の評価

3.4.1　地下水汚染源などの特定

　地下水汚染調査結果の評価では，現況の地下水汚染状況を評価し，地下水汚染源の位置，汚染原因物質および汚染原因等を特定する．

　汚染原因の特定においては，汚染原因物質の地下浸透が現在も継続しているのかを評価することが重要であり，現在も継続していると考えられる場合には，地下浸透をただちに停止させる必要がある．

3.4.2　地下水汚染機構の評価

　地下水汚染源の位置，汚染原因物質および汚染原因等を特定した後，水文地質構造や地下水流動状況を踏まえて，汚染原因物質の輸送や減衰，分解生成物の生成や減衰等，現況の地下水汚染状況となるまでの地下水汚染機構を評価する．

3.4.3　地下水汚染による影響の評価

　地下水汚染による影響として最も重視されているのは，地下水汚染に起因して汚染物質を摂取することによる人の健康被害であり，人の健康被害が生ずるおそれ（健康リスク）の有無で評価される．ここでは，健康リスクの評価方法について，概要を示す．

　健康リスクの評価では図 IX.3.5 に示すように，データの収集・評価を行った後，有害性の評価と曝露量の評価をそれぞれ行い，それらの結果を受けてリスクの判定を

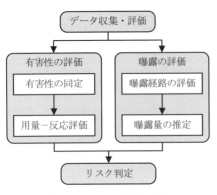

図 IX.3.5 リスク評価の流れ

行う.

有害性の評価では,評価対象とする化学物質のそれぞれについて,有害性(ハザード)を同定し,その有害性について用量(摂取量)と反応(影響)の関係を定量的に評価する. 評価対象とする物質は,地下水汚染物質と汚染原因となっている親物質およびそれらの分解生成物である. 用量-反応関係の評価では,評価対象物質が閾値のある物質(非発がん物質および遺伝子損傷のない発がん物質. 以下「非発がん物質」とする)とない物質(遺伝子損傷のある発がん物質. 以下「発がん物質」とする)のいずれであるかで区別し,前者については閾値となる用量(耐容一日摂取量:TDI 等)を,後者については目標となる用量-反応(発がん確率)関係を示す直線の傾き(スロープファクター:SF)または曝露媒体中の単位濃度当たりの発がん確率(ユニットリスク:UR)を求める.

曝露の評価では,汚染源および地下水汚染が広がる可能性のある範囲の現在および将来の土地利用や地下水利用を想定し,評価対象とする化学物質ごとに,地下水汚染に起因して顕在化しているまたは潜在的な汚染物質の曝露経路を抽出し,曝露経路ごとに汚染物質の輸送・減衰を計算して人が摂取する媒体(水,空気または農畜水産物)中の汚染物質濃度を算定して,人の曝露量(摂取量)を推定する. 算定する曝露量は,非発がん物質が摂取期間における平均摂取量,発がん物質が生涯平均摂取量である. なお,地下水汚染の原因が土壌汚染であり,土壌汚染の状況からみて今後地下水汚染濃度が上昇する可能性があると考えられるときは,土壌汚染の状態をもとに想定される地下水汚染濃度を求め,その濃度をもとに曝露経路ごとの曝露量を算定する.

リスクの判定では,化学物質の種類ごとに算定した曝露経路ごとの曝露量をもとに,健康リスクが許容範囲を超えるかどうかを判定する. 非発がん物質については,摂取期間における平均摂取量の TDI に対する比であるハザード比(HQ)が目標ハザード比(THQ. 通常は 1 に設定)以上であれば人の健康被害のおそれありと判定する. 発がん物質については,生涯平均摂取量に対する発がんリスクが目標発がんリスク(通常は 10^{-6}-10^{-4} の範囲で設定)を超えれば人の健康被害のおそれあると判定する. 地下水汚染に起因して複数の汚染物質を摂取する可能性があるときは,相加効果を考慮したハザード指数(HI)による評価や累積効果を考慮した累積発がんリスクによる評価が行われることもある.

〔中島 誠〕

3.5 地下水汚染の将来予測

3.5.1 非水溶性物質による地下水汚染の将来予測

地下水汚染物質が地下水に溶解しないまたは溶解するが微量である場合，帯水層中の水に溶解しない汚染物質の存在が地下水の長期的な汚染原因になるため，この非水溶性物質が移動する現象に着目して将来予測を行う．

非水溶性物質として扱う代表的な物質は，PCE，TCE等の有機塩素化合物，鉱油類等の石油系炭化水素である．

非水溶性物質の挙動予測を行う場合には，水，非水溶性汚染物質，（空気）の各流体に対してダルシー則が満足する飽和不飽和浸透流解析と同様の多相流の支配方程式を解く．

多相流解析に必要な物性として各流体の飽和度と相対透過度と毛管圧の関係が必要であり，不飽和浸透特性を多相に拡張したモデルが提案されている．

この関係式が非常に重要であるが，求めることは難しく，実際の汚染状況で検証することも難しいため，実務面では例えば，バンギノヒテン（van Genuchten）の不飽和浸透特性[18]と各相の表面張力の比を用いるパーカー（Parker）のモデル[19]を利用することができる．　　〔下村雅則〕

3.5.2 水溶性物質による地下水汚染の将来予測

地下水汚染物質の多くは，地下水に溶けた状態で地下水の流れに乗って下流や深部に拡がっていく．この場合は，水溶性物質の帯水層中での輸送を考えることになる．水溶性物質の輸送は移流分散方程式で表されるので，水溶性物資による地下水汚染の将来予測を行う場合には，地下水流動に関する浸透流方程式と移流分散方程式を解く．

水溶性物質による地下水汚染の将来予測が必要となるのは，例えば，現時点では地下水汚染は汚染を引き起こした工場敷地内にとどまっているが，将来的に汚染が拡大して，敷地境界から外に拡がっていくかどうかを知りたい場合である．似たような事例であるが，汚染源となった工場の敷地外に汚染が拡がっているが，まだ下流に存在する家庭用飲用井戸や水道水源井戸までは達していない状況の現場では，水溶性物質による地下水汚染の将来予測をする意味がある．すなわち，将来的に地下水汚染が下流に拡がっていき，家庭用飲用井戸や水道水源井戸に達する可能性があるのか，達する場合には何年後か，そしてどの程度の濃度が達するのか等をシミュレーションすることは，汚染対策を検討するうえでも重要となる．

一方，汚染対策を実施した場合の効果を評価する場合にも将来予測が役立つ．例えば，汚染源で地下水揚水処理を実施した場合や汚染拡散防止対策として工場敷地境界にバリア井戸を設置した場合に，下流に拡がった汚染がいつごろ環境基準値を下回るのかを予測する等である．

3.5.3 分解生成物による地下水汚染の将来予測

代表的な地下水汚染物質であるPCEは還元的条件下でTCE，DCE類（DCEs），

CE, エチレンと順次脱塩素化する. これらのうち, エチレンを除いた4物質が汚染物質なので, PCEで汚染された地下水を対象に汚染の将来予測を行う場合には, 地下水流動に関する浸透流方程式に加えて, PCEからCEまでの4物質の連鎖反応過程を組み込んだ移流分散方程式を解く.

このような分解生成を伴う汚染物質の将来予測が必要となるのは, 前述した水溶性物質による地下水汚染の将来予測と同様に, 将来的に汚染がどこまで拡がっていくかを予測したい場合等である. 分解生成を伴う汚染物質の将来予測では, 汚染源付近では汚染物質の濃度が一番大きく, 下流にいくにつれて汚染物質濃度は小さくなるが, 分解生成物の濃度が大きくなっていることもあることに注意する必要がある. PCEに代表される塩素化エチレン類は, PCEとTCEの還元的脱塩素化は比較的速やかに進み, 地下水流れの下流の井戸では検出されないか, 検出されても低濃度であるものの, 還元的脱塩素化が遅いDCEsやCEの濃度が大きくなっている場合がある. 分解生成する汚染物質の将来予測では, このようなこともありうることに注意する必要がある.

一方, 生成分解する汚染物質を対象に汚染対策で将来予測が有効なものには, 科学的自然減衰 (MNA) や原位置バイオレメディエーション等がある (4.3.3a, 4.4.4項). PCEが汚染物質の場合には, 両者ともに還元的脱塩素化によって濃度低下を期待するものであるから, 浸透流方程式と連鎖反応過程を含んだ4物質の移流分散方程式を解くことになる.　　〔江種伸之〕

文献

1) 長瀬和雄ら (1995):有機塩素化合物による地下水汚染に対する調査と対策. 地下水学会誌, 37, 267-296.
2) 中島　誠ら (1997):複数汚染源による広域的な地下水汚染地域の汚染機構解明. 地下水・土壌汚染とその防止対策に関する研究集会第5回講演集, 57-62.
3) Domenico, P. A. et al. (1998):Physical and Chemical Hydrogeology-Second Edition. John Wiley & Sons, 506p.
4) 中島　誠ら (1995):石油系燃料による土壌・地下水汚染の概況調査ー井戸汚染調査と土壌ガス調査における調査手法ー. 地下水学会誌, 37, 255-265.
5) Hunkeler, D. et al. (2008):A Guide for Assessing Biodegradation and Source Identification of Organic Ground Water Contaminants using Compound Specific Isotope Analysis (CSIA). EPA 600/R-08/148, 67p.
6) 斎藤健志ら (2010):揮発性有機塩素化合物 (CVOCs) 原液の炭素安定同位体比 (δ^{13}C)ーCVOCsによる地下水汚染の自然減衰プロセス解明に向けてー. 地下水学会誌, 52, 87-96.
7) 地盤工学会編 (2008):続・土壌・地下水汚染の調査・予測・対策. 地盤工学会, 150p.
8) 中熊秀光ら (1994):ガソリンによる地下水汚染. 水環境学会誌, 17, 315-323.
9) Pankow, J. F. et al. (1996):Dence Chlorinated Solvents and Other DNAPLs in Groundwater. Waterloo Press, 522p.
10) 中杉修身 (1994):土壌・地下水汚染の実態と対策技術の動向. 資源環境対策, 30, 793-800.
11) 日本地下水学会編 (2006):地下水・土壌汚染の基礎から応用ー汚染物質の動態と調査・対策技術ー. 理工図書, 313p.
12) 地盤工学会編 (2013):地盤調査の方法と解説. 一二分冊の2一地盤工学会, 地盤工学会, 997-1097.
13) 中島　誠 (2009):CPTの地盤環境分野への展開. 地盤工学会誌, 57(8), 12-15.
14) 高木一成ら (2014):原位置探査技術による土壌・地下水汚染の調査. 日本地下水学会2014

第3章　地下水汚染調査・評価技術　　*577*

年春季講演会講演予稿，102-105.

15) ISO（2009）：ISO 5667-11:2009 Water quality-sampling-Part 11：Guidance on sampling of groundwater. 26p.

16) ITRC（2006）：Technology Overview of Passive Sampler Technologies. DSP-4, ITRC.

17) ITRC（2007）：Protocol for Use of Five Passive Samplers to Sample for a Variety of Contaminants in Groundwater. DSP-5, ITRC.

18) 土質工学会（1991）：根切り工事と地下水―調査設計から施工まで―．土質工学会，356-374.

19) Parker J.C. et al.（1987）：A model for hysteretic constitutive relations governing multiphase flow：1. Saturation-pressure relations. Water Resources Research, 23, 2187-2196.

第4章

地下水汚染対策技術

4.1 地下水汚染対策の考え方

　地下水汚染対策の基本は，汚染を発生させないこと，およびすでに発生している汚染は浄化することである．ここでいう浄化とは一般的に地下水中の汚染物質濃度を環境基準値以下まで低下させることを指す．地下水汚染は，目に見えない地下で発生するため，汚染が発見されたときには，すでに汚染発生から数十年と長い年月が経っていることが多い．また，地下の3次元空間内で拡がるため，汚染の拡がっている範囲や汚染物質の存在量等を把握することは容易ではない．このため，地下水汚染対策を実施しても，対策期間が長期にわたったり，費用が多額になることも多い．そのため，汚染対策が円滑に進まない事態が発生する．

　そこで，近年はリスク管理の考え方が取り入れられるようになってきている．地下水汚染と密接に関係する土壌汚染に対する土壌汚染対策法はこのリスク管理に基づいている．リスク管理に基づいた地下水汚染対策のキーワードは，曝露管理と曝露経路遮断である．曝露管理と曝露経路遮断により，人が汚染物質に曝露される機会がなく

なったり，曝露される機会があっても毒性の発現に至らないようにすればよい．この曝露管理と曝露経路遮断が適切に行われていれば，たとえ地下に環境基準値を超える汚染物質が存在していてもリスクがないことになる．リスク管理に基づく地下水汚染対策は，これまでのように地下水中の汚染物質濃度を環境基準値以下にすること（完全な浄化）が目的ではなく，人が汚染物質に曝露されることによるリスクを許容できるレベル以下に下げることを目指す．ここでポイントとなるのがリスク評価地点と汚染浄化の目標濃度である．

　リスク評価地点として考えられるのは，汚染を引き起こした工場や事業所から地下水流れの下流方向に最も近い飲用井戸である．地下水汚染は汚染源で最も濃度が高く，下流にいくにつれて濃度が減衰していくので，リスク管理地点とした飲用井戸で汚染物質濃度が環境基準値以下であれば，リスクはない判断できる．ただし，このような工場や事業所の敷地外にある飲用井戸をリスク評価地点とした場合，リスク評価地点では汚染物質濃度が環境基準値以下であっても，工場や事業所の敷地境界からその飲用井戸までの間には環境基準値を超える濃度で汚染物質が存在することもありうる．

このような状態を許容するかどうかは非常に難しい問題である．このような問題を回避するために，汚染源となっている工場や事業所の位置する工場や事業場において，汚染源からみて地下水流れの下流側に位置する敷地境界を評価地点とすることが考えられる．

地下水汚染源対策を実施してリスク管理を行う場合，リスク評価地点で汚染物質濃度が環境基準値以下になるように汚染源の目標濃度を決めて，この目標濃度を達成できるように対策を実施する．地下水中の汚染物質濃度は汚染源から下流にいくにつれて濃度が低下することを考えると，リスク評価地点で環境基準値以下とするために必要となる汚染源の目標濃度が環境基準値より高い値となる場合がある．このようにリスク評価地点の汚染物質濃度が環境基準値以下になるように目標濃度を決めて汚染を浄化することで効率的な対策の進展が期待される．　　　　　　〔江種伸之・中島　誠〕

4.2　地下水汚染の未然防止策

4.2.1　工場・事業場における未然防止策

化学物質を取り扱う工場・事業場における操業由来の地下水汚染の未然防止策としては，地上施設や地下施設を十分な強度，耐薬品性および耐腐食性を持つ構造とし化学物質の漏洩を防止すること，適切な化学物質の取り扱いを徹底し化学物質の漏洩を防止すること，施設設置場所や取扱い場所の床面を不浸透性および耐薬品性を有する構造とし化学物質の地下浸透を防止するこ

と，および定期的な点検により施設の劣化，老朽化，破損等を未然防止すること等が挙げられる．

また，化学物質を含む排水の地下浸透防止，化学物質を含む廃棄物の不適切な処理の防止，排ガスや排気による化学物質の効果や沈着の防止等も地下水汚染およびその原因となる土壌汚染の発生を未然防止するために必要である．　　　　　　〔中島　誠〕

4.2.2　硝酸性窒素に係る未然防止策

硝酸性窒素に係る対策としては供給源ごとに次のように考えられている[1]．硝酸性窒素の主な供給源は，化学肥料の過剰施肥，家畜排せつ物の不適切処理，生活排水および工場・事業場からの排水である[2]．

化学肥料の過剰施肥については，都道府県が定める施肥基準や土壌分析に基づく土壌管理手法を活用して，適切な施肥を計画していくべきであろう[3]．すなわち，土壌・作物診断に基づく適正施肥，堆肥等の有機質資材の特性を把握した適正施用，肥効調節型肥料の活用，作付け体系の見直しによる対策が考えられる．

家畜排せつ物の不適切処理については，「家畜排せつ物の管理の適正化及び利用の促進に関する法律」に基づく対策が有効である．ここでは，家畜排せつ物の処理・保管施設の構造基準等を内容とした管理基準の遵守による管理の適正化，施設整備の目標等を内容とした都道府県計画の下で家畜排せつ物の利用の促進のための措置を講ずることとされている．すなわち，家畜排せつ物の保管管理を適正化し，資源としての利用促進を検討することが重要である．

生活排水については，水質汚濁防止法に基づく生活排水対策の枠組みの活用を含め，下水道等生活排水処理施設の整備，合併処理浄化槽への切り替えの促進，浄化槽の適切な維持管理等の諸施策を推進することが有効である．

工場・事業場からの排水については，水質汚濁防止法等に基づく規制の措置を徹底することが重要であり，畜産農業等の特定事業場には，暫定排水基準が適用される．ここでは，窒素含有量の基準値 130 mg/L（日間平均 110 mg/L）が，豚房施設（>50 m^2）に適用され，アンモニア，アンモニウム化合物，亜硝酸化合物および硝酸化合物の基準値 500 mg/L が，豚房施設（>50 m^2），牛房施設（>200 m^2），馬房施設（>500 m^2）に適用される．

実際の窒素負荷はこれらの供給源の組み合わせである場合が多いため，要因分解を行い適切な対策を検討することも有効であろう[2]． 〔中川 啓〕

4.3 汚染源対策

4.3.1 土壌汚染対策

a. 土壌ガス吸引法

土壌ガス吸引法は不飽和層に一定範囲のスクリーンを持つ井戸管を設置し，汚染物質を吸引する浄化工法である．通気性が高い地盤に有効であり，揮発性有機化合物を対象とした浄化技術である．類似工法として，土壌ガス吸引法を地下水面以下まで拡大した気液混合抽出法がある．土壌ガスと地下水を同時に吸引することで，地下水から汚染物質を直接回収する効果と，地下水面を低下させた不飽和部から土壌ガスを吸引する効果の両方が見込める汚染源対策である．

b. 生石灰混合法

土壌および地下水が高濃度の揮発性有機化合物で汚染されている範囲に生石灰（酸化カルシウム：CaO）を地上部から原位置混合する汚染源対策であり，シルトや粘土等通気性の悪い地盤でも適用できる．

生石灰を土壌に混合すると，水和して消石灰（水酸化カルシウム：Ca(OH)$_2$）に変化する．その発熱量は 14.6 kcal/mol と大きく，地盤中に生石灰を一定量混合することで温度が上昇し，含水量の低下や土壌の団粒化等の効果により揮発性有機化合物を除去が促進される．

施工には地盤改良工事に用いる一軸の粉体混合機（DJM 機）を使用する．撹拌翼で土壌を混合しながら生石灰を粉体のまま空気とともに吐出し，撹拌翼貫入部に設置したフード内を真空ブロアで減圧にすることで汚染物質を回収する．

c. 鉄粉混合法

塩素化エチレン類等の化学的脱塩素反応が生じる汚染物質で土壌および地下水が高濃度で汚染されている範囲に鉄粉を混合する方法であり，シルトや粘土等通気性の悪い地盤でも適用できる．

鉄粉は塩素を水素に置換する還元反応によって有機塩素化合物を無害化する機能を有しており，化学的な反応であるため比較的反応速度は速い．原液状の汚染物質が残存していない条件であれば，土壌溶出量が数十 mg/L の高濃度汚染に対しても適用

第4章　地下水汚染対策技術

可能である.

二軸式オーガー等を用いて鉄粉を機械混合する方法が一般的であるが,ウォータージェットを用いて微細なスラリー鉄粉を供給する方法もある.

d.　エアースパージング法

土壌汚染が存在するエリアに適当な間隔でスパージング井戸（汚染範囲より深い位置に設置され,下端に空気を供給するスクリーンを持つ井戸）を設置し,コンプレッサ等を用いて空気を供給することで土壌や地下水から揮発性有機化合物を分離回収する工法で,通気性が高い地盤に有効である.

地盤の性状や空気供給量によってスパージグ井戸からの空気到達距離が異なるため,地盤ごとに空気の到達距離を把握して,空気が到達しない範囲が生じないようにスパージング井戸を設置する.浄化対象深度の上部にあたる不飽和層や地表面でガスを回収し,活性炭等で汚染物質を除去して大気放出を行う必要がある.

e.　加熱脱着法

土壌汚染が存在する範囲を加熱して,汚染物質の気化や難透水層（粘土層やシルト層）に含浸した汚染物質の帯水層への溶出促進を行う工法であり,揮発性有機化合物や水溶性の高い1,4-ジオキサン等を対象とした浄化技術である.

地盤を加熱する方法として,地盤内にヒーター等を設置して地盤を直接加熱する熱伝導加熱法と,地盤に電極を設置して通電することで加熱する電気抵抗発熱法（電気発熱法）がある.前者は100℃以上の高温に地盤を加熱することが可能である.後者の加熱できる温度は最大で80℃前後で

あるが,地盤を比較的均一に加熱でき,使用するエネルギー量も熱伝導加熱法より少ない.

加熱脱着法は土壌に付着もしくは含浸していた汚染物質を気体状もしくは液状にして土壌間隙まで抽出する工法であるため,汚染物質の除去には,気液混合抽出法,化学処理,生物処理等と併用して汚染物質を地盤内から除去する.

4.3.2　地下水揚水処理

地盤に漏洩した汚染物質は,地盤中の間隙にトラップされたり,土粒子等に吸着されたりする.一度地盤に取り込まれた汚染物質は簡単には取り除くことはできず,地下水に少しずつ溶解して長期的な地下水汚染の原因になる.

地下水に溶解した汚染物質は地下水の流れに乗って下流に移動しながら広がるが,前述したように汚染源となる土壌からの供給が長期にわたって続くため,汚染の程度は汚染源に近いほど高くなる.

このような汚染源での地下水汚染の拡大を防止する地下水汚染対策の代表的な方法が地下水揚水処理であり,帯水層の透水性が良い場合に適用性が高い.揚水井戸は地下水汚染濃度が高い場所に設けて汚染地下水をくみ上げ,汚染物質の特性に対応した処理システムを利用して地下水を浄化し,処理水は排水処理基準に適合させたうえで公共用水域または下水道に放流する.

汚染源での地下水揚水処理は,地下水の流れを汚染源の方向に引き寄せる方法であるため,計画段階において自然の地下水の流れを考慮し,揚水によって地下水が揚

井戸に向かう浄化対象範囲を適切に評価することで揚水井戸の位置を決める必要がある．他の対策工法と同様に，地下水汚染の分布，地下水の流向・流速，帯水層定数等の調査結果に基づく数値解析を利用することで，効率的な揚水井戸の配置や，地盤沈下や井戸障害を考慮した揚水量を設定することが可能となる．

排水処理では，揚水した汚染地下水の漏洩や飛散に留意し，計画段階で設定した揚水量や汚染物質の種類や濃度に応じた排水処理システムを計画する．排水処理としては，凝集沈殿，ろ過，中和，活性炭等の吸着処理，ばっ気処理等があり，これらを組み合わせることで地下水に溶解する様々な汚染物質に対応した浄化が可能である．

対策の初期段階では，高濃度の汚染地下水が回収されるものの，地下水揚水処理を継続していくと，しだいに地下水汚染の分布状況が変化して，土壌から溶出する汚染物質量も少なくなる．その結果，地下水中の汚染物質濃度の低下傾向が鈍化して目標とする汚染物質濃度を達成するまでに時間を要することが課題となっている．このような場合には，土壌からの溶出を加速させる方法や地下水の流れを変化させる方法，他工法への切り替え等で対応することを検討する．

4.3.3　地下水汚染の原位置浄化

土壌汚染対策や，地下水揚水処理を実施した後に地下水汚染が残存している場合や，そもそも高濃度の土壌汚染が存在していない場合には，汚染物質を地盤内で浄化（分解や無害化）できる原位置分解技術により，効率的に汚染源対策を実施できる場合が多い．

原位置分解技術による地下水の汚染源対策技術は，化学処理技術と生物処理技術に大別される．化学処理は酸化剤を用いる酸化分解が用いられることが多く，条件が整えば比較的短時間で汚染物質を浄化することができる．生物処理は好気性細菌を用いる場合と嫌気性細菌を用いる場合で方法が異なり，浄化期間が長くなる場合が多いが，安全で環境に対する負荷が小さい．

これらの原位置分解技術では，浄化対象とする帯水層に浄化井戸（注入管）を設置して，地上部からポンプ等を用いて酸化剤や微生物活性剤を含む溶液を供給する工法が一般的に用いられている．

a.　酸化分解処理

酸化分解によって浄化が可能な物質は，揮発性有機化合物，シアン化合物，一部の農薬類，1,4-ジオキサン，軽質油等の比較的構造が簡単な有機化合物に限定される．酸化剤としては，過酸化水素，過マンガン酸塩，オゾン，過硫酸塩等がある．このうち，過酸化水素を主剤とし，硫酸第一鉄等の鉄塩を触媒と使用して酸性領域で酸化分解を行うフェントン法は，強い酸化力を持つヒドロキシルラジカルを発生させることが可能であり，常温で様々な汚染物質を分解することが可能である．一方で，過酸化水素は強い酸化力を得られる時間が短いため，近年では比較的持続時間が長い過硫酸ナトリウム等の過硫酸塩が使われる場合も多い．

酸化剤は汚染物質だけでなく，地下水や土壌中の有機物も同時に分解するため，適

第4章　地下水汚染対策技術　　583

切な投入量をあらかじめ検討する必要がある．また，酸化剤を用いることにより地下水が酸性化したり，有機物が分解される過程で二次的な汚染物質が形成されたりする可能性について注意が必要である．

b.　生物分解処理

生物分解は，微生物が有する有害物質の分解や変換（無害化）作用を利用して浄化する技術であり，バイオレメディエーションとも呼ばれている．バイオレメディエーションには，地盤内の有用微生物を活性化して浄化を行うバイオスティミュレーションと，人為的に培養した有用微生物を汚染帯水層に導入するバイオオーグメンテーションに大別される．

汚染物質がベンゼン，鉱油類，シアン化合物等の場合は好気性の分解菌を利用する方法が一般的であり，浄化を行う際にはエアースパージングと同様の帯水層に空気を供給する工法（バイオスパージング）が用いられる．バイオスパージングでは，エアースパージングより少ない空気供給量でも酸素を十分供給できる一方で，有用微生物を活性化するために必要な栄養塩（窒素やリン）が不足する場合があるため，連続的もしくは間欠的に栄養塩を浄化対象とする帯水層に供給する必要がある．

揮発性有機塩素化合物や硝酸性窒素は，帯水層に有機物を含む微生物活性剤を供給して嫌気性の脱塩素細菌や脱窒菌を利用することで浄化が可能であり，比較的安価で簡単に実施できる浄化工法として広く適用されている．揮発性有機塩素化合物の生物学的脱塩素反応の過程では有害な分解生成物が生じる場合があるため，浄化対象物質

だけでなく，分解生成物についてもモニタリングを行う必要がある．また，生物学的脱塩素反応は浄化期間が長期化する場合が多いので，浄化を促進できる脱塩素細菌を帯水層に導入するバイオオーグメンテーションが有効である．

重金属は微生物による分解作用は受けないが，嫌気性細菌の還元作用によって六価クロムを無害な三価クロムに変換する工法が実用化されている．

4.4　地下水汚染拡散防止対策

4.4.1　地下水揚水処理

前述した汚染源での地下水揚水処理と同様に地下水汚染の拡散防止を目的として，汚染源から離れた地下水流向の下流側に複数の揚水井戸を設置して地下水揚水処理を行う対策方法がある．この目的で設置する揚水井戸をバリア井戸と呼び，工場等の敷地境界から汚染地下水が流出しないようにバリアの役割を果たしている．揚水処理であるため，くみ上げた地下水中の汚染物質を浄化し，処理水を排水処理基準に適合させたうえで公共用水域，または下水道に放流する．

汚染源での揚水処理と異なり，一般的に汚染源から離れているところで揚水するため，比較的低濃度の地下水汚染が対象となる．したがって，汚染物質の回収量や回収効率よりも，確実に汚染地下水を補捉できる地下水の流れになっていることが重要である．また，敷地境界近傍で実施する場合が多く，敷地外への影響が懸念されるため，

第IX編

地下水汚染対策

下流側の敷地外での井戸障害や,地盤沈下への影響について敷地内以上に配慮する必要がある.

汚染源下流に設置したバリア井戸による地下水揚水処理では,揚水によって汚染地下水がバリア井戸に向かう集水範囲を計画時に適切に評価する必要がある.したがって他の対策工法と同様に,地下水汚染の分布,地下水の流向・流速,帯水層定数等を調査により明らかにし,浸透流解析や流れ関数を用いた数値解析を行うことで,バリア井戸に向かう地下水の流れを流線で表して,敷地外への流出が生じないバリア井戸配置や適切な揚水量を検討する(図IX.4.1).

バリア井戸による対策では,複数の揚水井戸による水位低下の影響が相互に干渉するため,1か所あたりの揚水量が減少し,バリア井戸の間隔や揚水量が適切でない場合には集水効果が不十分となり,汚染地下水がバリア井戸間をすり抜けて,敷地外へ流出することが懸念される.そのため,バリア井戸の設置場所や排水処理可能量等の制約条件を考慮しつつ,効率の良い揚水井戸の配置,揚水量を求めることが重要である.揚水を継続することで汚染濃度分布も変化するため,それに応じて揚水の運転パターンを変えていくことも検討するべきである.

4.4.2 透過性地下水浄化壁

透過性地下水浄化壁工法は,汚染地下水の下流側に透水性の浄化壁を設置し,地下水の流れを阻害することなく汚染物質のみを分解あるいは吸着する拡散防止技術である.最大の特長は,汚染地下水の流動を妨げないため揚水と排水処理が不要であり,メンテナンスフリーで対策が講じられる点である.米国で1994年から,我が国でも1997年から供用が開始されている実績のある技術である.

適切なメカニズムの浄化剤を選択することで,多様な汚染物質への適用が可能である.金属鉄粉は,塩素化エチレン類を脱塩素反応により無害化でき,一部の重金属類は吸着することも可能である.ふっ素,ほう素等に対しては,補捉機能が長期的に継続する合成粘土鉱物を使用できる.粒状活性炭は,有機系汚染物質に対する吸着剤として多用されている.

施工対象サイトの地下水位分布や地盤の透水係数等から地下水流速を想定し,地下水汚染の分布から最大の負荷が考えられる個所に対して,反応性バリアの場合には必要な滞留時間を,吸着バリアの場合には必要な浄化剤配合量を計画する.

浄化壁の設置深度は,事前のボーリング

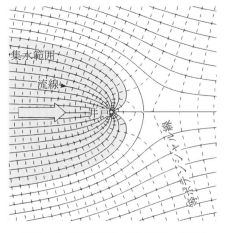

図 IX.4.1 流線網を用いた集水範囲の設定例

調査や地下水調査等により，地下水汚染が存在しない難透水性の地層までとするのが一般的である．また，施工上の制約がある場合や地下水流動が緩やかなサイトでは，一部を遮水壁と組み合わせることも可能であるが，浄化壁との接合部での流速増加等を事前に評価する必要がある．

4.4.3　自然減衰促進（バイオバリア）

汚染地下水が帯水層中で移動する過程において，地下水中の汚染物質濃度が減少することが知られており，この現象は自然減衰（natural attenuation）と呼ばれている．自然減衰は，希釈・拡散，土壌粒子への吸着，気相への揮発，化学分解，微生物分解等，これらの様々な要因が帯水層内で複雑に作用することで生じる．

汚染地下水が存在する範囲（汚染プルーム）を拡大させずに，汚染物質の生物学的な分解・無害化・固定化（沈殿物形成）等の自然減衰による浄化機能を利用して汚染地下水の拡散防止を防止する技術があり，「バイオバリア（biobarrier）」と呼ばれている．

バイオバリアには，徐放性の資材を埋設する方法と，浄化井戸（注入管）を用いる方法に大別される．徐放性資材を埋設するバイオバリアは，有用微生物の増殖に必要な物質を長期的に地下水に供給できる固形もしくはゲル状の徐放性資材を汚染域下流部の帯水層に埋設する技術である．徐放性資材から微生物の増殖活性を高める溶解性物質が長期的に地下水に供給されるため，メンテナンスフリーで地下水汚染の拡散防止を防ぐことができる．その一方で，徐放

性資材の埋設後に溶解物質の地下水への供給速度を人為的にコントロールすることができないため，地盤への埋設量や設置位置については事前に十分な検討が必要である．好気性の浄化菌を利用する場合は，酸素を供給することが可能な徐放性資材（過酸化マグネシウム等）を用い，嫌気性の浄化菌を利用する場合には生分解性樹脂（ポリ乳酸エステル等）や高級脂肪酸（ステアリン酸等）が一般的に用いられる．

注入管を用いるバイオバリアは，地下水の流下方向に対して鉛直方向に注入管を列状に配置し，注入管から連続的もしくは間欠的に必要最低限の空気や微生物活性剤を帯水層に供給して，汚染物質の自然減衰による浄化が促進させる浄化帯（バリアゾーン）を形成させる技術である．

好気性の浄化菌（主に，ベンゼンや油等の分解菌）を活性化する場合には空気供給（スパージング）を行う．長期的に効果を持続させるためには，微生物活性剤として無機栄養塩（窒素やリン）を注入管から供給することが有効である．注入管から空気を供給する場合，注入管（スパージング井戸）のスクリーン（吐き出し口）は一般的には帯水層の下端に設置する．

嫌気性の浄化菌（主に，TCE等の塩素化エチレン類の生物学的脱塩素反応を行う嫌気性細菌）を活性化する場合には，嫌気環境を形成しつつ水素を放出可能な有機物を含む微生物活性剤を注入管から供給する．本技術は徐放性資材を用いる方法と比較して，微生物活性剤（溶解性有機物）の投入量を柔軟にコントロールできる長所がある一方で，浄化装置を設置して長期間運

転する必要があるため，地上部の利用が制約を受ける課題がある．

塩素化エチレン類等を浄化対象とする場合，エチレンまでの完全浄化には *Dehalococcoides* 属細菌の存在が欠かせないことが明らかとなっている．しかしながら，*Dehalococcoides* 属細菌は自然地盤中で菌数が少なく，増殖も遅い．そのため，措置開始時において浄化菌を導入すること（バイオオーグメンテーション）が有効であり，*Dehalococcoides* 属細菌の培養液を導入することでバリアゾーンが早く形成されることが確認されている．

4.4.4　科学的自然減衰

地下水汚染に対して浄化措置を行い地下水中の汚染物質濃度が十分低下した場合や，地下水汚染がもともと軽微な場合には，能動的な措置を行わなくても，地下水の汚染範囲（汚染プルーム）が徐々に縮小していく場合がある．適切に配置された観測井戸において汚染プルームの挙動を把握し，サイト内で生じている自然減衰の状況を科学的に評価して汚染サイトのリスク管理を行う手法を科学的自然減衰（monitored natural attenuation：MNA）と呼んでいる．

MNA では汚染物質の土壌粒子への吸着や希釈拡散より，汚染物質自体がなくなる分解による自然減衰が生じていることが重要と考えている．そのため，微生物によって直接分解されるベンゼン，トルエン，エチルベンゼン，キシレン（BTEX）や，TCE 等の生物学的脱塩素反応を受ける塩素化エチレン類等が MNA の主な対象物質となる．

MNA を適用する場合には地下水汚染サイトで少なくとも数年間の継続的な地下水観測データを取得して，自然減衰の起こりうる可能性を検証する必要がある．汚染源の範囲や地下水流向を考慮して複数本の観測井戸を設置し，汚染プルームの経時的な変化を確認する．さらに，自然減衰に関連する地盤の特性や微生物学的な情報を評価して将来的な汚染状況を予測し，汚染の拡散や有害物質の生成が生じていないことを確認する．

MNA を適用する前には，能動的な浄化により汚染源対策を実施して，地下水に汚染を供給している土壌汚染を除去することが前提条件となる．多くの場合，揚水対策等を長期間実施して浄化効率が著しく低下した際の代替措置として MNA を活用することが期待されている．MNA の導入時には地下水中の汚染物質濃度が再上昇（リバウンド）した場合に備えて，予備的な修復対策（例えば，揚水処理装置をそのまま残すこと）を措置開始時に行うことが望ましい．また，MNA はあらかじめ合理的な時間スケール内で浄化目的を達成できる場合に選択され，その時間スケールは 5-10 年程度が標準的である．

MNA の適用は浄化実施者の判断だけでなく，第三者の評価によることが望ましい．利害関係者（行政担当者や近隣住民等）間でリスクコミュニケーションを行い，地域社会全体が汚染に関する情報を共有し，周辺住民が意志決定の過程に参加できる機会を提供することが MNA による一連の修復プロセスにおいて重要である．

〔下村雅則・根岸昌範・高畑　陽〕

4.5 浄化効果の評価・予測

4.5.1 数値シミュレーションによる予測

地下水汚染対策を実施する場合には，対策によって地下水をどこまできれいにするのか，どれくらいの期間実施するのか等を決めなければならない．対策を実施するには費用がかかるので，できるだけ費用をかけずに汚染対策を実施できれば効率的である．このために，数値シミュレーションを行い，汚染対策を実施した場合に，地下水がどのようにきれいになっていくのかを評価したり，予測したりすることが行われることがある．

数値シミュレーションは主に浸透流方程式と移流分散方程式を解く．地下水汚染対策を実施した場合の浄化効果の評価・予測では，まず数値シミュレーションによって地下水汚染の現況再現を行う．汚染の現況再現ができたら，続いて汚染対策を実施した場合の数値シミュレーションを行い，汚染対策によって地下水中の濃度がどのように低下していくのかを計算する．

例えば，数値シミュレーションによって浄化効果の評価や予測をしやすいのが地下水揚水である．この技術は汚染された地下水を井戸からの揚水により抽出除去するものであるから，数値シミュレーションのモデルの揚水井戸の情報を追加すればよい．これによりどれくらいの量を揚水すれば，汚染がいつごろなくなるのか，もしくはいつごろ目標濃度を下回るのかを計算できる．また，汚染拡散防止技術としてバリア

井戸を設置した場合にも，バリア井戸からどれくらいの量を揚水すれば汚染物質が下流域に拡がっていかないかを検討することができる．

地下水揚水処理以外では，原位置浄化技術である化学分解やバイオレメディエーションの効果を評価したり，予測したりすることができる．この場合，移流分散方程式に生成・消滅項を追加することになる．化学分解や微生物分解により汚染物質が無害な物質に分解する場合には，消滅項のみを追加すればよいが，PCEのような連鎖反応する物質の場合には，PCEに分解生成物であるTCE，DCEs，クロロエチレン（CE）を加えた4物質の移流分散方程式を解くことになる．さらに，PCEには消滅項，TCE，DCEs，CEには生成・消滅項を追加する．一般的な移流分散解析では，生成・消滅項に一次反応モデルを使うので，化学分解やバイオレメディエーションを実施中の一次反応速度定数の値が重要になる．ただし，化学分解やバイオレメディエーションを実施した場合の一次反応速度定数の一般値が得られているわけではないので，実現場で実証試験を行ってその結果を数値シミュレーションで再現することで一次反応速度定数を得るなどをする必要が生じる．

その他としては，汚染土壌の除去がある．例えば，不飽和土壌中に汚染物質が存在し，そこから汚染物質が地下浸透して地下水に達し，地下水を汚染している場合である．このような場合は，不飽和土壌中に存在している汚染物質を除去すれば，地下水への汚染の供給源がなくなるので，地下水の汚染はしだいになくなっていく．この

ような状況を数値シミュレーションする場合には，まず汚染の現況再現をし，その後に不飽和土壌中の汚染物質がなくなった条件の計算を行えば，汚染土壌の掘削除去によって地下水汚染がいつごろなくなるのかを評価できる．

以上のように，数値シミュレーションによって汚染対策による浄化効果の評価や予測を行うことができれば，より効率的な対策の実施につながることがある．

4.5.2 地下水質モニタリングによる評価・予測

地下水汚染対策として汚染源で原位置浄化を実施した場合等，地下水中の汚染物質濃度の低下状況をモニタリングして濃度の変化から浄化効果を確認・評価するのが一般的である．

帯水層中に栄養塩や分解微生物を添加した反応ゾーンを設け，反応ゾーンを通過する間の微生物分解を促進する技術では，反応ゾーンの上流側および下流側の観測井で汚染物質および分解生成物の濃度をモニタリングし，両地点の濃度から汚染物質および分解生成物それぞれの一次分解速度分解速度の変化を求め，どの物質の分解生成過程がどの程度促進されているか，中間生成物の蓄積の可能性も含めて評価することが可能である[4]．

原位置浄化を行った場合の地下水モニタリングでは，確認された地下水中の汚染物質の濃度の低下が，汚染物質の分解によるものか，あるいは希釈や分散によるものかを判断することが難しい場合がある．このようなときに，化合物別同位体分析（compound specific isotope analysis：

CSIA）を行い，汚染物質を構成する原子の安定同位体比の変化から汚染物質の分解の程度を認識・予測することが有効である．

CSIA は，揮発性有機化合物や鉱油類をはじめ，様々な物質による地下水汚染の生物学的および非生物学的な分解の証拠を得るために用いられている．CSIA により汚染物質が分解されている証拠を把握することにより，浄化成功の可能性を早い段階で予測することが可能になる．

CSIA では，炭素（$^{13}C/^{12}C$），水素（$^{2}H/^{1}H$），塩素（$^{37}Cl/^{35}Cl$），酸素（$^{18}O/^{16}O$ または $^{17}O/^{16}O$），窒素（$^{15}N/^{14}N$）等の安定同位体比が用いられ，軽い同位体と別の原子の間の結合の切断にかかるエネルギーが重い同位体と同じ原子の間の結合の切断にかかるエネルギーよりもわずかに少ないことを利用し，重い同位体の割合が増加する状況からその原子で構成される汚染物質の分解状況を把握する．

例えば，$^{13}C/^{12}C$ および $^{2}H/^{1}H$ から求めた $\delta^{13}C$ 値と $\delta^{2}H$ 値を 2 次元プロットした場合，微生物分解，化学的酸化分解および物理的除去では 2 次元プロットの位置の変化傾向が大きく違っており，微生物分解においても好気性微生物分解と嫌気性微生物分解とで 2 次元プロットの変化傾向に違いがある[5]．

CSIA について，米国でガイド[6]が発行される等，欧米では浄化対策の効果の評価や予測に活用が進んでいる．これに対して，我が国では，CSIA を実施できる分析装置を有する分析機関がほとんどなく，ほとんど活用が進んでいないのが現状である．

原位置浄化や MNA を実施中の地下水

汚染サイトにおいて地下水質モニタリングを行う際にはCSIAにより地下水中の汚染物質濃度の時間的・空間的変化がもたらされている原因が何であるかを把握することで，原位置浄化やMNAを行った後の地下水モニタリング結果から今後どのような効果が期待できるかを推定することができる．

〔江種伸之・中島　誠〕

4.6　地下水質モニタリング

地下水汚染調査により地下水汚染の機構・影響が評価され，現状における影響が許容される範囲にあり，周辺への地下水汚染拡散の危険性について継続的に監視し，状況の変化に応じて汚染源対策や地下水汚染拡散防止対策を実施できるようにしておくために，長期的な地下水質モニタリングが実施される．また，汚染源対策に続いて科学的自然減衰（MNA）が行われる場合においても，汚染物質の自然減衰や地下水汚染規模の縮小または平衡が認められるかについて地下水質モニタリングにより管理する必要がある（4.4.4項）．

長期的な地下水質モニタリングの設計では，観測井の配置や構造を決定し，地下水質のモニタリングの頻度と方法，不測の事態に備えた対応等について計画を立てる．長期的な地下水質モニタリングの観測井の配置と役割について，図IX.4.2および表IX.4.1に考え方の例を示す．観測井のスクリーン区間は，その観測井の役割，帯水層の厚さや不均質さ，土壌や地下水の汚染濃度分布に応じて決定する必要がある．観測井は，帯水層全体の平均的な地下水汚

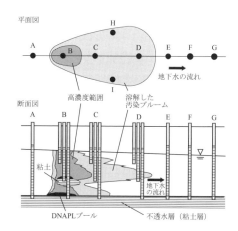

図IX.4.2　長期的な地下水質モニタリングにおける観測井配置の考え方の例

表IX.4.1　長期的な地下水質モニタリングにおける各観測井の役割の例

観測井	役割（設置位置）
A	バックグラウンド濃度モニタリング（汚染源より上流）
B, C, D	深さ別濃度モニタリング（汚染源エリア）
E	濃度モニタリング（汚染プルーム下流部）
F	監視［汚染拡大早期検知］（汚染プルームより下流）
G	対策開始の判断（リスク受容体上流側）
H, I	濃度モニタリング（汚染プルーム側方部）

染状況を把握したい場合は帯水層全体にスクリーンを設けた構造とし，帯水層内の深さごとの地下水汚染状況を把握したい場合はピエゾメーター方式で深さ別にスクリーン区間を設けた構造とするとよい．ピエゾメーター方式の観測井で深さ別の地下水を採水する方法には，スクリーン区間の深さ

が異なる複数の井戸を設置する方法と，複数の深さにスクリーン部を設けてそれぞれの深さから分けて地下水を採水できるようにした1本の井戸を設置する方法がある[1]．

地下水質のモニタリングの頻度は，季節変動も踏まえて地下水汚染濃度の変化を把握できるよう，1-3か月ごとを基本とするのがとよいと考えられる．

モニタリング項目としては，対象とする汚染物質およびその分解生成物の濃度のほか，pH，電気伝導率，水温，溶存酸素濃度（DO），酸化還元電位（ORPまたはEh）も測定しておくと，地下水汚染濃度の変化の要因の考察や将来的な地下水汚染濃度の変化の予測等に役立つ[7]．また，MNAにおける地下水質モニタリングでは，さらに硝酸塩，硫酸塩，鉄イオン（第一鉄，全鉄），塩化物イオン，炭酸イオン，アルカリ度，マンガン，全カリウム，全有機炭素（TOC），メタン，全リン，全窒素等や，分解微生物に係る情報等，汚染物質の自然減衰の状況を確認するのに有効な指標についてもモニタリング項目に加えることが必要になる[7,8]．　　　〔中島　誠〕

文献

1) 環境省（2021）：硝酸性窒素等地域総合対策ガイドライン―計画策定編―. 37-38. https://www.env.go.jp/water/S_Plan_2021.pdf（2023.3.31閲覧）

2) Fujii, H. et al.（2016）：Decomposition approach of the nitrogen generation process: Empirical study on the Shimabara Peninsula in Japan. Environmental Science and Pollution Research, 23, 23249-23261.

3) 環境省（2001）：硝酸性窒素及び亜硝酸性窒素に係る土壌管理指針. https://www.env.go.jp/hourei/06/000009.html, 2001.（2023.3.31閲覧）

4) 中島　誠ら（2005）：バイオバリアによる地下水中塩素化脂肪族炭化水素（CAHs）の自然減衰促進（その1）―自然減衰促進効果および地下水質の長期モニタリング―. 地下水学会誌, 47, 199-215.

5) Bouchard, D. et al.（2018）：Application of diagnostic tool to evaluate remediation performance at petroleum hydrocarbon-impacted sites. GWMR, 38(4), 88-98.

6) Hunleler, D. et al.（2008）：A Guide for Assessing Biodegradation and Source Identification of Organic Ground Water Contaminants using Compound Specific Isotope Analysis（CSIA）. EPA 600/R-08/148, 67p.

7) 日本地下水学会編（2006）：地下水・土壌汚染の基礎から応用―汚染物質の動態と調査・対策技術. 理工図書, 313p.

8) 地盤工学会編（2008）：続・土壌・地下水汚染の調査・予測・対策. 地盤工学会, 150p.

索　　引

あ 行

アイスレンズ　394
浅井戸　343
亜硝酸イオン　555
亜硝酸化合物　580
亜硝酸性窒素　550, 562
アースダム　493
阿蘇火砕流堆積物帯水層　17
アーチ式コンクリートダム　493
圧縮機　414
圧密係数　363
圧密試験　192
圧密沈下問題　321
圧密排水工法　362
圧力水頭　121, 316
油/水インターフェイスメーター　569
アルカリ溶融法　195
安全揚湯量　413
安定同位体　159, 556
安定同位体比　105, 159, 249,
　　257, 453, 556, 568, 588
アンモニア　580
アンモニア態窒素　244
アンモニウムイオン　555
アンモニウム化合物　580

硫黄同位体　255
イオン強度　149
イオンクロマトグラフィー　238
イオン交換溶液　404
一次注入　388
一次反応モデル　587
位置水頭　121
一般水質項目　147
井戸　343
井戸枯れ　69, 369, 372, 376
井戸管　344

井戸仕上げ　347
井戸諸元調査　567
井戸洗浄　237, 371
井戸損失　347
井戸フィルター材　370
井戸法　369
移流　127, 139
移流分散分離法　326
移流分散方程式　131, 218, 575,
　　587
インバーター制御　419
飲用井戸（等）　561, 564, 578
飲用井戸等衛生対策要領　561

ウェルポイント　475, 488
ウェルポイント工法　358
ウォード法　283
浮上り　541
雨水貯留浸透　368
打込井戸　343
運動方程式　277

エアースパージング　583
エアースパージング法　581
エアハンマ工法　346
エアリフト工法　348
影響（圏）半径　28, 212, 356
影響範囲　207
衛星地下水学　5
栄養塩　170, 583, 588
栄養塩循環　269
液状化　455
液相濃度　317
液島現象　141
塩水化　171, 368
塩素化エチレン類　576, 580,
　　584, 586
塩淡境界　186
塩淡水境界　169

オイラー定数　309
オイラー法　219, 314
オイラリアン・ラグランジュ法
　　219, 314
オーガ式サンドドレーン工法
　　365
オガララ帯水層　15
汚染　243
汚染井戸周辺地区調査　562
汚染拡散防止技術　587
汚染拡散防止対策　575, 583, 589
汚染源　550, 551, 553, 563, 566,
　　570, 574, 578
汚染原因　549, 553, 563, 566, 573
汚染原因物質　566, 573
汚染源対策　580
汚染源調査　566, 570
汚染状態に関する基準　564
汚染の除去等の措置　564
汚染プルーム　585
オープンケーソン　521
オープンループ方式　415
表のり面被覆工法　531
親物質　567, 568, 574
オールケーシング掘削機　403
温泉　231, 406, 408
温泉法　410
温泉モニタリング　232, 411
温帯湿潤地域　16
温度検層　180, 202
温度伝導度　136

か 行

概況調査　562
海水侵入　131
海底地下水流出　5
海底湧水　169
回転式掘削機　403
解凍時の沈下現象　395

概念モデル 273
回復試験 212
改良型バキューム・ディープ
　ウェル工法 361
化学処理 581, 582
化学センサー 572
化学的酸化分解 588
科学的自然減衰 576, 586, 589
化学的脱塩素反応 580
化学肥料 555, 579
化学物質 549
化学物質を含む排水の地下浸透
　防止 579
化学分解 585, 587
学際研究 4
拡散 127
拡散係数 223
拡散セル 223
拡水法 369
確認排水 478
確率分布 280
確率変数 280
化合物別同位体分析（CSIA）
　588
重ね合わせの原理 297, 300
火山性温泉 408
過剰施肥 579
過剰揚水 14
過剰揚湯 413
化石海水型 409
化石海水型温泉 409
河川管理施設等構造令 492
河川砂防技術基準設計編 492
河川と地下水の交流関係 101
仮想井戸半径 360
仮想ドレーンモデル 339
家畜排せつ物 550, 555, 579
家畜排せつ物の管理の適正化及
　び利用の促進に関する法律
　579
渇水 482
カッターチェーン式の掘削機
　404
活量 149
活量係数 149
割裂浸透注入 384, 386
割裂注入 384

カーテングラウチング 498
加熱脱着法 581
河畔域 168
かま場 475
かま場排水工法 354
ガラス電極法 192
カラム法 193
ガリオネラ・フェルギネア 371
川表遮水工法 531
環境 3
環境ガバナンス 51
環境基準 243
環境基本法 558, 561
環境トレーサー 158, 215
環境保全型の管理 63
環境ボーリング 571
環境DNA 257
間隙構造 189
間隙水 393
間隙水圧 204, 442, 452
間隙氷 393
間隙率 112, 120, 222
緩結 388
還元井 369
還元脱塩素反応 552
還元的脱塩素化 576
乾式燃焼法 196
干渉SAR 269
含水比 112
乾燥密度 112
観測修正法 468
観測井 227, 563, 570, 572, 585,
　588
感度解析 276
官能基 557
涵養 367
涵養源の寄与率評価 248
涵養池 367
涵養標高 248

気液混合抽出法 580, 581
機械的分散 128, 138
起源推定 249
気相 320
気相率 112
基礎グラウチング 497
基底流出 292

機能遺伝子 244
揮発性有機塩素化合物 551,
　564, 567, 683
揮発性有機化合物 551, 569,
　580, 582, 588
逆解析 219, 234
逆カルノーサイクル 419
逆洗式洗浄（逆洗浄） 33, 371
キャプチャー 23
急傾斜地崩壊対策工事 437
急性毒性 558
吸着 152, 549, 551, 555, 557,
　581, 584, 585
吸着水 120
吸着等温線 153
境界条件 277
強制対流 139
強制排水工法 351, 358
共有地（共有資源，コモンズ）
　の悲劇 5, 22, 53
極限平衡法安定解析 442
局所動水勾配 324
曲線一致法 209
局地流動系 102
許容水位低下量 413
許容動水勾配 373
寄与率 282
亀裂性岩体 320
亀裂ネットワークモデル 320
均一型ダム 493
金属系ケーシング 347

空気熱源ヒートポンプ 415
クサキンの式 357
口元圧力方式 495
屈曲度 141
掘削除去 565, 588
クーパーらの方法 210
熊本地震 452, 453
グラウタビリティー 494
グラウチング 534
グラウチングテスト 496
クラスター解析 283
クランク-ニコルソン法 324
繰り返しアプローチ 178
クリッギング 286
クリープ比 496

索　引　　　　593

グリーンウォーター　92
グレーウォーター　92
クローズドループ方式　415
グローバル食料貿易　8
グローバル天水線　161, 247
クロロフルオロカーボン　215
群井戸の式　357

経気道摂取　558
蛍光 X 線法　194
経口摂取　557
形質変更時要届出区域　565
傾斜変換点法　292
継続監視調査　562, 563
軽非水溶相液（LNAPL）　553
経皮摂取　558
ケーシング　347
下水管　455
下水道　581, 583
ケーソン工法　520
ゲルタイム　384
減圧井戸　355
原位置　240
原位置撹拌工法　399
原位置浄化　582, 588
原位置透水試験　507
原位置バイオレメディエーション　576
原位置封じ込め　565
原液プール　551, 553
限界揚水量　348
限界動水勾配　373, 496
限界揚湯量　413
限界流速　394, 496
嫌気性細菌　582, 585
嫌気性微生物　552, 555
嫌気性微生物分解　588
嫌気的環境　255, 555
健康リスク　573
原子力発電所　35
減衰定数　317
源泉の管理基準　413
懸濁型薬液　386
顕熱輸送　142
現場透水試験　292

広域地盤沈下　456

広域地下水流動系　231
広域的な調査　566
合意形成　59
高温岩体　409
恒温層　144
公害対策型の管理　63
硬化時間　384
高感度土壌ガス調査　569
鋼管矢板壁　398
好気性細菌　582
好気性微生物　553, 555
好気性微生物分解　588
工業化　6
公共用水域　562, 565, 581, 583
工場跡地　36
公水　42, 94
校正作業　276
高性能流動化剤「アロンソイル」　400
構造化された課題　51
構造化されていない課題　51
後退差分　324
孔内圧力センサー方式　495
孔内検層　180
孔内水位観測　444
孔内流向流速計　142
高濃度ベントナイトスラリー　404
鉱物資源的な地下水揚水　16
鋼矢板　380, 398
鉱油類　551, 552, 568, 570, 575, 583, 588
固液分配係数　193
国際地下水資源アセスメントセンター　3
国際標準物質　249
湖沼　169
古水文環境下　100
固相濃度　317
固相率　112
コモンズ論　10
固有値　282
コンクリートダム　493
今昔マップ　178
コンソリデーショングラウチング　497
コンタクトグラウチング　498

コンター図　277

さ　行

災害時の地下水利用　462
再活動型地すべり　440
最終処分場　550, 565
再生可能地下水　91
採土・炉乾法　183
作業気圧　522
サクション圧　316
さく井口径　344
作付け体系の見直し　579
差分法　274, 312
サーミスタ温度計　227
酸化還元電位　238, 239, 554
酸化還元反応　151, 254
山岳トンネル　467, 482
酸化分解　36, 582
酸化分解処理　582
産業廃棄物最終処分場の構造基準および維持管理基準　565
散水消雪　423
三相分布　112
酸素水素安定同位体比　556
酸素同位体シフト　249
山体地下水　49
山体地下水の解放　452
山地-平野境界線　48
暫定指針　385
暫定排水基準　580
サンドドレーン工法　365

シアン　37
ジェッティング工法　349
時間領域伝播速度法　183
時系列モデル　274
資源　3
試験湛水　501
自己組織化マップ　284
支障の除去等の措置　565
私水　42
止水工法　375, 489
止水鋼矢板工法　375, 377, 380
止水注入工法　489
止水壁　375, 535
システム季間性能　419

システム成績係数　418
地すべり　228, 429, 440, 493, 509
自然減衰　585, 586
自然減衰促進　585
自然対流　138
自然の原因　562
自然由来　549, 551, 553, 564
持続可能性　56
持続可能な社会　10
持続可能な地下水の利用量　181
持続的地下水保全　17
シチャート（ジハルト）の式　28, 356
失水河川　101
実流速　317
質量濃度　148, 317
質量保存則　125, 139, 277, 296
シナジー　6
し尿　550
地盤改良（工法）　367
地盤情報システム（GIS）　275
地盤沈下　6, 31, 269, 367, 372, 376
地盤凍結工法　375, 392
ジフェニルアルシン酸　551
自噴井　14, 42, 259
シーページメーター　186
ジーメンスウェル工法　358
社会的学習　64
社会への関与　11
弱部の補強目的のコンソリデーショングラウチング　498
遮水工　527
遮水工封じ込め　565
遮水工法　375
遮水性の改良目的のコンソリデーショングラウチング　497
遮水壁　375, 398, 477
遮水壁工法　490
遮断工封じ込め　565
斜面の安全率　431
斜面の安定解析　431
斜面崩壊　429
斜面崩壊予測　435
重金属　243, 583

重金属等　549, 551, 553, 564, 571, 573
自由水　120
集水井工　447, 509
集水ボーリング工　447
自由地下水面　183
収着　216
収着試験　223
重非水溶相液（DNAPL）　551
重力式コンクリートダム　493
重力水　120
重力測定衛星（GRACE）　267
重力排水工法　351, 354
重力ポテンシャル　114
主成分分析　282
シュティフダイアグラム　241
シュテーフェストのアルゴリズム　306
受動的サンプリング　569
受動的人工涵養　368
循環　3
瞬結　388
準保護地域　411
硝化　155, 555
浄化基準　564
浄化菌　585
浄化措置命令　564
硝酸イオン　555
硝酸化合物　580
硝酸性窒素　550, 551, 555, 562, 579, 583
硝酸態窒素　244, 555
硝酸態窒素汚染　249
消雪水揚水　107
消雪用水　94
蒸発散量　292
消費の競合性　52
使用薬液　385
消・融雪利用　422
初期条件　277
資料等調査　567
シールド　516
シールド切拡げ　519
シールド工法　516
人為的な熱流束　235
人為等由来　564
真空圧密ドレーン工法　367

真空併用型ディープウェル工法　361
人工甘味料　165
人工涵養　31, 367
人工涵養施設　367
人工合成 DNA　256
人工地下水涵養事業　17
人工トレーサー　158, 215
人新世　7
深層地下水型　409
深層地下水排除工　509
深層崩壊　430
浸透圧　379
浸透池　369
振動回転掘削工法　346
浸透注入　384
浸透トレンチ　369
浸透破壊　373
浸透破壊抵抗性　494
浸透破壊抵抗性試験　496
浸透ます　367, 369
浸透率　319
浸透流　379
浸透流解析　584
浸透流方程式　575, 587
深部岩盤内の地下水流動　105
深部高濃度塩水　105
深部流体　453
水位上昇　455
水温　215, 569, 590
水質汚濁　482
水質汚濁防止法　553, 561, 562, 580
水質管理目標設定項目　561
水質基準項目　561
水質検査項目　529
水質調査　507
水蒸気移動　140
水蒸気拡散係数　140
水蒸気密度　140
水素イオン（濃度）指数（pH）　239, 554
水相　320
水田湛水事業　18, 70
水頭　13, 114, 191, 203, 296
水道水　561

索　　引　　595

水道法　561
水道水質基準　561
水文環境図・全国水文環境デー
　　タベース　179
水文・水質データベース　179
水文地質構造　567
水文地質調査　179
水分特性曲線　115
水平分離法　292
水面　266
水面埋立て土砂由来　564
水文調査　485
水文的循環　469
水溶性物質　575
水理基盤　291
水理水頭　97, 121, 167, 227
水理地質構造　492
水路工　446
数値解析　582, 584
数値解析コード　274
数値シミュレーション　556, 587
数値振動　325
数値分散　325
数理モデル　273
スキン　210
スクリーン　344, 347
スケール　420
ステークホルダー　47, 51
ステップ　388
ストークス法　196
ストレーナ　347
砂ろ過　370
スラグ試験　208
スワビング工法　371

生活環境保全上の支障　565
生活排水　249, 550, 555, 579
生活排水対策　580
静水圧ポテンシャル　115
生成・消滅項　587
生石灰混合法　580
生態系サービス　93
生態系への影響　559
生物学的脱塩素反応　583, 586
生物処理　581, 582
生物分解処理　583
石油系炭化水素　551, 571, 575

セグメント　518
積極活用型の管理　63
摂取経路　557
摂取量　557, 574
施肥　249, 555
施肥基準　579
セミバリオグラム　286
前駆物質　557
線形吸着式　317
全国地下水資料台帳　179
前進差分　324
浅層地下水　509
潜熱輸送　142

ソイルセメント壁　398
相対湿度　140
相対浸透率　320
測温管　396
塑性流動化　517
ソニックドリル工法　346
ゾーン型ダム　493
ソーンスウェイト法　292

た　行

大気汚染　250
大規模地下施設　533
台形 CSG ダム　493
堆砂ダム　535
大深度地下構造物　467
大深度ボーリング　410
帯水層区分　568
帯水層蓄熱　145, 420
帯水層蓄熱システム　408
帯水層蓄熱利用　559
帯水層定数　275
タイスの方法　212
体積含水率　112, 316
体積熱容量　136
体積重量　452
代替水源としての地下水　49
堆肥　555
ダイポール試験　217
対流　143
滞留時間　215, 258
ダイレクトセンシング　572
ダウンザホールハンマ工法　346

多孔式揚水試験　211
多相流　319
多相流解析　575
脱窒菌法　249
脱塩素細菌　583
脱酸素処理　370
脱窒　156, 168, 249, 555
脱窒菌　583
脱窒反応　254
立坑　519
縦分散　128
縦分散長　129
ダブルパッカ工法　388
多変量解析　282
ダム型式　493
ダムの安全管理　501
ダムの構造基準　492
多様性　3
ダルシー式　138
ダルシーの法則（ダルシー則）
　　123, 127, 206, 575
ダルシー流速　124, 216, 407
淡塩境界　319
段階揚水試験　211, 348
タンクモデル　294
単孔式透水試験　207
単孔試験　217
炭酸塩平衡　155
淡水資源　20
弾性変形　452
断層　200
断層・水みち調査　200
単相流　316
炭素鎖　557
断面拡大工法　531
団粒構造　109

地域流動系　102
遅延係数　193, 317
地温勾配　144, 227, 409
地下温暖化　5, 235
地下温度　226, 233
地下温度プロファイル　226,
　　234
地殻熱流量　234
地下建設工事　375
地下水位一斉測定　567, 568, 572

索　引

地下水位・地盤沈下観測井　227
地下水依存生態系　93, 171
地下水位低下　72, 367, 454, 483
地下水位低下工法　324
地下水位等高線図　568
地下水汚染　33, 269, 549
地下水汚染拡散防止対策　583
地下水汚染機構　566, 573
地下水汚染源　566, 569, 572, 573
地下水汚染対策　566, 578
地下水汚染調査　566-568
地下水汚染濃度分布図　568
地下水汚染の拡大の防止　565
地下水汚染の将来予測　575
地下水汚染の未然防止策　579
地下水温　142
地下水解析の基礎式　277
地下水ガバナンス　41, 51
地下水環境基準　562
地下水関係条例　63
地下水観測井戸　528
地下水涵養　367
地下水涵養事業　67
地下水涵養量　292
地下水管理・保全　22
地下水協議会　78
地下水検層　444
地下水採取規制　458
地下水質調査　567, 572
地下水質の常時監視　562
地下水質モニタリング　589
地下水シミュレータ　325
地下水収支　23
地下水循環系　16
地下水障害　13
地下水状態保全対策工　470
地下水情報化施工　490
地下水人工涵養　368
地下水浸透流解析　446
地下水水質調査　496
地下水対策　487
地下水調査　177, 484, 570, 572
地下水貯留量　8, 23, 266
地下水データベース　42
地下水流れ　321
地下水年齢分布　103

地下水の飲用利用等　564
地下水の公共性　9
地下水の持続可能性　56
地下水の自噴地帯　461
地下水の浄化　562
地下水の水質の測定　565
地下水の摂取等によるリスク　564
地下水の適正な保全及び利用　42
地下水の適正な保全及び利用に関する施策　41
地下水排除工　447
地下水賦存量　181
地下水フットプリント　8
地下水保全対策　562
地下水ポテンシャル　97, 185
地下水盆　291
地下水盆管理　461
地下水マネジメント　9, 19, 77
地下水マネジメント推進プラットフォーム　42
地下水マネジメントにおける合意形成　83
地下水モデル　273
地下水湧出　266
地下水揚水規制　14
地下水揚水処理　575, 581, 583, 587
地下水流向流速測定　204
地下水流向制御技術　31
地下水流動系　45, 98, 229
地下水流動層検層　202
地下水流動阻害　368, 372, 377, 542
地下水流動調査　567, 568
地下水流動保全　525
地下水流動保全工法　368, 372, 377
地下水流動保全対策　543
地下水流動層　198
地下水利用　20, 559
地下増温率　409
地下ダム　535
地下蓄熱　145
地下熱利用　20
地下備蓄　533

地下連続壁工法　536
置換工法　399
地球温暖化　142, 144, 233
地球化学平衡計算　321
地球統計学　274, 285
地球統計学的シミュレーション　287
地球と地域　11
畜産　249
地形的な要因　97
地山予報システム　490
地質調査　485
地質的な要因　97
地質ボーリング孔　228
地生態系サービス　93
地層処分　534
地中熱　144, 406
地中熱源ヒートポンプ　406
地中熱源ヒートポンプシステム　407
地中熱交換器　407
地中熱採熱井　347
地中連続コンクリート止水壁工法　498
地中連続壁工法　375, 398
窒素循環　555
窒素同位体　255
窒素負荷　555, 580
窒素問題　95
地熱開発の影響　231
地熱資源　231
地熱発電　145
地表流れ　321
地表面温度　234
中央差分　324
中間流出量　292
注水井戸　369
注水効果　371
注水試験　369
中程度に構造化された課題　52
注入外管　388
注入形態　384
注入材料　384
注入率　392
柱列式　399
柱列壁工法　375
長期耐久性　387

索　引　　　597

調査ボーリング　507
超臨界地熱発電　145
直接摂取リスク　564
直接探査　572
直接法　322
直接流出率　292
直接流出量　292
直線勾配法　209
直下型地震　451
貯留係数　122, 212, 291
貯留量変化　181
地歴調査　564

通水管　372
通水工法　373
通水施設　372
通水層　372

デイヴィスの式　149
低空頭型多軸混練オーガ機　400
定常法　207
泥水式シールド　517
堤内基盤排水工法　532
泥濘化　483
ディープウェル　369, 475, 488
ディープウェル工　449
ディープウェル工法　355
ティームの式　28, 356
ティームの方法　212
ディリクレ境界　323
適正施用　579
適正施肥　579
適正揚水量　348
適正揚湯量　413
デジタル標高モデル　275
データ駆動型解析　334
データ駆動型モデル　273
鉄粉混合法　580
鉄細菌　33, 371
デバイ-ヒュッケルの式　149
テールシール　520
δ ダイアグラム　161, 247
テルツァーギ　373
電気検層　347, 568
電気探査　198, 507
電気抵抗発熱法　581
電気伝導度(率)　147, 238, 239,

568, 590
電気発熱法　581
テンシオメーター法　183
電磁探査　199
伝導　143

土圧式シールド　517
等厚式　399
同位体　215
同位体逓減率　248
同位体分別　249, 255
透過拡散法　223
透過性地下水浄化壁　565, 584
等価多孔質媒体モデル　320
等価有効径　364
凍結管　393
凍結膨張率　395
凍上　393, 394
透水係数　124, 139, 206, 208,
　　219, 277, 291, 393, 404, 475
動水勾配　121, 206, 292, 373
透水試験　207
透水性　452
透水量係数　212
凍土　392
凍土壁　35, 393
凍土方式遮水壁　396
当量濃度　148
特殊軽量鋼矢板止水工法　382
得水河川　101
特定有害物質　564
都市化　6
都市ヒートアイランド強度　235
土砂災害対策　430
土壌雨量指数　435
土壌汚染　549
土壌汚染源　570
土壌汚染状況調査　564
土壌汚染対策　564, 580
土壌汚染対策法　561, 564, 578
土壌汚染の除去　565
土壌ガス　552, 558
土壌ガス吸引法　580
土壌ガス調査　567, 569, 570
土壌ガス濃度分布　569, 570
土壌環境基準　562
土壌含有量　571

土壌含有量基準　564
土壌吸着　245
土壌浄化　565
土壌水　453, 555
土壌水分　192, 556
土壌水分計　183
土壌水分量　183, 292
土壌・地下水汚染問題　36
土壌パイプ　432
土壌有機物　154
土壌溶出量　571, 580
土壌溶出量基準　564
共洗い　238
トモグラフィ　201
トリチウム　35, 101, 161, 258
トリリニアダイアグラム　242
ドリリングマシン　391
トレーサー　142, 202, 215, 249
トレーサー試験　215, 217
トレーサー調査　496
トレーサー物質　216
トレードオフ　6
ドレーン工法　531
ドローン　201, 266

な　行

流れ関数　584
難透水層　291

二次注入　388
二重管ストレーナ工法　387
二重管ダブルパッカー式グラウ
　　チング　498
二重管ホース　391
ニュートンの冷却法則　140
ニューマチックケーソン　375,
　　521

根入れ深さ　376
熱汚染　408
熱拡散率　136
熱交換器　414
熱構造　143
熱伝達係数　140
熱伝導　136
熱伝導加熱法　581

熱伝導率　277
熱分散　138
熱分散係数　139
熱利用　368, 406
粘性係数　139, 319
年代トレーサー　258
粘土鉱物　111
粘土壁　398, 403

ノイマン境界　323
農耕文明　6
能動的サンプリング　569, 570
能動的人工涵養　368
濃度構成比　568
農薬　550, 551, 586
農薬等　564, 571
農用地の土壌の汚染防止等に関
　する法律　561
ノンポイントソース　555

は　行

バイオオーグメンテーション
　583, 586
バイオスティミュレーション
　583
バイオスパージング　583
バイオソリッド　557
バイオバリア　585
バイオマーカー　556
バイオレメディエーション
　583, 587
廃棄物の処理及び清掃に関する
　法律　561, 565
廃棄物の不適切な処理　579
廃棄物の不法投棄　551
廃棄物由来　550
排除困難性　52
排水工　500
排水工法　351, 376, 476, 487
排水処理　582
排水トンネル工　448, 509
排水ボーリング工　448
ハイドログラフ　292
バイナリ発電　145
パイピング　355
パイプ流　432

ハイポレイック　167
破過曲線　216
パーカッション工法　344, 357
曝露管理　578
曝露経路　574
曝露経路遮断　578
曝露量　573
曝露量の評価　573
バケット式掘削機　403
ハザード指数　574
ハザード比　574
パージ作業　568, 573
場所打ちコンクリート壁　375
秦野名水名人　72
バーチカルドレーン工法　363
バーチャルウォーター　8
発がん確率　574
発がん物質　574
パッキンガム-ダルシー則　116
白金測温抵抗体温度計　227
バックウォッシング工法　349
バッチ法　193, 223
ハーバー-ボッシュ法　7
ハーモン法　292
バリア井戸　575, 583, 587
パルス試験　208
阪神淡路大震災　452
反応性窒素　95
反復法　322
盤ぶくれ　352, 376, 380

被圧地下水　291, 441
ピエゾ水頭　121
ピエゾメーター　185, 589
非火山性温泉　409
非金属系ケーシング　347
肥効調節型肥料　579
比産出率　120
非常災害用井戸　94
比水分容量　316
非水溶性物質　575
微生物　256, 550, 555, 583, 585
微生物 DNA　257
微生物トレーサー　256
微生物分解　552, 585, 587, 588
比貯留係数　123, 139, 208, 210,
　277, 316

比貯留率　123, 126
比抵抗　221
非定常法　208
非天水成分　249
ヒートアイランド　142, 234
比透水係数　316
人の健康被害　557, 573
人の健康被害のおそれ（人の健
　康被害が生ずるおそれ）
　564, 573
人の生活環境への影響　558
ヒートポンプ　144, 414
ヒートポンプチラー　416
比熱　137
比濃度　318
非発がん物質　574
比表面積　111
非平衡熱移動方程式　140
比湧出量　348
病原性微生物類　550
標準ガラーキン法　304
表層部の土壌調査　570, 571
表層崩壊　430
表面遮水壁型ダム　493
表面張力　575
表面保水　113
表面流出量　292
比流速　124
肥料　550
ピルビン酸　155
ビル用マルチ　417

不圧水　441
不圧地下水　291, 441
不圧地下水面　183
不圧地下水面図　100
ファンコイル　417
フィックの法則（拡散則）　127,
　140
フィルタ　500
フィルタ材　361
フィルダム　493
風化岩盤中の地下水　433
不易層　144
深井戸　343
不均質性　34
複合斜面　505

索　引　　　599

復水工法　367, 369
複相方式　388
ブシネスクの近似　139
物質移行　215
物理探査　180, 200, 572
物理的除去　588
物理深査法　215
物理モデル　273
不透水層　291
不凍水量　394
不飽和　189
不飽和浸透特性　575
不飽和浸透流　315
不飽和層　581
不飽和帯　109, 183, 292, 453,
　551
不飽和透水係数　117
不溶化　565
プラスチックボードドレーン工
　法　37, 366
フラッシュ発電　145
ブラッシング工法　349, 371
ブランケットグラウチング　498
ブランケット工法　499, 532
フーリエの法則　136
フーリエ変換　297
フリークーリング　406
ブルーウォーター　92
プールベダイアグラム　554
フレックスエコウォール工法
　403
プレロード工法　362
フロインドリッヒ吸着等温線
　153
プロセス型モデル　273
フローメータ検層　203
分解生成　567, 576
分解生成物　568, 574-576, 583,
　590
分散係数　129
分散長　140, 216, 218, 222, 277
分散テンソル　318
分散分析　281
分子拡散係数　277
ブンゼン分配係数　245
分配係数　223, 317

平均間隙流速　216
平衡水圧　206
平衡定数　148
平野地下水涵養　48
並列計算　335
ベノト工法　357
ベーラー　237, 347, 568, 573
ヘリウム　260
ベーリング・スワビング工法
　349
ベルヌーイの定理　121
ペルフルオロオクタン酸　557
ペルフルオロオクタンスルホン
　酸　557
ペル／ポリフルオロアルキル化
　合物　551, 557
ペンマン法　292
ヘンリーの法則　155

ボアホールテレビカメラ　496
ボイラー　420
ボイリング　354, 376
ボイリング現象　379
放射　143
放射性同位体　161, 260
膨張機構　414
飽和指数　154
飽和浸透流　315
飽和帯　292
飽和不飽和浸透流解析　575
飽和溶解度　569
保孔管　347
保護地域　411
ボシュレフの方法　209
補助カーテングラウチング　498
保全計画　414
ポリシー・ミックス　51
保留水　120
ボーリング調査　180, 570, 571,
　585
ボーリングマシン　387

ま　行

マイクロパージ　573
マグマ溜まり　408
マスフローファクタ　141

マトリクス　223
マトリックポテンシャル　114
マルチ・レベル　51
慢性毒性　558

見かけ熱伝導率　145
見かけの流速　291
水ガラス　386
水枯れ　451
水資源脆弱性　48
水収支　181, 290
水収支解析　290
水収支バランス　413
水循環　22, 290
水循環基本計画　9, 22, 41
水循環基本法　9, 22, 41
水循環に関する施策　41
水当量換算　267
水抜き坑　488
水抜きボーリング　488
水熱源ヒートポンプ　415
水の公共性　5
水の呑み込み　454
水みち　200, 202, 215
水余剰量　16
密度流　318
緑の革命　7
みどりの食料システム戦略　556

ムアレム-バンゲニヒテンモデ
　ル　117
無機系　387
無散水融雪　423

名水百選　65, 73
目詰まり　32, 348, 369, 408
面源負荷　249

毛管水　120
毛管水縁　553
毛管水帯　553
毛管保水　113
目標濃度　578, 587
モニタリング　206, 277
モニタリング自動観測装置
　411

や 行

薬液　384
薬液注入工法　375, 383
薬液の選定　385
薬液の分類　386
薬品処理　371
薬品洗浄工法　350
ヤコブの直線解析法　414
ヤコブの方法　213
山留め設計　376
山留め壁　376

有圧水　441
有害性の評価　573
有害物質の地下浸透禁止　562
有機塩素化合物　549, 575
有機化合物　243
有機系　387
有機砒素化合物　551
有機フッ素化合物　557
有機燐　562
有機リン系殺虫剤　550
有限要素法　274, 313
有効間隙率（空隙率）　121, 216, 222, 293
有効熱伝導率　144
湧水　482, 557, 561, 566
湧水枯れ　368
湧水処理　527
湧水文化　70
湧水抑制技術　534
誘発涵養　24
油臭　553, 558, 571
油膜　553, 558, 571

溶液型薬液　387
溶解度　551, 554
溶出基準　562
揚水試験　211, 292
揚水施設　565
揚水・注水　36
揚水・注水工法　373
要措置区域　565
溶存酸素除去装置　370
溶存酸素濃度（DO）　238, 239, 590
溶脱　555
抑止工　446
抑制工　446
横分散　128
横分散長　129
横ボーリング工　447

ら 行

ラグランジュ法　219, 315
ラングミュア吸着等温線　154

陸域貯留量　267
リスク管理　578
リスク管理地点　578
リスクコミュニケーション　586
リスク評価　574
リスク評価地点　578
リチャージ　353, 476
リチャージウェル　367, 369
リチャージ工法　369
リチャーズ式　117, 139
リバースサーキュレーション工法　357
流域　181
流域界を超える地下水流　434
流域境界　180
硫化物酸化反応　255
流向　204, 215, 582, 584
硫酸　250
硫酸還元反応　254
粒子追跡コード　330
粒子追跡法　329
流出解析　294, 445
流跡線　331, 291
流速　204, 215, 218, 582, 584
流体ポテンシャル　121
流体流動電磁法　221
領域変数　285
リリーフウェル　355, 500

累積寄与率　282
累積発がんリスク　574
ルジオンテスト　495

冷暖房利用　414

レイノルズ数　125
冷媒　395, 414
レイリー蒸留モデル　255
裂罅水　441
連鎖反応過程　576
連続揚水試験　211

漏水　540
ろ過　573
六フッ化硫黄　215
ロータリー工法　345, 357
ロータリー式さく井工事　344
ロックフィルダム　493

わ 行

割れ目　222

英 数

ATES　408, 420

BTEX　553, 586

Carrying Water Project　71
CFCs　258
CRM 工法　403
CRM-P 工法　403
CRM-W 工法　403
CSIA　588

Dehalococcoides 属細菌　586
DEM　275
DNAPL　551
DNAPL プール　551
DNAPL プルーム　569
DO　239, 590

EC　239
ECO-MW 工法　400
Eh　239, 554

GRACE　4

IAH　11
IAHS　11
IGRAC　3

ISD 特性　53

k-means 法　283
Kunijiban　178

LaSII　463
LNAPL　33, 553, 569
LNAPL プール　553

MNA　576, 586, 589

NAPL　572
NAPL 飽和度　569
NEO-e 工法　400

ORP　239, 590

PDCA サイクル　413
pe(Eh)-pH ダイアグラム　151, 554
PFAS　551, 557
PFOA　557

PFOS　557
pH（水素イオン（濃度）指数）　147, 238, 554, 561, 568, 590

^{226}Ra（ラジウム）　251
RC 連壁　398
^{220}Rn（トロン）　252
^{222}Rn（ラドン）　251
RpH　239

sand storage dam　535
SCOP　418
SDGs　10
SF_6　258
SGD　266
SMW 工法　399
SOM　284
SPF　419
Sr（ストロンチウム）　252
^{87}Sr/^{86}Sr（同位体比）　252
subsurface dam　535

TDR 法　183
TDT　183
THC 連成　322
THMC 連成問題　322
TIR　266
TPH　571
TRD 掘削機　403
TRD 工法　401
TWS　267

UAV　266

verification and validation　336

Water Tower　48

X 線回折　196

1,4-ジオキサン　551, 552, 581, 582
3 点式杭打機　400
3 倍値基準　562

資　料　編

―掲載会社一覧―

（五十音順）

一般社団法人全国さく井協会…………………………………………2

大起理化工業株式会社…………………………………………………3

株式会社地球科学研究所………………………………………………4

株式会社日さく…………………………………………………………5

日本地下水開発株式会社………………………………………………6

株式会社プロテック……………………………………………………7

さく井協会は避難所に事前に防災井戸の設置を訴えています

『(一社)全国さく井協会が推奨する防災井戸』の概要

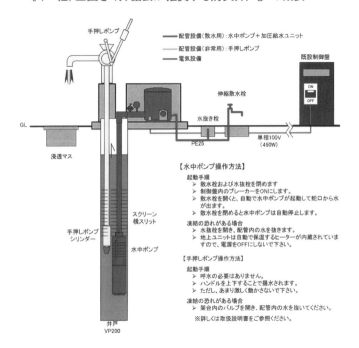

【水中ポンプ操作方法】
起動手順
- 散水栓および水抜栓を閉めます
- 制御盤内のブレーカーをONにします。
- 散水栓を開くと、自動で水中ポンプが起動して蛇口から水が出ます。
- 散水栓を閉めると水中ポンプは自動停止します。

凍結の恐れがある場合
- 水抜栓を開き、配管内の水を抜きます。
- 地上ユニットは自動で保温するヒーターが内蔵されていますので、電源をOFFにしないで下さい。

【手押しポンプ操作方法】
起動手順
- 呼水の必要はありません。
- ハンドルを上下することで揚水されます。
- ただし、あまり激しく動かさないで下さい。

凍結の恐れがある場合
- 架台内のバルブを開き、配管内の水を抜いてください。

※詳しくは取扱説明書をご参照ください。

工事中

完成した井戸

防災井戸とは

手押しポンプ式の井戸です。最大揚程は50m。
50m下の地下から毎分30～40リットルの地下水を確保できます。
子供やお年寄りの力でも問題なく取水でき、停電においても手動式なので大丈夫です。
地下構造物の為、地震の揺れには非常に強いという特徴があります。メンテナンスもほぼフリーです。

一般社団法人 全国さく井協会
〒105-0004
東京都港区新橋6丁目12番7号 新橋SDビル6階
TEL 03-6452-8981　FAX 03-6452-8982
E-mail：office@sakusei.or.jp
URL：https://www.sakusei.or.jp

資料編

地下水の起源・年代を科学する

すべてお任せください
調査計画から試料採取、分析、解析まで
ワンストップでサポートいたします

最適解を得るための環境トレーサー
3H 14C(DIC,DOC) 36Cl SF6 CFCs 18O 2H
37Cl 34S 15N 13C など

 地球科学研究所
名古屋市天白区植田本町一丁目608番地

tel 052(802)0703
geoinfo@geolab.co.jp

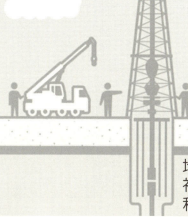

資料編　　　　　　　　　　　　　　　7

PRELIMINARY
SUBJECT TO CHANGE

DURRIDGE [●]
Radon Capture & Analytics

PRODUCT BRIEF

Durridge Company Inc.　　978.667.9556
900 Technology Park Drive　www.durridge.com
Billerica, Massachusetts 01821　info@durridge.com

RAD8
Radon + Thoron Monitor

Next-Generation Electronic Radon Monitor

NEW

IP67 — EVEN WITH CASE OPEN

新しいRAD8は、海洋学、水文地質学、地質学、保健物理学、環境保全、ラドン試験、計測学など、さまざまなアプリケーションにおいて多くのユーザー様からご活用いただいたRAD7と比較して、完全なアップグレードで科学グレードの電子ラドンモニタです。

以下の表は、RAD8の豊富なアップグレードをまとめたものです。

Upgrade	Improvement over RAD7
70%高い感度	統計的確実性が大幅に向上
防水・防塵(IP67)	ケースを開けた状態でも飛沫の心配はありません
動作原理	シリコン検出器による静電捕集とアルファスペクトル法 高速分析モードはPo-218減衰をカウント 精密解析モードでは、Po-218とPo-214の両方の減衰をカウント
分析モード	1　迅速:迅速な応答と迅速な回収ラドン測定 2　高精度:高感度ラドン測定 3　自動:3時間後に高速から精密への自動切り替え 4　ラドン源オプションには空気と水が含まれます
公称感度	高速分析モード　0.40 cpm/(pCi/L)　0.011 cpm/(Bq/m3) 精密解析モード　0.82 cpm/(pCi/L)　0.022 cpm/(Bq/m3)
トロン測定	内蔵スニフプロトコル:トロン感度を高める最大流
ラドン濃度測定範囲	0 - 67,500 pCi/L (0 - 2,500,000 Bq/m3)
外形寸法　重量	30.8 × 25.7 × 15.2 cm　　　3.35 kg

ProTech Inc.

株式会社プロテック
埼玉県三郷市高州4-65-1
Tel. 048-948-2177 Fax. 048-948-2178

Copyright © 2023　Durridge Company Inc.

地下水の事典 定価はカバーに表示

2024 年 10 月 1 日　初版第 1 刷
2025 年 4 月 15 日　　　第 2 刷

編　集　者　公益社団法人
　　　　　　日 本 地 下 水 学 会
編集幹事　谷　口　真　人
　　　　　　川　端　淳　一
　　　　　　小　野　寺　真　一
　　　　　　辻　村　真　貴
発　行　者　朝　倉　誠　造
発　行　所　株式会社 朝　倉　書　店
　　　　　　東京都新宿区新小川町 6-29
　　　　　　郵 便 番 号　162-8707
　　　　　　電　話　03(3260)0141
　　　　　　FAX　03(3260)0180
　　　　　　https://www.asakura.co.jp

〈検印省略〉

© 2024 〈無断複写・転載を禁ず〉　　　　　　新日本印刷・牧製本

ISBN 978-4-254-26180-6　C 3551　　　　　Printed in Japan

JCOPY ＜出版者著作権管理機構 委託出版物＞
本書の無断複写は著作権法上での例外を除き禁じられています．複写される場合は，
そのつど事前に，出版者著作権管理機構（電話 03-5244-5088, FAX 03-5244-5089,
e-mail: info@jcopy.or.jp）の許諾を得てください．

図説 日本の温泉 —170 温泉のサイエンス—

(一社) 日本温泉科学会 (監修)

B5判／212頁　978-4-254-16075-8　C3044　定価5,170円（本体4,700円＋税）

観光ガイドと一線を画し，国内の主要温泉を科学的に解説。学会創立80周年記念出版。〔内容〕登別温泉／ニセコ温泉郷／玉川温泉／乳頭温泉郷／草津温泉／箱根温泉／野沢温泉／奥飛騨温泉郷／有馬温泉／白浜温泉／別府温泉郷／九重温泉郷／他

図説 空から見る日本の地すべり・山体崩壊

八木 浩司・井口 隆 (著)

B5判／168頁　978-4-254-16278-3　C3044　定価4,400円（本体4,000円＋税）

日本各地・世界のすべり地形・山体崩壊を，1980年代から撮影された貴重な空撮写真と図表でビジュアルに解説。斜面災害を知り，備えるための入門書としても最適。〔内容〕総説／様々な要因による地すべり／山体崩壊・流山／山体変形／他

地形学

松倉 公憲 (著)

B5判／320頁　978-4-254-16077-2　C3044　定価6,930円（本体6,300円＋税）

様々な地形とそれが形成・変化するプロセスを丁寧かつ網羅的に解説。地学・地理学・防災対策等の理解に好適。〔内容〕変動地形／火山地形／風化／カルスト地形／斜面地形／河川プロセス・地形／海岸地形／乾燥地形／氷河地形／周氷河地形

地形の辞典

日本地形学連合 (編) ／鈴木 隆介・砂村 継夫・松倉 公憲 (責任編集)

B5判／1032頁　978-4-254-16063-5　C3544　定価28,600円（本体26,000円＋税）

地形学の最新知識とその関連用語，またマスコミ等で使用される地形関連用語の正確な定義を全項目辞典の形で総括する。地形学はもとより関連する科学技術分野の研究者，技術者，教員，学生のみならず，国土・都市計画，防災事業，自然環境維持対策，観光開発などに携わる人々，さらには登山家など一般読者も広く対象とする。収録項目8600。分野：地形学，地質学，年代学，地球科学一般，河川工学，土壌学，海洋・海岸工学，火山学，土木工学，自然環境・災害，惑星科学等。

日本列島地質総覧 —地史・地質環境・資源・災害—

加藤 碩一・脇田 浩二・斎藤 眞・高木 哲一・水野 清秀・宮崎 一博 (編)

B5判／460頁　978-4-254-16277-6　C3044　定価19,800円（本体18,000円＋税）

日本列島の地史・地質環境・災害・資源を総覧。日本の地質を深く知るための最新の知見を解説。パートカラー。〔内容〕日本列島とは？／地帯構造区分／人・社会と関わる地質環境・災害・資源（陸域・沿岸域，地下水流動，埋立，地盤災害，地震，火山災害，地質汚染，地球温暖化，放射性廃棄物処分，金属資源，非金属資源，地熱，温泉，地質情報，ジオパーク）／新生代テクトニクスと地史（新第三紀・第四紀）／基盤テクトニクスと地史（古生代・中生代・古第三紀）／他

図説 日本の湿地 —人と自然と多様な水辺—

日本湿地学会 (監修)

B5 判／228 頁　978-4-254-18052-7　C3040　定価 5,500 円（本体 5,000 円＋税）

日本全国の湿地を対象に，その現状や特徴，魅力，豊かさ，抱える課題等を写真や図とともにビジュアルに見開き形式で紹介〔内容〕湿地と人々の暮らし／湿地の動植物／湿地の分類と機能／湿地を取り巻く環境の変化／湿地を守る仕組み・制度

シリーズ〈水辺に暮らす SDGs〉1 水辺を知る —湿地と地球・地域—

日本湿地学会 (監修)／高田 雅之・朝岡 幸彦 (編集代表)／新井 雄喜・石山 雄貴・佐々木 美貴・鈴木 詩衣菜・田開 寛太郎 (編集)

A5 判／148 頁　978-4-254-18551-5　C3340　定価 2,750 円（本体 2,500 円＋税）

1 巻は湿地保全に関する SDGs，ラムサール条約，生物多様性条約などの関係をとりあげ総論的に解説。〔内容〕湿地と SDGs／ラムサール条約と地域／湿地をめぐる様々な国内外の政策的動向／湿地を活用した社会的課題の解決～実践例～

シリーズ〈水辺に暮らす SDGs〉2 水辺を活かす —人のための湿地の活用—

日本湿地学会 (監修)／高田 雅之・朝岡 幸彦 (編集代表)／石山 雄貴・太田 貴大・佐々木 美貴・田開 寛太郎 (編集)

A5 判／144 頁　978-4-254-18552-2　C3340　定価 2,750 円（本体 2,500 円＋税）

2 巻は湿地と経済・ビジネス，文化，健康，教育などの関係を社会科学的な視点から解説。〔内容〕湿地を活用した地域経済の振興／湿地とビジネス／湿地と文化／湿地を活用した健康増進・社会福祉／湿地の保全・利用を支える CEPA

シリーズ〈水辺に暮らす SDGs〉3 水辺を守る —湿地の保全管理と再生—

日本湿地学会 (監修)／高田 雅之・朝岡 幸彦 (編集代表)／太田 貴大・大畑 孝二・佐伯 いく代・富田 啓介・藤村 善安・皆川 朋子・矢﨑 友嗣・山田 浩之 (編集)

A5 判／148 頁　978-4-254-18553-9　C3340　定価 2,750 円（本体 2,500 円＋税）

3 巻は湿地の保全，管理と再生など，湿地と SDGs について自然科学的な観点から解説。〔内容〕湿地の保全と管理／湿地の再生／湿地生物の調査／湿地環境の計測／湿地の社会調査／湿地の地理学的調査／テクノロジーを生かした調査

環境のための 数学・統計学ハンドブック

F.R. スペルマン・N.E. ホワイティング (著)／住 明正 (監修)／原沢 英夫 (監訳)

A5 判／840 頁　978-4-254-18051-0　C3040　定価 22,000 円（本体 20,000 円＋税）

環境工学の技術者や環境調査の実務者に必要とされる広汎な数理的知識を一冊に集約。単位換算などごく基礎的な数理的操作から，各種数学公式，計算手法，モデル，アルゴリズムなどを，多数の具体的例題を用いながら解説する実践志向の書。各章は大気・土壌・水など分析領域ごとに体系的・教科書的な流れで構成。〔内容〕数値計算の基礎／統計基礎／環境経済／工学／土質力学／バイオマス／水力学／健康リスク／ガス排出／微粒子排出／流水・静水・地下水／廃水／雨水流

図説 日本の湧水 —80地域を探るサイエンス—

日本地下水学会 (編)

B5判／176頁　978-4-254-16280-6　C3044　定価4,730円（本体4,300円＋税）

国内の主要湧水80地点を取り上げ，科学的に解説したオールカラーの図説。観光ガイドブックとは一線を画し，水質データのみならず地形・地質と湧水の関係など科学的なしくみから利用や保全までを解説する。〔内容〕総説／北海道／東北／関東／中部／近畿／中国／四国／九州

身近な水の環境科学 第2版

日本陸水学会東海支部会 (編)

A5判／168頁　978-4-254-18062-6　C3040　定価2,860円（本体2,600円＋税）

身近な水である河川や海洋などの流域環境に人間の環境がどう影響しているかという視点で問題を提起し，その対策までを学生に伝える。章末問題も入れながら，多角的に考えられる入門書を目指す。

水環境の事典

日本水環境学会 (編)

A5判／640頁　978-4-254-18056-5　C3540　定価17,600円（本体16,000円＋税）

各項目2-4頁で簡潔に解説。広範かつ細分化された水環境研究，歴史を俯瞰，未来につなぐ。〔内容〕【水環境の歴史】公害／環境問題／持続可能な開発／【水環境をめぐる知と技術の進化と展望】管理／分析（対象／前処理／機器／他）／資源（地球／食料生産／生活／産業／代替水源／他）／水処理（保全／下廃水／修復／他）／【広がる水環境の知と技術】水循環・気候変動／災害／食料・エネルギー／都市代謝系／生物多様性・景観／教育・国際貢献／フューチャー・デザイン

水文・水資源ハンドブック 第二版

水文・水資源学会 (編)

B5判／640頁　978-4-254-26174-5　C3051　定価27,500円（本体25,000円＋税）

多様な要素が関与する水文・水資源問題を総合的に俯瞰したハンドブックの待望の改訂版。旧版の「水文編」「水資源編」を統合し，より分野融合的な理解を目指した。水の問題を考える上で手元に置きたい1冊。〔内容〕総論／気候・気象／水循環／物質循環／水と地形・土地利用／気候／観測モニタリングと水文量の評価法／水文量の統計分析／シミュレーションモデルとその応用／気候変動と水循環／水災害／水の利用と管理／水と経済／水の政策と法体系／水の国際問題と国際協力。

自然地理学事典

小池 一之・山下 脩二・岩田 修二・漆原 和子・小泉 武栄・田瀬 則雄・松倉 公憲・松本 淳 (編)

B5判／480頁　978-4-254-16353-7　C3525　定価19,800円（本体18,000円＋税）

近年目覚ましく発達し，さらなる発展を志向している自然地理学は，自然を構成するすべての要素を総合的・有機的に捉えることに本来的な特徴がある。すべてが複雑化する現代において，今後一層重要になるであろう状況を鑑み，自然地理学・地球科学的観点から最新の知見を幅広く集成，見開き形式の約200項目を収載し，簡潔にまとめた総合的・学際的な事典。〔内容〕自然地理一般／気候／水文／地形／土壌／植生／自然災害／環境汚染・改変と環境地理／地域（大生態系）の環境

上記価格は2025年3月現